北京理工大学"双一流"建设精品出版工程

Polymer Synthesis Technology

高分子合成工艺学

柴春鹏　李向梅　李国平 ◎ 编著

北京理工大学出版社

BEIJING INSTITUTE OF TECHNOLOGY PRESS

图书在版编目（CIP）数据

高分子合成工艺学／柴春鹏，李向梅，李国平编著
. --北京：北京理工大学出版社，2022.3
ISBN 978 - 7 - 5763 - 1175 - 4

Ⅰ. ①高… Ⅱ. ①柴… ②李… ③李… Ⅲ. ①高分子
材料—合成材料—生产工艺—教材 Ⅳ. ①TQ316

中国版本图书馆 CIP 数据核字（2022）第 050002 号

出版发行／北京理工大学出版社有限责任公司

社　　址／北京市海淀区中关村南大街5号

邮　　编／100081

电　　话／（010）68914775（总编室）
　　　　　（010）82562903（教材售后服务热线）
　　　　　（010）68944723（其他图书服务热线）

网　　址／http://www.bitpress.com.cn

经　　销／全国各地新华书店

印　　刷／三河市华骏印务包装有限公司

开　　本／787 毫米×1092 毫米　1/16

印　　张／24.5

字　　数／544 千字

版　　次／2022 年 3 月第 1 版　2022 年 3 月第 1 次印刷

定　　价／110.00 元

责任编辑／多海鹏

文案编辑／辛丽莉

责任校对／周瑞红

责任印制／李志强

"高分子合成工艺学"是高分子材料与工程专业的必修课之一，是高分子合成基础理论和专业实践之间的重要桥梁和纽带课程，承担着培养学生如何将高分子合成理论应用到生产实践中的任务，同时结合高分子材料合成的新技术、新装备、新工艺研究，进一步提高学生的实际应用能力和创新能力。随着高分子材料工业的深度发展，结合我国先进制造工业大国发展的目标，对专业人才的要求不仅应具有较高的理论水平，而且应具有较宽的知识面和实践能力，因此专业教学必须与目前生产科研的发展相适应，教材内容必须更新和适应高分子合成新技术的发展。为了培养和造就一批符合新工科要求的高素质专业人才，进一步提升学生的工程意识和工业绿色环保理念，使其熟悉工业合成高分子材料的一般过程，掌握工业生产高分子材料的技能技巧，具备从事高分子材料工业化生产和开发新型高分子材料的能力，我们编著了本教材。同时，为了让读者和学生能更好地理解知识点，本教材配有相关内容的授课视频，形成一本新型的"人机一体教材"，即在看教材时可以用手机扫描二维码，观看视频讲解。

本教材以高分子的合成反应机理为主线，突出高分子合成工艺基本概念和基本理论，紧密结合工业上的典型案例，着重阐述高分子合成的具体工艺实施方法和工艺技术，包括配方原理、工艺流程、聚合反应的基本化工单元、典型生产设备等。同时，本教材剖析高分子合成工艺的一般路线和不同合成工艺路线的特殊性，展示高分子合成工艺的特征，并强调理论联系实际，使学习者掌握各种高分子化合物的合成工艺路线，为深入理解高分子专业课程的知识及将来从事相关工作奠定基础。

为了保证教材的质量，在编写过程中，作者认真研读了国内高分子合成工艺学的有关教材，并查阅了大量国外高分子合成工艺实践的著作和论文，同时详细分析了国内相关专业本科课程体系，吸取国内相关院校教学改革和课程建设的成果，并结合作者多年的教学实践体会和教学经验组织编写本教材。在此作者对参考的各类著作及论文的作者致以诚挚的谢意。

本教材内容共7章，包括绪论、高分子合成的原料、高分子合成工艺设备、自由基聚合工艺、离子聚合和配位聚合工艺、逐步聚合工艺、绿色高分子合成工艺，其中第 1、2、4 章由柴春鹏编著，第 3、7 章由李国平编著，第 5、6 章由李向梅编著，尹绚参与本书的部分内容编著及格式校订。本书编著过程中还得到研究生姚艳青、赵佳、王姗、韩旭辉、岑卓芪、刘家冉等的帮助；全书由柴春鹏统稿及审定。本书的出版得到北京理工大学 2020 年"特立"系列教材项目资助，在此深表谢意。

本书涉及的知识面较广，作者深感水平有限，疏漏或不妥之处在所难免，敬请广大读者批评指正。

编　者

目　录
CONTENTS

第 1 章

绪　　论

高分子合成材料概述

1.1　高分子合成材料概述

　　高分子合成材料是分子量为一万至百万甚至更高的一类人工合成材料，分子量分布具有多分散性。它们通常由一种或多种单体以共价键重复连接而成，包括塑料、橡胶、纤维、胶黏剂和涂料等种类，具有原料丰富、质量小、加工方便、性能可调范围大、价格便宜、用途广泛等优势，其发展现已超越钢铁、水泥和木材三大传统的基本材料，成为 20 世纪以来不可缺少的重要材料之一。

　　合成的高分子化合物通常是用结构和相对分子质量已知的单体为原料，经过一定的聚合反应得到的聚合物。合成高分子采用的化学合成（即聚合反应）机理包括自由基聚合、离子型聚合（阴离子聚合、阳离子聚合）、配位聚合、缩合聚合、逐步加成聚合等。对于一个聚合反应，又可根据其聚合反应机理、所需求产品不同的性能采用不同的聚合实施方法。以聚合体系的相溶性为标准，可分为均相聚合和非均相聚合。均相聚合的实施方法有本体聚合、溶液聚合、熔融缩聚等，非均相聚合有悬浮聚合、乳液聚合、界面缩聚等。对于同一种合成高分子材料来说，尽管采用的单体和聚合反应机理相同，但采用不同的聚合实施方法所合成高分子化合物的分子结构、相对分子质量往往会有很大差别，进而影响到产物最终的性能。在工业生产中，为满足不同的制品性能，一种单体常需要采用不同的聚合实施方法进行生产，如对于常用的聚苯乙烯产品，用于挤塑或注塑成型的通用型聚苯乙烯多采用本体聚合，可发性聚苯乙烯主要采用悬浮聚合，而高抗冲聚苯乙烯则是溶液聚合－本体聚合的联合使用。

1.1.1　高分子合成材料的特性

　　高分子合成材料与小分子物质相比具有多方面的独特性能，这源自高分子化合物结构的特殊性和复杂性。高分子化合物的结构通常包括链结构和聚集态结构两个部分。链结构是指单个高分子化合物分子链的结构和形态，链结构又可分为近程结构和远程结构。近程结构属于化学结构，也称一级结构，包括链中原子的种类和排列、取代基和端基的种类、结构单元的排列顺序、支链类型和长度等。远程结构是指分子的链尺寸、形态、链的柔顺性以及分子链在环境中的构象，也称二级结构。聚集态结构是指高聚物材料整体的内部结构，包括晶态结构、非晶态结构、取向态结构、液晶态结构等有关高分子材料中分子的堆积情况，统称为三级结构。高分子合成材料的结构决定其性能，通过对结构的控制和改性，可获得不同特性的高分子合成材料。

　　合成高分子的主链主要是碳原子以共价键结合起来的碳链，由于单键可以自由旋转，线型长链高分子在旋转的影响下，整个分子保持直线状态的概率甚微。事实上，线型长链高分子处于自然蜷曲的状态，分子纠缠在一起，因而具有柔顺性的特点。当有外力作用在分子上时，蜷曲的分子可以被拉直，但外力一旦除去，分子又恢复到原来的蜷曲状态，因此合成线型高分子都有一定的弹性。

　　由于合成高分子都是长链大分子，又处于自然的蜷曲状态，所以不容易排列整齐成为周期性的晶态结构。与小分子不同，合成高分子不容易形成完整的晶体。然而在局部范围内，分子链有可能排列整齐，形成结晶态，即所谓短程有序。因此，在高分子晶体中往往含有晶态部分和非晶态部分，故常用结晶度来衡量整个高分子中晶态部分所占的比例。晶态高分子的耐热性和机械强度一般要比非晶态高分子高，而且还有一定的熔点，所以要提升高分子的力学和耐热等性质，就要设法提升高分子的结晶度。

　　高分子结构具有不均一性，或称多分散性，这一点与小分子结构是截然不同的。小分子的结构是确定的，分子量也是确定的。但对合成高分子来说，每个独立的高分子只要聚合度确定了，分子量也就确定了。但在聚合反应中，得到的聚合物不是均一的，而是不同聚合度的高分子的混合物，任何高分子材料都是由组成相同而分子量不同的化合物构成的。通常所说的分子量大小是指平均分子量。分子量分布这一专用术语是用来表示该聚合物中各种分子量大小的跨度。分子量分布越窄即跨度越小，平均分子量大的高分子材料的耐低温脆折性和韧性越好，而耐长期负荷变形和耐环境应力开裂性能下降。

　　长链线型高分子被加热时，分子受热不均匀，有的部分受热多，有的部分受热少，甚至还有一部分没有受热。因此高分子加热后不是马上熔化变成液体，而是先经历一个软化过程再变为液体。液体冷却后，变硬成为固体，再次加热，它又能软化、流动。线型高分子的这种性质称为热塑性，它不但使高分子材料便于加工，而且可以多次重复操作。线型高分子通常具有热塑性，加热软化后可以加工成各种形状的塑料制品，也可制成纤维，加工非常方便。

　　单体进行聚合反应时，在某种条件下分子链之间发生交联形成体型高分子。体型高分子加热后不会熔化、流动，但当加热到一定温度时其结构遭到破坏，这种性质称为热固性。因此，体型高分子一旦加工成型，不能通过加热重新回到原来的状态。

　　合成的高分子化合物中主要含 C、H、O、N、S 及卤素等元素，因此比金属材料轻得多。一般高分子化合物相对密度都小于 2，聚丙烯塑料的相对密度为 0.91。泡沫塑料的相对密度只有 0.01，是水的 1/100，是非常好的救生材料。

　　高分子的分子链缠绕在一起，许多分子链上的基团被包在里面，当有其他试剂分子加入时，只有露在外面的基团容易与试剂分子作用，而被包在里面的基团不易反应，所以高分子化合物的化学反应性能较差。高分子具有耐酸、耐腐蚀等特性，如著名的"塑料王"聚四氟乙烯，即使把它放在王水中煮也不会变质，其耐酸程度远超过金。聚四氟乙烯是优异的耐酸、耐腐蚀材料。

　　高分子中的分子链是原子以共价键结合起来的，分子既不能电离，也不能在结构中传递电子，所以高分子大部分都具有绝缘性，故电线的包皮、电插座等都是用塑料制成的。此外，高分子对多种射线如 α、β、γ 和 X 射线有一定的抵抗能力，可以抗辐射。

　　联系高分子合成材料微观结构和宏观性质的桥梁是材料内部分子运动的状态。一种结构确定的材料，当分子运动形式确定时，其性能也就确定了。当改变外部环境使分子运动状态变化时，其物理性能也将随之改变。这种从一种分子运动模式到另一种模式的改变，按照热力学的观点称作转变，而按照动力学的观点称作松弛。例如，异戊橡胶在常温下是良好的弹性体，在低温时（＜－100 ℃）失去弹性变成玻璃态（转变）。在短时间内拉伸，形变可以恢复；而在长时间外力作用下，就会产生永久的残余形变（松弛）。聚甲基丙烯酸甲酯（PMMA）在常温下是模量高、硬而脆的固体，但当温度高于玻璃化温度（约100 ℃）后，大分子链运动能力增强而变得如橡胶般柔软，当温度进一步升高，分子链重心能发生位移，则变成具有良好可塑性的流体。

　　总之，高分子合成材料具有诸多优异的特性：在物理性能方面，高分子合成材料具有相对密度小、比强度高、耐磨性好等特点；在化学性能方面，高分子合成材料具有化学性质稳定、耐腐蚀性能优异等特点。"多功能、轻而强"的高分子材料一直是高分子合成的重要发展方向之一。

1.1.2　高分子合成材料的应用

　　合成的高分子化合物可以挤塑或模压成各种形状的构件，可以压延成膜，可以纺制成纤维，可以产生强大的黏结能力，可以产生巨大的弹性形变，并具有质轻、绝缘、耐腐蚀、自润滑等许多独特的性能。用其制成的塑料、橡胶、纤维、胶黏剂、涂料等丰富多彩的制品，已经成为工农业生产各部门、科学研究各领域、人类衣食住行各环节不可缺少、无法替代的重要材料。

　　（1）高分子合成材料在机械工业中的应用。

　　高分子合成材料不但能够实现传统材料的功能，而且具有传统材料不能比拟的优势。例如，在建筑物建造之前，原来经常用大口径的重型钢管来制造下水道。现在，这些大口径重型钢管已经被高分子合成材料所代替，这就是我们所说的在机械工业领域中材料的"以塑代钢"和"以塑代铁"。高分子合成材料彻底改变了以往机械工业产品的笨重和高消耗等缺点，取而代之的是更加经济耐用和安全轻便。如在工业中聚氨酯弹性体的使用有助于提高产品的耐磨性，加入后其磨耗远低于其他材料，故主要应用于磨粒磨损的机械。聚甲醛材料的突出特点是具有耐磨性，经机油、四氟乙烯、二硫化物等改性后，其磨耗系数和摩擦系数减小，因此被大量应用于各种螺母、齿轮、凸轮、轴承、导轨、泵体等机械零件的制造中，并可替代昂贵的有色金属如锌、铜、铝等，大大降低了成本。

　　（2）高分子合成材料在现代农业中的应用。

　　在农业生产中，大部分地区最常用的地膜就是采用高分子合成材料制作的塑料。在我国广大的农村地区，地膜和温室的使用已经相当普遍，早已成为提高农村经济发展的一个重要方面，这就大幅增加了高分子材料的使用量。通过膜覆盖能够提供给植物很多有益的帮助，如增加农业设施的保暖性能，提高保湿效果，防止病虫害，促进植物生长等多种功能，为农业增产提供优良的条件，为农民增收提供基础。在农业上还会将高分子合成材料制成干型或者湿型成膜剂，用于包裹种子，不仅可以将农药和其他物质固定在种子表面，还可以改变种子的形状，以便于机械播种，节省人力、物力。

（3）高分子合成材料在电气工业中的应用。

在电气和电子行业中，高分子合成材料主要被用于对绝缘性、屏蔽性、导电性、导磁性要求很高的领域，而在信息通信行业里，随着科学技术的发展，高分子合成材料不仅被广泛应用于各类终端设备，而且还被应用在光纤、CD 等产品中替代传统的玻璃、金属等原材料。作为电子产品生产大国，我国对高分子材料的需求日益增长。高分子合成材料所具有的质轻、易成型、绝缘、耐腐蚀等优点，已使其成为生产各种家用电器的最佳材料。

（4）高分子合成材料在医学中的应用。

高分子合成材料具有很强的生物活性和良好的物理化学性能，被人们广泛应用到医学领域，成为现代医疗材料的重要构件。在医学上，合成高分子材料被用来制造控制药物、人体移植器官、诊疗设备等，对保障人类健康起到很大作用。硅橡胶和某些空心人造纤维在人体中具有很好的生物相容性，是制造人体器官比较理想的材料，已经应用于人体内的有人造血管、人造心脏瓣膜、人造心脏等。在体外应用的有人工肺机、人造肾脏、输血导管。除此以外，还用于人造皮肤、牙齿等。另外，高分子合成技术还被人们应用到医疗器械领域，为医疗检查提供了重要设备支持，提升了医疗发展水平。

（5）高分子合成材料在建筑工程中的应用。

建筑领域的发展与材料技术的发展是分不开的，可以认为，建筑业的发展史就是材料的发展史。材料领域内每一次技术的革新都会给建筑业的发展带来极大的促进作用。而高分子合成材料在建筑领域内的发展与应用更是重中之重。高分子合成材料在建筑领域内较多应用于室内，如室内装修所用到的涂料、黏合剂等。一方面高分子材料具有优异的耐磨性能以及"轻而强"性能，可提高材料的使用寿命，降低材料的成本；另一方面，可以极大地提高了室内装修的美感，提高室内环境的居住质量。在建筑中，大量使用了不同档次的高分子合成材料，如由酚醛或脲醛树脂压制成板材而便于拆装运输的活动房、以充气顶棚构成的整体式展览馆、由玻璃纤维增强树脂制成的整体模塑住房等。这些轻巧实用，便于快速拆装的房屋，为搭制临时展览场馆、施工现场用房、救灾及野外考察用房等提供了极大的便利。

（6）高分子合成材料在军工领域的应用。

鉴于高分子合成材料具有耐腐蚀和高比强度等特点，在军工领域内广泛应用于防弹衣、耐腐蚀保护罩等方面，也是军事装备、军用交通、军事工程等重大领域内不可或缺的基础材料。随着特殊性能高分子合成材料的研究，高分子合成材料在应用方面已经开始部分替代金属材料，发挥其更佳的"轻而强"优势。军事工业领域内，材料的服役环境经常是比较恶劣的，包括极高温度、极高受力等，故对材料的性能提出了非常苛刻的要求。高分子合成材料性能的可设计性为其在军工领域内的应用提供了技术支撑。

（7）高分子合成材料在航空航天领域的应用。

在航空航天领域应用的高分子合成材料主要包括橡胶、工程塑料、合成树脂、胶黏剂、密封剂、涂料、纤维、合成油脂、感光材料等。其特点是多品种、小批量、技术难度大等。氯丁橡胶、丁苯橡胶、丁腈橡胶、乙丙橡胶、硅橡胶、氟硅橡胶等是主要用作密封和阻尼的航空航天材料。聚芳醚酮作为最早在航空航天领域获得应用的热塑性材料，现在已成为航空航天材料中不可缺少的一部分，常被用来制造飞机的内部零件等，还可用来制造火箭的电池槽、螺栓、螺母和火箭发动机的内部零件。使用纳米磁粉改性的聚苯硫醚（PPS）可以制作具有抗辐射、电磁屏蔽、吸波、隐身、抗静电等特种功能的结构件。航空航天产品广泛采用轻合金、蜂窝结构和复合材料，因此，胶黏剂及胶接技术应用普遍，但航天产品使用环境苛刻，要承受高温、烧蚀、温度交变、高真空、超低温、热循环、紫外线、带电粒子、微陨石、原子氧等环境的考验。航天材料及工艺研究所研制了百余种特种胶黏剂及密封剂，主要包括聚氨酯类、酚醛树脂类、环氧树脂类、有机硅类、丙烯酸酯类、有机硼类胶黏剂等，其中绝大多数已应用于我国运载火箭、卫星、飞船等航天产品。

（8）高分子合成材料在日常生活中的应用。

高分子合成材料的发展极大地方便了人们的生活，它在日常生活中无处不见，如各种各样的塑料制品，包括容器、薄膜以及泡沫塑料等，方便了物品的保存和运输；多样化的橡胶制品，包括轮胎、传送带、电线的绝缘保护套以及生活中的雨衣、胶鞋等；丰富的纤维制品，包括涤纶、腈纶等，广泛应用于衣物制造，产生了许多物美价廉的服装供人们选择。同时，高分子合成材料的低成本优势使其在人们的日常生活领域中备受青睐，一直具有较高的关注热度。

面对高分子合成材料应用过程中不断提高的性能需求，高分子研究的科学家制造出了更多样的高分子合成材料产品。高分子合成材料在未来主要向绿色化、高性能、多功能化和智能化方向发展。高分子合成材料的不可降解性会对生态环境造成极大的破坏，发展绿色环保的高分子材料刻不容缓。高分子合成技术的发展必须以保护生态环境为重要前提。一方面需要提升高分子合成材料的可重复利用性，提高可降解性，从源头上杜绝环境污染问题；另一方面，要降低高分子材料对矿石燃料的依赖性，矿石燃料属于不可再生资源，高分子合成材料对于矿石燃料的依赖性会使地球的自然资源不断减少，不能实现可持续发展。高性能化是指通过改善材料合成工艺以及材料加工等来进一步提升高分子合成材料的性能，如高力学强度、高耐腐蚀性以及高耐磨性等，实现高分子合成材料在更高性能要求的环境中的应用。多功能化是指不断发展具有多种复合功能的高分子合成材料，实现功能的多样化、一体化和复合化，做到"一材多用"。智能化高分子合成材料是目前材料领域内一个比较新颖的发展方向。智能化是指实现高分子合成材料的生命功能，即具有可随环境变化的功能，如具有记忆功能的高分子合成材料，其形状可以根据外界条件的变化而变化，甚至可以感知周围环境温度和亮度的变化，并随之进行调整；水溶性高分子材料，可以实现在水溶液中的自我溶解，具有较好的黏合性和润滑性。总之，只有针对不同的应用需求，发展具有特殊性能的高分子合成材料，才能不断提升高分子合成材料的技术水平，进一步拓宽其应用领域。

1.1.3　高分子合成材料的工业生产

高分子科学与材料科学的学科交叉，建立了以塑料、橡胶和纤维三大高分子合成材料为代表的传统高分子工业，这三大高分子合成材料在生产能力、产量和技术开发水平等方面始终名列前茅。随着科技的进步，人们对高分子合成材料工业生产的产品提出了更多、更高的要求，如在产品强度、质量、耐酸碱、耐疲劳、耐高温等方面的要求不断提高，这就使高分子合成工业必须优化工艺过程，调节产业结构，促进高分子工业产业不断升级，向高性能、高质量、精细化等方面进一步发展。

高分子合成材料工业生产的任务是将基本有机合成生产的单体、溶剂、助剂等原料，经过聚合反应合成高分子化合物，从而为高分子合成材料的成型加工提供基本原料。高分子合成材料的工业生产包括高分子合成工业和高分子成型加工两部分，它们与基本有机合成工业的关系如图 1-1 所示。

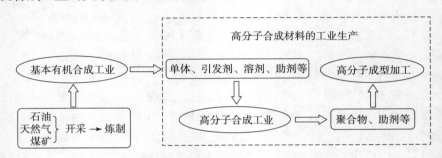

图 1-1　高分子合成材料的工业生产结构示意

高分子合成材料工业具有量大、面广的特点。量大是指全世界合成高分子材料工业的年产量，按体积计算已经超过钢铁材料工业的产量。美国高分子合成材料的年消费总量以质量计接近钢铁材料，消费量的递增速度超过了 GDP 的递增速度。面广是指合成高分子材料的种类和品种繁多，即使是同一种化学组成的合成高分子化合物，也往往因其结构的细微差别而成为不同的专用品种，以满足特定的使用需要。

过去对高分子合成材料工业的研究，着重于全新品种的发掘、单体的新合成路线和新的聚合技术的探索。目前，以节能为目标，采用高效催化剂开发新工艺，同时从生产过程中工程因素考虑，围绕强化生产工艺（装置的大型化，工序的高速化、连续化）、产品的薄型化和轻型化以及对成型加工技术的革新等方面进行工作。高分子合成材料的工业生产既是国民经济的重要基础性产业，也是一个国家先导性的产业；既属石化行业内的战略新兴产业，也是电子信息、航空航天、国防军工、新能源等战略新兴产业的重要配套材料；不仅自身技术含量高、附加值高，而且是石化产业转型升级的重要方向。

高分子合成材料的工业生产一直是发达国家和跨国公司十分重视发展的工业领域，美国、德国、日本等发达国家一直是全球高分子合成材料工业生产的领先者，我们熟悉的巴斯夫、杜邦、陶氏、拜耳、三菱、LG、SK 等跨国公司，一直都是高分子合成材料工业生产领域的领航者。

中国在高分子合成材料的工业生产方面虽起步较晚，但发展较快。自改革开放以来，中国十分重视高分子合成材料的创新与发展，呈现专业化、规模化快速发展的态势，技术型工业生产企业不断出现。近年来，在石油和化学工业发展规划指南中，高分子合成材料工业作为战略新兴产业被列为优先发展的领域，对高性能树脂、高性能橡胶、高性能纤维、功能性膜材料等高分子合成材料的创新与发展都提出了明确的要求；另外，在合成树脂行业的发展规划中，明确了高分子合成材料发展的指导思想是以调整优化产业结构为重点，全面实施科技创新、结构调整、节能减排，加快推进产业转型升级，积极发展高端树脂、生物基树脂和专用料等新型材料，大力推进科技含量高、市场前景广、带动作用强的新产品规模化发展，为战略新兴产业发展、国家重大工程建设和国防科技工业提供支撑和保障。我国一直在努力开发一批具有自主知识产权并占据行业制高点的关键技术和引领技术，培育一批具有国际竞争优势的大中型企业和企业集团，积极推进行业有序发展，目前已初步形成资源节约型、环境友好型、本质安全型发展模式。中石化、中石油、中国化工等一批央企，始终把高分子合成材料领域的创新、产品结构调整作为发展和培育企业核心竞争力的重点；烟台万华、上海华谊、浙江华峰、新和成等一批新材料领域的领军企业也正在成长；浙江石化、大连恒力、江苏盛虹等一批市场打拼能力很强的企业以及中煤能源等煤化工企业，也在重点培育高分子材料产业；湛江、大亚湾、宁波、南京、长兴岛等一批新材料产业基地也都在快速推进中。

1.1.4　高分子合成材料的工业发展简史

高分子合成材料工业诞生于 20 世纪 30 年代初，在赫尔曼·施陶丁格（Hermann Staudinger）确立高分子概念之前，呈现出先有材料和应用，然后有科学研究并推进工业化的发展过程。高分子合成材料工业经历了酚醛树脂、合成橡胶、聚氯乙烯等合成高分子工业化生产的初期阶段，然后利用煤和石油化工原料实现了合成高分子工业的快速发展，近年来高分子合成工业在不断地改进和创新发展。

（1）高分子合成材料工业的初期。

合成高分子的诞生和发展是从酚醛树脂开始的，在 20 世纪初期，1907 年美国化学家贝克兰（Leo Hendrik Baekeland，1863—1944）研究了苯酚和甲醛的反应，发现在不同的反应条件下可以得到两类树脂：一类是在酸催化下生成的可熔化、可溶解的线型酚醛树脂，另一类是在碱催化下生成的不溶解、不熔化的体型酚醛树脂。这两种酚醛树脂完全由人工合成，是人类历史上第一次通过化学合成方法生产的合成树脂，拉开了人类应用合成高分子材料的序幕，合成并工业化生产高分子材料得到迅速发展。

1915 年，为了摆脱对天然橡胶的依赖，德国使用二甲基丁二烯制造合成橡胶，在世界上首先实现了合成橡胶的工业化产生。

1926 年美国化学家 Waldo Semon 合成聚氯乙烯，并于 1927 年实现了工业化生产。

自 1929 年开始，美国杜邦公司（Du Pont）的科学家卡罗瑟斯（Wallace Hume Carothers，1896—1937）研究了一系列的缩合反应，验证并发展了大分子理论，合成出聚酰胺 66，即尼龙 66。尼龙 66 在 1938 年实现工业化生产。随后，聚甲基丙烯酸甲酯、聚苯乙烯、脲醛树脂、聚硫橡胶、氯丁橡胶等众多合成高分子材料相继问世，高分子合成材料迎来蓬勃发展时期。

1935 年，英国帝国化学公司（ICI）开发出高压聚乙烯，因其极低的介电常数而在第二次世界大战期间用作雷达电缆和潜水艇电缆的绝缘材料，并在此后得到广泛的应用。

1940 年，美国杜邦公司推出尼龙纺织品（如尼龙丝袜），因其经久耐用在当时的美国和欧洲风靡一时，尼龙 66 纤维制造的降落伞更是大大提高了美国军队在第二次世界大战中的作战能力。

（2）高分子合成材料工业的快速发展期。

20 世纪 50 年代，随着石油化工的发展，高分子合成材料工业的原料获得丰富和廉价的来源，当时除乙烯、丙烯外，几乎所有的通用单体都实现了工业化生产。

1953 年，德国化学家齐格勒（Karl Waldemar Ziegler，1898—1973）和意大利化学家纳塔（Giulio Natta，1903—1979）发明了配位聚合的齐格勒-纳塔催化剂，这种催化剂能使乙烯在常温、常压下进行聚合，工艺简单、生产成本低，大幅扩大了高分子合成材料的原料范围，使聚乙烯和聚丙烯这类通用高分子合成材料走入千家万户。更重要的是齐格勒-纳塔催化剂不仅应用于塑料合成，而且在合成橡胶等其他有机合成中也有广泛用途，它加速了高分子合成材料工业的发展，得到了一大批新的高分子合成材料，并带动了其他与不同金属配合的配位聚合催化剂的开发，确立了高分子合成材料作为当代人类社会文明发展阶段的标志。1963 年，Ziegler 和 Natta 共同荣获诺贝尔化学奖。

1958 年，美国杜邦公司以"向钢铁挑战"为题，报道了聚甲醛，并开始使用"工程塑料"这一名称。

20 世纪 60 年代，高分子合成工业的发展日新月异，新的产物和产品层出不穷。这一时期不仅合成了各种特性的塑料材料，如聚甲醛、聚氨酯、聚碳酸酯、聚砜、聚酰亚胺、聚醚醚酮、聚苯硫醚等，还合成了特种涂料、黏合剂、液体橡胶、热塑性弹性体以及耐高温特种有机纤维，高分子合成材料的产品已成为国民经济和日常生活不可或缺的材料。

1973 年，美国杜邦公司推出高强高模的 Kevlar 纤维，并开发出由高性能增强体（如碳纤维和芳纶等）与耐热性高聚物构成的"先进复合材料"。与此同时，高分子合成材料工业实现了生产的高效化、自动化、大型化（塑料约为 6 000 万吨/年，橡胶为 700 万吨/年，化纤为 6 000 万吨/年），并出现了高分子合金（如抗冲击聚苯乙烯）及高分子复合材料（如碳纤维增强复合材料）。20 世纪 70 年代末，人们还相继开发出高分子催化剂、高分子分离膜、高吸水性树脂和导电高分子等具有特殊功能的高分子材料。

（3）高分子合成材料工业的改进创新期。

20 世纪 80 年代，高分子合成材料不断深入发展，可以根据需求，通过分子设计使高分子合成材料多样化，在更大的范围内拓展应用。合成高分子化学向结构更精细、性能更高级的方向发展，如超高模量、超高强度、难燃性、耐高温性、耐油性等材料，生物医学材料，半导体或超导体材料，低温柔性材料等。1989 年，一些日本学者首先提出了"智能材料"这一概念，之后逐渐形成了开发功能高分子材料和智能高分子材料的热潮。

20 世纪 90 年代以来，世界合成树脂工业的主要目标是改进工艺路线，提高产品性能的同时减少环境污染。可控制分子结构的茂金属催化剂的开发应用已取得突破性进展，用茂金属催化体系合成聚乙烯（PE）、聚丙烯（PP）、聚苯乙烯（PS）实现了工业化生产，合成树脂新品种、新牌号和专用树脂层出不穷，其应用领域不断扩大。以茂金属催化剂为代表的新一代聚烯烃催化剂的开发成为高分子材料技术开发的热点之一。通常把茂金属催化剂，"双蜂"线性低密度聚乙烯（LLDPE）、宽分子量分布聚乙烯、"超高分子量聚乙烯"及 Montell 公司的球形粒子聚烯烃技术称为第二代聚烯烃技术，把超冷凝态进料流化床技术、超临界浆液法烯烃聚合技术及高温 PP 生产工艺称为第三代聚烯烃技术。在开发新聚合方法方面，着重于阴离子活性聚合、基团转移聚合和微乳液聚合的工业化。1999 年，美国杜邦公司和北卡大学共同申请了三项专利，报道通过选择某些过渡金属化合物为催化剂可以在常温和低压下使乙烯与丙烯酸酯类单体共聚生成嵌段共聚物。

　　高效催化剂的开发和利用是对传统聚合工艺的一种改进，这种改进能够有效提升产品质量。例如，在聚丙烯生产领域，第三代气相法载体型催化剂逐渐成为发展的主要方向，在科技发展的支持下，悬浮法聚氯乙烯（PVC）工艺是其中最为重要的技术形式，在深入开发过程中能够形成高效引发剂体系。金属茂催化剂是一种单活性催化剂，通过使用这种催化剂能够实现对聚烯烃的高效开发和利用，并在深入研究的基础上合成出特殊立体异构聚合物，实现聚合物领域研究的创新性发展。此外，新型聚烯烃用催化剂主要是以低费用的铁为主的络合物，在应用的过程中成本费用较低，同时也能够实现工业化生产，被广泛地应用在低分子量聚合物到高分子量聚合物领域。

　　中国高分子合成工业起步于 20 世纪 50 年代初，经历了技术引进、技术国产化和技术创新三个发展阶段，通过高分子化学、高分子物理、高分子成型加工和高分子反应工程等学科和产业部门的合作，已经拥有一批高分子合成材料的生产工艺技术。经过 60 多年的发展，中国已经成为高分子合成材料产业大国，产量和消费量均居世界第一位。2018 年，合成树脂总产量为 8 558 万吨，表观消费量为 1.09 亿吨，这是自 2015 年以来连续 5 年消费量过亿吨。五大通用塑料基本情况：聚乙烯产量为 1 844 万吨，表观消费量 2 781.6 万吨；聚丙烯产量为 2 450 万吨，表观消费量为 2 640 万吨；聚氯乙烯产量为 1 986 万吨，表观消费量为 1 890 万吨；聚苯乙烯产量为 175.7 万吨，表观消费量为 258.9 万吨；ABS 树脂产量为 325.8 万吨，表观消费量为 522.3 万吨。中国高分子合成主要生产企业有中国石化集团公司（SINOPEC）和中国石油天然气集团公司（CNPC）。

1.2　高分子合成工艺特征

高分子合成工艺特征

　　高分子合成工艺是以基本有机工业提供的单体、引发剂（或催化剂）、溶剂、助剂等为原料，根据所要生产高分子化合物的合成反应特征，以及所要生产高分子化合物产品的性质、形态、用途等来确定具体实施的工艺方法和操作流程。生产同一种聚合物，如果选择不同聚合反应的工艺路线或工艺条件（如反应机理、催化剂体系、聚合反应的实施方法、反应器的型式），都会导致高聚物结构和性能相应不同。另外，聚合反应的工艺路线不同，会直接影响产品的成本或市场竞争力，在某些情况下，还会影响生产过程的安全和环境保护。

　　分析高分子化合物的合成反应特征至关重要，只有明确了聚合反应特征，才能确定合理的聚合实施方法，才能知道如何去准备原料，除去杂质的精制原料纯度要达到什么级别，引发剂（催化剂）如何配制、如何投料，先滴加 A，再滴加 B，还是反着滴加，物料配比、聚合反应条件（如温度、压力、搅拌速度等）如何确定。

　　根据生产聚合物的产量、聚合物产品的性质和用途等，可以确定高分子合成的操作方式是采用连续聚合生产还是间歇聚合生产。原料准备好，聚合实施方法和操作方式确定后，设备就是高分子合成生产进行的决定性因素。因此，要理解高分子合成的工艺问题，首先必须清楚高分子合成的反应、实施方法、操作方式和设备等特征。

1.2.1 高分子合成反应特征

高分子化合物的合成反应也称为聚合反应，它是把小分子量单体转化成高分子量聚合物的过程，聚合物是由一种或几种结构单元通过共价键连接起来的。高分子合成反应是聚合物生产过程中最主要的化学反应过程，它具有多样性和复杂性，与一般化学反应的工业产品生产相比，具有以下特征：

（1）反应机理多样，动力学关系复杂，重现性差，且微量杂质的影响较大；同一种单体生产同一种聚合物，其反应机理可以是多样的。例如，由乙烯生产聚乙烯，可以选择自由基聚合机理的气相本体聚合方法，也可以选择配位聚合机理的气相流化床法或溶液淤浆法。

（2）即使反应机理相同，反应实施的方法也可以不同。以自由基聚合机理生产聚氯乙烯为例，乳液法、悬浮法、本体法均可以生产。

（3）在聚合过程中，除要考虑转化率外，还需考虑聚合度及其分子量分布、共聚物的组成及其分子量分布、聚合物的结构等。聚合物产品的化学成分虽然可以用较简的单通式表示，但是产品实质上是相对分子质量大小不等，结构亦非完全相同的同系物的混合物。不同的反应机理和实施反应的方法会出现产品结构和性能的差异。甚至同一种工艺生产的产品，在生产过程中工艺参数的偏差也会导致产品性能有很大不同。

（4）随着聚合反应进行，反应物体系的黏度逐步上升，在高黏度条件下，聚合体系的混合、搅拌、传热、传质和动量传递等过程都比一般化工过程困难。

（5）聚合反应过程中，反应速度有不均衡性。反应速度受引发剂浓度和单体浓度影响，有的聚合反应在达到一定转化率时可能产生凝胶现象，从而发生自加速效应。一般情况下，反应过程的最高速度是平均速度的 2～3 倍。如果反应失控，甚至可出现爆聚现象。

（6）反应产物形态可以为粉状、粒状或聚合物溶液、乳液，不能用一般的提纯方法（如蒸馏、结晶、萃取）加以精制。

从聚合反应特征的不同角度出发，聚合反应被分为不同的类别。

（1）按照反应过程中是否析出小分子化合物，把聚合反应分为缩聚反应和加聚反应。

缩聚反应通常是指多官能团单体之间发生多次缩合，同时放出水、醇、氨或氯化氢等小分子副产物的反应，所得聚合物称缩聚物，缩聚物的分子组成比单体分子少若干原子。只有一种单体参加的缩聚反应称为均缩聚（或自缩聚），如氨基酸的缩聚反应；由两种具有不同官能团的单体参加的缩聚反应，其中任何一种单体都不能进行均缩聚，如二元酸和二元醇、二元酸和二元胺等的缩聚反应，称为混缩聚（或杂缩聚）；共缩聚有两种情况，一种是在均缩聚反应体系中加入相同类型的第二种单体的缩聚反应，另一种是在混缩聚体系中加入第三甚至第四种单体进行的缩聚反应。

加聚反应即加成聚合反应。一些含有不饱和键（双键、三键、共轭双键）的化合物或环状低分子化合物，在催化剂、引发剂或辐射等外加条件作用下，一种单体或两种及两种以上的单体间相互加成形成共价键相连大分子的反应称为加聚反应。该反应过程中并不放出小分子副产物，因而加聚物的化学组成和起始的单体相同。

（2）按照不同的聚合反应机理和动力学，把聚合反应分成连锁聚合和逐步聚合。

连锁聚合是指在聚合反应过程中有活性中心（如自由基或离子）形成，且可以在很短的时间内使许多单体聚合在一起，形成分子量很大的高分子的反应。连锁聚合反应主要包括三个基元反应，即链引发、链增长和链终止，有时还会伴有链转移反应发生。按活性中心的不同，连锁聚合可细分为自由基型聚合、阳离子型聚合、阴离子型聚合和配位聚合四种类型。按照引发方式的不同，连锁聚合可分为引发剂（或催化剂）引发聚合、热引发聚合、光引发聚合、辐射聚合等。

逐步聚合通常是由单体所带的两种不同的官能团之间发生化学反应而进行的聚合，如羟基和羧基之间的反应。两种官能团可在不同的单体上，也可在同一单体内。绝大多数缩聚反应都属于逐步聚合，其特征是低分子转变成高分子是缓慢逐步进行的，每步反应的速率和活化能大致相同。两单体分子反应，形成二聚体；二聚体与单体反应，形成三聚体；二聚体相互反应，形成四聚体。随后分子量逐步增加，达到较高数值，形成高分子。逐步聚合是高分子材料合成的重要方法之一。在高分子化学和高分子合成工业中占有重要地位。有很多聚合物是用该方法合成的，如人们熟知的涤纶、尼龙、聚氨酯、酚醛树脂等高分子材料。近年来，逐步聚合反应的研究无论是在理论上还是在实际应用上都有了新的发展。一些高强度、高模量及耐高温等综合性能优异的高分子材料不断问世，如聚碳酸酯、聚砜、聚苯醚、聚酰亚胺及聚苯并咪唑等。

连锁聚合与逐步聚合的区别如下：

①单体的种类不同。连锁聚合的单体主要是烯类、二烯类，逐步聚合的单体通常是含有可相互反应官能团的化合物。

②单体的消失（用转化率（%）表示）与聚合时间的关系不同。在逐步聚合反应中，聚合初期，单体缩聚成低聚物，之后再逐步聚合成高聚物，转化率变化微小，反应程度增加，所有单体的不同官能团之间，以及单物、低聚物、高聚物之间均能进行反应，因此单体很快消失，延长缩聚反应时间，分子量提高。在连锁聚合反应中，单体是逐渐消失的，转化率逐渐增大，单体不断加到活性中心上，使链迅速增长。

③聚合体系中反应混合物的组成不同。连锁聚合反应体系中，反应混合物由单体、聚合物和微量引发剂组成；逐步聚合的反应体系中有单体、分子量递增的中间产物、小分子副产物等。在反应的任何阶段，反应混合物都由聚合度不等的同系物组成。

④从速率常数和活化能比较，连锁聚合反应过程由链引发、增长、终止等基元反应组成，其速率常数和活化能各不相同，引发最慢，是控制步骤。逐步聚合的反应过程不能区分链引发、增长、终止等基元反应，各步反应速率常数和活化能都基本相同。

⑤聚合物的平均聚合度与转化率的关系。在连锁聚合反应中平均聚合度与转化率基本上没有关系，只有链增长才使聚合度增加。从单体增长到高聚物的时间极短，中途不能停止，聚合一开始就有高聚物产生，延长聚合时间，转化率提高，分子量变化较小。在逐步聚合反应中，单体物质之间都能发生反应，使分子量逐步增加，反应可以停留在中等聚合度阶段，只在聚合后期，才能获得高分子聚合物，转化率 <80% 时只形成低聚物，只有转化率 >98% 时才能形成高聚物。没有链终止和链转移的活性阴离子聚合特征是分子量随转化率的增大而增加，形成活的高分子，此时平均聚合度随转化率的增加而

增大。

⑥从反应热及活化能来比较，连锁聚合反应的反应热较大，在 $20 \sim 30$ kcal/mol[①]之间，所以聚合最高温度很高，在 $200 \sim 300$ ℃，在一般聚合温度下，可以认为它是不可逆反应。连锁聚合反应的链增长活化能很小，在 5 kcal/mol 左右，因此只要引发剂产生自由基，链增长即迅速进行，能在 1 s 左右形成聚合度约为 1 000 的长链高分子。但在逐步聚合反应（如聚酰胺和聚酯）中，反应热只有 5 kcal/mol 左右。所以，在一般温度下它是可逆反应，化学平衡既依赖于温度，又依赖于小分子副产物的浓度。逐步聚合反应的链增长活化能在 15 kcal/mol 左右，所以聚合必须用高温，往往要采用催化剂来降低反应温度，并在高真空下反应，尽量除去小分子副产物。

（3）按照单体和聚合物的结构不同，又可分为定向聚合、异构化聚合、开环聚合和环化聚合等类聚合反应类型。

定向聚合又称为立体选择聚合、立体对称聚合或有规立构聚合，是指单体形成立构规整性聚合物的聚合过程，可细分为配位聚合、离子型定向聚合和自由基型定向聚合等。定向催化剂有齐格勒催化剂、纳塔催化剂和离子型催化剂等。能进行定向聚合的单体有 α - 烯烃、二烯烃和烯类单体等，所得的聚合物称作定向聚合物。自然界存在着许多立构规整性聚合物，如天然橡胶、纤维素、蛋白质和淀粉等。

聚合物和有机化合物一样，由于分子中原子或原子团在空间排布方式（构型）上的不同，存在几何异构体和光学异构体。几何异构体是由碳—碳双键或环上取代基采取不同构型而产生的，有顺式和反式两种立体异构体（立构体），如顺式 -1，4 - 聚丁二烯和反式 -1，4 - 聚丁二烯。光学异构体是由分子的不对称性造成的，不对称性来源于分子中存在的不对称碳原子，或分子整体的不对称性。许多聚合物都含有不对称碳原子，其中有的具有旋光性，即能使偏振光的偏振面旋转，这种物质称为光学活性聚合物；大多数聚合物虽含有不对称碳原子，但由于含有内对称因素，发生了内消旋作用，所以不显示光学活性。含有不对称碳原子的聚合物就会有立体异构体。例如，在 $R'—CH_2—C*HX—R$ 链中，$C*$ 原子是一个不对称中心，可采取两种构型，即 R（右旋）或 S（左旋）构型。根据 R 和 S 构型在链中的分布，可以得到不同规整度的聚合物链。构型规整程度高者称有规立构，构型分布是任意的称无规立构。在乙烯基聚合物中，有两种立构规整形式。由相同构型单元组成的聚合物（如—R—R—R—R—R—或—S—S—S—S—S—）称全同立构聚合物或等规聚合物，构型交替的聚合物称间同立构聚合物。

有规立构聚合物的性能与无规立构聚合物有很大差别。无规立构聚合物是非晶态的、强度低的软材料。立构规整性聚合物则是结晶聚合物，具有高熔点、高密度、耐化学药品、高机械强度和低溶解性的特点。

异构化聚合指在链增长反应过程中常常发生原子或原子团的重排过程的反应。聚合反应中的异构化现象，最初是在研究烯烃的阳离子型聚合中发现的。这类聚合的特征是聚合物结构单元与单体结构不一致，与一般的聚合物结构单元和单体具有相同结构的对应关系是不同的。随着聚合物科学的发展，观察到越来越多的异构化聚合现象，不仅易

[①] 1 kcal = 4 186 J

重排的三价碳正离子能发生异构化合聚合，络合催化聚合中也发现了单体的异构化聚合，烯烃能发生歧化聚合等。

开环聚合是指环状化合物单体经过开环加成转变为线型聚合物的反应，开环聚合产物和单体具有同一组成，一般是在温和条件下进行反应，副反应比缩聚反应少，易于得到高分子量聚合物，也不存在等当量配比的问题。开环聚合不同于烯类加成聚合，不像双键开裂时释放出那样多的能量。在工业上占重要地位的开环聚合产物有聚环氧乙烷、聚环氧丙烷、聚四氢呋喃、聚环氧氯丙烷、聚甲醛、聚己内酰胺、聚硅氧烷等。

环化聚合是由非共轭双烯类化合物形成具有环状结构重复单元的线型聚合物的聚合反应。非共轭双烯类化合物两个双键的位置对环化聚合有很大影响，其产物具有较高的耐热性，因此环化聚合是制备耐热高分子的一种手段。以前一直认为具有两个双键的化合物在聚合时必定形成交联的不溶、不熔的高聚物。但在 1951 年，G. B. 布特勒等人用自由基引发二烯丙基季铵盐类进行溶液聚合，却得到了可溶性的线型聚合体。布特勒通过对二烯丙基季铵盐类聚合的研究，提出单体可以通过交替的"分子内－分子间"链增长反应，使线型高聚物形成。1953 年，W. 辛普森等人在研究邻苯二甲酸二烯丙酯的聚合反应时指出了双烯类单体在聚合时有环化现象。1958 年，J. F. 琼斯将这类聚合反应称为环化聚合。

1.2.2　高分子合成实施方法特征

高分子合成实施方法是指完成一个聚合反应所采用的方法，因聚合反应类型不同，所采用的聚合方法也不同。从聚合物的合成看，第一步是化学合成路线的研究，主要是聚合反应机理、反应条件（如引发剂、溶剂、温度、压力、反应时间等）的研究；第二步是聚合工艺条件的研究，主要是聚合方式、原料精制、产物分离及后处理研究。聚合方法的研究不但与聚合反应工程密切相关，而且与聚合反应机理亦有很大关联。

相同的反应机理如聚合反应动力学、自动加速效应、链转移反应等在不同的聚合方法中有不同的表现，因此单体和聚合反应机理相同但采用不同聚合方法所得产物的分子结构、相对分子质量分布等往往有很大差别。为满足不同的制品性能，工业上一种单体采用多种聚合方法十分常见。如同样是苯乙烯自由基聚合（相对分子量质量为 10 万~40 万，相对分子量分布为 2~4），用于挤塑或注塑成型的通用型聚苯乙烯（GPS）多采用本体聚合生产，可发性聚苯乙烯（EPS）主要采用悬浮聚合生产，而高抗冲聚苯乙烯（HIPS）则是采用溶液聚合－本体聚合联用方法生产。

聚合方法本身没有严格的分类标准，它是以体系自身的特征为基础确立的，相互间既有共性又有个性，从不同的角度出发可以有不同的划分。连锁聚合采用的聚合方法有本体聚合、悬浮聚合、溶液聚合和乳液聚合。进一步看，由于自由基相对稳定，自由基聚合可以采用上述四种聚合方法；离子聚合则由于活性中心对杂质的敏感性而多采用溶液聚合或本体聚合；逐步聚合采用的聚合方法有熔融缩聚、溶液缩聚、界面缩聚和固相缩聚。上面所介绍的聚合方法种类，主要是以体系组成为基础划分的。如以最常用的相容性为标准，则本体聚合、溶液聚合、熔融缩聚和溶液缩聚可归为均相聚合；悬浮聚合、乳液聚合、界面缩聚和固相缩聚可归为非均相聚合。

本体聚合是单体本身在引发剂或光、热、辐照等作用下的聚合，它的特点是组分简单，通常只含单体和少量引发剂，所以操作简便，产物纯净，缺点是聚合热不易排除。工业上应用自由基本体聚合生产的聚合物品种主要有聚甲基丙烯酸甲酯、高压聚乙烯和聚苯乙烯等。

溶液聚合是单体、引发剂（或催化剂）溶于适当溶剂中进行的聚合，其优点是体系黏度低，传热快，聚合温度容易控制；缺点是聚合物的聚合度比较低，混入的少量溶剂不易除去，产物纯度较差，此外由于使用溶剂和增添回收溶剂的设备，使生产成本提高。工业上，溶液聚合主要用于直接使用聚合物溶液的场合，如乙酸乙烯酯甲醇溶液聚合产物直接用于制备聚乙烯醇，丙烯腈溶液聚合产物直接用于制备纺丝，丙烯酸酯溶液聚合产物直接用于制备涂料或胶黏剂等。

悬浮聚合是溶解有引发剂的单体被搅拌成小液滴，在水介质中进行的聚合。由于是在大量水介质中进行聚合，容易散热，产物为 0.1 mm 左右的小颗粒，容易分离、洗涤，因此纯度较高。其缺点是聚合过程中聚合物容易黏结在釜壁上，需要定时开盖清釜，所以不能连续生产。如果采用水溶性引发剂（如过氧化氢），并在大量有机分散剂存在下聚合，就得到粒径为 0.5~10 μm 的聚合物，其颗粒大小介于典型的悬浮聚合和乳液聚合之间，称为分散聚合。悬浮聚合主要用于生产聚氯乙烯、聚苯乙烯和聚甲基丙烯酸甲酯。分散聚合主要用于生产胶黏剂、水性漆和涂料。

乳液聚合是单体借助乳化剂的作用分散在溶解有引发剂的水介质中产生，形成乳液后再进行的聚合。由于存在乳化剂，单体主要在乳胶粒内聚合，聚合速率快、分子量大。此外，大量水作介质也容易散热。其缺点是包藏在聚合物颗粒中的乳化剂不易除去，影响性能，特别是电性能较差。采用乳液聚合生产的品种主要有丁苯橡胶、氯丁橡胶、丁腈橡胶和聚氯乙烯胶乳等。

熔融缩聚在体系中只有单体和少量催化剂，在单体和聚合物熔点以上（一般高于熔点 10~25 ℃）进行的缩聚反应称为熔融缩聚。熔融缩聚的反应温度比连锁聚合高得多，一般在 200 ℃以上。对于室温反应速率小的缩聚反应，提高反应温度有利于加快反应，缩短反应时间。其缺点是由于反应温度高，在缩聚反应中经常发生各种副反应，如环化反应、裂解反应、氧化降解、脱羧反应等。工业上合成涤纶、聚碳酸酯、聚酰胺等，采用的都是熔融缩聚。

界面缩聚单体处于不同的相态中，在相界面处发生的缩聚反应称界面缩聚。界面缩聚具有以下特点：复相反应；反应温度低，不可逆；反应速率为扩散控制过程；相对分子质量对配料比敏感性小；缺点是活性高的单体如二元酰氯合成成本高，反应中需要回收大量的溶剂以及设备体积庞大。工业上在胺类催化剂的作用下，将双酚 A 钠盐水溶液与光气有机溶剂在室温以上反应合成聚碳酸酯，新型的聚间苯二甲酰胺也是采用界面缩聚制备的。

溶液缩聚是单体、催化剂在溶剂中进行的缩聚反应。其优点是体系黏度低，传热快，聚合温度容易控制；缺点是溶剂的回收增加了成本，使工艺控制复杂，且存在"三废"问题。溶液缩聚在工业上应用规模仅次于熔融缩聚。采用溶液缩聚生产的产品有聚芳酰亚胺、聚砜、聚苯醚等。

固相缩聚是在原料（单体及聚合物）熔点或软化点以下进行的缩聚反应。其优点是在制备高相对分子质量、高纯度的聚合物以及高熔点缩聚物、无机缩聚物、熔点以上容易分解的单体的缩聚物有独特的优势；缺点是反应速率低、反应时间长、扩散控制过程慢，以及有明显自催化作用。其尚处于研究阶段，工业化产品较少。

高分子合成工业生产中，同一种高分子化合物可以用几种不同的聚合实施方法进行生产。聚合实施方法的选择取决于聚合反应的特点、单体与催化剂的性质及其基本的必要操作工序、聚合物的性质、要求的产品形态和成本等。相同性能的产品，其产品质量好、设备投资少、生产成本低的方法将得到发展，其他方法则逐渐被淘汰。

①根据单体的形态，聚合实施方法有气相聚合和固相聚合，如图 1-2 所示。

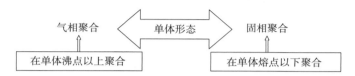

图 1-2 单体形态不同对应的聚合实施方法

②根据单体和其生成聚合物之间的相溶性，聚合实施方法有均相聚合、非均相聚合和沉淀聚合，如图 1-3 所示。

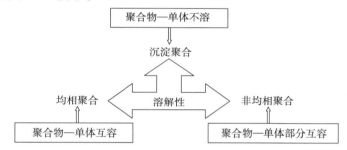

图 1-3 单体和其生成聚合物之间的相溶性不同对应的聚合实施方法

③根据所要求聚合物的性质和形态，聚合实施方法有本体聚合、溶液聚合、悬浮聚合、乳液聚合，如图 1-4 所示。

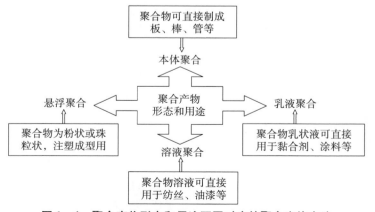

图 1-4 聚合产物形态和用途不同对应的聚合实施方法

1.2.3　高分子合成操作方式特征

按聚合反应过程进行的操作方式分类，高分子合成操作包括间歇式、连续式和半连续式（或称半间歇式）三种。

间歇式聚合操作是聚合物在聚合反应器中分批生产的，即在聚合反应器中加入单体、引发剂（或催化剂）、反应介质等原材料后，控制反应条件，使之进行聚合反应。当反应达到要求的转化率时停止聚合、出料、对聚合体系进行清理。

循环操作过程：进料——反应——出料——清理。

间歇式聚合操作的优点是反应条件易控制，升温、恒温可精确控制，物料在聚合反应器内停留的时间相同，便于改变工艺条件，适合小批量生产，容易改变品种和牌号，灵活性大；缺点是不易实现操作过程的全部自动化，每批产品的规格难以达到完全一致，反应器不能充分利用，单位时间内的生产能力受影响，不适合大规模生产。

连续式聚合操作方式是单体和引发剂等连续进入聚合反应器，反应得到的聚合物则连续不断地流出聚合反应器，反应过程内任一点的组成不随时间改变。连续式聚合操作的优点是聚合反应条件是稳定的，容易实现操作过程的全部自动化、机械化；产品的质量规格稳定；设备密闭，污染减少；适合大规模生产，劳动效率高，成本低。其缺点是不易经常改变产品牌号，不便于小批量生产某牌号产品。目前，除悬浮聚合采用间歇法外，高分子合成工业中的大多数品种生产基本实现了连续聚合操作。

间歇式和连续式聚合反应操作方式比较见表 1-1。

表 1-1　间歇式和连续式聚合反应操作方式比较

操作方式	投料、出料方式	优点	缺点	适用场合
间歇式	一次投料，一次出料	反应条件易控制；聚合物停留时间相同；灵活度大，工艺条件容易改变，可生产不同品种或牌号的产品	产品规格难以控制统一；聚合反应器不能充分利用；不易实现操作过程的全部自动化，不适于大规模生产	小批量生产
连续式	连续投料，连续出料	聚合反应条件稳定，产品质量规格稳定；设备密闭，污染少；容易实现操作过程的全部自动化，适合大规模生产，生产率高，成本较低	不便于小批量产品品种或牌号的生产	大批量生产

半连续聚合操作方式是某些反应物料一次加入，其余物料连续加入，或者将某种产物连续取出。例如，半连续乳液聚合具有以下特点：

①半连续乳液聚合可以将一种（或某几种）单体先全部加入反应体系中，然后按一定时间滴加另一种（或另几种）单体。这样可以通过加料快慢控制聚合反应速率和放热速率，避免出现间歇聚合时发生的放热高峰，使反应可平稳地进行。

②加入的单体立即进行聚合反应，不存在单体的积累，所以共聚物组成可以有效地控制，而且先后加入组成不同的单体，可以制成具有不同乳胶结构形态的聚合物乳液。

③通过一定时间半连续地补加乳化剂，可以制得高浓度乳液。

④配方中有功能单体时，加料方式不同，可获得不同性能的聚合物乳液。

半连续乳液聚合工艺相对间歇乳液聚合工艺主要有以下优点：

①解决了由于聚合热集中而导致的传热问题。

②由于单体的慢加入，避免了大量和过大单体液滴的生成，减小了在单体液滴内聚合而生成凝聚物的概率，同时由于乳化剂的连续加入，长大着的乳胶粒及时受到保护，提高了胶乳体系的稳定性。

③半连续聚合工艺可以实现种子聚合技术。

由于半连续聚合工艺具有以上优点，在胶乳的工业生产中已得到广泛应用。

1.2.4　高分子合成设备的特征

高分子合成生产的设备包括静设备和动设备两大类。静设备指主要作用部件是静止的或者只有很少运动的机械装备，如各种容器（槽、罐等）、反应釜、换热器、塔器、干燥器、蒸发器、反应炉、吸附设备、普通分离设备等。动设备指主要作用部件为运动的机械装备，如各种泵、压缩机、离心分离机、搅拌机、旋转干燥机以及流体输送机械等。高分子合成生产的设备是根据生产工艺流程要求来设计的，由于高分子合成生产工艺的种类繁多，生产需要的设备具有以下多样性、高要求等特征。

（1）设备种类多样。

高分子合成工艺过程是通过若干个工段的物理和化学操作实现的，常见操作有储存、输送、聚合反应、吸收、蒸馏、冷凝、分离、干燥、粉碎、分散、研磨等。各种操作都要通过不同的设备来实现，如为了储存单体原料、引发剂（催化剂）、各类助剂，及聚合物产品等，需要罐、槽、池等各种储存容器。按照不同的聚合反应特点和实施方法，有不同形状的聚合反应器，如釜式、管式和塔式聚合反应器，此外还有特殊形式的聚合反应器，如螺旋挤出机式反应器、板框式反应器等。按不同的加热方式有热水蒸气器、电加热器、油加热器、红外线加热器等。按照不同的干燥方式有厢式干燥器、气流干燥器、流化床干燥器、喷雾干燥器等。根据对设备耐压、耐温以及耐腐蚀的不同要求，有钢质、陶瓷、搪瓷、玻璃等不同材质的设备。另外还有自控设备、物料输送设备及各种管道。

（2）设备耐温、耐压要求高。

不同的高分子合成工艺过程因工艺条件差距很大，介质的温度和压力各不相同。介质温度从深冷到高温，压力从真空到数百大气压，有的设备要承受高温或高压，如乙烯聚合不同压力得到不同产品，缩聚反应需要高真空度，因此设备要求耐压，有的设备要承受低温或低压。同一设备在不同的反应阶段温度或压力也会发生变化，工艺要求决定设备的工作条件和材料选择。

（3）设备稳定性要求高。

高分子合成生产无论是连续还是间歇操作，都是由多台设备组成的，因此要求设备彼此及与其他设备之间，设备和管道、阀门、仪器、仪表、电器电路等之间要有可靠的协同性和适配性；另外，这些生产设备都需要长期进行操作使用，因此要考虑设备磨损、腐蚀等因素，要保证有足够长的正常使用寿命；生产设备不能有跑冒滴漏问题，设备仪表管道阀门等任何一个环节在设计上、选材上、制造上以及维修保养上都不能存在缺陷。总之要求设备有高的稳定性和可靠性。

1.3　高分子合成工艺过程

高分子合成工艺过程是通过一定的生产设备，从简单的有机化合物原料（单体）投入经聚合反应到分子量和用途不一的聚合物成品产出，按顺序进行合成高分子化合物生产的全过程。

高分子合成工艺过程

工艺过程是由工业企业的生产技术条件和产品的生产技术特点决定的。一个完整的工艺过程通常包括若干道工序。合成高分子的工艺生产过程主要包括 6 个工序（见图 1-5）：原料准备与精制过程、引发剂（或催化剂）配制过程、聚合反应过程、分离过程、聚合物后处理过程、回收过程。

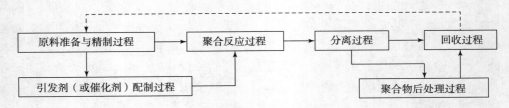

图 1-5　合成高分子的工艺生产过程

1.3.1　原料准备与精制

原料是高分子合成生产的物质基础，是聚合反应的参与物。高分子合成的原料主要包括单体、溶剂、去离子水、助剂等。原料准备与精制过程中主要涉及的问题包括原料的供应渠道问题、价格问题、储存和运输问题、原料的毒性和安全性问题、原料的质量问题、原料的纯化问题等。

（1）原料在高分子合成产品生产中的影响与要求。

原料的纯度和规格：纯度由杂质对反应的影响和高纯原料的价格、资源等技术经济参数决定。纯度确定后，要制定一份原料的质量要求和检验方法（原料质量指标），作为管理文件，并在原料进入生产流程之前要有一份检测报告。

聚合反应对原料的要求：聚合反应机理和实施方法不同，对原料要求不同；选用的反应器不同，对原料要求不同；反应条件不同，对原料要求也不同。

原料计量和进料方案：根据不同的高分子合成工艺，其原料配比和进料要求不同。

（2）原料准备与精制的任务。

原料准备与精制的过程是高分子合成工艺流程中的第一个组成部分，其任务是用物理或化学方法率先制成在化学上（即纯度杂质上）合乎进入反应器要求的物料。可采用物理或机械的方法达到进入反应器的物理要求（即物理形态和形状的要求，如细度、粒度、平均粒度和粒度分布，含水量、比表面，粒子的形状，干燥程度等）。可采用物理或其他方法达到进入反应器的加料要求，如原料配比要求，气相进料、液体进料等。

（3）原料准备与精制的原则及方案设计。

原料准备与精制的原则：

①必须满足工艺要求。

②简便可靠的精制处理工艺。

③充分利用反应和分离过程的余热及能量。

④尽量不产生新的污染，不造成损失。

⑤尽量研究和采用先进技术。

⑥投资节省，设备维修方便。

⑦尽量分工由原料生产厂家精制。

原料准备与精制的方案设计步骤如下。

第一步，研究原料准备与精制处理的方框概念，如图 1-6 所示。

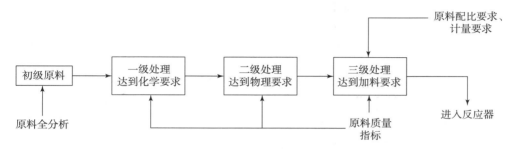

图 1-6　原料准备与精制处理的方框概念

第二步，根据具体原料进行一级、二级、三级处理，实现化工单元和装置化。例如，某一固体物料，在运输过程中可能沾有泥土、砂石等杂质，物料本身也含有杂质，加料要求是要粉碎到某个粒度，要求干燥，则根据上述方框概念，其原料预处理流程如图 1-7 所示。

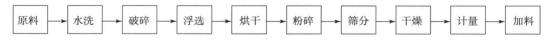

图 1-7　固体原料预处理流程

将上述单元操作完善并变为装置，如图 1-8 所示。

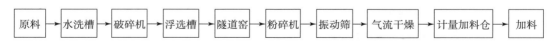

图 1-8　固体原料预处理操作的装置

然后，细化处理流程，简化完善流程。如上述流程可先浮选再洗涤，省去水洗和干燥，也可设计一个密闭的粉碎系统，不必再进行气流干燥等。

原料准备与精制的一般过程如下：

固体：粉碎、溶解——浓度、纯度；

液体：配制、混合——浓度、均一性；

气体：配比、压缩——浓度、输送。

原料准备与精制的过程会牵涉粉碎、筛分、配制、混合、压缩、提纯等单元操作。这些操作过程主要根据原料的性质及处理方法选择不同的装置进行组合。因此，设计的工艺流程就有所不同。

（4）原料准备与精制方案的比较和评估。

原料一般由供应商提供，如果供应厂商的处理方案与生产商相同，则精原料与粗原料相比，不仅要作技术经济比较，而且要作充分的风险分析和研究。因为作为粗原料的供应渠道可能较多，而作为精原料实际上接近专业配套厂商，他们的运行效益和企业成败直接关系到本企业产品的正常生产，当然可以采取兼并或其他手段，其中的风险不可不察。

原料准备与精制的处理方案，要从原料来源、技术成熟和可靠程度、设备投资、运行费用以及带来的风险等做技术经济的综合评估。

单体和溶剂常用精制过程为除杂、洗涤、干燥、蒸馏或精馏等。通常为了防止单体储存时发生自聚（主要是烯类单体），直接购置的单体原料中都加入了少量如对苯二酚、苯醌等阻聚剂，聚合前要对单体进行纯化处理，一般要求单体的纯度达99%以上。此外，所有分散介质（水、有机溶剂）和助剂的纯度也都有严格要求，杂质会影响聚合反应速度、聚合物分子量、聚合物色泽以及引发剂或催化剂活性等。

聚合反应中使用的单体、溶剂等大都是易燃、易爆物质，使用或储存不当易造成火灾和爆炸。单体、有机溶剂的储存运输设备要求如下：

①防止与空气接触产生易爆炸的混合物或产生过氧化物。

②提供可靠的措施，保证在任何情况下储罐不会产生过高的压力，以免储罐爆炸。

③防止有毒、易燃的单体泄漏出储罐、管道和泵等输送设备。

④为了防止单体储存过程中发生自聚现象，必要时应当添加阻聚剂。但在此情况下，单体进行聚合反应前又应脱除阻聚剂，以免影响聚合反应的正常进行。例如，单体中含有氢醌阻聚剂则用氢氧化钠溶液洗涤或经蒸馏除去阻聚剂。

⑤储罐还应当远离反应装置，减少着火危险。

⑥储存气体状态单体（如乙烯）的储罐和储存常温下为气体，经压缩冷却液化为液体的单体（如丙烯、氯乙烯、丁二烯等）的储罐应当是耐压容器。为了防止储罐内进入空气，高沸点单体的储罐应当用氮气保护。为了防止单体受热后产生自聚现象，单体储罐应当防止阳光照射并且采取隔热措施，或安装冷却水管，必要时进行冷却。有些单体的储罐应当装有注入阻聚剂的设施。

1.3.2 引发剂（或催化剂）配制

引发剂（或催化剂）配制过程包括聚合用引发剂、催化剂的制造、溶解、储存、调整浓度等过程与设备。

引发剂易分解成自由基，用于引发烯类或二烯类单体自由基聚合的物质，主要有偶氮化合物和过氧化物，以及氧化–还原引发体系。选用引发剂时，除考虑安全、毒性、对聚合物着色等因素外，最主要的是活性问题。引发剂的活性常以半衰期表示。所谓半衰期，是指在某一温度下，引发剂分解至起始浓度一半所需的时间，以小时（h）为单位。半衰期越短，活性越高。要求选择半衰期适当的引发剂，以保证一定的聚合速度。单体性质不同，聚合温度也不同，常用的引发剂都只能在一定的温度范围使用。

引发剂的储存及运输中需要注意多数引发剂受热后有分解爆炸的危险，干燥、纯粹的过氧化物最易分解。因此工业上过氧化物采用小包装，储存在低温环境中，并且需要防火、防撞击。固体的过氧化物，如过氧化二苯甲酰为了防止储存过程中发生意外，加有适量水，使之保持潮湿状态。液态的过氧化物，通常加有适当溶剂使之稀释以降低其浓度。

催化剂主要有两类：一类是离子聚合和配位聚合的催化剂，在反应后一般不能再生，按其作用在大多数情况下也应称引发剂。阳离子聚合催化剂为亲电试剂，属于酸类，主要有路易斯酸、含氢酸和能产生阳离子的物质，如碘。路易斯酸需有能析出质子的物质（如水），或能析出碳正离子的物质（如 RX）作助催化剂。阴离子聚合催化剂是亲核试剂，属于碱类，主要有碱金属及其有机化合物。不同的催化剂活性相差很大，对单体有强烈的选择性。一般离子聚合活性较差的单体需选用活性高的催化剂。配位聚合催化剂主要有齐格勒 – 纳塔催化剂、烷基锂、π – 烯丙基过渡金属化合物等。齐格勒 – 纳塔催化剂是一大类催化剂的总称，主要用于 α – 烯烃的有规立构聚合，但也常用于二烯烃和环烯烃等的有规立构聚合。齐格勒 – 纳塔催化剂主要由两种组分组成，主催化剂是周期表中第 $III_B \sim VIII_B$ 族过渡金属化合物，如 $TiCl_4$、$TiCl_3$、$VOCl_3$，助催化剂是第 $I_A \sim III_A$ 族金属有机化合物，如 AlR_2Cl、AlR_3、RLi、R_2Mg。这两种组分可有多种搭配，因而种类和数量极多。此外，尚有三组分、四组分和负载型催化剂等。另一类是许多缩聚反应需要的催化剂，如聚酯化反应用的无机酸、酯以及盐类，酚醛、脲醛缩聚中的酸或碱，合成聚碳酸酯的胺等。

催化剂的储存及运输需要注意催化剂中以烷基金属化合物最为危险，它对于空气中的氧和水甚为灵敏。例如，三乙基铝接触空气则会自燃，遇水会发生强烈反应而爆炸。烷基铝的活性因烷基碳原子数目的增大而减弱。低级烷基的铝化合物应当制备为惰性溶剂如加氢石油、苯和甲苯的溶液，便于储存和输送。其浓度为 15% ~ 25%，并且用惰性气体如氮气予以保护。

过渡金属卤化物如 $TiCl_4$、$TiCl_3$、$FeCl_3$ 以及 BF_3 络合物，接触潮湿空气易水解，生成腐蚀性烟雾，因此它们所接触的空气或惰性气体应当十分干燥，要求露点低于 −37 ℃。$TiCl_3$ 是紫色结晶物，易与空气中的氧反应，因此储存与输送过程中应当严格防止接触空气。

缩聚反应过程有时也需要添加催化剂，但这一类催化剂多数不是危险品，储存、运输较为安全。

1.3.3　聚合过程

聚合过程的任务是将原料或单体在反应器中进行连锁聚合或逐步聚合，使低分子量原料转化成高分子。这是高分子合成生产过程中最关键的一个环节。经过预处理的原料和引发剂（催化剂），在一定的温度、压力等条件下进行聚合反应，以达到所要求的反应转化率和收率。聚合过程包括聚合反应和以聚合容器为中心的有关的热交换设备及反应物料输送过程与设备。

聚合过程是高分子合成工业中的主要化学反应过程，其反应产物与一般的化学反应不同，它不是简单的一种成分，高分子化合物实际是分子量大小不等，结构亦非完全相同的同系物的混合物；其形态为坚硬的固体物、高黏度熔体或高黏度溶液，因此不能用一般的产品精制方法，如蒸馏、结晶、萃取等方法进行精制提纯。又由于高分子化合物的平均分子量、分子量分布及其结构对于高分子合成材料的物理机械性能产生重大影响，因此生产高分子量聚合物时，对于聚合反应工艺条件和设备的要求很严格。不仅要求单体高纯度，且对所有分散介质（水、有机溶剂）和助剂的纯度都有严格要求，它们既要不含有害于聚合反应的杂质，又要不含有影响聚合物色泽的杂质。反应条件的波动与变化将影响产品的平均分子量与分子量分布，因此为了控制产品规格，反应条件应当稳定不变或控制波动在容许的最小范围内。因为产品形成后不能进行精制提纯，所以对于大多数合成树脂的聚合生产设备，在材质方面要求不会污染聚合物，聚合反应设备和管道在多数情况下应当采用不锈钢、搪玻璃或不锈钢碳铜复合材料等制成。

1.3.4　分离过程

聚合反应得到的物料，在多数情况下既含有聚合物又含有未转化的单体，同时还包含引发剂（催化剂）残留物、反应介质（水或有机溶剂）、脱除低聚物等。一般情况下，高聚物生产过程中都设置有分离过程，将低分子物除去。分离具有消除环境污染的意义，不同聚合实施方法中，分离的过程不同。

本体聚合和熔融缩聚得到的高黏度熔体不含有反应介质，如果单体几乎全部转化为聚合物，通常不需要经过分离过程。如果要求生产高纯度聚合物，应采用高真空脱除单体的方法，聚合物以薄层或线性流动。

乳液聚合得到的浓乳液或溶液聚合得到的聚合物溶液如果直接用作涂料、黏合剂，也不需要经过分离过程。但如果要求产品是粉状固体，就需要进行分离过程。乳液聚合所得产物有两种状态：胶体分散状态和橡胶乳液。对于胶体分散体系，不能用过滤的方法分离固、液相，在工业上采用喷雾干燥的方法，使水分蒸发而得到干燥的粉状树脂，或可用闪蒸或浓缩的方法脱除未反应单体并提高其浓度。对于合成橡胶乳液，在闪蒸单体后，应加入防老剂或填充油的乳浊液，混合均匀后，再进行凝聚使胶粒析出。如加入NaCl溶液进行破乳，使乳化剂析出，得到胶粒，再进行分离、洗涤、过滤得到潮湿的胶粒。

自由基悬浮聚合得到固体珠状树脂在水中的分散体系，可能含有少量未反应单体和分散剂。脱除未反应单体用闪蒸（迅速减压）的方法，对于沸点较高的单体则进行水蒸气蒸馏，使单体与水共沸脱除。离心机去除水，可用净水在离心机内洗涤。

离子聚合和配位聚合所得的淤浆液含有未反应的单体和催化剂残渣，以闪蒸方式去除单体，如催化剂高效、残渣浓度低，可无须分离催化剂，直接做溶剂分离；如催化剂低效，则应脱除催化剂。对于有机金属化合物和变价过渡金属卤化物，先用醇（甲醇、乙醇）破坏金属有机化合物，然后用净水洗涤去除金属盐和卤化物，最后离心分离去除溶剂。

经自由基溶液聚合或经离子聚合和配位聚合得到的聚合物高黏度溶液，其分离方法因所含聚合物是树脂还是橡胶而不同。对于合成树脂，通常是将合成树脂溶液逐渐加入第二种非溶剂（与原溶剂混溶）中，使树脂呈粉状固体析出，如果通过细孔（喷丝孔）进入沉降用溶剂中，则生成纤维状产品。对于合成橡胶，高黏度溶液不能用上述方法，其分离方法是将该溶液喷入沸腾的热水中，同时进行强烈搅拌，未反应的单体和溶剂与一部分水蒸气被蒸出，合成橡胶则以直径 10～20 mm 的胶粒悬浮水中，经过滤、洗涤得到胶粒。

1.3.5　聚合物后处理过程

高聚物生产过程中，即使经历分离单元操作，所得的聚合物还会有少量高聚物生产过程中的未转化单体、水分或溶剂，需经进一步的后处理。对有些品种，聚合后为粉状形态，还需在聚合物中添加抗氧剂、稳定剂等助剂经挤出造粒、混批、包装，如聚烯烃树脂。对某些合成橡胶，还需加入油类，制成充油橡胶产品。对于聚酯（如聚对苯二甲酸二乙二醇酯）瓶用料的生产，在聚合后有后缩聚方法处理，进一步提高分子量。对某些本体法或熔融缩聚生产的聚合物，需进一步脱去微量的单体。对聚氯乙烯生产，需将离心分离得到的湿物料充分干燥。

产物的后处理过程，根据反应原料的特性和产品的质量要求，以及反应过程的特点，实际反应过程可能会出现以下情况：

①除了获得目标产物外，由于存在副反应，还生成了副产物。

②由于反应时间、压力等条件的限制或受反应平衡的限制，以及为使反应尽可能完全而有过剩组分。

③原料中含有的杂质往往不是反应需要的，在原料的预处理中并未除净，因而在反应时将会带入产物中，或者杂质参与反应而生成无用且有害的物质。

④产物的聚集状态要求增加了后处理过程。某些反应过程是多相的，而最终产物是固态的。

因此，用于产物的净化、干燥的单元操作过程往往是整个工艺过程中最复杂、最关键的部分。

聚合物后处理过程包括聚合物的输送、干燥、造粒、均匀化、储存、包装等过程与设备。

合成树脂的后处理过程包括以下步骤：

①工业采用的合成树脂干燥主要是气流干燥和沸腾干燥。当合成树脂含水时，通常用热空气作为载热体进行干燥；当含有机溶剂时，则用加热的氮气干燥。

②添加稳定剂（热、光稳定剂）、润滑剂、着色剂等组分。

③在密炼机中或专用混炼机中进行混炼使添加剂与树脂充分混合。然后送入挤塑机中挤出条状固体物，再经切粒机将其切成一定形状和大小的粒状塑料。

④进行均匀化混合后包装作为商品出厂。

合成树脂的干燥、造粒（压块）与包装过程如图 1-9 所示。

合成橡胶的后处理过程包括以下步骤：

①采用箱式干燥机或挤压膨胀干燥机进行干燥。

②充分干燥并冷却后压制 25 kg 大块，包装为商品。

合成橡胶的干燥、压块与包装过程如图 1-10 所示。

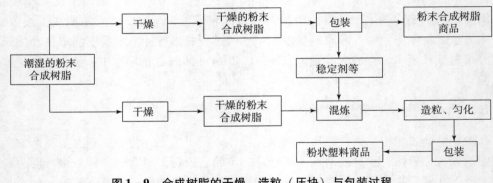

图 1-9 合成树脂的干燥、造粒（压块）与包装过程

图 1-10 合成橡胶的干燥、压块与包装过程

1.3.6 回收过程

无论是从生产成本考虑还是从环境保护角度看，回收物最好经过处理并且再利用。回收单体或溶剂的方法有很多。一般情况下，单体或溶剂若为气态，可经压缩、冷凝得到液态的单体或溶剂。回收单体或溶剂的精制一般是通过精馏操作实现的，聚氯乙烯生产，则是将反应釜上部的未转化单体经压缩冷凝后，不必经精馏工序，直接以一定比例与新鲜单体掺混，循环利用。高压聚乙烯生产，单程转化率只达到 20% ~ 30%，未转化的乙烯气体分别经高压分离器、低压分离器后，再送入一次压缩机、二次压缩机，加压后重新进入反应系统。

回收过程主要涉及未反应单体、溶剂的回收过程及设备。

（1）合成树脂生产中回收的溶剂。

这些溶剂通常是经离心机过滤与聚合物分馏得到的。其中可能有少量单体、破坏催化剂用的甲醇或乙醇等，还可能溶解有聚合物（如聚丙烯生产中得到的无规聚合物），回收过程复杂。

（2）合成橡胶生产中回收的溶剂。

这些溶剂是在橡胶凝聚釜中同水蒸气一同蒸出的，含有可挥发的单体和终止剂，如甲醇等。经冷凝后，水与溶剂通常形成两层液相。然后用精馏的方法使单体与溶剂分离，一些高沸点物则作为废料处理。

在高分子合成生产过程中，难免要排放的各种废气、废液和废渣（简称"三废"），应尽量综合利用，变废为宝，加以回收。无法回收的应妥善处理。"三废"中如含有有害物质，在排放前应该达到排放标准。因此在高分子合成生产开发和工艺设计中必须研究和设计治理方案和流程，要做到"三废"治理与环境保护工程、"三废"治理工艺与主产品工艺同时设计、同时施工，而且同时投产运行。按照国家有关规定，如果污染问题不解决，是不允许投产的。

1.4 高分子合成工艺的评价和改革创新

理想的高分子合成工艺要求如下：

①合成途径简洁。

②所需原辅料品种少且易得，并有足够数量的供应。

③产品质量符合要求，最好是连续操作。

④聚合反应在易于控制的条件下进行，安全、无毒。

⑤设备条件要求不苛刻。

⑥"三废"少且易于治理。

⑦成本低、经济效益好。

高分子合成工艺的
评价和改革创新

一种高分子化合物可以有多种合成路线，但并不是每条路线都可以工业化生产，必须根据各种因素（如原辅料的采购、价格、操作等）综合比较、论证评估，选择最为合理的工艺路线。

随着高分子合成材料的广泛应用，要求加快和扩大高分子合成生产。为了缩短研发时间，需要快速、准确地选择合理的合成工艺路线，并且放大。大多数高分子合成工艺研发始于聚合反应路线，这样的路线通常不是为进一步大规模商业生产设计的。因此，在工艺研发中聚合反应路线可能会被更改。大规模生产过程很难预测，往往直到中试规模才会发现严重问题。

高分子合成生产工艺的推行必须有良好的生产技术组织措施作保证。任何一种生产工艺都具有一定的相对稳定性，不能任意改动；但它又不是一成不变的，而是随着技术进步和生产装备的更新而不断改进的。生产工艺的确定一般要经过一定的工艺准备工作，如对产品图纸进行工艺分析审查，编制工艺方案和工艺文件，进行工艺技术方案的流程、安全、经济评价等。

1.4.1 生产工艺流程的评价

生产工艺流程是指在生产过程中，劳动者利用生产工具将各种原材料通过一定的设备、按照一定的顺序进行生产，最终得到产品的方法与过程。生产工艺流程评价的原则是技术先进、经济合理。由于不同工厂的设备生产能力、精度以及工人熟练程度等因素都大不相同，所以对于同一种产品而言，不同的工厂制定的工艺可能是不同的，甚至同一个工厂在不同的时期做的工艺也可能不同。所以就某一产品而言，生产工艺流程具有不确定性和不唯一性。

生产工艺流程是从原材料到产品的生产过程。工艺流程设计由专业的工艺人员完成，设计过程中要考虑流程的合理性、经济性、可操作性、可控制性等方面，生产工艺流程设计的内容主要包括以下三个方面。

（1）组织和分析。

组织和分析是为了说明生产过程中物料和能量发生的变化及流向，应用了哪些聚合反应或化工过程及设备，确定产品的各个生产过程及顺序。该部分工作内容通常称为过程设计。流程的组织包括：能满足产品的质量和数量指标；具有经济性；具有合理性；

符合环保要求；过程可操作；过程可控制。

高分子合成工艺流程设计通常注重：尽量采用成熟的、先进的技术和设备；尽量减少"三废"排放量，有完善的"三废"治理措施，减少或消除对环境的污染，并做好"三废"的回收和综合利用；确保安全生产，保证人身和设备的安全；尽量采用机械化和自动化，实现稳产、高产。

（2）流程图绘制。

生产工艺流程图分为多个层级，不同层级有着不同的受众，关注的重点不同，要求也各异。基础流程图要求标明主要物料的来龙去脉，描述从原材料到产品所经过的工艺环节和设备等；更细化的流程图则需用符号标明各个环节的关键控制点，甚至具体到产品的工艺参数等，这类流程图是施工的依据，也是操作、运行和维修的指南。

（3）流程管理。

生产工艺流程管理主要包括以下几个方面：

①生产工艺流程优化机制。生产工艺流程并不是稳定不变的，随着技术的不断变化，人员的能动性能相应给工艺的改进提出更合理的建议，每一个细节的变更都可能对整个工艺流程的优化产生良好的效果。企业应创建相应的生产工艺流程优化机制。

②生产工艺流程各环节的协调。这主要包括生产工艺流程相关各部门间的安排与协调等。产品实现过程中涉及的部门与环节非常多，相关部门的管理者既需要清楚本部门在产品实现过程中承担哪些责任，同时还需掌握必要的方法和工具，才能保证整个生产工艺流程的顺畅及高效。

③生产工艺流程管控。设备是否老化？人员安全是否有保障？关键控制点状态如何？生产工艺流程的管控涉及整个工艺过程的多个方面。企业必须形成规范的管控机制，从而降低风险。

传统高分子合成工业生产的工艺过程主要是化学过程：单体、催化剂及其他助剂通过反应釜或其他合成反应器，生成聚合物。聚合反应往往需要几小时甚至数十小时，部分聚合反应还需要在高温、高压或真空等条件下进行。聚合反应结束后再进行分离、提纯、脱挥和造粒等后处理工序。制备过程流程长、能耗高、环境污染严重，且制造成本高。

高分子合成生产工艺流程的评价，除了考察生产流程是连续生产还是间歇生产外，还应从产品性能、原料路线、能量消耗与利用、生产技术水平等方面进行考察。

1.4.2　生产工艺安全性评价

安全是高分子合成生产工艺最重要的考核指标，一条工艺路线如果不能被安全地放大，就根本不应放大生产。安全问题可进一步分为反应热和毒性危害。有毒化学品可以通过正确的处置和工程手段来避免危害，但是热和反应危害必须在放大前进行深入研究，否则可能会有严重后果。

相关操作者必须了解化学试剂原料的毒性以保护自己。同时，了解化学试剂反应热的危害对于避免损害设备、建筑、人员和环境是必要的。比了解单一化学品的危险更重要的是了解几种化学品混合时可能产生的危害。

与过程和人员安全相关的主要问题包括：①温度失控；②产生气体；③易爆、对振动敏感物质；④强腐蚀物质；⑤急性毒性；⑥累积毒性；⑦基因毒性；⑧易燃。

大多数化学反应是放热反应，当反应热不能及时移走时就会产生温度失控。一旦反应失控，由于剧烈沸腾或气体迅速释放将会导致反应釜超压。同时高温可能会引发更危险的副反应或分解反应。在从实验室到车间生产的放大过程中，温度失控的危险会加剧，因为随着反应釜体积的增加，单位体积的传热面积在下降。

在高分子合成生产工艺安全中，理想的策略是彻底消除危险或减少其危害程度，从而减少相应的安全系统和程序。因此，在研发的早期进行安全评价是很重要的，此时更改聚合反应路线比较容易。

通常采用三段式分析来减少危害，直到风险可控为止，具体为：

①如果可能，应采用低危害性化学品（如甲苯代替苯或者庚烷代替己烷）。

②如果不可能，应尽可能减少用量（如是否可用计量量或催化量而不是过量）。

③对于化学品危害的最后防护包括工程控制的应用和个人防护装备。

对于反应危害性的评估主要包括：

①试剂、反应混合物、废气和产物（中间体）的热不稳定性。

②使反应温度升高引起分解或剧烈沸腾的放热反应。

③生成的气体可能会使反应釜超压或者爆炸。

理解工艺的反应热机理有利于设计安全的反应。热分析数据可以表明具体工艺的操作限制。从反应热量可能得到的最有用信息是潜在的绝热温升（如果不向环境传热所能得到的最大温升）。利用反应绝热温升和热稳定数据就可判断反应温度是否会使反应混合物降解或使溶剂沸腾。同时利用这些信息可以根据安全性对反应进行分类如下，从而设计更安全的反应。

①MTSR（反应可能达到的最高温度）低于反应溶剂沸点，溶剂沸点低于分解温度。此类反应属于热安全性。

②MTSR 低于反应溶剂沸点和分解温度，但是降解温度低于溶剂沸点。在化合型反应中溶剂蒸发热类似安全屏障，可以阻止反应温度达到分解温度。但分解型反应没有这样的安全屏障，应该采取防止过热的措施。

③MTSR 高于反应溶剂沸点但低于分解温度，可能会存在蒸气压导致反应釜超压。对此类反应必须采取相应控制和防护措施。

④MTSR 高于反应溶剂沸点，并且在失控条件下会导致分解反应。对此类反应必须采取相应控制和防护措施，如通过紧急排空装置可能会阻止分解反应的发生。

⑤MTSR 低于反应溶剂沸点但高于降解温度，反应失控会导致分解反应，分解反应可能产生的气体和反应溶剂的蒸气压会导致反应釜超压。应该采取控制措施和/或设计保护装置以减少发生降解反应的危险。

对于除化合型以外的反应，在放大至车间生产时必须有相应的安全措施。安全措施分为预防和保护两类。预防措施就是使希望的化学反应可控制在安全操作范围。采取保护措施的目的是减少危险程度。

聚合反应是将若干个分子结合为一个较大的组成相同而分子量较高的化合物的反应过程，如氯乙烯聚合生产聚氯乙烯塑料、丁二烯聚合生产顺丁橡胶和丁苯橡胶等。按照聚合实施方法，聚合反应主要有本体聚合、悬浮聚合、溶液聚合、乳液聚合、缩合聚合等。不同聚合实施方法会存在不同的安全隐患。

①本体聚合是在没有其他介质的情况下（如乙烯的高压聚合、甲醛的聚合），用浸在冷却剂中的管式聚合釜（或在聚合釜中设盘管、列管冷却）进行的一种聚合方法。这种聚合方法往往由于聚合热不易传导散出而导致危险。例如，在高压聚乙烯生产中，每聚合 1 kg 乙烯会放出 3.8 MJ 的热量，倘若这些热量未能及时移去，则每聚合 1% 的乙烯即可使釜内温度升高 12 ~ 13 ℃，待升高到一定温度时，就会使乙烯分解，强烈放热，有发生爆聚的危险。一旦发生爆聚，则设备堵塞，压力骤增，极易发生爆炸。

②溶液聚合是选择一种溶剂，使单体溶成均相体系，加入催化剂或引发剂后，生成聚合物的一种聚合方法。这种聚合方法在聚合和分离过程中，易燃溶剂容易挥发和产生静电火花。

③悬浮聚合是用水作分散介质的聚合方法。它是利用有机分散剂或无机分散剂，把不溶于水的液态单体连同溶在单体中的引发剂经过强烈搅拌，打碎成小珠状，分散在水中成为悬浮液，在极细的单位小珠液滴（直径为 0.1 μm）中进行聚合，因此又叫珠状聚合。这种聚合方法在整个聚合过程中，如果没有严格控制工艺条件，将致使设备运转不正常，从而易出现溢料。若溢料，水分蒸发后未聚合的单体和引发剂遇火极易着火或引发爆炸事故。

④乳液聚合是在机械强烈搅拌或超声波振动下，利用乳化剂使液态单体分散在水中（珠滴直径 0.001 ~ 0.010 μm），引发剂则溶在水里而进行聚合的一种方法。这种聚合方法常用无机过氧化物（如过氧化氢）作引发剂，若过氧化物在介质（水）中的配比不当，温度太高，反应速度过快，则会发生冲料，同时在聚合过程中还会产生可燃气体。

⑤缩合聚合也称缩聚反应，是具有两个或两个以上功能团的单体相互缩合，并析出小分子副产物而形成聚合物的聚合反应。缩合聚合是吸热反应，但由于温度过高，也会导致系统的压力增加，甚至引起爆裂，泄漏易燃易爆的单体。

1.4.3　生产工艺经济性评价

在高分子合成工艺生产的评价中，首先要对生产工艺的设计方案、生产工艺流程、设备选型、技术基础参数、规模和容量等进行技术分析，然后对生产工艺的经济性进行评价。在技术可行，保证质量的前提下，对生产工艺方案进行经济性评价，就成为进行准确合理工艺决策的必要步骤。这直接关系到企业生产管理的各个环节，以及企业经济效益的提高。

生产工艺经济性评价是对技术方案的经济性进行定性和定量分析。反映技术方案经济效益的指标主要有投资效益指标（如投资利润率、投资回收期等）和生产经营效益指标（成本利润率、资金利润率等）等，故应进行基建投资和运行成本的经济分析。

（1）基建投资的经济分析。

基建投资费用是指投资总额和投资单位费用。投资单位费用是投资总额分摊到单位产品或单位生产能力的投资费用。在分析基建投资时，除对工艺方案本身的投资数量进行分析外，还要对投资费用的构成项目（如厂房建筑费、设备购置费、设备安装工程费以及其他费用等）进行分析，比较各项投资费用占总额的百分数，以便找出并采取降低投资费用的相应措施。因为废水、废气、废渣的组分、浓度、腐蚀性的不确定性，其基建项目的单项费用一般高于普通工业基建项目。

（2）运行成本的经济分析。

可变的费用与不变的费用构成了运行成本，前者被称为变动成本，后者被称为固定成本。其表达式为产品成本 = 变动成本 + 固定成本。其中，变动成本指生产费用因素中的原料、辅料、燃料及动力（水、电、气等）消耗、修理费、折旧费等，而固定成本为工人工资及附加费、车间经费、企业管理费等项。

一般采用对比分析法对高分子合成工艺的经济效果进行分析和论证，择优选取工艺方案。具体程序如下：

①依据工艺任务书的要求，深入调查研究，掌握资料数据，提出几种能对比的设计方案。

②全面论述每一可能工艺方案的优缺点，初步确定若干个拟定工艺方案。

③计算两个较好工艺方案的技术经济指标，对比分析其综合经济效果，最后选定最优方案。

1.4.4　高分子合成工艺的改革和创新

高分子合成工艺的改革是丰富高分子产品种类的途径之一，也是提升高分子产品性能的技术基础，更是保持高分子合成工业健康可持续发展的重要方向。高分子合成工艺的改革主要包括以下几个方面。

①对传统聚合方法的改进是高分子合成工艺技术改革的重要方面。例如，在乳液聚合工艺的基础上还出现了反相乳液聚合、种子乳液聚合、无皂乳液聚合等。

②高效催化剂的开发和利用是对传统聚合工艺的一种改进，通过这种改进能够有效提升产品质量。例如，金属茂催化剂是一种单活性催化剂，通过使用这种催化剂能够实现对聚烯烃的高效开发和利用，在深入研究的基础上合成出特殊立体异构聚合物，实现聚合物领域研究的创新性发展。

③采用新型聚合工程技术改革高分子合成工艺。新型聚合工程技术包括装置大型化、新型聚合反应器、超临界聚合、弹性体用连续聚合、气相聚合等。近年国外公司新开发了一种多区循环反应器技术，它是一种新的气相循环技术，所采用的特殊循环反应器有两个互通的区域，具有其他工艺中多个气相和淤浆环管反应器的作用，可生产出在保持韧性和加工能力的同时又具有高结晶度和刚性的更加均一的聚合物，该技术是 20年来在高分子合成工艺技术上的重大突破。此外，国外也有公司开发了超临界环管反应器与气相聚合釜组合的一体化工程技术，能生产双峰聚烯烃，实现了聚烯烃的高性能化。

目前我国已成功开发出一些原创的高分子合成工艺技术，如非对称加外给电子体聚丙烯的新工艺、气相高温聚合丙烯新工艺、第三代环管法聚丙烯新工艺和单反应器气 - 固 - 液三相乙烯聚合新工艺等，采用这些新工艺开发了多种在市场上深受欢迎的高性能、低成本新产品。

新型高分子合成工艺的开发，必须在单体、引发剂、催化剂、助剂的质量控制和应用技术等方面具有坚实的基础和创新能力。主要考虑以下几个方面：

①以提升产品性能及质量控制水平，缩短开发周期为目标，重点加强基础聚合物制

备技术研究。一是开发、应用分子结构设计、分子质量控制、工艺参数控制等先进聚合技术；二是加强反应体系配方设计和反应产物后处理工艺研究；三是开发、筛选配套催化剂等助剂。

②对于已实现规模化生产的产品，要注重以节能降耗、提高质量和增加品种牌号为目标的持续研发，通过改造、扩建不断提升技术水平、产品档次，降低生产成本。

③对于自主开发的新产品，要着力强化可工程化的成套工艺技术开发，以及专用反应器等关键配套设备开发，加快产业化进程，增加自主开发产品品种、数量，提高自主开发生产技术应用比例。

④鼓励开发材料的改性技术和加工成型技术，以更好地满足市场需求，拓展应用领域。

⑤加强专用机械装备的设计、制造，重点装备包括螺杆式连续聚合反应器、先进混炼机械、专用拉丝设备、膜双向拉伸设备、高速挤出机、大型注塑机、配套专用模具等。

开发高分子合成材料新产品大致要经过以下步骤，如图1-11所示。

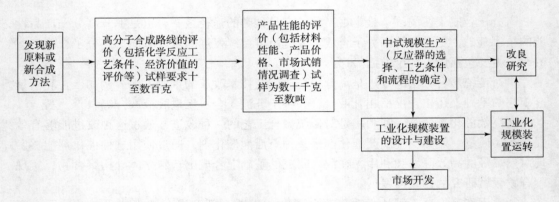

图1-11 开发高分子合成材料新产品的步骤

随着科学技术的不断进步，新技术、新工艺的不断涌现，高分子合成工艺的方案日趋多样化，从而增加了工艺评价和改革创新的必要性和复杂性。在合成工艺评价和改革创新中，一方面必须尽可能利用国内外新的科学技术成果，促进现有企业的技术改造和技术更新；另一方面也必须考虑国情、国力和技术发展政策，实事求是地搞好多方案的比较和评价，以选择最可行的工艺方案。根据我国的国情和高分子合成生产建设的实践，在技术评价和改革创新时，应坚持如下原则。

（1）先进性原则。

工艺方案的先进性表现在工艺技术的先进性、设备选型的先进性、设计方案及产品方案的先进性、技术经济基础指标参数的先进性。工艺方案的先进性是通过各种技术指标体现出来的，一般包括劳动生产率，单位产品的原材料消耗、能源消耗、质量指标、占地面积和运输量等通用指标，另外还有适用于各部门、各行业特点的具体指标。所采用的技术指标应与国内外同类型企业的先进水平进行比较，以确定其先进程度。在评价技术的先进性时，还应考虑其合理性，主要包括设备规模容量、质量、工艺流程的合理性等。

（2）适用性原则。

技术上的适用性是指拟采用的技术必须适应其特定的技术条件和经济条件，可以迅速消化、投产、提高并能取得良好的经济效益。具有先进的技术不一定就能适用，而不适用的技术是不可能取得良好的经济效益的。任何一项技术在实际应用中都要消耗一定的人力、物力、财力，都要借助当时当地的具体条件，包括自然条件、技术条件、社会条件和经济条件等，评价项目的技术适用性必须充分考虑该技术所依存的这些条件，做到因地制宜，量力而行，注重实效。

（3）经济性原则。

经济性追求以尽可能少的投入，获得尽可能多的产出。工艺方案经济性的评价，要处理好局部效益与整体效益、直接效益和间接效益、当前效益和长远效益、经济效益和社会效益等的关系，追求综合效益最优。经济性评价可依据以下两个原则：

①最大收益原则，即生产工艺应选择在一定资源条件下能够带来最大收益的技术方案。

②最小成本原则，即为了达到生产产品的特定目的，对各种工艺方案进行比较，选择总成本最小的工艺方案。

（4）安全性原则。

即在进行工艺技术评价和改革创新时，还要从社会环境及劳动保护角度，分析和评价工艺方案是否会对工作人员造成人身危害，以及对周围环境造成危害，并考虑工艺技术方案操作、维修的灵活、方便，同类产品要注意标准化、系列化和通用化。

习题与思考题

1. 高分子合成工艺学的主要任务是什么？
2. 简述半连续乳液聚合的特点。
3. 聚合反应中使用的单体、溶剂等，大都是易燃、易爆物质，使用或储存不当时，易造成火灾和爆炸。试说明单体、有机溶剂对储存运输设备的要求。
4. 理想的高分子合成工艺要求有哪些？
5. 高分子合成反应是聚合物生产过程中最主要的化学反应过程，具有多样性和复杂性，它与一般化学反应的工业产品生产相比，其特征是什么？
6. 简述高分子合成材料的生产过程，说明每一步骤的主要特点及意义。

第 2 章
高分子合成的原料

高分子合成工业所用的主要原料有单体、溶剂、去离子水、各种助剂等，通常希望这些原料来源丰富、生产路线简单、经济成本低、容易运输储存等。原料准备与精制是高分子合成生产工段中的第一段落，也是重要的基础工艺过程。在这个工段中，首先应考虑的就是原料的生产路线（即原料的来源），石油、天然气、煤炭和农副产品等是制造高分子合成材料基本原料的主要来源。其次是原料的精制，高分子合成的反应体系中，对原料的纯度有较高的要求，有时微量的杂质都会导致合成反应的失败，给高分子化合物的合成生产造成致命的打击，所以原料的质量非常重要。

2.1 原料的生产

高分子合成所需的原料主要是由石油化工、煤炭和其他原料生产获得的。通常是由石油、天然气、煤炭经过开采、炼制，然后经过基本有机合成得到的。基本有机合成工业不仅为高分子化合物合

原料的生产

成提供单体，而且提供溶剂、添加剂、配合剂等辅助原料。高分子合成工业生产用到的单体原料一般为结构确定，且相对分子质量已知的有机小分子化合物。

2.1.1 石油化工生产原料

石油工业是开采石油（含天然石油、油页岩、天然气）和对其进行炼制加工的工业，它包括油、气地质勘探，油、气田开发，油、气开采，石油炼制，油、气运输和储存等单位。

石油化工是以石油和天然气为原料的，生产化学制品的工业。石油化工是个新兴的工业，是从 20 世纪 20 年代起随石油炼制工业的发展而形成的。第二次世界大战后，大量化工原料和产品由原来的以煤和农副产品为原料转移到以石油和天然气为原料，石油化工现已成为化学工业的基础工业，在国民经济中占有极为重要的地位。

石油化工包括生产石油产品和石油化工产品的加工工业。石油产品又称油品，主要包括各种燃料油（汽油、煤油、柴油等）和润滑油以及液化石油气、石油焦炭、石蜡、沥青等。生产这些产品的加工过程常被称为炼油。石油化工产品以炼油过程提供的原料油进一步加工获得。生产石油化工产品的第一步是对原料油和气（如汽油、柴油等）进行裂解，生成以乙烯、丙烯、丁二烯、苯、甲苯、二甲苯为代表的基本化工原料。第二步是以基本化工原料生产多种有机化工原料。所有石油的炼油过程都是将各种不同的烃类化合物，利用其不同沸点将它们分开得到的。工业上通常用分馏塔对烃类化合

物进行分馏。工业分馏塔示意如图 2-1 所示。

将溶剂油、汽油、航空煤油、煤油、轻柴油、柴油分开，最后剩下的分子量较大的重油用于裂解形成合成高分子的原料。制得的汽油、石脑油、煤油、柴油等馏分和炼厂气，经高温裂解分离后得到乙烯、丙烯、丁烯、丁二烯等，产生的液体经加氢催化重整后转化为芳烃，经萃取分离得到苯、甲苯、二甲苯等芳烃化合物，这是目前最重要的合成高分子化合物用各类单体的合成路线。

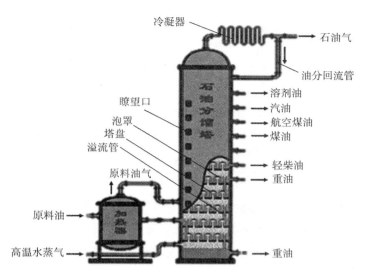

图 2-1　工业分馏塔示意

1. 石油的组成及炼制

石油是主要存在于地球表面以下的一种有气味的从黄色到黑色的黏稠液体，它是气态、液态和固态的各种烷烃、环烷烃、芳香烃的混合物。石油又分为原油、天然气、天然气液及天然焦油等形式。石油的性质因产地而异，密度与组成有关，密度在 $0.75 \sim 1.0 \ \text{g/cm}^3$，黏度范围很宽，凝固点差别很大（$-60 \sim 30 \ ℃$），沸点为常温到 $500 \ ℃$ 以上，可溶于多种有机溶剂，不溶于水，但可与水形成乳状液。不同油田的石油，成分和外观差别很大。石油主要被用作燃油和汽油，是世界上最重要的二次能源之一。

石油之所以在外观和物理性质上存在差异，根本原因在于其化学组分不完全相同。石油既不是由单一元素组成的单质，也不是由两种以上元素组成的化合物，而是由各种元素组成的多种化合物的混合物。

石油是由分子量不同、组成和结构不同、数量众多的化合物构成的混合物。石油中含量最大的两种元素是碳和氢，其质量含量分别为碳 $83\% \sim 87\%$、氢 $11\% \sim 14\%$，两者主要以碳氢化合物的形式存在。其他元素的含量因产地不同而有较大的波动，硫含量在 $0.02\% \sim 5.5\%$，氮含量在 $0.02\% \sim 1.7\%$，氧含量在 $0.08\% \sim 1.82\%$。而 Ni、V、Fe、Cu 等金属元素只含微量。在地下与石油共存的水相中溶有 K、Na、Ca、Mg 等的氯化物，易于脱除。

石油中的化合物可以分为烃类、非烃类以及胶质和沥青三大类，其中由碳和氢化合形成的烃类构成石油的主要组成部分，占 $95\% \sim 99\%$。各种烃类按其结构分为烷烃、环烷烃、芳香烃。一般天然石油不含烯烃，而二次加工产物中常含有数量不等的烯烃和炔烃。含硫、氧、氮的化合物对石油产品有害，在石油加工中应尽量除去。

石油中所含微量的氯、碘、砷、磷、镍、钒、铁、钾等元素，也是以化合物的形式存在的。其含量虽小，对石油产品的影响也不大，但其中的砷会使催化重整的催化剂中毒，铁、镍、钒会使催化裂化的催化剂中毒。故在进行石油的这类加工时，对原料要有所选择或进行预处理。

根据所含主要碳氢化合物类别，原油可分为石蜡基石油、环烷基石油、芳香基石油以及混合基石油。我国所产石油大多数属于石蜡基石油。

石油经炼制工业的加工，主要是常压蒸馏（300～400 ℃）分出石油气、石油醚、汽油、煤油、轻柴油等馏分。高沸点部分再经减压蒸馏得到柴油、含蜡油等馏分。不能蒸出的部分称作渣油。石油中各类油品的沸点范围、大致组成及用途见表 2-1。

表 2-1　各类油品的沸点范围、大致组成及用途

产品		沸点范围	大致组成	用途
石油气		40 ℃以下	$C_1 \sim C_4$	燃料、化工原料
粗汽油	石油醚	40～60 ℃	$C_5 \sim C_6$	溶剂
	汽油	60～205 ℃	$C_7 \sim C_{11}$	内燃机燃料、溶剂
	溶剂油	150～200 ℃	$C_9 \sim C_{11}$	溶剂（溶解橡胶、油漆等）
煤油	航空煤油	145～245 ℃	$C_{10} \sim C_{15}$	喷气式飞机燃料油
	煤油	160～310 ℃	$C_{11} \sim C_{18}$	煤油、燃料、工业洗涤油
柴油		180～350 ℃	$C_{16} \sim C_{18}$	柴油机原料
机械油		350 ℃以上	$C_{16} \sim C_{20}$	机械润滑
凡士林		350 ℃以上	$C_{18} \sim C_{22}$	制药、防锈涂料
石蜡		350 ℃以上	$C_{20} \sim C_{24}$	制皂、制蜡烛、蜡纸、脂肪酸等
燃料油		350 ℃以上	—	船用燃料、锅炉燃料
沥青		350 ℃以上	—	防腐绝缘材料、铺路及建筑材料
石油焦		—	—	制电石、碳精棒等

石油炼制的基本方法较多，主要的炼制方法有以下几种。

①蒸馏：利用汽化和冷凝的原理，将石油分割成沸点范围不同的各个组分，这种加工过程叫作石油的蒸馏。蒸馏通常分为常压蒸馏和减压蒸馏。在常压下进行的蒸馏叫作常压蒸馏，在减压下进行的蒸馏叫作减压蒸馏，减压蒸馏可降低碳氢化合物的沸点，以防重质组分在高温下裂解。

②裂化：在一定条件下，使重质油的分子结构发生变化，以增加轻质成分比例的加工过程叫裂化。裂化通常分为热裂化、减黏裂化、催化裂化、加氢裂化等。

③重整：用加热或催化的方法，使轻馏分中的烃类分子改变结构的过程叫作重整。它分为热重整和催化重整，催化重整又因催化剂不同，分为铂重整、铂铼重整、多金属重整等。

④异构化：提高汽油辛烷值的重要手段，即将蒸馏汽油、气体汽油中的戊烷、己烷转化成异构烷烃。也可将正丁烷转变为异丁烷，用作烷基化原料。

经过石油炼制基本方法得到的只是成品油的馏分，还要通过精制和调和等程序，加入添加剂，改善其性能，以达到产品的指标要求，才能得到最后的成品油料，出厂供使用。

石油炼制生产的特点如下：

①炼油生产是装置流程生产，石油沿着工艺顺序流经各装置，在不同的温度、压力、流量、时间条件下，分解为不同馏分，完成产品生产的各个阶段。一套装置可同时生产几种不同的产品，而同一产品又可以由不同的装置来生产，产品品种多。因此，为了充分利用资源，需采用先进的组织管理方法，恰当安排不同装置的生产。

②炼油装置一般是联动装置，加工对象为液体或气体，需要在密闭的管道中输送，生产过程连续性强，工序间连接紧密，在管理上需按照要求保持平稳连续作业，均衡生产。

③炼油生产有高温、高压、易燃、易爆、有毒、腐蚀等特点，故在安全上要求特别严格。在管理上，要防止油气泄漏，保持良好通风，严格控制火源，保证安全生产。

④炼油生产过程基本上是密闭的，直观性差，不同原料的加工要求和工艺条件也不同，在管理上需要正确确定产品加工方案，优选工艺条件和工艺过程。

⑤炼油生产过程通过高温加热使石油分离，经冷却后调合为不同油品或进一步加工为其他产品。在管理上必须保持整个生产过程的物料平衡，按工艺规定比例配料生产，同时还要组织好企业的热平衡，以不断降低能耗。

⑥炼油产品深加工的可能性大，效益高，原料代用范围广。在管理上，应采取现代管理方法，加强综合规划与科学管理，不断提高炼油生产的综合经济效益。

⑦不同炼油厂生产的产品品种可能有所不同，但它们的生产过程特点是相同或相近的，它们的经济关系是相同的。因此，可以采用统一的方法和模式来分析炼油厂的生产经营总体状况，制定企业的综合发展规划，指导企业生产。

石油炼制及其炼制产品的应用如图 2-2 所示。

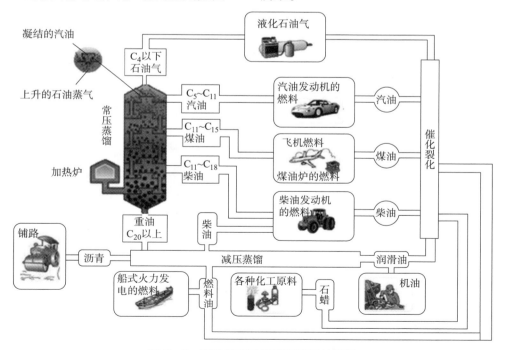

图 2-2　石油炼制及其炼制产品的应用

2. 石油裂解生产烯烃

石油裂解所用原料主要是液态油品和裂解副产物乙烷，C_4 馏分、轻柴油等。天然气特别是含有乙烷、丙烷、丁烷可液化的湿性天然气也可用作裂解原料。利用石油烃在高温下不稳定、易分解的性质，在隔绝空气和高温条件下，使大分子的烃类发生断链和脱氢等反应，就可以制取低级烯烃。石油裂解所用液态油品的种类与裂解装置的构造有关。当前大规模裂解装置多数是管式裂解炉，如图 2-3 所示。为了避免裂解管内结焦，必须采用沸点较低的油品，如轻柴油、石脑油以及石油炼制过程中产生的副产品炼厂气等。

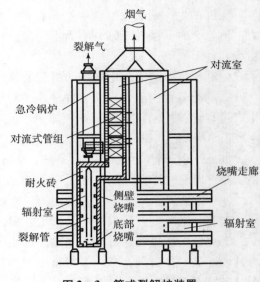

图 2-3 管式裂解炉装置

轻柴油在水蒸气存在下，于 750~820 ℃高温热裂解为低级烯烃、二烯烃。为减少副反应，提高烯烃收率，液态烃在高温裂解区的停留时间仅为 0.2~0.5 s。水蒸气稀释的目的在于减小烃类分压，抑制副反应并降低结焦速度。轻柴油裂解产品如图 2-4 所示。

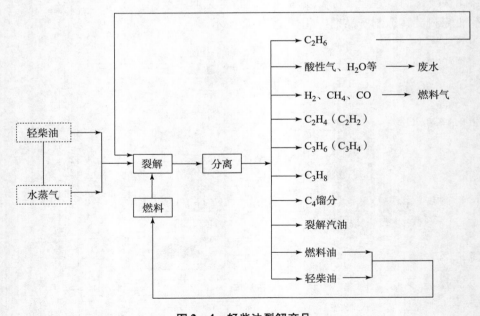

图 2-4 轻柴油裂解产品

轻柴油裂解产品包括 H_2、CH_4、C_2 馏分、C_3 馏分、C_4 馏分、裂解汽油、燃料油等。其中乙烯收率为 25%~26%，丙烯收率为 16%~18%，C_4 馏分收率为 11%~12%。

副产品为 H_2、裂解汽油、燃料油及其他副产物（主要是甲烷、丙烷）。

石油烃热裂解的主要目的是生产乙烯，同时可得丙烯、丁二烯以及苯、甲苯和二甲苯等产品。它们都是重要的基本有机原料，所以石油烃热裂解是有机化学工业获取基本有机原料的主要手段。裂解装置可以分为以生产乙烯、丙烯、芳烃为主要产品的装置。由于乙烯生产在石油化工基础原料生产中占有十分重要的地位，所以常将乙烯生产能力作为衡量一个国家石油化工水平的标志。石油化工生产规模通常也以乙烯的年产量为标准，大型乙烯装置通常在 60 万吨/年以上。

石油裂解装置包括裂解炉及一系列用于气体物料压缩和冷冻的压缩机，一系列用来分离各种产品和副产品的蒸馏塔，许多热交换器，分离油和水的装置，气体干燥、脱酸性气体等装置，还有为利用回收能量的急冷锅炉和制冷装置冷箱。

为了脱除酸性气体、消除炔烃和干燥，精制过程是用 3%～15% 的 NaOH 溶液洗涤裂解气，脱除酸性气体（CO_2、H_2S 等）；用钯催化剂进行选择性加氢，使炔烃（乙炔和甲基乙炔）转化为烯烃；用 3Å 分子筛干燥，使裂解气露点达到 –70 ℃。大部分水蒸气在气体压缩过程中已除去，少量的水则用分子筛进行干燥。

裂解气除含低级烯烃、烷烃外，还有 H_2。它们在常温下是气体，分离提纯困难，为了得到高纯度的聚合级乙烯和丙烯，必须用深度冷冻分离法（深冷分离法）处理，将裂解气冷冻到 –100 ℃ 左右，使除 H_2 和 CH_4 以外的低级烃全部冷凝液化，根据各烃的相对挥发度不同，精馏分离；H_2 和 CH_4 冷至 –165 ℃，CH_4 液化得到含 H_2 量较大的富氢气体。

由乙烯和丙烯为原料生产的高分子合成材料，分别如图 2 – 5 和图 2 – 6 所示。

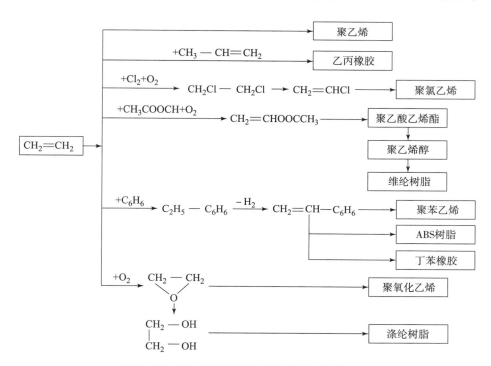

图 2 –5　以乙烯为原料生产的高分子合成材料

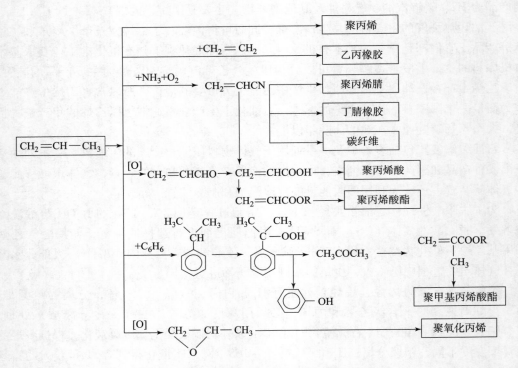

图 2-6 以丙烯为原料生产的高分子合成材料

3. 石油催化重整和裂解汽油加氢生产芳烃

芳烃,尤其是苯、甲苯、二甲苯等轻质芳烃是仅次于烯烃的有机化工重要基础原料,也是合成聚合物用单体的重要原料。芳烃最初完全来源于煤焦油,进入 20 世纪 70 年代以后,全世界几乎 95% 以上的芳烃都来自石油,品质优良的石油芳烃已成为芳烃的主要资源。

石油芳烃的生产主要有两种技术:一种是用石脑油催化重整法,其液体产物(重整油)依原料和重整催化剂的不同,芳烃含量一般可达 50%~80%;另一种是裂解汽油加氢法,即从乙烯装置的副产裂解汽油中回收芳烃,随裂解原料和裂解深度不同,芳烃含量一般可达 40%~80%。

(1)石脑油催化重整。

催化重整是以 $C_6 \sim C_{11}$ 石脑油为原料,在一定的操作条件和催化剂的作用下,使轻质原料油(石脑油)的烃类分子结构重新排列整理,转变成富含芳烃的油品,并副产液化石油气和氢气的过程。按照对目标产品的不同要求,工业催化重整装置分为以生产芳烃为主的化工型、以生产高辛烷值汽油为主的燃料型和包括副产氢气的利用与化工燃料两种产品兼顾的综合型三种。

化工型石脑油工业催化重整是预处理、重整反应、芳烃抽提、精馏芳烃的联合过程,流程的示意如图 2-7 所示。

催化重整过程中的化学反应主要有以下 4 类。

①芳构化反应:包括六元环烷烃脱氢反应(重整过程生成芳烃的主要反应)、五元

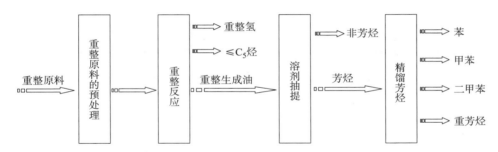

图 2 - 7　化工型石脑油工业催化重整流程示意

环烷烃异构脱氢反应、烷烃环化脱氢反应（在催化重整反应中，由于烷烃环化脱氢反应可生成芳烃，所以它是增加芳烃收率最显著的反应）。

②异构化反应：正构烷烃的异构化反应有反应速度较快、轻度热量放出的特点，它不能直接生成芳烃和氢气，但正构烷烃反应后生成的异构烷烃易于环化脱氢生成芳烃，所以只要控制相宜的反应条件，就能得到芳烃产物。六元环烷烃的异构比五元环烷烃更易于脱氢生成芳烃，有利于提高芳烃的收率。

③加氢裂化反应：在催化重整条件下，各种烃类都能发生加氢裂化反应，并可以认为是加氢、裂化和异构化三者并发的反应。这类反应是不可逆的放热反应，对生成芳烃不利，过多会使芳烃产率下降。

④缩合生焦反应：烃类还可以发生叠合和缩合等分子增大的反应，最终缩合成焦炭，覆盖在催化剂表面，使其失活。在生产中必须控制这类反应，工业上采用循环氢保护，一方面使容易缩合的烯烃饱和，另一方面抑制芳烃深度脱氢。

根据催化重整的化学反应，要求重整催化剂应兼备两种催化功能，既能促进环烷烃和烷烃脱氢芳构化反应，又能促进环烷烃和烷烃异构化反应，即一种双功能催化剂。现代重整催化剂由以下三部分组成：

①活性组分，如铂、钯、铱、铑。

②助催化剂，如铼、锡。

③酸性载体，如含卤素的 $\gamma - Al_2O_3$。

其中铂构成活性中心，促进脱氢、加氢反应；而酸性载体提供酸性中心，促进裂化、异构化等反应。

催化重整生成油和加氢裂解汽油都是芳烃与非芳烃的混合物，所以存在芳烃分离问题。重整生成油中组分复杂，很多芳烃和非芳烃的沸点相近，如苯的沸点为 80.1 ℃，环己烷的沸点为 80.74 ℃，3 - 甲基丁烷的沸点为 80.88 ℃，它们之间的沸点差很小，在工业上很难用精馏的方法从它们的混合物中分离出纯度很高的苯。此外，有些非芳烃组分和芳烃组分形成了共沸混合物，用一般的精馏方法就更难将它们分开，工业上广泛采用液相抽提的方法分离出其中的混合芳烃。

（2）裂解汽油加氢。

裂解汽油含有 $C_6 \sim C_9$ 芳烃，因而它是石油芳烃的重要来源之一。裂解汽油的产量、组成以及芳烃的含量，随裂解原料和裂解条件的不同而异。例如，以石脑油为裂解原料生产乙烯时能得到大约20%的裂解汽油，其中芳烃含量为40%~80%；用煤柴油作为裂解原料时，裂解汽油产率约为24%，其中芳烃含量达45%左右。裂解汽油除富含芳烃外，还含有相当数量的二烯烃、单烯烃、少量直链烷烃和环烷烃以及微量的硫、氧、氮、氯及重金属等组分。

裂解汽油中的芳烃与重整生成油中的芳烃在组成上有较大差别。首先裂解汽油中所含的苯约占 C_6 ~ C_8 芳烃的50%，比重整产物中的苯高出5%~8%；其次裂解汽油中含有苯乙烯，含量为裂解汽油的3%~5%；此外裂解汽油中不饱和烃的含量远比重整生成的油高。

由于裂解汽油中含有大量的二烯烃、单烯烃，因此裂解汽油的稳定性极差，在受热和光的作用下很容易氧化并聚合生成称为胶质的胶黏状物质，在加热条件下，二烯烃更易聚合。这些胶质在生产芳烃的后加工过程中极易结焦和析碳，既影响过程的操作，又影响最终所得芳烃的质量。硫、氮、氧、重金属等化合物对后序生产芳烃工序的催化剂、吸附剂均构成毒物。所以，裂解汽油在芳烃抽提前必须进行预处理，为后加工过程提供合格的原料。目前普遍采用催化加氢精制法。

裂解汽油与氢气在一定条件下，通过加氢反应器催化剂层时，主要发生两类反应。首先是二烯烃、烯烃不饱和烃加氢生成饱和烃，苯乙烯加氢生成乙苯。其次是含硫、氮、氧有机化合物的加氢分解（又称氢解反应），C—S、C—N、C—O 键分别发生断裂，生成气态的 H_2S、NH_3、H_2O 以及饱和烃。

无论是催化重整还是裂解汽油加氢得到的石油芳烃，主要是苯、甲苯、二甲苯、乙苯等，其中以苯为原料的衍生物生产的高分子合成材料如图2-8所示。

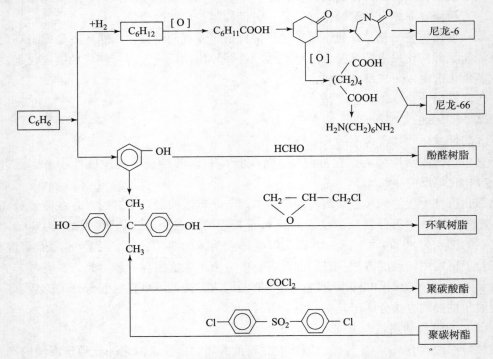

图2-8 以苯为原料的衍生物生产的高分子合成材料

4. 由 C₄ 馏分制取丁二烯

C₄ 馏分是指含有 4 个碳原子的烃类混合物，主要包括正丁烷、异丁烷、异丁烯、1，3 - 丁二烯、1 - 丁烯、2 - 丁烯（顺 - 2 - 丁烯、反 - 2 - 丁烯）等。C₄ 馏分来源于天然气、石油炼制过程生成的炼厂气和石油化工生产中烃类裂解的裂解气，来源不同，组成各异，如中东石脑油加工后的典型 C₄ 馏分组成见表 2 - 2。由天然气回收的 C₄ 馏分主要含 C₄ 烷烃，而后两个过程则提供了几乎全部的 C₄ 烯烃。各国工业用 C₄ 烯烃的来源有些不同，美国大约 95% 的 C₄ 烯烃来自炼厂气 C₄ 馏分；西欧和日本来自炼厂气 C₄ 馏分与裂解 C₄ 馏分的量大致相等；中国的情况类似西欧和日本。

表 2 - 2　中东石脑油加工后的典型 C₄ 馏分组成

加工方法	高温裂解/%	催化裂化/%	加工方法	高温裂解/%	催化裂化/%
C₃ 馏分	0.3	0.5	反 - 2 - 丁烯	5.9	12.5
正丁烷	2.7	10.5	异丁烯	22.3	17.8
异丁烷	0.7	33.5	1，3 - 丁二烯	47.4	0.2
1 - 丁烯	13.6	13	C₄ 炔烃	1.8	—
顺 - 2 - 丁烯	4.8	11.5	C₅ 馏分	0.5	0.5

（1）天然气回收 C₄ 馏分。

天然气回收 C₄ 馏分有两种情况：一种是从含有较多乙烷、丙烷及丁烷以上组分的湿性天然气中回收。这种天然气因含有 1%~8% 的易液化的 C₃ 烷烃和 C₄ 烷烃，在长距离气体输送前，必须先将它们脱除回收。另一种是从油田气中分离得到的。油田气的组成与湿性天然气很接近，主要成分是甲烷，但含有较多的丙烷、丁烷，甚至汽油组分，低碳烷烃含量也较多，随着油田开采时间的延长，油田气量降低，组成中高碳烷烃含量增加。

（2）炼厂气 C₄ 馏分。

炼厂气中含氢、甲烷、乙烷、乙烯、丙烷、丙烯、C₄ 烃以及少量 C₅ 烃，是一种很好的化工原料，炼厂气经压缩、冷凝、分馏可得 C₄ 馏分，这种 C₄ 馏分通常含有大量 C₄ 烯烃，其基本组成除取决于原油的性质外，与加工方法也有关。在中国，年加工 120 万吨油品的催化裂化装置，可得 C₄ 馏分 105 千吨，其中正丁烷 7.3 千吨、异丁烷 28.7 千吨、1 - 丁烯 15.3 千吨、顺 - 2 - 丁烯 29.6 千吨、反 - 2 - 丁烯 13.6 千吨、异丁烯 10.2 千吨。热裂化过程在较高温度下进行，无须催化剂，异构化反应少，所生成的 C₄ 馏分中正丁烷、正丁烯的含量比催化裂化过程要高得多。在炼厂中，这两种气体一般合并使用。

（3）裂解气 C₄ 馏分。

烃类裂解生产乙烯、丙烯时也副产 C₄ 烃，习惯称裂解 C₄ 馏分，其含量及组成随裂解原料及条件而异。通常在裂解石脑油或柴油时，副产的 C₄ 馏分为原料总量的 8%~10%（质量）。特点是烯烃和二烯烃含量高达 92%~95%，其中丁二烯含量为 40%~50%（甚至更高），其余为异丁烯 22%~27%、1 - 丁烯 14%~16%、顺 - 2 - 丁烯 4.8%~5.5%、反 - 2 - 丁烯 5.8%~6.5%、丁烷（正、异）3%~5%。裂解 C₄ 馏分是生产丁二烯最经济、最方便的原料。

丁二烯主要包括1，2-丁二烯与1，3-丁二烯两种，由于1，2-丁二烯是一个累积二烯烃，其化学性质相当不稳定，储运难度较高，因此一般常说的丁二烯均指1，3-丁二烯。丁二烯是生产合成橡胶（丁苯橡胶、顺丁橡胶、丁腈橡胶、氯丁橡胶）的主要原料。随着苯乙烯塑料的发展，利用苯乙烯与丁二烯共聚，可生产各种用途广泛的树脂（如ABS树脂、SBS树脂、BS树脂、MBS树脂），这使丁二烯在树脂生产中逐渐占有重要地位。以丁二烯为原料生产的高分子合成材料如图2-9所示。

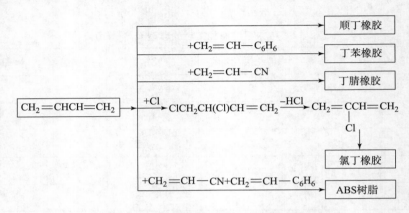

图2-9 以丁二烯为原料生产的高分子合成材料

丁二烯生产工艺发展过程经历了乙醇法、丁烯或丁烷脱氢法、烃类裂解制乙烯副产碳四组分溶剂抽提法等过程。目前，90%以上的丁二烯是抽提自烃类裂解制乙烯时的副产 C_4 馏分。传统的丁二烯抽提工艺为浓缩的粗 C_4 馏分先通过吸收工序，再将从后洗涤器顶部馏出的粗丁二烯在两个精馏塔中进行精馏。在靠前一个精馏塔中馏出轻质馏分，在第二个精馏塔中，重质馏分被分离后从塔底移除，丁二烯产品从塔顶馏出。丁二烯生产原料均可以归类于裂解生产乙烯的副产物，不同裂解原料副产丁二烯的量存在较大差异。

5. 石油化工合成单体及聚合物的路线

根据石油化工生产方式的不同，可以得到乙烯、丙烯、丁二烯这样的烯烃化合物，还可以得到苯、甲苯、二甲苯这样的芳烃化合物。由石油化工路线合成的单体原料，经过高分子合成工业和加工工业就可以得到生活生产中应用的各种高分子合成材料（如塑料、纤维、橡胶、涂料、胶黏剂），所以当我们在家乐福、沃尔玛这样的超市中见到高分子产品时，它已经经历了石油天然气产品、衍生化工合成产品、树脂原料、消费产品等过程，这个过程如图2-10所示。

2.1.2 煤炭化工生产原料

煤是自然界蕴藏量很丰富的资源，是植物遗体经过复杂的生物、地球化学，物理化学作用转变而成的。煤由有机物和无机物构成，有机物主要含C、H、O、N、S等5种元素。无机物为125种矿物质，伴生Hg、As、F、Cl、Cr、Cu、Pb、Mo和Ni等元素。煤的化学结构模型如图2-11所示。

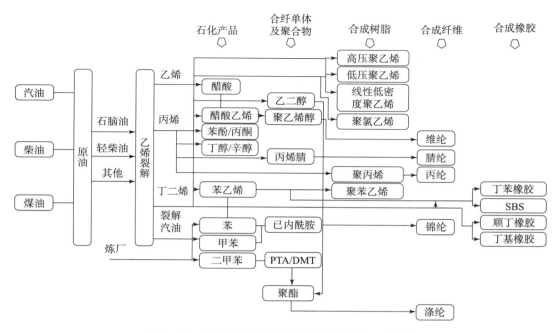

图 2 – 10　从石油化工到高分子合成材料的工业过程

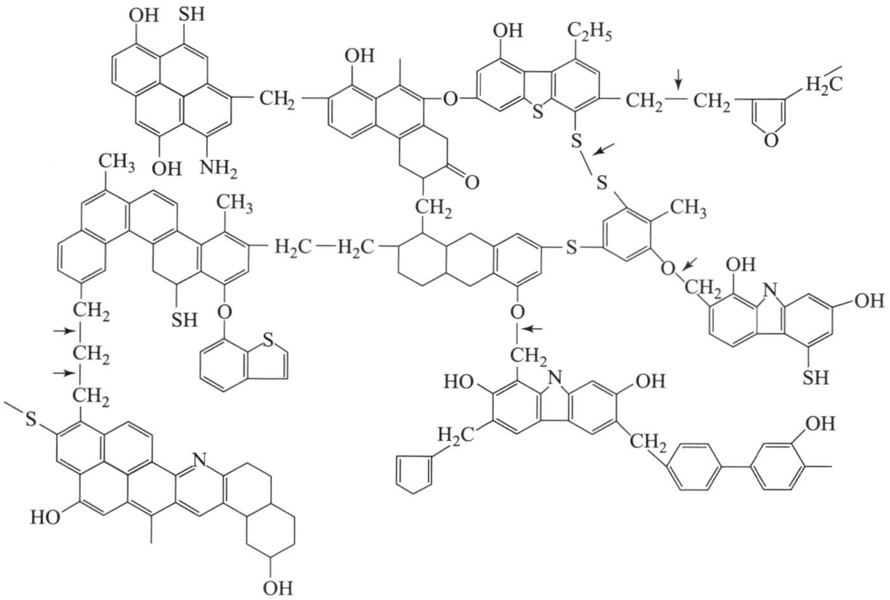

图 2 – 11　煤的化学结构模型

　　煤按煤化程度主要分为褐煤、烟煤、无烟煤。褐煤是一种相对年轻的煤种，是介于植物和烟煤、无烟煤之间的一种物质，含水多。烟煤一般为粒状、小块状，也有粉状的，多呈黑色而有光泽，质地细致，含挥发分 30% 以上，燃点不太高，较易点燃；含碳量与发热量较高，燃烧时有大量黑烟，燃烧时间较长。烟煤储量丰富，用途广泛，可作为炼焦、动力、气化用煤。烟煤燃烧多烟，容易造成空气污染。无烟煤俗称白煤，有粉状和小块状两种，呈黑色，有金属光泽而发亮；杂质少，质地紧密，固定碳含量高，可达80%以上；挥发分含量低，在10%以下，燃点高，不易着火，但发热量高。

我国已探明煤炭储量为7 650亿吨，居世界第三位。煤在我国能源消费结构中位居榜首（约占70%），煤的年消费量在10亿吨以上，其中30%用于发电和炼焦，50%用于各种工业锅炉、窑炉，20%用于人民生活。就是说煤的大部分是直接燃烧掉的，其中C、H、S及N分别变成CO_2、H_2O、SO_2及NO_x。这样热效率的利用并不高，如煤球热效率只有20%~30%；蜂窝煤高一点，可达50%，而碎煤则不到20%。

煤与石油的区别如下：

①氢元素与碳元素的比（H∶C）不同，煤中 H∶C = 0.4~0.8，石油中 H∶C = 1.5~1.8。

②两者的分子量不同，煤的分子量＞石油的分子量（煤的分子量大约是石油的10倍）。

③煤中含的杂原子、水分、矿物质比石油多。

④煤为固体，石油为黏稠液体。

煤化工由传统煤化工和现代煤化工构成。传统煤化工主要指"煤的干馏（即煤制焦炭）""煤－电石－乙炔"等产业路线。现代煤化工主要是生产洁净能源和可替代石油化工的产品，包括煤制油、煤制天然气、煤制烯烃、煤制乙二醇等。煤的化工路线如图2－12所示。

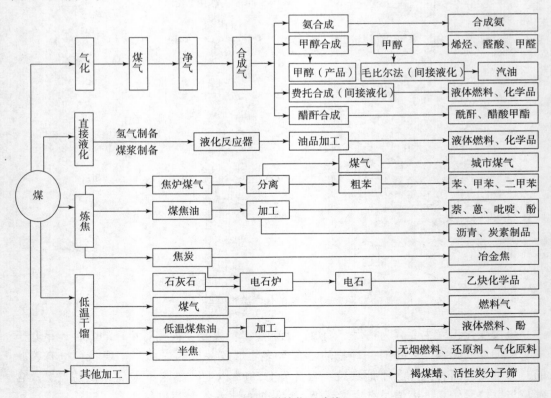

图2－12　煤的化工路线

1. 煤的干馏

干馏是指将煤置于隔绝空气的密闭炼焦炉内加热，随着温度升高，煤中有机物逐渐分解的过程。煤干馏分解生成固态的焦炭、液态的煤焦油和气态的焦炉气，煤焦油经分离可以得到苯、甲苯、二甲苯、萘、苯酚、甲苯酚等芳烃。煤干馏产物的主要成分和用途见表 2 - 3。

表 2 - 3　煤干馏产物的主要成分和用途

干馏产物		主要成分	主要用途
炉煤气	焦炉气（管道煤气）	氢气、甲烷、乙烯、一氧化碳	气体燃料、化工原料、化工燃料
	粗氨水	氨气、铵盐	氮肥
	粗苯	苯、甲苯、二甲苯	化肥、炸药、染料、医药、农药、合成材料
煤焦油		苯、甲苯、二甲苯	
		酚类、萘	医药、染料、农药、合成材料
焦炭		沥青	筑路材料、制碳素电极
		碳	冶金、燃料、合成氨造气、电石

煤干馏产物的产率和组成取决于原料煤质、炉结构和加工条件（主要是温度和时间）。随着干馏终温的不同，煤干馏产品也不同。低温（500~600 ℃）干馏固体产物为结构疏松的黑色半焦，煤气产率低，焦油产率高；高温（900~1 100 ℃）干馏固体产物为结构致密的银灰色焦炭，煤气产率高而焦油产率低；中温（700~900 ℃）干馏产物的收率介于低温干馏和高温干馏之间。煤干馏过程中生成的煤气主要成分为氢气和甲烷，可作为燃料或化工原料。高温干馏主要用于生产冶金焦炭，所得的焦油为芳香烃、杂环化合物的混合物，是工业上获得芳香烃的重要来源；低温干馏煤焦油比高温焦油含有更多烷烃，是人造石油重要来源之一。

2. 乙炔的生产及由乙炔获得的化工产品

工业上一般使用电炉熔炼法与氧热法制备电石（CaC_2）。电炉熔炼法是将焦炭与氧化钙置于 2 200 ℃左右的电炉中熔炼，生成碳化钙。氧热法是高炉富氧氧热法熔炼电石、石灰石中提取炭、高温低压煤气发生炉，这是一炉三用工艺技术，使 CaC_2 生产综合利用了煤气化过程中的余热和煤灰，煤灰加配料熔融后生成 CaC_2 和硅铁（提纯 CaC_2 时）。"高温低压"煤气发生炉，使煤气产（发）生自然化。每熔炼一吨 80% CaC_2，可从石灰石中提取纯炭 168 kg 左右，产生煤气（CO 在 55%~95%）6 000~26 000 m^3，可生产 4.5 t 左右的甲醇。富氧既提高炉温又提高了煤气的 CO 质量，氧气也是一举两用，煤热能利用后的煤气，用于煤化工或清洁发电。此工艺为无消耗能源型和无污染型的 CaC_2 生产和煤气生产。

焦炭与生石灰在 2 500~3 000 ℃电炉中强热生成碳化钙（电石），碳化钙与水作用生成乙炔气体，反应原理如下。

$$CaO + 3C \xrightarrow{2\,500 \sim 3\,000\ ℃} CaC_2 + CO$$

$$CaC_2 + 2H_2O \longrightarrow Ca(OH)_2 + CH \equiv CH$$

由乙炔可以合成一系列乙烯基单体或其他有机化工原料。目前我国大部分氯乙烯单体和部分醋酸乙烯、氯丁二烯、丙烯腈单体以乙炔为原料生产。以乙炔为原料生产的高分子合成材料如图 2 - 13 所示。

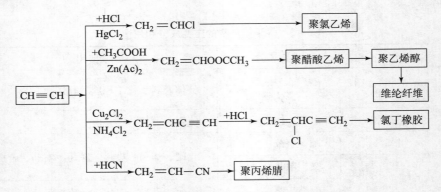

图 2 - 13 以乙炔为原料生产的高分子合成材料

3. 现代煤化工路线

我国的资源具有"富煤缺油少气"的特点，煤炭作为我国的主要消费能源，在工业快速发展的几十年里做出了巨大的贡献，但随之而来的环境污染问题却越来越重。现代煤化工是煤炭清洁高效利用的一种方式，对促进传统煤炭行业的转型升级、保持煤炭高消费占比下的环境清洁意义重大。现代煤化工主要以煤制油、煤制天然气、煤制烯烃等为重点发展方向。近年来，国内现代煤化工的技术和装备自主化率已达到 85% 以上，产能已初具规模。

（1）煤制油。

煤制油（coal to liquids，CTL）是以煤炭为原料，通过化学加工过程生产油品和石油化工产品的一项技术，本质上就是煤炭的液化技术。煤炭液化是把固体煤炭通过化学加工过程，使其转化为液体燃料、化工原料和产品的洁净煤技术，包含煤直接液化和煤间接液化两种技术路线。

煤直接液化技术也称为加氢液化技术，是将煤在高温高压条件下，通过催化加氢直接液化合成液态烃类燃料，并脱除硫、氮、氧等原子。该技术具有对煤的种类适应性差，反应及操作条件苛刻，产出燃油的芳烃、硫和氮等杂质含量高，十六烷值低的特点。

早在 20 世纪 30 年代，第一代煤炭直接液化技术——直接加氢煤液化工艺在德国实现工业化，但当时的煤液化反应条件较为苛刻，反应温度为 470 ℃，反应压力为70 MPa。此后相继开发了多种第二代煤直接液化工艺，如供氢溶剂法（EDS）、溶剂精炼煤法（SRC - Ⅰ、SRC - Ⅱ）、美国的氢 - 煤法（H - Coal）等，这些工艺已完成大型中试，技术上具备建厂条件，只是由于经济上建设投资大，煤液化油生产成本高，而尚未工业化。1973 年的世界石油危机使煤直接液化工艺的研究开发重新得到重视。现在几大工业国正在继续研究开发第三代煤直接液化工艺，目标工艺希望具有反应条件缓和、油收率高和油价相对较低等特点。目前世界上典型的煤直接液化工艺为德国 IGOR

公司和美国碳氢化合物研究（HTI）公司的两段催化液化工艺。我国煤炭科学研究总院北京煤化所自 1980 年开展煤直接液化技术研究，现已建成油品改质加工、煤直接液化实验室。国内的神华煤直接液化工艺，将煤炭加热到超过 300 ℃时，其中大分子结构较弱的桥键开始断裂，煤分子结构被破坏，产生大量的自由基或以结构单元为基体的自由基碎片，这些受热的自由基相对分子质量在数百范围内，在高压条件下加氢溶剂，以自由基形式构成的煤就会进一步转化为油分子、沥青烯，继续加氢可促使油分子、沥青烯进一步裂化为更小分子，最终合成液态烃类燃料并脱除硫、氧等原子。

　　煤制油直接液化工艺流程为煤制备→油煤浆制备→加氢液化→分离单元→加氢精制→液体产品分馏→液化残渣处理等。其工艺流程如图 2 - 14 所示。

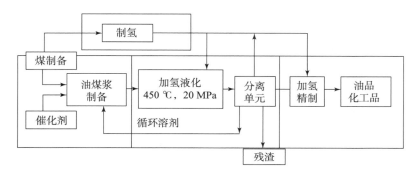

图 2 - 14　煤制油直接液化工艺流程

　　煤间接液化技术是将煤全部气化成合成气，然后以煤基合成气（一氧化碳和氢气）为原料，在一定温度和压力下，将其催化合成为烃类燃料油及化工原料和产品。气化装置产出的粗煤气经除尘、冷却得到净煤气，净煤气经 CO 宽温耐硫变换和酸性气体（H_2 和 CO_2 等）脱除，得到成分合格的合成气。合成气进入合成反应器，在一定温度、压力及催化剂作用下，H_2S 和 CO 转化为直链烃类、水，以及少量的含氧有机化合物。生成物经三相分离，水相提取醇、酮、醛等化学品；油相采用常规石油炼制手段（如常压、减压蒸馏），根据需要切割出产品馏分，经进一步加工（如加氢精制、催化重整、加氢裂化等工艺）得到合格的油品或中间产品。

　　煤间接液化技术的核心是煤基费托合成，即 F - T 合成。F - T 合成是在 1913 年，由德国科学家 F. Fisher 和 H. Tropsc 利用碱性铁催化剂，在温度 400 ~ 455℃、压力 10 ~ 15 MPa 条件下，用一氧化碳与氢气合成了烃类化合物与含氧化合物的混合液体开始的，并根据两位科学家的名字命名。其反应过程包括：烃类生成反应；水气变换反应；烷烃生成反应；烯烃生成反应。由于反应条件的不同，还有甲烷生成反应、醇类生成反应（生产甲醇就需要此反应）、醛类生成反应等，可采用调节生产工艺条件、改变催化剂等措施满足工艺产品需求。煤基费托合成可分为高温费托合成（350℃）和低温费托合成（250℃），其中高温合成可以生产石脑油、聚烯烃等多种化工品和燃油，低温合成以柴油等燃油为主。费托合成产品可以根据市场需要加以调节，生产高附加值、价格高、市场紧缺的化工产品。相比煤炭直接液化，煤基费托合成工艺用煤取决于煤种与气化工艺的相对适应性，因此具有煤种适应性强的特点。

煤制油间接液化工艺流程主要包括备煤→煤气化→净化变换→F-T合成→加氢提质→油品合成几步，其工艺流程如图2-15所示。间接法虽然流程复杂、投资较高，但对煤种要求不高，产物主要由链状烃构成，所获得的十六烷值很高、H/C含量较高、几乎不含硫和芳香烃，能和普通柴油以任意比例互溶。

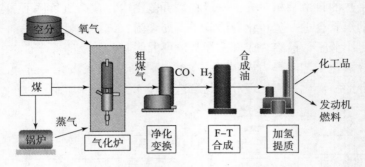

图2-15 煤制油间接液化工艺流程

（2）煤制天然气。

煤制天然气是指煤经过气化产生合成气，再经过甲烷化处理，生产代用天然气（SNG）。我国天然气储量较少，在一定程度上促进了煤制天然气的快速发展。大量的研究数据表明，选择合理的煤制天然气工艺技术，能够保证资源得到更好地利用。煤制天然气的能源转化效率较高，技术已基本成熟，是生产石油替代产品的有效途径。

煤制天然气的工艺技术有煤气化转化技术和直接合成天然气技术。两者的区别主要在于煤气化转化技术先将原料煤加压气化，由于气化得到的合成气达不到甲烷化的要求，因此需要经过气体转换单元提高 H_2/CO 比例再进行甲烷化（有些工艺将气体转换单元和甲烷化单元合并为一个部分同时进行）。直接合成天然气技术可以直接制得可用的天然气。

煤气化转化技术可分为较为传统的两步法甲烷化工艺和将气体转换单元和甲烷化单元合并为一个部分同时进行的一步法甲烷化工艺。直接合成天然气的技术主要有催化气化工艺和加氢气化工艺。其中催化气化工艺是一种利用催化剂在加压流化气化炉中一步合成煤基天然气的技术。加氢化工艺是将煤粉和氢气均匀混合后加热，直接生产富氢气体。

煤制天然气整个生产工艺流程可简述为：

①原料煤在煤气化装置中与空分装置来的高纯氧气和中压蒸气进行反应制得粗煤气。

②粗煤气经耐硫耐油变换冷却和低温甲醇洗装置脱硫脱碳后，制成所需的净煤气。

③从净化装置产生富含硫化氢的酸性气体送至克劳斯硫回收和氨法脱硫装置进行处理，生产出硫黄。

④净化气进入甲烷化装置合成甲烷，生产出优质的天然气。

⑤煤气水中有害杂质通过酚氨回收装置处理，废水经物化处理、生化处理、深度处理及部分膜处理后，得以回收利用；除主产品天然气外，在工艺装置中同时副产石脑油、焦油、粗酚、硫黄等副产品。

煤制天然气主工艺生产装置包括：空分、碎煤加压气化炉；耐硫耐油变换；气体净化装置；甲烷化合成装置及废水处理装置。辅助生产装置由硫回收装置、动力、公用工程系统等装置组成。煤制天然气生产工艺流程如图 2-16 所示。

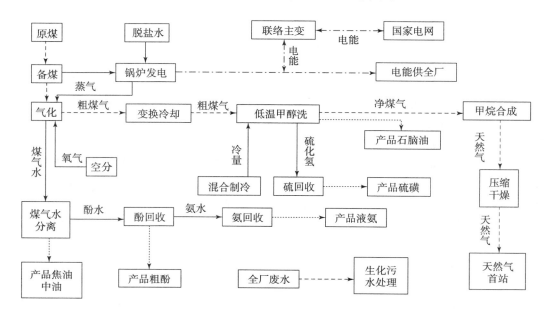

图 2-16　煤制天然气生产工艺流程

煤制天然气的耗水量在煤化工行业中相对较少，而转化效率相对较高。因此，与耗水量较大的煤制油相比具有明显的优势。煤制天然气过程中利用的水中不存在污染物质，对环境的影响也较小。

（3）煤制烯烃。

煤制烯烃即煤基甲醇制烯烃，是指以煤为原料合成甲醇后再通过甲醇制取乙烯、丙烯等烯烃的技术。煤制烯烃包括煤气化、合成气净化、甲醇合成及甲醇制烯烃四项核心技术；包括煤制甲醇、甲醇制烯烃两个过程。煤制甲醇的过程主要有四个步骤：首先将煤气化制成合成气；接着将合成气变换；然后将转换后的合成气净化；最后将净化合成气制成粗甲醇并精馏，最终产出合格的甲醇。

煤制烯烃又称为 CTO（coal to olefin），其主要工艺流程为煤→合成气→甲醇→烯烃。由煤生产甲醇的技术称为 CTM（coal to methanol），而由甲醇生产烯烃的技术则统称 MTO（methanol to olefin），当其产物仅为丙烯时则称为 MTP（methanol to propylene）。其中，未配套上游煤制甲醇装置的企业，也可以通过直接外购甲醇的方式投资 MTO/MTP 装置生产烯烃。煤制烯烃的工艺流程如图 2-17 所示。

煤气化反应可以在 1 400～1 600 ℃及 5 MPa 压力下得到合成气，其主要成分为氢气及一氧化碳，二者比例约为 1:2。合成甲醇需要通过水煤气变换反应将二者比例调整为 2:1 左右，之后在 300～400 ℃及 25～35 MPa 压力下合成中间产物甲醇。粗甲醇中甲醇占 82%，水占 18%，且有部分杂质，精炼后二者均被除去，以此得到生产下游烯烃的直接原料。

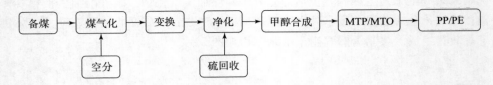

图 2 - 17　煤制烯烃的工艺流程

煤制烯烃（CTO）细分工艺的区别主要在于甲醇制烯烃（MTO）的步骤上。最早提出 MTO 工艺的是美孚石油公司（Mobil），随后巴斯夫（BASF）、埃克森石油公司（Exxon）、环球石油公司（UOP）及海德鲁公司（Hydro）等，在很大程度上推进了 MTO 的工业化。目前已经实现工业化的甲醇制烯烃工艺主要有以下四种。

①UOP Honeywell 的 MTO 工艺：主要在 400 ~ 500 ℃ 下发生，所需压力在 0.1 ~ 0.3 MPa 之间。在这种工艺下，会产生少量焦炭颗粒并在催化剂表面聚集，从而导致催化剂活性下降，但可以通过加装催化剂循环装置去除焦炭。为进一步提高产品中低碳烯烃的收率，UOP 开发了 OCP（olefins cracking process）工艺，将分离出的 C_4 等较重组分送入催化裂解反应器生产乙烯和丙烯。对于附加 OCP 工艺的 MTO 装置，其乙烯和丙烯的选择性可以高达 85% ~ 90%，并且可以在较大范围内调节乙烯/丙烯比例。

②中国科学院大连化学物理研究所的 DMTO 工艺：可实现超过 99% 的甲醇转化率，反应温度为 400 ~ 550 ℃，并在 0.1 ~ 0.3 MPa 的压力下进行。每吨甲醇约需消耗 0.25 kg 的 SAPO - 34 催化剂。改进版工艺 DMTO - Ⅱ 可以将 C_4 组分回收裂解再利用，并进一步提高产物中乙烯及丙烯的收率。

③中国石化的 S - MTO 工艺：该工艺使用 SAPO - 34 催化剂，可以控制产物中乙烯/丙烯的产量比值。此外，该反应工艺所拥有的烯烃催化裂解装置（OCC）可以把丁二烯及更重的烯烃裂解成较小的乙烯或丙烯，但 OCC 也会产生部分副产物如一氧化碳、二氧化碳和氢气等。整体来看，S - MTO 的乙烯及丙烯产率合计可超过 80%。

④Lurgi 的 MTP 工艺：该工艺首先在 260 ℃ 下将大多数甲醇转化为二甲醚（DME），与剩余未反应的少部分甲醇一起在 470 ~ 480 ℃，0.13 MPa 下，于 MTP 反应器内反应转化为丙烯。之后，生成的混合物将被继续通入其他 MTP 反应器，以增加丙烯收率。此外，该反应也生成少量副产物。

煤制烯烃的优势在于煤炭成本，尤其是富煤地区，煤炭的成本相对稳定，资源属性增强一体化竞争力。煤制烯烃通过资源自供和工艺改进，成本将有下降空间。

2.1.3　生物质化工生产原料

农、林、牧、副、渔业产品及其废弃物（如壳、芯、秆、糠、渣等）等属于可再生的生物质资源。在世界范围能源短缺的情况下，发展和利用生物质资源具有特殊的意义。

生物质化工生产主要包括两个方面：一方面是直接提取其中固有的化学成分；另一方面是利用化学或生物化学的方法将其分解为基础化工产品或中间产品。生物质的加工涉及萃取、微生物水解、酶水解、化学水解、裂解、催化加氢、皂化、气化等一系列生产操作。高分子合成生产用原料的生物质主要来自纤维素、淀粉等。

1. 纤维素化工

纤维素在自然界中分布很广，它是地球上蕴藏十分丰富的可再生资源。几乎所有的植物都含有纤维素和半纤维素，棉花、大麻、木材等植物中均含有较高的纤维素，其中棉花中的含量高达 92%～95%。许多农作物的秸秆、皮、壳都含纤维素，如稻麦、棉花、高粱、玉米的秸秆，玉米芯、棉籽壳、花生壳、稻壳等；木材采伐和加工过程的下脚料，如木屑、碎木、枝杈等，制糖厂的甘蔗渣、甜菜渣等也都含纤维素。

纤维素经化学加工可制得羟甲基纤维素、羟乙基纤维素等，这些纤维素的衍生物可作为增稠剂、黏合剂和污垢悬浮剂；纤维素经乙酰化和部分水解制得的醋酸纤维是感光胶片的基材；纤维素经硝化得到的硝化纤维是早期的炸药、塑料。由植物纤维素获得的化工产品如图 2−18 所示。

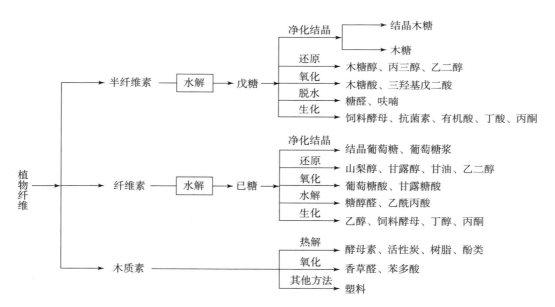

图 2−18　由植物纤维素获得的化工产品

用植物纤维原料中的多缩戊糖在酸存在条件下经加热水解为戊糖，戊糖在酸性介质中加热脱水而转化为糠醛，反应过程如下：

$$(C_5H_8O_4)_n \xrightarrow[\text{加热}]{H^+} C_5H_{10}O_5 \xrightarrow[\text{加热}]{H^+} \underset{\text{糠醛}}{\begin{array}{c} HC\!=\!=\!CH \\ \| \quad\quad \| \\ HC \quad C\!-\!CHO \\ \diagdown\!O\!\diagup \end{array}} + 3H_2O$$

　　多缩戊糖　　　戊糖　　　　　　　糠醛

糠醛是一种无色透明的油状液体，其分子结构中含有羰基、双烯和环醚的官能团，化学性质活泼，主要用于生产糠醇树脂、糠醛树脂、顺丁烯二酸酐、医药、农药、合成纤维等。由糠醛获得的化工产品如图 2−19 所示。工业上利用玉米芯、棉籽壳、花生壳、甘蔗渣等含植物纤维的物质生产糠醛。

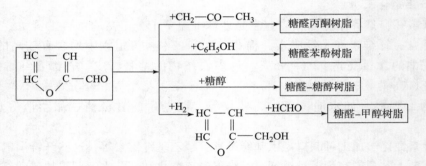

图 2-19　由糠醛获得的化工产品

2. 淀粉化工

淀粉为多糖类碳水化合物。淀粉的原料主要有玉米、土豆、小麦、木薯、甘薯、大米、橡子等植物的果实和种子。淀粉产量最大的是玉米淀粉，占世界淀粉量的80%以上。由淀粉可生产乙醇、丙醇、丙酮、甘油、甲醇、甲烷、醋酸、柠檬酸、乳酸等一系列化工产品。

将含有淀粉的谷类、薯类等经蒸煮糊化，加入定量的水冷却至 60 ℃，再加入淀粉酶使淀粉依次水解为麦芽糖和葡萄糖，然后加入酵母菌发酵转化为乙醇（食用酒精），该过程如下：

$$2(C_6H_{10}O_5)_n \xrightarrow[\text{淀粉酶}]{H_2O} C_{12}H_{22}O_{11} \xrightarrow[\text{淀粉酶}]{H_2O} 2C_6H_{12}O_6$$

淀粉　　　　　　　麦芽糖　　　　　葡萄糖

$$C_6H_{12}O_6 \xrightarrow{\text{酵母}} 2CH_3CH_2OH + 2CO_2$$

淀粉发酵还可生产丁醇、丙酮、丙醇、异丙醇、甲醇、甘油、柠檬酸、醋酸、乳酸、葡萄糖酸等化工产品。这些产品进一步加工，可制得许多化学产品，如由葡萄糖高压催化加氢还原生产的山梨醇是生产维生素 C 的原料。

由淀粉原料制得的淀粉称为原淀粉。原淀粉经物理、化学或生物化学的方法加工，改变其化学结构和性质，可制得具有特定性能和用途的改性淀粉，如磷酸淀粉、醋酸淀粉、氧化淀粉、羟甲基淀粉、醚化淀粉以及阳离子淀粉等。这些淀粉衍生物广泛用于食品、造纸、纺织、医药、皮革、涂料、选矿、环保以及日用化妆品等工业领域。

可用于开发生物质资源的植物有很多，如玉米、大豆、油菜、木薯、红薯、甜高粱、甘蔗等作物及秸秆、禾草、麻风树、桉树、水藻等植物以及有机废弃物。在不与人争粮，不与粮争地的前提下，人们尽可能利用秸秆、禾草和森林工业废弃物等生物质资源，同时积极开发冬闲田、盐碱地、荒山等可利用的土地，扩大生物种植面积，利用广大水域发展藻类生产，通过现代农业技术、生化技术以及基因工程扩大生物质资源的利用。

生物质能直接制得甲醇，通过甲醇制得乙烯、丙烯（MTO、MTP），以此替代石油，生产石化产品，这条路线也涉及生物质制甲醇的成本价格，当前的进展还未体现足够的市场竞争力，但是发展前景还是看好。人们用生物质资源实现了发电，实现了生物柴油，用生物质资源可以解决衣、食、用等问题。以可再生的生物质替代石油作为化工原料是后石油时代的必然产物。

2.2　原料的选择和精制

原料的选择和精制

高分子合成工艺过程的第一段是原料的准备与精制，所以选择合适的原料，并进行精制处理是保障高分子合成产品质量的重要步骤。原料的选择和精制不当，均会严重影响高分子产品质量或造成事故。故必须针对高分子合成工艺特点，根据原料的性能、质量标准、适用范围和对实施工艺要求等方面进行综合考虑，慎重地选择和精制材料。原料的选择和精制必须遵循原料来源充足可靠，成本较低，易于利用等原则。

2.2.1　原料的选择

高分子合成的原料选择是为了生产一定聚合物产品而对各类可以相互替代的工业原料所进行的选择。在现代化高分子合成工业生产中，一方面由于生产技术的不断发展和新材料的不断出现，同一种产品往往可以用不同的原材料来生产，而同一种原材料又往往可以制造多种不同的产品。另外在不同时期，各种原材料的丰缺情况亦会有所变化。在生产建设中，对某种原材料应用在哪些部门或某种产品应选用哪种原材料来生产，应根据原材料的特性及丰缺情况等有关因素而定。如何选择合适的原料，主要从以下几方面考虑：

①性能好。物理、化学性能等都符合生产要求。

②成本低。不仅原料本身的价格低，而且还要考虑加工至成品的总成本比较低。要对各种原料投入后对单位成本的影响进行详细分析。原料价格受其供求关系变化的影响很大，要根据供求关系对将来的价格进行预测。

③方便运输和储存。对选择的原料既要考虑质量、体积、形状及运输距离，又要考虑运输便利和储存的稳定性。

④可供性好。国内能保证供应，或者有较通畅的渠道。必须保证在其服务期限内有足够的、稳定的原料来源。

⑤无毒。不危害健康，不对环境产生负面影响，即在选择原材料时应尽量选择对环境污染影响较小或可消除污染的原材料。

认真选择工业原料的目的是充分合理利用我国资源，使各种原材料能真正达到物尽其用，各得其所，提高产品质量，提高劳动生产率和降低成本，取得较大的经济效益。

2.2.2　原料的精制方法

高分子合成工业生产订购的单体、溶剂、助剂等原料，都有可能含有杂质，这些杂质对高分子合成的危害主要有以下几种。

①可能会产生阻聚作用和链转移反应，使产品的平均分子量降低。

②对聚合催化剂产生毒害与分解，使催化作用大大降低。

③使逐步聚合反应过早地封闭端基而降低产品的平均分子量。

④产生有损聚合物色泽的副反应。

原料的杂质使生产的最终产品达不到质量标准，所以必须对原料进行精制处理，去除杂质，这是高分子合成工艺在原料准备工段必须进行的过程，也是保障合成高分子化合物质量的重要手段之一。通常聚合用单体纯度99%以上，如含惰性杂质，纯度要求可适当降低，溶剂中应当不含有害杂质。

原料的精制方法主要有以下8种。

（1）精馏分离法。

精馏分离法是工业上分离杂质最广泛的技术，其原理主要是根据原料中各组分的挥发性不同，根据它们在相同的温度下具有不同饱和蒸气压的性质进行常压或者减压分离提纯。精馏分离过程包括部分汽化（加热过程）和部分冷凝（冷凝过程），使混合液分离，获得定量的液体和蒸气。若将混合物蒸气和液体分开，蒸气要进行多次的部分冷凝，最后所得蒸气含易挥发组分极高。液体进行多次的部分汽化，最后所得到的液体几乎不含易挥发组分，即精馏采用多次部分汽化、部分冷凝的方法使高、低沸物进行分离。

在精馏塔上，每次部分汽化和部分冷凝都在塔板上进行，多块塔板就成了精馏塔的多级部分汽化的冷凝组件。理论上，要在塔顶得到纯度较高的低沸物，塔底得到纯度较高的高沸物，就需要较多的塔板。

筛板式精馏是一个在内部设置多块塔板的装置。全塔各板自塔底向上气相中易挥发组分浓度逐板增加；自塔顶向下液相中易挥发组分浓度逐板降低。温度自下而上逐板降低。在板数足够多时，蒸气经过自下而上的多次提浓，由塔顶引出的蒸气几乎为纯净的易挥发组分，经冷凝后部分作为塔顶产品（或称为馏出液），部分引回到顶部的塔板上进行回流。液体经过自上而下的多次变稀，经精馏塔最下面的汽化器（常称为塔釜或再沸器）后所剩液体几乎为纯净的难挥发组分，作为塔底产品（或称为釜液），部分汽化所得蒸气引入最下层塔板。

当某块塔板上的浓度与原料的浓度相近或相等时，料液就由此板引入，该板称为加料板，其上的部分称为精馏段。加料板及其以下部分称为提馏段。精馏段起着使原料中易挥发组分增浓的作用，提馏段则起着回收原料中易挥发组分的作用。

精馏是在气液两相逐级（或连续）流动和接触时进行穿越界面的质量和热量传递，并实现混合物分离纯化的化工单元操作过程。精馏技术已经过100多年的发展，并成为目前应用最广泛的一种分离纯化技术，它具有以下特点：

①通过精馏分离可以直接获得所需要的产品，而其他一些分离方法，如吸收、萃取等，由于有外加的溶剂，需进一步使所提取的组分与外加组分再行分离，因而精馏操作流程通常较为简单。

②精馏分离的适用范围广，它不仅可以分离液体混合物，而且可用于气态或固态混合物的分离。例如，可将空气加压液化，再用精馏方法获得氧、氮等产品；再如，脂肪酸的混合物，可加热使其熔化，并在减压下建立气－液两相系统，用精馏方法进行分离。

③精馏过程适用于各种浓度混合物的分离，而像吸收、萃取、结晶、膜分离等操作，只有当被提取组分浓度较低时才比较经济。

④精馏操作是通过对混合液加热建立气液两相体系的，所得的气相还需要再冷凝液化。因此，精馏操作耗能较大。

⑤精馏技术经过多年的发展及广泛的使用，目前已具有相当成熟的工程设计经验与一定的基础理论研究，并发展出以精馏为基础的许多新型复合传质分离技术。

⑥精馏过程操作简单，易于工程化，即可连续操作，也可间歇操作，可应用于各种批量的操作中。

（2）分子蒸馏精制法。

分子蒸馏精制法是一种在高真空条件下进行液－液分离操作的连续蒸馏工艺。其原理是分子蒸馏器在高真空条件下，其加热面和冷凝面的距离小于或等于物料的分子平均自由程，分子在蒸发过程中发生碰撞而向冷凝面运动然后凝结，从而达到分离的目的。

（3）低温结晶法。

低温结晶法主要是依据在冷冻过程中原料中各组分在有机溶剂中具有不同的溶解度。在冷冻结晶过程中有机溶剂的选择对分离效果具有很大影响，常用的有机溶剂为丙酮和乙醇。

（4）柱层析法。

柱层析法又称色层法或色谱法，是达到分离净化原料物质的常用提纯方法之一。分离原理是根据物质在固定相上的吸附能力不同而进行分离，一般情况下极性大的物质易被固定相吸附，极性小的物质不易被固定相吸附，柱层析过程即吸附、解吸、再吸附和再解吸的过程。柱层析中硅胶作为固定相对复杂有机化合物的分离具有较高的效率。淋洗剂的选择对柱层析分离效果具有很大影响，在柱层析中对极性大的组分选用强极性的淋洗剂，对极性弱的组分则选用弱极性的淋洗剂进行洗脱。

（5）超临界萃取法。

超临界萃取的主要原理是通过改变温度和压力使原料各组分在超临界流体中的溶解度发生大幅变化而达到分离效果。超临界萃取一般选择 CO_2 作为萃取剂，因为其临界温度低且具有化学惰性，适合分离热敏性物质和易氧化物质。

（6）银离子络合法。

银离子络合法主要是根据脂肪酸双键数的不同进行分离纯化，双键越多，形成的络合物越稳定。

（7）尿素包合法。

尿素包合法的主要原理就是溶解于醇类中的尿素在结晶时形成六面体晶型，饱和脂肪酸的碳链不能随意旋转，其空间构性较小，容易进入结晶物内部而形成包合物。不饱和脂肪酸由于存在碳碳双键而具有一定的旋转性，导致其较难进入结晶物的内部，从而与饱和脂肪酸分离开。

（8）重结晶提纯法。

重结晶包括的几个主要操作步骤是：将需要纯化的化学试剂溶解于沸腾或将近沸腾的适宜溶剂中；将热溶液趁热抽滤，以除去不溶的杂质；将滤液冷却，使结晶析出；滤出结晶，必要时用适宜的溶剂洗涤结晶。

以上原料精制方法的优缺点比较见表 2－4。

表 2 – 4 原料精制方法的优缺点比较

方法	优点	缺点
精馏分离法	物料停留时间短，降低了其降解的可能性	操作温度较高，易导致不饱和脂肪酸发生热敏反应而影响产品质量
分子蒸馏精制法	操作温度低，受热时间短，分离有效性强	装置一次性投资较大，维修费用较高
低温结晶法	操作、工艺步骤等简单	溶剂消耗较大，收率低
柱层析法	操作简单，分离纯化效果好	溶剂用量大，生产周期长
超临界萃取法	过程易调节，平衡时间短，萃取率高	设备投资大，抽提压力高
银离子络合法	操作简单，工艺步骤少，反应周期短，收率高	Ag^+ 易被还原成 Ag，有腐蚀性，生产成本高
尿素包合法	操作成本低，操作简单	难分离碳链长度不同、不饱和度相同的脂肪酸
重结晶提纯法	操作工艺简单	选择合适的溶剂较难

2.2.3　常用溶剂的精制

　　溶剂也称为溶媒，即含有溶解溶质的媒质之意。在工业上所说的溶剂一般是指能够溶解油脂、蜡、树脂（这一类物质多数在水中不溶解）而形成均匀溶液的单一化合物或者两种以上组成的混合物。这类除水之外的溶剂称为非水溶剂或有机溶剂。

　　一些溶剂因为种种原因总是含有杂质，这些杂质如果对溶剂的使用目的没有影响，可直接使用。但是，通常在进行高分子合成反应和一些特殊的化学反应时，必须将杂质除去。虽然除去全部杂质是有困难的，但至少应该将杂质减少到对使用目的没有影响的限度。除去杂质的操作称为溶剂的精制。常用溶剂的精制主要包括脱水和除去其他的杂质。这里主要介绍常用溶剂的脱水精制。

　　溶剂中水的混入往往是由于在溶剂制造、处理或者由于副反应时作为副产物被带入的，另外在保存过程中吸潮也会混入水分。水的存在不仅使许多高分子产生化学反应，而且对重结晶、萃取、洗涤等一系列的化学实验操作也都会带来不良影响。因此溶剂的脱水及干燥在原料准备过程中是非常重要的，也是经常进行的操作步骤。尽管在除去溶剂中的其他杂质时有时加入水分，但在最后还是要进行脱水、干燥。精制后充分干燥的溶剂在保存过程中往往还必须加入适当的干燥剂，以防止溶剂吸潮。溶剂脱水的方法有以下几种。

　　（1）干燥剂脱水。

　　干燥剂脱水是液体溶剂在常温下脱水干燥最常使用的方法。干燥剂可以是固体、液体或气体，分为酸性物质、碱性物质、中性物质以及金属、金属氢化物。干燥剂的性质各有不同，在使用时要充分考虑干燥剂的特性和预干燥物质的性质，才能有效达到干燥的目的。

在选择干燥剂时首先要确保进行干燥的物质与干燥剂不发生任何反应；干燥剂兼做催化剂时，应不与溶剂发生分解、聚合，并且干燥剂与溶剂之间不形成加合物。此外，还要考虑到干燥速度、干燥效果和干燥剂的吸水量。在具体使用时，酸性物质的干燥最好选用酸性干燥剂，碱性物质的干燥用碱性干燥剂，中性物质的干燥用中性干燥剂。溶剂中有大量水存在的，应避免选用与水接触着火（如金属钠等）或者发热猛烈的干燥剂，可以先选用氯化钙一类缓和的干燥剂进行干燥脱水，使水分减少后再使用金属钠干燥。加入干燥剂后应搅拌、放置一夜。温度可以根据干燥剂的性质，对干燥速度的影响加以考虑。干燥剂的用量应稍有过剩。在水分多的情况下，干燥剂因吸收水分发生部分或全部溶解生成液状或泥状而分为两层，此时应进行分离并加入新的干燥剂。溶剂与干燥剂的分离一般采用倾析法，将残留物进行过滤，但过滤时间太长或周围的湿度过大会再次吸湿而使水分混入，因此，有时可采用与大气隔绝的特殊的过滤装置。有的干燥剂操作危险时，可在安全箱内进行。安全箱内置有干燥剂，或吹入干燥空气或氮气使箱内充分干燥。使用分子筛或活性氧化铝等干燥剂时应添在玻璃管内，溶剂自上向下流动进行脱水，不与外界接触效果较好。大多数溶剂都可以用这种脱水方法，而且干燥剂还可以回收使用。

常用的干燥剂有以下几类。

1）金属、金属氢化物。

Al、Ca、Mg：常用于醇类溶剂的干燥。

Na、K：适用于烃、醚、环己胺、液氨等溶剂的干燥。注意此类干燥剂用于卤代烃时有爆炸危险，绝对不能使用，也不能用于干燥甲醇、酯、酸、酮、醛与某些胺等。醇中含有微量的水分可加入少量金属钠直接蒸馏。

CaH：1 g 氢化钙定量能与 0.85 g 水反应，其比碱金属、五氧化二磷干燥效果好。该类干燥剂适用于烃、卤代烃、醇、胺、醚等，特别是四氢呋喃等环醚、二甲亚砜、六甲基磷酰胺等溶剂的干燥。有机反应常用的极性非质子溶剂也是用此法进行干燥的。

$LiAlH_4$：常用醚类等溶剂的干燥。

2）中性干燥剂。

$CaSO_4$、$NaSO_4$、$MgSO_4$：适用于烃、卤代烃、醚、酯、硝基甲烷、酰胺、腈等溶剂的干燥。

$CuSO_4$：无水硫酸铜为白色，含有 5 个分子的结晶水时变成蓝色，常用于检测溶剂中微量水分。$CuSO_4$ 适用于醇、醚、酯、低级脂肪酸的脱水，甲醇与 $CuSO_4$ 能形成加成物，故不宜使用。

CaC_2：适用于醇干燥。注意使用纯度差的碳化钙时，会产生硫化氢和磷化氢等恶臭气体。

$CaCl_2$：适用于干燥烃、卤代烃、醚硝基化合物、环己胺、腈、二硫化碳等。$CaCl_2$ 能与伯醇、甘油、酚、某些类型的胺、酯等形成加成物，故不适用。

活性氧化铝：适用于烃、胺、酯、甲酰胺的干燥。

分子筛：分子筛在水蒸气分压低和温度高时吸湿容量都很显著，与其他干燥剂相比，吸湿能力非常大。吸湿能力是指常温下经足够量的干燥剂干燥的 1L 空气中残存水分的毫克数。分子筛在各种干燥剂中，其吸湿能力仅次于五氧化二磷。由于各种溶剂几乎都可以用分子筛脱水，故在实验室和工业上获得了广泛的应用。

3）碱性干燥剂。

KOH、NaOH：适用于干燥胺等碱性物质和四氢呋喃一类环醚。酸、酚、醛、酮、醇、酯、酰胺等不适用。

K_2CO_3：适用于碱性物质、卤代烃、醇、酮、酯、腈、溶纤剂等溶剂的干燥，不适用于酸性物质。

BaO、CaO：适用于干燥醇、碱性物质、腈、酰胺，不适用于酮、酸性物质和酯类。

4）酸性干燥剂

H_2SO_4：适用于干燥饱和烃、卤代烃、硝酸、溴等，醇、酚、酮、不饱和烃等不适用。

P_2O_5：适用于烃、卤代烃、酯、乙酸、腈、二硫化碳、液态二氧化硫的干燥，醚、酮、醇、胺等不适用。

（2）分馏脱水。

与水的沸点相差较大的溶剂可以用分馏效率高的蒸馏塔（精馏塔）进行脱水，这是常用的脱水方法。

（3）共沸蒸馏脱水。

与水生成共沸物的溶剂不能采用分馏脱水的方法。如果是含有极微量水分的溶剂，通过共沸蒸馏，虽然溶剂有少量损失，但却能脱去大部分水。多数溶剂都能与水组成共沸混合物。

（4）蒸发。

蒸馏干燥进行干燥的溶剂很难挥发而不能与水组成共沸混合物，可以通过加热或减压蒸馏使水分优先除去。例如，乙二醇、乙二醇–丁醚、二甘醇–乙醚、聚乙二醇、聚丙二醇、甘油等溶剂都适用。

（5）用干燥的气体进行干燥。

将难挥发的溶剂进行干燥时，一般慢慢回流，一面吹入充分干燥的空气或氮气，气体带走溶剂中的水分，从冷凝器末端的干燥管中放出。此法适用于乙二醇、甘油等溶剂的干燥。

（6）其他。

在特殊情况下，乙酸脱水可采用在乙酸中加入与所含水等摩尔的乙酐，或者直接加入乙酐干燥。甲酸的脱水可用硼酸经高温加热熔融，冷却粉碎后得到的无水硼酸进行脱水干燥。此外还有冷冻干燥的方法。例如，烃类用冷冻剂冷却时，其中的水分结成冰从而达到脱水目的。

常用溶剂的物理常数和精制方法见表 2 – 5。

表 2 - 5　常用溶剂的物理常数和精制方法

溶剂名称	沸点/℃	相对密度	一般精制处理	备注
石油醚	30 ~ 60 60 ~ 90 90 ~ 120	—	工业石油醚 1 kg 用工业硫酸 80 mL 充分振摇、放置、分出下层，可根据硫酸层颜色的深浅，酌情振摇 2 ~ 3 次。石油醚用少量稀氢氧化钠洗，再用水洗至中性，用无水氯化钙干燥，重蒸，按沸程收集	国外一般沸程在 30 ~ 70 ℃时称为石油醚 Petroleum ether；在 50 ~ 70 ℃时称为 Petroleum bonyino；在 75 ~ 120 ℃时称为 Ligroin
苯	80.1	0.879	—	—
乙醚	34.8	0.71	工业乙醚用硫酸亚铁或 10% 亚硫酸氢钠溶液振摇（除去过氯化物和水溶性杂质）1 ~ 3 次，用无水氯化钙干燥，重蒸	—
氯仿	61.2	1.439	以稀氢氧化钾洗涤，再用水洗 2 ~ 3 次，用无水氯化钙干燥，重蒸	氯仿不能用金属钠干燥，容易引起爆炸
乙酸乙酯	77.1	0.902	工业用乙酸乙酯用 50% 碳酸钠洗 2 次，用无水氯化钙干燥，重蒸	—
丙酮	56.2	0.79	工业丙酮加 0.1% 高锰酸钾，摇匀，放 1 ~ 2 天（或回流 4 h，至高锰酸钾颜色不褪，用无水硫酸钠干燥，重蒸）	不宜用金属钠、五氧化二磷脱水，不宜用于处理氧化铝。经高锰酸钾处理后，重蒸时务必小心，蒸至小体积即可，不得蒸干。因有时可能产生过氧化物，引起爆炸
乙醇	78.8	0.794*	工业酒精加生石灰回流 2 ~ 4 h，重蒸	—
甲醇	54.6	0.742	一般重蒸即可，如含有醛酮，可以用高锰酸钾大致测定醛酮含量，加过量的盐酸羟胺回流 4 h 后，重蒸	重蒸
吡啶	115.4	0.787*	用氢氧化钾干燥，重蒸	—

注：本表所列重蒸一般可收集沸点为 ±2 ℃时馏出部分，* 为 15 ℃测定的值。

2.2.4　常用引发剂的精制

引发剂是高分子合成反应的重要原料之一，其种类和用量可以直接影响聚合反应过程能否顺利进行，也会影响聚合反应速率，还会影响产品的性能质量和储存期等。引发剂一般是带有弱键、易分解成活性种的化合物，其中共价键有均裂和异裂两种形式。引发剂种类很多，有自由基聚合引发剂、阳离子聚合引发剂、阴离子聚合引发剂和配位聚合引发剂等。常用的引发剂包括过氧化合物引发剂和偶氮类引发剂及氧化还原引发剂等，过氧化物引发剂又分为有机过氧化物引发剂和无机过氧化物引发剂。下面主要介绍最常用的三种引发剂的精制。

（1）过氧化苯甲酰（BPO）的精制。

过氧化苯甲酰的提纯常采用重结晶法。通常以氯仿为溶剂，以甲醇为沉淀剂进行精制。过氧化苯甲酰只能在室温下溶于氯仿中，不能加热，容易引起爆炸。过氧化苯甲酰的溶解度见表2-6。

表2-6　过氧化苯甲酰的溶解度（20 ℃）

溶剂	石油醚	甲醇	乙醇	甲苯	丙酮	苯	氯仿
溶解度	0.5	1.0	1.5	11.0	14.6	16.4	31.6

其纯化步骤为：在1 000 mL烧杯中加入50 g过氧化苯甲酰和200 mL氯仿，不断搅拌使之溶解、过滤，其滤液直接滴入500 mL甲醇中，将会出现白色的针状结晶（即BPO）；然后，将带有白色针状结晶的甲醇再过滤，再用冰冷的甲醇洗净抽干，待甲醇挥发后，称重；根据得到的质量，按以上比例加入氯仿，使其溶解，加入甲醇，使其沉淀，这样反复再结晶两次后，将沉淀（BPO）置于真空干燥箱中干燥（不能加热，容易引起爆炸），称重。其熔点为170 ℃（分解）。产品放在棕色瓶中，保存于干燥器中。

（2）偶氮二异丁腈（AIBN）的精制。

偶氮二异丁腈是广泛应用的引发剂，作为它的提纯溶剂主要是低级醇，尤其是乙醇。也有用乙醇-水混合物、甲醇、乙醚、甲苯、石油醚等作溶剂进行精制的报道。它的分析方法是测定生成的氮气，其熔点为102~130 ℃（分解）。

AIBN的精制步骤是在装有回流冷凝管的150 mL锥形瓶中，加入50 mL，95%的乙醇，于水浴上加热至接近沸腾，迅速加入5 g偶氮二异丁腈，摇荡，使其全部溶解（煮沸时间长，分解严重）。热溶液迅速抽滤（过滤所用漏斗及吸滤瓶必须预热）。滤液冷却后得白色结晶，用布氏漏斗过滤后，结晶置于真空干燥箱中干燥，称重。其熔点为102 ℃（分解），熔点的测定请参阅有机化学实验。

（3）过硫酸钾和过硫酸铵的精制。

在过硫酸盐中主要杂质是硫酸氢钾（或硫酸氢铵）和硫酸钾（或硫酸铵），可用少量水反复结晶进行精制。将过硫酸盐在40 ℃水中溶解并过滤，滤液用冰水冷却，过滤出结晶物，并以冰冷的水洗涤，用$BaCl_2$溶液检验滤液无沉淀为止，将白色柱状及板状结晶置于真空干燥箱中干燥。在纯净干燥状态下，过硫酸钾能保持很久，但有湿气时，则逐渐分解出氧。过硫酸钾和过硫酸铵可以用碘量法测定其纯度。

2.3　原料的质量

原料的质量是保证高分子合成工艺顺利实施的首要条件，也是影响高分子产品质量的重要因素。高分子合成中使用的各种原料，必须满足工艺要求的质量标准。所有原料，不论在采购、运输、存

原料的质量

储、精制、使用过程中有多少环节，都必须严格按照工艺技术要求，进行质量检验、管理和监控。

2.3.1　原料的质量管理

为了确保高分子合成生产的质量，确保进入工艺流程的原料符合规范要求，必须加强原料质量管理，保证产品质量，防止不合格原料投入使用。原材料质量管理主要包括以下内容。

①对原材料的供应商进行合格评价。

②采购要在合格供应商处采购。

③制定原材料的检验接收准则。

④对原材料进行检验，对照接收准则是否符合。

⑤对不符合接收准则的原材料，如何处理，是退货还是降级使用，先要有规定，然后按照规定执行。

⑥检验的工具、器具、设备是经过校验、有效的。

⑦检验人员是有授权的，一些产品的检验还要有资质要求。

原料质量管理的方法大体有三个阶段：

①质量检验阶段。其特点是仅"抽样检验"原料，因而不能控制产品质量。

②统计质量阶段。其特点是强调用管理统计方法，从原料质量波动中找出规律性，以采取有效措施，使生产过程各个环节控制在正常状态之中来保证质量。

③全面质量管理阶段。以生产高质量高分子合成产品为目的，综合运用现代科学和管理技术成果，控制影响原料质量构成全过程的各种因素，以最经济的方法实现高质量、高效益的科学管理。

2.3.2　原料的质量检验

高分子合成采用的所有原料（单体、引发剂、催化剂、溶剂、助剂等）购入时和精制后都应该进行质量检验，形成检验记录。涉及安全、使用性能的有关原料，应按质量验收规范及相关规定进行复检或有见证取样送检，有相应的检验报告。原料质量检验的目的在于通过一系列的检测手段，将备用的原料数据与原料要求的质量标准进行比较，从而判断原料质量的可靠性，同时还有利于掌握原料的信息。确认符合工艺设计要求及使用规定的原料，才能在高分子合成生产中使用，未经检验或检验不合格的原料不能使用。

原料质量检验的方式按不同的标志分为以下几类。

①按检验的数量划分为全数检验、抽样检验。

②按质量特性值划分为计数检验、计量检验。

③按检验技术方法划分为理化检验、感官检验、生物检验。

④按检验后检验对象的完整性划分为破坏性检验、非破坏性检验。

⑤按检验的地点划分为固定检验、流动检验。

为了保证高分子合成原料的质量，检验工作要求如下：

①原料初步检验：确认原料名称、批次、品质、生产厂家或供应商、生产时间或验收时间，检查外包装是否完好、数量是否正确、标识是否清楚。同时向质检中心和技术部报检。

②检验员应严格按原料检验规程和工艺技术问题通知等要求，进行检查并如实填写

检测数据。

③检验结果报质量负责人，质量负责人依据工艺要求、产品质量要求等，判定原料是否合格，批准同意使用或退货并通知办理相关手续，填写内容不能含混不清、模棱两可。

④必须确认原料检验单上的质量负责人签字方可投入高分子合成生产中。

2.3.3 原料的质量控制

在高分子合成工艺流程中，所用原料的质量好坏直接影响聚合物产品的质量，因此原料的质量控制是必不可少的。对于原料质量控制应当是进行全过程和全面的控制，从采购、运输、装卸、存放、精制、使用等方面进行系统的监督与控制。原料质量的控制流程如图2-20所示。

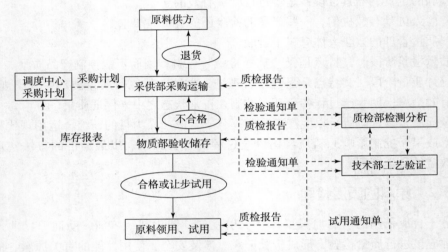

图2-20　原料质量的控制流程

原料质量控制的措施主要包括以下几个方面。

①掌握原料信息，优选供货厂家。掌握原料的质量、价格和供货能力的信息，选择好供货厂家，就可获得质量好、价格低的原料资源，从而确保高分子合成产品质量。

②合理组织原料供应，确保合成工艺顺利实施。合理地、科学地组织原料的采购、运输、精制、储备，建立严密的计划、调度体系，加快原料的周转，减少原料的占用量，按质、按量、如期地满足合成工艺需要。

③加强原料运输、储存、领用管理。合理组织原料使用，减少原料的损失，正确按定额计量使用原料，加强运输、仓库、保管工作，加强原料限额管理和发放工作，健全现场原料管理制度，避免原料损失变质。储存的原料，每隔一定时间，要进行必要的抽检，随时掌握原料的存放质量情况。

④加强原料检查验收，严把原料质量关。使用时原料必须具备质量检验报告，凡对质量保证资料有怀疑的原料，需要进行追踪检验，以控制和保证其质量。在现场精制或配制的原料，应事先提出精制或配制要求，经检验合格后才能使用。

⑤要重视原料的使用认证，以防错用或使用不合格的原料。对原料性能、质量标

准、适用范围必须充分了解，以便慎重选择使用材料。所有原料使用时必须仔细地核对、认证，判断其原料的品种、规格、型号、性能有无错误，估测其是否适合工艺特点和满足工艺要求。

习题与思考题

1. 石油炼制生产的特点有哪些？
2. 简述精馏分离的特点。
3. 原料质量检验的方式按不同的标志可分为哪些类型？
4. 在生产工艺应用过程中，想要选择合适的原料，需要考虑哪些方面？
5. 原料质量控制的措施主要包括哪些？

第 3 章
高分子合成工艺设备

聚合反应设备 -1

高分子合成工艺设备是指在实现将单体原料制备成一定规格聚合物产品的工艺过程中所使用的机械设备。根据高分子合成生产的 6 个工段过程，高分子合成工艺设备主要包括单体、溶剂、去离子水、助剂等原料的储存、洗涤、精制、干燥等过程的设备；聚合用引发剂或催化剂的制备、溶解、储存等过程的设备；以聚合反应器为中心的设备及反应物料输送的设备；将未反应单体、低聚物分离的设备；脱除溶剂、引发剂等过程的设备；回收单体、溶剂等过程的设备；聚合物产品的输送、干燥、造粒、包装等过程的设备。

高分子合成工艺过程覆盖了传质、传热、流体流动、机械和热力等过程，各过程都要通过单元操作来实现，常见的单元操作有输送、吸收、蒸馏、冷凝、萃取、分离、干燥、粉碎、分散等，各单元操作要通过不同的设备来实现，高分子合成工艺过程几乎要用到所有的单元操作，所以高分子合成工艺设备种类复杂，形式多样。

在高分子的生产过程中，由于反应机理不同，对单体、反应介质以及引发剂和催化剂都有不同的要求，由此产生了不同的高分子合成实施方法。当高分子合成工艺中的配方、生产实施方法确定后，高分子合成设备将对高分子生产起主导作用，本章重点介绍高分子合成生产的主要设备，即高分子合成设备、高分子化合物分离设备和干燥设备。

3.1　高分子合成反应设备

高分子合成反应比较独特，使作为高分子合成工序关键设备的高分子合成设备（又称聚合反应器）设计时必须能够满足预定高分子质量和产量的要求，同时还要充分考虑单体、聚合物、催化剂的性质和状态，聚合反应机理，以及聚合过程中体系的物性变化，为此在聚合反应器的设计和选择时，需要考虑聚合反应器的操作特性、选择性、稳定性和安全性等问题。

（1）反应器的操作特性。

聚合反应器的操作特性与聚合动力学、黏度、反应器种类、停留时间、混合状况等因素有关。

在实际聚合过程中，体系黏度将随转化率而增加。本体和溶液体系可能增加 3 ~ 5 个数量级；乳液体系可能增加 1 ~ 2 个数量级；悬浮体系黏度变化虽然不大，但到达临界体系分数时可能会急剧增加而导致操作失控。黏度增加对聚合过程的动力学和热量传递等都有影响。一般黏度增加会使传热系数降低而增加搅拌功率，从而使冷却能力变弱，引起反应器稳定性和控制性的问题；另外使分子扩散和传质速率降低，故要达到相同的混匀程度，需要较长的混合时间设计，同时还有可能导致混合程度降低。这些都将影响反应转化率和高分子的质量。因此在聚合反应器，尤其是放大设计时，需要充分考虑黏度等变化带来的影响，从而应考虑反应器的种类、搅拌浆的类型、稳定性、安全装置、控制系统等。

（2）反应器的选择性。

反应器设计和优化的一个重要目标就是要针对聚合反应的性能，达到控制和优化高分子产物的结构和性能的目标。这是因为高分子的结构和性能不仅取决于聚合机理，还受浓度梯度、温度梯度、进料情况、混合程度、反应时间分布等反应工程参数的影响，这些均与反应器的特点有关，因此反应器的选择性取决于高分子的产品特性以及聚合特性。

（3）反应器的稳定性和安全性。

反应器的稳定性和安全性是反应器运行过程中两个非常重要的参数，但这两个概念并不相同。实际上，如控制得当，可在非稳定点进行安全操作。相反，大范围的稳定并不能保证安全操作。例如，间歇聚合反应器的最终操作状态总是稳定的，但遇放热情况则会影响安全操作。放热速率增加、反应体积增加、黏度增加、传热困难等都使反应器的稳定性和安全性问题更加突出。许多工业聚合反应器往往在接近不稳定操作点处工作。在低转化和低温下的稳定操作是不经济的，但如果冷却能力有限和黏度较高则不考虑高转化操作。因此，取中等转化率就有可能在不稳定的情况下操作，为此应该根据需要对聚合反应器的稳定性和安全性操作进行选择。

聚合反应器种类很多，按结构分类有釜式聚合反应器、管式聚合反应器、塔式聚合反应器、流化床聚合反应器以及其他特殊结构的聚合反应器（如板框式聚合反应器、表面更新型反应器、带立式气相搅拌的反应器等）。

一般情况下，属于高黏度的均相聚合反应，多采用塔式、特殊的搅拌釜和其他专门的聚合装置；而非均相的悬浮、乳液聚合则采用典型的搅拌式反应器。高分子合成过程选择反应器可以根据以下原则。

①主要用以保证足够的聚合时间，选择塔式反应器。

②主要用以除去聚合反应热为主，采用搅拌釜式反应器。

③主要用以除去在聚合反应速率和平衡过程中处于匀速阶段物质的，采用搅拌釜、薄膜型和自由表面更新型聚合反应器。

④聚合反应器内主要形成颗粒时，采用乳液或悬浮搅拌釜式反应器。

⑤需要在很强的剪切力下进行聚合时，采用特殊的反应器。

值得注意的是，高分子合成设备的类型并不像化学工程分类那样严格。各种聚合反应器的几何比例规定见表 3-1，其中 L 代表设备的轴向长度，D 代表径向长度，在非圆形时，表示最长对角线。

表 3-1 各种聚合反应器的几何比例规定

反应器	L/D
釜式	<2～3
塔式	2～40
管式	>40

3.1.1 釜式聚合反应器

釜式聚合反应器是所用反应器中占比最多的一类，为 80% ~ 90%。反应釜分为不带搅拌和带搅拌两种，实际生产中 80% 以上的反应釜都是带搅拌的。釜式聚合反应器就是带搅拌的反应器，所以釜式聚合反应器也常被称为搅拌聚合釜。它的适应性强，操作弹性大，适用的温度和压力范围广，既可用于间歇（分批）操作，亦可用于连续操作。用于连续操作时，釜内的温度、浓度均一，容易控制，所得产品质量均一，因而广泛应用于高分子合成工业中。

聚合反应设备 - 2

搅拌反应设备的作用一般有以下几种。

①使物料混合均匀。

②使气体在液体中很好地分散。

③使固液颗粒（如催化剂）在液相中均匀地悬浮。

④不相溶的另一液相均匀悬浮或充分乳化。

⑤加强相间传质（吸收等）。

釜式聚合反应器的基本结构由釜体、换热装置、搅拌装置、密封装置和其他装置等组成，如图 3 - 1 所示。

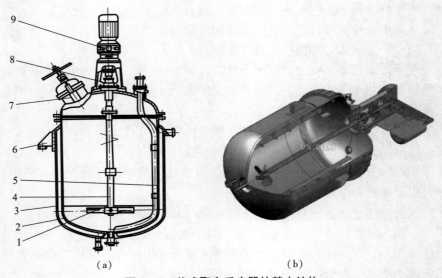

（a）   （b）

图 3 - 1　釜式聚合反应器的基本结构

（a）整体示意图；（b）实物剖面图

1—搅拌器；2—釜体；3—夹套；4—搅拌轴；5—压出管；6—支座；7—入孔；8—轴封；9—传动装置

（1）釜体。

釜体又称为反应器的容器部分，为物料提供反应空间，由圆形筒体和上下封头组成，具体组成包括直立圆筒、上下封头、接管、法兰、支座等。上下封头的结构：上部封头的结构一般为平盖形、椭圆形、球形；下封头的结构一般为椭圆形、球形、锥形。

根据上下封头的不同，釜体的外形结构目前可以分为 4 种，如图 3 - 2 所示。图 3 - 2
（a）所示的釜盖为椭圆封头、端部法兰式结构，其特点是开式结构、釜盖质量较轻，
适合压力较低、容积较小的反应釜选用；图 3 - 2（b）所示釜盖为平盖、端部法兰式结
构，其特点是开式结构、结构紧凑、外形尺寸较小、釜盖质量较小、造价较高，适合压
力较高、容积小的反应器选用；图 3 - 2（c）所示釜盖为平盖，端部法兰尺寸较小，其特
点是釜盖质量较轻，适用容积又比较大的反应器；图 3 - 2（d）所示密闭式结构，其特
点是无法兰、结构简单、造价较低，适用容积大的反应器。

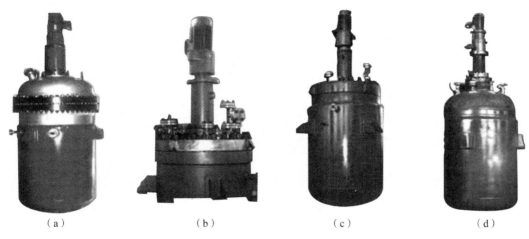

（a）　　　　　　　　（b）　　　　　　　　（c）　　　　　　　　（d）

图 3 - 2　根据上下封头的不同釜体的外形

按照釜体的长度与搅拌器的相对位置，分为立式和卧式两种釜式聚合反应器，如
图 3 - 3 所示。

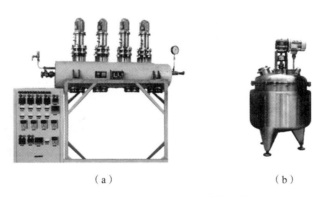

（a）　　　　　　　　　　　　　　（b）

图 3 - 3　釜式聚合反应器的两种类型
（a）卧式反应器；（b）立式反应器

釜式聚合反应器的釜体材质多采用搪玻璃、不锈钢和复合钢板，故也可分为搪玻璃
釜、不锈钢釜和复合钢板釜。其中，搪瓷釜由含硅量高的玻璃釉喷涂在钢制容器表面，
经 900 ℃左右的高温灼烧使其密着于金属胎上，形成耐腐蚀的衬里设备，具有玻璃的化
学稳定性和钢制容器的承压能力。由于将玻璃釉覆盖在钢板上形成光滑的表面，物料不
易黏釜，特别适用于聚氯乙烯、合成橡胶等易粘连的高聚物的合成。不锈钢釜体和碳钢

复合不锈钢釜体传热系数较高，应用较广泛。

（2）换热装置。

由于有吸热或放热反应，需要换热装置来供给或带走热量。大多数聚合反应是放热反应（表3-2），生产过程为控制产品平均分子量，要求反应体系温度变化小，为此需要及时将热量排放出去。

表3-2　单体聚合的聚合热

单体	聚合热/$(kcal \cdot g^{-1})$	单体	聚合热/$(kcal \cdot g^{-1})$	单体	聚合热/$(kcal \cdot g^{-1})$
乙烯	25.4~25.9	丙烯酸	15.0~18.5	乙烯基丁基醚	14.4
异丁烯	10.0~12.8	甲基丙烯酸	15.8	氯乙烯	23.0
苯乙烯	16.0~17.5	丙烯酸甲酯	18.7~20.2	偏二氯乙烯	14.4
丙烯腈	17.3	甲基丙烯酸甲酯	13.0~13.6	丁二烯1，3（1，2加成）	17.4
醋酸乙烯酯	20.5~21.5	甲基丙烯酸正丁酯	13.5	丁二烯1，3（1，4加成）	18.7

釜式聚合反应器的排热方式主要有6种，如图3-4所示。

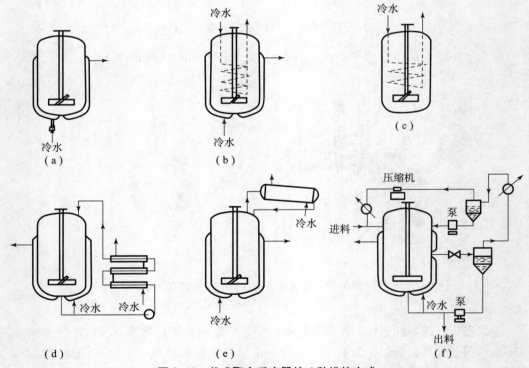

图3-4　釜式聚合反应器的6种排热方式

①夹套冷却；
②夹套附加内冷管冷却；

③内冷管冷却；

④反应物料釜外循环冷却；

⑤回流冷凝器冷却；

⑥反应介质预冷。

（3）搅拌装置。

1）定义与分类。

通过搅拌可使互溶液体的各部分均相混合成均质状态，以增大分散相的有效接触面积，降低分散相周围的浓膜阻力，提高传热速度等。搅拌器的功能概括地说是提供搅拌过程所需要的能量和适宜的物料流动状态，以达到搅拌过程的目的。也可以说，搅拌器旋转时把机械能传递给流体，在搅拌器附近形成高湍动的充分混合区，并产生一股高速射流推动液体在搅拌容器内的循环流动。这种循环流动的途径称为流型。

聚合反应设备 –3

搅拌装置由搅拌器和搅拌轴组成。搅拌轴的转动通过传动装置的传动来实现。传动装置由电动机、减速机通过联轴节组成。釜式聚合反应器内的搅拌装置一般还包括搅拌附件（如挡板、导流筒等），其中挡板主要起两个作用：一是改善釜内物料的混合状况，控制物料流型；二是作为内冷件，增大釜的传热面，改善物料传热效果。

搅拌器主要由轴、桨叶和连接件构成（图3-5）。搅拌器材质一般采用不锈钢或搪玻璃。搅拌器的搅拌作用由运动着的搅拌桨叶所产生，其搅拌特性、搅拌效果主要取决于桨叶型式和桨叶尺寸。

聚合釜内的流型取决于搅拌器的形式、搅拌容器和内构件的几何特征，以及流体性

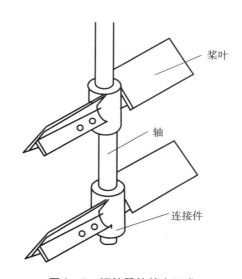

图 3-5　搅拌器的基本组成

质、搅拌器转速等因素。对于搅拌机顶插式中心安装的立式圆筒，基本流型有三种：径向流动、轴向流动和水平环向流动。径向流动是指流体的流动方向垂直搅拌轴，沿径向流动，碰到釜壁转向上下两股，再回到桨叶端，不穿过桨叶片而形成上下两个循环流动，如图3-6（a）所示。轴向流动是流体的流动方向平行于搅拌轴，流体由桨叶推动，使流体向下流动，碰到釜底再翻上，形成上下循环流动，如图3-6（b）所示。水平环向流动是指流体绕轴做旋转运动，也称切线流动，当搅拌转速较高时，液体表面会形成漩涡，如图3-6（c）所示。上述三种流体基本同时存在，其轴向流动及径向流动对混合有利，能起混合搅动及悬浮作用，而水平环向流动则对混合不利，需设法消除。除中心安装的搅拌机外，还有偏心式、底插式、侧插式、斜插式、卧式等安装方式。显然，不同安装方式的搅拌机产生的流型也各不相同。

搅拌器的分类方法很多，主要有以下几种。

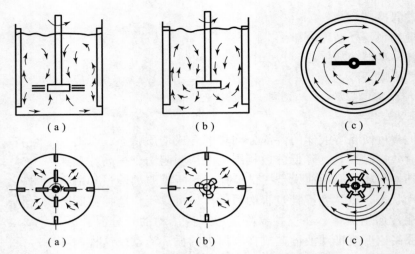

图 3 – 6　三种典型由搅拌桨产生的流体运动形式

(a) 径向流动；(b) 轴向流动；(c) 水平环向流动

①按搅拌器的桨叶结构分类，分为平叶、斜（折）叶、弯叶、螺旋面叶式搅拌器（表 3 – 3）。桨式、涡轮式搅拌器都有平叶和斜叶结构；推进式、螺杆式和螺带式的桨叶为螺旋面叶结构（表 3 – 3）。根据安装要求又可分为整体式和剖分式两种结构，对于大型搅拌器，往往做成剖分式，便于把搅拌器直接固定在搅拌轴上而不用拆除联轴器等其他部件。

表 3 – 3　搅拌叶结构分类

叶型	平叶	斜（折）叶	弯叶	螺旋面叶
搅拌器	平桨、直叶开式涡轮、直叶圆盘涡轮、锚式、框式	斜叶桨式、斜叶开式涡轮、斜叶圆盘涡轮	弯叶开式涡轮、弯叶圆盘涡轮、三叶后掠式	推进式、螺杆式、螺带式

②按搅拌器的用途分类，分为低黏度流体用搅拌器、高黏度流体用搅拌器。低黏度流体用搅拌器有推进式、桨式、开启涡轮式、圆盘涡轮式、布鲁马金式、板框桨式、三叶后弯式等。高黏度流体用搅拌器有锚式、框式、锯齿圆盘式、螺旋桨式、螺带式等。

③按流体流动形态分类，分为轴流型搅拌器、径流型搅拌器和混流型搅拌器。其中混流型搅拌器是指有些搅拌器在运转时，流体既产生轴向流又产生径向流。推进式搅拌器是轴流型的代表，平直叶圆盘涡轮搅拌器是径流型的代表，而斜叶涡轮搅拌器是混流型的代表。按流动形态的三种型式，常用搅拌器与三种流体型搅拌的对应关系如图 3 – 7 所示。

桨式、推进式和涡轮式搅拌器在搅拌设备中应用最为广泛，占搅拌器总数的 70% ~ 80%，下面分别介绍这几类搅拌器的结构和特点。

2）典型搅拌器。

①桨式搅拌器。桨式搅拌器是所有搅拌器中结构最简单的一种，通常仅有两个叶片，如图 3 – 8 所示。它采用扁钢制成，叶片焊接或用螺栓固定在轮毂上，按桨面与运

动方向的相对关系可分为平叶桨和折叶桨。

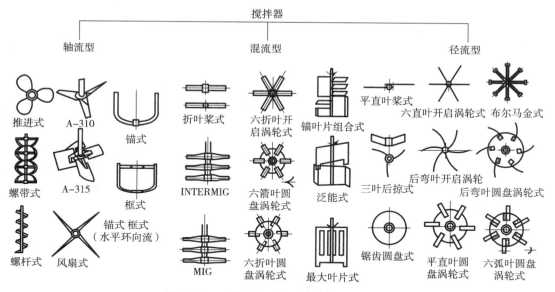

图 3-7 三种流体型式对应的搅拌器类型

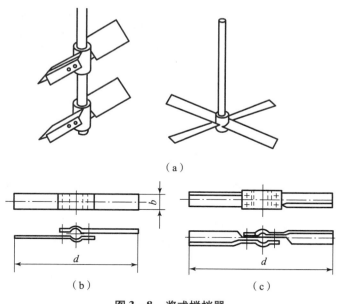

（a）

（b）　　　　　　　（c）

图 3-8 桨式搅拌器

（a）桨式搅拌器的外形；（b）平叶桨；（c）折叶桨

平叶桨面与运动方向垂直，当桨叶低速运转时，液体主要为环向流动。当桨叶转速增大时，液体径向流逐渐增大。转速越高，径向流越强。由于液体仅以切线方向离开桨叶，主要是水平液流，造成的轴向流很弱，不利于轴向混合。为增加轴间流，可将平叶桨倾斜一定角度（一般为 45°），即成为折叶桨。这样可以产生较大的轴向流动，有利于搅拌混合。

桨式搅拌器在液－液体系中用于混合、温度均一；固－液体系中多用于防止固体沉降。但桨式搅拌器不能用于以保持气体和以细微化为目的的气液分散操作。

桨式搅拌器主要用于流体的循环，由于在同样的排量下，斜叶式比平直叶的功耗少，操作费用低，因而斜叶式搅拌器使用较多。桨式也可用于高黏流体的搅拌，以促进流体的上下交换，还可以代替价格高昂的螺带式叶轮。桨式叶轮的桨叶直径（d）与容器内径（D）之比一般为 0.35 ~ 0.50，对高黏度液体为 0.65 ~ 0.90；转速一般为 20 ~ 100 r/min，介质黏度最高可达 20 Pa·s。

②推进式搅拌器。推进式搅拌器（又称船用推进器）常用于低黏度流体中，如图 3 - 9 所示。标准推进式搅拌器为三瓣叶片，其螺距与桨直径相等。搅拌时，流体由桨叶上方吸入，下方以圆筒状螺旋形排出，流体至容器底再沿壁面返至桨叶上方，形成轴向流动。推进式搅拌器搅拌时流体的湍流程度不高，但循环量大。容器内装挡板、搅拌轴偏心安装或搅拌器倾斜时，可防止漩涡形成。推进式搅拌器的直径较小，桨叶直径（d）与与容器内径（D）之比一般为 0.1 ~ 0.3；叶端线速度为 7 ~ 10 m/s，最高达 15 m/s。

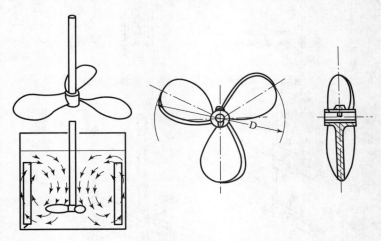

图 3 - 9　推进式搅拌器

推进式搅拌器结构简单，制造方便，适用于黏度低、流量大的场合，利用较小的搅拌功率通过高速转动的桨叶能获得较好的搅拌效果。该类搅拌器主要用于液 - 液体系混合，温度均一，在低浓度固 - 液体系中防止淤泥沉降等。推进式搅拌器的循环性能好，剪切作用不大，属于循环型搅拌器。

③涡轮式搅拌器。涡轮式搅拌器又称透平式叶轮，是应用较广的一种桨叶，能有效地完成几乎所有的搅拌操作，并能处理黏度范围很广的流体，其典型形状如图 3 - 10 所示。涡轮式搅拌器可分为开式和盘式两类。开式有平直叶、斜叶、弯叶等，盘式有圆盘平直叶、圆盘斜叶、圆盘弯叶等，如图 3 - 11 所示。开式涡轮其叶片数常用的有 2 叶和 4 叶，盘式涡轮以 6 叶最常见。为改善流动状况，盘式涡轮有时把叶片

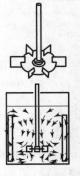

图 3 - 10　涡轮式搅拌器典型形状
（透平式叶轮）

制成凹形和箭形，称为弧叶盘式涡轮和箭叶盘式涡轮。如涡轮式搅拌器有较大的剪切力，可使流体微团分散得很细，适用于低黏度到中等黏度流体的混合、气 - 液分散、固 - 液悬浮，以及促进良好的传热、传质和化学反应。平直叶剪切作用较大，属剪切型搅拌器。弯叶是指叶片朝着流动方向弯曲，可降低功率消耗，适用于含有易碎固体颗粒的流体搅拌。

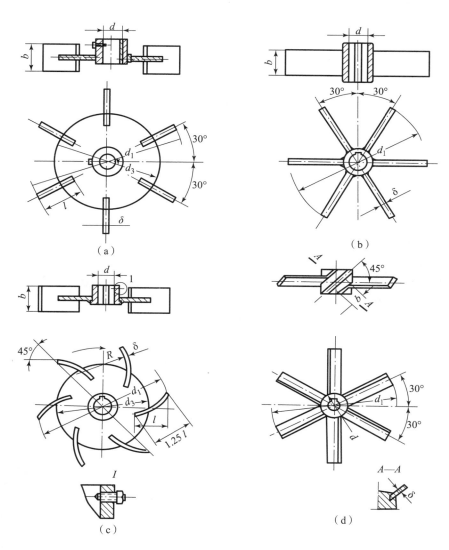

图 3 - 11　涡轮式搅拌器
（a）圆盘涡轮；（b）平叶开式涡轮；（c）弯叶涡轮；（d）折叶开式涡轮

④锚式（框式）搅拌器。对于黏度较大的液体搅拌，可把桨叶形状做成与反应釜底部的形状相似，且桨叶与釜壁的隔隙小，称为锚式或框式搅拌器，如图 3 - 12 所示。锚式搅拌器的转速比较低，故剪切作用较小，但搅动范围大，不易产生死区。对高黏度流体的搅拌，可利用桨叶的刮扫作用来防止搅拌器与釜壁之间产生滞流层，利于传热和

去除釜壁沉积物。当锚式搅拌器中间加设横梁或竖梁时，即称为框式搅拌器。这两类搅拌器的特点：结构简单，制造方便；适用于黏度大、处理量大的物料；易得到大的表面传热系数；可减少"挂壁"的产生。

⑤螺杆式搅拌器。当液体的黏度大于 10 Pa·s 时，常采用螺杆式搅拌器，它是将螺距一定的螺旋叶片固定在搅拌轴上，如图 3-13 所示。

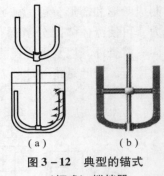

图 3-12　典型的锚式
（框式）搅拌器

（a）D-锚式；（b）E-框式

螺杆式搅拌器为慢速型搅拌器，在层流区操作，液体沿着螺旋面上升或下降形成轴向的上下循环，适用于中高黏度液的混合和传热等过程，螺杆式搅拌直径小、轴向推力大，可偏心放置，桨叶离槽壁的距离 <1/20，槽壁可起挡板作用，螺杆带上导流筒，轴向流动加强，在导流筒内外形成向下向上的循环。

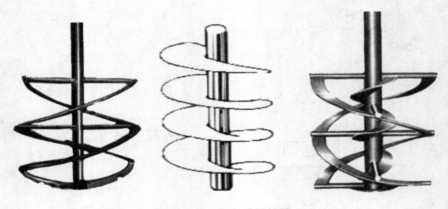

图 3-13　螺杆式搅拌器

⑥螺带式搅拌器。通常螺带式搅拌器如图 3-14 所示。其螺距 s 与搅拌器直径 d 之比 $s/d = 1$，螺带叶宽 b 与釜径 D 之比 $b/D = 0.1$，$d/D = 0.95$。由于外螺带可以与釜内壁很好地吻合，直接刮扫釜壁上的液体，有利于夹套式搅拌釜的传热与去除釜壁处的沉积物。

⑦磁力传动搅拌装置。当介质为剧毒、易燃、易爆、昂贵的物料，高纯度

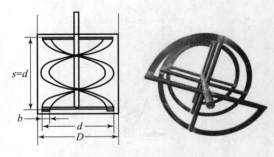

图 3-14　螺带式搅拌器

介质以及在高真空下操作，可选用全封闭的磁力传动搅拌装置。图 3-15 所示为磁力传动搅拌装置结构，它主要由磁力联轴器、搅拌设备的筒体、搅拌轴、搅拌桨、轴承、夹壳式联轴器和电动机等组成。上述部件中，除磁力联轴器之外，其余均与惯用的搅拌设备相同。

磁力传动密封的工作原理：套装在输入机械能转子上的外磁钢（转子）和套装在搅拌轴上的内磁钢（转子），用隔离套使内外转子隔离，并利用永久磁体异极相吸、同

极相斥的原理，依靠内外磁场进行传动，其中隔离套起到密封作用。套在内外轴上的涡磁转子称为磁力联轴器。

与传统的轴封相比，磁力传动密封最突出的优势是采用磁力搅拌装置，可完全消除搅拌设备内的气体通过轴封向外泄漏。但磁力传动装置可传递的功率一般较小，目前主要用于功率不超过 10 kW 的中小型搅拌设备中。

3）搅拌器的附件材料。

搅拌附件主要包括挡板、导流筒、内盘管等结构。搅拌附件的作用主要是改变釜内物料流型，增大物料湍动程度，增强搅拌效果，提高桨叶的剪切性能，增大传热面积等。釜式聚合反应器一般均设置有搅拌附件，但采用何种搅拌附件要与

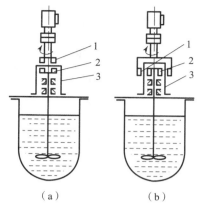

图 3 - 15　磁力传动搅拌
装置结构

（a）外磁钢型；（b）内磁钢型
1—外磁钢；2—内磁钢；3—隔离套

被搅拌体系特性和搅拌器的选型结合起来综合考虑，以达到预期的搅拌流动状态。聚合釜内增设搅拌附件一般会使物料流动阻力增大，导致搅拌功率增加。

①挡板。挡板一般是指长条形的、竖向固定在反应器壁上的板，主要是在湍流状态时为了消除釜中央的"圆柱状回转区"（漩涡）而增设的。当搅拌器沿容器中心线安装，搅拌物料的黏度不大，且搅拌转速较高时，液体将随着桨叶旋转方向一起运动，容器中间部分的液体在离心力作用下涌向内壁面并上升，中心部分液面下降，形成漩涡，通常称为"打漩区"。随着搅拌转速的增加，漩涡中心下凹到与桨叶接触，此时外面的空气进入桨叶被吸到液体中，液体混入气体后密度减小，从而降低了混合效果。为消除这种现象，通常可加入一定数量的挡板。安装在筒体内壁的挡板可把回转的切向流改变为径向流和轴向流，较大地增加了流体的剪切强度，从而改善了搅拌效果，如图 3 - 16 所示。因而，设置挡板主要是为了消除漩涡，改善主体循环；增大湍动程度，改善搅拌效果；同时还能降低搅拌载荷的波动，使功率消耗保持稳定，增大被搅动液体的湍动程度，从而改善搅拌效果。

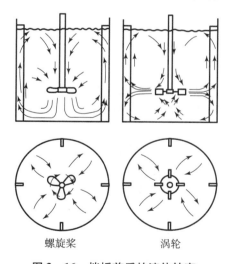

螺旋桨　　　　涡轮

图 3 - 16　挡板前后的流体转变

一般在容器内壁面均匀安装 4 块挡板，其宽度为容器直径的 1/12 ~ 1/10。当再增加挡板数和挡板宽度，功率消耗不再增加时，称为全挡板条件。全挡板条件与挡板的数量和宽度有关。挡板结构有平板形挡板、圆管形挡板、扁管形挡板、指形挡板和 D 形挡板，如图 3 - 17 所示。搅拌容器中的传热蛇管可部分或全部代替挡板，装有垂直换热管时一般可不再安装挡板。

②导流筒。在搅拌容器内，流体可沿各个方向流向搅拌器，流体的行程长短不一，

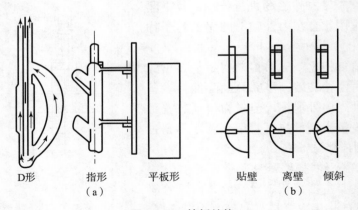

D形　指形　平板形　　　贴壁　离壁　倾斜
（a）　　　　　　　　（b）

图3-17　挡板结构

（a）挡板安装方式；（b）示意图

在需要控制回流的速度和方向，用于确定某一流况时可使用导流筒。

导流筒是上下开口的圆筒，安装于容器内，在搅拌混合中起导流作用，既可提高容器内流体的搅拌强度，加强搅拌器对流体的直接剪切作用，又造成一定的循环流，使容器内的流体均可通过导流筒内的强烈混合区，提高混合效率。安装导流筒后，限定了循环路径，减少了流体短路的机会。导流筒主要用于推进式、螺杆式以及涡轮式搅拌器的导流。图3-18所示为导流筒的结构及安装示意，搅拌器排出的液体在导流筒内部和外部上下循环流动，获得高速涡流，增加了循环流量并能控制流型。被搅拌液体的流向一般是在导流筒内向下，在导流筒外向上。对涡轮式搅拌器或桨式搅拌器，导流筒刚好置于桨叶的上方。对推进式搅拌器，导流筒套在桨叶外面，或略高于桨叶，如图3-18（a）、图3-18（b）所示。通常导流筒的上端都低于静液面，且筒身上开孔或槽，当液面降落后流体仍可从孔或槽进入导流筒。导流筒将搅拌容器截面分成面积相等的两部分，即导流筒的直径约

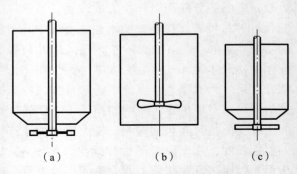

（a）　　　　（b）　　　　（c）

图3-18　导流筒的结构及安装示意

为容器直径的70%。当搅拌器置于导流筒之下，且容器直径又较大时，导流筒的下端直径应缩小，使下部开口小于搅拌器的直径，如图3-18（c）所示。

③搅拌轴。搅拌轴通常自搅拌釜顶部中心垂直插入釜内，有时也采用侧面插入、底部伸入或侧面伸入方式，应依据不同的搅拌要求选择不同的安装方式。由于搅拌设备中电动机输出的动力是通过搅拌轴传递给搅拌器的，因此搅拌轴必须有足够的强度和刚度。同时，搅拌轴既要与搅拌器连接，又要穿过轴封、轴承和联轴器等零件，所以搅拌轴还应有合理的结构、较高的加工精度和配合公差。搅拌轴的设计主要是确定危险截面处轴的最小尺寸，进行强度、刚度计算或校核、验算轴的临界转速和挠度，以便保证搅拌轴能安全平稳地运转。

一般情况下，搅拌轴轴径 d 必须满足强度和临界转速要求，当有特殊要求时，还应满足扭转或径向位移的要求。确定轴的实际直径时，通常还得考虑材料的腐蚀裕量，最后把直径圆整为标准轴径。

④轴封。轴封是搅拌设备的一个重要组成部分。轴封属于动密封，其作用是保证搅拌设备内为一定的正压或真空状态，防止被搅物料逸出和杂质的渗入，因而不是所有的转轴密封形式都能用于搅拌设备。在搅拌设备中，最常用的轴封为填料密封和机械密封。

填料密封又称填料箱，是搅拌设备较早采用的一种转轴密封结构，具有结构简单、制造要求低、维护保养方便等优点。但其填料易磨损，密封可靠性较差，一般只适用于常压或低压、低转速、非腐蚀性和弱腐蚀性介质，并允许定期维护的搅拌设备。

填料密封的结构如图 3 - 19 所示，它是由底环、本体、油环、填料、螺柱、压盖及油杯等部件组成的。在压盖压力作用下，装在搅拌轴与填料箱本体之间的填料对搅拌轴表面产生径向压紧力。由于填料中含有润滑剂，因此在对搅拌轴产生径向压紧力的同时形成一层极薄的液膜。这层液膜一方面使搅拌轴得到润滑，另一方面阻止设备内流体的逸出或外部流体的渗入，达到密封的目的。虽然填料中含有润滑剂，但在运转中润滑剂不断被消耗，故应在填料中间设置油环。使用时可从油杯加油，保持轴和填料之间的润滑。但填料密封不可能绝对不漏，这是因为压紧力过大，会使填料紧压在转动轴上，加速轴与填料间的磨损，使密封更快失效。所以操作过程中应适当调整压盖的压紧力，并需定期更换填料。

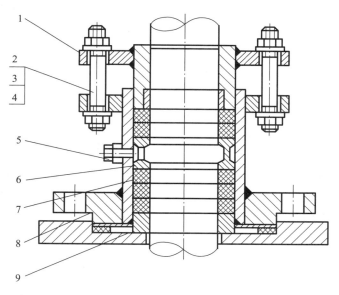

图 3 - 19　填料密封的结构
1—压盖；2—双头螺柱；3—螺母；4—垫圈；5—油杯；
6—油环；7—填料；8—本体；9—底环

机械密封是把转轴的密封面从轴向改为径向，通过动环和静环两个端面的相互贴合，并做相对运动达到密封的装置，又称端面密封。机械密封的泄漏率低，密封性能可靠，功耗小，使用寿命长，无须经常维修，且能满足生产过程自动化和高温、低温、高压、高真空、高速以及各种易燃、易爆、腐蚀性、磨蚀性介质和含固体颗粒介质的密封要求。

机械密封的结构如图3－20所示。它由固定在轴上的动环及弹簧压紧装置、固定在设备上的静环以及辅助密封圈组成。当转轴旋转时，动环和固定不动的静环紧密接触，并经轴上弹簧压紧力的作用，阻止容器内介质从接触面上泄漏。图中有4个密封点，A点是动环与轴之间的密封，属静密封，密封件常用"O"形环；B点是动环和静环作相对旋转运动时的端面密封，属动密封，是机械密封的关键。两个密封端面的平面度和粗糙度要求较高，依靠介质的压力和弹簧力使两端面保持紧密接触，并形成一层极薄的液膜起密封作用。C点是静

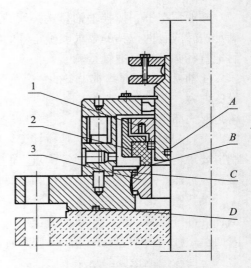

图3－20　机械密封的结构
1—弹簧；2—动环；3—静环

环与静环座之间的密封，属静密封。D点是静环座与设备之间的密封，属静密封。通常设备凸缘做成凹面，静环座做成凸面，中间用垫片密封。动环和静环之间的摩擦面称为密封面。密封面上单位面积所受的力称为端面比压，它是动环在介质压力和弹簧力的共同作用下紧压在静环上引起的，是操作时保持密封所需的净压力。端面比压过大，将造成摩擦面发热使摩擦加剧，功率消耗增加，使用寿命缩短；端面比压过小，密封面因压不紧而泄漏，密封失效。

⑤夹套。在釜体外侧，以焊接连接或法兰连接的方法装设各种形状的钢结构，使其与釜体的外表面形成密闭的空间，在此空间内通入流体，以加热或冷却物料，维持釜内物料的温度在规定的范围内，这种钢结构件统称为夹套，如图3－21（a）所示。夹套是聚合釜的重要组成部分，夹套传热是聚合釜的主要传热方式，其比传热面积与釜的构型（即长径比）有关。釜的长径比一般是指釜体直筒部分长度与釜内径之比。为提高夹套的传热能力，一般可在夹套内安装螺旋导流板，如图3－21（b）所示，或在夹套的不同高度等距安装挠流喷嘴，如图3－21（c）所示，或是采用切线进水。釜式聚合反应器的传热方式除夹套传热和内冷件传热外，还可采用回流冷凝器及釜外物料循环传热等。

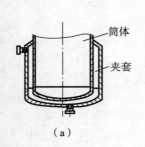

（a）

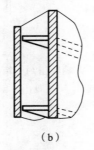

（b）

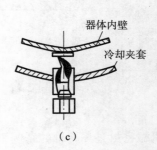

（c）

图3－21　夹套的结构
（a）夹套传热；（b）螺旋导流板；（c）挠流喷嘴

4）釜式聚合反应器的选用。

搅拌操作涉及流体的流动、传质和传热，所进行的物理和化学过程对搅拌效果的要求也不同，至今对搅拌器的选用仍带有很大的经验性。搅拌器选型一般从三个方面考虑：搅拌目的、物料黏度和搅拌容器的容积大小。选用时除满足工艺要求外，还应考虑功耗低、操作费用省，以及制造、维护和检修方便等因素。以下简单介绍几种搅拌器的选型方法。

①按搅拌目的选型考虑时，搅拌器的选型见表 3－4。

表 3－4　搅拌目的与推荐的搅拌器型式

搅拌目的	挡板条件	推荐型式	流动状态
互溶液体的混合及在其中进行化学反应	无挡板	三叶折叶涡轮、六叶折叶开启涡轮、桨式、圆盘涡轮	湍流（低黏度流体）
	有导流筒	三叶折叶涡轮、六叶折叶开启涡轮、推进式	层流（高黏度流体）
	有或无导流筒	桨式、螺杆式、框式、螺带式、锚式	层流（高黏度流体）
固－液相分散及在其中溶解和进行化学反应	有或无挡板	三叶折叶涡轮、六叶折叶开启涡轮	湍流（低黏度流体）
	有导流筒	三叶折叶涡轮、六叶折叶开启涡轮、推进式	
	有或无导流筒	螺杆式、螺带式、锚式	层流（高黏度流体）
液－液相分散（互溶的液体）及在其中强化传质和进行化学反应	有挡板	三叶折叶涡轮、六叶折叶开启涡轮、桨式、圆盘涡轮式、推进式	湍流（低黏度流体）
液－液相分散（不互溶的液体）及在其中强化传质和进行化学反应	有挡板	圆盘涡轮、六叶折叶开启涡轮	湍流（低黏度流体）
	有反射物	三叶折叶涡轮	
	有导流筒	三叶折叶涡轮、六叶折叶开启涡轮、推进式	
	有或无导流筒	螺带式、螺杆式、锚式	层流（高黏度流体）
气－液相分散及在其中强化传质和进行化学反应	有挡板	圆盘涡轮、闭式涡轮	湍流（低黏度流体）
	有反射物	三叶折叶涡轮	
	有导流筒	三叶折叶涡轮、六叶折叶开启涡轮、推进式	
	有导流筒	螺杆式	
	无导流筒	锚式、螺带式	层流（高黏度流体）

②按介质的黏度选型。对于低黏度介质，用小直径高转速的搅拌器就能带动周围的流体循环，并至远处；而高黏度介质的流体则不然，需直接用搅拌器来推动。表 3 – 5 给出了各种搅拌器适用的黏度范围。由表 3 – 5 可见，对于低黏液体，用传统的推进式、桨式、涡轮式等搅拌器基本能解决问题。表 3 – 5 中，锚式和框式搅拌器覆盖了很宽的黏度范围，但在较高黏度时锚式叶轮的混合效果比螺带式差得多，而在低黏度域，它的剪应力不够，轴向循环也很差，且由于其桨径对釜径的比值较大，致使回转部分体积也大，因此只有在搅拌效果要求不高的场合才使用。然而，对于传热是搅拌主要目的的场合，锚式搅拌器还是很适用的。

表 3 – 5　各种搅拌器适用的黏度范围

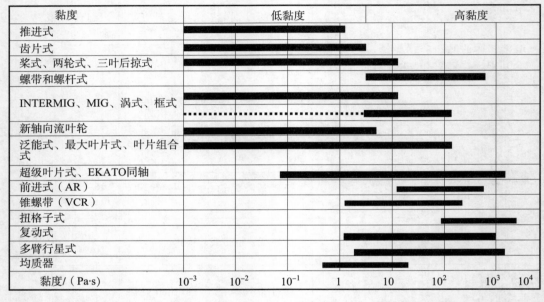

③按搅拌器型式和适用条件选择。表 3 – 6 列出了以操作目的和搅拌器流动状态选用搅拌器情况。由表 3 – 6 可见，对低黏度流体的混合，推进式搅拌器由于循环能力强，动力消耗小，可应用到很大容积的釜中；涡轮式搅拌器应用的范围最广，各种搅拌操作都适用，但流体黏度不超过 50 Pa·s；桨式搅拌器结构简单，在小容积的流体混合中应用较广，对大容积的流体混合则循环能力不足；对于高赫流体的混合则以锚式、螺杆式、螺带式更为合适。

表 3 – 6　搅拌器型式和适用条件

搅拌器型式	流动状态			搅拌目的									釜容积范围/m²	转速范围/(r·min⁻¹)	最高黏度/(Pa·s)
	对流循环	湍流扩散	剪切流	低黏度混合	高黏度液混合传热反应	分散	溶解	固体悬浮	气体吸收	结晶	传热	液相反应			
涡轮式	◆	◆	◆	◆		◆	◆	◆	◆	◆	◆	◆	1 ~ 100	10 ~ 300	50
桨式	◆	◆	◆	◆	◆		◆	◆		◆	◆	◆	1 ~ 200	10 ~ 300	50

续表

搅拌器型式	流动状态			搅拌目的								釜容积范围/m²	转速范围/(r·min⁻¹)	最高黏度/(Pa·s)
	对流循环	湍流扩散	剪切流	低黏度混合	高度黏液混合传热反应	分散	溶解	固体悬浮	气体吸收	结晶	传热	液相反应			
推进式	◆	◆		◆		◆	◆	◆		◆	◆	◆	1~1 000	10~500	2
折叶开启涡轮式	◆	◆		◆		◆	◆	◆					1~1 000	10~300	50
布鲁马金式	◆	◆	◆		◆			◆					1~100	10~300	50
锚式	◆			◆				◆					1~100	1~100	100
螺杆式	◆			◆									1~50	0.5~50	100
螺带式	◆			◆				◆					1~50	0.5~50	100

注：有◆者为可用，空白者不详或不可用。

3.1.2　管式聚合反应器

聚合反应设备-4

管式聚合反应器是一种连续式反应器，物料从管道的一端连续输入，在管道中流动时完成聚合反应，产物及未起反应的物料从管道的另一端连续输出。当物料刚进入管式反应器时，其浓度较高，因而反应速率较大。随着物质向前流动，化学反应不断进行，物质的浓度逐渐降低，反应速率逐渐减小。其由单根连续管或一根以上的管子平行排列构成（图3-22），它是使反应流体通过细长的管子而进行反应的装置，结构简单，单位体积所具有的传热面较大，适于用作高温、高压装置。例如，高压聚乙烯的生产和尼龙6的熔融缩聚的前期就是采用这种型式的反应器。据统计，目前全世界高压法生产聚乙烯中，55%是用管式反应器生产的，其反应装置是由内径为2.5~5.0 cm，长径比为250~12 000的一束细长的装有夹套的管子构成的，且管子卷成螺旋状。整个反应管由预热、

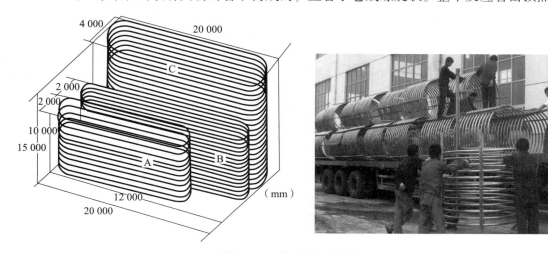

图3-22　管式聚合反应器

A—加热段；B—反应段；C—冷却段

反应、冷却三部分组成，实际上反应器仅占很短一部分，管长中的大部分用作预热与冷却。

在管式反应器中物料呈平推流运动，沿管轴方向每一微积单元，其物料的组成、浓度、温度不随时间而改变，属稳态操作。这和连续操作搅拌釜式反应器相同，无数的微积单元又可视为无数个连续操作搅拌釜式反应器的串联。因此，管式反应器兼具间歇操作和连续操作搅拌釜式反应器的特点，有利于大型化、连续化生产，设备结构简单，单位体积所具有的传热面积大，适用于高温、高压的聚合反应器。管式聚合反应器的设计要点有两个：其一，保证物料在管式反应器中呈平推流运动；其二，尽量减小管式反应器管内的径向温差，保证反应条件一致。

与釜式聚合反应器相比，为达到一定转化率，采用管式聚合反应器所需反应器容积较小，可用平推流模型模拟、设计、计算这类反应器。这类反应器传热面大，但对慢速反应，管子需很长，压降也大。此外，采用这类反应器生产聚合物时易发生聚合物黏壁现象，造成管子堵塞；当物料的黏度很大时，压力损失也大。由于在管子长度方向上温度、压力、组分浓度等反应参数不能保持一致，故此类反应器在流动方向上产生参数分布。

管式反应器由管体、挡液板和加热装置组成，如图 3-23 所示。

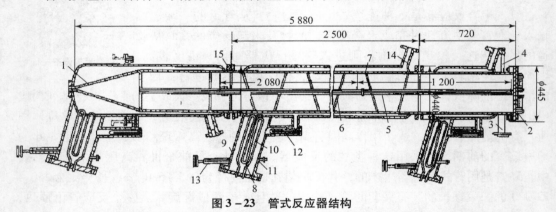

图 3-23　管式反应器结构

1—锥形底；2—顶盖；3—加料口；4—供氮接管；5—挡板管；6—挡液板；7—带夹套的管体；
8—加热装置；9—加热室；10—电热棒；11—联苯进口管；12—温度计套管；
13—联苯出口管；14—联苯蒸气出口管；15—连接法兰

（1）管体。

管体是带有夹套的长直圆管，为便于制造安装，常制成若干段（每段 3~5 m），各段间用法兰连接。管体顶部可采用凸形或平板封头，为便于高黏度物料流出，底部多采用锥形封头。管外装有夹套，内通载热体，管体多采用不锈钢，夹套可采用普通钢。管体直径是影响聚合过程的重要因素，在同样的聚合温度和聚合时间下，管径越小，越易制取质量均匀、相对黏度较高的聚合物。这是因为当管径较大时，反应物量增多，引发剂加入量增多，温度相应增加，低分子物排除困难，并且随管径增加，径向温差增大、管内物料加热不均匀。因此，管式反应器直径通常小于 800 mm。

（2）挡液板。

由于聚合管内物料停留时间长，流速低，黏度大，呈层流状流动，必然存在径向速度梯度。在管中心处流速高，停留时间短，而靠近管壁处流速低，停留时间长，造成聚合体质量不均匀。为改变这种状况，使物料流动状态尽量接近平推流，可在管内沿轴向设置若干挡液板，使物料在管内流速趋于一致。

常见的挡液板孔的分布如图 3－24 所示，板上沿半径方向分布着许多不同孔径的小孔。图 3－24（c）所示为中间孔径大、周边孔径小的挡液板，而图 3－24（b）所示为则中间孔径小、周边孔径大的挡液板。生产中将这两种板交替排列可使管内物料的流态近似于平推流。当采用图 3－24（a）所示孔径相等的挡液板时，将相邻挡液板上的孔眼呈交错状安装，也可达到平推流的效果。

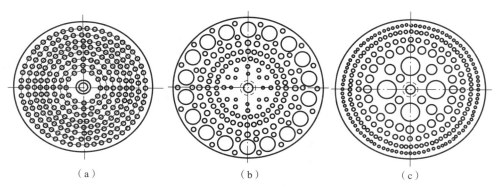

（a）　　　　　　　　　　（b）　　　　　　　　　　（c）

图 3－24　常见的挡液板孔的分布

挡液板的开孔率、孔径及孔眼排列方式均由实践而定，原则是每块挡液板的开孔率相等，板上孔眼分布均匀，相邻两挡液板的间距以 0.8～1.0 m 为宜。

各挡液板用螺栓或焊接固定在穿过挡液板中心孔的挡板管上，最底层挡液板放置在支承圈上或锥底封头的内壁上。

挡液板用不锈钢制造，其直径较筒体内径约小 20 mm，挡液板的形状有平板形、倾斜形、圆弧形、锥形和螺旋形，如图 3－25 所示。

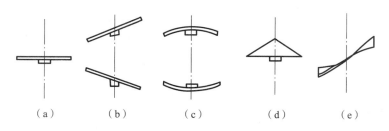

（a）　　　　（b）　　　　（c）　　　　（d）　　　　（e）

图 3－25　挡液板的形状

（a）平板形；（b）倾斜形；（c）圆弧形；（d）锥形；（e）螺旋形

为防止在挡液板滞积物料，挡液板表面和板上孔眼壁表面粗糙度要求极高，板表面、挡板管应高度抛光，孔壁要求精铰到 N8。

（3）加热装置。

管式反应器多采用联苯混合物作为热载体，其加热方式有两种。一种是采用联苯锅炉产生联苯蒸气进入夹套，冷凝后返回联苯锅炉，加热汽化后循环使用。该种加热方式具有传热均匀的优点，但设备管线较复杂。另一种是将电热棒直接安装在夹套内，加热夹套内的联苯混合物。此种加热方式结构简单，费用低，操作简便，联苯渗漏及热损失小。

与管式反应器相似，另一种反应器是环管式反应器，也称循环反应器，它在中压法聚乙烯生产中得到应用。图 3-26 所示为一种环管式反应器结构，它是美国菲利普石油公司于 1959 年首先发明的，其后由比利时索尔维公司加以改进而发展起来。这种反应器在结构上由两个垂直管段和两个水平管段构成短形封闭环路，或者由两个垂直管段和两个弧形管段构成椭圆形封闭环路。管段之间可由法兰或焊接连接，在环管适当部位有各种物料的进出口及控制位置。循环反应器内壁光滑，除循环泵和挡板外，没有其他障碍物。循环反应器有单环、双环以及三环、四环之分。环路增多主要是为了增加管路总长度，即增加反应器体积。总环路增加，物料压降增大，循环泵功率也相应增大。循环反应器可用于悬浮（淤浆）聚合、乳液聚合和溶液聚合。在工业生产中，已实际用于乙烯的淤浆聚合、丙烯的悬浮聚合、乙丙橡胶的悬浮法生产和溶液聚合法生产，以及乙烯与 1-丁烯的共聚合等。

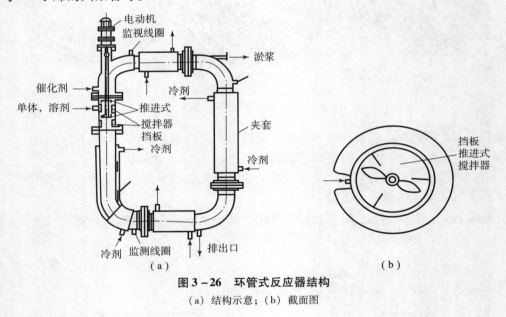

图 3-26　环管式反应器结构

（a）结构示意；（b）截面图

采用环管式反应器具有以下优点：

①单位体积的传热面较大，可达 6.5~7.0 m²/m³，只要用冷却水夹套即可满足传热要求，故能耗较低。

②单位体积生产能力高，如一台 66 m³ 双环管反应器年生产能力可达 4.5 万吨左右，高于釜式反应器的生产能力。

③反应物料在高速循环泵的推动下，物料流动线速度可达 8 m/s，可有效地防止聚合物在管壁的沉积，进一步强化传热，并降低聚合物凝胶的含量。

④反应单程转化率高，可达 95% 以上，从而减少了单体的循环量。

⑤物料在反应器内停留时间短，有利于不同牌号聚合物的生产切换。

3.1.3　塔式聚合反应器

与釜式聚合反应器相比，塔式聚合反应器构造简单，型式也较少，是一种长径比较大的垂直圆筒结构，可以是挡板式或固体填充式，也可以是简单的空塔，根据塔内结构的不同而具有不同的特点。在塔式反应器中，物料的流动接近平推流，返混较小。同时，根据加料速度的快慢，物料在塔内的停留时间可有较大变化，塔内物料温度可沿塔高分段控制。塔式装置多用于连续生产且对物料停留时间有一定要求的情况，常用于一些缩聚反应，在本体聚合和溶液聚合中也有应用。在合成纤维工业中，塔式聚合反应器所占的比例有 30% 左右。塔式聚合反应器包括鼓泡塔、填充塔、板式塔等。

（1）鼓泡塔反应器。

鼓泡塔反应器广泛应用于液体相也参与反应的中速、慢速反应和放热量大的反应。例如，各种有机化合物的氧化反应、各种石蜡和芳烃的氯化反应、各种生物化学反应、污水处理曝气氧化和氨水碳化生成固体碳酸氢铵等反应，都采用这种鼓泡塔反应器（图 3 - 27）。

（2）填料塔反应器。

填料塔反应器是以塔内的填料作为气 - 液两相间接触构件的传质设备，如图 3 - 28 所示。液体从塔顶经液体分布器喷淋到填料上，并沿填料表面流下。气体从塔底送入，经气体分布装置（小直径塔一般不设气体分布装置）分布后，与液体呈逆流连续通过填料层的空隙，在填料表面上，气 - 液两相密切接触进行传质。填料塔属于连续接触式气 - 液传质设备，两相组成沿塔高连续变化，在正常操作状态下，气相为连续相，液相为分散相。

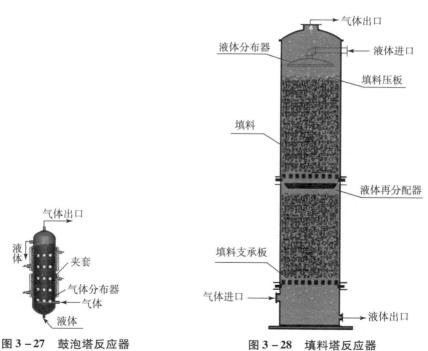

图 3 - 27　鼓泡塔反应器　　　　图 3 - 28　填料塔反应器

（3）板式塔反应器。

板式塔反应器的液体是连续相而气体是分散相，借助于气相通过塔板分散成小气泡而与板上液体相接触进行化学反应。板式塔反应器（图 3 - 29）适用于快速及中速反应。采用多板可以将轴向返混降低至最低程度，并且它可以在很小的液体流速下进行操作，从而能在单塔中直接获得极高的液相转化率。同时，板式塔反应器的气液传质系数较大，可以在板上安置冷却或加热元件，以适应维持所需温度的要求。但是板式塔反应器具有气相流动压降较大和传质表面较小等缺点。

（4）喷淋塔反应器。

喷淋塔反应器（图 3 - 30）结构较为简单，由塔体、塔板、再沸器和冷凝器组成。液体以细小液滴的方式分散于气体中，气体为连续相，液体为分散相，具有液相接触面积大和气相压降小等优点，适用于瞬间、界面和快速反应，也适用于生成固体的反应。喷淋塔反应器具有持液量小和液侧传质系数过小，气相和液相返混较为严重的缺点。

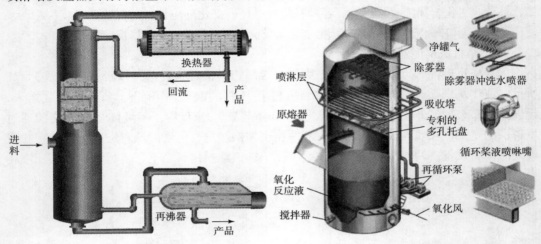

图 3 - 29　板式塔反应器　　　　　图 3 - 30　喷淋塔反应器

图 3 - 31 所示为生产聚己内酰胺（尼龙 6）的 VK 塔多种型式中的一种（VK 为德文"简单""连续"二字的字头，该塔最早由德国开发成功）。单体己内酰胺从顶部加入，这时物料黏度较小。缩聚的初始阶段所产生的水变成蒸气从顶部逸出，而物料则沿塔下流。由于依靠壁外夹套加热，物料温度不致太高，所以物料依靠重力而流动。此外，塔内还装有横向蝶挡板，使物料返混减少，停留时间均一。

世界上最早的苯乙烯连续本体聚合在一个 8 m 高的单塔内进行。以后普遍采用的工业化方式则是在塔上再加一预聚釜，如图 3 - 32 所示。预聚釜内装有通循环水的蛇管调节温度，并装有桨式搅拌器。每一座聚合塔装有两个预聚合釜。聚合塔高为 6 m，直径为 60 cm，每隔 1 m 为 1 节，共分为 6 节，每节外有夹套，最下一段外部装有电加热器。除最上一节外，各节中心都装有 12 ~ 15 圈内径为 20 ~ 25 cm 的蛇管。塔底装有螺旋挤出机，从机口挤出的带状物放在输送带上，经冷却滚后，进入切粒装

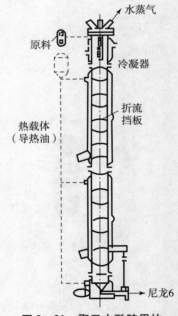

图 3 - 31　聚己内酰胺用的
VK 塔一例

置造粒。

往预聚釜内送入氮气，一方面防止聚合物黏轴，另一方面使聚合装置形成氮气封。预聚合釜内保持反应温度为（80±2）℃，釜内物料停留时间平均为 64 h。从预聚釜流出的反应液中，聚合物浓度为 33%~35%，由预聚釜底部进入聚合塔。聚合塔由夹套及内部蛇管控制反应温度，塔的各节保持不同温度，从最上节的 100 ℃ 开始，越向下温度越高，最后一节外部用电加热到 200 ℃。物料在塔内平均停留时间为 61 h，最终转化率可达 98% 以上，所得聚合物的平均分子量为 187 000，生产能力为每日 1 t。此法早已工业化，但容积效率较低，总的反应时间很长，后期温度高，使低分子量产物增加。这些缺点在近年来的实践中已有改进，如按 BASF 公司的一个流程生产聚苯乙烯（图 3-33），预聚釜在较高温度（115~120 ℃）下操作，离开预聚釜时的聚合物浓度约为 50%（质量分数），聚合塔顶温度为 140 ℃，塔底温度为 200 ℃，物料在预聚釜及聚合塔内的停留时间分别为 4~5 h 和 3~4 h，此装置的容积效率约为前述小装置的 10 倍。

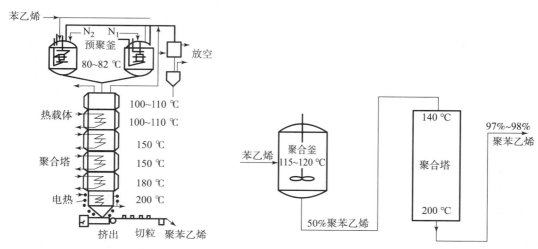

图 3-32　本体法生产聚苯乙烯的
塔式聚合装置

图 3-33　BASF 本体法生产聚苯乙烯流程示意

3.1.4　流化床聚合反应器

流化床聚合反应器是一种垂直圆筒形或圆锥形容器，内装催化剂或参与反应的细小固体颗粒，反应流体从反应器底部进入，而反应产物从顶部引出（图 3-34）。流体在容器内的流速要控制到固体颗粒在流动中浮动而不致从系统中带出，在此状态下，颗粒床层如液体沸腾一样。这种反应器传热好，温度均匀且容易控制，但催化剂的磨损大，床内物料返混大，对要求高转化率的反应不利。由于具有流程简单的优势，使用日益普遍。国内建成的流化床反应器，有引进美国 UCC 技术用于线型低密度聚乙烯（LLDPE）生产的，也有引进美国 - 意大利 Himont 丙烯液相本体聚合技术用于生产共聚物的。此外，德国 BASF 公司带搅拌器的 PP 流化床也应用了成功的技术。

图 3-35 所示为烯烃气相聚合用的流化床反应器型式之一。如循环的丙烯气体从进气管进入，经过格子分布板进入锥形扩散管，从上部加入含催化剂的预聚物，并与从下

部加入的原料气体进行流化接触，生成的聚合物在格子分布板中落下并从底部排出。各锥形管外面是公共的冷却室，通入沸腾的丙烷以除去热量。

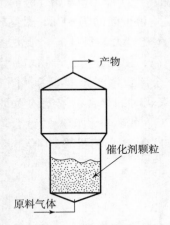

图 3-34　流化床聚合反应器结构示意

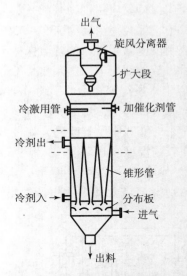

图 3-35　烯烃气相聚合用的流化床反应器

图 3-36 所示反应装置用于生产高压聚乙烯。该反应器结构简单，下部为分布器，上部为扩大段。部分乙烯气体在床层内聚合，大部分用于流化粒子，并携走反应热。乙烯进入扩大段后，气速降低，使聚合物粉末沉降，扩大段容易吸附粉末结块，后者脱落至床层后，又导致床层结块，使流化状态恶化。该装置经改进后，流化床内设置了内冷管，提高了传热效率，减少了气体循环量；没有扩大段，避免了粉末的吸附和结块。这类反应器放大较易，但结构还有待改进，以进一步提高传热效率。

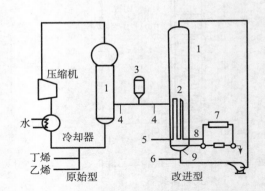

图 3-36　UCC 流化床气相聚合反应装置流程
1—流化床；2—内冷管；3—催化剂加料；4—惰性气体；
5—冷却剂；6—原料气；7—控制器；8—出料；
9—分布板

图 3-37 则是能适应床层压差变化的反应装置——出光流化床气相聚合反应器。其分布器由活动分布板和固定分布板组成。当床层压差变化时，活动分布板能相对固定分布板按一定的角度旋转，从而改变分布板压差，使床层物料混合均匀，避免黏釜等问题发生。当两分布板不重叠时，分布板上的小孔被完全堵住。只有两分布板相对转动后，才只有部分小孔被堵住，从而使气体得以通过分布器。该分布器的特点是不改变开孔数而改变开孔率。两分布板为同心圆形，活动分布板与搅拌轴不连接，当压差变化时，通过液压或电动装置，两重齿轮使分布板慢慢转动，最后被固定在某一合适位置，从而达到控制床层流化的效果。

图 3－38 是用于丙烯气相聚合的 Amoco 流化床气相聚合反应装置，采用卧式搅拌流化。催化剂通过有液体丙烯冲洗的加料管进入反应器。沿反应器底部有 4 个循环气喷嘴，沿反应器顶部有等距离的 4 个液体丙烯急冷管口。反应器上部装有一排气孔，使反应气体经过冷却器循环使用。由于反应器中的桨叶使反应器的下部隔成几个区，故通过改变各区的温度、催化剂浓度、氢浓度等，即可获得不同分子量分布的聚合物。反应热利用液体丙烯的汽化潜热除去。

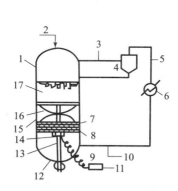

图 3－37　出光流化床气相聚合反应器

1—流化床；2—催化剂导入管；3—气体排出管；
4—旋风分离器；5—气体返回管；6—冷却器；
7—固定分布板；8—活动分布板；9—原料气导
入管；10—原料气管；11—控制器；12—储料室；
13—搅拌轴；14—转动传递夹具；15—排出管；
16—搅拌叶；17—聚合室

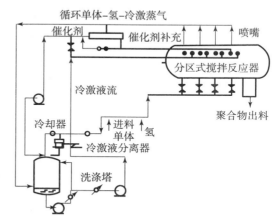

**图 3－38　Amoco 流化床气相聚
合反应装置**

图 3－39 则是 BASF 流化床气相聚合反应装置——一种立式流化床，其气速只有 0.3 m/s，且带有锚式搅拌装置。该装置主要利用搅拌使松散的聚合物粒子保持运动状态。液体丙烯喷入床层，利用其汽化移走反应热。催化剂注入前涂上一层蜡，或以惰性物质的溶液、悬浮液形式注入反应器。

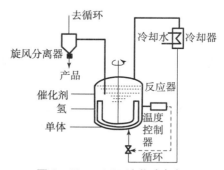

**图 3－39　BASF 流化床气相
聚合反应装置**

3.2　高分子化合物分离设备

聚合物生产过程中，经聚合反应得到的物料实际上是聚合物、未反应单体、引发剂（或催化剂）残渣、反应介质（水或有机溶剂）等的混合物。杂质的存在将严重影响聚合物的质量和聚合物的加工、使用性能。为提高产品纯度，降低原材料消耗，必须将聚合物与这些杂质分离，并将溶剂和残留单体进行脱除和回收。合成高聚物的分离主要包括未反应单体（即残留单体）的脱除和回收，溶剂的脱除和回收，引发剂（或催化剂）

及其他助剂和低聚物的脱除等。分离过程分为两类，即挥发分（如残留单体、低沸点有机溶剂等）的脱除和将聚合物从液体介质中分离［后者又包括化学破坏（凝聚）分离和离心分离］。不同的分离目的和分离要求依据不同的分离原理。脱除未反应单体、低沸点有机溶剂等脱挥发分的分离操作是把挥发分从液相转变为气相的操作，其分离效率由液相和气相在界面的浓度差和扩散系数决定，最终可达到的浓度由气液平衡所决定。化学凝聚分离是利用合成高聚物混合体系中的某些组分与酸、碱、盐或溶剂（沉淀剂）作用，破坏原有的混合状态，使固体聚合物析出，进而将聚合物分离。离心分离方法的原理是借助重力、离心力，以及流体流动所产生的动力等机械－物理的力作用于粒子上、液体上或液体与粒子的混合物上。由于这些作用力对作用对象产生的效果不同，可使聚合物粒子与流体分离。根据不同的分离过程和分离原理，采用不同的分离设备。合成高聚物生产过程用分离设备主要包括脱挥发分分离设备、凝聚分离设备和离心分离设备。

3.2.1 脱挥发分分离设备

聚合物生产过程中，脱挥发分分离主要是分离未反应单体和低沸点溶剂。挥发分的脱除和回收在工业上主要有两种方法，即闪蒸法和汽提法。

1. 闪蒸法

闪蒸就是在减压的情况下除去物料中挥发性组分的过程。闪蒸法脱除单体即将处于聚合压力的聚合物溶液（或常压下的聚合物溶液），通过降低压力和提高温度改变体系平衡关系，使溶于胶液中的单体析出。由于从黏稠的胶液中解析出单体要比在纯溶剂中困难得多，因此闪蒸操作需在一种专门的设备——闪蒸器中进行。闪蒸器为一种传质和传热设备，一般为带搅拌的釜式结构，所以也可称为闪蒸釜。考虑到防止设备腐蚀，闪蒸釜的材质一般为不锈钢或碳钢内涂防腐层。闪蒸釜的热量供给可通过夹套和内部直接过热溶剂蒸气加热来实现。为强化闪蒸过程，需使胶液在闪蒸釜中有良好的流体力学状态，以利于过程有较高的效率。此外，为使闪蒸达到良好的效果，闪蒸釜的装料系数要比一般设备选得小一些，以保证有较大的空间。在闪蒸釜设计中，一般装料系数应小于0.6。图3-40所示为聚丙烯脱挥发分用的闪蒸釜，其结构为带搅拌的大型搪瓷设备。釜内搅拌器的型式为三叶后掠式，此搅拌器能作用的有效高度不能超过釜体直径的1.5倍。釜的长径比一般在0.8～1.3为

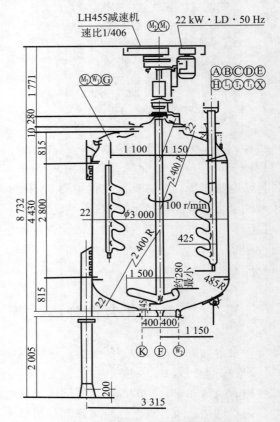

图3-40 聚丙烯脱挥发分用的闪蒸釜

宜，设计为 1:2 时效果最好。若闪蒸釜的长径比增大，则搅拌桨应设计为多层桨。该闪蒸釜的搅拌轴为空心，搅拌桨叶为扁圆形空心，升角 15°，后角 50°。为强化搅拌效果，闪蒸釜内装有两块指形挡板，一块指向上，另一块指向下，挡板的位置可随时调整。

2. 汽提法

汽提法是将聚合物胶液用专门的喷射器分散于带机械搅拌并以直接蒸气为加热介质的内盛热水的汽提器中。胶液细流与热水接触，溶剂及低沸点单体被汽化。聚合物在搅拌下成悬浮于水中的颗粒，或聚集为疏松碎屑。溶剂及单体蒸气由汽提器顶部逸出，冷凝后收集。固体聚合物颗粒或絮状物借循环热水的推动由汽提器侧部或底部导出，经过滤振动筛分离，得到具有一定含水量的粗产品。

汽提器结构分塔式结构和釜式结构两种。图 3-41 和图 3-42 分别为乳液丁苯胶的生产中苯乙烯汽提塔和氯乙烯悬浮聚合中氯乙烯汽提塔的结构示意。

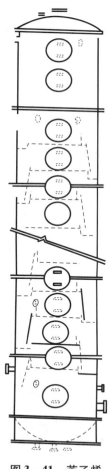

**图 3-41　苯乙烯
汽提塔结构**

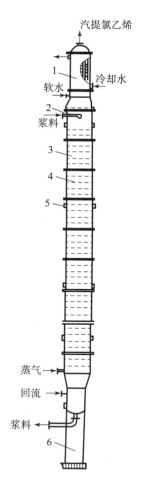

图 3-42　氯乙烯汽提塔结构
1—回流冷凝器；2—喷嘴；3—塔节；
4—筛板；5—视镜；6—裙座

苯乙烯汽提塔塔径为 2.5~3.0 m，塔高为 16~20 m，容积为 100~120 m³，碳钢材质，内壁涂层为酚醛树脂或硅树脂，设计压力为 0.3 MPa（表压）。塔内一般设 12 块筛板，材质为不锈钢或生铁搪瓷。筛板开 $\phi 7$ mm 直孔或 $\phi 12.5$ mm 锥孔，呈正三角形排列，也有开 332 mm×6 mm 长条孔者。每块塔板可由几部分拼成，以便于拆卸检修。塔板上的溢流堰板可以调节高度，以维持操作要求的液面高度。每两块塔板间的塔体上设有人孔。在塔顶上部出口部分有三块相错倾斜的挡板，可以阻挡泡沫上升，但也有不设挡板而只增大这部分空间的设计。

氯乙烯悬浮聚合工艺中采用了无溢流管的筛板汽提塔结构（图 3-42），以防止热敏性聚氯乙烯树脂的堵塞和沉积。这种汽提塔采用大孔径筛板，筛孔直径一般为 15~20 mm，筛板有效开孔率为 8%~11%，汽提塔内一般设置有 20~40 块筛板，以使浆料经处理后残留单体降低到 200~400 ppm[①]。筛板之间借若干拉杆螺栓和定位管固定，保持板间距为 300~550 mm。在汽提塔的设计及制作中，应严格控制筛板与塔节内壁的间隙允许公差，以防止塔底上升的蒸气与塔顶下流的浆料在该环隙部位发生偏流或短路，不利于传热和传质过程。塔顶设置管式回流冷凝器，可使塔顶抽逸的单体气流内含水量降低，不致堵塞回收管线，又能将含有溶解单体的冷凝水回收淋入塔内再进行汽提处理，同时还节省了塔顶为稀释浆料、防止堵塞而连续喷入的软水量。

汽提塔的板效率主要取决于筛板的参数选择及制造安装水平。筛板的参数包括筛板的开孔率 ϕ、孔径 d 及孔径距 t，三者间可按下式关联：

$$\phi = 90.7(d^2/t^2) \tag{3-1}$$

当采用双孔径筛板时，三者关系为

$$\phi = 90.7\left[\frac{3}{4}\left(\frac{d_{\text{小}}}{t}\right)^2 + \frac{1}{4}\left(\frac{d_{\text{大}}}{t}\right)^2\right] \tag{3-2}$$

式中，$d_{\text{大}}$ 和 $d_{\text{小}}$ 分别为大小孔的直径。

釜式汽提器可分为单台和多台，但一般不超过 3 台。在乙丙橡胶生产中，单台适用于不含重组分的乙丙二元共聚物胶液的分离，而含未反应第三单体的乙丙三元共聚物溶液的分离，则需用多台串联汽提器，以便完全脱除未反应重组分。对三台串联汽提器，其典型温度条件为第一台 80~90 ℃，第二台 90~100 ℃，第三台 100~110 ℃；操作压力为 9.8~49 kPa（0.1~0.5 kgf/cm²）（表压）。聚合物在汽提器中总停留时间为 0.5~1.0 h。

3. 蒸发器

各种型式的蒸发器也是脱挥发分用得很好的设备，主要包括薄膜型蒸发器，流下液滴、液柱型蒸发器及表面更新型蒸发装置。

（1）薄膜型蒸发器。

薄膜型蒸发器分为流下液膜式蒸发器和搅拌成膜式蒸发器。

1）流下液膜式蒸发器如图 3-43 所示。

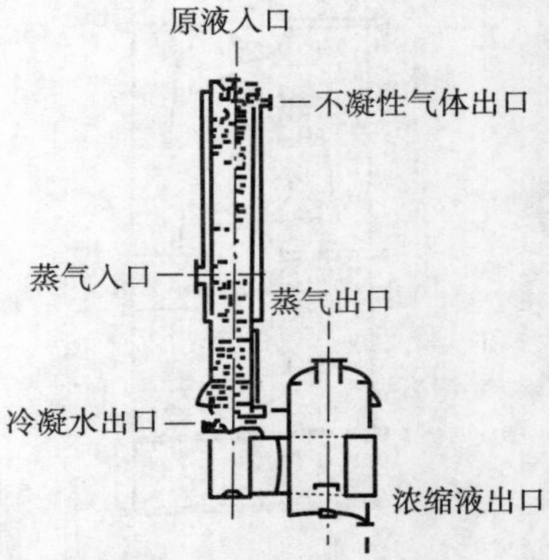

图 3-43　流下液膜式蒸发器

---

① 1 ppm = 0.001‰。

原液沿垂直面或垂直管流下的同时被加热并有部分被蒸发，然后进入下部的闪蒸室进行气液分离。此法不必考虑由液深带来的沸点上升问题。加热面上的液体滞留量少，传热系数可高达 $1.5 \sim 3.0(\mathrm{kJ/m \cdot s \cdot \mathbb{C}})$，故多用于易受影响的液体的蒸发和浓缩。此法适用的最高黏度为 $1\,000$ mPa·s。对于聚合液的脱挥，它可用作前级脱挥器，后面再配以高黏液的脱挥设备。

2）搅拌成膜式蒸发器。

随液体黏度增加，成膜越来越困难。因此，在处理高黏液时利用搅拌叶片的离心力在立式或卧式容器的内壁上使液体扩展成膜。搅拌成膜式蒸发器的叶片型式随操作液的黏度而异。这类装置的优点是传热系数大，扩散距离短，表面更新效率高，无局部过热；但其结构复杂，价格昂贵，通常比闪蒸设备高 $5 \sim 10$ 倍。图 3 – 44（a）、（b）分别为卧式搅拌成膜式蒸发器和立式搅拌成膜式蒸发器的结构示意。

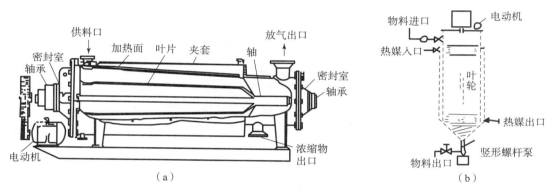

图 3 – 44　搅拌成膜式蒸发器结构
（a）卧式；（b）立式

在卧式搅拌成膜式蒸发器中，供给液因离心力的作用在叶端和筒体的间隙中形成薄膜，通过搅拌使液体在受挤压的同时在传热面上移动，并被夹套中的载热体加热，使挥发分得以蒸发分离。蒸气通过叶片之间从出口排出，浓缩液在下方导出。该设备的最大特征是具有锥形的筒体，在背压作用下能形成稳定的液膜，可防止液膜断裂和过热。借搅拌桨叶的左右移动，可调节液膜厚度。该装置可用于黏度小于 5×10 mPa·s 液体的脱挥。大型设备的传热面可达 10 m²。在立式搅拌成膜式蒸发器中，搅拌桨叶的叶端与立式圆筒内壁仅有很小的间隙，搅拌叶轮的上部或下部需有支撑物。其蒸发分离机理与卧式的相同。

（2）流下液滴、液柱型蒸发器。

这类蒸发器的结构示意如图 3 – 45 所示。聚合物的熔融原液通过 $0.5 \sim 3.0$ mm 的喷嘴或狭缝，在减压系统的上部挤出，呈液滴或液柱、液膜状落下，使气 – 液接触面积增大，挥发分在液体中的扩散距离缩短，从而加速脱挥、浓缩过程。

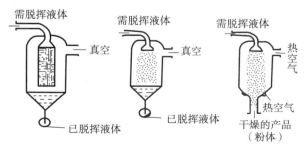

图 3 – 45　流下液滴、液柱型蒸发器结构示意

液体高速通过喷嘴则被液滴化。

（3）表面更新型蒸发装置。

为了促进高黏液体的脱挥，必须将液膜减薄，但若此时体系处于100 Pa以下的高真空，再进一步减压，则效果显著降低。而且，液膜的减薄也是有限的。因此，需将表面不断更新，即常将新鲜的表面暴露于空间。于是开发出一系列表面更新型蒸发器，所采用的搅拌器通常为单轴或双轴卧式搅拌器，液体在其中的停留时间较长，其结构示意如图3-46所示，这类设备常用于聚酯后聚反应。

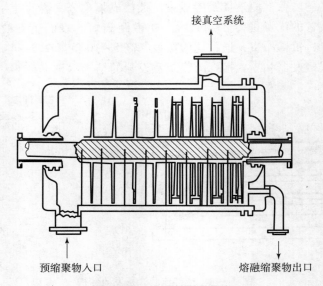

接真空系统

预缩聚物入口　　　　　　　　　熔融缩聚物出口

图 3-46　卧式熔融缩聚釜

3.2.2　凝聚分离设备

对有些聚合物体系（如溶液聚合体系），不仅要除去未反应单体，还需将溶剂脱除。溶剂的脱除主要可采取以下三种方法。

①通过脱挥发分进行浓缩的方法（类似于单体的脱除），适用于低沸点溶剂的脱除。例如，溶液丁苯胶的生产，聚合后胶液经闪蒸单元蒸出部分溶剂，使胶液浓度增高至25%。

②通过机械离心力作用，使聚合物沉淀、分层，进而与溶剂分离的物理方法。

③在聚合物胶液体系中加入凝聚剂、沉淀剂等使固体聚合物从胶液中析出的化学凝聚方法。

不同的聚合体系，其凝聚过程和凝聚方法有所不同。对于溶液聚合体系，主要通过凝聚将聚合物与溶剂分离，具体办法是加入沉淀剂，使聚合物呈粉状或絮状固体析出，再通过过滤将聚合物与溶剂分离。例如，乙丙橡胶生产过程中，胶液中溶剂的脱除即采用凝聚法进行。凝聚方法又分干法和湿法两种，干法即胶液闪蒸法，将胶液中的溶剂及未反应单体通过间接加热脱除，得到无水分的橡胶半成品，溶剂蒸气经冷凝后直接使用；后者则是将胶液注入热水中，用水蒸气汽提，即利用高于溶剂沸点的热水或过热蒸气直接加热胶液，使溶剂及未反应单体蒸发，橡胶则凝聚成小颗粒，得到含水的橡胶粗产品，溶剂经冷凝、精制后循环使用。图 3 - 47 所示为一般凝聚釜结构示意，图 3 - 48 则是美国尤里罗伊尔公司用于高固含量、高黏度（几万至几十万 mPa·s）的乙丙橡胶己烷溶液的釜式凝聚流程。

在图 3 - 48 中，水由蒸气直接加热，过热胶液从喷嘴沿切线方向喷入水面，在高速搅拌下溶剂立即闪蒸。聚合物则呈疏松颗粒由釜底排出。凝聚釜釜体一般由钢板、不锈钢板焊接而成，釜体从上至下形成直径为 160 mm 的 9 个视孔，50 m³ 釜的直径为 3 200 mm，釜整体高度为 13 368 mm（包括裙座、电动机及减速机），釜筒体高 8 116 mm。釜壁上焊有 4 块折流板，对称焊接。折流板宽 200 mm，长 2 500 mm，其作用是使按一个方向运动的水经受对折流板的阻力，改变水流的流动状态，改善凝聚效果。釜中的喷嘴管用 3 m 管制成，管与釜壁成 60°，喷嘴与蒸气进口、搅拌器叶轮三者对在一点上，这样安装有利于搅拌，可避免釜内挂胶。

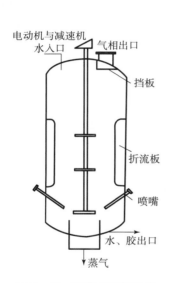

图 3 - 47　凝聚釜结构示意

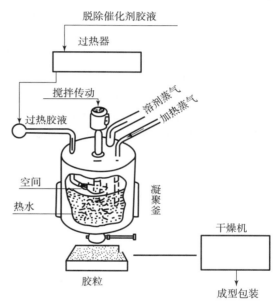

图 3 - 48　闪蒸法凝聚流程

对于乳液聚合体系，聚合物胶粒由于表面皂分子层的保护作用而得到稳定，对这类聚合物体系的凝聚过程即破坏皂类保护层的过程，即通过加入酸、碱、盐等，使这些酸、碱或盐与胶乳中某些组分作用，破坏原有的混合状态，使聚合物与水分离。例如，乳液聚合丁苯橡胶胶乳的分离即通过凝聚胶乳而分离出橡胶。

在胶乳凝聚分离过程中，凝聚箱是胶乳与凝聚剂的混合设备，有圆筒式和箱式两种结构。絮凝箱是长 1.6 m，宽 0.5 m 的长方体箱，内设辅助箱及挡板，如图 3 - 49 所示。加入絮凝箱的胶乳及絮凝剂与箱体等宽的层面流动、混合，接触面大而均匀。

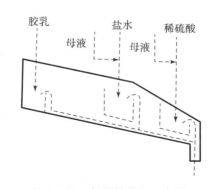

图 3 - 49　絮凝箱结构示意图

除通过加入化学药品破坏胶乳结构使胶乳凝聚外，还有采用冷冻凝聚的，如氯丁橡胶的生产即采用冷冻凝聚方法凝聚胶乳。

3.2.3　离心分离设备

将聚合物从液体介质中分离一般采用化学破坏（凝聚）分离方法和离心分离方法。与前述化学凝聚分离不同，离心分离是一种物理方法。离心分离有两种不同的过程，即沉降离心分离和离心过滤。前者是在离心力的作用下利用固体颗粒（分散相）在液体介质（连续相）中的沉降作用而将固-液分离或利用非均相体系各组分的相对密度不同而将其分离，沉降离心分离适用于分离含固量较少，固体颗粒较小，且固-液两相相对密度差较大的悬浮物料，也适用于液-液系统，用以分离两种互不相溶且相对密度不同的液体组成的乳浊液；后者是在离心力的作用下使液体介质从固体颗粒中分出。离心过滤适用于分离含固量较多，固体颗粒较大的悬浮液物料，是工业上使用最多的一种分离类型。对于悬浮聚合和乳液聚合体系，可采用离心分离方法将聚合物从连续相介质（一般为水相介质）中分离出来。例如，悬浮聚合法生产聚氯乙烯的过程中，PVC与水的分离就是通过离心分离方法进行的。

离心分离过程所用设备是离心机，即离心机利用离心力来实现分离过程。根据操作方式，离心机有间歇式离心机和连续式离心机之分；根据离心机的结构，离心机又分为卧式刮刀卸料离心机和螺旋沉降式离心机等。

（1）卧式刮刀卸料离心机。

卧式刮刀卸料离心机（图3-50）是周期性循环操作，每个周期分加料、洗涤、分离、刮料、洗网5道程序。主机可连续运行，靠时间继电器控制电磁阀，实现油压回路换向，以达到自动或半自动控制，每一周期结束后又自动开始下一个周期的循环。这类

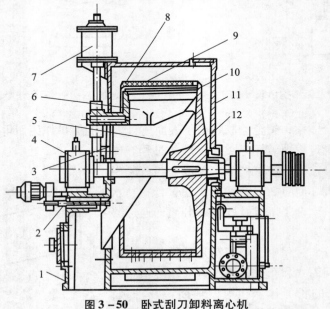

图3-50　卧式刮刀卸料离心机

1—机座；2—振动器；3—加料管；4—轴承；5—斜槽；6—刮刀；
7—油缸；8—拦液板；9—转鼓体；10—底板；11—机壳；12—轴

离心机适用于分离含固相颗粒≥0.01 mm 的悬浮液，固相物料可较好地脱水和洗涤，但因用刮刀卸料，部分固相颗粒会被破碎。该机处理量大，分离效果较好，对悬浮液浓度变化适应性强，广泛应用于化工、化肥、农药、制盐等工业部门，在国内 PVC 树脂生产中应用较多。这类产品制造技术较为成熟，型号规格也较多，经常使用的规格有 WG－800、WG－1000 和 WG－1200，其中 WG 表示卧式刮刀卸料离心机，800、1000 和 1200 均表示转鼓直径。

（2）螺旋沉降式离心机（WL 型离心机）。

这类离心机又分为卧式离心机和立式离心机两类。图3－51所示为卧式螺旋沉降式离心机的结构示意，其中的螺旋输送器主要起推卸沉渣的作用。沉降区和干燥区的长度由溢流挡板进行调节，机器转鼓由电动机通过三角皮带驱动旋转，内部的螺旋输送器由与转鼓同步旋转的差速器的输出轴驱动，转鼓与螺旋的速度差一般为转鼓速度的2%～3%，转鼓上设有滤网孔，物料从螺旋的空心轴进入转鼓内离心场后，由于固－液相相对密度不同，离心力大小不同，相对密度较小的液相处于固相环层的上面，又形成一个液体环层。聚合物固体料由螺旋输送器输送到转鼓的锥形段干燥区，从锥形体小端尾部排出，液相则通过转鼓大端盖上的溢流口溢流排出。溢流口均布在大端盖上，每个溢流孔都带有一个可调溢池深度的小堰板，以调节离心转鼓内物料的沉降区与干燥区段的长度。在一定流量下，浆料可连续不断地从进料管口进入，在转鼓内达到固－液两相分层，又连续不断地分离排出。WL 型离心机适用于分离含固相颗粒≥0.005 mm 的悬浮液，也可用于澄清含少量固相的液体，特别适用于分离浓度和固相粒度变化范围较大的悬浮液。但不适用于液相相对密度大于固相相对密度，或固、液相对密度差很小的悬浮液的分离。这类离心机具有连续操作、处理量较大、单位产量耗电量较少、机器结构紧凑等优点，广泛用于化工、食品、轻工、采矿等工业部门，在 PVC、低压聚乙烯、聚丙烯等聚合物生产中均获得了应用。

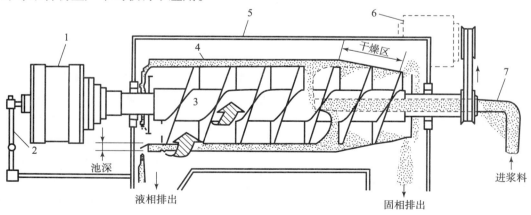

图3－51　卧式螺旋沉降式离心机结构示意

1—差速器；2—扭矩控制器；3—螺旋输送器；4—外转鼓；5—外壳；6—电动机；7—进料管

3.3　高分子化合物干燥设备

干燥的基本原理：固体物料在与具有一定温度和湿度的空气接触时，将会排出水分或吸收水分而使含水量达到一定值，此值称为物料在此情况下的平衡水分或平衡湿度。当含水量大于平衡水分的固体物料与干燥介质（如热空气）接触时，由于湿物料表面水分的汽化，物料中水分的平衡状态被打破，逐步形成物料内部与表面间的湿度差，即内部湿度大于表面湿度。于是，物料内部的水分便借扩散作用向其表面移动，并在表面汽化。由于干燥介质连续不断地将此汽化的水分带走，因此可使固体物料达到干燥。可见，干燥过程由内部扩散和表面汽化两个过程组成，干燥介质与湿物料之间有三种流向，即并流、逆流和混合流。物料与干燥介质的流向由物料性质和最终含水量决定，并流适合于湿度较高的快速干燥，这种快速干燥使物料不致发生裂纹、焦化；逆流适用于不允许快速干燥，在干燥过程中可经受高温而不变质的物料。

聚合反应设备－5

干燥技术在工业上被广泛采用，干燥也是聚合物生产的重要环节。一般而论，干燥操作是采用某种方式将热量传给含水物料，所传热量作为潜热使水分蒸发分离。干燥中最为重要的是使热量最有效地传给物料；其次是设法使被干燥物料的蒸发水分最有效地进入干燥介质，使水分与物料分离。在聚合物生产中，干燥技术和干燥设备主要有气流干燥和气流干燥器，沸腾干燥和沸腾床干燥器（即流态化干燥和流化床干燥器），喷雾干燥和喷雾干燥器，闪蒸膨胀干燥和螺旋挤压膨胀干燥机等。不同干燥方法和干燥设备具有不同的操作特点和结构，适用于不同的物料干燥。

3.3.1　干燥要求

合成高聚物生产中，聚合物的干燥至关重要。聚合物干燥程度的深浅、干燥质量的好坏，直接影响聚合物的质量和聚合物的加工、使用性能。聚合物的干燥质量取决于干燥方式和干燥过程，不同类型的聚合物应选择不同类型的干燥方式和干燥过程，即一定类型的聚合物应选择与之相适应的干燥方式和干燥过程，而一定的干燥方式和干燥过程则通过具体的干燥设备实现。那么，如何根据聚合物的性质确定干燥方式和干燥过程，选择干燥设备呢？以下三点可供参考。

（1）明确被干燥聚合物的性质和类型及各类型聚合物在干燥过程中应注意的问题。

①根据物料类型及性状，合成高聚物主要有：不具黏附性或黏附性极小的粉末状、粉状、块状树脂产品，如聚乙烯（PE）、聚丙烯（PP）、聚氯乙烯（PVC）、聚苯乙烯（PSt）等；黏附性较强的橡胶类产品，如顺丁橡胶、异戊橡胶、乙丙橡胶、丁基橡胶、SBS弹性体、溶液及乳液丁苯橡胶、氯丁橡胶（CD）等；悬浮液、乳浊液、溶液及含有水分的糊状物料。前两者是将含有一定量水分的固体物料（粒状、粉状、块状、絮凝状等）进行干燥，后者是将含有大量水分或溶剂的聚合产物（溶液、悬浮液、乳液、糊状等）直接进行干燥。

②根据物料受热后的性质、性态变化情况，合成高聚物主要有：热敏感性小的高聚物，如聚苯乙烯（PSt）、SBS、丁苯橡胶等；热敏性较大的聚合物，如聚氯乙烯（PVC）、氯丁橡胶（CR）等。前者在热的状态下，其结构、形态不易发生变化，干燥时间可较长；后者结构和形态则易受热影响，干燥时间应短些。

③根据湿物料中水分子与物料的结合形式，有结合水分和非结合水分，前者除去难

度较大，需较深程度地干燥；后者易于除去，其干燥强度较小。

（2）应掌握各种干燥设备的干燥方式和干燥过程以及其操作特点和使用范围等。

（3）根据被干燥物料的性质、性态及结构特点，选择相应的干燥方式和干燥过程，最后即可确定干燥设备。在满足干燥要求的前提下，所选择的干燥设备应尽量简单，费用应尽量低。

合成高聚物生产所用干燥设备主要有气流干燥器、沸腾床（流化床）干燥器、喷雾干燥器、箱式干燥器、滚筒干燥器和挤压膨胀干燥机。

气流干燥和流化床干燥均是依靠热气流与湿物料碰撞发生质、热交换，使湿物料干燥。前者为气－固两相并流操作，后者是气－固两相混流操作。气流干燥器和流化床干燥器均适用于黏附性很小、易流动的树脂类产品的干燥，不适用于黏附性较大的橡胶类产品的干燥。两种干燥器比较，前者被干燥物料粒度较小（≤10 mm），后者被干燥物料粒度可以较大（0.05～15 mm）（如 PSt）；前者可用于热敏性较大的树脂（如 PVC）的干燥，后者还可用于由溶液干燥成具有 0.05～15 mm 粒度的产品。

喷雾干燥是利用喷雾干燥器中的雾化器将湿物料雾化成极细小的雾状液滴，这些雾滴通过与热空气混流，进行质、热交换，雾滴失水，进而得到粉、粒状的干燥产品。喷雾干燥器适用于悬浮液、溶液、乳浊液及糊状物料的干燥。例如，氯乙烯乳液聚合产品即选择喷雾干燥器干燥。

对于黏附性较大的橡胶的干燥可采用箱式干燥器、滚筒干燥器或利用挤压膨胀干燥机进行干燥。

箱式干燥器是将被干燥物料置于干燥器内的托盘中，托盘中的物料与热气流接触，湿物料与热气流之间通过对流方式传热，或热量以传导和辐射的形式间接传递给物料，使湿物料水分蒸发，得到干燥。箱式干燥器可用于热敏性较大的橡胶（如氯丁橡胶）的干燥。采用箱式干燥器干燥橡胶时，一般先经脱水，再行干燥。

与箱式干燥器不同，滚筒干燥器可用于橡胶的直接干燥，即胶液不经凝聚，直接被送入滚筒干燥器，此时含有溶剂的固体物料附着在被蒸气加热了的滚筒表面，其中的溶剂即刻被脱除。滚筒每转一圈，就用刮刀将干燥的物料刮下，即在脱除溶剂的同时物料直接被干燥。由于采用滚筒干燥器干燥物料时，物料不受机械剪切力的作用，因此滚筒干燥器适用于易受机械力作用而降解的高聚物的干燥。

采用挤压膨胀干燥机时，胶料受外加热源和内摩擦的作用，在机筒内形成高温、高压，水分挥发或被过热，再经膨胀而汽化，使胶料干燥。挤压膨胀干燥机适用于多种橡胶产品的干燥，如顺丁橡胶、丁苯橡胶、聚丁二烯橡胶等均采用挤压膨胀干燥机干燥。

综上所述，根据被干燥物料的类型，干燥设备可分为以下 3 类：

①用于树脂类聚合物干燥的干燥设备包括气流干燥器和沸腾干燥器。

②用于溶液、乳液及糊状物料干燥的干燥设备为喷雾干燥器。

③用于橡胶类聚合物的干燥设备包括箱式干燥器、滚筒干燥器和挤压膨胀干燥机等。

3.3.2　箱式干燥器

对于易黏结成团，含水量较高（40%～50%）的物料，如合成橡胶等，不能用气流干燥或沸腾干燥的方法进行干燥，而采用箱式干燥器或挤压膨胀干燥机进行干燥。箱式干燥器结构如图 3 – 52 所示。其外层为保温绝热层，一般由膨胀珍珠岩和玻璃纤维棉制成。保温层厚度取决于干燥器工作的环境、保温材料的导热性及干燥器本身的工作温度等。干燥器内放置有用于盛装被干燥物料的托盘，这些托盘可置于器内搁架上，也可放在托盘小车上。托盘由导热性能良好的不锈钢薄板制成。当加热了的气流与被干燥物料直接接触时，托盘内的物料传热以对流方式为主（直接加热箱式干燥器）；当将热量通

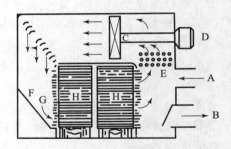

图 3 – 52　箱式干燥器结构

A—空气入口；B—带有挡板的空气排出口；C—轴流风机；D—风机电动机（2 ~ 15 kV）；E—蒸气加热器；F、G—空气分布装置；H—小车和托盘

过蒸气排管传递给物料时，托盘上的物料主要以传导、辐射方式传热（间接加热箱式干燥器）。箱式干燥器的运行主要是控制箱内热空气温度。箱式干燥器结构简单，管理方便，维修容易，但一般为间歇生产，其有效利用率较低。又由于箱式干燥器内热风与物料的接触一般是平行流，故其传热、传质效率较低，干燥器的热效率较低。

3.3.3　气流干燥器

气流干燥的原理和特点：气流干燥是把润湿状态的泥状、块状、粉粒状等物料，采用适当的加料方式，将其加至干燥管内，使该物料分散在高速流动的热气流中，在此气流输送过程中，湿物料中的水分被蒸发，得到粉状或粒状干燥产品。即气流干燥是一种在常压下进行的连续急剧的干燥过程，干燥介质对湿物料同时起干燥和输送两个作用。潮湿的物料由螺旋输送机送入气流干燥管的底部，被蒸发流夹带在干燥管内上升，干燥好的物料被吹入旋风分离器，如图 3 – 53 所示。

旋风分离器主要由内筒（也称排气管）、外筒和倒锥体三部分组成。含有固体粒子的气体以很大的流速从旋风分离器上端切向矩形入口沿切线方向进入旋风分离器的内外筒之间，由上向下作螺旋旋转运动，形成外涡旋，逐渐到达锥体底部，气流中的固体粒子在离心力的作用下被甩向器壁，由于重力的作用和气流带动而滑落到底部集尘斗。向下的气流到达底部后，绕分离器的轴线旋转并螺旋上升，形成内涡旋，由分离器的出口管排出。粉料沉降于旋风分离器底部，气体夹带不能沉降的物料自旋风分离器

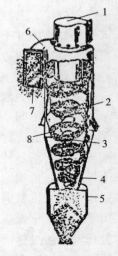

图 3 – 53　旋风分离器结构

1—旋涡形出口；2—外筒；3—内螺旋气流；4—倒锥体；5—集成器；6—切线入口；7—入口；8—外螺旋气流

进入袋式过滤器，以捕集气流中带出的物料，干燥的物料再被转入下一道工序。气流干燥中，呈泥状、粉粒状或块状的湿物料送入热气流中，并与热气流并流，进而得到干燥的分散或粒状产品。气流干燥具有如下特点：

（1）干燥强度大。

气流干燥可在瞬间得到干燥的粉末状产品。干燥管内具有较高的气流速度（气流速度是湿物料产生搅动的必要条件），一般为 $10 \sim 20$ m/s，通常使用 15 m/s。这样剧烈的湍动不仅使悬浮于气流中的湿物料分散均匀，质点变小，最大限度地增加湿物料与热气流的接触表面，增大有效干燥面积，而且剧烈湍动有利于除去湿物料颗粒周围的水蒸气膜，使汽化表面不断更新，利于传热和水分的汽化，使干燥速度加快，干燥强度增大。气流干燥器中，体积传热系数很大，一般为 $2.33 \sim 6.98$ kJ/$(m^3 \cdot s \cdot ℃)$，气 - 固相间的传热系数可达 $0.233 \sim 1.16$ kJ/$(m^2 \cdot s \cdot ℃)$。

（2）干燥时间短。

由于气流速度大，气 - 固两相接触时间（即干燥时间）短，一般在 $0.5 \sim 2.0$ s 之间，最长的不超过 5 s。因此，为提高干燥速度，允许采用较高的干燥温度。由于干燥时间短，对热敏性物料或低熔点物料不会造成过热或分解而影响其质量，特别适用于热敏性物料的干燥。

（3）热效率高。

气 - 固两相并流操作是气流干燥的主要特点。在表面汽化阶段，物料始终处于气流的湿球温度，一般为 $60 \sim 65$ ℃。干燥末期，物料温度升高，而气流温度已经由于物料中水分蒸发吸收而大大下降，所以产品的温度为 $70 \sim 90$ ℃，若保温良好，热气流的进口温度在 450 ℃ 以上时，其热效率在 60% ~ 75%。干燥非结合水分时，热效率可达60%。但若采用间接蒸气加热空气系统，热效率较低，仅为 30% 左右。

（4）适用范围广。

气流干燥可适用于各种粉、粒料。不经任何粉碎装置，往干燥管内直接加料的情况下，产品粒子直径可达 10 mm，湿含量为 10% ~ 40%。对于粒子尺寸较小的物料，一般采用气流干燥，如聚氯乙烯的干燥即采用气流干燥，由于气流速度高，粒子在气流输送中有一定的磨损和破碎，但对于易黏壁的、非常黏稠的物料，不宜采用气流干燥；对于在干燥过程中产生有毒气体的物料，由于干燥尾气处理设备庞大，设备投资大等，也不宜采用气流干燥。

（5）设备简单。

气流干燥器结构简单、占地少、投资省，将粉碎、筛分、输送等单元联合在一起操作，流程简单，易于实现操作自动化。

气流干燥中，要求既要有快的干燥速度（即单位时间内被干燥物料在单位面积上所能汽化的水分量），又要有大的干燥深度。前者使干燥器的生产能力大，后者使产品干燥程度高。根据气流干燥的特点可知，影响气流干燥的因素很多，主要有以下几点。

①物料的粒度和多孔性。粒度小、比表面大，含水量就高；反之，含水量就低。因此，前者干燥时干燥速度快，但干燥深度小，后者则反之。

②湿料的预脱水程度。较低的最初含水量可有较高的干燥深度。

③热空气的温度。热空气的温度越高，干燥速度越快，但应以不损坏被干燥物料的质量为原则；另外，热空气在干燥器进出口的温差越小，平均温度越高，因而干燥速度也越大。

④热空气的速度与流动速度。热空气的相对湿度越小，吸湿能力就越大，物料中水

分的汽化速度就越快。由于汽化速度与空气的流动速度有关，且还取决于湿物料在空气中的湍动程度（湍动越烈，水分汽化越快），而该湍动程度与气流速度有关，因此，增加空气的流动速度可以加快物料的干燥速度。例如，在气流干燥器中，物料的干燥速度在气流速度为 15~20 m/s 时要比在 5 m/s 时提高 2~3 倍。

⑤物料在悬浮体系中的浓度。其他条件一定时，在热空气 – 物料悬浮体系中，物料浓度大，则水分含量高，干燥就困难，但单位热空气的物料处理量大，热效率高。因此，在浓度达到干燥要求的前提下，物料在悬浮体系中的浓度仍以大一些为好，其浓度值取决于鼓风机的风量和物料的加料量，在数值上等于单位热空气的物料处理量。

气流干燥的缺点：

①系统阻力较大，因而动力消耗较大。

②由于气速较高，难以保持干燥前的结晶形状和光泽。

③对除尘系统要求较高。

④因停留时间短，对含非结合水分较多的物料适用，对含结合水分较多的物料干燥不好，效率显著降低（注：结合水分包括物料细胞、纤维管壁、毛细管中所含的水分，它产生不正常的低蒸气压，难以除去；非结合水分包括物料表面的润湿水分及空隙水分，它不产生低蒸气压，极易去除）。PP、PVC 等的干燥均可采用气流干燥方式进行。

气流干燥装置主要由空气加热器、加料器、干燥器、旋风分离器、风机等设备组成。图 3 – 54 所示为气流干燥装置。干燥管是气流干燥器的主要设备，通常由长 1 m，

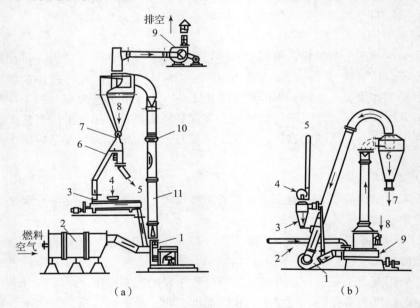

图 3 – 54　气流干燥装置

（a）带有打碎装置的气流干燥装置

1—鼠笼式粉碎机；2—空气加热器；3—混合器；4—湿料；5—干成品；6—干料分配器；7—加料器；
8—旋风分离器；9—排风机；10—膨胀节；11—干燥管

（b）雷蒙粉碎选粉机气流干燥装置

1—循环气体鼓风机；2—热空气；3—细粉收集器；4—排风机；5—排空管；6—旋风分离器；
7—干成品；8—湿料；9—雷蒙粉碎选粉机

两端带法兰的钢管或铝管连接而成。管径视处理量的大小而定，一般为 150 mm 至数百毫米，但不超过 1 m，其总高度由有关工艺条件确定。干燥管有关部位设有温度和压力测量装置，7 m 以下开有适量的长方形手孔，外部一般需设蒸气管保温并包有绝热保温层。为了强化干燥过程，干燥管也可用直径不同（直径比为 1∶0.8）的钢管或铝管交替连接成脉冲管形式，以提高干燥效果。气流干燥装置中所用加料器一般为螺旋加料器，亦称为螺旋输送器，主要由螺杆及料筒组成，适用于粉料和易流动软性物料的加料。螺杆为一绕有螺旋形叶片的转轴，料筒是套在螺杆外面的圆柱形壳体，其材质均为碳钢，料筒两端带有法兰，筒体上设有料斗接口及排水管，当螺杆转动时，螺旋形叶片便推动物料沿料筒前进。为提高干燥效率，一般采用两个气流干燥器串联，或一个气流干燥器与一个沸腾床干燥器串联的形式进行聚合物的干燥，经干燥后的聚合物含水量为 0.1% 左右。

3.3.4　流化床干燥器

流态化干燥（也叫沸腾干燥）是将空气加热到 70~90 ℃，从干燥器底部吹入，当气流速度达到一定值时，床内湿物料粒子开始流态化，物料被吹起悬浮于热空气中呈沸腾状态，这一湍动状态可改变传热效率。即由加热器来的气体从干燥器下部进入，经过气体分布装置后与器内颗粒物料接触，气流以足够引起物料流化的速度与颗粒之间形成流化状态，使颗粒悬浮，气固之间迅速进行质热交换，达到干燥物料的目的。流化床通常由一圆形立柱和安装在其下端的分布板组成，如图 3 – 55 所示。在床中装有一定量的固体物料，流体从床底给入，通过分布板及颗粒床层向上流动，当流速达到某一值后，原静止不动的颗粒开始振动和流动，整个床层显示出某种液体属性的特征，即流态化现象。可以说，流态化就是指固体颗粒在流体（气体或液体）的作用下，由相对静止的状态转变为具有液体属性的流动状态。

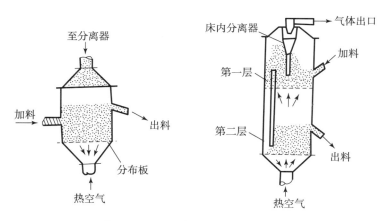

图 3 – 55　流化床干燥器结构示意图

（a）单层流化床干燥器；（b）多层流化床干燥器

流态化干燥具有以下特点：

①适宜干燥易流动，粒度大小为 0.05~15 mm 的粉料，或者是由溶液干燥成该粒度

范围的产品。若被干燥物料粒度过大，物料将聚集在床层而不易干燥，若粒度过小，则物料易被气流带走而散射。聚苯乙烯粒子较大，多采用沸腾干燥。

②在床层中，固体物料与气体充分接触，使颗粒表面无停滞膜，气固相间的传热和传质系数较大，气流离开床层时的温度接近于湿球温度，传热效率很高。

③对于降速干燥阶段较长的粒料，可以串联数台沸腾干燥器以延长粒料在床层内的停留时间。在处理湿料量或汽化量相同的条件下，单位时间内蒸发量相同时，沸腾床（即流化床）干燥器比其他类型干燥器占地面积小，其设备投资费用也较低。

④采用流化床干燥聚合物时，由于多数聚合物的热稳定性小、密度小、粒度细，因而限制了干燥器的许用流速与温度，使干燥器的生产能力受到限制。

流化床干燥的物料主要是粉状料。凡能使物料聚集成团的湿组分必须先部分除去或掺入半干物料使物料在床层的气流中一粒一粒地分散开。对于干燥期长的物料，可采取气流管或喷雾床先行恒速干燥，然后再在流化床中进行降速干燥。流化床干燥器有立式和卧式两类，每一类又有单层床和多层床的区别。以下将介绍 4 种典型的流化床干燥器。

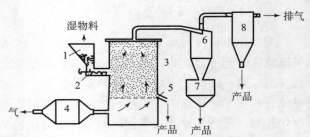

图 3 – 56　单层流化床操作流程

1—料斗；2—螺旋加料器；3—干燥室；4—空气加热器；
5—出料口；6—旋风分离器；7—储料罐；8—布袋过滤器

1. 单层流化床干燥器

此型只有一个流化床，湿物料连续进，干物料连续出，如图 3 – 56 所示。床层内物料滞流量大，停留时间长，且停留时间可任意调节。连续操作时，一般中间加一个隔板，防止短路。同时，也可间歇操作，如果粒度分布很宽，单层流化床可以制成锥形的（图 3 – 57），以适应不同粒径颗粒的不同临界流化速度。锥形床体的锥角一般应大于 30°，否则不易形成沸腾状态，易产生沟流或喷射现象。床层内 3 块百叶挡板的设置，其目的在于消除大气泡和腾涌现象。若挡板设计不良，不仅增加床内阻力，而且还易造成物料架桥堵塞。挡板的 α 角应大于 45°，间距 l 应大于 70 倍的物料直径，挡板离锥体壁还应有 2~3 倍间距 l 的间隙，以保证沸腾的物料能自由流动，不在器壁与挡板间架桥。

锥形流化床具有如下特点：

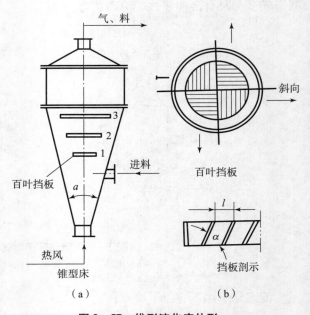

图 3 – 57　锥形流化床外形

（a）外形；（b）百叶挡板

①设备结构简单，造价低。

②床内气流速度允许较高，可高达 0.8 m/s，但气流速度过高，物料不能形成规律的沸腾状态，影响干燥效果。

③物料停留时间一般不超过 8 min。床内无死角，不积存物料，停车时可从床底放净，很适应热敏性物料的干燥。

④锥角较小，床体高，物料的净床高度相对增加，床层阻力大，功率消耗较大。锥形流化床对中、小型工厂较为适用。

2. 喷动干燥床（或叫喷动床干燥器）

喷动干燥床（图 3-58）是锥形流化床的一种。之所以称为喷动干燥床，是因为物料在这类干燥器中不是以沸腾形态流化，而是以较高速度的气流带动物料，在床内以喷泉状流化（图 3-59）。被干燥物料粒径不同，含湿度不同，其喷动高度也不同。物料从设备中心区喷射，向着设备外壁方向分散又密集地落下，进行循环喷动，物料得到干燥后达到喷动最高点，被气流带出。喷动床的良好工作状态应为物料在床体内保持喷动循环，床层压力较平稳。与锥形流化床不同的是喷动床的锥角 α 较大，一般大于 30°，内部不能设置百叶挡板，否则要影响喷泉的形成，且易产生物料在挡板上的堆积。

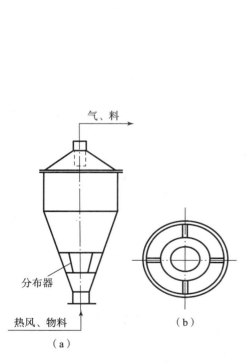

图 3-58　喷动干燥床
（a）喷动床；（b）星型分布器

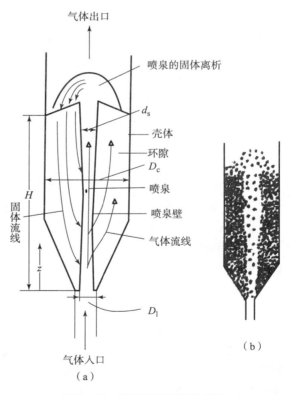

图 3-59　喷动干燥床操作状态
（a）各部分尺寸；（b）运动状态

喷动床主要具有以下特点：

①对粗颗粒，气固接触优于一般流化床。

②非常适于处理黏性的或易变成黏性的物料。

③可很方便地处理尺寸分布宽的，特别是有一些大块的物料。

④处理热敏性物料。

⑤用来制造的粒子状产品具有特别好的强度与球形度。

与锥形流化床一样，喷动干燥床结构简单、投资少，能适应黏性和热敏性物料的干燥，可在较高的流化速度下操作，控制方便，床内无死角，不积存物料，干燥均匀，但停留时间较短，一般不超过 6 min。

3. 单层卧式多室流化床干燥器

这类干燥器的结构特点是具有长方形气体分布板（图 3 - 60）。为使气体分布均匀，在分布板的下部分成体积相同的若干个空气室，热风经分布后进入床层。对此类干燥器，其气体分布室非常重要。若被干燥物料很湿，易结块，则可在该干燥器的加料处设置搅拌装置（图 3 - 61），以防死床，进而维持正常的流态化。

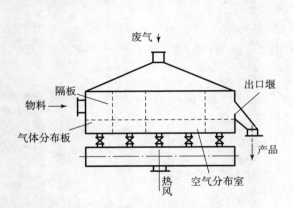

图 3 - 60　卧式多室流化床干燥器

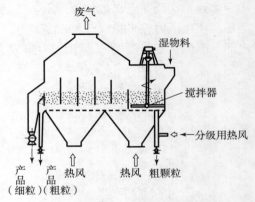

图 3 - 61　带搅拌的卧式多室流化床干燥器

与前述两种流化床相比，单层卧式多室流化床具有如下特点：

①物料停留时间较长，且可利用出料挡板进行调节，生产能力较大。

②床层压力降较低，阻力小，一般在 2 432 Pa（25 mmH$_2$O）以下。

③设备结构较复杂，尤其是多孔分布板的制造，进回料阀门的制造也要求严格，造价较高。

④床内允许气速较低，易积存物料，故需定期清床，对热敏性物料适应性较差。

单层卧式多室流化床干燥器在 PVC 树脂生产中也有应用。

4. 卧式内加热沸腾床

卧式内加热沸腾床（图 3 - 62）是 20 世纪 80 年代初国内依生产发展的需求而设计制造的一种新型流化干燥床，首先在天津化工厂试验成功。其热效率较高，又不需要气流干燥器进行一次干燥，对大产量尤为适用，故能较快地得到推广应用。图 3 - 62 是年产 5 万吨聚氯乙烯装置的卧式内加热沸腾床的外形结构示意图，与前述卧式多室流化床相似。卧式内加热沸腾床床体下部为空气通道段，床体被隔板分成 6 个室，前 5 个室送以热风，最后 1 个室送以冷风；空气通过多孔分布板进入床体上部，将从进料口进入床内的物料吹沸并达到流态化状。由于所送热风还不能满足物料含湿 27% 所需的蒸发热，因而在床体内设置了特定结构的大传热面积的热交换器，用热水对物料进行加热。该干燥器中物料经过离心脱水后直接入床，为防止湿物料呈大块状入床而难以被热风吹沸，进而造成死床，特在物料进口处设置了一个机械分散器，将物料块分散后入床。此外，为了防止物料经干燥后温度较高，在筛分时易产生静电，影响筛分效率，以及在入仓储存后不致因积热变色，在床出料端的第 6 室，除采用送冷风吹沸外，还用冷水通过床内的热交换器将物料冷却。

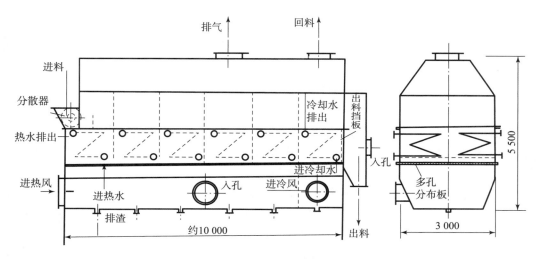

图 3 - 62　卧式内加热沸腾床结构

由于采用了内加热方式，有效地解决了湿物料干燥需要热量的平衡问题，减少了一套气流干燥器的工艺过程，从而节省了这部分的能源，并减少了气流夹带损失。内热沸腾床在工艺性能方面比较先进，但设备结构较复杂，制造费用较高。由于体积庞大，必须分体制造，用螺栓将各部件组装成型，所以要求严格控制各部件尺寸。为防止湿物料的黏结，床体内部各种构件均需作抛光处理。为提高气流穿过分布板的孔速，气流又能得到均匀分布，多孔分布板的设计采用了较低的开孔率。由于孔径很小，孔数很多，因而在制造方面具有一定的难度。

流化床干燥器（包括单层流化床干燥器和卧式多室流化床干燥器）的主要操作参数如下。

① 操作空塔气速。

$$U = V/A = (0.1 \sim 0.8)U_t$$

式中，U 为操作速度（m/s）；V 为热风体积流量（m^3/s）；A 为床层断面积（m^2）；U_t 为颗粒自由沉降速度（m/s）。

② 气体分布板：干燥用气体分布板开孔率一般为 3% ~ 10%，分布板要有一定的压力损失，以便均匀分布气体，此压力损失一般为 6.6 ~ 20.0 kPa。

③ 湿物料水分：一般地，粉状物料含水 2% ~ 8%，粒状物料含水 10% ~ 15%（也有高达百分之几十的）比较适宜。

④ 物料的粒径：以 20 ~ 30 μm 或 5 ~ 6 mm 最适宜，经济流速的大致界限（高限）

为 3~4 m/s（粒径 5~6 mm 可以流化，但不一定经济）。

⑤静止床层高度：一般为 50~150 mm。

⑥干物料平均停留时间为

$$\tau = z\rho_b A/G_e$$

式中，z、ρ_b、A 分别为静止床层高度（m）、堆积密度（kg/m³），以及床层底面积（m²）；G_e 为干物料流量（kg/h）；τ 为停留时间（h）。

3.3.5 喷雾干燥器

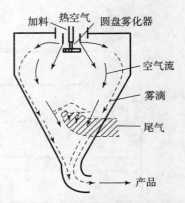

图 3-63 并流转盘喷雾干燥器示意

喷雾干燥是将悬浮液、溶液、乳浊液或水分散的糊状物料，通过雾化器雾化成为极细小的雾状液滴，由干燥介质同雾状液滴均匀混合，进行热和质的交换，使水分（或溶剂）蒸发，得到粉状、颗粒状干燥产品的过程。喷雾干燥是喷雾与干燥二者的结合，其结合程度往往直接影响产品的质量。

并流转盘喷雾干燥器的工作原理和特点如图 3-63 所示，从干燥器顶部导入热风，同时将物料浆液用泵送至塔顶，经雾化器雾化成雾状液滴。这些表面积很大的液滴群与高温热风接触后在极短的时间内进行传热、传质过程，液滴中的水分迅速蒸发，液滴失水便成为干燥的产品，从塔底排出。热风与液滴接触后失去热量，湿度增大，温度显著降低，由排风机排出。废气中夹带的微粉可由分离回收装置回收。

图 3-64 给出了喷雾干燥流程示意图。原料液由泵送至雾化器，雾化后的液滴与热空气在塔中接触，变成干燥产品。废气经旋风分离器（Ⅰ）分离后排放。塔底部的产品和旋风分离器（Ⅰ）的产品经气流输送系统送至旋风分离器（Ⅱ），其下部出料为产品。输送气经循环风机送至旋风分离器（Ⅰ）。

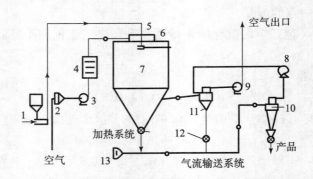

图 3-64 喷雾干燥（带气流输送系统）流程示意图

1—供料系统；2，13—过滤器；3—鼓风机；4—加热器；5—空气分布器；6—雾化器；7—干燥器；
8—循环风机；9—排风机；10—旋风分离器（Ⅱ）；11—旋风分离器（Ⅰ）；12—蝶阀

与其他干燥方法相比，喷雾干燥具有以下特点：

①干燥速度十分迅速。料液经雾化后，表面积增大（例如 1 L 料液雾化成直径 50 μm 的液滴时，其表面积可达 120 m²），在高温气流中，瞬间就蒸发了 95%~98% 的水分，完成干燥的时间一般仅需 5~40 s。

②干燥过程中，尽管采用高温（80~800 ℃）空气，其物料温度仍不会超过周围热空气的湿球温度，因此产品质量好。

③产品具有良好的分散性、流动性和溶解性。

④生产过程简化，操作控制方便。喷雾干燥通常用于处理湿含量为 40%~90% 的溶液，不经浓缩，同样能一次干燥成粉状产品。大部分产品干燥后不需要再粉碎和筛选，减少了生产工序，简化了生产工艺。产品的粒径、松密度和水分等可在一定范围内进行调整，控制管理极为方便。

⑤防止污染，改善生产环境。由于喷雾干燥是在密闭的干燥塔内进行的，避免了干燥产品在工作现场的大量飞扬，同时可采取封闭循环生产流程，防止污染大气，改善生产环境。

⑥适合连续化大规模生产。可连续排料，结合风力输送和自动计量包装等组成生产作业线。

⑦热风温度低于 150 ℃ 时，体积传热系数较低（$ha = 0.023 ~ 0.093 \ kJ/(m^3 \cdot s \cdot ℃)$），蒸发强度小。干燥塔的体积庞大，投资大。

⑧废气中回收微粒的分离装置要求较高。当干燥粒径较小的产品时，废气中夹带较多的微小颗粒，必须选用高效的分离装置，结构较复杂，费用较高。

与其他干燥器不同，喷雾干燥器可用于难以离心分离的微细粒径产物的干燥，可直接用淤浆进行干燥。喷雾干燥法已被应用于由乳液聚合制得的聚氯乙烯糊状树脂等产品的干燥。图 3-65 即乳液 PVC 喷雾干燥生产流程。

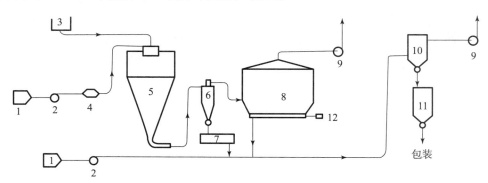

图 3-65 乳液 PVC 喷雾干燥生产流程

1—过滤器；2—送风机；3—乳胶高位槽；4—加热器；5—干燥塔；6—分离器；7—研磨机；
8，10—袋式除尘器；9—抽风机；11—料仓；12—输送器

乳胶喷雾干燥系统在负压下操作，尾部装有抽风机，保持系统在 1 960 Pa（200 mmH₂O）左右，液滴与热风呈并流状态。

控制参数主要是干燥塔进出口温度及塔内的温度分布、液体胶料进料速度、系统风压等。

喷雾干燥器的构造主要包括：

①用于干燥空气的加热设备（空气过滤器、空气加热器及风机等）。

②将胶料雾化成细小雾滴的雾化设备（雾化器、胶料高位槽和输送泵等）。

③胶料干燥设备（干燥塔、空气分布器、物料管道等）。

④粉末的研磨及物料收集设备（研磨机、旋风分离器、输送器、风机、布袋除尘器等）。

料液雾化所用的雾化器是喷雾干燥的关键部件，雾化器性能的好坏不仅影响到液滴大小分布，而且影响最终颗粒的形态。常用的雾化器主要有以下三种：

①气流式喷嘴：采用压缩空气或蒸气，以很高的速度（300 m/s 或声速）从喷嘴喷出，由于气液两相间速度差所产生的摩擦力使物料液分裂为雾滴。

②压力式喷嘴：用高压泵使物料液获得一定的压力（2～20 MPa），通过喷嘴时，将静压能转变为动能而高速喷出并分裂为雾滴。

③旋转式雾化器：料液从中央通道输入高速（圆周速度90～150 m/s）转盘中，受离心力作用，从盘的边缘高速甩出而分裂为雾滴。

目前工业上使用的雾化器主要为离心转盘式（旋转式）雾化器〔图3－66（a）〕和压力喷嘴式（喷嘴式）雾化器〔图3－66（b）〕。旋转式雾化器的特点是液体以高速从转轮或盘子的边缘抛出；喷嘴式雾化器的特点是液体在压力作用下通过小孔压出。无论选择哪种雾化器，都要使胶乳在尽量短的时间内与热空气接触进行蒸发而干燥。PVC糊树脂生产中，干燥塔的进出口温度能极大地影响二次粒子的形态特征，影响PVC成糊性能。Sharkman观察了三个条件下喷雾干燥所得PVC的成糊性能，固定进口温度为190 ℃，出口温度分别为110 ℃、80 ℃和58 ℃，发现三种干燥条件对二次粒子粒径分布的影响很小，但却较大地影响了糊黏度及糊的陈化特性。110 ℃干燥的PVC糊呈膨胀性流体性质；80 ℃干燥的PVC糊呈假塑性流体特性，陈化后更是如此；而58 ℃干燥的PVC糊也呈假塑性流体特性，但陈化后却无明显变化。这是由于不同干燥温度使二次粒子表面结构不同所致。表面烧结，结构紧密，在增塑剂中难以崩解，导致其呈膨胀性。若结构脆弱，则随着剪切速率增加而易于崩解，游离增塑剂增加，糊黏度下降，导致其呈假塑性。

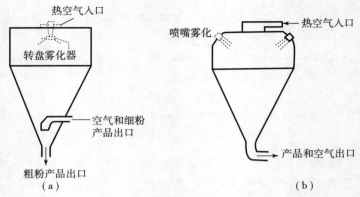

图3－66　典型喷雾干燥塔与雾化器

（a）离心转盘式雾化器；（b）压力喷嘴式雾化器

习题与思考题

1. 高分子合成过程选择反应器的原则有哪些?
2. 离心分离有两种不同的过程是什么? 分别适用于什么条件?
3. 如何根据聚合物性质确定干燥方式和干燥过程、选择干燥设备?
4. 简要说明间歇聚合与连续聚合各自的特点。
5. 溶剂的脱除过程可采取哪些方法?

第 4 章
自由基聚合工艺

　　自由基聚合（free radical polymerization）是通过自由基引发单体聚合的一类反应，即单体经外因作用形成单体自由基活性中心，自由基活性中心再与单体连锁聚合形成高聚物的化学反应。大多数烯类单体的聚合或共聚都是采用自由基聚合机理实现的。自由基聚合产物占聚合物总产量60%以上。自由基聚合是人类开发最早，研究最透彻的一种聚合反应，其重要性不言而喻。高压聚乙烯、聚氯乙烯、聚苯乙烯、聚四氟乙烯、聚醋酸乙烯酯、聚丙烯酸酯类、聚丙烯腈、丁苯橡胶、丁腈橡胶、氯丁橡胶、ABS树脂等聚合物都是通过自由基聚合来生产的。

　　自由基聚合反应在高分子合成工业中是应用最广泛的聚合反应。按反应体系的物理状态不同，自由基聚合的实施方法主要有本体聚合、溶液聚合、悬浮聚合、乳液聚合4种。它们的特点不同，所得产品的形态与用途也不相同。自由基聚合实施方法的选择主要取决于产品用途所要求的产品形态和产品成本。

　　自由基聚合反应具有理论完善、技术成熟、合成工艺相对简单、聚合反应容易控制、产品性能重显性好，以及适应品种范围广泛等特点。

4.1　自由基聚合工艺基础

　　自由基聚合工艺研究的基础知识主要涉及自由基聚合的机理、自由基聚合的单体、自由基聚合的引发、自由基聚合产物的分子量及控制等。

自由基聚合工艺基础

4.1.1　自由基聚合的机理

　　烯类单体的自由基聚合反应机理一般包括链引发、链增长、链终止等基元反应，反应过程如下。此外，还可能伴有链转移反应。

　　（1）链引发。

　　链引发反应是形成单体自由基活性种的反应。用引发剂引发时，将由两步组成：

　　①引发剂分解，形成初级自由基。

　　②初级自由基与单体加成，形成单体自由基。

　　单体自由基形成后，继续与其他单体加聚，使链增长。

　　比较上述两步反应，第一步引发剂分解是吸热反应，活化能高（105～150 kJ/mol），反应速率小，分解速率常数为 10^{-4}～10^{-6}。第二步初级自由基与单体结合成单体自由基，这一步是放热反应，活化能低，其值为20～34 kJ/mol，反应速率大，与后续

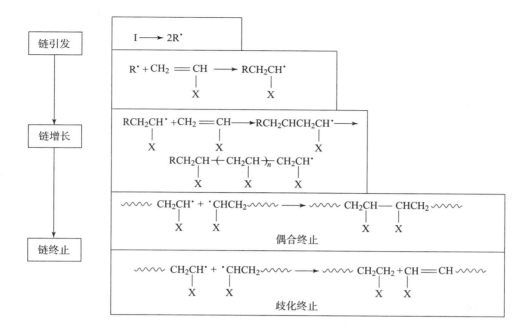

的链增长反应相似。并非所有的自由基都可以引发链的增长，一些副反应可能使初级自由基终止，无法引发单体成为单体自由基。

有些单体可以用热、光、辐射等能源来直接引发聚合。例如，苯乙烯热聚合，丙烯酸酯紫外光固化聚合也已大规模使用，还有丁苯橡胶辐射聚合等。

（2）链增长。

在链引发阶段形成的单体自由基，一般都具有活性，能打开第二个烯类单体分子中的 π 键，烯类单体通过碳—碳共价键连接到自由基的末端，实现链的增长，未成对电子转移到新链的末端，形成新自由基。新自由基的活性通常不衰减，继续与烯类单体连锁加成，形成结构单元更多的链自由基。这个过程称为链增长反应，实际上是加成反应。

链增长反应是活性单体反复地和单体分子迅速加成，形成大分子自由基的过程。链增长反应能否顺利进行，主要取决于单体转变成自由基的结构特性、体系中单体的浓度及与活性链浓度的比例、杂质含量以及反应温度等因素。

链增长反应有两个特征：一是放热反应，烯类单体聚合热为 $55 \sim 95 \ kJ/mol$；二是增长活化能低，其值为 $20 \sim 34 \ kJ/mol$，增长速率极高，增长速率常数为 $10^2 \sim 10^4$，在 $0.01 \ s \sim$ 几秒钟内就可以使聚合度达到数千甚至上万，如一个聚合度为 1 000 的聚氯乙烯分子可在 $10^{-2} \sim 10^{-3} \ s$ 内形成。这样高的速率是难以控制的，单体自由基一经形成，立刻与其他单体分子加成，增长成活性链，而后终止成大分子。因此，聚合体系内往往由单体和聚合物两部分组成，不存在聚合度递增的一系列中间产物。

对于链增长反应，除了应注意速率问题外，还需研究对大分子微观结构的影响。在链增长反应中，结构单元间的结合可能存在"头–尾"和"头–头"或"尾–尾"两种形式。实验证明，大多数以头–尾形式连接。这一结果可由电子效应和空间位阻效应得到解释。对一些取代基共轭效应和空间位阻都较小的单体聚合时头–尾结构会稍高，如醋酸乙烯酯、偏二氟乙烯等。聚合温度升高时，头–头结构形式将增多。

由于自由基聚合的链增长活性中心（链自由基）周围不存在定向因素，因此很难实现定向聚合，即单体与链自由基加成由 sp^2 杂化转变为 sp^3 杂化时，其取代基的空间构型没有选择性，是随机的，得到的常常是无规立构的高分子，因此该种聚合物往往是无定型的。

（3）链终止。

自由基活性高有相互作用而终止的倾向，即在一定条件下，增长链自由基失去活性形成稳定聚合物分子的反应。终止的主要方式有双基终止和单基终止。

双基终止是两个活性链自由基的结合，分为偶合终止和歧化终止。当体系黏度过大不能双基终止时就只能单基终止。

两链自由基的独立电子相互结合成共价键的终止反应称为偶合终止，反应过程如下。

$$\text{\textasciitilde CH}_2\text{CH}\cdot + \cdot\text{CHCH}_2\text{\textasciitilde} \longrightarrow \text{\textasciitilde CH}_2\text{CH}-\text{CHCH}_2\text{\textasciitilde}$$
$$\quad\quad | \quad\quad | \quad\quad\quad\quad\quad\quad | \quad\quad |$$
$$\quad\quad X \quad\quad X \quad\quad\quad\quad\quad\quad X \quad\quad X$$

偶合终止结果：大分子的聚合度为链自由基重复单元数的两倍。用引发剂引发并无链转移时，大分子两端均为引发剂残基。自由基越稳定，越有利于偶合终止；取代基位阻小，吸电子能力强，有利于偶合终止。

某链自由基夺取另一自由基的氢原子或其他原子的终止反应，称为歧化终止，反应过程如下。

$$\text{\textasciitilde CH}_2\text{CH}\cdot + \cdot\text{CHCH}_2\text{\textasciitilde} \longrightarrow \text{\textasciitilde CH}_2\text{CH} + \text{HC}\text{\textasciitilde}=\text{CH}\text{\textasciitilde}$$
$$\quad\quad | \quad\quad | \quad\quad\quad\quad\quad\quad | \quad\quad |$$
$$\quad\quad X \quad\quad X \quad\quad\quad\quad\quad\quad X \quad\quad X$$

歧化终止结果：大分子的聚合度与链自由基中结构单元数相同，每个大分子只有一端为引发剂残基，另一端为饱和或不饱和，两者各半。取代基位阻大，吸电子能力弱，有利于歧化终止。

根据上述特征，应用含有标记原子的引发剂，结合分子量测定，可以求出偶合终止和歧化终止的比例。

链终止方式与单体种类和聚合条件有关。一般单取代乙烯基单体聚合时以偶合终止为主，而二元取代乙烯基单体由于立体阻碍难以双基偶合终止。由实验确定，60 ℃下聚苯乙烯以偶合终止为主。甲基丙烯酸甲酯在 60 ℃ 以上聚合，以歧化终止为主；在 60 ℃ 以下聚合，两种终止方式都有。聚合温度增高，苯乙烯聚合时歧化终止比例增加。

在聚合产物不溶于单体或溶剂的非均相聚合体系中，聚合产物从体系中沉析出来，链自由基被包藏在聚合物沉淀中，使双基终止成为不可能，而表现为单分子链终止。

此外，链自由基与体系中破坏性链转移剂反应生成引发活性很低的新自由基，使聚合反应难以继续，也属单分子链终止，即单基终止。

工业生产时，活性链还可能被反应器壁金属自由电子所终止。

链终止的活化能很低，偶合终止的活化能为零，歧化终止的活化能为 8~21 kJ/mol，链终止速率极快，反应常数极高，$K_t = 10^4 \sim 10^6$ L/（mol·s），链双基终止受扩散控制。

链终止和链增长是一对竞争反应。从一对活性链的双基终止和活性链与单体的增长反应比较，终止速率显然远大于增长速率。但从整个聚合体系宏观来看，因为反应速率还与反应物质浓度成正比，而单体浓度（$1\sim10$ mol/L）远大于自由基浓度（$10^{-7}\sim10^{-9}$ mol/L），结果增长速率要比终止速率大得多。否则，将不可能形成长链自由基和聚合物。

任何自由基聚合都有上述链引发、链增长、链终止三步基元反应。其中链引发速率最小，是控制整个聚合速率的关键一步。

（4）链转移。

在自由基聚合过程中，链自由基有可能从单体、溶剂、引发剂等低分子或大分子上夺取一个原子而终止，同时将电子转移给失去原子的分子，形成新自由基，继续新链的增长，使聚合反应继续进行下去，这一反应称作链转移反应。

链转移反应是高分子链端自由基进攻一个含有弱键的分子夺取其中的一个原子，最后活性链端自由基被终止，而在弱键位置形成一个新的自由基的过程。根据转移后新自由基的活性，可能会继续引发单体聚合，也可能无法继续引发。通常情况下，聚合反应体系中存在多种含有弱键、易于均裂的物质，如单体、引发剂、溶剂、高分子链等所有这些物质都有可能在反应过程中参与链转移反应。在实际生产中，链转移的发生与这些物质的结构及其与自由基反应的相对活性有关。

1）向溶剂链转移。

链自由基向溶剂分子转移的结果，使聚合度降低，聚合速率不变或稍有降低，视新生自由基的活性而定。

2）向单体链转移。

链自由基将单电子转移到单体上，产生的单体自由基开始新的链增长，而链自由基本身因链转移提早终止，结果使聚合度降低，但转移后自由基数目并未减少，活性也未减弱，故聚合速率并不降低。向单体转移的速率与单体结构有关。例如：氯乙烯单体因C—Cl键能较弱而易于链转移，转移过程如下。

3）向大分子链转移。

向大分子链转移是链转移的主要形式之一。分子链上的端自由基可能进攻自身分子链上的一个原子，或进攻另外一个分子链上的自由基从而使自由基向大分子链转移，结果会在大分子链上形成自由基活性中心引发单体增长形成支链。这种链转移反应经常发生在乙烯自由基聚合的反应中，这种链转移反应的发生主要是由于新生成的链内自由基的稳定性要高于起始的链端自由基。因此，这种链转移反应会持续进行，最终会形成支链上的支链。如高压聚乙烯除含有少量长支链外还有乙基、丁基等短支链，这是分子内转移的结果。支化降低了分子链间的堆积密度，会导致结晶度下降，得到低密度的聚乙烯。具有较好的柔韧性，与配位聚合得到的线型高密度聚乙烯性能差异很大。

链自由基可能从已经终止的"死"大分子上夺取原子而转移。向大分子转移一般发生在叔碳原子或氯原子上，结果叔碳上带有孤电子，形成自由基，再进行链增长成为支链高分子，或相互偶合成交联高分子。转化率高，聚合物浓度大时，容易发生这种转移。转移过程如下。

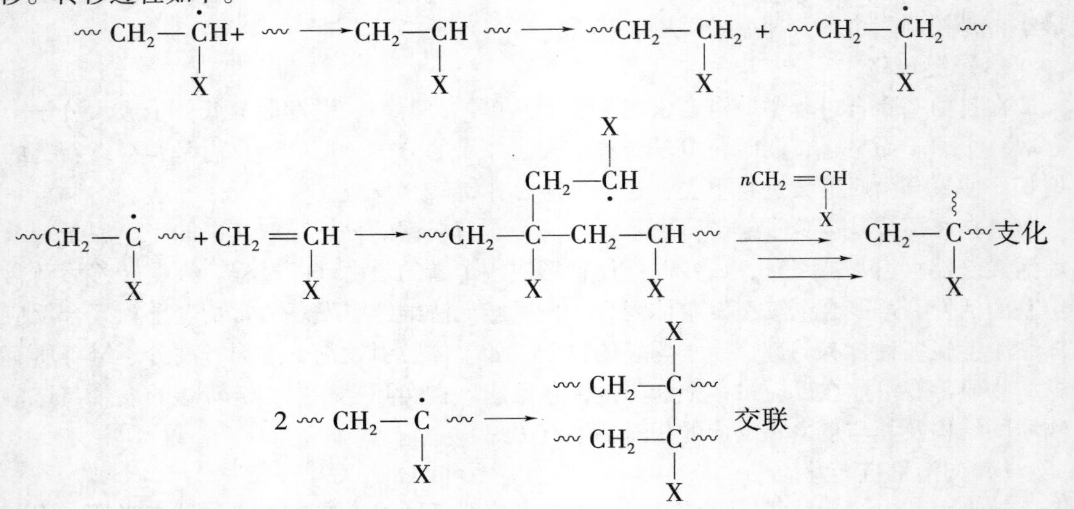

聚醋酸乙烯酯、聚氯乙烯、聚乙烯等高聚物长链自由基有较大活性，易发生向大分子的链转移反应，使高分子支链化机会增加。另外，升高反应温度有利于链转移，使高聚物支化结构增加。

4）向引发剂转移。

向引发剂链转移是链转移反应的重要形式，转移结果会降低分子量，同时会消耗引发剂造成引发剂效率下降。这实质就是引发剂的诱导分解，在过氧类引发剂体系中是常见的一种副反应，而在偶氮类引发剂中一般不会发生。如聚丙烯腈聚合过程中链端自由基向过氧化物类引发剂如过氧化苯甲酰发生链转移反应，链转移的结果是聚丙烯腈链端自由基被一个引发剂残基所终止，而转移后的引发剂可以继续引发单体聚合。

链转移反应对自由基聚合速率和聚合度都有重要影响。链自由基向引发剂转移，自由基数目并无增减，只是损失了一个引发剂分子，结果是反应体系中自由基浓度不变，聚合物分子量降低，引发剂效率下降。链转移对聚合速率的影响取决于新生成的自由基活性，如果新生的自由基活性不变，则聚合速率不变；如果新自由基活性减弱，则出现缓聚现象，极端的情况成为阻聚。

根据上述机理分析，可将自由基聚合的特征概括如下。

①自由基聚合反应在微观上可以明显地区分成链的引发、增长、终止、转移等基元反应。其中引发速率最小，是控制总聚合速率的关键，可以概括为慢引发、快增长、速终止。

②只有链增长反应才使聚合度增加。一个单体分子从引发、增长和终止转变成大分子，此过程时间极短，不能停留在中间聚合度阶段，反应体系始终由单体、聚合产物和微量引发剂组成，无中间体。在聚合全过程中，聚合度变化较小。

③在聚合过程中，单体浓度逐步降低，聚合物浓度相应提高。延长聚合时间主要是提高转化率，对分子量影响较小。

④少量（0.01%~0.1%）阻聚剂足以使自由基聚合反应终止。

4.1.2　自由基聚合的单体

能进行自由基聚合反应的单体很多，主要有含碳—碳双键的烯烃化合物。按单体结构可以分为三类。

第一类是 $R_2C=CR_2$ 型单烯类化合物（R 为氢原子、烷基、卤素等），如：

乙烯 $CH_2=CH_2$

氯乙烯 $CH_2=\underset{\underset{Cl}{|}}{CH}$　　　　　　　　异丁烯 $CH_2=\underset{\underset{CH_3}{|}}{C}-CH_3$

第二类是共轭双烯烃，如：

丁二烯 $CH_2=CH-CH=CH_2$　　　　氯丁二烯 $CH_2=CCl-CH=CH_2$

第三类是非共轭双烯烃，如：

1，4 - 戊二烯 $CH_2=CH-CH_3-CH=CH_2$

（1）单体的聚合能力。

单体发生自由基聚合反应的能力取决于单体双键（π 键）均裂成自由基的能力，单体双键均裂成自由基的活化能受到单体取代基的电子效应（极性效应与共轭效应）、取代基的位阻效应（取代基的数量、位置与体积）的影响，也就是单体结构中取代基的种类、性质、位置、数量、大小等的不同，会造成单体聚合能力的差异。

1）极性效应。

含吸电子取代基的烯类单体容易进行自由基聚合，原因是自由基带有独电子，具有弱的亲核性，易进攻 π 电子云密度较低的烯类单体。吸电子取代基因极性效应降低了双键电子云密度，π 键易于均裂，容易形成单体自由基。常见的吸电子取代基有—CN、—F、—Cl、—COOR 等，因此氯乙烯、氟乙烯、丙烯腈、丙烯酸酯类等均容易进行自由基聚合反应。

含供电子取代基（—CH_3、—OCH_3 等）的烯类单体不易发生自由基聚合。供电子取代基使双键电子云密度增加，π 键不容易均裂，因此一般不采用自由基聚合反应，即使采用自由基聚合反应，其产物相对分子质量也很低，如丙烯、异丁烯等。

注意：取代基吸电子性太强时一般只能进行阴离子聚合，如同时含两个强吸电子取代基的单体[$CH_2=C(CN)_2$]等。

对称烯烃只在较苛刻条件下才进行自由基聚合，如乙烯分子无取代基，结构对称，偶极矩为零，π 键很难均裂，所以要进行自由基聚合反应必须在高温、高压下才能实现。

2）共轭效应。

π 电子云流动性大，易诱导极化，可随进攻试剂性质的不同而取不同的电子云流向，可进行多种机理的聚合反应，如苯乙烯、丁二烯、异戊二烯、氯丁二烯等单体，主要由于本身的共轭效应使双键上的电子云容易流动极化，因此也容易进行自由基聚合反应。

3）位阻效应影响。

①一取代烯烃类单体 $CH_2=CHX$，取代基 X 的大小并不影响聚合，如乙烯基咔唑，

虽然 $CH_2=CH$ —N〈咔唑〉 取代基体积较大，但也能进行自由基聚合。

②1，1-二取代烯烃类单体 $CH_2=CXY$，一般能按取代基性质进行相应机理的聚合，并且由于结构的不对称，极化程度增加。单体聚合能力与取代基给（或吸）电性强弱有关。具体可分为以下几种情况。

一是取代基吸电子能力较弱，如偏氯乙烯中的氯，两个氯吸电子作用的叠加使单体更易聚合。

二是取代基吸电子能力强，如偏二腈乙烯，两个腈基强吸电子作用使双键上电荷密度降低太多，从而使双键失去了与自由基加成的能力，只能阴离子聚合，而难自由基聚合。

三是两个取代基都是给电子性，如异丁烯中的两个甲基，给电子作用的叠加使异丁烯不能发生自由基聚合，而易与阳离子聚合。

四是两个取代基中，一个是弱给电子性，另一个是强吸电子性，如甲基丙烯酸酯类，这类单体易发生自由基聚合反应。

五是两个取代基体积较大时，聚合不能进行。如1，1-二苯基乙烯，则只能形成二聚体。

③二取代烯烃类单体 $XCH=CHY$ 结构对称，极化程度低，且空间位阻大，一般不易聚合。只能二聚体或与其他烯烃类单体共聚，如马来酸酐可与苯乙烯或醋酸乙烯酯共聚，得到交替共聚物。

$$n \underset{O}{\overset{O}{\diagup}}C\diagdown O + n\ CH_2=CH(C_6H_5) \longrightarrow \left[\cdots CH_2-CH(C_6H_5) \right]_n$$

④三取代和四取代乙烯具有 $CHY=CY_2$、$CY_2=CY_2$ 形式的 1，2-三取代或四取代烯烃单体，一般难以进行自由基聚合反应，其主要原因是空间位阻较大。但对氟代乙烯，无论氟原子的数量和位置如何，都容易进行自由基聚合反应。这主要是因为氟原子为强吸电子基团，能极大地降低双键电子云的密度。

（2）单体的活性。

单体的活性是不同单体相对于同一种自由基而言的。乙烯基单体（$CH_2=CHX$）的活性顺序为

$X: C_6H_5, CH_2=CH— > —CN, —COCH_3 > —COOH, —COOR > —Cl > —COOCH_3, —CH_3 > —OCH_3, H$

单体活性次序与自由基活性次序相反，如醋酸乙烯酯单体稳定，而醋酸乙烯酯自由基活性大。

造成单体活性不同的原因：极性效应（一般单体极性大，反应活性大）、共轭效应

（单体活性差异的主要因素）、位阻效应（通常使单体的活性下降）。

　　例如，苯乙烯单体上双键与苯环产生共轭效应，使双键电子云易流动，键易断裂，苯乙烯单体自由基聚合活性大；苯乙烯自由基独电子与苯环发生共轭效应成为稳定的自由基。

4.1.3　自由基聚合的引发

　　自由基的产生是引发自由基聚合的前提条件，最常用的产生自由基的方法是引发剂受热分解或二组分引发剂的氧化还原分解反应，也可以用加热、紫外线辐照、高能辐照、等离子体和微波引发等方法产生自由基。

1. 引发剂作用

　　引发剂是自由基聚合反应中的重要试剂，引发剂分子结构具有弱键，易分解成自由基。引发剂中，弱键的离解能一般为 $100 \sim 170$ kJ/mol。除少数单体（如苯乙烯）的本体聚合或悬浮聚合可以受热引发外，绝大多数单体的聚合反应在工业上都是在引发剂的存在下实现的。

　　引发剂应具备的条件：一是在聚合温度范围内有适当的分解速率常数；二是所产生的自由基具有适当的稳定性。引发剂用量一般仅为单体量的千分之几，用量很少。

　　（1）引发剂的种类。

　　引发剂按溶解性能分类包括：油溶性引发剂，其主要应用于本体、悬浮与有机溶剂中的溶液聚合；水溶性引发剂，其主要应用于乳液聚合和水溶液聚合。按化学结构分类有过氧化物，其大多数是有机过氧化物，还有偶氮化合物和氧化 – 还原引发体系。

　　1）过氧化物类。

　　有机过氧化物的通式如下：

　　①烷基（或芳基）过氧化氢 R—O—O—H，如过酸 $R-\overset{\overset{\textstyle O}{\|}}{C}-O-O-H$。

　　②过氧化二烷基（或芳基）R—O—O—R，如过氧化二酰 $R-\overset{\overset{\textstyle O}{\|}}{C}-O-O-\overset{\overset{\textstyle O}{\|}}{C}-R$。

最常用的过氧化物引发剂是过氧化二苯甲酰（BPO），其化学结构式为

　　有机过氧类引发剂稳定性低，通常保存的是粗产品，使用前要精制；使用温度一般在 $60 \sim 80$ ℃；有氧化性，有诱导分解，分子中均含有过氧键—O—O—键，受热后—O—O—键断裂而生成相应的两个自由基，如下所示。

$$CH_3-\underset{\underset{CH_3}{|}}{\overset{\overset{CH_3}{|}}{C}}-O-\underset{\underset{CH_3}{|}}{\overset{\overset{CH_3}{|}}{C}}-CH_3 \xrightarrow{\triangle} 2CH_3-\underset{\underset{CH_3}{|}}{\overset{\overset{CH_3}{|}}{C}}-O\cdot$$

有机过氧化物分解产生初级自由基的副反应，主要有夺取溶剂分子或聚合物分子中的 H 原子，两个初级自由基偶合，本分子歧化或与未分解的引发剂作用产生诱导分解，如下所示。

$$CH_3-\underset{\underset{CH_3}{|}}{\overset{\overset{CH_3}{|}}{C}}-O\cdot \longrightarrow CH_3-\underset{\underset{O}{\|}}{C}-CH_3 + CH_3\cdot \text{（本分子歧化）}$$

$$2R\cdot \longrightarrow R-R \text{（偶合）}$$

$$R\cdot +(RCOO)_2 \longrightarrow RCOO\cdot + RCO_2R \text{（诱导分解）}$$

无机过氧类引发剂，代表化合物是无机过硫酸盐，如过硫酸钾 $K_2S_2O_8$ 和 $(NH_4)_2S_2O_8$，这类引发剂能溶于水，多用于乳液聚合和水溶液聚合。过硫酸钾 $K_2S_2O_8$ 分解为自由基的反应如下。

$$KO-\underset{\underset{O}{\uparrow}}{\overset{\overset{O}{\uparrow}}{S}}-O \colon O-\underset{\underset{O}{\uparrow}}{\overset{\overset{O}{\uparrow}}{S}}-OK \longrightarrow 2KO-\underset{\underset{O}{\|}}{\overset{\overset{O}{\|}}{S}}-O\cdot$$

2）偶氮化合物。

偶氮引发剂的分解为一级反应，只生成一种自由基，没有副反应；性质稳定，便于储存和运输。但是运输途中需要冷藏，并防止剧烈摩擦、碰撞，防止发生爆炸。该引发剂主要用于本体聚合、悬浮聚合与溶液聚合。

偶氮引发剂的分子通式为

$$R-\underset{\underset{CN}{|}}{\overset{\overset{R'}{|}}{C}}-N=\!\!=N-\underset{\underset{CN}{|}}{\overset{\overset{R'}{|}}{C}}-R$$

常用的偶氮化合物为偶氮二异丁腈（AIBN）。偶氮二异丁腈引发剂受热后分解生成自由基的反应如下。

$$H_3C-\underset{\underset{CN}{|}}{\overset{\overset{CH_3}{|}}{C}}-N=\!\!=N-\underset{\underset{CN}{|}}{\overset{\overset{CH_3}{|}}{C}}-CH_3 \xrightarrow{\triangle} 2H_3C-\underset{\underset{CN}{|}}{\overset{\overset{CH_3}{|}}{C}}\cdot + N_2\uparrow$$

偶氮引发剂分解产生的初级自由基除引发乙烯基单体进行链式聚合反应外还有其他副反应，如下：

$$H_3C-\overset{\overset{\displaystyle CH_3}{|}}{\underset{\underset{\displaystyle CN}{|}}{C}}\cdot \longrightarrow \left\{ \begin{array}{l} H_3C-\overset{\overset{\displaystyle CH_3}{|}}{\underset{\underset{\displaystyle CN}{|}}{C}}-\overset{\overset{\displaystyle CH_3}{|}}{\underset{\underset{\displaystyle CN}{|}}{C}}-CH_3 \\[2em] H_3C-\overset{\overset{\displaystyle CH_3}{|}}{\underset{\underset{\displaystyle CN}{|}}{CH}} \\[2em] H_3C-\overset{\overset{\displaystyle CH_3}{|}}{\underset{\underset{\displaystyle CN}{|}}{C}}-\overset{H_2}{C}-\overset{\overset{\displaystyle CH_3}{|}}{\underset{\underset{\displaystyle CN}{|}}{C}}-\overset{\overset{\displaystyle CH_3}{|}}{\underset{\underset{\displaystyle CN}{|}}{C}}-CH_3 \end{array} \right.$$

AIBN 的特点如下：

①分解均匀，只形成一种自由基，无诱导分解。

②分解时有 N_2 逸出；偶氮化合物易于解离，动力正是在于生成了高度稳定的 N_2，而不是由于存在弱键。

③稳定性好，储存、运输、使用均比较安全，但在 80 ~ 90 ℃ 时会急剧分解，产品易提纯，价格便宜。

但 AIBN 分解速度低，属低活性引发剂，使聚合时间延长，且有毒性。目前新品种偶氮二异庚腈（ABVN）有逐渐取代 AIBN 的趋势。

ABVN 的分解生成自由基的反应如下：

$$(CH_3)_2CHCH_2\overset{\overset{\displaystyle CH_3}{|}}{\underset{\underset{\displaystyle CN}{|}}{C}}-N=N-\overset{\overset{\displaystyle CH_3}{|}}{\underset{\underset{\displaystyle CN}{|}}{C}}CH_2CH(CH_3)_2 \longrightarrow 2(CH_3)_3CHCH_2\overset{\overset{\displaystyle CH_3}{|}}{\underset{\underset{\displaystyle CN}{|}}{C}}\cdot + N_2\uparrow$$

ABVN 是高活性引发剂，具有引发效率高、反应平稳、聚合物质量优等特点，广泛用作聚氯乙烯、聚丙烯腈、聚乙烯醇、有机玻璃等高分子聚合引发剂，还用作塑料、橡胶的发泡剂等。

3）氧化 – 还原引发体系。

高分子合成工业中要求低温或常温条件下进行自由基聚合时，常采用过氧化物 – 还原剂的混合物作为引发体系，这种体系称为氧化 – 还原引发体系。

在还原剂存在时，过氧化氢、过硫酸盐和有机过氧化物的分解活化能显著降低。因此加还原剂时，过氧化物分解为自由基的反应温度要低于单独受热分解的温度。

氧化 – 还原引发体系的活化能较低（40 ~ 60 kJ/mol），可在较低温度（0 ~ 5 ℃）下引发聚合，具有较快的聚合速率，多数是水溶性，主要用于乳液聚合或以水为溶剂的溶液聚合中。

氧化 – 还原体系产生自由基的过程是单电子转移过程，即一个电子由一个离子或由一个分子转移到另一个离子或分子上去，因而生成自由基。

①水溶性氧化 – 还原引发体系：氧化剂主要有过氧化氢、过硫酸盐、氢过氧化物等；还原剂主要有无机还原剂（Fe^{2+}、Cu^+、$NaHSO_3$、NaS_2O_3 等）和有机还原剂（醇、

胺、草酸等）。

产生自由基的反应为

$$HO-OH + Fe^{2+} \longrightarrow OH\cdot + HO^- + Fe^{3+}$$

$$S_2O_8^{2-} + Fe^{2+} \longrightarrow SO_4^{2-} + SO_4\cdot + Fe^{3+}$$

$$RO-OH + Fe^{2+} \longrightarrow OH^- + RO^- + Fe^{3+}$$

②油溶性氧化－还原引发体系：氧化剂主要有氢过氧化物、过氧化二烷基化合物、过氧化二酰基化合物；还原剂主要有叔胺、环烷酸盐、硫醇、有机金属化合物。

如 BPO 与 N，N－二甲基苯胺引发体系的反应如下

该氧化－还原引发体系较单纯的 BPO 引发剂具有大得多的分解速率常数。

（2）引发剂的效率。

在聚合体系中，使用引发剂的目的是引发单体进行聚合反应，但多数情况下，引发剂分解后，只有部分用来引发单体聚合，还有一部分引发剂由于诱导分解和/或笼蔽效应伴随的副反应而损耗，因此需引入引发效率（efficiency of the initiator）的概念。

引发效率（f）——引发聚合的部分引发剂占引发剂分解或消耗总量的百分率。

$$f = \frac{用于引发单体的自由基}{全部初级自由基总数} \times 100\% \qquad (4-1)$$

引发效率是一个经验参数，与引发剂本身、单体及其浓度、溶剂、温度等因素有关。

诱导分解（induced decomposition）：由于自由基很活泼，在聚合体系中，有可能与引发剂发生反应，原来的自由基变成稳定分子，引发剂成为新的自由基，这类自由基向引发剂的转移反应称为诱导分解。

诱导分解结果是自由基向引发剂转移的结果，即自由基数量没有增减，但徒然消耗了引发剂分子，使引发剂效率降低。

笼蔽效应（cage effect）：聚合体系中引发剂浓度很低，引发剂分子处于单体或溶剂的包围中，就像关在"笼子"里一样，笼子内的引发剂分解成的初级自由基必须扩散并冲出"笼子"后才能引发单体聚合。自由基的平均寿命很短，其值为 $10^{-11} \sim 10^{-9}$ s，分解产生的初级自由基如来不及扩散到"笼子"外面去引发单体，就可能发生一些副反应，形成稳定分子，使引发剂效率降低。偶氮二异丁腈 AIBN 分解产生的异丁腈自由基的偶合反应为

$$(CH_3)_2\underset{\underset{CN}{|}}{C}N{=}N\underset{\underset{CN}{|}}{C}(CH_3)_2 \rightarrow \left[2(CH_3)_2\underset{\underset{CN}{|}}{\overset{\cdot}{C}} + N_2 \right] \rightarrow \begin{array}{l} \longrightarrow \left[(CH_3)_2\underset{\underset{CN}{|}}{C}{-}\underset{\underset{CN}{|}}{C}(CH_3)_2 + N_2 \right] \\ \\ \longrightarrow \left[(CH_3)_2C \right]{=}C{=}N{-}\underset{\underset{CN}{|}}{C}(CH_3)_2 \end{array} + N_2$$

自由基还可以与氧或杂质等反应，使引发剂引发效率降低，如异丁腈自由基可以与氧生成过氧自由基。过氧自由基在低温下阻止聚合反应进行，高温下又会迅速分解，产生大量活泼自由基，造成爆聚。自由基聚合反应体系常通入惰性气体除去氧气。

（3）引发剂的分解动力学。

在自由基聚合三步基元反应中，引发速率最小，是控制总反应的关键步骤，因此了解引发剂的分解动力学非常重要。

1）分解速率常数。

大多数引发剂的分解反应属于一级反应，即分解速率 R_d 与引发剂浓度 [I] 的一次方成正比，微分式如下：

$$R_d = -\frac{d[I]}{dt} = k_d[I] \tag{4-2}$$

式中，负号代表 [I] 随时间 t 的增加而减少；k_d 为分解速率常数，单位为 s^{-1}、min^{-1} 或 h^{-1}。

将上式积分，得到引发剂浓度随时间变化的定量关系式如下：

$$\ln\frac{[I]}{[I]_0} = -k_dt \tag{4-3}$$

$$\frac{[I]}{[I]_0} = e^{-k_dt} \tag{4-4}$$

式中，$[I]_0$ 为引发剂的起始浓度（mol/L）；[I] 为时间为 t 时的引发剂浓度（mol/L）。固定温度，测定不同时间 t 下的引发剂浓度变化，以 $\ln([I]/[I]_0)$ 对 t 作图，由斜率可求出引发剂的分解速率常数 k_d。

2）半衰期。

半衰期指引发剂分解至起始浓度一半所需时间，以 $t_{1/2}$ 表示，单位通常为 h^{-1}。对一级反应，常用半衰期来衡量反应速率大小。

$$t_{1/2} = \frac{\ln 2}{k_d} = \frac{0.693}{k_d} \tag{4-5}$$

目前采用引发剂在 60 ℃测得的半衰期来区分引发剂活性：$t_{1/2} > 6$ h 为低活性引发剂；$t_{1/2} < 6$ h 为高活性引发剂。

分解速率常数和半衰期是表示引发剂活性的两个物理量，分解速率常数越大，或半衰期越短，引发剂的活性越高。

（4）引发剂的选择。

在高分子合成工艺中，正确、合理地选择和使用引发剂有助于提高聚合反应速度缩短聚合反应时间，提高生产效率。

选择引发剂的基本原则是互溶性、反应性、半衰期、安全性。首先，从溶解角度考虑引发剂与反应体系的互溶性；其次，选用引发剂应考虑和聚合体系的其他组分不会产生相互作用；再次，根据聚合温度选择半衰期适当的引发剂，使聚合时间适中、聚合速率适宜；最后，还要尽量选择分解产物毒性小、储存安全的引发剂。

选择引发剂的依据如下：

①根据聚合方法选择适当溶解性能的水溶性或油溶性的引发剂。体系是有机相聚合的，如本体聚合、悬浮和溶液聚合等，应选用油溶性剂偶氮类和过氧类有机引发剂。如是水溶液、水乳液聚合，常选用水溶性的过硫酸盐一类引发剂或氧化－还原引发体系。

②根据聚合速率选择引发剂。选择半衰期适宜的引发剂引发聚合，直接涉及聚合温度的控制，聚合时间长短与能否实现工业化。在保持温度控制，生产平稳的前提下，尽量选用高活性引发剂，可提高聚合速率，缩短聚合时间，提高设备利用率，降低聚合温度或减少引发剂用量。在实际聚合研究和工业生产中，一般应选择半衰期与聚合时间同数量级或相当的引发剂。常用引发剂的使用温度范围见表 4 - 1。

表 4 - 1　常用引发剂的使用温度范围

引发剂使用温度范围/℃	$E_d/(\text{kJ} \cdot \text{mol}^{-1})$	引发剂举例
高温 > 100	138 ~ 188	异丙苯过氧化氢、特丁基过氧化氢、过氧化二异丙苯、过氧化二特丁基
中温 30 ~ 100	110 ~ 138	过氧化二苯甲酰、过氧化十二酰、偶氮二异丁腈过硫酸盐
低温 - 10 ~ 30	63 ~ 110	氧化还原体系：过氧化氢 - 亚铁盐、过硫酸盐 - 亚硫酸氢钠、异丙苯过氧化氢 - 亚铁盐、过氧化二苯甲酰 - 二甲基苯胺
极低温 < - 10	< 63	过氧化物 - 烷基金属（三乙基铝、三乙基硼、二乙基铅）、氧 - 烷基金属

③根据聚合体系性质和对聚合物的要求选择引发剂。在选用引发剂时，使用活性高的引发剂应考虑其储运安全问题，还需考虑引发剂对聚合物有无影响，有无毒性，使用、储存时是否安全等问题。如过氧类引发剂合成的聚合物容易变色而不能用于有机玻璃等光学高分子材料的合成；偶氮类引发剂有毒而不能用于医药、食品有关的聚合物合成。另外也要考虑引发剂成本等问题。

在间歇法聚合过程中反应时间应当是引发剂半衰期的 2 倍以上，其倍数因单体种类不同而不同。

如果无恰当的引发剂则可用复合引发剂，即两种不同半衰期的引发剂混合物。复合引发剂的半衰期可按下式进行计算：

$$t_{0.5m}\left[I_m\right]^{1/2} = t_{0.5A}\left[I_A\right]^{1/2} + t_{0.5B}\left[I_B\right]^{1/2} \tag{4 - 6}$$

采用复合引发剂可以使聚合反应的全部过程保持在一定的速率下进行连续聚合过程，引发剂的半衰期远小于单体物料在反应器中的平均停留时间。经验公式为

$$V = \frac{\ln 2}{t/\tau + \ln 2} \tag{4 - 7}$$

式中，V 为残存引发剂量；t 为物料在反应器中的平均停留时间；τ 为引发剂半衰期。

如果 $\tau = t$，则有 40% 的引发剂未分解被带出反应器；如果 $\tau = t/6$，则有 10% 的引发

剂未分解被带出反应器。

2. 其他引发作用

（1）热引发聚合。

热引发是指不用引发剂，直接加热单体，使之活化产生自由基，并按自由基型聚合反应机理进行的聚合反应。研究表明，仅少数单体，如苯乙烯在加热时（或常温下）会发生自身引发的聚合反应，其他单体发生的自聚合反应往往是一种表面现象，绝大多数情况下是由于单体中存在的杂质，包括由氧生成的过氧化物或氢过氧化物的热分解引起的；若将单体彻底纯化，在黑暗中，十分洁净的容器内，就不能进行纯粹的热引发聚合。由于可能存在热聚合反应，市售烯类单体一般要加阻聚剂；纯化后的单体要置于冰箱中保存。

苯乙烯热聚合的过程如下：

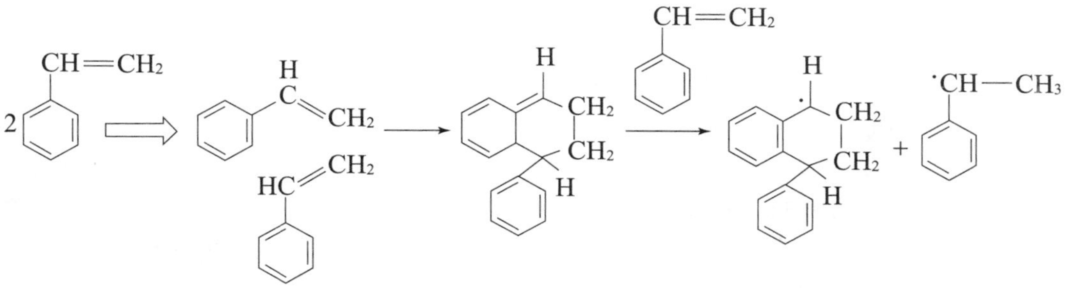

首先由两分子苯乙烯进行 Diels – Alder 反应，形成二聚体，然后与另一分子苯乙烯作用产生初级自由基，进而引发苯乙烯单体聚合。

有研究认为苊烯、2 – 乙烯基呋喃、2 – 乙烯基噻吩也能进行热聚合，其结构如下：

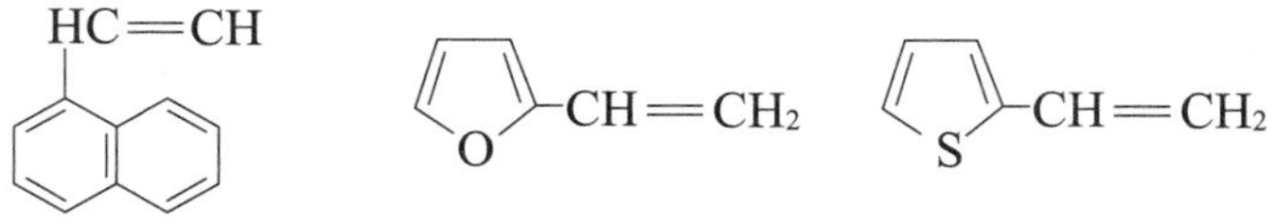

苊烯   2–乙烯基呋喃   2–乙烯基噻吩

（2）光引发聚合。

光引发聚合通常指烯类单体在一定波长光的作用下，活化的自由基引发单体的自由基型聚合反应机理进行的反应，主要包括直接光引发、引发剂的光分解引发和光敏剂间接引发。

1）直接光引发。

一些单体分子经光照后吸收光量子，形成激发态分子，这些激发态分子产生自由基而引发单体聚合，称为直接光引发聚合。不同的单体有不同的吸收波长，如苯乙烯吸收 250 nm 的光，被激发后发生如下断键反应：

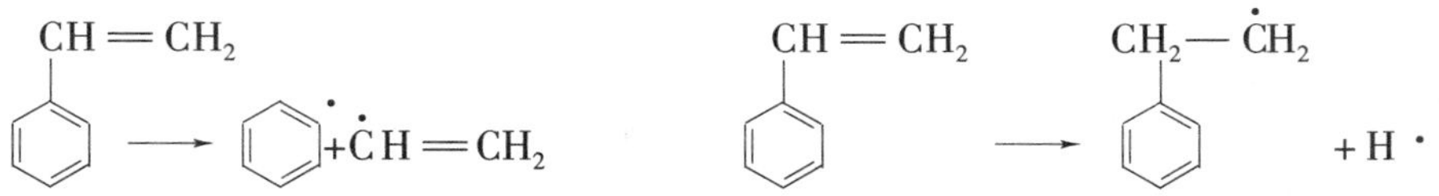

直接光引发作用机理目前还不太清楚，推测可能是单体在吸收了紫外光后，其外层中

的一个价电子被激发至高一级的电子能级，形成了所谓的激发态，激发态分子发生均裂，产生自由基。

2）光敏引发剂直接引发聚合。

光敏引发剂是指某些能增大光引发聚合的反应速率，或可改变引发聚合光波长的化合物。有光敏引发剂存在，在光照下发生光分解产生一对自由基，再引发单体聚合，这类反应称为光敏直接引发聚合。如安息香醚或苯乙酮的衍生物，在光照下分裂为自由基，如下反应式，并引发多种单体聚合。

安息香乙醚

$$\text{C}_6\text{H}_5-\overset{\overset{O}{\|}}{C}-\overset{\overset{H}{|}}{\underset{OC_2H_5}{C}}-C_6H_5 \xrightarrow{hv} C_6H_5-\overset{\overset{O}{\|}}{C}\cdot + \cdot\overset{\overset{H}{|}}{\underset{OC_2H_5}{C}}-C_6H_5$$

苯乙酮

$$R-C_6H_4-\overset{\overset{O}{\|}}{C}-CH_3 \xrightarrow{hv} R-C_6H_4-\overset{\overset{O}{\|}}{C}\cdot + \cdot CH_3$$

3）光敏引发剂间接引发聚合。

有光敏引发剂存在，在光照下，它们吸收光后，本身并不直接形成自由基，而是将吸收的光能传递给单体或引发剂而引发聚合。光能先被少量其他物质分子所吸收，然后再将光的能量传递给单体或引发剂而引发聚合，这种物质称为光敏剂，这种聚合称为光敏剂间接引发聚合。其反应式如下：

$$Z \xrightarrow{hv} (Z)^*$$
$$(Z)^* + C \longrightarrow (C)^* + Z$$
$$(C)^* \longrightarrow R\cdot + R'\cdot$$

式中，Z 表示光敏剂；C 表示单体或引发剂。

总之光引发聚合具有以下特点：

①自由基的形成和反应时间短，光照立刻引发聚合，光停引发停止。

②产物纯净，大分子链上无引发剂残片。

③实验结果重现性好。

④光引发速率与入射光强成正比。

⑤光引发聚合总活化能低，可在较低温度下聚合。

（3）辐射引发聚合。

以高能射线引发的单体聚合，辐射引发反应极为复杂，单体受高能射线辐射后，可产生自由基、阴离子、阳离子，烯类单体辐射聚合一般为自由基聚合。辐射过程中还可能引起聚合物的接枝（丙烯酸与苯乙烯辐射接枝）或交联（聚乙烯辐射交联）。目前采用最多的是以 ^{60}Co 为辐照源的 γ 射线引发聚合。反应可以在较低的温度下进行，聚合速度快且受温度影响较小。

辐射引发聚合的特点是：

①可在较低温度下进行，温度对聚合速率影响较小。

②聚合物中无引发剂残基，产物纯净。

③吸收无选择性，穿透力强，能使难聚合的单体聚合，可以进行固相聚合。

4.1.4　自由基聚合产物的分子量及控制

分子量是表征聚合产物的一个重要指标，聚合产物分子量的大小直接决定聚合物作为材料使用的性能，因此控制自由基聚合产物的分子量具有重要意义。自由基聚合物的分子量控制主要靠实验和经验来确定。尽管如此，了解影响聚合度的各种因素对更有效地控制分子量具有指导意义。影响自由基聚合反应产物分子量的因素主要有单体的纯度和浓度、引发剂的活性和浓度、聚合反应温度、链转移剂的种类和用量、聚合反应实施方法等。

（1）单体的纯度和浓度。

单体的纯度是影响自由基聚合产物分子量和分子量分布的重要因素之一。一般来说，自由基聚合反应要求单体的纯度越高越好，要获得尽可能高的聚合物分子量就必须使用高纯度单体。自由基聚合的单体在生产和运输过程中，为了防止自聚，通常都加入阻聚剂。因此，反应前需要对单体进行纯化处理，尽量避免阻聚剂和杂质影响聚合产物的分子量及其分布。许多杂质的作用与调节剂、缓聚剂、阻聚剂差不多，如乙烯单体中的醇、醛、醚、丙烷、丙烯、氢等都是较强的链转移剂。

单体的浓度对自由基聚合产物的分子量有显著的影响。动力学链长与单体浓度成正比。当单体浓度过低时，自由基与单体接触的机会减少，反应速度慢，反应时间长，反应过程中容易成环，不利于分子链的增长。当单体浓度较低时，自由基向溶剂和小分子转移或者终止链增长的概率增大，聚合物的分子量不高。随着单体浓度的增加，自由基也会增加，自由基与单体碰撞的机会增大，有利于分子链的增长，产生的聚合物分子量相对较高，变化趋于平缓。当单体浓度过高时，瞬间产生大量的自由基，聚合反应产生大量的热不能散发，温度过高，会影响得到高分子量的聚合物。如果希望得到尽可能高的聚合物分子量，选择本体聚合或悬浮聚合方法能够保证尽可能高的单体浓度。

（2）引发剂的活性和浓度。

引发剂是用来产生自由基聚合反应活性中心的物质，不同种类的引发剂活性不同，不同活性的引发剂分解释放不同的自由基，从而引发聚合的分子量也不同。选择不容易发生诱导分解的引发剂，如 AIBN 对于提高聚合产物的分子量是有利的。

当引发剂活性相同时，改变引发剂的浓度可以控制自由基聚合产物的分子量。自由基聚合反应的动力学研究显示，动力学链长与引发剂浓度的平方根成反比，即增加引发剂浓度会降低分子量。当引发剂浓度增加时，在单位时间内分解产生的初级自由基数目增多，聚合反应速率加快，但自由基数目增多使其相互间碰撞终止的反应概率也增大，从而导致聚合产物相对分子质量下降。

（3）聚合反应温度。

温度对聚合反应的影响包括聚合速率、聚合度及大分子微观结构三个方面。

温度对聚合速率的影响：聚合反应总活化能中引发剂分解的活化能占据主导地位，所以升高温度将直接加速引发剂分解，从而导致聚合反应速率升高。

温度对聚合度的影响：升高温度将导致聚合度降低，链转移增大。

温度对大分子微观结构的影响：总体而言，自由基聚合反应的许多副反应都具有较高的活化能，所以升高温度将导致影响大分子结构改变的副反应加剧。

对于放热反应的自由基聚合来说，聚合反应的温度会极大地影响聚合产物的分子量大小。聚合反应温度较低时，单体聚合反应的转化率不高；根据自由基聚合规律，温度升高有助于聚合产物分子量的增大；当温度升高到一定程度后，若继续升温，会使链终止速率比链增长反应速率快，反而使聚合产物分子量降低。

聚合反应温度对产物分子量的影响因不同种类引发剂表现出较大差异。当引发剂引发和热引发聚合时，温度升高，产物平均聚合度会下降；当光引发、辐射引发聚合时，温度对聚合度、聚合速率影响很小。

（4）链转移剂的种类和用量。

通常的链转移反应不影响自由基聚合速率，却对分子量有重大影响。链转移剂特指链转移常数（C_S）较大的小分子物质，通常 C_S 为 1 或更大，可以为溶剂。聚合体系中添加少量链转移常数大的物质，由于链转移能力特别强，只需加入少量便可明显降低分子量，而且还可以通过调节其用量来控制分子量，因此通常链转移剂又被称为分子量调节剂。链转移剂可以用于控制聚合物的链长度，亦即控制聚合物的分子量，或聚合物的黏度。通常链转移剂添加量越大，聚合物的分子链会越短，黏度也越小。在自由基聚合工业生产中经常利用链转移反应控制分子量，如利用硫醇链转移剂控制丁苯橡胶的分子量；利用三氯乙烯链转移剂生产低分子量聚氯乙烯；利用氢气链转移剂控制生产聚乙烯或聚丙烯的分子量等。脂肪族硫醇、三氯乙烯、四氯甲烷等是最常用的链转移剂。

（5）聚合反应实施方法。

不同的聚合反应实施方法对分子量的影响不同，以悬浮聚合为例，影响分子量的主要因素就是聚合的温度，根据聚合温度的不同可以得到不同聚合度的聚合物，除此之外，聚合配方也是主要因素，如分散剂的种类及用量，链转移剂使用与否，链终止剂的加入与否及加入的时机，原料单体的纯度等。至于其他聚合方法，影响聚合度的也不外乎工艺因素和配方因素这两个方面，只是具体问题要具体分析。

如果要尽可能高分子量的聚合物，在选择聚合反应实施方法时应遵循以下两条原则：一是优先选择本体聚合或悬浮聚合，避免溶液聚合以减小链转移反应对聚合度的负面影响；二是尽量选择乳液聚合或其他特殊的气相聚合、固相聚合等，它们是根据减少双基终止的机会、延长自由基寿命以提高聚合度而设计出来的特殊聚合反应。

此外，压力对于乙烯、丙烯等气态单体聚合反应速率和聚合度的影响巨大，即增加压力能同时使反应速率和聚合度都增加。不过一般液态烯类单体的聚合反应受压力的影响不如缩聚反应那样明显。

自由基聚合生产中产品平均分子量控制的主要手段有以下几种：

①严格控制引发剂用量，一般仅为千分之几；

②严格控制反应温度在一定范围内和其他反应条件；

③选择适当的分子量调节剂并严格控制其用量。

在实际生产中，由于聚合物品种的不同，采用的控制手段可能各有所侧重。例如，聚氯乙烯生产中主要是向单体进行链转移，而链转移速度与温度有关，所以依赖控制反应温度的高低来控制产品平均分子量的大小。

4.2　自由基本体聚合工艺

自由基本体聚合工艺

本体聚合（又称块状聚合）是指在不用其他反应介质的情况下，单体中加有少量或不加引发剂，或在热、光、辐射等引发下进行聚合的方法。有时会加入少量色料、增塑剂、润滑剂、分子量调节剂等助剂。

根据单体和聚合产物的互溶情况，本体聚合分为均相和非均相本体聚合。均相本体聚合是指聚合物溶于单体，在聚合过程中物料逐渐变稠，始终是均一相态，最后变成块体。例如，苯乙烯（ST）、甲基丙烯酸甲酯（MMA）、醋乙酸乙烯酯（VAc）等的本体聚合就属均相本体聚合。非均相本体聚合是单体聚合后新生成的聚合物不溶于单体中，从而沉淀下来成为异相，如氯乙烯、丙烯腈、乙烯、偏二氯乙烯等的本体聚合就属于非均相本体聚合。

按参加反应单体的相态，分为气相、液相和固相三种。气相本体聚合最为成熟的是高压聚乙烯的生产。典型的液相本体聚合有苯乙烯（St）、甲基丙烯酸甲酯的本体聚合。固相本体聚合是指生成聚合物的单体处于固态下进行聚合反应，生成高分子聚合物的过程。固相本体聚合的特点是聚合反应的活化能低，没有诱导期，具有明显的聚合反应后效应等。固相本体聚合的反应一般采用高能辐射或紫外线引发聚合、热引发（包括加引发剂）聚合。固相本体聚合只限于少数高熔点的单体使用。一般认为，处在固态下的单体分子相对冻结，缺乏碰撞机会，难以进行聚合反应。自从 1945 年采用辐射引发固态丙烯酰胺聚合，得到高分子量的聚丙烯酰胺后，固态聚合过程才引起重视。

理论上自由基本体聚合由于其组成简单、影响因素少，特别适用于实验室研究。如单体聚合能力的初步鉴定、动力学研究、竞聚率测定、少量聚合物的试制等。实际工业生产上许多单体均可采用本体聚合方法，不论是气体、液体或是固体。

4.2.1　自由基本体聚合工艺的特点

（1）本体聚合的优点如下。

①无反应介质，产物杂质少、纯度高、透明性好，适于制备透明和电性能好的板材和型材等制品。

②后处理过程简单，可以省去复杂的分离回收等操作过程，生产工艺相对简单，流程短，所需生产设备少，"三废"污染小，是一种经济的自由基聚合实施方法。

③反应器有效反应容积大，生产能力较大，易于连续化，生产成本比较低。

④气态、液态及固态单体均可进行本体聚合，其中液态单体的本体聚合最为重要。

（2）本体聚合的缺点如下。

①放热量大，反应热排除困难，不宜保持稳定的反应温度，反应局部过热，使低分子汽化，产品有气泡或变色，易发生自动加速效应，温度失控，引起爆聚，聚合产物的分子量分布较宽。

②单体是气态或液态，易流动。聚合反应发生后，生成的聚合物如果溶于单体则形成黏稠溶液，聚合程度越深入，物料越黏稠，甚至在常温下会成为固体，出现凝胶效

应，固体中含有未反应的单体和低聚物，引起分子量分布不均。

③大部分本体聚合的单体转化为聚合物时都伴随有体积的收缩，如在25℃下，转化率达100%时的体积收缩率，苯乙烯为14.14%，甲基丙烯酸甲酯为23.06%，乙酸乙烯酯为26.82%，氯乙烯为35.80%。

（3）本体聚合生产工艺的特征。

本体聚合生产工艺的关键问题是反应热的排出。烯类单体聚合热为55~95 kJ/mol。聚合初期，转化率不高（通常在20%以下），体系黏度不太大，散热尚不困难。但当转化率提高（在30%以上），体系黏度增大后，散热困难，再加上自加速效应，放热速率提高。如散热不良，轻则造成局部过热，使分子量分布变宽，影响产品质量；严重的则温度失控，引起爆聚。

针对本体聚合法聚合热难以散发的问题，工业生产中采用的主要解决方法如下。

①加入一定量的专用引发剂调节反应速率。

②采用较低的反应温度、较低浓度的引发剂进行聚合，使放热缓和。

③反应进行到一定转化率，黏度不高时就分离聚合物。

④分段聚合，控制转化率和自动加速效应。多采用两段聚合工艺：第一阶段为预聚合，可在较低温度下进行，转化率控制在10%~30%，一般在自加速以前，这时体系黏度较低、散热容易，聚合可以在较大的釜内进行；第二阶段继续进行聚合，在薄层或板状反应器中进行，或者采用分段聚合，逐步升温，提高转化率。

⑤改进完善搅拌器和传热系统，以利于聚合设备的传热。

⑥采用"冷凝态"进料，或"超冷凝态"进料。

⑦加入少量润滑剂改善反应物料的流动性。

本体聚合的后处理主要是排除残存在聚合物中的单体。常采用的方法是将熔融的聚合物在真空中脱除单体和易挥发物，所用设备为螺杆或真空脱气机。也有用泡沫脱气法的，即将聚合物在压力下加热使之熔融，然后突然减压使聚合物呈泡沫状，有利于单体的逸出。

4.2.2　自由基本体聚合的反应器

工业上为解决聚合反应热的难题，在设计反应器的形状、大小时要考虑传热面积。自由基本体聚合所用的反应器主要有以下几种。

（1）模型式反应器。

该反应器适用于本体浇铸聚合，如甲基丙烯酸甲酯经浇铸聚合以生产有机玻璃板、管、棒材等。模型的形状与尺寸根据制品要求而定，但要考虑这种反应装置无搅拌器，其聚合条件应根据聚合热传导条件而定。如以水作为散热介质即模型放在水箱中进行聚合，散热条件较好，聚合时间可缩短，但反应末期需进行加热以使反应近于完全，加热最高温度为100℃。如在烘箱中进行聚合则散热条件较差，聚合时间较在水箱中更长，但末期加热可超过100℃，单体反应较为完全。

浇铸用模型反应器厚度一般不超过2.5 cm，因为过厚时反应热不易散发，内部单体可能过热而沸腾，从而造成塑料浇铸制品内产生气泡而影响产品质量。由于单体转变为聚合物后体积收缩。因此作为模型的反应器，如板型反应器，两层模板之间应具有适当的弹性，避免聚合制品表面脱离模板而不平整。如模具不能收缩，则应采取不断地向已收缩的空间补充液状单体和聚合物料，使之不产生空隙。

（2）釜式反应器。

本体聚合法生产聚醋酸乙烯、聚氯乙烯以及聚苯乙烯等合成树脂时，采用附有搅拌装置的釜式聚合反应器。由于后期物料是高黏度流动，多采用旋桨或大直径的斜桨式搅拌器，操作方法可为间歇操作也可为连续操作。要求产量较少时可用间歇操作，由于初期物料黏度甚低，反应后期物料黏度高，因此按后期物料状态设计搅拌器功率时会造成很大浪费，所以工业上有的采用数个釜式聚合串联、分段聚合的连续操作方式。

间歇式操作时，反应初期单体浓度高，随着聚合反应的进行，单体浓度下降，聚合物浓度增高，散热较困难，更由于凝胶效应，使本体聚合产品分子量分布变宽。工业上为了出料方便和缩短反应周期，通常在尚存在 1% 左右未反应单体时即送往后处理装置进行处理。

（3）本体连续聚合反应器。

工业上大规模生产聚乙烯、聚苯乙烯等合成树脂时，多采用连续操作。其优点是可采用管式反应器，反应热易导出，容易控制。如采用釜式反应器则可用数釜串联分段聚合，各釜操作条件稳定，不会造成搅拌功率的浪费。还可以采用塔式反应装置分段提高温度使反应进行完全。

1）管式反应器。

一般的管式反应器为空管，但有的管内加有固定式混合器。通常物料在管式反应器中呈层流状态流动，所以管道轴心部位流速较快，而靠近管壁的物料流速则较慢，聚合物含量高。结果造成轴心部位主要是未反应单体，沿管壁逐渐有聚合物沉淀析出。为了克服此缺点，在乙烯高压管式反应器中让物料产生脉冲以生产湍流。

在大口径管式反应器中，自轴心到管壁的轴向间会产生温度梯度，因此使反应热传导发生困难，当单体转化率很高时，可能难以控制温度，产生爆聚。因此，管式反应器的单程转化率通常仅为 10%~20%。为了提高生产能力，可以采取多管并联的方式组成列管式反应器。

2）塔式反应器。

它相当于放大的管式反应器，其特点是无搅拌装置。物料在塔式反应器中呈柱塞状流动，进入反应塔的物料是转化率已达到 50% 左右的预聚液。反应塔自上而下分数层加热区，逐渐提高温度，以增加物料的流动性并提高单体的转化率。塔底出料口与挤出切粒机相连直接进行造粒。这种反应器的缺点是聚合物中仍含有微量单体及低聚物。此外，连续操作也可用多个聚合釜串联进行。

4.2.3　自由基本体聚合的工艺过程

自由基本体聚合的基本工艺流程如图 4-1 所示。

（1）预聚合。

聚合初期，转化率不高；体系黏度不大，反应釜内设置搅拌，聚合热易排出；反应温度相对较高，总聚合时间缩短，提高生产效率；体积部分收缩、聚合热部分排除，利于后期聚合。

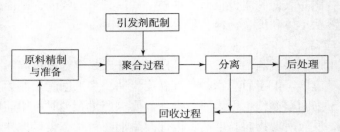

图 4 – 1　自由基本体聚合的基本工艺流程

（2）聚合。

聚合中期，转化率较高；反应温度低，时间长，有效利用反应热，使反应平稳进行。聚合反应是放热反应，本体聚合时无其他介质存在，所以聚合设备内单位质量的反应物料与有反应介质存在的其他聚合方法比较，相对放出的热量大，并且单体和聚合物的比热小，传热系数低，聚合反应热的散发困难。因此，物料温度容易升高，甚至失去控制，造成事故。工业上为了解决此难题，在设计反应器的形状、大小时，需考虑传热面积等因素。此外还采用分段聚合即进行聚合达到适当的转化率，或于单体中添加聚合物以降低单体含量，从而降低单位质量物料放出的热量。由于本体聚合过程中反应温度难以控制恒定，所以产品的分子量分布宽。

单体在未聚合前是液态，少数为气态，易流动，黏度低。聚合反应发生后，多数情况下生成的聚合物可溶于单体，形成黏稠溶液，聚合程度越深入，则转化率越高，物料越黏稠，因而反应产生黏胶效应。单体反应不易进行完全，残存的单体通过后处理除去。

（3）后处理。

本体聚合体系中，除单体和部分引发剂外，无其他介质存在，所以与其他聚合方法比较，其后处理过程比较简单。但是由于自本体聚合反应器中流出的物料可能含有大量单体，因此必须进行后处理，以提高树脂含量。

本体聚合法生产聚乙烯和聚氯乙烯时，由于它们的单体是气体，消除压力即可使气态单体与聚合物分离。乙烯在高压条件进行本体聚合，所以处于熔融状态的含乙烯的聚乙烯需经过二次适当减压以回收乙烯。聚氯乙烯是粉状物，聚合反应结束后消除压力，氯乙烯单体转变为气态与聚氯乙烯分离。

常温下为液态的单体不易汽化，包含在聚合物中很难扩散排除，其后处理的方法是将熔融的聚合物在真空中脱除单体和易挥发物。所用设备为螺旋杆或真空脱气机；真空滚筒脱气器，可使物料呈熔融薄膜状让单体易扩散，减压逸出。后来发展了泡沫脱气方法，将聚合物在压力下加热使之熔融，然后突然减压，如果挥发性蒸气（主要是单体）量足够大，而聚合物呈黏流态，则由于气孔聚集为较大的开孔型气泡，使聚合物呈泡沫状，聚合物含单体和挥发物 3% ~ 5% 即可形成多孔体，易破碎和收集。

4.2.4　自由基本体聚合工艺实例

在高聚物工业生产中采用本体聚合方法的有高压聚乙烯、聚甲基丙烯酸甲酯、聚苯乙烯等，少数工厂一部分聚氯乙烯用本体聚合法生产。本体聚合工业生产实例对比见表 4 - 2。

表 4 - 2　本体聚合工业生产实例对比

聚合物	引发	工艺过程	产品特点与用途
高压聚乙烯	有机过氧化物，或微量氧气	管式反应器，180～200 ℃、150～200 MPa 连续聚合，转化率 15%～30% 熔体挤出出料	分子链上带有多个小支链，密度低（LDPE），结晶度低，适于制薄膜
聚甲基丙烯酸甲酯	BPO AIBN	第一段预聚到转化率 10% 左右的黏稠浆液，浇模升温聚合，高温后处理，脱模成材	光学性能优于无机玻璃，可用作航空玻璃、光导纤维、标牌等
聚苯乙烯	BPO 热引发	第一段于 80～90 ℃ 预聚到转化率 30%～35%，流入聚合塔，温度由 160 ℃ 递增至 225 ℃ 聚合，最后熔体挤出造粒	电绝缘性好、透明、易染色、易加工，多用于家电与仪表外壳、光学零件、生活日用品等
聚氯乙烯	过氧化乙酰基磺酸	第一段预聚到转化率 7%～11%，形成颗粒骨架，第二阶段继续沉淀聚合，最后以粉状出料	具有悬浮树脂的疏松特性，且无皮膜、较纯净

1. 气相本体聚合——高压聚乙烯生产

目前在合成树脂工业中，聚乙烯（PE）的生产能力居世界第一位。聚乙烯按聚合压力可以分为高压法、中压法和低压法，其中高压法生产的低密度聚乙烯占聚乙烯生产总量的 50%。

由于乙烯分子结构完全对称，无活化取代基，聚合活性极低，因此需要在较激烈条件下（高温高压）才能使其聚合。在高温、高压条件下，链自由基容易发生分子内或分子间链转移反应，生成聚合物链上的自由基可引发乙烯聚合，形成支链，因此，所得聚乙烯结晶度低（50%～70%），相对密度也低（0.91～0.93），故常常被称为低密度聚乙烯（LDPE）。

从技术发展情况来看，高压法生产的低密度聚乙烯（LDPE）是 PE 树脂生产中技术最成熟的，釜式法和管式法工艺技术均已成熟，故两种生产工艺技术同时并存。国外各公司普遍采用低温高活性催化剂引发聚合体系，可降低反应温度和压力。

高压聚乙烯是将乙烯压缩到 150～250 MPa 的高压条件下，以氧气或过氧化物为引发剂，于 200 ℃ 左右的温度下经自由基聚合反应而制得。高压法生产 LDPE 正在向大型化、管式化方向发展。

高压聚乙烯结构决定了其为非极性高分子材料，电绝缘性能优异，且具有较高的化学稳定性，但力学性能不如高密度聚乙烯（HDPE），其具有良好的柔韧性、延伸性和透明性，是非常好的膜材料，大量用于农用薄膜、工业包装膜。除此之外，还可用于制造软管、中空容器及电缆绝缘层等。

（1）乙烯气相本体聚合的特点。

①聚合热大。乙烯聚合热约为 95.0 kJ/mol，高于一般的乙烯基类型单体的聚合热。如果不及时将反应热排除，其热量将使反应体系温度急剧升高，导致聚乙烯、乙烯的分

解，而乙烯的分解又是一个强烈的放热反应。

②聚合转化率低。通常转化率为20%~30%，因此大量的乙烯单体必须循环使用。

③乙烯高温、高压聚合的链终止反应比较容易发生，因此聚合物的平均分子量小。为了提高分子量，反应器内压力需要十分高，以提高乙烯与自由基的碰撞频率，使链增长反应速率超过链终止反应速率。

④乙烯高温高压聚合的链转移反应容易发生。分子内的链转移反应导致短链和长链支化。短链支化主要取决于聚合的压力和温度，即温度越低，压力越大，短链支化就越少。长链支化除依赖于温度、压力外，还与生成物的浓度及停留时间有关，即乙烯的转化率越高和PE的停留时间越长，长链支化越多。短链支化越多，则PE的密度越小。而长链支化越多，聚合物的分子量分布越大。

⑤以氧气为引发剂时，存在着一个压力与氧气浓度的临界值关系，即在此界限下乙烯几乎不发生聚合，超过此界限，即使氧气含量低于2 ppm时，也会急剧反应。这是由于氧气与自由基乙烯作用生成了有效自由基，在此情况下，乙烯的聚合速率取决于乙烯中氧气的含量。

（2）乙烯气相本体聚合的生产过程。

该过程的主要原料为乙烯（气体），聚合级乙烯气体的规格要求其纯度不低于99.9%，乙烯的露点不大于223 K。纯度低，聚合缓慢，杂质多，产物相对分子量就很低。其中要特别严格控制对乙烯聚合有害的乙炔和一氧化碳的含量，因为这两种物质参加反应后，会降低产物的抗氧化能力，影响产物的介电性能等。乙烯高压聚合单体单程转化率为15%~30%，大量单体要循环使用。

引发剂的配制：工业常用有机过氧化物或微量氧气为引发剂和白油配成油溶液。釜式反应器在乙烯进料口加入，管式反应器分端口加入，通过加入速度控制反应速度，管式反应器还可以分段加入不同引发剂以控制产品品种。以有机过氧化物为引发剂时，将有机过氧化物溶解于液体石蜡中，配置成1%~25%的引发剂溶液。以氧气为引发剂时，用量必须严格控制在乙烯量的0.003%~0.007%之内，防止气体在高压下发生爆炸。

其他原料为分子量调节剂。乙烯聚合体系分子量调节剂的链转移常数见表4-3。工业生产中为了控制聚乙烯的相对分子质量（或熔融指数），适当加入调节剂（如烷烃中的乙烷、丙烷、丁烷、己烷环己烷，烯烃中的丙烯、异丁烯，氢气，丙酮和丙醛等），最常用的是丙烯、丙烷、乙烷。其纯度要求为丙烯纯度>99.0%（体积）；丙烷纯度>97%（体积）；乙烷纯度>95%。

表4-3 乙烯聚合体系分子量调节剂的链转移常数

分子量调节剂	温度/℃	链转移常数/（×10⁴）	分子量调节剂	温度/℃	链转移常数/（×10⁴）
丙烯	130	150	氢气	130	160
丙烷	130	27	丙酮	130	165
乙烷	130	6	丙醛	130	3 300

各种添加剂，如防老剂（2，6-二叔丁基对苯酚，即抗氧剂264）、紫外线吸收剂（邻羟基二苯甲酮）、润滑剂（硬脂酸铵或油酸铵或亚麻仁油酸铵或三者混合物）、开口

剂（提高薄膜开口性、滑爽性和自动包装性能，高分散的二氧化硅和氧化铝混合物）、抗静电剂（聚环氧乙烷）等。

高压聚乙烯的生产配方见表 4-4。

表 4-4 高压聚乙烯的生产配方 kg

聚合物各组分名称	各组分作用	产品型号				
		1	2	3	4	5
乙烯	单体	1 030	1 030	1 030	1 030	1 030
过氧化苯甲酸叔丁酯	引发剂	0.3	0.26	0.39	0.60	0.29
过氧化 3，5，5，-三甲基己酰	引发剂	1.6	1.8	—	—	1.2
正烷烃	分子量调节剂	8.17	8.71	4.70	7.23	7.31

乙烯高压聚合生产工艺流程如图 4-2 所示，主要生产过程分为压缩、聚合、分离、循环、造粒和掺和工段。

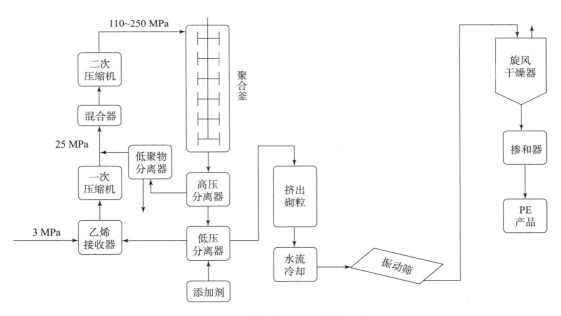

图 4-2 乙烯高压聚合生产工艺流程

1）压缩工段。

气态乙烯必须压缩至一定压力时才能进行有效聚合反应。工业上，原料乙烯是管道输送的，来自总管的压力约为 3 MPa。新鲜的原料乙烯与生产过程中压力一致的循环乙烯一同进入接收器，经第一次压缩到约 25 MPa，再与生产过程中压力一致的循环乙烯一同进入混合器，同时注入分子量调节剂丙烯或丙烷。第二次压缩所需达到的压力与聚合反应器的类型有关。釜式反应器聚合需要的压力为 110~250 MPa，管式反应器聚合需要的压力为 300~330 MPa。压力数据的选用还与树脂的牌号有关。

2）聚合工段。

压缩至一定压力的乙烯进入聚合反应器，若使用过氧化物引发剂，由泵连续向反应器内注入微量配制好的引发剂溶液，升温至聚合温度，聚合开始。

3）分离、循环、造粒工段。

从聚合釜出来的聚乙烯与未反应的乙烯经反应器底部减压阀减压进入冷却器，冷却至一定温度后进入高压分离器，减压至 24.53~29.43 MPa，分离出来的大部分未反应的乙烯与低聚物经过低聚物分离器分离出低聚物后，乙烯返回混合器循环使用；低聚物在低聚物分液器中回收夹带的乙烯后排出。

由高压分离器出来的聚乙烯物料（含少量未反应的乙烯），在低压分离器中减压至 49.1 kPa，其中分离出来的残余乙烯进入乙烯接收器。在低压分离器底部加入抗氧剂、抗静电剂等后，与熔融状态的聚乙烯一起经挤压齿轮泵送至切粒机进行水下切粒。切成的粒子和冷却水一起到脱水储槽脱水，再经振动筛过筛后，料粒用气流送到掺和工段。

4）掺和工段。

用气流送来的料粒首先经过旋风分离器，通过气固分离后，颗粒落入磁力分离器以除去夹带的金属粒子，然后进入缓冲器。缓冲器中料粒经过自动磅秤和三通换向阀进入三个中间储槽中的一个，取样分析，合格产品进入掺和器中进行气动循环掺合；不合格产品送至次品储槽进行掺和或储存包装。掺和均匀后的合格产品——聚乙烯颗粒气流送至合格品储槽储存，然后用磅秤称量，装袋后送入成品仓库。

（3）影响乙烯气相本体聚合的主要因素。

1）压力。

乙烯高压聚合时，压力对聚合反应有很大影响。乙烯高压聚合是气相反应，提高反应系统压力，促使分子间碰撞，加速聚合反应，提高聚合物的产率和分子量，同时使 PE 分子链中的支化度及乙烯基含量降低。提高压力相当于提高反应物的浓度，有利于链增长和链转移反应，但对链终止无显著的影响。压力增加，将导致产品密度增大。实验证明，当其他条件不变时，压力每增加 10 MPa，聚合物的密度将增加 0.000 7 g/cm^3。

2）温度。

反应温度的确定与所用引发剂类型有密切关系，一般采用引发剂半衰期为 1 min 时的温度。因此，反应温度需在一定范围内调节。

在一定温度范围内，聚合反应速率与聚合物产率随温度的升高而升高，当超过一定值后，聚合物产率、分子量及密度则降低。反应温度升高，聚合速率加快，但链转移反应速率增加比链增长反应速率更快，所以聚合物的分子量相应降低。同时反应温度升高支化反应加快，导致产物的长支链数和短支链数目增加，因此产物密度降低。同时大分子链末端的乙烯基含量也有所增加，降低产品的抗老化能力。

温度的高低直接影响聚合系统的相态，当温度较低时，体柔的相溶程度降低，将出现乙烯相、聚乙烯相两个"流动"相，加剧聚合反应器中聚合物的黏壁现象。

3）引发剂。

管式反应器过去多用氧气作为引发剂，它在 200 ℃以上才有足够的活性，由于在循环乙烯中配入微量的氧气在操作上很难稳定，故近年逐渐采用过氧化物引发。

引发剂的选择依据反应压力下的聚合温度而定。单压操作常用引发剂如过氧化月桂酰、过氧化二叔丁基、过氧化苯甲酸叔丁酯等。目前，管式反应器有采用混合引发剂的趋势，即使用不同比例的低、中、高活性引发剂分两点加入，减少反应中温度变化，易于操作，提高转化率，降低成本。如果是多压操作，低温、低压以活性较高的引发剂为主，高温、高压则以活性较低的引发剂为主。

引发剂用量会影响乙烯聚合反应的速率和分子量。工业生产上，乙烯气相本体聚合引发剂用量通常为聚合物质量的万分之一左右。

4）链转移剂。

丙烷是较好的分子量调节剂，若反应温度 >150 ℃，它能平稳地控制聚合物的分子量。氢气的链转移能力较强，但只适合反应温度低于 170 ℃ 的聚合反应。丙烯也可作调节剂，丙烯和乙烯可共聚，因此丙烯起到调节分子量和降低聚合物密度的作用，且会影响聚合物的端基结构。丙烯调节会使某些聚乙烯链端出现 $CH_2\!=\!CH\!-\!$ 结构。丙醛作调节剂使聚乙烯链端部出现羰基。

5）单体纯度。

乙烯中杂质越多，聚合物的分子量越低，从而影响产品的性能。有的杂质如一氧化碳和硫化物的存在会影响产品的电绝缘性能。乙炔和甲基乙炔能参与反应，使聚合物的双键增多，影响产品的抗老化性能。工业上，乙烯的纯度要求超过 99.95%。乙烯单体中常见的杂质有甲烷、乙烷、CO、CO_2、硫化物等。

高压乙烯气相本体聚合的生产工艺有两种方法：一是釜式法，大都采用有机过氧化物为引发剂，反应压力较管式法低，物料停留时间长；二是管式法，引发剂是氧气或过氧化物，反应器内的压力分布和温度分布大，反应时间短，所得聚合物支链少，分子量分布宽，适宜制造薄膜制品及共聚物。

（4）乙烯气相本体聚合的主要设备。

乙烯的高压高温聚合工艺过程及产物技术指标与聚合反应器的类型关系很大。高压聚乙烯生产聚合反应的主体设备有釜式和管式反应器两种，其比较见表 4 - 5。

表 4 - 5　乙烯高压聚合釜式和管式反应器的比较

比较项目	釜式反应器高压法	管式反应器高压法
压力	110 ~ 250 MPa，可保持稳定	300 ~ 320 MPa，管内产生压力降
温度	可严格控制在 130 ~ 280 ℃	可高达 330 ℃，管内温度差较大
反应带走的热量	<10%	<30%
平均停留时间	10 ~ 120 s	与反应器的尺寸有关，60 ~ 300 s
生产能力	可在较大范围内变化	取决于反应器的参数
物料流动状态	在每一反应区内充分混合	接近柱塞流动，中心至管壁层流
反应器内表面清洗方法	不需要特别清洗	用压力脉冲法清洗
共聚条件	可在较广范围内共聚	只可以与少量其他单体共聚
能否防止乙烯分解	反应容易控制，可防止乙烯分解	难以防止偶然解聚

续表

比较项目	釜式反应器高压法	管式反应器高压法
产品相对分子质量的分布	窄	宽
长支链	多	少
微粒凝胶	少	多

釜式反应器是装有搅拌器的圆筒形高压反应釜。釜内设置搅拌器，搅拌速度为 1 000 ~ 2 000 r/min，保证物料混合均匀，不会出现局部过热现象。反应热借连续搅拌和夹套冷却带走，大部分反应热是靠连续通入冷乙烯和连续排出热物料的方法加以调节，使反应温度较为恒定。物料在管内的平均停留时间为 10 ~ 120 s，单程转化率约为 25%。反应温度为 130 ~ 280 ℃，压力为 110 ~ 250 MPa。合成聚乙烯分子量分布相对较窄，聚合物中存在较少的凝胶微粒，大分子链的长支链较多。高压聚乙烯聚合釜如图 4 - 3 所示。

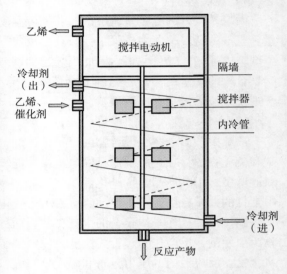

图 4 - 3　高压聚乙烯聚合釜

高压釜结构较复杂，尤其是搅拌器的设计与安装均较困难，在生产中搅拌器会发生机械损坏，聚合物易沉积在搅拌桨上，因而造成动平衡破坏，甚至有时会出现金属碎屑堵塞减压阀的现象，使釜内温度急剧上升，有爆炸的危险。

管式反应器，即细长的高压合金钢管，其内径为 2.5 ~ 7.5 cm，长径比为 1:250 ~ 1:40 000，长度在 1 500 m 以上。管式反应器设置有外套管，夹套内是传热介质水或者是水蒸气。

该设计为盘旋状，由加热段、聚合段和冷却段三部分构成。加热段主要将管内物料加热到引发剂引发需要的温度（280 ℃左右），所占空间最小；聚合段乙烯单体在高速流动的情况下快速聚合，单程转化率约为 10%，聚合段所占空间大于加热段；冷却段将管内物料冷却接近 130 ℃，防止聚乙烯凝固，冷却段所占空间最大。

物料在管内的平均停留时间为 60 ~ 300 s。管式反应器的物料在管内接近活塞式流动，管线中心至管壁表面依然存在层流现象，存在流速梯度。反应温度沿管程有变化，物料温差较大，最高温度可达 330 ℃，容易出现局部乙烯的分解。管内物料最高压力可达 333 MPa，沿管路存在压降。因此所合成聚乙烯分子量分布较宽，聚合物中存在较多凝胶微粒，大分子链的长支链较少。

管式反应器的缺点是存在物料堵塞现象，因反应热是以管壁外部冷却方式排除，管的内壁易黏附聚乙烯而造成堵管现象。管式反应器实物如图 4 - 4 所示。

开发大型管式反应器是生产 LDPE 的趋势，目前釜式工艺变得越来越过时，但是两台釜式反应器串联操作技术的开发，使釜式反应器工艺的生产成本可与管式反应器竞争。住友化学公司在这种反应器配置方面的经验是将两台釜式反应器串联可使乙烯生成 PE 的转化率至少提高到 35%，装置产量提高到 50%，同时生产同量 PE 的电力消耗降低，从而生产每吨 PE 的可变生产费用可降低约 25%。

2. 本体浇铸聚合——聚甲基丙烯酸甲酯（有机玻璃）

有机玻璃是目前塑料中透明性最好的品种，密度不到无机玻璃的一半，抗碎能力超过几倍，透光率高 10%。其有优异的光学性能，良好的电绝缘性和机械强度，耐老化性十分突出，且易于染色等，因此

图 4-4　高压聚乙烯生产管式反应器
（材质：高压合金钢管）

被广泛用于光学仪器、航空材料、仪表的透光及绝缘配件、民用制品等。

甲基丙烯酸甲酯本体聚合的特点："凝胶效应"（单体转化 20% 后出现自动加速效应，分子量分布宽，分子量超过 100 万）；会爆聚；聚合物体积收缩率大。

本体浇铸有机玻璃的生产按加热方式分为水浴法（通常用于生产民用产品）、空气浴法（多用于生产力学性能要求高、抗银纹性能好的工业产品及航空用有机玻璃）、液态单体法（直接用单体进行浇注，产品光学性能优良，但应事先脱除单体中的氧气或其他气体，对模具密封要求高，产品收缩略大）。

按照单体是否预聚灌模分为单体灌模法（对模具的密封要求高，产品收缩率高，光学性能优良）、单体预聚成浆液后灌模法（这种方法应用较多）。

（1）单体预聚成浆液后灌模法的主要特点。

优点：

①在预聚釜内进行单体的部分聚合，可以减轻模具的热负荷；缩短单体在模具内的聚合时间，提高生产效率，保证产品质量；②使一部分单体在模具外先行聚合，减少其在模具内聚合时的收缩率；③增加黏度，从而减少在模具内的泄漏现象；④克服溶解于单体中氧分子的阻聚作用。

缺点：在制造不同厚度的板材时，要求预聚浆的聚合程度有所不同；预聚浆黏度大，难以除去机械杂质和气泡。

（2）单体预聚成浆液后灌模法生产有机玻璃的工艺。

步骤如下。

①预聚。将各组分搅拌使混合均匀，升温至 85 ℃，停止加热。调节冷却水，保持釜温在 93 ℃以下，反应到黏度达到 2 000 mPa·s 左右，具体根据操作要求而定。过滤，预聚浆储藏于中间槽。

②浇模。先用碱液、酸液、蒸馏水洗清并烘干平板硅玻璃，按所需成品厚度，在两块玻璃中间垫上一圈包有玻璃纸的橡胶垫条，用夹具夹好，即成一个方形模框，把一边

向上斜放，留下浇铸口，把预聚浆灌腔，排出气泡，封口。

③聚合。把封合的模框吊入热水箱（或烘房），根据板厚分别控制温度在25~52℃，经过10~160 h，到取样检查料源硬化为止，用水蒸气加热水箱内的水至沸腾，保持2 h，通水慢慢冷却到40℃，吊出模具，取出中间有机玻璃板材，去边，裁切后包装。

单体预聚成浆液后灌模法生产有机玻璃的工艺流程如图4-5所示。

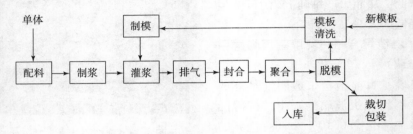

图4-5　单体预聚成浆液后灌模法生产有机玻璃的工艺流程

（3）平板有机玻璃的制备工艺。

1）有机玻璃板材的典型配方见表4-6。

表4-6　有机玻璃板材的典型配方

厚度/nm	AIBN/(×100)	邻苯二甲酸二丁酯/(×100)	硬脂酸/(×100)	甲基丙烯酸/(×100)
1~1.5	0.06	10	1	0.15
2~3	0.06	8	0.6	0.10
4~6	0.06	7	0.6	0.10
8~12	0.025	5	0.2	0.10
14~25	0.02	4	—	—
30~45	0.005	4	—	—

2）平板有机玻璃的制备总体工序如下：

单体精制→染料处理→配料→灌模和排气→封边→聚合→脱模→裁切毛边和包装→入库→模具清洗→制模。

3）平板有机玻璃的制备过程如下。

①预聚合。将单体、引发剂、染料溶液等配制好的原料液经泵打入高位槽，通过转子流量计以500~600 L/h的流量进入预热器，原料液在预热器中加热至50~60℃，然后从预聚釜顶部中心加入预聚釜中，预聚釜的温度保持在90~95℃，原料液在其中的停留时间为15~20 min，然后从预聚釜的上部溢流至冷却釜，获得预聚浆液。

为了和预聚釜配套达到预期的冷却效果，冷却釜设置为两只。

在冷却釜中预聚物冷却至30℃以下出料，单体转化率为10%~20%，浆液的黏度约为1 Pa·s。实践证明，当转化率达到20%时，聚合体系黏度增加，聚合速率显著增加。

平板有机玻璃预聚合的工艺流程如图 4 – 6 所示。

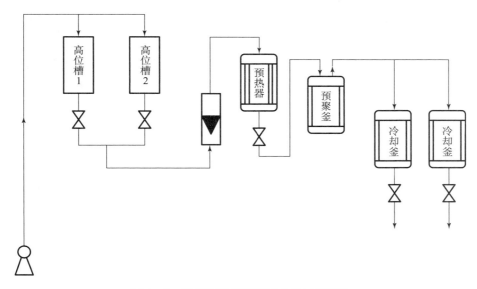

图 4 – 6　平板有机玻璃预聚合的工艺流程

预聚合在较高温度下进行，提高聚合速率，缩短生产周期；预聚物有一定黏度，灌模容易，不易漏模；聚合热已部分排除，减轻后期聚合的聚合散热压力；通过预聚合，聚合浆液的体积已经部分收缩，有利于板材的表面光洁。

②低温聚合。一是制模，模具是由普通玻璃（或钢化玻璃）制作的，制作的方法是将两块洗净的玻璃平行放置，周围垫上橡皮垫，橡皮垫要用玻璃纸包好，用夹子固定，然后再用牛皮纸和胶水封好，外面再用一层玻璃纸包严，封好后烘干，保证不渗水、不漏浆，注意上面要留一小口，以备灌浆。二是灌模，根据生产的板材厚度不同一般采取不同的灌浆方法。厚度小的直接灌浆，排气，封合。厚度为 8 ~ 20 mm 的板材，为防止料液过重使模板挠曲破裂，可把模具放在可以倾斜的卧车上灌浆（图 4 – 7）。厚度为 20 ~ 50 mm 的板材，为减轻无机玻璃模具的压力采用水压灌浆法（图 4 – 8），即先将模具放入水箱中，在模具被水淹没一半左右时开始灌浆，随浆料的进入模具逐渐下沉，待料液充满模具后，负压排气，使浆液布满模板，立即封合。预聚浆液灌模后需要做排气处理，主要是排除浆液中的氧气，防止氧气对聚合的干扰，包括浆液排气后要立

图 4 – 7　卧车上灌浆示意

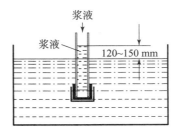

图 4 – 8　水压灌浆法示意

刻密封也是这个原因。三是低温聚合，聚合是在模具中物料处于静态下进行的，传热及传质的条件受限。因此，相对预聚合，低温聚合必须在较低的温度下进行，一般为50 ℃，甚至更低的温度。低温聚合有水浴聚合和气浴聚合两种工艺，目前我国多采用水浴聚合工艺。

随着板材厚度的增加，聚合温度越低，聚合时间越长。此工艺条件的设置有利于聚合热的排除和聚合温度的稳定。PMMA 水浴低温聚合的工艺条件见表 4 - 7。

表 4 - 7　PMMA 水浴低温聚合的工艺条件

板材厚度/mm	低温聚合温度/℃		聚合时间/h
	无色透明板	有色板	
1 ~ 1.5	52	54	10
2 ~ 3	48	52	12
4 ~ 6	46	48	20
8 ~ 10	40	40	35
12 ~ 16	36	38	40
18 ~ 20	32	32	70

③高温聚合。为进一步提高聚合反应速率，使残留单体聚合完全，必须提高温度至有机玻璃的玻璃化温度附近，增加链段和活性端基的活动性，方能使聚合继续进行。水浴法工艺的最高聚合温度达到 100 ℃，因此将其设置为高温聚合的温度点。板材越厚，冷却速度越慢。缓慢冷却的目的是释放热应力，提高板材的机械强度，防止板材碎裂。PMMA 高温聚合的工艺条件见表 4 - 8。

表 4 - 8　PMMA 高温聚合的工艺条件

板材厚度/mm	高温聚合		有机玻璃板材冷却速度
	时间/h	温度/℃	
1.0 ~ 1.5	1.5	100	用 2.0 ~ 2.5 h 冷却至 40 ℃的速度冷却
2 ~ 3	1.5	100	
4 ~ 6	1.5	100	
8 ~ 10	1.5	100	
12 ~ 16	2 ~ 3	100	先冷至 80 ℃再按上述速度冷却
18 ~ 20	2 ~ 3	100	

3. 熔融本体聚合——聚苯乙烯

自由基机理聚合的聚苯乙烯树脂属无定形聚合物。大分子链含有大量的侧基苯环，使大分子链之间有较大的间距，且分子链的弱极性导致分子间作用力较弱。

苯环有较好的刚性，其具有透明度高、刚度大、绝缘及绝热性能好、吸湿性低等优点，但性脆，低温易开裂，化学稳定性较差，可以被多种有机溶剂（如芳烃、卤代烃）

溶解，会被强酸强碱腐蚀，不抗油脂，在受到紫外光照射后易变色。

工业生产的挤塑成型或注塑成型的聚苯乙烯数均分子量为 5 万~10 万，分子量分布指数为 2~4。聚苯乙烯的玻璃化温度为 90~100 ℃，非晶态密度为 1.04~1.06 g/cm³，晶体密度为 1.11~1.12 g/cm³，熔融温度为 240 ℃。

工业生产中用于挤塑成型或注塑成型的聚苯乙烯主要采用熔融本体聚合（热聚合）或加有少量溶剂的溶液 – 本体聚合方法生产。

苯乙烯受热至 120 ℃时，自由基生成速率明显增加，可引发聚合，引发机理如下：

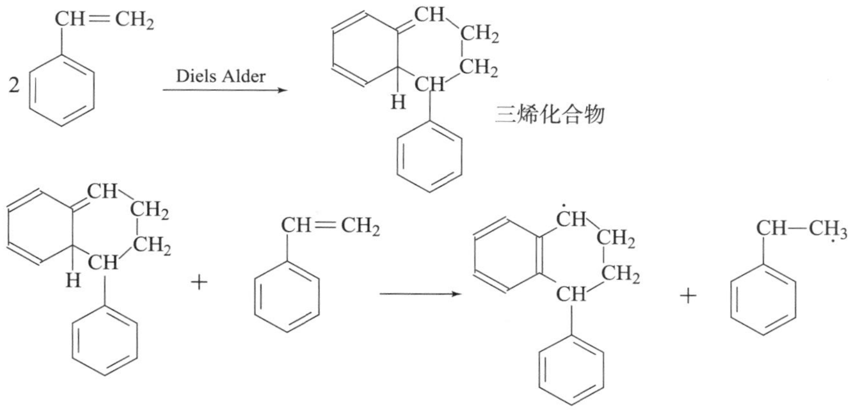

温度高于 140 ℃，链自由基向单体转移速率明显增加，分子量下降；反应后期，链自由基向大分子转移，导致分子链支化和分子量增加；链转移反应使产品的分子量分布变宽。

（1）聚合体系的组分及作用。

①单体：苯乙烯，其熔点为 – 30.6 ℃，相对密度为 0.901 9，沸点为 145.2 ℃，折射率为 1.546 3，闪点为 31 ℃，临界温度为 373 ℃，临界压力为 4.1 MPa。单体的纯度对聚合影响较大，聚合前需除去市购单体中的酚类阻聚剂。

②引发剂：目前工业上使用的引发剂主要是偶氮类及过氧类引发剂，$t_{1/2} = 1$ h（100~140 ℃），聚合时间 2 倍以上；BPO（中温）和过氧化苯甲酸叔丁酯（高温）的复合引发剂（匀速反应）；双功能引发剂，过氧化壬二酸二叔丁酯（增加分子量）。

研究者考察了热引发方式和不同种类、浓度下的引发剂引发方式在苯乙烯的本体聚合中对聚合反应速率和产品的分子量及其分子量分布的影响，结果表明引发剂用于苯乙烯的本体聚合可缩短反应停留时间，提高转化率或提高产品的分子量，使分子量分布变窄，双官能团引发剂的影响更为明显。

③其他组分：抗氧剂、润滑剂、着色剂。

（2）苯乙烯本体聚合工艺。

苯乙烯熔融本体聚合的工艺方法主要是分段聚合，即塔式反应流程，其工艺过程如图 4 – 9 所示。

1）预聚合。

设备：预聚釜是带搅拌装置的压力釜。带有球形盖及底的铝质或不锈钢的圆筒形设备，内部有传热盘管，外壁有钢质夹套，并装有不锈钢的锚式或框式搅拌器。预聚釜容

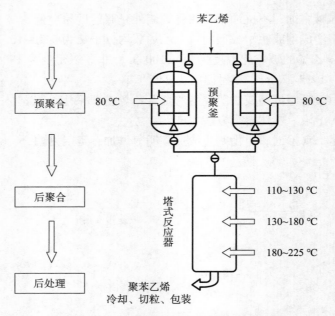

图4-9 苯乙烯本体聚合的塔式反应流程

积应视生产能力而定，我国早期聚苯乙烯生产装置的预聚釜容积为 2 m³。

工艺条件：搅拌转速为 30~36 r/min，温度保持在 80 ℃，6~7 h，转化率为 30%~35%。由预聚釜出来的混合物转化率为 30%~35%。

惰性气体保护：反应系统中采用 N_2 保护，尤其是脱氧 N_2 保护，可抑制聚苯乙烯热氧化而变黄。

采用多釜串联的方式预聚合，预聚合的转化率可以提高至 85%，串联的反应釜聚合温度依次升高，单体转化率依次增加，物料黏度依次增加。每釜的充料系数为 50%~70%。物料处于沸腾状态，借助夹套冷却和溶剂回流冷凝带走反应热。一般反应温度为 100~140 ℃，有引发剂时为 90~140 ℃。

2）聚合。

转化率为 30%~35% 的预聚浆自两台预聚釜底部经阀门沿加热导管连续地流入聚合塔中。塔高为 6 m，内径为 0.8 m，内衬不锈钢的部分为 6 个尺寸基本相同的钢塔。用夹套、内部盘管和外部电加热控制温度。

在聚合塔中，物料呈柱塞式层流状态或在螺旋推进装置作用下向前流动，而不产生返混现象。汽化苯乙烯经塔顶冷凝器冷凝再循环入单体储槽内，供循环使用。最后物料温度逐渐升高到 240 ℃，使反应完全。

3）分离及聚合物后处理。

来自聚合塔的熔融物料聚苯乙烯占 70%~98%，其余为溶剂和未反应单体，物料温度为 150~180 ℃→真空脱除单体和低聚物→塔底筛板→细条状聚苯乙烯→牵引、流水冷却→切粒机造粒→水流输送→过滤→脱水→干燥→成品包装。

（3）温度对苯乙烯本体聚合的影响。

苯乙烯热聚合反应时，反应温度越高，形成的活性中心越多，反应速率越快，聚合物分子量越低。反应温度上升，分子量能持续地下降值，同时聚合速率也快速增长。温度对苯乙烯本体聚合速率和分子量的影响见表 4 – 9。

表 4 – 9　温度对苯乙烯本体聚合速率和分子量的影响

聚合温度/℃	起始聚合速率/(mol·L^{-1}·h)	重均分子量
60	0.008 5	2 250 000
70	0.020 5	1 400 000
80	0.046 2	880 000
90	1.02	610 000
100	2.15	420 000
110	4.25	310 000
120	8.5	230 000
130	16.2	175 000
140	28.4	130 000
160	—	83 000

4. 非均相本体聚合——聚氯乙烯（PVC）本体聚合生产

氯乙烯单体分子中的氯原子既有吸电子效应也有 p – π 共轭的供电子效应，但是两者的效应均较微弱，因此氯乙烯单体的聚合只能采用自由基机理。采用自由基机理得到的聚氯乙烯，氯乙烯链节呈无规构型排列，聚合物的聚集态结构主要是无规的非晶态。聚氯乙烯具有较好的耐化学腐蚀性、透明性和机械强度。

生产聚氯乙烯的方法有三种，其中悬浮聚合法约占 75%，乳液聚合法约占 15%，本体聚合法约占 10%。

氯乙烯的本体聚合属于非均相聚合，生成的聚氯乙烯不能溶于单体氯乙烯而沉淀析出。本体聚合的产品形态与悬浮法所得产品相似，为具有不同孔隙率的粉状固体。

氯乙烯的非均相本体聚合历来就很受重视，已实现工业化生产，其工艺技术一直在持续更新。本体法聚氯乙烯树脂产品纯净（与悬浮法和乳液法相比，不含有分散剂、乳化剂的残余），因此具有很好的抗水性、耐热性及透明性，该法又具有无废水，无须干燥，操作费用较低等特点。非均相本体聚合 PVC 的生产成本要比悬浮法 PVC 低 5% 左右，比相同规模的悬浮法 PVC 工程投资要低 10%~15%。

目前世界聚氯乙烯生产中，采用非均相本体聚合工艺生产的 PVC 树脂约占世界 PVC 总量的 10% 左右：西欧采用本体法的 PVC 产量占总产量的 13% 左右；美国占 4.5%。

（1）氯乙烯聚合体系的组分及其作用。

1）单体氯乙烯

沸点为 – 14 ℃，加压或冷却可液化，工业上储运为液态；氯乙烯有较强的致肝癌毒性，树脂中残留单体应在 5×10^{-6} mg/L 以下。

2）引发剂

氯乙烯本体聚合所用的引发剂多为有机过氧化物，一般为过氧化二碳酸二（2 – 乙基己酯）（PDEH 或 EHP）、过氧化乙酰基环己烷磺酰（ACSP）、过氧化十二酰（LPO）和丁基过氧化羧酸酯（TBPND）等，也可将两种以上引发剂复合使用。

3）添加剂

为了稳定合成工艺，提高产品性能，保证生产过程安全，在聚合过程中需加入少量添加剂，包括增稠剂、抗氧化剂、pH 值调节剂、润滑剂、终止剂等。

①抗氧化剂：聚合过程中，氧会使聚合反应终止，促使聚氯乙烯脱去氯化氢，使聚氯乙烯外观颜色加深。常用的抗氧剂为 2，6 – 二叔丁基羟基甲苯（BHT）。

②pH 值调节剂：当体系呈碱性时，一般用硝酸来调 pH 值。当体系呈酸性时，采用氨水中和聚合体系中过量的酸，同时调节聚氯乙烯树脂的颗粒形态和孔隙度，降低聚合釜内氯乙烯的分压，脱除聚氯乙烯中残留的单体，防止设备腐蚀。

③终止剂：一般采用双酚 A。在聚合过程中若发生意外情况，如停水、断电等意外事故，为保证生产安全，应向聚合釜内添加终止剂。

④增稠剂：一般是巴豆酸，乙酸乙基酯共聚物等。增稠剂用来调节产品的黏度、孔隙度和疏松度，便于提高初级粒子的黏度，使之在凝聚过程中生成更为紧密的树脂颗粒。

⑤润滑剂：同时具有抗静电剂作用，一般采用丙三醇。在聚氯乙烯树脂中加入润滑剂，能增大树脂的光滑度，防止聚氯乙烯物料在输送过程中产生静电，同时增加树脂颗粒的流动性。

（2）聚氯乙烯本体聚合工艺。

本体法合成聚氯乙烯的工艺流程如图 4 – 10 所示。

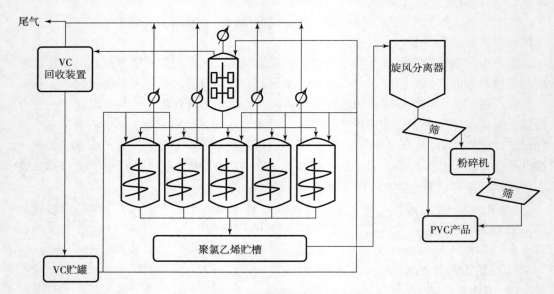

图 4 – 10　本体法合成聚氯乙烯的工艺流程

1）预聚合（液相中形成种子）。

设备：不锈钢釜，容积为 8~25 m³，配制夹套冷却和竖管冷凝，搅拌器为四叶片涡轮式，釜壁装有挡板。

工艺条件：62～75 ℃，30 min，转化率为 7%～12%。

过程：氯乙烯单体稍加压力后便液化为液体，将引发剂溶解在其中，一同加入预聚釜中，再加入抗氧化剂、增稠剂等助剂，然后加热、搅拌，迅速完成第一阶段聚合。预聚合反应开始后，生成的聚氯乙烯迅速沉淀析出，由最初的微粒结构逐渐增长为直径约为 0.7 μm 的初级粒子。所有初级粒子在同一时间内生成，其直径随转化率的提高而增大。

预聚合的作用：释放一部分聚合热，聚合热通过大量单体的汽化回流冷凝来排除；预聚合阶段沉淀的微粒子可作为后续聚合的沉淀中心或种子粒子。

预聚合阶段搅拌速度越快，最后生成的树脂颗粒直径就越小，种子粒子的数目就越大。

聚合开始，大量活性中心形成，引发聚合，生产 PVC 初级粒子（0.7 μm）沉淀析出，进而初级粒子在搅拌作用下形成聚集体（含大量空隙）。聚集体在低于 62 ℃ 下，易遭到搅拌力破坏。为保证聚集体具有一定内聚力和孔隙率，反应设定在 62～75 ℃，30 min 内完成。预聚釜中形成的聚合物仅约占总重的 5%，因此不影响最终聚氯乙烯产品的分子量。

预聚合时应选择分解速率很快的高活性引发剂，引发剂的半衰期低于 10 min，在62～75 ℃ 时进行预聚反应，以下限温度时使用高活性引发剂，如过氧化乙酰环己烷基磺酰，而在上限温度时则用过氧化二碳酸二异丙酯。预聚合完成，此时引发剂已全部耗尽，转化率不能进一步增高，控制在 7%～12%。

预聚合体系物料黏度随转化率增高而增大，可通过夹套冷却或回流冷凝排除反应热。

经验证明，为保证预聚反应热的排除，不必将全部单体都经预冷却，只需将聚合所需的一半单体通过预聚即可，剩下一半单体可在后聚合过程中加入。

2）后聚合（固相中种子增大）。

设备：立式反应釜，同时配置螺旋和锚式搅拌器，搅拌速度约为 10 r/min。考虑到后聚合时间大于 3 h，因此聚合釜与预聚釜数量以 5∶1 配套。

聚合过程：以初级粒子的聚集体为种子，沉积的 PVC 使聚集体体积逐渐增大，最后形成直径为 130～160 μm 的颗粒。当转化率为 40% 时，体系处于干粉状态。聚氯乙烯被单体充分溶胀。在后聚合时，传热效率很低，主要靠单体汽化回流排除热量，此外尚可依靠夹套冷却和通冷水的搅拌轴进行冷却，以排除聚合热。转化率达 70%～80%，聚合速率减慢，结束反应。

工艺条件：不低于 62 ℃，反应 3～9 h。

聚合温度由 50 ℃ 提高到 70 ℃，数均分子量则由 6.7×10^4 降低到 3.5×10^4。

产物孔隙率的控制：若要求产品孔隙率高，必须降低最终转化率或采用较低的聚合温度，也可两种措施并用。

黏釜问题：在本体法中，黏釜程度取决于单体纯度、引发剂的类型和釜壁的温度。只要釜壁温度低，黏釜程度就小。预聚釜不必定期清洗，后聚釜可按时用高压水定期清洗。

3）后处理工艺。

聚合反应达到要求的转化率后，减压排除并回收未反应的单体。最后加入适量抗静电剂，以便于粉料顺利出料。粉料经过筛选除去所含有的大颗粒后得到产品。大颗粒树脂约占总量的 10%，经研磨粉碎后重新过筛，合格者与产品合并。废气主要是含氯乙烯的回收尾气。装置设有尾气吸收处理系统，用于处理来自氯乙烯回收工序经冷冻水和冷冻盐水两级冷凝后的不凝性气体。废水主要是含氯乙烯废水。装置设有废水汽提设施，用以处理含氯乙烯的工艺废水。废渣主要是聚氯乙烯大颗粒及块状物，研磨后作为次品处理。

（3）氯乙烯非均相本体聚合的优缺点。

优点：无须介质水，免去干燥工序；设备利用率高，生产成本低；热稳定性、透明性优于悬浮聚合产品；吸收增塑剂速度快，成型加工流动性好。

缺点：聚合釜溶剂的体积较小，目前最大为 50 m^3，而悬浮聚合釜溶剂为 230 m^3，产能有限。

4.3 自由基溶液聚合工艺

单体和引发剂溶于适当溶剂中进行聚合的方法称作溶液聚合法。溶液聚合反应生成的聚合物溶解在所用的溶剂中为均相聚合，如丙烯腈在 DMF 中的聚合、丙烯酰胺以水为溶剂的溶液聚合、醋酸乙烯酯在甲醇中的聚合等。聚合物不溶于所用溶剂中而沉淀析出，则为非均相聚合，又称沉淀聚合，如丙烯腈的水溶液聚合、丙烯酰胺以丙酮为溶剂的溶液聚合以及苯乙烯 – 顺丁烯二酸酐以甲苯为溶剂的溶液聚合。

自由基溶液聚合工艺

4.3.1 自由基溶液聚合的特点

（1）优点。

①溶液聚合体系的黏度比本体聚合低，混合和散热比较容易，生产操作和温度都易于控制，还可利用溶剂的蒸发以排除聚合热，不易产生局部过热，不易产生凝胶。

②自由基溶液聚合单体浓度低时不会出现自动加速效应，从而避免爆聚并使聚合反应器设计简化。

③体系中聚合物浓度低，向高分子的链转移生成支化或交联产物较少，因而产物分子量易控制，分子量分布较窄。

④可以溶液方式直接成产品，如涂料、胶黏剂、浸渍剂、分散剂、增稠剂等。

（2）缺点。

①由于溶液聚合过程中使用溶剂，体系单体浓度低，聚合速率较慢，设备生产能力与利用率下降。

②聚合反应中的活性自由基易向溶剂链转移，使分子量偏低。因此必须选择链转移常数小的溶剂，否则链转移会限制聚合产物的分子量。

③溶液聚合通常收率较低，聚合度也比其他方法小，使用和回收大量昂贵、可燃甚至有毒的溶剂，不仅增加生产成本和设备投资，降低设备生产能力，还会造成环境污染。如要制得固体聚合物，还要配置分离设备，增加洗涤、溶剂回收和精制等工序。

4.3.2　溶剂对溶液聚合反应的影响

（1）溶剂对引发剂分解速率的影响。

溶液聚合的引发剂通常用过氧化物式偶氮化合物，引发剂的分解速率与采用的溶剂有关。有机过氧化物在某些溶剂中被溶剂自由基诱导分解，部分偶氮类引发剂也可被溶剂诱导而加速分解，如 α，α' - 偶氮二异丁酸甲酯。其原理是：首先引发剂自由基向溶剂链转移产生溶剂自由基，然后溶剂自由基诱导有机过氧类引发剂分解。诱导分解的结果是引发效率降低，也就是部分自由基损失掉，同时导致引发剂的总反应速率增加，即引发剂半衰期降低。不同类溶剂对有机过氧类化合物引发剂的影响如下：

芳香烃　＜　脂肪烃　＜　醚类　＜　酚类　＜　醇类　＜　胺类

（2）溶剂链转移作用及其对分子量的影响。

自由基溶液聚合的特征是链转移反应。链转移反应将导致聚合物分子量较低。自动加速现象和向溶剂链转移的共同作用，会使分子量分布变宽。链转移反应与溶剂性质及温度有关。溶剂的链转移能力和溶剂分子中是否存在容易转移的原子有密切关系。若具有比较活泼的氢或卤素原子，链转移反应常数大。在自由基溶液聚合中，存在有链自由基与单体的链增长反应和链自由基向溶剂转移反应的竞争。

用 K_{ps} 代表新生自由基与单体加成的增长反应速率常数，K_p 代表新生自由基向溶剂转移反应速率常数，SH 代表溶剂。

若 $K_{ps} \approx K_p$，则 SH 为链转移剂，不影响聚合速率，但会使聚合物的相对分子质量降低。

若 $K_{ps} < K_p$，则 SH 为缓聚剂，使聚合速率和聚合物的相对分子质量降低。

若 $K_{ps} \ll K_p$，则 SH 为阻聚剂，使聚合反应终止并使聚合物的相对分子质量降低。

同一种溶剂对不同的活性自由基具有不同的链转移常数（C_s）；不同的溶剂对于同一种自由基链转移能力为异丙苯＞乙苯＞甲苯＞苯；提高温度可以使链转移常数增加。常用溶剂的链转移常数见表 4 - 10。

表 4 - 10　常用溶剂的链转移常数（$\times 10^{-5}$）

溶剂	单体		
	苯乙烯	甲基丙烯酸甲酯	醋酸乙烯酯
环乙烯	0.24	1.0	65.9
甲苯	1.25	5.2	178
异丙苯	10.4	19.2	1 000
乙苯	6.7	13.5	—
二氯甲烷	1.5	—	—
四氯化碳	1 000	2.4	10 000
丙酮	41.0	1.95	117

续表

溶剂	单体		
	苯乙烯	甲基丙烯酸甲酯	醋酸乙烯酯
乙醇	16.1	4.0	250
异丙醇	30.5	5.8	446（70）
甲醇	3.0	2.0	22.6

如何利用溶剂对聚合物分子量的影响规律调节聚合物分子量的大小呢？答案是溶液聚合反应中，如希望得到分子量较高的聚合物，就得选用链转移作用较小的溶剂；反之，制备分子量低的聚合物则选用链转移作用较大的溶剂。如在硫氰酸钠水溶液中进行丙烯腈溶液聚合，可获得分子量低的聚丙烯腈。甚至利用一些溶剂（分子量调节剂）的转移作用进行调聚反应，生成分子量可以调节的调聚物。通过链自由基向溶剂或链转移剂的转移，可制备分子量低的聚合物，也称低聚物，或称调聚物，此过程称为调节聚合。例如，乙烯在溶剂四氯化碳（调节剂）的作用下可制备低聚物。

（3）溶剂对聚合物分子结构的影响。

溶剂会使聚合物大分子产生支化，从而影响聚合物形态和相对分子质量，以及分子量分布。在溶液聚合中，如果聚合物溶于某溶剂中所得的溶剂黏度比较低，当加入少量不良溶剂使之析出后，由于自动加速现象会形成相对分子质量较高的聚合物。

在自由基溶液聚合中，溶剂对分子量的影响表现在向溶剂链转移的结果使分子量降低。具体表现在 $\dfrac{1}{xn} = \left(\dfrac{1}{xn}\right) + C_s\dfrac{[s]}{[m]}$，链转移反应与单体、溶剂性质和温度有关，从而可以选择不同溶剂（链转移作用）来对分子量进行控制。

溶剂对分子结构的影响表现在对聚合物的溶解和凝胶效应的影响。聚合物的良溶剂为均相聚合，单体浓度不高时，可消除凝胶效应，链自由基处于伸展状态，形成直链形大分子；聚合物的不良溶剂为沉淀聚合，聚合物分子呈卷曲状或球形结构，在高转化率时会引起聚合物沉淀或以溶胀状态析出，形成无规线团，此时自由基互相靠近机会减少，单体仍能扩散到生长着的链段中进行聚合反应，使聚合物的分子量增加，凝胶效应显著，反应速率上升。因此溶剂能一定程度上控制聚合物分子量及增长链分子的分散状态和构型，有溶剂存在时，减少向大分子的转移，形成支化或交联大分子的机会减少，特别是对含有叔氢原子的单体如聚丙烯酸酯、聚乙酸乙烯酯和聚丙烯酰胺的聚合。无溶剂时，聚合物多呈支链结构。

溶液聚合中使用的溶剂可降低体系黏度，使混合和传热较易，温度容易控制，抑制了凝胶效应，避免局部过热，防止自动加速现象，因此反应易于控制，易于调节产品的分子量及其分布。在溶液聚合中，溶剂的种类和用量直接影响着聚合反应的速率、聚合物的相对分子质量、聚合物相对分子量分布和聚合物的构型。因此，选择适当的溶剂对溶液聚合反应很重要。

4.3.3　工业上溶液聚合反应选择溶剂的原则

溶液聚合所用溶剂主要是有机溶剂或水。溶剂的选择在溶液聚合中是很重要的。在自由基溶液聚合中选择溶剂时要注意以下几个方面：

①考虑单体在所选择的溶剂中的溶解性。

②溶剂的活性应当无阻聚或缓聚等不良影响，以及考虑对引发剂的诱导分解作用。

③溶剂的链转移作用几乎是不能避免的，为了得到一定相对分子质量的聚合物，溶剂的 C_s 不能太大。

④如果要得到聚合物溶液，则选择聚合物的良溶剂，而要得到固体聚合物，则应选择聚合物的不良溶剂。

⑤溶剂的毒性小，安全性高和生产成本低。

4.3.4　自由基溶液聚合的工艺流程

自由基溶液聚合的方块流程如图 4 - 11 所示。

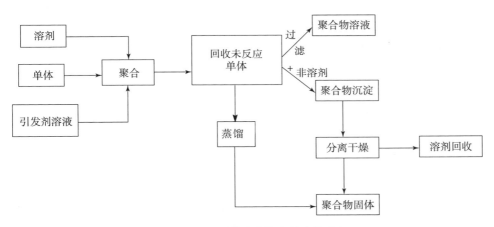

图 4 - 11　自由基溶液聚合的方块流程

图 4 - 11 显示，自由基溶液聚合的工艺步骤主要包括溶剂、单体原料的精制准备，引发剂溶液的配制，聚合反应，聚合产物与未反应单体、溶剂、副产物等的分离，未反应单体和溶剂的回收，聚合物的后处理。

4.3.5　自由基溶液聚合工艺实例

工业上自由基溶液聚合多用于聚合物溶液直接使用的场合，如涂料、黏合剂、合成纤维纺丝液、浸渍剂等。自由基溶液聚合的工业生产实例见表 4 - 11。

表 4 - 11　自由基溶液聚合的工业生产实例

单体	溶剂	引发剂	聚合温度/℃	聚合液用途
丙烯腈与丙烯酸甲酯	二甲基甲酰胺或硫氰化钠水溶液	偶氮二异丁腈	75～80	纺丝液
醋酸乙烯酯	甲醇	偶氮二异丁腈	50	醇解制聚乙烯醇

单体	溶剂	引发剂	聚合温度/℃	聚合液用途
丙烯酸酯类	醋酸乙酯	过氧化二苯甲酰	回流	涂料、黏合剂
丙烯酰胺	水	过硫酸铵	回流	涂料、黏合剂

1. 丙烯腈溶液聚合生产工艺

由丙烯腈（AN）聚合物经纺丝即可制成聚丙烯腈纤维。中国商品称其为腈纶，它是聚丙烯腈或丙烯腈占85%以上的共聚物制得的纤维。聚丙烯腈在1929年问世，但其严重缺点是发脆、熔点高，当加热到280~290 ℃还未熔融就开始分解的，无法进行纺丝，其应用受到限制。自从使用第二单体与丙烯腈共聚，聚合物分子间作用力降低，克服了脆性并改善了柔性和弹性，因而使聚丙烯腈成为重要的合成纤维品种。以后随着第三单体的引入，进一步改善了纤维的染色性，这样聚丙烯腈的生产才得到迅速发展。目前其产量仅次于涤纶和尼龙，位居第三位。

丙烯腈的聚合属于自由基型链式反应。其聚合方法根据所用溶剂（介质）的不同，可分为均相溶液聚合（一步法）和非均相溶液聚合（二步法）。

一步法：均相溶液聚合，所用的溶剂既能溶解单体，又能溶解聚合物，聚合结束后，聚合可直接纺丝，使聚合纺丝连续化。溶剂：硫氰酸钠（NaSCN）浓水溶液、氯化锌（$ZnCl_2$）浓水溶液、硝酸（HNO_3）、二甲基亚砜（DMSO）、二甲基甲酰胺（DMF）等。

二步法：非均相溶液聚合，聚合过程中聚合物不断地呈絮状沉淀析出。需经分离以后用合适的溶剂重新溶解，以制成纺丝原液。溶剂：水（水相沉淀聚合）。

丙烯腈溶液聚合的特点：一是聚丙烯腈不溶于丙烯腈，但丙烯腈与丙烯酸甲酯等第二单体共聚合，溶解性能改善，可溶于硫氰酸钠、二甲基甲酰胺等溶剂中进行均相溶液聚合；二是丙烯腈溶液聚合中，存在多种链转移反应，因此，一般选择链转移常数适当的溶剂，且用异丙醇或乙醇作调节剂；三是丙烯腈聚合中，采用不同溶剂、不同的聚合方法，对引发剂的选择也有所不同；四是丙烯腈单体活性较大，可以同许多单体进行共聚改性，为改善腈纶纤维性能奠定了基础。

（1）以丙烯腈为主要单体的均相溶液共聚合。

1）均相溶液聚合生产聚丙烯腈的主要组分。

均相溶液聚合生产的聚丙烯腈通常是三元共聚物，主要组分包括三种单体、引发剂、溶剂和其他助剂。

①单体：以第一单体丙烯腈为主单体，其用量 >85%。第二单体选丙烯酸酯（或甲基丙烯酸酯、醋酸乙烯酯等），其作用是降低分子间作用力，改善聚丙烯腈的脆性，增加柔韧性和弹性，其用量一般为5%~10%。第三单体可以是含有酸性基团的乙烯基化合物，如甲叉丁二酸（亚甲基丁二酸即衣康酸）、甲基丙烯磺酸钠、乙烯基苯磺酸、甲基丙烯酸等，也可以是含有碱性基团的乙烯基单体，如2-乙烯基吡啶、2-甲基-5-乙烯基吡啶等。其作用是改善聚丙烯腈的染色性能，要求与染料有很好的相容性，其用量一般小于5%。单体中的杂质允许含量为 HCN $< 5 \times 10^{-6}$，乙醛 $< 50 \times 10^{-6}$，铁离子（包括 Fe^{2+} 和 Fe^{3+}） $< 0.5 \times 10^{-6}$。

②引发剂：以 AIBN 为引发剂，用以引发产生自由基。

③溶剂：将 NaCNS 溶于水中，配成质量分数为 44%～45% 的浓 NaCNS 水溶液。丙烯腈单体溶于其中，聚丙烯腈也能溶于其中，构成均相溶液聚合体系。溶剂 NaCNS 中杂质允许含量为 $Na_2SO_4 < 800 \times 10^{-6}$，$NaCl < 100 \times 10^{-6}$，铁离子 $< 1 \times 10^{-6}$，Fe^{3+} 和 HCN 对聚合有阻聚作用。

④其他助剂：二氧化硫脲（TUD）为还原剂，在丙烯腈聚合和蒸发过程中加入二氧化硫脲（TUD）能改善聚丙烯腈的色泽，是合成纤维中的配套产品，也称为浅色剂；加入少量 TUD（单体总质量的 0.75%），透光率可提高 95%。浅色剂的作用原理是：受热分解放出次硫酸，次硫酸受氧化而形成亚硫酸和硫酸，后者能离解放出 H^+，离解出的 H^+ 会抵消由于—CN 的水解引起的 pH 值升高，能使系统中 pH 值稳定。同时，TUD 的分解产物与系统中的氧起反应，也避免了其他原料氧化。链转移剂可用来调节聚合物的分子量，丙烯腈自由基在不同溶剂中的链转移常数见表 4 – 12。

表 4 – 12　丙烯腈自由基在不同溶剂中的链转移常数

溶剂	$C_s/(\times 10^{-4})$	溶剂	$C_s/(\times 10^{-4})$
二甲基酰胺	28.33	水	0
二甲基乙酰胺	49.45	异丙醇	4.8
二甲基亚砜	7.95	乙醇	15.3
碳酸乙醇酯	4.74	三氯化碳	536
60% 氯化锌水溶液	6.0	—	—

异丙醇的链转移常数为 $C_s = 4.8 \times 10^{-4}$，是比较适中的相对分子质量调节剂，聚合浆液的平均分子量随异丙醇用量的增加而递减，而转化率的变化甚微，所以在生产中可用异丙醇的加入量来控制聚合物的分子量。

2）聚合配方及生产工艺条件。

丙烯腈均相溶液聚合配方及工艺条件见表 4 – 13。

表 4 – 13　丙烯腈均相溶液聚合配方及工艺条件

组分	质量分数	聚合工艺条件	数值
丙烯腈	91.7	聚合反应温度/℃	76～80
丙烯酸甲酯	7	聚合反应时间/h	1.2～1.5
衣康酸	1.3	高转化率控制范围/%	70～75
偶氮二异丁腈	0.75	高转化率时聚合物浓度/%	11.9～12.75
异丙醇（分子量调节剂）	1～3	低转化率控制范围/%	50～55
二氧化硫脲（浅色剂）	0.75	低转化率时聚合物浓度/%	10～11
硫氰酸钠水溶液（浓度51%～52%）	80.0～80.5	搅拌速度/(r·min⁻¹)	50～80

丙烯腈均相溶液聚合反应的上述配方和生产工艺条件是依据对其聚合反应主要影响因素的研究获得的。影响该聚合反应的主要因素如下：

①单体浓度。单体浓度对丙烯腈均相溶液聚合反应的影响如表4-14所示。

表4-14　单体浓度对丙烯腈均相溶液聚合反应的影响

反应体系中单体浓度/%	转化率/%	增比黏度/ηsp
8	68.6	2.18
10	78.8	2.52
12	81.8	2.64
14	82.6	2.80
16	83.1	2.79

如以硫氰酸钠水溶液为溶剂，较好的纺丝条件是原液中聚合物的平均分子量为60 000~80 000，聚合物浓度为12.2%~13.5%。

②引发剂浓度。偶氮二异丁腈引发剂浓度对丙烯腈均相溶液聚合反应的影响（设总单体浓度为17%）如图4-12所示。

在实际生产中，引发剂 AIBN 用量一般为总单体质量的0.2%~0.8%。

③聚合反应温度。聚合反应温度对丙烯腈均相溶液聚合反应的影响如表4-15所示。

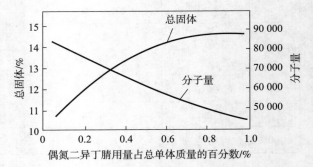

图4-12　偶氮二异丁腈引发剂浓度对丙烯腈均相溶液聚合反应的影响

表4-15　聚合反应温度对丙烯腈均相溶液聚合反应的影响

聚合温度/℃	转化率/%	平均分子量
70	70.6	78 900
75	72.46	65 800
80	76.47	43 400

对均相溶液聚合的聚丙烯腈，反应温度为75~80 ℃较适宜。

④聚合反应时间。聚合反应时间对丙烯腈均相溶液聚合转化率及聚合物分子量的影响如表4-16所示。

表 4 - 16　反应时间对丙烯腈均相溶液聚合转化率及聚合物分子量的影响

聚合时间/min	总固体/%	转化率/%	落球黏度/s	分子量	AN/%
60	11.5	67.6	382″9	85 300	87.8
90	12.14	71.4	456″7	86 300	86.8
120	12.12	71.3	391″7	77 500	88.1

工业生产中聚合时间一般控制在 90 ~ 12 min 内。

⑤反应体系的 pH 值。反应体系的 pH 值低，聚合物色淡、透明；pH 值高，聚合物色泽发黄。pH 为 5 ± 0.3 时，聚合物颜色较为适宜。反应体系 pH 值对聚合转化率的影响如图 4 - 13 所示。

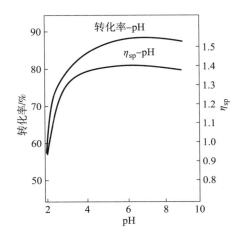

图 4 - 13　反应体系 pH 值对聚合转化率的影响

pH > 7 的条件下，聚丙烯腈分子上的氰基容易水解。

$$\text{~~CH}_2\text{—CH~~ (CN)} + \text{NaOH} \longrightarrow \text{~~CH}_2\text{—CH~~ (C—CH}_2\text{, O)} \xrightarrow[\text{碱性}]{\text{H}_2\text{O}} \text{~~CH}_2\text{—CH~~ (C=O, ONa)} + \text{NH}_3$$

⑥转化率的选择。低转化率（50% ~ 55%）的聚丙烯腈色度洁白，分子量较高，但单体回收量大，设备利用率低；高转化率（80% 以上）的聚丙烯腈，色泽发黄、分子量分布宽，同时产生支链影响抽丝，所以一般工厂选用 70% ~ 75% 的中转化率来进行生产。

3）聚合生产工艺流程。

丙烯腈均相溶液聚合工艺流程如图 4 - 14 所示。

①准备：甲基丙烯磺酸钠、丙烯酸甲酯、丙烯腈、44% ~ 45% 的硫氰化钠水溶液→匀温槽，搅拌匀温→混合器，与浅色剂（TUD）、分子量调节剂异丙醇搅拌混匀，调节 pH = 4.8 ~ 5.2→管路中与引发剂混合→过滤器（以免杂质阻塞纺丝孔）→热交换器，

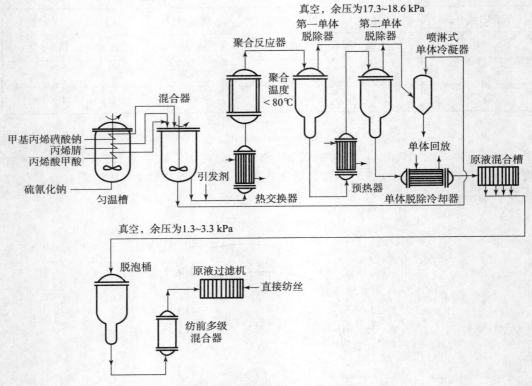

图 4 - 14　丙烯腈均相溶液聚合工艺（连续法）流程

预热。

②聚合：混匀并预热的反应物料，经釜底→聚合釜，夹套水蒸气加热，75 ℃~76 ℃，1.5~2.0 h，转化率 70%~75%，聚合物含量 10%~11%→测定聚合物质量分数达要求→停止聚合。

③回收单体：来自聚合釜的聚合物溶液→第一单体脱除器（90 kPa），单体蒸气被负压部分脱除→喷淋式单体冷凝器与来自混合器并冷却至 9 ℃ 的喷淋液接触，冷凝，回收第一单体（AN，沸点为 77.3 ℃）；来自第一单体脱除器底部的聚合物溶液→预热器、预热→第二单体脱除器→喷淋式单体冷凝器，相同原理回收第二单体（MA，沸点为80.3 ℃）。

④聚合物溶液后处理：来自第二单体脱除器底部的聚合物溶液（单体质量分数<0.2%）→热交换器，冷却→原液混合槽→脱泡桶→纺前多级混合器→原液过滤机→直接湿法纺丝。

4）主要设备。

①聚合釜（图 4 - 15）的各项参数如下。

操作方式：连续聚合，满釜操作，下面进料，上面出料；

反应釜体积：8~25 m³；

釜的长径比：（1.5~2.0）:1；

搅拌器形式：三层斜桨（450），上、下层向上，中间一层向下；

反应釜材质：含钼不锈钢；

转化率控制：进料温度控制器（列管式热交换器）。

②脱单体塔（图 4-16）。

脱单原理：薄膜蒸发。

蒸发器内部结构：五层伞形蒸发板。最上一层起阻挡作用以免进出的料液雾沫直冲真空管道。二至五层是使浆液在伞上成薄膜以增加蒸发面积，使浆液内单体或气体易于逸出。浆液进入脱单体釜时采用两个同心套管，管内外各通两层伞，其目的是使浆液分布得更加均匀。

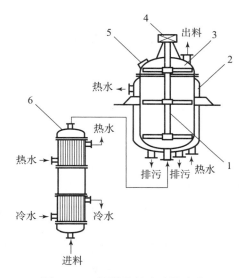

图 4-15　丙烯腈的溶液聚合釜

1—搅拌器；2—夹套；3—聚合釜；

4—电动机；5—视镜；6—进料控制器

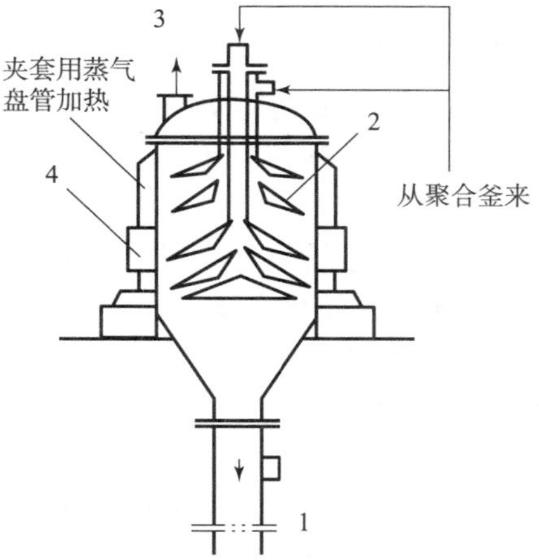

图 4-16　丙烯腈的溶液脱单体塔

1—去浆液混合储槽；2—伞；3—去单体

喷淋冷凝器；4—视镜

伞板圆锥角：120°；

反应釜材质：含钼不锈钢；

操作真空度：670 mmHg（1 mmHg = 13.545 Pa）；

操作温度：77~80 ℃。

5）以丙烯腈为主要单体的均相溶液共聚合的优缺点。

①优点：聚合热容易导出，避免了由于局部过热而引起的自动加速现象，聚合物的相对分子质量分布较窄，保证了产品质量；同时聚合反应容易控制，可以实现连续聚合、连续纺丝。

②缺点：要考虑溶剂对聚合反应的影响，另外还增加了溶剂回收工序。

（2）以丙烯腈为主要单体的水相沉淀共聚合。

在聚丙烯腈连续生产工艺中，水相沉淀法（二步法）将聚丙烯腈树脂生产与纺丝工序分段进行，一旦发生停车事故，可以避免互相影响。由于二步法生产腈纶纤维质量较好，目前世界上腈纶生产采用二步法的数量多于一步法。连续水相沉淀聚合法有下列优缺点：

1）水相沉淀聚合的优点。

①水相沉淀聚合通常采用水溶性氧化 – 还原引发剂，如 $NaClO_3$ – $NaSO_3$、$K_2S_2O_8$ – SO_2、$K_2S_2O_8$ – $NaHSO_3$、$NaClO_3$ – $NaHSO_3$ 等。引发剂分解活化能较低，可在 30 ~ 55 ℃ 甚至更低的温度下进行聚合，所得产物色泽较白。

②水相聚合的反应热容易导出，聚合反应容易控制，聚合物的相对分子质量分布较窄，保证了产品质量。

③聚合速率快，聚合物粒子比较均匀，转化率较高。

④聚合物浆液易于处理，对于纺丝溶液——硫氰酸钠水溶液的纯度要求不及均相法要求的纯度那样高，可省去溶剂回收过程。

⑤聚丙烯腈固体粒子干燥后可作半成品出售，以供其他化纤厂纺丝。

⑥选用适当的氧化 – 还原引发体系，如以过硫酸盐作为氧化剂，可使聚丙烯腈分子中含有磺酸基团，可染性增强，使第三单体用量减少，节约成本。

2）水相沉淀聚合的缺点。

①聚丙烯腈固体离子用溶剂重新溶解，以制成纺丝原液，比一步法增加一道生产工序。

②聚合物浆状物分离、干燥耗能较大。

3）水相沉淀聚合反应的主要组分和生产工艺条件。

聚合反应主要的组分包括单体（丙烯腈、丙烯酸甲酯、第三单体）、分散介质（溶剂水）、引发剂（水溶性的氧化 – 还原引发体系，如 $NaClO_3$ – Na_2SO_3、$K_2S_2O_3$、$NaHSO_3$）。

生产工艺条件：聚合温度为 35 ~ 55 ℃（45 ℃最佳），聚合时间为 1 ~ 2 h，转化率为 80%~85%（高），单体总质量分数为 28%~30%，搅拌速度为 55 ~ 80 r/min。

4）水相沉淀聚合反应的生产工艺流程。

①准备：新鲜单体，过硫酸钾氧化剂 – 还原剂 SO_2 水溶液，缓冲液碳酸氢钠，促进剂硫酸亚铁溶液→计量泵，计量→聚合釜→硝酸，调整 pH 值。

②聚合：聚合釜搅拌速度为 55 ~ 80 r/min，35 ~ 55 ℃，1 ~ 2 h，转化率为 80%~85%→含单体的聚合物淤浆→聚合釜底出料，加氢氧化钠水溶液，终止聚合；

③单体回收：已经终止聚合的含单体的聚合物淤浆→单体汽提塔，低压水蒸气驱赶单体→冷凝器，冷凝→滗析器，滗析除去悬浮和沉降的固体杂质，液态单体经滗析后回收，滗析得到的聚合物固体物质（含少量单体）回到单体汽提塔，重新汽提。

④聚合物后处理：脱除单体后的聚合物淤浆→淤浆储槽→泵入转鼓式真空过滤机，边过滤边加水洗涤，一直水洗至无硝酸根离子为止→含水很少的固体聚合物→造粒机→粒状聚合物→隧道式干燥机，热空气干燥→粉碎机，得到粉状的干燥聚合物→聚合物储槽→成品包装。

聚丙烯腈连续式水相沉淀聚合工艺流程如图 4 – 17 所示。

2. 醋酸乙烯酯溶液聚合生产工艺和聚乙烯醇（PVA）生产工艺

生产维尼纶（聚乙烯醇缩甲醛，polyvinyl formal，PVFo）纤维所需的原料是聚乙烯醇（PVA），而聚乙烯醇是聚醋酸乙烯（acetic acid，PVAc）醇解而得，聚醋酸乙烯酯是用醋酸乙烯经溶液聚合而得。

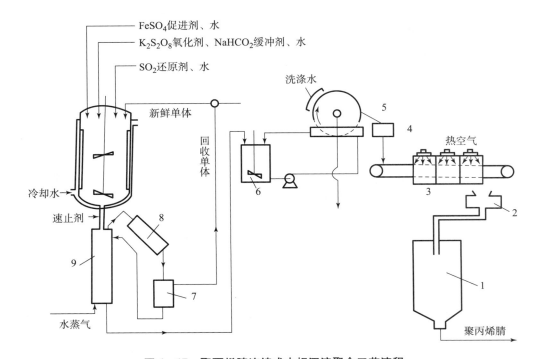

图 4－17　聚丙烯腈连续式水相沉淀聚合工艺流程
1—聚合物储槽；2—粉碎机；3—隧道式干燥器；4—造粒机；5—转鼓式真空过滤器；
6—淤浆储槽；7—滗析器；8—冷凝器；9—单体汽提塔

维尼纶是合成纤维领域中的重要品种之一。早在 1924 年就合成了聚乙烯醇，因纺得的纤维为水溶性，仅可用作医学外科手术的缝合线。1939 年日本学者采用热处理与缩甲醛化方法处理后，使聚乙烯醇纤维可耐 115 ℃的热水，为用作纺织纤维解决了技术上的难题。

聚乙烯醇产品主要用于纺织行业经纱浆料、织物整理剂、维尼纶纤维原料；建筑装潢行业 107 胶、内外墙涂料、黏合剂；化工行业用作聚合乳化剂、分散剂及聚乙烯醇缩甲醛、缩乙醛、缩丁醛树脂；造纸行业用作纸品黏合剂；农业方面用于土壤改良剂、农药黏附增效剂和聚乙烯醇薄膜；还可用于日用化妆品及高频淬火剂等方面。

作为纤维用聚合物，其大分子必须是线型的，而且具有一定相对分子质量，相对分子质量分布比较窄。据此，醋酸乙烯酯的溶液聚合所得到的聚醋酸乙烯酯也必须是线型的，而且具有一定相对分子质量，相对分子质量分布比较窄。

（1）醋酸乙烯酯溶液聚合的原料和工艺条件。

原料包括醋酸乙烯酯（VAc）单体、甲醇溶剂、偶氮二异丁腈（AIBN）引发剂。

$w($醋酸乙烯（单体）$):w(CH_3OH（溶剂）)=80:20$

选用甲醇作溶剂的原因：一是 CH_3OH 对聚醋酸乙烯酯溶解性能极好，链自由基处于伸展状态，体系中自动加速现象来得晚，使聚醋酸乙烯大分子为线形结构且相对分子质量分布较窄；二是 CH_3OH 是下一步聚醋酸乙烯醇解的醇解剂，反应后无须分离；三是 CH_3OH 的链转移常数（C_s）小，只要控制单体与溶剂的比例就能够保证对聚醋酸乙烯相对分子质量的要求；四是甲醇与 VAc 有恒沸点 64.5 ℃，聚合温度为（65±0.5）℃，聚合反应容易控制。

引发剂 AIBN 的用量为单体质量的 0.025%。

聚合温度为（65±0.5）℃。选择这一温度的原因：一是醋酸乙烯酯和 CH_3OH 有恒沸点 64.5 ℃，聚合反应容易控制；二是为了避免链转移反应，防止聚醋酸乙烯大分子支化，保证 PVA 大分子为线型大分子。

该聚合转化率为 50%~60%。聚合时间为 4~8 h。选择这一聚合转化率和聚合时间是因为 CH_3OH 对聚醋酸乙烯溶解性能极好，链自由基处于伸展状态，体系中自动加速现象来得晚，如果控制转化率为 50%~60% 结束反应，可消除自动加速现象，将使聚合反应接近匀速反应，并使聚醋酸乙烯酯大分子为线形结构且相对分子质量分布较窄。

醋酸乙烯酯溶液聚合体系中氧的作用：实践证明氧对醋酸乙烯酯的聚合有双重作用，氧有时可以使醋酸乙烯酯缓聚甚至阻聚，有时又能引发醋酸乙烯酯聚合。氧的这种双重作用取决于温度和吸氧量。

（2）聚醋酸乙烯酯溶液的醇解工艺条件。

醇解配方是聚醋酸乙烯酯 $n(—OCOCH_3):n(CH_3OH):n(NaOH)=1:1:0.112$。

醇解工艺中加入少量的水，以增加 NaOH 的离解度，提高其催化效能。反应物料中水量一般控制为溶液质量的 1%~2%，水量的增加会降低 PVA 的醇解度。

醇解温度一般控制在 40~45 ℃，温度高将使 PVA 成品的粒度变大，水溶性降低。

醇解时间为 20~30 min。

（3）醋酸乙烯酯溶液聚合制备 PVA 的工艺过程。

醋酸乙烯酯溶液聚合制备聚乙烯醇的生产工艺流程如图 4-18 所示。

①准备：将醋酸乙烯酯、溶剂甲醇、引发剂 AIBN 分别计量、备用。

②聚合：由两釜连续操作，两釜连用考虑到生产周期、物料黏度等因素，配有双层螺带式搅拌器和回流冷凝装置。将醋酸乙烯酯（80 分）、溶剂甲醇（20 分）、引发剂 AIBN 依次加入第一聚合釜，在（65±0.5）℃，常压时聚合大约 1 h。当转化约 20% 时，根据釜内液面下降指示控制连续出料时间；大部分物料连续转到第二聚合釜，（65±0.5）℃，常压，大约 2.5 h，转化率为 50%~70%，得到 PVAc 树脂混合液。聚合结束得到的物料含 PVAc 树脂、溶剂甲醇、未反应单体、残留引发剂等。

③单体回收：PVAc 树脂混合液进入吹出蒸馏塔，同时甲醇经蒸发器成为甲醇蒸气也进入吹出蒸馏塔，在塔内单体和甲醇一同被蒸（吹）出，VAc 与甲醇蒸气经冷凝器冷却后进入萃取塔，加水萃取；甲醇水溶液经塔底进入甲醇蒸出塔，回收甲醇，排放废水；单体进入醋酸乙烯酯蒸馏塔，单体从塔顶蒸出，经冷凝器回收纯的单体后馏分废水自塔底排放。

④PVAc 的醇解：PVAc 树脂在吹出蒸馏塔中除去单体和部分甲醇后，再补充甲醇得到 PVAc 达 40% 的溶液，由塔底进入醇解机，同时在醇解机中加入催化剂氢氧化钠（含少量水助催化），然后醇解 20~30 min，得到大小不匀且溶胀有甲醇的 PVA 颗粒；PVA 颗粒经粉碎机粉碎，再经压榨机压榨除去大部分甲醇（含醇钠和水），得到含甲醇少的、细粉状的 PVA；细粉状的 PVA 再经干燥机（水蒸气加热干燥）除去残留甲醇，得到成品 PVA；上述过程得到的甲醇废液经压滤机除去固体杂质，得到的醇解废液按规定

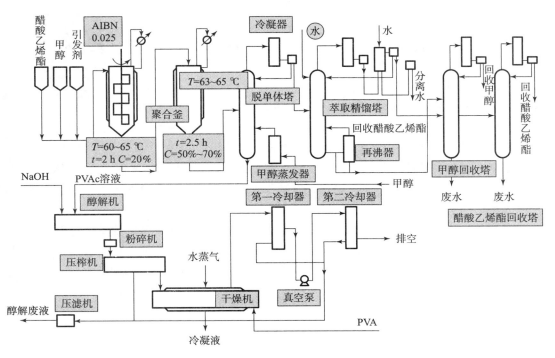

图 4 – 18　醋酸乙烯酯溶液聚合制备聚乙烯醇的生产工艺流程

办法处理。聚醋酸乙烯酯溶液醇解的工艺流程如图 4 – 19 所示。

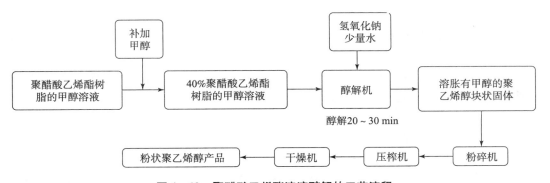

图 4 – 19　聚醋酸乙烯酯溶液醇解的工艺流程

聚乙烯醇是水溶性高聚物，性能介于塑料和橡胶之间，具有独特的强力黏结性、气体阻隔性、耐磨耗性。相对分子质量（$K > 1\,500$）高的聚乙烯醇主要作为悬浮剂、合成纤维和胶黏剂等，用于建筑和高分子化工等领域；相对分子质量（$K < 1\,000$）低的聚乙烯醇主要用于化妆品、医药、食品和农业等领域。

4.4　自由基悬浮聚合工艺

自由基悬浮聚合工艺

　　将单体在强烈机械搅拌及分散剂的作用下分散、悬浮于连续相中，同时经引发剂引发聚合的方法称为悬浮聚合法。多数单体不溶于水，所以通常用水作为连续相。水具有较高的热容量和高的导热系数，所以连续相还可作为优良的聚合反应热的传导介质。聚合在每个单体小液滴内进行，反应机理与本体聚合相同，可看作小珠本体聚合。

　　根据聚合物在单体中的溶解性有均相、非均相聚合之分。当聚合物溶于单体时，聚合物的最终产物为透明的小球珠状，所以又称为珠状聚合；如聚合物不溶于单体，所得产品为不透明的粒子。

　　自由基悬浮聚合主要应用于生产聚氯乙烯、聚苯乙烯、聚甲基丙烯酸甲酯及有关共聚物、聚四氟乙烯、聚三氟氯乙烯及聚乙酸乙烯酯树脂等。若分散剂用量较多，可获得静置后颗粒不沉降的聚合物分散液（如聚乙酸乙烯酯分散液），可直接用作黏合剂。

4.4.1　自由基悬浮聚合的特点

　　（1）优点。

　　①以水为分散介质，价廉、不需要回收、安全、易分离。

　　②悬浮聚合体系黏度低，散热和温度控制比本体聚合和溶液聚合容易得多，产品质量稳定。

　　③由于没有向溶剂的链转移反应，其产物相对分子量一般比溶液聚合产物高，分子量分布较窄。

　　④与乳液聚合相比，悬浮聚合物上吸附的分散剂量少，有些还容易脱除，产物杂质较少。

　　⑤聚合物颗粒形态较大，可以制成不同粒径的颗粒粒子。聚合物颗粒直径一般在 0.05 ~ 0.20 mm，有些可达 0.4 mm，甚至超过 1 mm。

　　（2）缺点。

　　①存在自动加速现象，反应中液滴容易凝结为大块，使聚合热难以导出，严重时造成重大事故。

　　②必须使用分散剂，但在聚合完成后，较难从聚合产物中除去，聚合产物颗粒会包藏少量单体，不易彻底清除，影响聚合物性能。

　　③工业上悬浮聚合采用间歇法生产，虽有进行连续法生产的研究，但尚未工业化。

　　（3）其他特点。

　　①由于合成橡胶的玻璃化转变温度低于室温，常温下有黏性，所以悬浮聚合法仅用于合成树脂的生产，不能用于生产橡胶。

　　②悬浮聚合过程生产的聚合物化学性质与用本体聚合或乳液聚合过程的聚合物化学性质不完全相同，原因：一是在聚合物颗粒中，主要是表面上结合了分散剂，因而影响聚合物加工时的熔融性能；二是用水作为聚合反应介质，如果水中存在微量金属离子，将影响所得聚合物的热稳定性。另外，由于单体不可能完全溶于水，因而在水相中可

能生成聚合物核心，从而增长为颗粒，它的性质可能与正常途径生成的聚合物颗粒不完全相同。

③聚合产品为规则的圆球颗粒或不规则颗粒，其形态（包括形状、大小以及颗粒内部结构）取决于所用分散剂种类、搅拌速度与搅拌器设计和反应器设计。

4.4.2　悬浮剂及其作用

不溶于水的油状单体在过量水中经剧烈搅拌可在水中生成油滴状分散相。它是不稳定的动态平衡体系，随着反应的进行，分散的油珠逐渐变黏稠有凝结成块的倾向，为了防止黏结，水相中必须加分散剂（又叫悬浮剂）。悬浮剂的主要作用：将油溶性单体分散在水中形成稳定悬浮液；不对单体产生阻聚或延缓聚合；不污染反应体系；产物易分离；聚合温度内化学稳定性好；高分子分散剂应有亲水、疏水基团，易溶于水，能适当增加水相黏度；具有一定的表面活性，可起调节表面张力作用。

（1）悬浮剂的种类。

工业生产用的分散剂主要有保护胶类分散剂（即高分子化合物分散剂）和无机粉末状分散剂两大类。高分子分散剂一方面能够降低界面张力而有利于单体的分散，同时在单体表面形成一层保护膜提高其稳定性；粉末型无机分散剂主要是起机械隔离作用。

1）保护胶类分散剂。

此类分散剂都是水溶性高分子化合物，如明胶、蛋白质、淀粉、纤维素衍生物、藻酸钠等天然高分子化合物，部分水解的聚乙烯醇（PVA）、聚丙烯酸及其盐、磺化聚苯乙烯、马来酸酐 – 苯乙烯共聚物等合成高分子化合物。这类分散剂的作用机理是吸附在液滴表面，形成一层保护膜，起着保护胶体的作用。

①明胶。明胶是由动物的皮、骨、肌腱、韧膜生胶质中提取的一种含有多种蛋白质混合物的水解产物，平均分子量为 3 万~6 万。明胶易溶于水并能显著提高水相的黏度，因其表面张力大（6.6×10^{-3}~6.8×10^{-3} N/m），在单体液滴表面能形成张力的保护膜，分散和保护能力强，防止发黏粒子凝聚的效果好，能促使聚合物粒子形成表面平滑的圆珠形结构。

明胶的分散和保护能力因 pH 不同而变化。明胶的等电点为 4.7。当 pH >5 时，能制得粒径较细的聚合物。当 pH <3 时，明胶水溶液的黏度下降很快（分解），以致其分散和保护能力显著降低，聚合物粒子尺寸则变粗。

明胶的分散和保护能力与用量相关，随用量减小保护能力降低，故一般用量较大，为水量的 0.1%~0.3%，过高的用量会在聚合物粒子上沉淀一层难以彻底洗净的保护膜，对产品性能有不利影响，使其不稳定，在生产中应逐渐少用。但明胶又有利于提高设备的生产能力，因而具有一定的使用范围。

②纤维素醚类。纤维素醚类包括甲基纤维素（CMC）、乙基纤维素（EC）、羟乙基纤维素（HEC）、羟丙基纤维素（HPC）、羟丙基甲基纤维素（HPMC）。

纤维素醚类的分散效果比明胶好，保护能力与 PVA 相似，所以聚合物的粒子尺寸也随分散剂用量增加或分子量提高而变小，分布趋于集中。使用纤维素醚类可防止颗粒黏结，减轻黏釜程度，制得产品粒子小而均匀，粒子结构疏松，易于吸收增塑剂。

工业上广为应用的纤维素醚类是 CMC，尤其是氯乙烯悬浮聚合中应用最广泛，它能制得形态结构和性能较好的 PVC。生产中，CMC 的用量比明胶小，但较 PVA 多，一般为 0.04%~0.20%（以水为基准）。

③PVA。作分散剂用的 PVA 醇解度宜大于 75%，一般为 78%~89%。PVA 的分散和保护液滴的能力与结构中乙酰基含量有关。随乙酰基含量的提高表面张力降低，因而能促使单体易于分散并形成粒径分布集中和尺寸较小的液滴。由于乙酰基是亲油基团，使 PVA 在水中的取向作用加强，在水－单体两相分界面上形成强度适中的液膜保护层，增强聚合物粒子的稳定能力。因此，PVA 的分散能力随其结构中乙酰基含量的增加而加强。

PVA 的聚合度对分散能力也有影响。低聚合度 PVA 分散和保护能力较弱，形成的粒子较粗，粒度分散性较大。随聚合度的提高，PVA 的分散和保护能力增强，粒子尺度变小，分散较集中。但聚合度过高，黏度过大，搅拌传热困难。生产中，适宜做悬浮聚合的 PVA 的 $DP = 860 \sim 2\,500$，最常用的值为 $1\,700 \sim 2\,000$。

PVA 的分散能力还与水相中 PVA 的浓度有关。一般情况下，随水中 PVA 浓度的提高，聚合物粒子变小，粒度分布趋向集中。因此，其用量一般为水量的 0.02%~0.20%。

其他还有苯乙烯－马来酸酐共聚物的钠盐、聚甲基丙烯酸钠盐。它们共同的特点是分散保护能力强、效率高，聚合物粒子的粒度均匀，吸水率少，黏釜现象轻微，在较高温度范围使用不发生分解，性能稳定，因而能加快反应速率，缩短生产周期。这类分散剂用量一般为 0.1%~0.4%。

2）无机粉末状分散剂。

无机粉末状分散剂，如碳酸盐、磷酸盐、滑石粉、高岭土、硅藻土等，主要用于苯乙烯、甲基丙烯酸甲酯、醋酸乙烯酯等单体的悬浮聚合。它们的分散保护作用好，能制得粒度均匀、表面光滑、透明度好的聚合物粒子。聚合结束后，吸附在聚合物珠粒表面的无机分散剂可以用稀酸洗去，以便保持聚合物制品的透明度，这类分散剂性能稳定，可用于较高温度下的悬浮聚合。

无机分散剂粒子越细，在一定用量下，其覆盖面积越大，则悬浮液越稳定，越能形成尺寸更小的聚合物粒子。在一定用量范围内，聚合物粒子的尺寸是随固体粉末分散剂用量的增加而减小的。通常无机分散剂用量较大，一般为水量的 1%~5%。无机分散剂单独使用时，用量较大，效果较差。若与少量表面活性剂复合使用，可显著提高分散稳定效果，并可减少无机分散剂的用量。

分散剂种类的选择与用量的确定随聚合物种类和颗粒要求而定。有时在悬浮聚合体系内还加入少量的助分散剂，如十二烷基硫酸钠、聚醚等。分散剂的用量为单体量的 0.1% 左右，助分散剂量是 0.01%~0.03%。

（2）悬浮剂的分散和稳定作用。

1）水溶性高分子化合物的稳定作用。

能够作为保护胶的水溶性高分子化合物应具有两亲性，即其分子的一部分可溶于有机相，另一部分可溶于水相，是具有适当亲水－亲油平衡值（HLB）的高分子化合物，能从以下三个方面起到保护作用：

①被吸附和聚集在单体液滴表面形成液膜保护层。在亲和力作用下，亲水基团指向

水相，亲油基团指向单体相，因而悬浮剂能被单体液滴吸附于相界面上，并通过大分子强大的分子内键力形成强韧的保护膜，这些保护膜能使相互碰撞的液滴弹开，保护膜强度越大就越能防止珠滴的合并或聚集。

②提高了水相的黏度和形成所谓的"界面黏度"。溶于水中的高分子化合物使水相黏度提高，相对地增大了单体液滴运动的阻力，使发黏珠滴间的碰撞力降低。

高分子分散剂可在液滴表面形成 60～2 000 nm 的吸附层，吸附层的浓度相当高，形成"界面黏度"。在悬浮聚合过程中，当液滴被剪切分散时，界面黏度将产生剪切黏性阻力，阻碍液滴的分散。而当液滴碰撞时，界面黏度又使吸附层不易变形，移动和破裂，防止聚并，使体系保持悬浮稳定。

③能调整单体 – 水相的界面张力。减小单体 – 水相界面张力，使单体液滴能保持较小粒径并分散得很均匀，从而减小液滴聚集的倾向。

保护胶与表面活性剂的主要区别：表面活性剂都是小分子化合物，溶于水后明显降低水的表面张力；保护胶都是高分子化合物，溶于水后表面张力降低很少。

2）粉末状无机分散剂的保护作用。

作为分散剂的无机盐应具备以下条件：为高分散性粉状物或胶体；能够被互不混溶的单体和水所湿润，并且相互之间存在有一定的附着力。少量低分子量的表面活性剂可以提高液体对固体表面的湿润能力。

无机粉状分散剂的优点：一是可适用于聚合温度超过 100 ℃ 的条件，此时水溶性高分子的分散稳定作用明显降低；二是悬浮聚合反应结束后，无机粉状分散剂易用稀酸洗脱，因而所得聚合物的杂质减少。

当粉末状无机物被分散并悬浮于水相中时，能以机械的隔离作用阻止单体液滴相互碰撞和聚集；当固体粉末被水润湿并均匀分散悬浮于水相中时，它们就像组成了一个间隙尺寸一定的"筛网"，当单体液滴的尺寸小于这个"筛网"的尺寸时，液滴可以在粉末之间作曲折的运动，小液滴碰撞后合并成尺寸较大的液滴，但大于"筛网"尺寸的液滴则不能穿过，故能防止发生聚集的现象。粉末的尺寸越细，分散在水相中的密度就越大，液滴的尺寸也就越小。

通过以上对单体的分散和稳定原理的叙述，可以看到搅拌和悬浮剂两种因素的关系。聚合初期，单体的分散主要取决于搅拌的作用和搅拌的条件，单体液滴在搅拌剪切作用下存在不稳定的分散 – 聚集动态平衡。分散剂的加入使分散体系得以稳定，使液滴不发生聚集，从而使不稳定的动态平衡向稳定的分散状态转化，保证聚合反应能顺利完成。搅拌因素是悬浮的先决条件，是单体能分散为微小液滴的主要原因，其在反应过程中自始至终是不可缺少的。分散剂不能自动将单体分散为微小的液滴，只能在搅拌的作用下转化动态平衡的不利方面，是使整个过程能顺利进行并获得良好质量产物的先决条件。因此悬浮聚合中，搅拌与悬浮剂的作用是有区别但又相辅相成、缺一不可的。

4.4.3　自由基悬浮聚合的物系组成

悬浮聚合体系一般有单体、引发剂、水、悬浮剂 4 个基本组分。

（1）单体。

单体作为原料参加反应，其精制非常重要。悬浮聚合所使用的单体或单体混合物应为液体，要求单体纯度＞99.98%。杂质的阻聚作用和缓聚作用会使聚合反应产生诱导期，延长聚合时间，降低聚合物分子量。例如，氯乙烯单体中含有甲苯和乙苯等杂质，这些杂质的链转移作用会降低聚合物的分子量。

（2）引发剂。

引发剂分解产生自由基引发单体反应，通常用油溶性引发剂，引发剂用量为单体量的0.1%～1%。

（3）水。

分散介质水维持单体和聚合物粒子呈分散悬浮状，是热交换介质。

水中的杂质：铁离子、镁离子、钙离子、氯离子、溶解氧和可见杂质，这些杂质可使聚合物带有颜色，质量下降，热性能和电性能变差。氯离子会破坏悬浮液的稳定性，使粒子变粗。溶解氧产生阻聚作用，延长诱导期，降低聚合速率。

高分子合成工业采用去离子水作为聚合用水：$pH = 6 \sim 8$，Cl^-质量分数$\leqslant 10^{-6}$，导电率 $= 10^{-6} \sim 10^{-5}$ Ω/cm，硬度$\leqslant 5$，无可见机械杂质。

水相与单体之比一般为$75:25 \sim 50:50$。

（4）悬浮剂。

将油溶性单体分散在水中形成稳定的悬浮液；有机液滴单体分散相在水连续相中稳定分散应具备的条件：一是反应器的搅拌装置应具备足够的剪切速率，剪切力能防止两相由于密度的不同而分层；二是两相界面之间应当存在保护膜或粉状保护层以防液滴凝结。

4.4.4　自由基悬浮聚合的成粒过程

（1）微观成粒过程（表4-17）。

表4-17　悬浮聚合过程中的成粒机理

阶段	变化	示意图	转化率/%	尺寸/μm	说明
第一阶段	大分子开始沉析		0～0.1	—	聚合度10～30
第二阶段	初级粒子形成		0.1～1.0	0.1～0.6	
第三阶段	次级粒子形成		1～60	0.6～0.8	转化率为50%以后，反应进入自加速阶段
	次级粒子聚集	体积收缩	60～70	5.0	反应器内压力下降
第四阶段	单体液滴颗粒由疏松变结实而不透明		70～85		聚合物中单体消耗完毕
第五阶段	熔结的聚合体颗粒形成		＞85	2.0～10.0	单体消耗完毕

（2）宏观成粒过程。

悬浮聚合过程中宏观成粒的过程如图 4 - 20 所示。

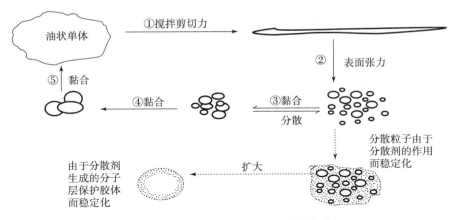

图 4 - 20　悬浮聚合过程中宏观成粒的过程

①搅拌较弱，单体液滴保护良好且表面张力中等时，单体液滴一旦形成，稳定性较好，液滴难以聚并。在整个聚合过程中多以独立液滴存在并进行聚合，最终形成小而致密的球形单细胞颗粒，得到紧密型树脂。

②搅拌强度及单体液滴的保护能力中等，而表面张力低时，在聚合过程中单体液滴有适度的聚并，由亚颗粒聚并成多细胞颗粒，最终形成粒度中等、孔隙度高的疏松型树脂。

③如分散剂保护能力过低，在低转化率时，单体液滴就聚结成大块，将会造成聚合失控，这在生产中必须避免。

（3）聚合物粒子形成过程的特点。

①非均相聚合过程有相变化，由最初均匀的液相变为液固非均相，最后变为固相，如氯乙烯、偏二氯乙烯。但多数单体的聚合过程无相变，如苯乙烯、MMA 以及丙烯酸酯类的聚合过程始终保持均相。

②任何一种单体转化为聚合物时都伴随着体积的收缩。25 ℃、100% 转化率时苯乙烯收缩 14.14%，MMA 收缩 23.06%，VAc 收缩 26.82%，氯乙烯收缩 35.80%，反应液滴尺寸的收缩率相应为 10%~15%。

③转化率达 20%~70% 阶段，均相反应体系的单体液滴中，因溶有大量聚合物而黏度很大，凝聚黏结的危险性比同样转化率但单体只能溶胀聚合物的氯乙烯液滴要大得多。

④吸附在单体 - 聚合物珠滴表面上的分散剂，最后沉积在聚合物粒子的表面上，在后处理过程中能去除，但有的分散剂能与少量液滴的单体接枝而成为单体 - 分散剂接枝高聚物，在后处理时不易除去。

（4）聚合物粒子的形态和结构。

粒子的外观、尺寸大小和粒子的内部结构状况：

1）均相聚合。

均相聚合过程得到的粒子是一些外表光滑、大小均匀、内部为实心、透明有光泽的小圆珠。不正常的操作情况下，将使聚合物粒子的形态变差，形成不规则的葡萄状、片状、絮状聚合物，或者形成内部包含空气、水分的中空圆球，还可能得到由很多粒子或不规则形态聚合物黏结在一起的块状物。

2）非均相聚合。

聚合物粒子不透明，外表比较粗糙，内部有一些孔隙。

PVC 树脂工业产品按表观密度大小划分为两种类型：表观密度＞0.55 g/mL 的为紧密型树脂（XJ）；表观密度＜0.55 g/mL 的为疏松型树脂（XS）。

两种类型的树脂颗粒在显微镜下可观察到三种形态，即透明球形、乒乓球形和棉花球形。紧密型树脂大部分为透明的粒子、少部分为乒乓球粒子，疏松型树脂大部分为棉花球状粒子而夹有少量乒乓球粒子。疏松型树脂因内部孔隙多，增塑剂吸收量大且吸收快，易于塑化，深受用户的欢迎。

4.4.5　自由基悬浮聚合的生产过程

悬浮聚合工艺通常采用间歇法操作。使用设备为反应釜，聚氯乙烯最大反应釜为 200 m³，我国最大的为 127 m³，其容积大，处理的单体量多，放热多，夹套传热面积不足，需安装冷凝器冷却。

悬浮聚合的操作要点：一是单体在水中的溶解度必须很低（＜1%），否则应在水中加入适量无机盐，利用盐析作用降低单体的溶解度；二是必须选择油溶性引发剂，事先将其溶解在单体中，同时将分散剂溶解在水中，即分别配制水相和油相，通常水相和油相的体积比为 1∶1～5∶1；三是为了避免聚合过程中单体在水相中的溶液聚合而导致水相过渡乳化，通常在水中加入少许水溶性芳胺类阻聚剂；四是将单体加入水相后必须耐心地、缓慢地、由慢到快地调节搅拌速度，并反复取样观察直至单体液滴的直径为 0.3～1.0 mm，这样才能得到粒度均匀的聚合物颗粒；五是单体液滴的粒度基本达到要求后开始慢慢升温，并始终维持搅拌速度恒定。

一般悬浮聚合在 80 ℃左右聚合 1～2 h，升温到 95 ℃以上继续反应 4～6 h 即可结束反应。

（1）悬浮聚合工艺的流程。

自由基悬浮聚合工艺流程如图 4-21 所示。

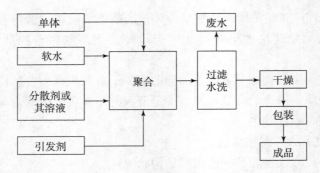

图 4-21　自由基悬浮聚合工艺流程

悬浮聚合法的典型生产工艺流程是将单体、水、引发剂、分散剂、缓冲剂（必要时添加）等加入反应釜中，加热，并采取适当的手段使之保持在一定温度下进行聚合反应，反应结束后回收未反应单体，离心脱水、干燥，得到产品。

（2）悬浮聚合过程中的主要影响因素。

①搅拌速度。

②分散剂的性质和浓度。

③水和单体的比例。

④聚合温度。

⑤引发剂的种类和用量、聚合速率。

⑥单体种类。

⑦其他添加剂等因素。

机械搅拌作用使单体层分散为液滴，大液滴继续分散成小液滴。单体和水之间存在表面张力，使液滴力图保持球形，表面张力越大，形成的液滴越大。搅拌剪切和表面张力作用相反，单体颗粒在这两种力的作用下，使分散和聚集构成动态平衡，最后达到一定的平均粒度，但粒度大小仍有一定的分布。

（3）悬浮聚合中影响颗粒大小及其分布的因素。

①反应器几何形状：如反应器长径比、搅拌器形式与叶片数目、搅拌器直径与釜径比、搅拌器与釜底距离等。

②操作条件：如搅拌器转速、搅拌时间与聚合时间的长短、两相体积比、加料高度、温度等。

③材料物理性质：如两相液体的动力黏度、密度以及表面张力等。

④随水相中分散剂浓度的增加和表面张力的下降，聚合物颗粒粒径下降。

⑤其分散相黏度增加，则凝结的粒子难以打碎，平均粒径增加。

（4）自由基悬浮聚合的适用范围。

单体难溶或不溶于水，所得聚合物有足够高的玻璃化温度。若单体能少量溶解于水，则在一些情况下聚合能在液滴外发生，就会出现极细的粉末，这样就会在成型加工熔融时不均匀，故希望单体不溶于水。溶解度较大的单体，如丙烯腈、醋酸乙烯酯等，需在水中加入具有盐析效应的电解质，降低单体在水中的溶解度，才能进行悬浮聚合。但水溶性较大的单体，可与非水溶性单体共聚，如苯乙烯/丙烯腈，甲基丙烯酸甲酯/丙烯酸，在这类共聚中，水溶性单体在单体相和水相做一定的分配，非水溶性单体就相当于萃取剂。

4.4.6　自由基悬浮聚合工艺实例

悬浮聚合自 20 世纪 30 年代工业化以来，已成为聚合物生产的重要聚合方法。目前其产量占聚合物总产量的 $1/5 \sim 1/4$。采用悬浮聚合进行生产最多的聚合物品种是聚氯乙烯，其在所有塑料品种中占第二位。其他用悬浮聚合法生产的聚合物品种还有可发性聚苯乙烯（EPS）、苯乙烯－丙烯腈共聚物（SA 树脂）、聚甲基丙烯酸甲酯（PMMA）及其共聚物、聚偏二氯乙烯（PVDC）、聚四氟乙烯 PTFE）、聚三氟氯乙烯（PCTFE）等。自由基悬浮聚合的主要工业生产实例见表 4 – 18。

表 4-18　自由基悬浮聚合的主要工业生产实例

单体	引发剂	悬浮剂	分散介质	产物用途
氯乙烯	过碳酸酯 - 过氧化二月桂酰	羟丙基纤维素 - 部分水解 PVA	去离子水	各种型材、电绝缘材料、薄膜
苯乙烯	BPO	PVA	去离子水	珠状产品
甲基丙烯酸甲酯	BPO	碱式碳酸镁	去离子水	珠状产品

1. 氯乙烯悬浮聚合的生产工艺

目前，75% 的 PVC 树脂是通过悬浮聚合生产的。氯乙烯悬浮聚合具有操作简单、生产成本低、产品质量好、经济效益好、用途广泛等特点，适于大规模的工业生产。在树脂质量上，用悬浮聚合生产的 PVC 树脂的孔隙率提高 300% 以上，经过适当处理的树脂，其单体氯乙烯的残留量可以下降到 0.000 5% 以下。随着设备结构改进、大型化和采用计算机数控联机质量控制，氯乙烯悬浮聚合批次之间聚氯乙烯树脂质量更加稳定。另外，清釜技术、大釜技术和残留单体回收技术的发展减少了开釜次数，进而减少了氯乙烯单体的释放量。

（1）氯乙烯悬浮聚合反应的特征。

1）特殊的沉淀聚合。

PVC 在氯乙烯中溶解度很小，当转化率小于 0.1% 时，PVC 或短链自由基就会从氯乙烯中沉淀出来。但单体能溶胀 PVC，因此 PVC 和氯乙烯混合物存在着两相：一个是单体相，另一个是聚合物相。只有单体相消失后，体系才只有聚合物相，此时转化率约为 70%。因此氯乙烯的悬浮聚合与本体聚合一样，是一种在单体相和聚合物相中同时发生的特殊的沉淀聚合。

2）自动加速效应。

在氯乙烯的悬浮及本体聚合中，聚合开始后不久，聚合速率逐渐自动增大，分子量随之增加，当转化率 >70% 时，游离单体基本消失，反应在聚合物凝胶相中进行，聚合速度继续上升，直至最大值，当转化率达 80%~85% 时，反应速率逐渐减小。

产生原因：由于 PVC 不溶于本身的单体中，随着聚合反应的进行，在单体均相液滴中逐渐沉析出越来越多地被单体溶胀的固态聚合物，处于溶胀状态的黏稠相，它的黏度很大。大分子链自由基在其中运动受阻，长链自由基进行双基终止的速率较低，但小分子在其中运动并不困难，能继续进行链增长反应，因此出现自动加速效应。

自动加速效应的影响因素：

引发剂：氯乙烯悬浮聚合中，引发剂不同，自加速效应有着明显的差异。在使用 AIBN 为引发剂时的加速效应更为明显，所以引发剂的选择很重要。

聚合反应温度：温度提高，可使黏度降低，因此同种单体自加速效应出现的概率降低。

3）分子量受聚合反应温度制约。

在一定的聚合温度下，PVC 的平均分子量与引发剂浓度基本无关，聚合温度成为影响 PVC 分子量的决定因素。

氯乙烯聚合反应过程中，大分子自由基易发生向单体的链转移反应，并成为氯乙烯悬浮聚合起主导作用的链终止方式，而此链转移反应随温度的升高而加速，所以工业生产中主要借聚合温度的高低来控制 PVC 树脂的平均分子量，即树脂的不同牌号。

（2）氯乙烯悬浮聚合反应的原料。

1）单体。

用于悬浮聚合的氯乙烯单体纯度在 99.9% 以上，其他杂质的含量见表 4 – 19。

表 4 – 19　氯乙烯单体杂质含量要求

组分	含量/%	组分	含量/%	组分	含量/%
乙烯	0.000 2	1 – 丁烯 – 3 – 炔	0.000 1	HCl	0
丙烯	0.000 2	乙醛	0	铁	0.000 01
乙炔	0.000 2	二氯化物	0.000 1	—	—
丁二烯	0.000 2	水	0.005	—	—

杂质乙炔参与聚合后，形成不饱和键会使产物热稳定性变差。不饱和多氯化物存在，不但降低聚合速率和产物聚合度，还容易产生支链，使产品性能变差，"鱼眼"增多。

2）水。

氯乙烯悬浮聚合用水应是去离子水，其规格要求见表 4 – 20，尤其水中的氯离子、铁和氧等的含量要严格控制，其中氯离子超过一定含量会造成树脂颗粒不均，"鱼眼"增多；水中的铁会降低树脂的热稳定性，并能终止反应。

表 4 – 20　去离子水的规格

项目	数值	项目	数值	项目	数值
电导率/$\mu\Omega$	0.5	硬度	0	氯含量/%	0
pH 值	7.0	SiO_2 含量/%	0	蒸发残留物含量/%	0
氧含量/%	0.000 01	SiO_3/%	0.000 01	—	—

水的用量与树脂内部结构有关，紧密型树脂（以明胶为分散剂）的生产，单体与水的质量比为 1:1.1~1:1.3；疏松型树脂（以聚乙烯醇为分散剂）的生产，单体与水的质量比为 1:1.4~1:2.0。

3）分散剂。

工业中常用的主要有明胶、聚乙烯醇、羟丙基甲基纤维素、甲基纤维素、苯乙烯 – 顺丁烯二酸酐等。用明胶作分散剂，用量为单体量的 0.05%~0.20%，所得树脂的颗粒为乒乓球状，不疏松，粒度大小不均，"鱼眼"多。用聚乙烯醇作分散剂，所得聚氯乙烯为疏松型棉花球状的多孔树脂，吸收增塑剂速度快，加工塑化性能好，"鱼眼"少，热稳定性好。

工业上常以纤维素类（如羟丙基甲基纤维素、甲基纤维素）和醇解度为 75%~90% 的聚乙烯醇为主分散剂，以非离子山梨糖醇，如月桂酸酯、硬脂酸酯、三硬脂酸酯等为助分散剂，两者进行复合使用效果也很好。主分散剂主要用来控制颗粒大小，但也会影响聚氯乙烯颗粒的孔隙率和某些形态；辅助分散剂用来提高颗粒中的孔隙率，并使之均匀以改进 PVC 树脂吸收增塑剂的性能。

4）引发剂。

多用有机过氧化物和偶氮类引发剂，其中有机过氧化物为过氧化二碳酸酯、过氧化酯类。它们可以单独使用，也可以两种或两种以上引发活性不同的引发剂复合使用，复合使用的效果比单独使用好。聚合时间一般控制在 5~10 h，应选择 $t_{1/2}$ 为 2~3 h 的引发剂。如果采用复合型引发剂，最好是一种引发剂 $t_{1/2}$ 为 1~2 h，另一种引发剂的 $t_{1/2}$ 为 4~6 h。常用复合引发剂有过碳酸二（2－乙基己酯）－过氧化乙酰环己烷硫酰，或过氧化二（2－乙基己酯）－偶氮 2，4－二甲基戊腈等。

5）pH 调节剂。

氯乙烯悬浮聚合的 pH 值控制在 7~8，即在偏碱性的条件下进行聚合。目的是确保引发剂良好的分解速率，分散剂的稳定性，防止因产物裂解时产生的 HCl 造成悬浮液不稳定，进而造成黏釜、清釜、传热的困难，并影响产品质量。为此需要加入水溶性碳酸盐、磷酸盐、醋酸钠等起缓冲作用的 pH 调节剂。

6）防黏釜剂。

在生产聚氯乙烯树脂过程中，存在着黏釜现象，它不但影响聚合的传热，也影响产品的质量。另外，人工清釜劳动强度大，条件恶劣，影响工人健康。

树脂黏结于反应釜釜壁上形成釜垢是悬浮法生产聚氯乙烯树脂必须解决的工艺问题之一，较先进的方法是加入防黏釜剂。防黏釜剂的种类很多，而且生产工厂技术保密，但主要是苯胺染料、蒽醌染料等的混合溶液或这些染料与某些有机酸的络合物。注意因为氧对聚合有缓聚和阻聚作用，应将各种原料中的氧和系统中的氧彻底清除干净。

常用的防止黏釜的方法有选择合适的引发剂；在水相中加入水相阻聚剂如次甲基蓝、硫化钠等；在釜壁、搅拌器等设备上喷涂一定量的防黏釜剂，常见的防黏釜剂有苯胺染料、蒽醌染料，以及多元酚的缩合物等。一旦发现黏釜现象，采用高压（14.7~39.2 MPa）水冲洗法清除。

7）链终止剂。

保证聚氯乙烯树脂质量，使聚合反应在设定的转化率终止或防止发生意外停电事故，必须临时终止反应时使用。键终止剂常用的有聚合级双酚 A、叔丁基邻苯二酚、α－甲基苯乙烯等。

8）链转移剂。

聚氯乙烯树脂平均分子量，除严格控制反应温度外，必要时添加链转移剂，特别是生产分子量较低的树脂牌号时。常用的链转移剂为硫醇，如巯基乙醇。

9）抗鱼眼剂。

为了减少聚氯乙烯树脂中所含结实的圆球状树脂数量，可加入抗鱼眼剂，主要是苯甲醚的叔丁基、羟基衍生物。

10）泡沫抑制剂（消泡剂）。

包括邻苯二甲酸二丁酯、（未）饱和的 $C_6 \sim C_{20}$ 羧酸甘油酯等。

因为氧对聚合有缓聚和阻聚作用，在氯乙烯单体自由基存在下，氧能与单体作用生

成过氧化高聚物 $\text{+CH}_2\text{—CHCl—O—O+}_n$，该物质易水解成酸类物质，破坏悬浮液和产品的稳定性。所以，无论从聚合角度还是从安全的角度都应将各种原料中的氧和系统中的氧彻底清除干净。

（3）氯乙烯悬浮聚合物的黏釜及其防止方法。

黏釜物：由溶解在水中的少量单体在水溶液中聚合形成的低聚物和这种单体与釜壁金属自由电子作用形成的接枝聚合物黏附于釜壁上形成的。搅拌中飞溅碰撞釜壁的聚合物粒子也容易黏附在釜壁上而形成黏釜物。

黏釜的后果：一是在釜壁上形成垢层，由于釜内壁结垢，结垢影响传热效果；二是树脂中混入黏釜物后，在加工时不易塑化，在制品中呈现为透明的细小粒子，这种不塑化的粒子即生产中常称的"鱼眼"，"鱼眼"会影响产品质量。

黏釜的原因有两个。一是物理因素，包括吸附作用和黏附作用。吸附作用即不锈钢釜由于腐蚀或壁面机械损伤形成凹凸不平的缺陷，聚合物尤其是少量单体在水溶液中形成黏性低聚物在此沉积，与釜壁金属产生分子间力，如范德华力，从而形成物理吸附而黏在壁上。当单体转化率为 $10\%\sim60\%$ 时，树脂颗粒呈黏稠状，此时若黏稠颗粒不被撕破，易被黏在壁上。搅拌中飞溅碰撞釜壁的聚合物粒子也易黏附在壁上而形成黏釜物。二是化学因素，单体与釜壁表面产生接枝聚合物；釜壁金属表面的自由电子或空穴与液相中的活性低聚物结合。

减少黏釜的措施：尽可能减少釜内壁与活性聚合物接触。一是使聚合釜内壁金属钝化。二是添加水相阻聚剂，终止水相中的自由基，如在明胶为分散剂的体系中加入醇溶黑、亚硝基 R 盐、甲基蓝或硫化钠等。三是釜内壁涂布某些极性有机化合物，防止金属表面引发聚合，或大分子活性链接触釜壁就被终止而钝化。四是采用分子中有机成分较高的引发剂，如过氧化十二酰、过氧化二碳酸二 – 十六烷基酯及在釜壁上不能为铁（Fe^{3+}）诱导活化分解的偶氮化合物引发剂均可减轻黏釜现象。

清釜：氯乙烯悬浮聚合，由于黏壁物不溶于本身的单体中，黏釜问题较为突出。虽然采取许多措施可减少清釜次数，但到一定时间后也需清理黏釜物。为降低劳动强度，避免单体对人体的影响，目前多采取高压水枪（$15\sim30$ MPa）冲洗。用一个或多个高压喷头或高压旋转喷头，由人工或机械操作取合适角度冲刷釜壁，一般在 1 h 内可将黏釜物清除干净。此法劳动强度小，清理效率高，不损伤釜壁，减少了单体对空气的污染，利于操作人员的健康。

（4）氯乙烯悬浮聚合生产的主要工艺参数。

1）工艺配方（质量分数）：

去离子水：100；

氯乙烯：$50\sim70$；

悬浮剂（聚乙烯醇）：$0.05\sim0.50$；

引发剂（过氧化二碳酸二异丙酯）：$0.02\sim0.30$；

缓冲剂（磷酸氢二钠）：$0\sim0.1$；

消泡剂（邻苯二甲酸二丁酯）：$0\sim0.002$。

2）主要工艺参数：

①聚合：

聚合温度：50~58 ℃（依 PVC 型号而定）；

聚合压力：初始 0.687~0.981 MPa，结束 0.196~0.294 MPa；

聚合时间：8~12 h；

转化率：90%。

②碱处理：

NaOH 浓度：36%~42%；

加入量：聚合浆液的 0.05%~0.20%；

温度：70~80 ℃；

时间：1.5~2.0 h。

碱处理的目的是破坏残存的引发剂、分散剂、低聚物和挥发性物质，使其变成能溶于热的物质，便于水洗清除。

③脱水：

紧密型树脂含水率为 8%~15%；

疏松型树脂含水率为 15%~20%。

④干燥：

第一段气流干燥管干燥：

干燥温度：40~150 ℃；

风速：15 m/s；

物料停留时间：1.2 s；

含水率：<4%。

气流干燥管去除的是树脂上的表面非结合水。

第二段沸腾床干燥：

干燥温度：120 ℃；

物料停留时间：12 min；

含水率：<0.3%。

沸腾床干燥器去除的是树脂内部的结合水。

该二段式干燥法的缺点是物料停留时间长，投资较大，热效率较差，费用较高。赫司特公司采用旋风干燥器（MST），有效缩短了物料停留的时间，更好地利用了热效率。

（5）氯乙烯悬浮聚合的工艺过程。

氯乙烯悬浮聚合工艺流程如图 4-22 所示。

①准备：计量去离子水，泵入聚合釜，开启搅拌，依次往聚合釜中加悬浮剂溶液、水相阻聚剂硫化钠溶液、缓冲剂碳酸氢钠溶液。然后对聚合釜进行试压，试压合格后用氮气置换釜内空气。

②聚合：单体由计量罐经过滤器加入聚合釜内，向聚合釜夹套内通入蒸汽和热水，当聚合釜内温度升高至聚合温度（50~58 ℃）后，改通冷却水，控制聚合温度不超过规定温度的 ±0.2 ℃。当转化率达 60%~70%，有自加速现象发生，反应加快，放热现象激烈，应加大冷却水量。当釜内压力从 0.687~0.981 MPa 降到 0.196~0.294 MPa 时，加链终止剂结束反应。

③分离单体：储液罐→减压脱除大部分未反应单体→含 2%~3% VC 的 PVC 浆料→

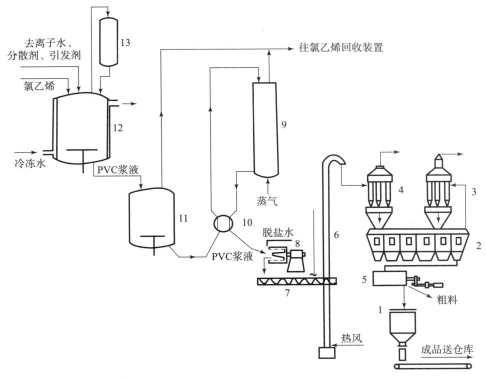

图 4 – 22 氯乙烯悬浮聚合工艺流程

1—料斗；2—沸腾床干燥器；3，4—旋风分离器；5—滚筒筛；6—气流干燥器；7—螺旋输送器；
8—离心机；9—氯乙烯剥离塔；10—热交换器；11—储液罐；12—聚合釜；13—冷凝器

热交换器预热→单体剥离（汽提）塔顶，PVC 浆料与塔底通入的热的水蒸气做逆向流动，VC 与水蒸气一同逸出→PVC 浆料（$10^{-5} \sim 10^{-6}$，质量分数）→塔底→热交换器冷却。泄压出料，使聚合物膨胀。因为聚氯乙烯粒的疏松程度与泄压膨胀的压力有关，所以要根据不同要求控制泄压压力。未聚合的氯乙烯单体经泡沫捕集器排入氯乙烯气柜，循环使用。被氯乙烯气体带出的少量树脂在泡沫捕集器捕下来，流至沉降池中，作为次品处理。

④聚合物后处理：经冷却的 PVC 浆料→离心机，脱除盐水，得到含水 20%～30% 的滤饼→螺旋输送机→气流干燥器，热风干燥→旋风分离器，除去湿的空气→沸腾床干燥器，挥发物 <0.3%～0.4%→滚筒筛，筛分除去大颗粒树脂→料斗→成品包装。

PVC 树脂的干燥方法有两种：一种是二段式干燥法（干燥管与干燥床结合），另一种是旋风干燥器。两种干燥方法比较，气流干燥管脱除树脂表面水，沸腾床干燥器脱除树脂内部结合水。因此，二段式干燥过程物料停留时间长，投资大，热效率较低，费用较高。但设备工艺成熟，目前仍在使用。旋风干燥器具有停留时间适中、热效率好的特点。

（6）氯乙烯悬浮聚合釜的主要参数。

氯乙烯悬浮聚合反应釜材质：搪玻璃压力釜，内壁光洁，容易清釜，但传热系数低，适用小型反应釜；不锈钢反应釜，传热系数高，但黏釜现象严重，难以清釜，采用适当防黏釜措施后可用于大型反应釜。

国内氯乙烯悬浮聚合釜的主要参数见表 4-21。

表 4-21　国内氯乙烯悬浮聚合釜的主要参数

材质		复合钢釜						搪瓷釜	
体积/m³		13.5	仿朝33	LF-30	80	国产33	日立127	7	14
直筒高度/mm		6 150	5 400	5 000	5 000	5 400	7 900	3 050	3 700
内径/mm		1 600	2 600	2 600	4 000	2 600	4 200	1 600	2 000
高径比		3.85	2.08	1.92	1.25	2.08	1.88	1.9	1.85
传热面积	夹套/m²	34.5	52	50	90	52	90	17.5	28
	内冷/m²	—	28	20	16	15	16	—	—
夹套比传热面/(m²·m⁻³)		2.55	1.58	—	1.12	1.85	1.12	2.5	2
搅拌桨叶形状和数量		3层优斜桨、3层螺旋	2层三时桨加一小桨	3层斜桨、3层螺旋	6层45°斜桨	底伸式三叶后掠桨	3层二叶桨	3~4层一枚指形	5~6层一枚指形
挡板		无	8组U形管	8根圆管	3组12根圆管	4组圆管	一块矩形	挡板	挡板

改善传热措施主要有增大传热面积，提高传热系数，增大传热温差。聚合釜的高径比越大（瘦长型），传热面积越大；高径比越小（矮胖型），传热面积越小。聚合釜的比传热面积（单位体积的传热面积）随釜容积的增加而减少。冷却水的出入口温度差越大，越利于传热，但对产品质量控制不利，因此多采用大流量低温差循环方式。冷却水品种有夏季水在 30 ℃左右，深井水可常年保持 12~15 ℃，冷冻水可达 5~8 ℃，更低的冷冻盐水可达 -35 ℃~ -15 ℃。其中深井水和冷冻水常用。

体系黏度越小，搅拌强度越大，则内壁液膜越薄，热阻越小，传热系数越大。由于釜内物料主要由水、氯乙烯、聚氯乙烯组成，体系的黏度和传热系数与油水比的大小有关，并且随聚合转化率而变化。无论是紧密型树脂还是疏松型树脂，在开始阶段流动的水量都较大，所以传热系数较大。随着聚合的进行，体系总体积收缩，黏度增加，并且粒子表面吸附有水分，尤其是疏松型树脂，内部吸收有一定的水分，使流动的水量减少，造成传热系数下降。因此，在聚合过程中从釜的底部陆续补加水，补加速度最好与体积收缩速度相当。

（7）聚氯乙烯悬浮聚合反应器的自动控制系统。

聚氯乙烯悬浮聚合反应器的自动控制系统如图 4-23 所示。

2. 苯乙烯悬浮聚合生产工艺

苯乙烯可在 85~90 ℃以过氧化苯甲酰（BPO）为引发剂，以聚乙烯醇（PVA）为分散剂进行悬浮聚合。一般反应 8 h 后，升温到 100 ℃进行后期熟化 3~4 h，使单体充

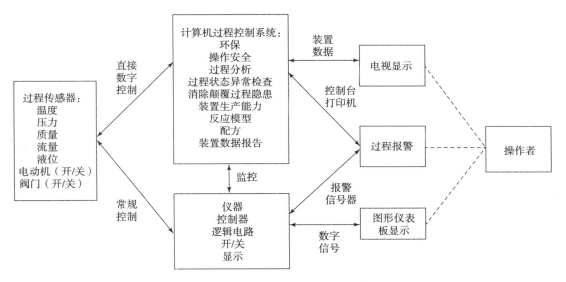

图 4 – 23　聚氯乙烯悬浮聚合反应器的自动控制系统

分聚合（与氯乙烯悬浮聚合有明显差别）。停止反应，再经分离、洗涤、干燥，即得 PS 珠状产品。

苯乙烯悬浮聚合体系的组成：

①单体苯乙烯，纯度 >99.5% 。

②分散介质去离子水。

③分散剂磷酸三钙，主分散剂 $MgCO_3$（可用 Na_2CO_3 与 $MgSO_4$）。

④助分散剂：苯乙烯 – 顺丁烯二酸酐共聚物。

⑤引发剂：过氧化苯甲酰（占总引发剂的 80%～90%）和过氧化叔丁基苯甲酸酯（占总引发剂的 10%～20%）复合型引发剂。

不同的分散剂对苯乙烯悬浮聚合的粒径有不同的影响，表 4 – 22 中列出了滑石粉、明胶和聚乙烯醇三种分散剂对苯乙烯悬浮聚合粒径的影响情况。

表 4 – 22　三种分散剂对苯乙烯悬浮聚合粒径的影响

（引发剂：过氧化苯甲酰 1%；温度：90 ℃）

单体:水	分散剂	搅拌	时间/h	粒径/mm
1:6	滑石粉	弱	5	1.1
1:6	明胶	弱	5	2.0
1:6	聚乙烯醇	弱	6	3.1
1:6	聚乙烯醇	强	6	0.8
1:4	聚乙烯醇	弱	3.6	0.7

苯乙烯悬浮聚合过程容易散热，产物为固体珠状颗粒，易分离干燥，但产品中含有少量分散剂残留物，影响性能，单体液滴不稳定，反应后期易出现结块，对设备、工艺

要求高。悬浮聚合制备的聚苯乙烯可用于生产通用聚苯乙烯（GPPS）、抗冲聚苯乙烯（HIPS）、可发性聚苯乙烯（EPS）等。

聚苯乙烯悬浮聚合按照温度可分为高温聚合和低温聚合，所用的引发剂和分散剂各异。另外还有微悬浮聚合法。

（1）高温悬浮聚合。

单体：苯乙烯；引发剂：高温油性引发剂（过氧化苯甲酸叔丁酯 TBPB、过氧化二异丙苯 DCP）；分散剂：多采用无机分散剂（磷酸钙、碳酸镁等），在 120~150 ℃下进行，苯乙烯有热引发性，不加引发剂，在 120 ℃以上就有较高的聚合速度，加入适当的引发剂还可以进一步提高速度。

配方和操作特点：以深井水作分散介质，利用深井水中含量很高的钙镁离子与加入的碳酸钠生成碳酸钙和氢氧化镁沉淀作为悬浮分散剂。合成最高温度达 155 ℃。产物用途：作为加工 PS 型材的原料。

（2）低温悬浮聚合。

单体/水：1/1.4~1/1.6；引发剂：低温油性引发剂（BPO）、复合型引发剂（二叔丁基过氧化物、BPO、过氧化苯甲酰叔丁酯，BPO、过氧化苯甲酰丁酯、环己烷基过氧化缩酮三种复合的复合体系）；分散剂：聚乙烯醇（PVA）；温度：85 ℃；应用：制备可发性聚苯乙烯（EPS）。工艺上有"一步法"和"二步法"之分。

配方和操作过程如下：

①将 1 300 kg 去离子水加入 2 500 L 聚合釜中，再加入 PVA 0.286 kg，升温搅拌溶解大约 30 min。

②在配料釜中加入 650 kg 已去除阻聚剂的苯乙烯和 2.76 kg BPO（纯度 70%），搅拌溶解。

③将溶解了引发剂的单体加入聚合釜，调节搅拌速度使单体液滴粒度符合要求。

④缓慢升温到 85 ℃聚合 2~3 h，当单体液滴转化成绵软鱼卵状珠粒后，升温至 98~100 ℃继续聚合 4 h。

⑤为补充高温下釜内水的挥发损失，聚合反应后期采用蒸气直接加热，同时可以加强物料的翻腾以减轻聚合物在釜壁的黏附；

⑥经过滤、水洗、干燥、包装入库。

（3）微悬浮聚合法制备聚苯乙烯磁性微球。

单体：苯乙烯；引发剂：BPO；采用特殊的复合乳化体系代替一般分散剂，由离子型表面活性剂（十二烷基硫酸钠 SDS）和难溶助剂（十六醇）组成；合成过程：取 5 g Fe_3O_4 粉末浸泡在浓度为 2% 的油酸溶液中，充分搅拌、干燥，使 Fe_3O_4 表面由亲水性转变为疏水性，然后分散于 50 mL 苯乙烯中，加入 BPO 溶胀 12~14 h，反应前超声分散 40 min。

称取 0.2 g 十六醇，量取 100 mL 去离子水，加入 10 mL 的 5% 聚乙烯醇 PVA 溶液，2 mL 的 5% SDS2PEG 溶液（十二烷基硫酸钠 SDS 和聚乙二醇 PEG 之比为 3∶2），在 250 mL 三口烧瓶中搅拌，混合均匀，然后加入 Fe_3O_4 和聚乙烯混合液，中速搅拌均匀后，放到水浴锅中，冷凝回流，升温至 70 ℃反应 4 h，之后升温至 80 ℃反应 3~4 h，抽滤，真空干燥，即得棕褐色粉状产物，过筛。用 1 mol/L 盐酸浸泡 24 h，洗至中性，真空干燥，用磁分离架分离出磁性物质。

世界上聚苯乙烯生产技术主要有悬浮聚合工艺和本体聚合工艺两大类。本体法经过多年的发展已较成熟，相对悬浮法具有工艺流程简单、易操作、能耗低、污染少和产品质量好等优点，因此目前除少数厂家如日本电气化学仍采用悬浮法外，绝大多数厂家采用本体法。世界上较有代表性的 PS 生产技术有美国的 DOW、FINA（原 CONSDEN）、CHERVON（原 GULF OIL）和 HUNTSMAN（原 MANSANTO，现并入 NOVA 公司），德国的 BASF 和日本 TEC – MTC 等厂家的技术，其中以 DOW 的工艺最为先进。

3. 苯乙烯 – 丙烯腈悬浮共聚合生产工艺

苯乙烯 – 丙烯腈悬浮共聚物（SAN）树脂是无规、无定型的共聚物，具有 PS 的表面粗糙度和透明性。（SAN）树脂耐化学药品性、热扭变温度、柔韧性以及负载量等性能都优于 PS，是坚硬、透明的热塑性塑料，易成型加工，具有良好的尺寸稳定性，制品多数为透明或半透明，少数情况下不透明。含丙烯腈 20%~35% 的 SAN 树脂为透明塑料，机械性能与耐化学药品性能优于 PS。SAN 树脂可用玻璃纤维增强，以获得高刚性、不易破裂和高抗冲性塑料制品。SAN 塑料主要用作餐具、汽车灯罩、仪表板、冰箱中的塑料部件、录音机的箱壳、观察镜、门窗、医疗手术用具、包装用的瓶和桶等。

（1）配方。

苯乙烯 – 丙烯腈悬浮共聚合的配方见表 4 – 23。

表 4 – 23　苯乙烯 – 丙烯腈悬浮共聚合的配方

原材料	质量分数/份
苯乙烯、丙烯腈	100
去离子水，水油比：（1.4~1.6）：1	140~160
硫酸镁（16% 水溶液）	0.12
碳酸钠（16% 水溶液）	0.09
苯乙烯 – 马来酸酐钠盐（SM – Na）	0.012
对叔丁基邻苯二酚（TBC）	0.028

配方中的硫酸镁和碳酸钠是用来制备不溶性无机悬浮剂碳酸镁的，新制备的碳酸镁悬浮剂分散性好，制得树脂颗粒均匀，且耐高温（苯乙烯 – 丙烯腈悬浮共聚的温度在 100 ℃以上）。

配方中加有少量聚苯乙烯 – 马来酸酐钠盐，也是用作悬浮剂，同时可以减少上述硫酸镁和碳酸钠的用量。聚苯乙烯 – 马来酸酐钠盐的制备方法为在 2~4 kg 水中加入 8 g 氢氧化钠和 39 g SM 共聚物，于 80 ℃下搅拌 2 h 即可，反应式如下：

苯乙烯 – 丙烯腈悬浮共聚合工艺条件：聚合温度大于 140 ℃，聚合时间为 8 ~ 24 h。

（2）聚合工艺过程简述。

①准备：在两个溶解釜中分别溶解、配制 16% 的碳酸钠和硫酸镁水溶液→分别泵入两只储槽、备用；去离子水经软水池泵入高位槽→计量槽→聚合釜；在另一溶解釜中配制 SM – 钠盐溶液→铝桶、备用。

②悬浮剂制备：聚合釜中去离子水加热至 90 ℃，碳酸钠水溶液经计量槽→聚合釜，升温至 78 ℃；硫酸镁溶液经计量槽→聚合釜→搅拌 30 min；用铝桶向聚合釜中直接加 SM 钠盐溶液→升温至 95 ℃→停止搅拌；30 min 后通入热的水蒸气、排除空气→闭釜→降温至 75 ℃，产生 7 kPa 的负压。

③聚合：单体经储槽泵入计量槽→聚合釜→搅拌、升温至 92 ℃，同时通氮至 0.15 MPa（防止物料剧烈沸腾）→升温至 150 ℃，釜压为 0.6 MPa，2 h（树脂颗粒已硬化）→升温至 155 ℃，釜压为 0.70 ~ 0.75 MPa；2 h→降温至 125 ℃，0.5 h→升温至 140 ℃，熟化 4 h（残留单体进一步反应）。

④分离：卸压，未反应单体经回收单体冷凝器→回收单体冷却器→油水分离器，废水排放→回收单体储槽→单体蒸馏回收塔，循环利用。

⑤后处理：共聚物悬浮液降温，经釜底流出→过滤器，除去盐水→洗涤釜（中和槽）；98% 硫酸经储槽泵入高位槽→计量槽→洗涤釜，除去碳酸镁→水洗至中性→自动离心机，过滤除去盐水，含水量 < 2%→湿物料中间仓，经螺旋输送器→热风气升管；空气经鼓风机→翅片加热器，热的高速空气流→热风气升管；热风气升管中的物料被热气流输送至旋风分离器，除去微量水分→料仓→圆筛，粗粒 SAN 树脂直接包装，细粉状 SAN 树脂经料仓被引风机引入冷风气升管→旋风分离器→料仓→成品包装。

（3）苯乙烯 – 丙烯腈高温悬浮共聚的优点。

①苯乙烯 – 丙烯腈高温悬浮聚合不使用引发剂，而是在高温惰性气体 N_2 环境中进行热聚合，反应速率快，可缩短聚合周期，提高生产效率。

②由于采用了无机化合物做悬浮剂，树脂易洗涤、分离；聚合物中因不含残余的引发剂和悬浮剂，聚合物性能全面提高。

③黏釜现象减少，减轻了清釜工作，提高了产量。

4.5　自由基乳液聚合工艺

乳液聚合是可用于某些自由基聚合反应的一种独特方法，它是以乳液形式进行的单体聚合反应。在乳化剂的作用下借助于机械搅拌，使单体在水或其他液体作介质的乳状液中，按胶束机理或低聚物机理生产彼此孤立的乳胶粒，并在其中进行自由基加成聚合来生产聚合物。

在本体、溶液及悬浮聚合中，能使聚合速率提高的一些因素，往往使产物分子量降低。但在乳液聚合中，因该聚合方法具有特殊的反应机理，速率和分子量可同时较高。乳液聚合的粒径为 0.05 ~ 0.20 μm，比悬浮聚合物（0.05 ~ 0.20 mm）要小得多。

乳液聚合在工业生产上应用广泛，很多合成树脂、合成橡胶都是采用乳液聚合方法生产的，因此乳液聚合方法在高分子合成工业中具有重要意义。

4.5.1　自由基乳液聚合的特点及乳化剂

（1）乳液聚合实施工业生产的特点。

1）优点。

①以水为介质，廉价安全，聚合热易扩散，聚合温度易控制，乳液的黏度低，且与聚合物的分子量及聚合物的含量无关，这有利于搅拌、传热及输送，便于连续生产。

②聚合体系在反应后期黏度较低，也特别适宜制备黏性较大的聚合物，如合成橡胶。

③聚合速率快，能获得高分子量的聚合产物，可低温聚合。

④产品可直接是乳液形式，适宜直接使用胶乳的场合，如水乳漆、黏合剂、纸张和皮革及织物的处理剂等。

⑤不使用有机溶剂，干燥中不会发生火灾，无毒，不会污染大气。

2）缺点。

①需固体产品时，乳液需经凝聚（破乳）、洗涤、脱水、干燥等工序，分离烦琐，生产成本较高。

②产品中留有乳化剂等杂质，难以完全除尽，有损聚合物产品的电性能、透明度和耐水性等。

③聚合物分离需加破乳剂，如盐溶液、酸溶液等电解质，因此分离过程较复杂，并且产生大量的废水；如直接进行喷雾干燥需大量热能；所得聚合物的杂质含量较高。

（2）乳化剂的概念。

乳化剂是乳液聚合的重要成分，它可以使互不相溶的油（单体）和水转变为相当稳定难以分层的乳液。这个过程称为乳化。乳化剂之所以能起乳化作用，是因为它的分子是由亲水的极性基团和疏水（亲油）的非极性基团构成的。

乳液聚合首先使单体在水中借助乳化剂分散成乳液状态。乳化剂溶于水的过程中，在乳化剂浓度很低时，乳化剂以分子状态溶解于水中。在表面处，它的亲水基伸向水层，疏水基伸向空气层，降低水表面张力。当浓度达到一定值后，乳化剂分子在水中开始由 50～150 个聚集在一起，乳化剂分子形成胶束，乳化剂开始形成胶束时的最低浓度为临界胶束浓度，简称 CMC，CMC 值越小，越易形成胶束，表面活性剂能力越强；在 CMC 下，溶液的许多物理性质会发生突变。胶束的大小和数目取决于乳化剂的量，乳化剂用量多，乳束数目多，而粒子小，即胶束的表面积随乳化剂用量增加而增加。在大多数乳液聚合中，乳化剂的浓度（2%～3%）总超过 CMC 值 1～3 个数量级，所以大部分乳化剂处于胶束状态。在典型的乳液聚合中，胶束的浓度为 $10^{17} \sim 10^{18}$ 个/cm^3。

乳化剂的作用：降低表面张力，使单体分散成细小的液滴；在液滴表面形成保护层，防止凝聚，使乳液保持稳定；增溶作用，使部分单体溶于胶束内。这三方面综合起来就是乳化作用。

（3）乳化剂的分类及特点。

乳化剂按亲水基团的性质分成四类。

1）阴离子型：极性基团是阴离子的乳化剂为阴离子乳化剂，如十二烷基硫酸钠（$C_{12}H_{25}SO_4Na$）、松香皂等。它在碱性溶液中比较稳定，酸、金属盐、硬水等会形成不溶于水的酸或金属皂，加 pH 调节剂。亲水基团一般为—COONa，—SO$_4$Na，—SO$_3$Na 等，亲油基一般是 C$_{11}$~ C$_{17}$ 的直链烷基，或是 C$_3$~ C$_8$ 烷基与苯基结合在一起的疏水基；pH 大于 7 时使用。

2）阳离子型：为铵盐和季铵盐；pH 小于 7 时使用；由于乳化能力不足，可影响引发剂分解，乳液聚合中一般不用。

3）非离子型：典型代表是环氧乙烷聚合物，或环氧乙烷和环氧丙烷嵌段共聚物、聚乙烯醇等；非离子乳化剂在水中不能离解为正、负离子。可适用于很宽的 pH 值条件，且不怕硬水，化学稳定性强。一般而言，单纯用非离子乳化剂进行乳液聚合反应，反应速率低于阴离子乳化剂参加的反应，且生产出的乳液离子粒径较大。故非离子乳化剂不单独使用，常用作辅助乳化剂，加入少量，可改善乳液稳定性、乳胶粒的粒径和粒径分布。

4）两性乳化剂：亲水基兼有阴、阳离子基团，如氨基酸。由于该类乳化剂的低毒性、低生物刺激性和杀菌抑霉性，目前在消毒剂、化妆品、香波、洗涤液中得到极大的重视。但因其价格昂贵，尚未能在乳液聚合工业上体现其独特的性能优势。

乳液聚合工业生产中最常用的是阴离子型乳化剂，非离子型乳化剂一般用作辅助乳化剂与阴离子型乳化剂配合使用以提高乳液的稳定性。

（4）乳化剂的选择。

1）以亲水亲油平衡值（HLB）为依据选择乳化剂。

乳化剂的亲水亲油平衡值（HLB）用于衡量亲水基和亲油基对表面活性剂性质的贡献。HLB 值增加，亲水性也随之升高。HLB 值为 3 ~ 6 时为油包水型 W/O；HLB 值为 7 ~ 9 时为润湿剂；HLB 值为 8 ~ 18 时为水包油型 O/W；HLB 值为 13 ~ 15 时为洗涤剂；HLB 值为 15 ~ 18 时为增溶剂。其中 O/W 型为经典的乳液聚合状态。

每种乳化剂都有特定的 HLB 值，不同 HLB 值的乳化剂用途不同。研究发现，HLB 值可以影响聚合速率、乳液的稳定性、乳液系统的黏度以及乳胶粒子的大小。

各种 HLB 值的表面活性剂在水中的性质见表 4 – 24。

表 4 – 24　各种 HLB 值的表面活性剂在水中的性质

在水中溶解情况	HLB 值	应用范围	
不能在水中分散	0	—	
	2		
	4	作为 W/O 型乳化剂	
分散性较差	6		
不稳定乳状液	8	润湿剂	
稳定的乳状液	10		
生成半透明分散液	12	洗涤剂	作为 O/W 型乳化剂
	14		
生成透明溶液	16	增容剂	
	18		

2）经验法选择乳化剂。

①优先选用离子型乳化剂，因为它可使分散粒子带电，其静电斥力将会使乳液具有较大的稳定性。

②选择和被乳化物质化学结构类似的乳化剂，这样可获得较好的乳化效果。

③在被乳化物质中，易溶解的乳化剂乳化效果好。

由②、③两点可知，乳化剂的疏水基和被乳化物质之间一定要有很大的亲和力，只有这样乳化作用才会强，乳化剂的用量才能减少。

④衡量乳化剂效率的另一个重要参数为每个乳化剂分子在乳胶粒表面上的覆盖面积（X_s），对离子型乳化剂来说，乳化剂的 X_s 越大，表明在乳胶粒表面上的电荷密度越小，其胶乳倾向于不稳定；对非离子型乳化剂来说，X_s 越大，表明乳化剂分子所占空间越大，粒子聚集的空间障碍大，故 X_s 大的乳胶倾向于稳定。

⑤将非离子型乳化剂和离子型乳化剂联合使用常常会取得更好的乳化效果。

⑥乳化剂对单体应具有较大的增溶作用。

⑦所选用的乳化剂不会干扰聚合反应。

⑧选择乳化剂应结合生产工艺条件。

⑨选择乳化剂时，其三相平衡点应在聚合温度以上。三相平衡点是指阴离子乳化剂处于分子溶解状态、胶束、凝胶三相平衡时的温度。高于该温度，溶解度突增，凝胶消失，乳化剂分子溶解和胶束两种状态存在。温度降到三相平衡点以下，将以凝胶析出，失去乳化能力。

⑩选用非离子型乳化剂时，聚合温度应在浊点以下。浊点是非离子型乳化剂水溶液随温度升高开始分相时的温度。在浊点以上，非离子型乳化剂沉出，无胶束存在。

在满足以上条件的前提下，应尽量选择临界胶束浓度小的乳化剂，这样可以使乳化剂得到充分利用。所选用的乳化剂应当货源宽广，价格低廉。

4.5.2　自由基乳液聚合体系的组成

乳液聚合体系的组成比较复杂，一般是由单体、分散介质、引发剂、乳化剂四部分组成的。经典乳液聚合的单体是油溶性的，分散介质通常是水，选用水溶性引发剂；当单体为水溶性时，则分散介质为有机溶剂，引发剂是油溶性的，这样的乳液体系称为反相乳液聚合。在乳液聚合工艺中除以上组分外，还加入缓冲剂、分子量调节剂、电介质、链终止剂、防老剂等添加剂。

（1）单体。

能进行乳液聚合的单体数量很多，其中应用较广泛的有乙烯基单体、共轭二烯单体、氯丁二烯、丙烯酸及甲基丙烯酸单体等。

作为原料参与聚合反应，通常占体系质量的 30%~60%。单体的水溶性会影响反应地点及成核机理、动力学，进而影响聚合速率，多数为油溶性单体，基本不溶或微溶于水。单体的纯度也有严格要求，通常纯度 >99%，应当不含有阻聚剂。

选择能在乳液中聚合的乙烯基单体时必须具备三个条件：

①可以增溶溶解但不是全部溶解于乳化剂水溶液。

②可在发生增溶溶解的温度下聚合。

③与水或乳化剂无任何活化作用，即不水解。

乳液聚合中单体和水相的比例可在很宽的范围内变动，但是从工艺实践的角度考虑，一般限制在 30/170～60/40 以内。

乳液聚合单体的质量要求严格，但不同生产方法其杂质容许含量不同；不同聚合配方对不同杂质的敏感性也不同，因此应根据具体配方及工艺确定原辅材料的技术指标。

（2）分散介质。

分散介质通常是水，其用量占总体系质量的 40%～70%，除了起分散作用外，水还是体系中其他组分如乳化剂、引发剂等的溶剂。

尽可能降低分散介质水中的 Ca^{2+}、Mg^{2+}、Fe^{3+} 等离子含量，一般要求使用电阻率在 $10^6\Omega\cdot cm$ 以上的去离子水。用量应超过单体体积，质量一般为单体量的 150%～200%。溶解氧可能起阻聚作用，加入适量还原剂（如连二亚硫酸钠 $Na_2S_2O_4\cdot 2H_2O$），用量为 0.04% 左右。

（3）引发剂。

引发剂要求不溶于单体，但溶于水相。其可分为无机过氧化物（如过硫酸盐）、水溶性氧化－还原引发剂、油溶性氧化剂－水溶性还原引发剂，后者应用最多，作用是在水相中进行氧化－还原反应产生自由基从而引发反应。引发剂的用量一般为单体量的 0.01%～0.20%。

氧化－还原引发体系聚合温度较低，如 5～10 ℃。氧化－还原体系产生自由基的速度一般难以控制，可以选用两种方法，一种是陆续添加氧化剂或还原剂；另一种是引发体系中一个组分，如异丙苯过氧化氢溶于单体，另一组分溶于水。过氧化氢从单体相中扩散出来，与水溶性还原剂相遇，在水相中进行氧化－还原反应。反应速度由扩散来控制。

（4）乳化剂。

乳化剂即表面活性剂，为一种可形成胶束的物质。通常由亲水的极性基团和亲油的非极性基团组成。在乳液聚合中的作用在于降低表面张力时，单体分散成细小液滴；在液滴表面形成保护层，防止凝聚，稳定乳液；形成胶束，使单体增溶。商品乳化剂多数实际上是同系物的混合物，不同厂家的同一型号乳化剂可能具有不同的乳化效果。

（5）其他助剂。

pH 缓冲剂：常用的缓冲剂是磷酸二氢钠、碳酸氢钠等。

分子量调节剂：控制产品的分子量，如丁苯橡胶生产中用正十二烷基硫醇或叔十二烷基硫醇作为链转移剂来调解分子量。

电解质：微量电解质（$<10^{-3}$ mol/L）的存在，由于电荷相斥增高了胶乳的稳定性。

链终止剂：在乳液聚合过程结束后加入链终止剂，如亚硝酸钠、多硫化钠等。

防老剂：合成橡胶分子中含有许多双键，与空气氧接触易老化，所以要加防老剂。胺类防老剂用于深色橡胶制品，酚类用于浅色橡胶制品。

抗冻剂：加入抗冻剂以便将分散介质的冰点降低，防止因气温降低影响乳液稳定性，常用的有乙二醇、甘油、氯化钠、氯化钾等。

保护胶体：为有效地控制乳胶粒的粒径、粒径分布及保持乳液的稳定性，常常需要在乳液聚合反应体系中加入一定量的保护胶体，如聚乙烯醇、聚丙烯酸钠、阿拉伯胶等。

4.5.3　自由基乳液聚合的体系变化

自由基乳液聚合机理也包括链引发、链增长、链终止等基元反应。在乳液聚合过程中，聚合体系的基本组分分别以不同的状态存在，其变化情况包括聚合过程相态变化、成核机理、聚合过程等。

（1）聚合过程相态变化。

乳化剂、单体有三种相态存在形式，构成一个动态平衡。首先水溶性引发剂加入体系后溶于水相，并在水相中反应生成自由基。水相生成的自由基，可以与溶于水相中的单体反应生成单体自由基，也可进入增溶胶束与单体反应，还可进入单体液体与单体反应。其中主要聚合是发生在增溶胶束中，这样，自由基一旦进入胶束，就引发其中的单体聚合。形成被单体溶胀的聚合物乳液体颗粒（乳胶粒）——成核作用。液滴中的单体则通过水相进入胶束内，以补充聚合单体消耗。

聚合反应开始前，单体与乳化剂分别有以下列三种相态：

①水相中，极少量的单体和少量的乳化剂，大部分为引发剂。

②单体液滴：由大部分单体分散成的液滴，表面吸附着乳化剂分子，形成稳定的乳液。

③胶束：由大部分乳化剂分子聚集而成，直径为 40~50 Å[①]，胶束内增溶有一定量的单体，胶束的数目为 $10^{17~18}$ 个/cm^3。

形成胶束后，乳化剂的浓度很低时，如 1%~2%，呈球形胶束，直径为 4~5 nm，由 50~100 个乳化剂分子组成。当浓度较大时，呈棒状胶束，长度可达 100~300 nm。增溶胶束是指油溶性单体进入胶束，形成的含有单体的胶束。增溶作用是指油溶性单体由少量的单体按照其在水中的溶解度以单分子体溶于水中形成真溶液。加入乳化剂后，由于可形成增溶胶束，使单体在水中总的溶解性增加。很少量单体溶于水中，少部分单体进入胶束，大部分单体经搅拌形成小液滴，液滴吸附乳化剂形成带电保护层，体系得以稳定。

引发剂溶于水，分解产生自由基，也是水溶性的，它将在何种场所引发聚合，这是乳液聚合机理要解决的重要问题。在水相中的引发剂分解产生的自由基扩散进入胶束内，引发胶束中溶有的单体进行聚合。随着聚合的进行，水相单体不断进入胶束，补充消耗的单体，单体液滴中的单体又溶解到水相，形成一个动态平衡。由此可见，胶束是进行乳液聚合的反应场所，单体液滴是提供单体的仓库。

在聚合反应初期，反应体系中存在三种粒子，即单体液滴、发生聚合反应的胶束（称作乳胶粒）和没有反应的胶束。随着反应的进行，胶束数目减少，直至消失，乳胶粒数逐渐增加到稳定。反应进入聚合中期，乳胶粒数目稳定，单体液滴数目减少。到反应后期，单体液滴全部消失，乳胶粒不断增大，体系中只有聚合物乳胶粒。这就是在聚合过程中体系组成的变化。

---

① 1 Å = 10^{-10} m。

（2）成核机理。

胶束进行聚合后形成聚合物乳胶粒的过程，被称为成核作用。

乳液聚合粒子成核作用的机理由两个同步过程进行：一个过程是自由基（包括引发剂分解生成的初级自由基和溶液聚合的短链自由基）由水相扩散进入胶束，引发增长，这个过程为胶束成核；另一个过程是溶液聚合生成的短链自由基在水相中沉淀出来，沉淀粒子从水相和单体液滴上吸附了乳化剂分子而变得稳定，接着又扩散入单体，形成与胶束成核同样的粒子，这个过程叫均相成核。胶束成核作用和均相成核作用的相对程度将随着单体的水溶解度和表面活性剂的浓度而变化。单体较高的水溶性和低的表面活性剂浓度有利于均相成核；水溶性低的单体和高的表面活性剂浓度则有利于胶束成核。对有一定水溶性的醋酸乙烯酯，均相成核作用是粒子形成的主要机理，而对亲油性较强的苯乙烯，主要是胶束成核机理。

这两种成核过程的相对重要性取决于单体的水溶性和乳化剂浓度。单体水溶性大及乳化剂浓度低，有利于均相成核；反之，则有利于胶束成核。

（3）乳液聚合过程。

乳液聚合过程是按配方分别向聚合釜内投入水、单体、乳化剂及其他助剂，然后升温反应。聚合过程中乳胶粒数在不断变化，即聚合物乳胶粒子形成阶段；聚合物乳胶粒子与单体液滴共存阶段和单体液滴消失、聚合物乳胶粒子内单体聚合阶段。

1）分散阶段（乳化阶段）。

加入乳化剂，浓度低于 CMC 时形成真溶液，高于 CMC 时形成胶束。加入单体，少量单体以分子状态分散于水中，部分单体溶解在胶束内形成增溶胶束，更多的单体形成小液滴，吸附一层乳化剂分子形成单体液滴。单体、乳化剂在单体液滴、水相及胶束间形成动态平衡。

分散阶段乳液状态示意如图 4-24 所示。

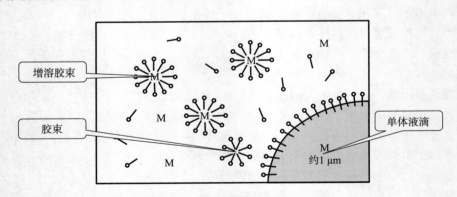

图 4-24　分散阶段乳液状态示意

2）乳胶粒生成阶段（聚合Ⅰ段，增速期）。

乳胶粒生成期，即成核期。从开始引发直到胶束消失，整个阶段聚合速率递增，转化率可达 2%~15%。

此阶段引发剂溶解在水中，分解形成初级自由基。初级自由基在不同的场所引发单体聚合生成乳胶粒；进入增溶胶束，引发聚合，形成乳胶粒（胶束成核）；引发水中的

单体 – 低聚物成核（水相成核）；进入单体液滴（液滴成核）。根据概率，经典乳液聚合一般情况下胶束成核的概率最大。

乳胶粒生成阶段乳液状态示意如图 4 – 25 所示。

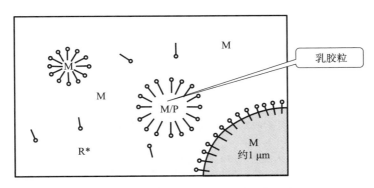

图 4 – 25　乳胶粒生成阶段乳液状态示意

3）乳胶粒长大阶段（聚合 Ⅱ 段，恒速期）。

该阶段自胶束消失开始到单体液滴消失止。胶束消失，乳胶粒数目恒定，体积增大，单体液滴消失，乳液聚合速度恒定，转化率达 50%。

乳胶粒长大阶段乳液状态示意如图 4 – 26 所示。

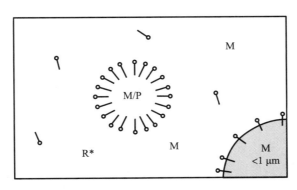

图 4 – 26　乳胶粒长大阶段乳液状态示意

4）聚合结束阶段（聚合 Ⅲ 阶段，降速期）。

单体液滴消失后，乳胶粒内继续进行引发、增长、终止，直到乳胶粒内单体完全转化。乳胶粒数不变，体积增大，最后粒径可达 500 ~ 2 000 mm。

体系中只有水相和乳胶粒两相。乳胶粒内由单体和聚合物两部分组成，水中的自由基可以继续扩散到胶粒内使引发增长或终止，但单体再无补充来源，聚合速率将随乳胶粒内单体浓度的降低而降低。

聚合完成阶段乳液状态示意如图 4 – 27 所示。

乳液聚合三个阶段的特征具体见表 4 – 25。

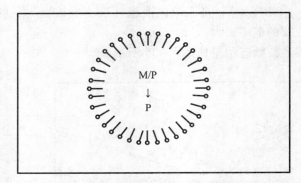

图 4 – 27　聚合完成阶段乳液状态示意

表 4 – 25　乳液聚合三阶段特征

特征＼阶段	Ⅰ阶段（加速期）	Ⅱ阶段（恒速期）	Ⅲ阶段（降速期）
乳胶粒	不断增加	恒定	恒定
胶束	直到消失	—	—
单体液滴	数目不变，但体积缩小	直到消失	—
聚合速率	不断增加	恒定	下降

4.5.4　乳状液的稳定

如果在水相中加入超过一定数量（临界胶束浓度）的乳化剂，经搅拌后形成乳化液体，停止搅拌后不再分层，此种乳状液是稳定状态。在乳液聚合过程中乳状液的稳定性随时发生变化，即使稳定的乳液体系也不可避免地会有凝聚物的生成和积累。在这些凝聚物中，有的是小沙粒状，有的是大小不等、形态不一的块状物，有的发软发黏；有的发硬、发脆。在少数凝聚严重的情况下，在聚合期间整个聚合物乳液有可能完全凝聚，造成"抱轴"，使搅拌失效，产品报废。另外，在大多数乳液聚合的过程中，凝聚物都会不同程度地沉淀在反应器内壁、顶盖、搅拌轴和叶轮、挡板、内部换热器以及其他内部构件上，这种现象称为"黏釜"或"挂胶"。为了减少凝聚物的生成，需要采用一些措施，如采用种子乳液聚合法、控制温度、改变加料方法，采用适当的搅拌强度，或分散阶段和反应阶段采用不同的搅拌速度，以减少由于浆端速度太大而造成的凝聚等。

（1）乳状液稳定的条件。

1）乳化剂使分散相和分散介质的表面张力降低。

以表面活性剂作为乳化剂时，乳化剂使分散相和分散介质的界面张力降低，使液滴和乳胶粒自然聚集的能力大大降低，因而使体系稳定性提高。但这样仅使液滴和乳胶粒有自聚集倾向，而不能彻底防止液滴之间的聚集。例如，将鱼肝油分散在浓度为2%的肥皂水中，其界面自由能比纯水降低了90%以上。

2）离子型乳化剂的双电层静电排斥作用。

双电层是建立了静电力和扩散力之间的平衡。由于乳胶粒表面带有电荷，故彼此之间存在静电排斥力。而且距离越近排斥力越大，使乳胶粒难以接近而不发生聚集，从而使乳状液具有稳定性。带负电的乳胶粒双电层示意如图 4 - 28 所示。

3）空间位阻的保护作用。

乳化剂使液滴或乳胶粒周围形成有一定厚度和强度的水合层，起空间位阻的保护作用。这种空间位阻的保护作用阻碍了液滴或乳胶粒之间的聚集而使乳状液稳定。具有空间位阻作用的水合层示意如图 4 - 29 所示。

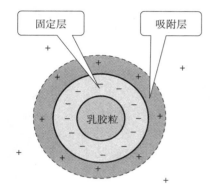

图 4 - 28　带负电的乳胶粒双电层示意

图 4 - 29　具有空间位阻作用的水合层示意

（2）影响乳状液稳定的因素。

1）电解质的加入。

当乳状液中加入一定量的电解质后，液相中离子浓度增加，在吸附层中异性离子增多，电中和的结果是使动电位下降，双电层被压缩。当电解质浓度达到足够浓度时，乳胶粒的动电位降至临界点以下，乳胶粒之间的吸引力由于排斥力的消失而体现出来，使体系出现破乳和凝聚现象。离子型乳化剂形成的乳状液电解质稳定性差。

2）机械作用。

当机械作用能量超过聚集活化能时，乳胶粒就彼此产生凝聚。非离子型乳化剂形成的乳状液，其机械稳定性差。

3）冰冻。

由于冰晶的继续增长而被覆盖在下面的乳状液一方面受到机械压力，另一方面水析出时乳状液体系内电解质浓度升高，直至最后造成破乳。

4）长期存放。

长期存放会破坏乳状液的稳定性，所以乳液的保存期不宜过长。

以上 4 种影响乳状液稳定的因素也是常用的破乳方法。

4.5.5　自由基乳液聚合的影响因素

（1）乳化剂的影响（种类和数量）。

乳化剂的种类不同，其乳胶束稳定机理、临界胶束浓度 CMC、胶束大小及对单体的增容度也各不相同，从而会对乳胶粒的稳定性、直径、聚合反应速度和聚合物分子量产生不同的影响。

乳化剂的浓度对乳液聚合得到的分子量有直接影响。例如，乳化剂浓度越大，胶束数目越多，链终止的机会越小，链增长的时间越长，故此时乳液聚合得到的聚合物分子量很大。

（2）操作方式的影响。

乳液聚合产品中，丁苯橡胶、氯丁橡胶等用量较大的聚合物品种采用连续操作，而绝大多数都是采用单釜间歇操作或半间歇（或半连续）操作。

各种操作的加料方式、加料次序和加料速度不同，会很大程度地影响到乳液聚合产品的微观性能（如粒子的形态、粒径及其分布、分子量及其分布、凝聚含量、支化度等），从而导致乳液的宏观物性（如乳液黏度、增稠效果、胶膜的物理机械性能等）存在很大差异。

（3）搅拌强度的影响。

在乳液聚合中，搅拌的一个重要作用是把乳胶粒、（增溶）胶束、单体液滴等分散体分散开，并有利于传热传质。

对于机械稳定性差的乳化剂，搅拌产生的高剪切会使乳液产生凝胶，甚至导致破乳。因此对乳液聚合来说，搅拌在保证分散、传热、传质的情况下，搅拌强度不宜过高。

（4）温度的影响。

乳液聚合和其他聚合方法进行的自由基聚合有相似的一面，温度升高将使聚合物的平均分子量降低。但是乳液聚合又有其特殊的情况：反应温度升高，使乳胶粒的数目增多，粒径减小，从而导致聚合物平均分子量增加。实际的操作中以上两种因素会同时存在，对聚合物平均分子量的影响要看以上两种因素竞争的结果。另外，当温度升高时，亦会导致乳液稳定性下降。

乳液聚合与悬浮聚合的区别主要有三个方面：一是乳液聚合的粒径为 $0.05 \sim 1.00 \ \mu m$，比悬浮聚合常见的粒径（$0.05 \sim 2.00 \ mm$）小得多；二是乳液聚合所用的引发剂是水溶性的，而悬浮聚合则为油溶性的；三是乳液聚合配方中要有乳化剂，悬浮聚合配方中必须有分散剂；四是聚合场所不同，悬浮聚合场所是单体液滴，乳液聚合场所是在增容胶束中；五是分散和聚合机理不同。

4.5.6　自由基乳液聚合工艺实例

乳液聚合法是高分子合成工业的重要生产方法之一，主要生产合成橡胶、合成树脂、黏合剂和涂料用胶乳等。工业上用乳液聚合法生产的产品有固体块状物固体粉状物和流体状胶乳，如丁苯橡胶、氯丁橡胶、聚氯乙烯糊用树脂及丙烯酸酯类胶乳。

1. 丁二烯－苯乙烯乳液共聚合——丁苯橡胶的生产

丁苯橡胶是最早工业化的合成橡胶之一，1933 年德国首先制得丁苯橡胶，其商品名 Buna－S。1942 年美国以石油为原料生产丁苯橡胶，商品名为 GR－S。

丁苯橡胶是全世界范围内年产量最大的通用合成橡胶，占合成橡胶总量的 60% 左右。丁苯橡胶的加工性能和物理性能接近天然橡胶，可以与天然橡胶混合使用作为制造轮胎及其他橡胶制品的原料。采用乳液聚合生产的丁苯橡胶，主要产品中有低温丁苯橡胶、高温丁苯橡胶、低温丁苯橡胶炭黑母炼胶、低温充油丁苯橡胶、高苯乙烯丁苯橡胶、液体丁苯橡胶等。

（1）丁苯橡胶的合成原理。

$$(x+y)CH_2\!=\!CH\!-\!CH\!=\!CH_2 + CH_2\!=\!\overset{\displaystyle CH}{\underset{}{}} \longrightarrow$$

$$\!\!-\!\!\left[CH_2\!-\!CH\!=\!CH\!-\!CH_2\right]_n\!\!\left[CH_2\!-\!\underset{\underset{CH_2}{\overset{\|}{CH}}}{CH}\right]_m\!\!-\!\!\left[CH_2\!-\!\overset{\displaystyle CH}{\underset{}{}}\right]_z\!\!-$$

丁苯橡胶是丁二烯和苯乙烯的无规共聚物，丁二烯和苯乙烯两种结构单元存在一定的数量分布和序列分布。通用型丁苯橡胶中苯乙烯质量分数为 23.5%。在低温乳液聚合共聚物大分子链中顺式约占 9.5%，反式约占 55%，乙烯侧基约占 12%；采用高温乳液聚合，则其产物大分子链中顺式约占 16.6%，反式约占 46.3%，乙烯侧基约占 13.7%。

（2）丁二烯－苯乙烯乳液共聚合体系的组分。

1）单体。

1，3－丁二烯的结构式为 $CH_2\!=\!CH\!-\!CH\!=\!CH_2$，1，3－丁二烯是最简单的共轭双烯烃。在常温、常压下为无色气体，有特殊气味，有麻醉性，特别刺激黏膜；容易液化，易溶于有机溶剂；相对分子质量为 54.09，相对密度为 0.621 1，熔点为 －108.9 ℃，沸点为 －4.5 ℃。其性质活泼，容易发生自聚反应，因此在储存、运输过程中要加入叔丁基邻苯二酚阻聚剂。与空气混合形成爆炸性混合物，爆炸极限为 2.16%～11.47%（体积）。1，3－丁二烯主要由丁烷、丁烯脱氢，或碳四馏分分离而得，是合成橡胶、合成树脂的重要原料之一。

苯乙烯的物理常数：熔点为 －30.6 ℃，相对密度为 0.901 9，沸点为 145.2 ℃，折射率为 1.546 3，闪点为 31 ℃，临界温度为 373 ℃，临界压力为 4.1 MPa。苯乙烯为无色或微黄色易燃液体，有芳香气味和强折射性，不溶于水，溶于乙醇、乙醚、丙酮、二硫化碳等有机溶剂。由于苯乙烯分子中的乙烯基与苯环之间形成共轭体系，电子云在乙烯基上流动性大，使苯乙烯的化学性质非常活泼，不但能进行均聚合，也能与其他单体如丁二烯、丙烯腈等发生共聚合反应。苯乙烯单体在储存、运输过程中，需要加入少量的间苯二酚或叔丁基邻苯二酚等阻聚剂防止其发生自聚。苯乙烯是合成塑料、橡胶、离子交换树脂和涂料等产品的主要原料。

单体的纯度要求：

丁二烯纯度要求＞99%，对于由丁烷、丁烯氧化脱氢制得的丁二烯中丁烯含量＜1.5%，硫化物＜0.01%，羰基化合物＜0.006%；对于石油裂解得到的丁二烯中炔烃的含量＜0.002%，以防交联、增加丁苯橡胶的门尼黏度。

苯乙烯纯度要求 99.6%，并且不含二乙烯基苯，需要隔绝氧气储存。

两种单体在储运过程中均加入对叔丁基邻苯二酚（TBC）阻聚剂，阻聚剂低于 0.001% 时对聚合没有明显影响，当高于 0.01% 时，使用前要用 10%～15% 的氢氧化钠水溶液于 30 ℃时进行洗涤。

2）介质水。

分散介质采用去离子水，水中的 Ca^{2+}、Mg^{2+} 能与乳化剂作用生成不溶性的盐，从而降低乳化剂的效能而又影响反应速度。因此，应使用去离子的软水，其离子含量应小于 10 ppm。

水的用量：水在乳液聚合中作为分散介质，为了保证胶乳有良好的稳定性，水油比为（1.7～2.0）：1。水量多少对体系的稳定性和传热都有影响。水量少，乳液稳定性差，胶乳黏度增大，不利于传热，尤其在低温下聚合这种影响更大。因此，低温乳液聚合生产丁苯橡胶要求乳液的浓度低一些为好。

3）乳化剂。

早期的乳化剂使用烷基萘磺酸钠，后来改用价廉的脂肪酸皂和歧化松香酸皂，或用它们以 1：1 的混合物为乳化剂。

歧化松香酸皂来自天然松香，在我国有丰富的资源，低温下歧化松香酸皂仍具有良好的乳化效能，不产生冻胶；缺点是用歧化松香酸皂为乳化剂，反应速度慢。

歧化松香酸皂与歧化松香酸皂/脂肪酸皂（1/1）比较，单体转化率为 60% 时，反应时间要延迟 1～2 h，且颜色较深。如果要得到无色胶乳，还是要用脂肪酸皂。

松香酸分子含有共轭双键，可能消耗自由基，阻碍聚合反应正常进行。松香酸必须经歧化处理或加氢处理，使共轭双键转变成烯键和苯环，即生成二氢松香酸和脱氢松香酸，然后转化为钠盐作为乳化剂。

歧化松香酸的 CMC 高，聚合速度慢，如果加入少量电解质 KCl、K_3PO_4 与萘磺酸并用，可提高聚合效率。

4）引发体系。

低温法丁苯乳液聚合用氧化还原型引发剂。

氧化剂为有机过氧化物或水溶性过氧化盐，如过氧化氢、过硫酸钾、异丙苯过氧化氢等。水溶性氢过氧化异丙苯，用量为单体质量的 0.06%～0.12%。

还原剂在工业上称为活化剂，与氧化剂反应生成自由基，如硫酸亚铁，常与 EDTA 配合来控制亚铁离子的释放速率。同时使用雕白粉来还原高价的铁离子，还原成亚铁离子。硫酸亚铁用量为单体质量的 0.01%；吊白块（甲醛/亚硫酸氢钠二水合物）用量为单体质量的 0.04%～0.10%。

引发反应如下：

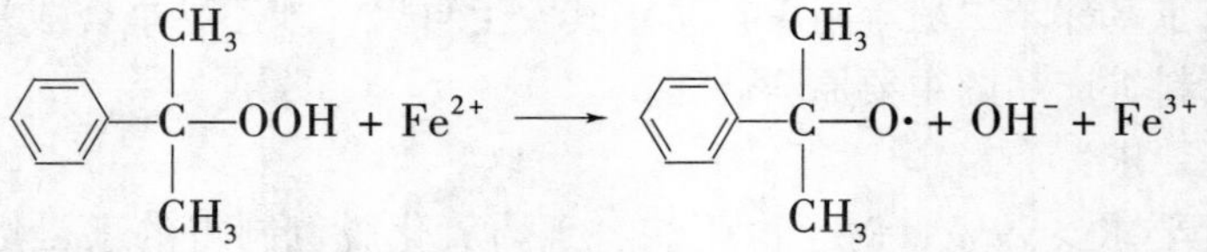

引发反应产生 OH^-，导致体系 pH 值升高，使 Fe^{2+} 生成 $Fe(OH)_2$ 沉淀；同时生成的 Fe^{3+} 会影响聚合物色泽。为了解决此问题，采用乙二胺四乙酸（EDTA 螯合剂）的二钠盐与 Fe^{2+} 形成螯合物，在较长时间内保持 Fe^{2+} 的存在。使用甲醛－亚硫酸氢钠二水合物（吊白块）为二级还原剂，使 Fe^{3+} 还原为 Fe^{2+}，避免了对聚合物色泽的影响，同时还减少了还原剂硫酸亚铁的用量。螯合剂 EDTA－二钠盐（乙二胺四乙酸－二钠盐），

用量为单体质量的 0.01%～0.25%。

5）脱氧剂及作用。

连二亚硫酸钠二水合物（保险粉），用量为单体质量的 0.04%～0.025%，脱除水中的溶解氧，防止氧的阻聚作用。反应原理如下：

$$Na_2S_2O_4 \cdot 2H_2O + O_2 + H_2O \longrightarrow Na_2SO_4 + H_2SO_4$$

6）终止剂。

二甲基二硫代氨基甲酸钠，用量为单体质量的 0.1%，终止原理如下：

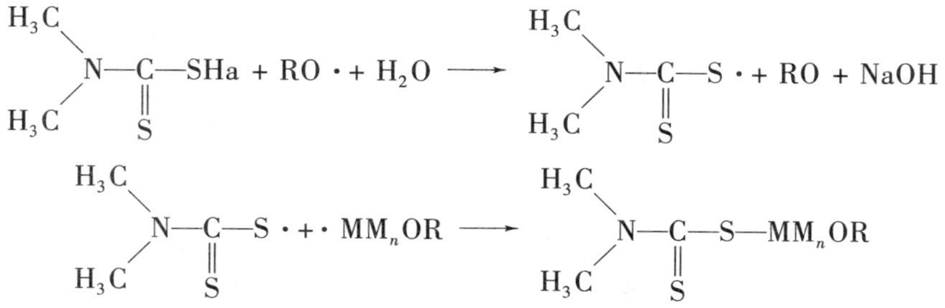

二硫代氨基甲酸钠为有效的终止剂，但在单体回收过程中仍有聚合现象，所以再添加多硫化钠和亚硝酸钠及多乙烯胺。多硫化钠可与氧化剂反应；亚硝酸钠可防止产生菜花状爆聚物。终止剂用去离子水配制，于反应器后的设备加入。

7）防老剂。

丁苯橡胶分子中含有双键，与空气接触易老化，因此需要增加防老剂，以防储存过程中老化。防老剂用量一般为单料进料量的 1.5% 左右。防老剂一般不溶于水，使用时先配制成乳液。常用的防老剂是胺类和酚类化合物。胺类防老剂如苯基 $-\beta-$ 萘胺、芳基化对苯二胺等，它们的颜色较深，因此只能用于深色橡胶制品。酚类防老剂可用于生产浅色橡胶制品。

8）分子量调节剂。

丁苯乳液聚合常用正十一烷基硫醇或叔十二烷基硫醇作为分子量调节剂（或称链转移剂）。正（叔）十二硫醇，用量为单体质量的 0.16%。其链转移机理为：一方面长链自由基夺得 R′SH 中的氢而成为聚合物 MnH，另一方面自由基转移到 R′SH 分子上而成为 R′S· 自由基，再由其活化单体进行链增长而达到链转移的目的。

9）电解质。

磷酸钠、磷酸钾、氯化钾、氯化钠、硫酸钠等电解质的用量为单体质量的 0.24%～0.45%。

电解质在聚合体系中的重要作用如下：

①降低乳化剂的临界胶束浓度（CMC）。

②降低胶乳的黏度，防止聚合后期发生凝胶。由于所得的胶乳颗粒比用脂肪酸皂做得大，因此黏度小、流动性大，有利于传质和传热。

③起抗冻剂的作用，防止乳液在冷却壁面上结冰。

10）填充油。

常用液态烃，如芳烃或烷烃，有增塑剂的作用。配成乳状液后，加入脱除单体后的胶乳中。

（3）丁苯乳液聚合典型配方及工艺条件。

1）丁苯乳液聚合的典型配方见表 4 – 26。

表 4 – 26　丁苯乳液聚合的典型配方

原料及辅助材料			配方 I	配方 II
			质量分数/%	
单体		丁二烯	70	72
		苯乙烯	30	28
分子质量调节剂		叔十烷基硫醇	0.20	0.16
介质		水	200	195
脱氧剂		保险粉（连二亚硫酸钠）	0.035	0.025 ~ 0.04
乳化剂		歧化松香酸钠	4.5	4.62
		烷基芳基磺酸钠	0.15	—
引发剂体系	过氧化物	氢过氧化异丙苯	0.08	0.06 ~ 0.12
	活化剂 还原剂	硫酸亚铁	0.05	0.01
		吊白块	0.15	0.04 ~ 0.10
	螯合剂	EDTA – 二钠盐	0.035	0.010 ~ 0.025
缓冲剂		磷酸钠	0.08	0.24 ~ 0.45
终止剂		二甲基二硫代氨基甲酸钠	0.1	0.1
		亚酸钠	0.03	0.02 ~ 0.04
		多硫化钠（Na_2S_x）	0.03	0.02 ~ 0.05
		其他（多乙烯多胺）	0.02	0.02

2）聚合工艺条件。

聚合温度为 5 ℃，转化率为 60% ~ 80%，聚合时间为 7 ~ 10 h。

转化率的控制：共聚物的组成随转化率而变，控制转化率为 60% ~ 80%，使苯乙烯结构单元质量分数为 23.5%，具体分析如下：50 ℃时丁二烯和苯乙烯共聚的竞聚率为 $r_1 = 1.38$，$r_2 = 0.64$，属非理想非恒比共聚，欲得到组成均一的共聚物（苯乙烯单元质量分数 23.5%，$f_1 = 0.8624$），应采取控制转化率，同时连续补加丁二烯活性单体的办法。此外，当单体转化率达到 60% ~ 70% 时，游离单体的液滴全部消失，残留的单体全部进入聚合物胶乳粒子中。在此情况下继续进行聚合反应则产生交联反应，使凝胶含量增加，丁苯橡胶性能显著下降。

（4）低温乳液聚合生产工艺过程。

低温乳液聚合生产丁苯橡胶的工艺流程如图 4 – 30 所示。

1）准备。

丁二烯和苯乙烯分别由储罐泵入洗涤装置，用 10% ~ 15% 氢氧化钠溶液于 30 ℃淋洗除阻聚剂；分子量调节剂、乳化剂、去离子水、脱氧剂（包括螯合剂和还原剂）、过

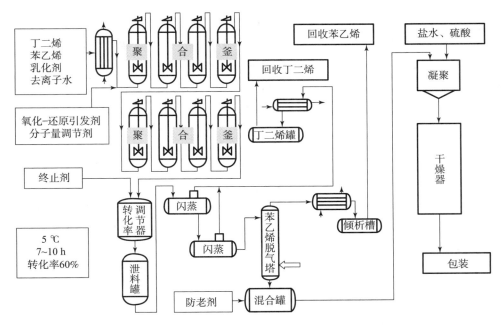

图 4 - 30　低温乳液聚合生产丁苯橡胶的工艺流程

氧化物、终止剂、稀硫酸、电解质氯化钠等水溶性物质配成水溶液；填充油、防老剂等油溶性物质配成乳液。

2）聚合过程。

单体、调节剂水溶液、乳化剂水溶液、去离子水，在管路中混合，经冷却器冷至 30 ℃，与脱氧剂（包括螯合剂和还原剂）水溶液混合→第一聚合釜底部，同时过氧化物水溶液直接进入第一聚合釜底部，开始聚合。工艺条件为 0.25 MPa、105 ~ 120 r/min、5 ~ 7 ℃、7 ~ 10 h，转化率达（60 ± 2）%。聚合釜采用多釜串联的装置，可提高生产效率，稳定工艺。物料的停留时间一致可获得粒径分布窄的乳胶粒子。

转化率及聚合终点的控制：用冷法制备丁苯橡胶时，转化率大于 60% 就会生成支链和产生凝胶，使橡胶产品质量下降，因此必须在转化率达到 60% 时终止反应。门尼黏度是表征橡胶分子量大小的一个控制技术参数，但不可以作为控制聚合终点的判据。门尼黏度可以用调节剂的添加量加以调节。原理上通过测定物料含量以确定转化率可以判定聚合终点，但需要一定的时间。依据胶乳密度随转化率上升的原理，采用射线密度计实时检测，精确控制反应终点，及时添加终止剂。

冷却措施：生产 1 kg 丁苯胶乳要放出 300 kcal 热量，生产能力为 2 t/年，平均热量为 830 kcal，加上搅拌生热，用液氨冷却时需要 6 000 rt[①]。冷冻主要是在聚合釜内部安装垂直式管式氨蒸发器，液氨进入釜内蒸发吸收聚合反应热，经过气液分离，气体氨经过冷却器液化，并进入液氨储槽循环使用，以调节阀调节液氨加入量，控制反应温度。

---

① 1 rt = 3 024 kcal/h。

3）分离回收。

胶乳中含有40%的未反应单体，可采用以下方法循环使用。自聚合釜顶部卸出的已终止反应的胶乳→缓冲罐→两只真空度不同的闪蒸器，分两路分别回收丁二烯和苯乙烯。胶乳加热至40℃后进入卧式压力闪蒸槽，操作压力为0.2 kg/cm²，因为胶乳在管线中压力为2.6 kg/cm²，所以进入闪蒸槽后立即沸腾，蒸出丁二烯。负压闪蒸出的丁二烯经压缩机压缩为液体→冷凝器→丁二烯储罐回收丁二烯，同时储罐中的废气经煤油洗气罐排废。

脱除了丁二烯的胶乳送到脱苯乙烯塔，塔高10～15 m，内有十多层筛板，胶乳从塔上部进料，底部下料。塔底加入1 kg/cm²的水蒸气直接加热。苯乙烯与来自塔底的过热水蒸气对流，苯乙烯从塔顶溜出→气体分离器，分离出少量的苯乙烯→冷凝器→升压器，升压后经喷射泵→冷凝器，然后液化油水分离→苯乙烯储罐回收苯乙烯。来自汽提塔底部的已脱除单体的胶乳→混合槽，与防老剂乳液和填充油乳液混合、搅匀。

低温丁苯乳液聚合的分离工序如图4-31所示。

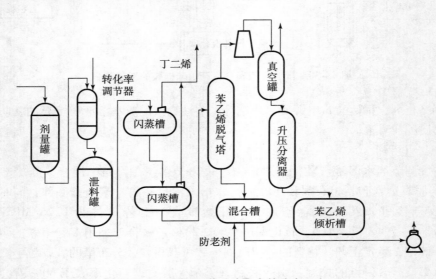

图4-31 低温丁苯乳液聚合的分离工序

丁二烯的回收：40℃，0.02 MPa（表压），卧式压力闪蒸槽；胶乳经闪蒸槽后进入真空卧式闪蒸槽。

苯乙烯的回收：水蒸气直接加热的蒸馏塔（汽提塔），胶乳从塔顶进料，水蒸气从塔底进料，苯乙烯从塔顶出来，塔底流出的胶乳含苯乙烯小于0.1%。

单体回收需要注意的问题如下：

①泡沫：为了防止泡沫进入气体回收系统，在采用卧式闪蒸槽时必须装设泡沫捕集器，必要时加消泡剂。

②凝聚物：为了防止凝聚物堵塞脱除苯乙烯的筛板，可采用改进塔及塔板的结构、改进塔内表面的处理方法、改变通入蒸气的温度与数量以及改善胶乳的稳定性等方法。

③爆聚物：在单体回收系统中有时产生爆玉米花或菜花一样白色聚合物，工业上称为爆聚物。爆聚物一旦产生，便成为种子，在单体存在下急剧成长，会堵塞管道甚至撑

破钢铁容器。爆聚物是丁二烯和苯乙烯的交联物。防止生成爆聚物的方法是停止生产系统，使用药剂破坏活性种子，消除已生成的爆聚物，或者将种子生长的抑制剂（亚硝酸钠、碘、硝酸等）连续不断地加到单体回收系统或反应系统中。

④分离工艺：先破乳，用电解质（食盐溶液）使胶乳粒子凝集增大，此时胶乳变成浓厚的浆状物；然后加入稀硫酸，使乳化剂转变为相应的酸，而失去乳化作用；在搅拌作用下，增大的胶乳粒子聚集为多孔性颗粒，与清浆分离后，经水洗脱除可溶杂质。分离出来的清浆液一部分用来配制稀酸，一部分用来稀释食盐溶液，多余的为废水。

4）后处理。

来自混合槽的胶乳泵入絮凝槽，用24%～26%的氯化钠乳液破乳成浆液→胶粒化槽与0.5%的稀硫酸混合，搅拌形成胶粒悬浮液，溢流至转化槽，阴离子乳化剂在55 ℃温度下转化为游离酸，得到胶粒和清浆液→振动筛，过滤，得到湿胶粒→再经胶化槽，在40～60 ℃温度下用清浆液和水洗涤→真空转鼓过滤机，脱除部分水，得到湿胶粒（含水＜20%）→粉碎机，直径为5～50 mm的胶粒→空气输送机→干燥机，干燥胶粒（含水＜0.1%）→输送机，经自动计量器计量→成型机，压块→金属检测器→包装机，成品入库。

低温丁苯乳液聚合的凝聚过程如图4－32所示。

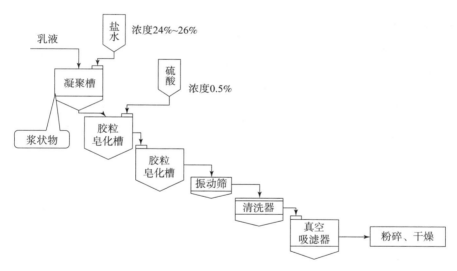

图4－32　低温丁苯乳液聚合的凝聚过程

当前丁苯橡胶工业生产用两种设备进行干燥：热风箱式干燥机、挤压膨胀干燥机。

（5）丁苯乳液聚合的主要设备。

1）聚合反应器。

聚合反应器形式：釜式；

聚合釜容积：14～26 m³，大型设备已经达到30～45 m³；

聚合釜的长径比：（1.0～1.5）：1；

搅拌器的形式：板框搅拌器和Brumagin型搅拌器（片状平板以一定角度安装在支臂上）；

搅拌转速：70~100 r/min；

反应器的传热：夹套＋内冷凝管；

冷却介质：一般采用液氨。

2）汽提塔。

汽提塔设计塔径：2.5~3.0 m；

汽提塔塔高：16~20 m；

汽提塔容积：100~120 m³；

汽提介质：蒸气；

换热（质）方式：逆流；

塔内温度：塔顶温度为50 ℃，塔低温度为60 ℃；

塔内压力：塔顶压力为13.33 kPa（绝对压力），塔底压力为30 kPa。

2. 种子乳液聚合生产工艺——糊用聚氯乙烯树脂的生产

聚氯乙烯树脂最古老的生产方法就是在1931年德国法本公司采用的乳液聚合法，聚氯乙烯的工业化生产甚至在1950年仍然是以乳液法为主，悬浮法是后来发展起来的。目前，乳液聚合的聚氯乙烯占聚氯乙烯总量的10%左右。

种子乳液聚合法是指在乳液聚合系统中，如果已经有已生成的高聚物胶乳微粒存在，当物料配比和反应条件控制适当时，单体原则上仅在已经生成的乳胶粒上聚合，而不生成新的乳胶微粒，即仅增大原来乳胶微粒的体积，而不增加反应体系中乳胶微粒的数目，在这种情况下，原来的乳胶微粒好似种子，因此这种聚合方法称为"种子乳液聚合法"。

种子乳液聚合的目的就是制备大粒径乳胶粒（1 μm左右，一般乳液聚合只能制备粒径0.2 μm左右的乳胶粒）。种子乳液聚合制备的高分散的PVC乳液，使用时加稳定剂、增塑剂等添加剂调成糊状，PVC糊可用于PVC搪塑、人造革等制品。搪塑（slush molding）是一种中空模制软质制品的方法。将PVC糊倒入中空阴模中，模壁受热使树脂固化（凝胶），当固化树脂达到所需厚度时，倒出多余的PVC糊，继续固化成型，冷却后从模腔中剥出软质制品。

（1）氯乙烯乳液聚合的主要特征。

①聚氯乙烯乳胶粒径一般在0.2 μm以下，分散极细，在工业上发展了乳液种子聚合方法，可以达到使乳胶粒径增大的目的。

②乳胶粒的数目随乳化剂浓度的变化而急剧变化，但与聚合速率的变化相比则很小。

③粒子数目与引发剂的浓度无关，但反应速度随引发剂浓度的增加而增加。

④乳液聚合产物的分子量与相同反应条件下悬浮聚合法产物的分子量相似，主要与反应温度有关。

⑤聚合转化率达到70%~80%时，一般会有自动加速效应产生（通常称为翘尾巴），从而得到高分子量的高聚物。

（2）种子乳液聚合生产糊用PVC的配方。

利用种子乳液聚合法制造聚氯乙烯糊状树脂常常利用两种规格的乳液作为种子，即第一代种子和第二代种子。所制成的聚合物乳液直径呈双峰分布，这样既可以降低增塑剂的吸收量，又可改善树脂的加工性能。用不加种子的乳液聚合法制成的乳液称为第一代种子，而在第一代种子的基础上继续聚合所制成的乳液称为第二代种子。

制备第一代种子乳液和第二代种子乳液的配方见表 4 – 27。

表 4 – 27　制备第一代种子乳液和第二代种子乳液的配方

组分		用量（质量分数）	
		第一代种子乳液	第二代种子乳液
单体	氯乙烯	100	100
乳化剂	十二烷基硫酸钠	0.6	0.3
引发剂	过硫酸钾	0.1	0.1
介质	去离子水	150	150
pH 调节剂	氢氧化钠	调 pH 值为 10.0 ~ 10.5	—

氯乙烯种子乳液聚合的配方见表 4 – 28。

表 4 – 28　氯乙烯种子乳液聚合的配方

组分		用量（质量分数）	
		配方 A	配方 B
单体	氯乙烯	100	100
引发剂	氧化剂过硫酸钾	0.2	0.07
—	还原剂亚硫酸氢钠	—	0.02
种子乳液	第一代种子	1	1
—	第二代种子	2	2
介质	去离子水	150	150
pH 调节剂	氢氧化钠	调 pH 值为 10.0 ~ 10.5	调 pH 值为 10.0 ~ 10.5

聚合温度的确定：聚氯乙烯分子量由聚合温度控制，50 ℃时可得到符合分子量要求的 PVC 树脂，因此不必采用分子量调节剂；而采用过硫酸铵 – 亚硫酸氢钠引发体系的分解温度正好在 50 ℃左右。

（3）氯乙烯种子乳液聚合生产工艺流程。

氯乙烯种子乳液聚合生产工艺流程如图 4 – 33 所示。

①准备：在聚合釜中加入去离子水、第一和第二代种子胶乳、过硫酸铵、亚硫酸氢钠，通氮排除空气后加入 1/15 的单体和部分乳化剂，搅拌混合。

②聚合：升温至 50 ℃，反应 30 min，分批加入剩下的单体和乳化剂，控制 50 ℃ ± 0.5 ℃，7~8 h，当聚合釜压力降至 0.5 ~ 0.6 MPa 时，反应结束，转入中间槽临时储存。

③单体回收：中间槽中的聚合物乳液泵入单体回收槽，当物料进一步冷却至釜压为常压时，开启真空抽除未反应单体。

④聚合物后处理：聚合物乳液泵入乳液接收槽，加入环氧乙烷蓖麻油改善树脂流变

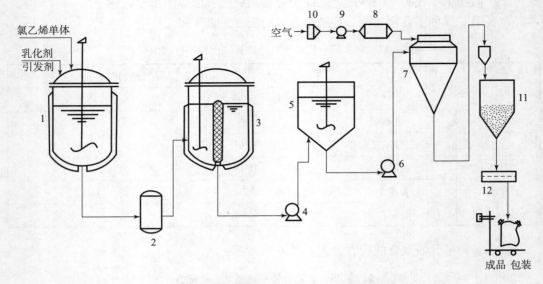

图 4 – 33　氯乙烯种子乳液聚合生产工艺流程

1—聚合釜；2—中间槽；3—单体回收槽；4，6—泵；5—乳液接收槽；7—喷雾干燥器；
8—加热器；9—鼓风机；10—过滤器；11—储料斗；12—粉碎机

性能，加入热稳定剂乳液，搅拌均匀→喷雾干燥器，用热的压缩空气将乳液分散为雾状，迅速被干燥为次级粒子（粒径为 75 μm，由初级粒子的 1 μm 聚集而成）→经旋风分离，较粗粒子沉降，转至储料斗→粉碎机粉碎→成品包装。

3. ABS 树脂乳液聚合

ABS 树脂是丙烯腈 – 丁二烯 – 苯乙烯的三元共聚物，通常外观微黄不透明，有一定的韧性，密度为 1.04 ~ 1.06 g/cm³。ABS 树脂抗酸、碱、盐的腐蚀能力比较强，可在一定程度上耐受有机溶剂溶解。它具有良好的尺寸稳定性，突出的耐冲击性、耐热性、介电性、耐磨性，表面光泽性好，易涂装和着色等优点。ABS 是目前产量较大、应用较广泛的聚合物，它将 PB、PAN、PS 的各种性能有机地统一起来，兼具韧、硬、刚相均衡的优良力学性能。

ABS 的工业生产方法很多，主要有乳液接枝法、乳液接枝掺合法和连续本体法等。乳液接枝法是使苯乙烯单体和丙烯腈接枝在聚丁二烯胶乳上得到的 ABS 树脂。这种方法现已被乳液接枝掺合法所取代。

乳液接枝掺合法是在 ABS 树脂的传统方法（乳液接枝法）基础上发展起来的，它将部分苯乙烯单体和丙烯腈与聚丁二烯胶乳进行乳液接枝共聚，以另一部分苯乙烯单体和丙烯腈单体进行共聚生成 SAN，然后再将两者以不同比例掺和可以得到各种牌号的 ABS 树脂。这一方法根据 SAN 共聚工艺不同又可分为乳液接枝乳液 SAN 掺和、乳液接枝悬浮 SAN 掺合、乳液接枝本体 SAN 掺合三种。目前乳液接枝掺合乳液 SAN 掺合在发达国家已被淘汰；乳液接枝掺合悬浮 SAN 掺合只适合于中小型生产装置。

ABS 的主要生产方法是采用低温乳液共聚制备丙烯腈含量约为 20%（质量分数）的丁腈胶乳，之后制备丙烯腈含量为 20% ~ 30% 的 AS 树脂乳液，然后通过采用适当的比例将两种乳液掺合、凝聚、分离、水洗、过滤、干燥和挤出造粒，即得 ABS 树脂。

ABS 乳液聚合工艺流程见图 4 – 34。

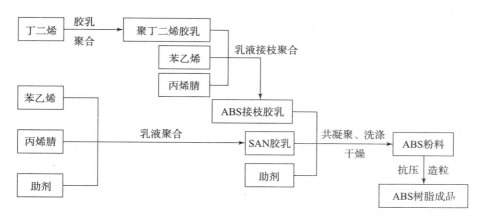

图 4 – 34　ABS 乳液聚合工艺流程

（1）原料。

单体：ABS 树脂是丙烯腈 – 丁二烯 – 苯乙烯共聚物，其特性是由三组分的配比及每一种组分的化学结构、物理形态控制。丙烯腈表现的特性是耐热性、耐化学性、刚性、抗拉强度；丁二烯表现的特性是抗冲击强度；苯乙烯表现的特性是加工流动性、光泽性。这三组分的结合，优势互补，使 ABS 树脂具有优良的综合性能。

引发剂：在 ABS 合成中，常用的引发剂有过氧化氢异丙苯、过硫酸钾和偶氮二异丁腈等。乳液聚合所采用的大多是水溶性引发剂。水溶性较好的一般为无机过氧化物，如过硫酸铵、过硫酸钾，其使用温度是 60 ~ 90 ℃。在过硫酸盐中，以过硫酸钾为引发剂，所得乳液耐水性较好，所以使用最广泛。过硫酸钾在水中溶解度最小（1. 75% ~ 5. 30%），价格最低，所以通常选用过硫酸钾作为引发剂。引发剂用量一般控制为单体总量的 0. 1% ~ 2. 0% 。

乳化剂：在乳液法合成聚丁二烯胶乳及其与苯乙烯和丙烯腈的接枝反应中，常用的乳化剂有硬脂酸钾、油酸钾、松香酸钾、十二烷基苯磺酸钠、十二烷基硫酸钠等。表 4 – 29 所示为合成 ABS 常用乳化剂参数。

表 4 – 29　合成 ABS 常用乳化剂参数

乳化剂	临界胶束浓度 CMC/(mol · L^{-1})	胶束面积/nm^2	HLB	聚集数
硬脂酸钾	0. 000 5	—	20	—
油酸钾	0. 001 2	0. 28	20	—
松香酸钾	0. 012	0. 30	19. 1	—
十二烷基苯磺酸钠	0. 007 2	0. 35	10. 9	24
十二烷基硫酸钠	0. 001 39	0. 35	40	82

分散剂：在 ABS 合成中常用的分散剂有活性磷酸钙、聚乙烯醇和亚甲基二萘二磺酸钠等。通常选择较多的是聚乙烯醇。聚乙烯醇的质量指标见表 4-30。

表 4-30　聚乙烯醇的质量指标

指标名称	指标值	指标名称	指标值
挥发度/%	≤5	醇解度/%	88±2
聚合度	1 700±100	纯度/%	≥90
醋酸钠含量/%	≤3	—	—

终止剂：ABS 聚合时应用得最普遍的终止剂是俗称福美钠的二甲基二硫代氨基甲酸钠（$C_2H_6NCS_2Na$）。

分子量调节剂的选择：在 ABS 树脂合成中，一般使用叔十二碳硫醇作为分子量调节剂。

抗氧剂的选择：能延缓或阻止高分子材料氧化变质过程的物质称为抗氧剂。使用它不但能保证高分子材料顺利进行加工，而且还可延长其使用寿命。对抗氧剂的一般要求是用量小，效率高，价格便宜。在 ABS 树脂中常用的抗氧剂有酚类，如 2，2-亚甲基双（4-甲基-6 叔丁基苯酚）、β（4-羟基-3，5-二叔丁基苯基）丙酸正十八碳醇酯、亚磷酸酯类。

（2）工艺流程。

1）丁二烯胶乳的合成。

以乳化剂油酸钾皂、硫醇、过硫酸钾等组成的助剂溶液与丁二烯一起加入聚合釜，反应温度为 90~93 ℃，用液氨冷却，丁二烯转化率为 80%~83%，物料在釜中停留时间约为 16 h。反应后，胶乳进脱气槽减压脱挥发物，回收的丁二烯经压缩冷凝后循环使用。脱气后的胶乳经陈化 3~4 天后，送入储槽供接枝使用。丁二烯胶乳制备的配方及工艺条件见表 4-31。

表 4-31　丁二烯胶乳制备的配方及工艺条件

名称	配方	项目	工艺条件
丁二烯	100 份	聚合温度	90~93 ℃
油酸钾皂	1~2 份	聚合时间	16 h
过硫酸钾	0.5~1 份	转化率	80%~83%
硫醇	5~15 份	—	—

2）SAN 胶乳的制备。

由苯乙烯单体、丙烯腈和溶剂以及回收液组成的物料经预热后进入聚合釜，丙烯腈:苯乙烯单体 = 30:70。聚合反应温度为 120~150 ℃，压力为 0.1960~294 MPa，反应后从聚合釜出来的物料用齿轮泵送入第一脱挥器，在 0.196 MPa 压力下闪蒸除去大部分丙烯腈和部分苯乙烯单体、乙苯等挥发组分。然后经管式加热器加热至 240 ℃后，进入第二脱挥器，在 2.67 kPa 压力下再脱除残余的苯乙烯单体等挥发组分。整个系统用

290 ℃的热油保温。熔融的 SAN 送去挤条切粒，然后送至 SAN 料斗供与 ABS 接枝粉料掺混使用。制备 SAN 树脂的配方及工艺条件见表 4 − 32。

表 4 − 32 制备 SAN 树脂的配方及工艺条件

名称	配方	项目	工艺条件
苯乙烯/份	60 ~ 85	聚合温度/℃	110 ~ 160
丙烯腈/份	15 ~ 40	停留时间/h	1 ~ 5
溶剂/份	5 ~ 15	—	—

3）后处理。

ABS 接枝胶乳、SAN 胶乳和助剂共凝聚、洗涤、干燥，制得 ABS 粉料，挤压造粒即得 ABS 树脂成品。

4. 酸酯乳液聚合

聚丙烯酸酯乳液的主要用途：用作涂料（乳胶漆）、黏结剂。

常用的丙烯酸酯单体：丙烯酸甲酯、丙烯酸乙酯、丙烯酸正丁酯、丙烯酸 − 2 − 乙基己酯、丙烯酸异丁酯、甲基丙烯酸甲酯、甲基丙烯酸乙酯、甲基丙烯酸丁酯等。

常用的共聚单体：乙酸乙烯酯、苯乙烯、丙烯腈、顺丁烯二酸二丁酯、偏二氯乙烯、氯乙烯、丁二烯、乙烯等。

其他功能单体：（甲基）丙烯酸、马来酸、富马酸、衣康酸、（甲基）丙烯酰胺、丁烯酸等以及交联单体（甲基）丙烯酸羟乙酯、（甲基）丙烯酸羟丙酯等。

不同单体赋予聚丙烯酸酯乳液的主要性能见表 4 − 33。

表 4 − 33 不同单体赋予聚丙烯酸酯乳液的主要性能

单体	赋予聚合物的主要性能
甲基丙烯酸甲酯、苯乙烯、丙烯腈、（甲基）丙烯酸	硬度、附着力
丙烯腈、（甲基）丙烯酰胺、（甲基）丙烯酸	耐溶剂性、耐油性
丙烯酸乙酯、丙烯酸丁酯、丙烯酸 − 2 − 乙基己酯	柔韧性
（甲基）丙烯酸的高级酯、苯乙烯	耐水性
甲基丙烯酰胺、丙烯腈	耐磨性、抗划伤
（甲基）丙烯酸酯	耐候性、耐久性、透明性
低级丙烯酸酯、甲基丙烯酸酯、苯乙烯	抗沾污性
各种交联单体	耐水性、耐磨性、硬度、拉伸强度、附着强度、耐溶剂性、耐油性等

（1）苯乙烯 − 丙烯酸酯共聚乳液。

聚苯乙烯吸水性低，价格便宜，但受紫外线照射易变黄，质脆，耐冲击性差。与丙烯酸酯共聚，性能得到改善。苯丙乳液配方见表 4 − 35。

表 4 – 35　苯丙乳液配方

组分		用量（质量分数）/%	组分		用量（质量分数）/%
单体	丙烯酸丁酯	22.7	乳化剂	MS – 1	2.4
	苯乙烯	21.9	保护胶体	聚甲基丙烯酸钠	1.4
	甲基丙烯酸甲酯	1.9	引发剂	过硫酸铵	0.2
	甲基丙烯酸	1.0	pH 缓冲剂	碳酸氢钠	0.2
	—	—	介质	去离子水	48.3

（2）纯丙烯酸酯共聚乳液。

纯丙烯酸酯共聚乳液简称纯丙乳液，有很好的耐水性、耐碱性、耐候性、耐光性、成膜性和低气味等优点。纯丙乳液配方见表 4 – 36。

表 4 – 36　纯丙乳液配方

组分		用量（质量分数）/%
单体	丙烯酸丁酯	65
	甲基丙烯酸甲酯	33
	甲基丙烯酸	2
乳化剂	烷基苯聚醚磺酸钠	3
引发剂	过硫酸铵	0.4
介质	水	125

（3）醋酸乙烯酯 – 丙烯酸酯共聚乳液。

醋酸乙烯酯 – 丙烯酸酯共聚乳液简称醋丙乳液或乙丙乳液，具有耐水、耐碱性和改善附着力等优点。乙丙乳液配方见表 4 – 37。

表 4 – 37　乙丙乳液配方

组分		用量（质量分数）/%			
		1	2	3	4
单体	醋酸乙烯酯	81	85	87	91
	丙烯酸丁酯	10	10	10	6
	甲基丙烯酸甲酯	9	5	3	3
	甲基丙烯酸	0.6	0.55	0.5	0.44
乳化剂	OP – 10	1.0	1.0	0.8	0.8
	MS – 1（40% 水溶液）	2.0	2.0	1.6	1.6
引发剂	过硫酸钾	0.5			
pH 缓冲剂	磷酸氢二钠	0.5			
介质	水	120			

　　自由基聚合实施方法的选择取决于聚合物的性质。相同性质的产品，产品质量好，设备投资少，生产成本低的方法将得到发展，其他方法则逐渐被淘汰。总结四种自由基聚合工业实施方法的比较见表 4 - 38。

表 4 - 38　四种自由基聚合工业实施方法的比较

比较项目		本体聚合	溶液聚合	悬浮聚合	乳液聚合
配方主要成分		单体 引发剂	单体 引发剂 溶剂	单体 引发剂 水 分散剂	单体 水溶性引发剂 水 乳化剂
聚合场所		本体内	溶液内	液滴内	胶束和乳粒内
聚合机理		自由基聚合机理，提高速率的因素能降低产物相对分子质量	伴有向溶剂的链转移反应，一般相对分子质量和聚合速率较低	与本体聚合相同	能同时提高聚合速率和相对分子质量
生产特点		反应热不易移出，多间歇、少为连续生产，设备简单，宜生产板和型材	散热容易，连续、间歇均可，不宜生产干粉或粒状树脂	散热容易，间歇生产，需要分离、干燥等过程	散热容易，间歇、连续均可，生产固体树脂需要凝聚、干燥等过程
聚合过程特征	主要操作方式	连续	连续或间歇	间歇	连续或间歇
	热传递	难	易	易	易
	反应温度控制	难	易	易	易
	单体转化率	高（低）	不太高	高	可高可低
产物特征		聚合物纯净、色浅、相对分子质量分布宽	聚合物可直接用于油漆、黏合剂等	较纯，处理不好会有少量分散剂残留	乳状液可直接用于黏合剂、涂料等，固体产物含有少量乳化剂等
三废		很少	含溶剂废液，若直接用作涂料或黏合剂时则废液少	含有分散剂和其他助剂的废水	胶乳废水

习题与思考题

1. 自由基聚合生产中产品平均分子量控制的主要手段有哪些？
2. 诱导分解和笼蔽效应的具体含义是什么？

3. 针对本体聚合法聚合热难以散发的问题，工业生产中应该采用什么方法解决？

4. 简要介绍聚苯乙烯本体聚合的过程，并阐述本体聚合工艺的特点。

5. 自由基溶液聚合的有哪些优缺点？

6. 溶剂对溶液聚合反应的作用有哪些？

7. 工业上溶液聚合反应选择溶剂的原则有哪些？

8. 简述聚氯乙烯悬浮聚合生产工艺，并分析其特点。

9. 自由基悬浮聚合中可以用作悬浮剂的物质有哪些？主要作用是什么？

10. 简述自由基悬浮聚合的成粒过程，并分析成粒过程的特点。

11. 悬浮聚合中影响颗粒大小及其分布的因素有哪些？

12. 简要介绍自由基乳液聚合的特点。

13. 简述乳化剂的分类及特点。

14. 乳液聚合中影响乳状液稳定的因素有哪些？

15. 影响自由基乳液聚合的因素有哪些？

第 5 章
离子聚合和配位聚合工艺

单体在某些离子的作用下进行的聚合反应，称为离子聚合反应。根据增长链末端离子的电荷性质，离子聚合反应分为阳离子聚合反应和阴离子聚合反应两类，不管在哪种离子聚合反应中，阴阳离子都不能单独存在，总是共存的。离子聚合反应除具有与自由基聚合反应一样的链引发、链增长、链转移、链终止过程外，还存在一些独特之处。离子聚合过程中，由于阴阳离子同时存在，引发剂种类的不同会显著影响增长链末端的性质；另外，反应介质不仅影响离子聚合反应动力学，而且还影响所得大分子的分子链结构。

过渡金属卤化物与有机金属化合物组成的配位络合结构，称为配位聚合催化剂。配位聚合催化剂引发的聚合反应属于特殊的离子聚合反应体系，称为配位阴离子聚合反应。配位阴离子聚合过程中，增长链末端是碳负离子与催化剂组成的配位络合体系，聚合过程中单体是插入碳负离子与催化剂之间进行链增长的。在大多数情况下，单体与催化剂先配位然后插入聚合，但有时单体不发生配位，仅以自由基形式进行插入聚合。因此，配位聚合过程又称为插入聚合反应。

本章分为三大节，分别介绍阳离子聚合原理及合成工艺、阴离子聚合原理及合成工艺和配位聚合原理及合成工艺。

5.1 阳离子聚合原理及合成工艺

阳离子聚合原理
及合成工艺（一）

1789 年，人们发现松节油在硫酸作用下能够转变为树脂，这是第一个阳离子聚合实例。之后经历 200 多年的发展历程，阳离子聚合的研究及工业生产已经进入快速增长的时期。阳离子聚合是借助阳离子引发剂使单体形成阳离子引发中心（阳离子活性种），通过连锁反应机理进行链增长，形成的增长链端基带有正电荷的聚合反应。

5.1.1 阳离子聚合原理

与自由基聚合反应一样，阳离子聚合反应也包括链引发、链增长、链终止和链转移等 4 步基元反应。但各步反应速率与自由基聚合又有所不同。

（1）链引发。

链引发就是指形成阳离子引发中心的反应，随所采用的引发剂不同，阳离子聚合引发的机理有所不同。质子酸和稳定的碳阳离子的引发是 H^+ 或 C^+ 对 $C=C$ 的直接加成。引发的难易程度取决于 H^+ 或 C^+ 对 $C=C$ 的亲和力，引发形成的 C^+ 能否增长取决于该

C^+ 的稳定性和反离子的亲核性。

阳离子聚合用得最多的引发剂是路易斯酸（Lewis acid），其引发通常是由 Lewis 酸和共引发剂相互作用所生成的质子（或碳正离子）来完成的。首先由 Lewis 酸与共引发剂形成络合物，络合物再与单体反应生成伴有反离子（负离子）的碳正离子。引发体系中起引发作用的质子（或碳正离子）都是由共引发剂产生的。因此，Lewis 酸类引发剂中真正的引发剂主体应是共引发剂，而 Lewis 酸仅起着降低反离子亲核性的作用。

阳离子引发中心也称为阳离子活性种或离子对，其构成包括活性碳阳（正）离子和抗衡阴离子（反离子），如主引发剂三氟化硼和共引发剂水形成的阳离子引发体系，引发反应如下：

$$BF_3 + H_2O \rightleftharpoons H^+[BF_3OH]^-$$
引发剂 – 共引发剂络合物

$$H^+[BF_3OH]^- + H_2C =\!\!\!\!\underset{\overset{|}{X}}{CH} \longrightarrow CH_3 - \underset{\overset{|}{X}}{\overset{\overset{H}{|}}{C^+}}\cdots[BH_3OH]$$
阳离子引发中心

阳离子引发反应活化能（8.4~21 kJ/mol）很低，与自由基聚合慢引发（活化能为 105~125 kJ/mol）截然不同，因此其引发速率很快，引发反应几乎瞬间完成。

（2）链增长。

引发反应中形成的碳阳离子活性中心和反离子形成离子对，链增长过程就是单体分子不断地插到碳阳离子和反离子形成的离子对中间进行链增长，形成阳离子增长活性链，链末端含有正电荷端基，反离子相伴，其通式可以写为

$$HM_n^{\oplus}(CR)^{\ominus} + M \xrightarrow{K_p} HM_nM^{\oplus}(CR)^{\ominus}$$

链增长反应活化能与链引发一样很低，因此增长速率很快。阳离子聚合的活化能有时候为负值，聚合速率随温度降低而加快，这是在一般聚合中罕见的现象。由于增长反应可以看作是单体插入碳正离子及其反离子之间而进行的，因此反离子的结构和反应介质的溶剂化能力以及反应温度将决定离子对存在的形式，直接影响反应机理、反应速率、大分子链的构型及聚合物的分子量。阳离子在一般溶剂中进行聚合时，活性中心主要为自由离子。然而，在烃类等低介电常数的介质中，离子对将支配反应的进行。

增长过程中有的伴有分子内重排反应。增长碳阳离子可能脱去 H^- 或碳负离子 R^-，异构成更稳定的结构。如 3 – 甲基 – 1 – 丁烯在增长中的重排反应为

碳正离子增长过程中的重排反应程度取决于增长碳正离子和重排碳正离子的相对稳定性（伯碳正离子＜仲碳正离子＜叔碳正离子）以及增长和重排反应的相对速率。除 3 - 甲基 - 1 - 丁烯外，其他能发生异构化的单体有 1 - 丁烯、5 - 甲基 - 1 - 己烯、6 - 甲基 - 1 - 庚烯、4，4 - 二甲基 - 1 - 戊烯、α - 蒎烯和 β - 蒎烯等。

（3）链终止和链转移。

阳离子增长活性链末端带有相同的电荷，不能双基终止，只能通过单基终止或链转移终止，向单体或溶剂转移终止是阳离子聚合主要的链终止方式之一。

阳离子聚合的单基终止有以下 4 种情况：

①增长活性链的自发终止，机理是离子对重排，聚合物链终止，同时再生出活性种，继续引发单体聚合。

②增长活性链的正电荷端基与反离子加成终止，当反离子的亲核性很强时，易发生此类情况。

③增长活性链的正电荷端基与反离子基团中的部分结构结合终止，不再产生新的活性种。

④外加终止剂终止，这是实际中常用的方法，常用的终止剂有水、醇、酸、酐、酯、醚、胺、苯醌等。

阳离子增长活性链很活泼，容易发生链转移对于许多阳离子聚合，向单体转移是终止聚合物链的主要方式。向单体转移有以下两种方式。

①在终止过程中，活性链把质子转移给单体分子，同时在聚合物分子的末端形成不饱和结构：

$$\sim CH_2-\underset{\underset{CH_3}{|}}{\overset{\overset{CH_3}{|}}{C^{\oplus}}}(BF_3OH)^{\ominus} + CH_2=\underset{\underset{CH_3}{|}}{\overset{\overset{CH_3}{|}}{C}} \longrightarrow CH_3-\underset{\underset{CH_3}{|}}{\overset{\overset{CH_3}{|}}{C^{\oplus}}}(BF_3OH)^{\ominus} + \sim CH_2-\underset{\underset{CH_3}{|}}{C}=CH_2$$

②增长活性链夺取单体中的氢负离子形成终止链：

$$\sim CH_2-\underset{\underset{CH_3}{|}}{\overset{\overset{CH_3}{|}}{C^{\oplus}}}(BF_3OH)^{\ominus} + H_2C=\underset{\underset{CH_3}{|}}{\overset{\overset{CH_3}{|}}{C}} \longrightarrow \sim CH_2-\underset{\underset{CH_3}{|}}{\overset{\overset{CH_3}{|}}{C}}-H + H_2C=\underset{\underset{CH_3}{|}}{C}-CH_2^{\oplus}(BF_3OH)^{\ominus}$$

这两类向单体转移产生聚合物链终止的反应，一类产生不饱和端基，另一类产生饱和端基，但是这两种终止方式在终止聚合物链的同时都生成了新的增长中心，动力学链并没有终止。

与自由基聚合机理比较，阳离子聚合机理的特征归纳为快引发、快增长、易转移、难终止。

5.1.2　阳离子聚合的单体

阳离子聚合的单体需具有这样的特性：单体必须是亲核性的，易与质子（阳离子）相结合而被引发。被引发后形成的阳离子自身却比较稳定，不易发生副反应失去活性，而易与亲核性强的自身单体加成，也就是说单体易于被阳离子引发，并持续增长，不易终止。适用于阳离子聚合的单体有以下 3 种：

①双键上带有强推电子取代基的单取代或同碳二元取代的烯类单体。

②具有共轭效应取代基团的烯类单体。

③含氧、氮杂原子的不饱和化合物或环状化合物（甲醛、四氢呋喃、乙烯基醚、环戊二烯）等。

双键上带有强推电子基的单体有异丁烯、乙烯基烷基醚。其中异丁烯形成的增长活性链上的亚甲基受到附近多个甲基的保护，减少了转移、重排、支化等副反应，可以形成线形结构的聚异丁烯。异丁烯是 α - 烯烃中唯一能够进行阳离子聚合的单体，而且异丁烯只能进行阳离子聚合。因此，异丁烯可用来判定一种聚合反应是否属于阳离子聚合机理。而乙烯不能发生阳离子聚合，丙烯、丁烯阳离子聚合只能得到低分子油状物。

含有共轭取代基的烯类单体有苯乙烯、取代苯乙烯、丁二烯、异戊二烯等。阳离子聚合活性不如异丁烯和烷基乙烯基醚。共轭二烯类单体很少用阳离子聚合制备其均聚物，多用作共聚单体。

以苯乙烯为标准，表 5 - 1 列出了部分单体的阳离子聚合的相对活性大小。

表 5 - 1　单体的阳离子聚合相对活性

单体	相对活性	单体	相对活性	单体	相对活性
乙烯基烷基醚	很大	p - 甲基苯乙烯	1.5	p - 氯代苯乙烯	0.4
p - 甲氧基苯乙烯	100	苯乙烯	1	异戊二烯	0.12
异丁烯	4	α - 甲基苯乙烯	1	丁二烯	0.02

全碳环烷烃的聚合能力较低，能进行阳离子聚合的环状单体主要有环醚、环缩醛、环亚胺、环硫醚、内酰胺、内酯等，如氧丁环、四氢呋喃、三聚甲醛等。由于引发阶段产生的氧正离子、硫正离子等活性种的活性低于碳正离子，所以以环状单体的阳离子聚合反应一般在较室温高的温度下进行。

5.1.3　阳离子聚合的引发剂

阳离子聚合引发剂，也称催化剂。阳离子聚合的引发剂都是缺电子的亲电试剂，即电子接受体，其属于离子型引发剂，源自化学键的异裂。常用的阳离子聚合引发剂有以下几种。

（1）质子酸。

质子酸，如 $HClO_4$、H_2SO_4、H_3PO_4、Cl_3CCOOH 及 HX（X = F，Cl，Br）等，其引发机理是质子酸先电离产生 H^+，然后与单体加成形成引发活性中心。烯烃和质子酸 HA 之间的反应一般写为

$$HA \rightleftharpoons H^+ + A^-$$

$$H^+ + A^- + H_2C = C\begin{matrix} R \\ | \\ R' \end{matrix} \longrightarrow CH_3 - \overset{\oplus}{C} \begin{matrix} R \\ | \\ R' \end{matrix} A^\ominus$$

作为引发剂的酸要有足够的强度产生 H^+，弱酸不行，同时对于实际的聚合反应来说，质子酸的酸根亲核性不能太强，以免与活性中心结合生成共价键，终止聚合反应而形成低分子量的齐聚物。

（2）Lewis 酸。

$AlCl_3$、BF_3、$SnCl_4$、$ZnCl_2$、$TiBr_4$、烷基取代的卤化铝等 Lewis 酸是应用最为普遍的一类阳离子聚合引发剂。绝大多数 Lewis 酸都需要共引发剂作为质子或碳阳离子的供给体共同参与引发，才能引发阳离子聚合。共引发剂有能析出质子的物质和能析出碳阳离子的物质两类。典型的共引发剂有水、醇（ROH）、醚（ROR）、氢卤酸（HX）或卤代烷（RX）等。这些共引发剂能与金属卤化物作用，生成不稳定的络合物。生成的络合物进一步分解，产生氢质子 H^+ 或碳正离子 R^+，H^+ 和 R^+ 作为活性中心与单体作用导致引发反应发生。例如，以 BF_3 为引发剂，与各种共引发剂的作用可以表示如下：

引发剂	共引发剂	不稳定络合物	负离子分解物	阳离子活性中心
BF_3 +	H_2O	$F_3B----O\langle{}^H_H$	$F_3B----\overset{\ominus}{O}{}^H$ +	$H^{\oplus}$
BF_3 +	ROR	$F_3B----O\langle{}^R_R$	$F_3B----\overset{\ominus}{O}{}^R$ +	$R^{\oplus}$
BF_3 +	HOR	$F_3B----O\langle{}^R_H$	$F_3B----\overset{\ominus}{O}{}^R$ +	$H^{\oplus}$

Lewis 酸引发剂的引发活性与主引发剂接受电子的能力、共引发剂的酸性以及两者的比例有关。主引发剂接受电子的能力越强，其引发活性越高；共引发剂的酸性越强，其引发活性越大。无论怎样组合，主引发剂和共引发剂络合物的活性取决于它析出质子或正离子、向单体提供质子或碳阳离子的能力。例如，用异丁烯聚合时，由不同的 Lewis 酸与水生成的络合物有不同的效果。用 BF_3—H_2O 聚合时，$[H^+]$ 太高，反应太快，且阴离子 $[BF_3OH]^-$ 为碱性弱，不易与活性增长链作用而终止，所以分子量可达百万。而用 $SnCl_4$—H_2O 聚合时，生成的 $[H^+]$ 低，反应慢，产率低，聚合物分子量也小，故工业上一般采用 $AlCl_3$—H_2O 作为催化剂。

Lewis 酸引发剂的引发活性也受其组成配比的影响，主引发剂和共引发剂的配比在最佳比时可获得最大聚合速率与最高分子量。如果共引发剂过少，活性不足；共引发剂过多，则将终止反应。例如，以三氟化硼、三氯化铝为主引发剂，极微量水（10^{-3} mg/L）就可以获得很高的引发活性，引发速率为无水时的 100 倍以上；若水过量，则引发剂失去活性。

（3）稳定的有机正离子盐类。

在某些有机正离子的结晶盐类如 $PH_3C^+SbF_6^-$、$C_7H_7^+SbF_6^-$、$Et_4N^+SbCl_6^-$、$n-C_4H_9EtN^+SbCl_6^-$ 中，其碳正离子犹如无机盐中的金属离子那样，原已存在于这些有机正离子盐中。缺电子的碳与烯烃或芳香基团与具有未共享的电子对（O、N、S）的原子共轭，使正电荷分散在较大的区域内，使碳正离子的稳定性提高。但由于这种碳正离子的活性过小，只能引发较活泼的单体，如大多数芳香族类，N-乙烯基咔唑与乙烯基醚类等。

用这种有机正离子盐类引发时，在极性非亲核溶剂中，碳正离子可以离解出来，直接用来引发单体聚合，免去了生成 R^+ 的反应和许多副反应，所以利用该催化体系可以简化增长动力学和正离子聚合反应过程中其他过程的研究。

（4）茂金属引发体系。

茂金属均相催化剂已广泛应用于烯烃的聚合。研究发现 $[\eta^5 - C_5(CH_3)_5]Ti(CH_3)_3/$ $B(C_6F_5)_3$ 体系可用作乙烯基醚、乙烯基咔唑和芳基烯烃阳离子聚合的引发剂。该引发剂可引发异丁烯的聚合，将 $[\eta^5 - C_5(CH_3)_5]Ti(CH_3)_3/B(C_6F_5)_3$ 按 1:1 加入异丁烯的甲苯与二氯甲烷混合溶液中，改变聚合温度，可以得到不同分子量及其分布的聚异丁烯。该引发剂用于异丁烯与异戊二烯的共聚，共聚物中异戊二烯含量与单体投料比具有很好的一致性。

（5）碘化氢与碘的引发体系。

碘分子可以歧化为离子对引发阳离子聚合，研究者曾单独使用碘引发乙烯基醚聚合获得分子量分布较宽的阳离子聚合产物。1984 年，Higashimura 等人采用碘化氢与碘的引发体系引发异丁基乙烯基醚，首次实现了乙烯基醚单体的活性阳离子聚合。在用 HI/I_2 引发烷基乙烯基醚的阳离子聚合中，发现阳离子聚合具有以下特征：数均分子量与单体转化率呈线性关系；聚合完成后追加单体，数均分子量继续增长；聚合速率与 HI 的初始浓度成正比；引发剂中 I_2 浓度增加只影响聚合速率，对分子量无影响；在任意转化率下，产物的分子量分布均很窄，分布指数小于 1.1。

（6）电荷转移络合物引发。

单体（供电体）和适当受电体生成电荷转移络合物，在热作用下，经解离可引发阳离子聚合。乙烯基咔唑和四腈基乙烯（TCE）是一例。

除引发剂引发以外，电解、电离辐射的手段也可以引发阳离子聚合。

5.1.4 阳离子聚合的工艺及影响因素

由于阳离子聚合采用的引发剂与水会发生反应，同时碳正离子增长链对水的作用是敏感的，因此不能采用以水为反应介质的悬浮聚合和乳液聚合等生产方法进行生产。工业上，阳离子聚合可以采用无反应介质的本体聚合方法，或者非水反应介质存在的聚合方法，包括淤浆法和溶液法。阳离子具有很高的活性，极快的反应速率，同时也对微量的杂质非常敏感，极易发生各种副反应。为获得高分子量的聚合物，对聚合工艺条件要求苛刻，以减少各种副反应和异构化反应的发生。溶剂和温度的影响如下：

（1）溶剂。

溶剂的作用主要有排除聚合热和提供必要的反应介质两方面。

在阳离子聚合体系中，活性中心以紧密离子对、松离子对和被溶剂隔开的自由离子对三种方式存在。作为反应介质，溶剂可以通过改变离子对存在的形式和自由离子的相对浓度给聚合反应带来很大的影响。当反应介质溶剂化能力提高时，离子对由紧密离子对变为由溶剂隔开的离子对，而自由离子的增长速率比离子对增长速率快。因此，溶剂的极性、亲核性对阳离子聚合有重要影响。

溶剂的极性强弱主要取决于溶剂分子的结构，可以简单地用介电常数来相对衡量。注意介电常数仅仅是衡量溶剂极性的基本标准，比较溶剂极性强弱还要看具体的作用体系。溶剂极性对阳离子聚合过程的影响有两个方面：第一，引发产生阳离子活性种阶段，溶剂极性强有利于产生阳离子活性种，增加引发速率；第二，链增长阶段，由于增长链端离子对的电荷分散，溶剂极性强，反而活化能垒高，这将会降低链增长速率。

若溶剂的亲核性太强，会与 Lewis 酸配位，溶剂化作用力较强，将抑制聚合反应的进行，如在醚类溶剂中烯烃的阳离子聚合就难以进行。例如，三氟化硼引发剂引发乙烯基醚的聚合速率，在己烷中的聚合速率比在乙醚中要快。

阳离子聚合多采用弱极性溶剂。引发剂在弱极性溶剂中可以生成离子对，也可以生成自由离子。引发剂在溶剂的作用下形成相对稳定的活性离子对是引发阶段的基本要求，不能使用强极性溶剂，否则它会导致引发剂过度活泼或使之破坏。

选择溶剂的原则应考虑溶剂极性大小、对离子活性中心的溶剂化能力、可能与引发剂产生的作用，以及熔点或沸点的高低、是否容易精制提纯以及与单体、引发剂和聚合物的相容性等因素。

（2）温度。

阳离子增长链很活泼，聚合温度高时，更容易向单体、溶剂链转移，导致产物分子量下降。阳离子聚合的总活化能比较小，在 $-21 \sim 42 \ kJ/mol$ 以内。改变温度对聚合速率的影响不明显。当活化能为负值时，链增长速率随温度的降低而升高。

可见，阳离子聚合活性很高，又容易发生链转移，而且链增长速率可能会随温度升高而降低，因此只能在较低的温度下进行聚合。例如，异丁烯的阳离子聚合反应在 $-100 \ ℃$ 以上主要是向溶剂进行链转移，在 $-100 \ ℃$ 以下则主要向单体进行链转移，因此，聚合物平均链长在 $-100 \ ℃$ 附近有一转折点。

5.1.5　阳离子聚合的工业应用

由于适合于阳离子聚合的单体种类少，又因为其聚合条件苛刻，如需在低温、高纯有机溶剂中进行，这限制了它在工业上的应用，通过阳离子聚合反应生产的聚合物产品主要有聚异丁烯、丁基橡胶、聚甲醛、聚四氢呋喃、聚乙烯亚胺、功能聚合物等。

阳离子聚合原理及
合成工艺（二）

在 Lewis 酸引发剂 $AlCl_3$、BF_3 等作用下，异丁烯可以通过阳离子聚合制备得到不同用途的产品。分子量小于 5 万的聚异丁烯，为高黏度流体，主要用作机油添加剂、黏合剂等。分子量在 5 万 ~ 100 万的聚异丁烯为弹性体，用作密封材料和蜡的添加剂或作为油毡的原材料。异丁烯与少量异戊二烯，在引发剂 $AlCl_3$ 作用下，在溶剂二氯甲烷中，于 $-100℃$ 下聚合，可得到高分子量的共聚物，称作丁基橡胶。三聚甲醛与少量二氧五环，经 $AlEt_3$、BF_3 等引发聚合制得的聚甲醛，是一种工程塑料。α - 蒎烯和 β - 蒎烯的均聚物或共聚物也可以经阳离子聚合制得，主要用作黏合剂、橡胶配合剂等。环乙胺、环丙胺等经阳离子聚合反应制得的均聚物或共聚物，可以用作絮凝剂、纸张湿强剂、黏合剂、涂料以及表面活性剂等。

另外，许多功能性聚合物可以采用阳离子聚合机理得到，以乙烯基醚类单体制备的功能聚合物品种最多。

5.1.6　阳离子聚合工艺实例

目前，采用阳离子聚合并大规模工业化生产的产品主要有丁基橡胶和聚异丁烯、聚甲醛和氯化聚醚等。为了更好地理解掌握阳离子聚合工艺，本节以丁基橡胶、聚甲醛为例详细介绍其阳离子聚合工艺过程。

1. 阳离子聚合机理制备丁基橡胶

1941 年，美国标准石油公司首先实现了工业合成丁基橡胶。1943 年，美国埃克森公司的 Baton Rouge 工厂和 Bayton 工厂开始丁基橡胶的工业化生产，之后丁基橡胶的生产在世界各国发展很快。相对来说，我国的丁基橡胶研究和工业生产较晚。1999 年北京燕山石油化工公司合成橡胶厂通过引进国外先进生产技术，开发了当时我国唯一一套年产 3.0 万吨的丁基橡胶生产装置，这标志着我国的丁基橡胶生产逐渐走向工业化。丁基橡胶是由异丁烯和少量异戊二烯在阳离子引发剂作用下进行阳离子聚合得到的一种无规共聚物。丁基橡胶的大分子链结构为线形，基本上没有支链，大分子链上异丁烯以头尾相连为主，异戊二烯以反式 -1，$4-$ 结构为主，聚集态结构为无定形。丁基橡胶玻璃化温度低，大分子链上含有双键，可以硫化，常作为橡胶使用。

不同品种的丁基橡胶在分子量和不饱和度上有所区别。高分子量的产品硫化前易成型且硫化橡胶性能优良，而低分子量产品可采用混合、挤出和模塑等方法进行加工。低不饱和度（0.5%~1.0% 物质的量）的丁基橡胶，可得到低模数、高伸长率和良好耐臭氧性的硫化橡胶。当不饱和度增加时，硫化速率和交联程度增加。通用丁基橡胶约含 1.5%（物质的量）的不饱和度。丁基橡胶具有优良的气密性、水密性和良好的耐热、耐老化、耐酸碱、耐臭氧、耐溶剂、电绝缘、减振等性能。丁基橡胶的透气性是烃类橡胶中最低的，它对空气的透过率仅为天然橡胶的 1/7，为丁苯橡胶的 1/5，而对蒸气的透过率为天然橡胶的 1/200，为丁苯橡胶的 1/140。与其他不饱和性高的橡胶相比，丁基橡胶的抗臭氧性比天然橡胶、丁苯橡胶等约高出 10 倍。耐热、耐阳光和氧的性能均比其他通用型橡胶要好，耐酸碱、耐极性溶剂，但不耐浓的氧化酸，在脂肪烃中严重溶胀。电绝缘性好，优于一般橡胶，体积电阻在 $10^4 \Omega \cdot cm$ 以上，为一般橡胶的 10~100 倍。丁基橡胶的不足之处主要是与其他橡胶黏合性差，自黏性和互黏性差，与其他橡胶不易相容，回弹性差及发热量大。

丁基橡胶在 -50℃时柔软，在汽车轮胎的内胎、探空气球、防辐射手套及其他气密性密封材料、防水涂层、橡胶水坝、防毒用具、化工防腐衬里、电绝缘层、耐热传送带、蒸气胶管及防振材料等各方面获得了广泛的应用。

丁基橡胶是阳离子聚合中规模最大的工业化产品，且该体系的性质决定了聚合反应需要在 -100 ℃条件下进行。因此，丁基橡胶的生产工艺在阳离子聚合工业中具有重要的典型意义。

以 $AlCl_3$ 为引发剂，生产丁基橡胶的聚合反应可以简单地表示为

$$H_3C-\overset{\overset{\displaystyle CH_3}{|}}{C}=CH_2 + H_2C=\overset{\overset{\displaystyle CH_3}{|}}{\underset{\underset{\displaystyle H}{|}}{C}}-C=CH_2 \xrightarrow[-100\ ℃]{AlCl_3\ +0.002\%\ H_2O}$$

$$\left[\overset{\overset{\displaystyle CH_3}{|}}{\underset{\underset{\displaystyle CH_3}{|}}{C}}-CH_2\right]_{98.4\%}\left[\overset{\overset{\displaystyle H_2}{|}}{C}-\overset{\overset{\displaystyle CH_3}{|}}{C}=C-CH_2\right]_{1.6\%}\Big]_n$$

溶液聚合和淤浆聚合是丁基橡胶生产的两种主要聚合方法。溶液聚合时，随反应的进行，溶液黏度上升，造成传热困难，聚合物会黏釜壁、易于挂胶等，还有溶剂回收等后处理工作，工业中基本没有采用，仅俄罗斯西泊尔公司采用溶液聚合生产工艺。工业中主要采用淤浆法，其中采用美国埃克森美孚化工公司专利技术的生产装置最多。淤浆法生成的聚合物能成为细小颗粒分散于溶剂中形成淤浆状，这样可减少传热阻力，快速聚合，从而可提高生产能力。但生成的聚合物以沉淀形态析出，易于沉积于聚合釜底部及管道中，造成堵塞。为此，需采取措施能使物料强制循环和导出聚合物。

（1）合成丁基橡胶的聚合体系组成及其作用。

1）单体。

异丁烯在常态下为无色气体，其熔点为 -140.3 ℃，沸点为 -6.9 ℃，溶于有机溶剂。异丁烯可与空气形成爆炸性的混合物，爆炸极限为 1.7%~9.0%（体积分数）。异丁烯具有窒息、弱麻醉和弱刺激性质。异丁烯存储时应保持通风、低温、干燥环境，与氧气、空气等助燃气体分开存储，使用过程中注意密闭操作，全面通风，防静电，远离火种、热源。

异戊二烯熔点为 -120 ℃，沸点为 34.07 ℃，不溶于水，溶于苯，易溶于乙醇和乙醚。与空气的混合物爆炸极限 >1.6%。异戊二烯化学性质活泼，易发生均聚和共聚反应。

2）溶剂。

常用溶剂氯甲烷为无色易液化的气体。氯甲烷的熔点为 -97.7 ℃，沸点为 -24 ℃，微溶于水，易溶于氯仿、乙醚、乙醇、丙酮，有麻醉作用，易燃，闪点为 -46 ℃，其与空气的混合物爆炸极限为 8.1%~17.2%（体积分数），可腐蚀铝、镁和锌。氯甲烷具有香气，作用具有迟效性，因此慢性中毒的情况较多。工作场所空气中最高容许浓度为 80 mg/m³。氯甲烷经加压液化后在 500 kg 或 1 000 kg 钢瓶或槽车中储运，避免曝晒，保存温度在 40 ℃以下。

3）引发剂。

三氯化铝（$AlCl_3$）与少量水分是工业上合成丁基橡胶最常用的引发剂组合。三氯化铝是一种无色透明晶体或白色而微带浅黄色的结晶性粉末，熔点为 190 ℃（2.5 atm①），沸点为 182.7 ℃，在常压下于 177.8 ℃升华而不熔融。三氯化铝可溶于许多有机溶剂，如乙醇、乙醚、氯仿、硝基苯、二硫化碳和四氯化碳，微溶于苯，易溶于水，并强烈水解，甚至爆炸。三氯化铝在空气中极易吸收水分并部分水解放出氯化氢而形成酸雾，散

---

① 1 atm = 101 325 Pa。

发出强烈的氯化氢气味。三氯化铝对皮肤、黏膜有刺激作用。对环境有危害，对水中生物有剧毒，即使低浓度也会与水结合形成腐蚀性混合物。三氯化铝要密封阴凉干燥保存。

（2）聚合工艺过程。

工业上丁基橡胶的生产多采用淤浆法，一般丁基橡胶生产聚合的典型工艺条件见表5-2。其工艺过程包括单体准备及引发剂的配制、聚合、溶剂及未反应单体的回收、产物的分离及后处理等工序。图5-1所示为丁基橡胶的合成工艺流程。

表5-2 丁基橡胶生产聚合的典型工艺条件

项目	工艺条件
共聚单体投料比	异丁烯/异戊二烯，约97/3（质量分数）
单体浓度	异丁烯，25%~40%（质量分数）；异戊二烯，0.75%~1.2%（质量分数）
溶剂及用量	氯甲烷，59%~74%（质量分数）
引发剂	三氯化铝，0.2%~0.3%（质量分数）；少量水
聚合温度	-100~96 ℃

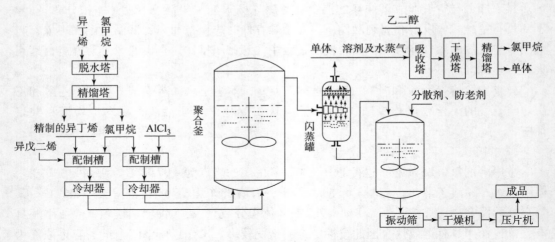

图5-1 丁基橡胶的合成工艺流程

1）单体准备及引发剂的配制。

将粗异丁烯和氯甲烷分别在脱水塔和精馏塔进行脱水和精制后，冷却条件下，与异戊二烯单体按比例配制成混合溶液。混合液在冷却器里冷却至-100 ℃，然后送入反应器。常温下配制催化剂的方法是把一部分氯甲烷溶剂直接加到固体 $AlCl_3$ 的容器中，调制成含 $AlCl_3$ 的4%~5%的溶液，然后再稀释到1%左右，冷却至-90~-95 ℃，送入聚合反应器。

2）聚合。

经冷却后的单体溶液和催化剂溶液分别送入聚合反应釜并搅拌开始反应，会迅速生成聚合产物，聚合物在氯甲烷中析出形成颗粒状悬浮浆液。反应热由通入反应釜内冷却列管的液态乙烯带出。为防止反应器内发生聚合物的沉淀与挂胶，一般要求淤浆在反应器内有 2~5 m/s 的流速。因此，强有力的搅拌是必不可少的。聚合温度为 −96~−100 ℃，釜内压力为 240~380 kPa。

3）溶剂及未反应单体的回收。

聚合后的淤浆液从聚合反应釜上部导出管溢流入盛有热水的闪蒸罐，在搅拌作用下与热水和蒸气充分接触。未反应的单体和溶剂从塔顶蒸出，经脱水干燥、分馏后送到进料和催化剂配制系统循环使用。闪蒸时工艺条件：温度为 65~75 ℃，操作压力为 140~150 kPa，胶液与热水体积比为 1∶(8~10)，pH 值为 7~9。

未反应的单体及溶剂的脱水干燥常有乙二醇吸收和固体吸附干燥两种方法。氯甲烷与未反应单体混合物进入吸收塔下部，乙二醇从顶部加入，在操作压力 170~340 kPa（表压）、温度 40~50 ℃下，乙二醇吸收闪蒸气中大部分的水和少量氯甲烷，然后从塔底排出，乙二醇解析再生，循环使用。从塔顶出来的物料含水量小于 50 μL/L，送往固体吸附干燥塔进一步脱水。

来自干燥系统的未反应单体和溶剂进入精馏分离系统。第一精馏塔，塔顶蒸出烯烃含量 <50 μL/L 的氯甲烷。塔底引出的异丁烯、异戊二烯和残余的氯甲烷被送入第二蒸馏塔。从第二蒸馏塔顶部得到含 3%~10% 异丁烯的氯甲烷可再作为进料使用，从塔的底部得到异丁烯和异戊二烯。

4）产物的分离及后处理。

如图 5−1 所示，脱除未反应单体及溶剂后的聚合物淤浆液进入真空脱气塔，脱除残余氯甲烷及未反应单体。为防止胶粒黏结和热老化，加入 1.5%（与橡胶质量之比）分散剂和 0.3%（质量分数）防老剂水悬浮液，或抗氧剂。真空脱气塔内装有搅拌器，操作真空度为 30 kPa，汽提温度为 50~60 ℃。

脱气后含水胶粒混合物，经振动筛除去大部分夹带的水后，再采取挤压膨胀干燥机或输送至热风箱进行干燥，最后经压片后，称量，包装得到成品。

（3）影响因素。

1）聚合温度。

在丁基橡胶合成过程中，向单体异丁烯的链转移反应很容易发生。由于链转移反应活化能大于链增长反应的活化能，反应温度升高更容易发生链转移反应。图 5−2 所示为在氯乙烷和异戊烷两种不同溶剂体系中，温度对丁基橡胶分子量的影响曲线。可见，升高聚合温度，链转移反应加快，产物分子量均呈下降趋势。在氯乙烷溶剂中获得的丁基橡胶分子量相对较高，而在异戊烷中的较低，因为前者为淤浆聚合工艺，后者为均相溶液聚合工艺。

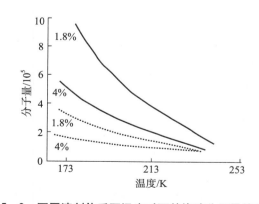

图 5−2　不同溶剂体系下温度对丁基橡胶分子量的影响

注：曲线旁的数值代表异戊二烯单体的含量；实线代表在氯乙烷中聚合；虚线代表在异戊烷中聚合

2）单体浓度及配比。

图 5 - 3 所示为聚合温度 - 100 ℃，单体转化率 75%~85% 条件下，单体浓度与产物分子量的关系。单体浓度在 15%~45%（体积）以内改变，聚合物分子量基本没有变化或升高。此外，因为溶剂氯甲烷的冰点为 - 97.7 ℃，单体浓度过低，设备生产能力低，结冰现象严重，生产不稳定；单体浓度过高，反应温度升高很快，导致聚合反应过程难以控制，进而聚合产物的分子量和分

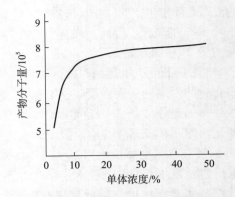

图 5 - 3　单体浓度与产物分子量的关系

子量分布都难以控制。工业上一般采用的单体浓度（体积分数）为 20%~35%。

工业上生产丁基橡胶，借助单体中异戊二烯用量来调节聚合物的不饱和度，但异戊二烯本身也是一个链转移剂，在影响产物不饱和度的同时，也影响着产物的分子量。图 5 - 4 所示为单体中异戊二烯含量对产物不饱和度和分子量的影响。随着起始投料中异戊二烯浓度增加，共聚产物的不饱和度增加，分子量不断下降。因此在丁基橡胶工业生产中，异戊二烯相对于异丁烯浓度不超过 4%（质量分数）。

3）引发剂。

引发剂用量少时，单体转化率低；用量大时，转化率高。工业生产中引发剂一般为单体质量的 0.02%~0.05%。图 5 - 5 所示为引发剂用量与单体转化率的关系。

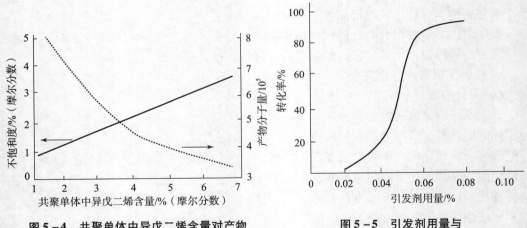

图 5 - 4　共聚单体中异戊二烯含量对产物
不饱和度和分子量的影响

图 5 - 5　引发剂用量与
单体转化率的关系

4）杂质。

按照作用原理，杂质可以分为给电子体杂质和烯烃两类。给电子体杂质包括水、醚、醇、氨、硫化物等，与 $AlCl_3$ 会生成络合物。若给电子杂质与 $AlCl_3$ 反应生成物活性不高，会导致单体转化率降低，如二甲醚、硫化物等。烯烃类杂质包括丁烯的各种异构体、二异丁烯等。1 - 丁烯和 2 - 丁烯可以作为链转移剂降低聚合物分子量和单体转化

率。二异丁烯是异丁烯的二聚体，是一种强烈的链转移剂，能显著降低聚合物的分子量和单体转化率。因此，丁基橡胶的生产对原料的纯度要求很高，且聚合前原料必须提纯。

2. 阳离子开环聚合机理制备聚甲醛

聚甲醛树脂是指分子主链中含有 CH_2O 重复链节的一类聚合物，是一种重要的热塑性工程塑料。聚甲醛树脂有均聚物和共聚物两种，均聚物由 CH_2O 重复链节构成大分子链。聚甲醛分子链几乎无分枝，也无侧基，大分子链的结构规整性好，结晶度高，结晶度通常为 60%~77%。碳氧键的键长较短，内聚能密度高，分子链聚集紧密，这使聚甲醛树脂具有优异的刚性和力学强度。

除了具有均衡的力学强度、刚性和韧性外，聚甲醛树脂自润滑性好，摩擦系数低。此外，聚甲酸树脂的抗蠕变性好，耐疲劳性好，可经受反复的应力负荷而不被损坏，即使在水和一些溶剂中仍有很高的抗疲劳性，不会变形。聚甲醛树脂耐热水性好，耐化学品性优良，耐有机溶剂性极好，但受强无机酸的攻击会迅速引起降解。聚甲醛树脂对碱性物质相当稳定，但酯化封端的均聚甲醛遇碱会水解脱下酸端基，接着发生甲醛链的顺序脱落。聚甲醛树脂在 $-40 \sim 50\ ℃$ 时的介电常数和介电损耗角正切变化极小。在 $-50 \sim 105\ ℃$ 仍能保持相当好的力学和电性能。

由于三聚甲醛价廉易得，易于精制，利用三聚甲醛为单体，采用阳离子聚合机理合成得到聚甲醛，被工业上大规模生产所采用。以三聚甲醛为单体的聚合路线，可以采用气相聚合、固相聚合、本体聚合和溶液聚合等方法，工业上多采用后两种方法。

聚甲醛大分子两端含有对热不稳定的半缩醛（—OCH_2OH）结构，100 ℃以上开始解聚，全转化成单体甲醛。为了获得有应用价值的聚甲醛，常采取封端法和共聚法解决其对热不稳定的问题。其中，封端法包括酯化封端法和醚化封端法。酯化封端法就是采用酸酐等物质与聚甲醛端基的羟基发生酯化反应，破坏对热不稳定的半缩醛结构，达到阻隔解聚的目的。醚化封端法是指外加醚化剂与聚甲醛的端羟基发生醚化反应，破坏对热不稳定的半缩醛结构，达到阻隔解聚的目的。共聚法就是指采用第二单体与甲醛共聚，在大分子链上引入对热稳定的链节，达到阻隔聚甲醛持续解聚的目的。目前共聚甲醛占世界上总量的 75% 以上，共聚甲醛是世界上当前和未来的主流。

（1）合成聚甲醛的聚合体系组成及其作用。

1）单体。

主单体三聚甲醛也称三氧六环，是甲醛的三聚体，熔点为 64 ℃，沸点为 114.5 ℃，外观为白色结晶状，能升华。其易溶于水、乙醇、乙醚、丙酮、氯代烃、芳香烃和其他有机溶剂，微溶于石油醚、戊烷；与水能够形成共沸混合物，沸点为 91.4 ℃。三聚甲醛水溶液能被强酸逐渐解聚，但不能被碱解聚。无水体系中能被少量强酸转为甲醛单体。三聚甲醛易燃易爆，爆炸极限为 3.6%~28.7%（体积分数），需要密封阴凉保存。

共聚二氧五环，也称 1,3-二氧杂环戊烷，常温下为无色透明液体或水白色液体，沸点为 74~75 ℃，熔点为 −26 ℃，闪点为 −6 ℃，自燃点为 274 ℃。其溶于乙醇、乙醚、丙酮。与水可任意互溶，与水共沸，共沸点为 70~73 ℃，共沸物水含量为 6.7%。储运要求库房通风、低温、干燥，与氧化剂、酸类分开存放。

2）引发体系。

主引发剂三氟化硼是一种有刺激性臭味的无色气体，有窒息性、有毒和腐蚀性，在潮湿空气中可产生浓密白烟，其熔点为 −126.8 ℃，沸点为 −100 ℃，不燃烧、不助燃，可溶于有机溶剂。遇水发生爆炸性反应生成氟硼酸和硼酸。潮湿的三氟化硼可腐蚀许多金属，与金属、有机物等发生激烈反应，如与铜及其合金可能生成具有爆炸性的氟乙炔，冷时也能腐蚀玻璃。三氟化硼加热或与湿空气接触会分解形成有毒和腐蚀性的烟（氟化氢），腐蚀眼睛、呼吸道和皮肤。

三氟化硼用作阳离子聚合引发剂时，事先配制成三氟化硼的溶液。

3）溶剂。

一般采用溶剂汽油（沸点 60~90 ℃）、石油醚（沸点 40~80 ℃）、环己烷（沸点 81 ℃）、正己烷（沸点 69 ℃）为溶剂，要求溶剂能溶解单体和引发剂，而不能溶解聚合物，促使生成的聚合物成为细小颗粒，便于聚合工艺操作。采用的溶剂沸点要略高于聚合温度，防止聚合温度（沸点 65~70 ℃）下溶剂剧烈沸腾。

（2）聚合工艺过程。

在聚合釜中依次加入溶剂、三聚甲醛、二氧五环，升温至 70 ℃，使三聚甲醛溶解。然后降温至 65 ℃时，加入引发剂三氟化硼乙醚溶液，引发聚合反应。聚合温度在 65~70 ℃，聚合进行约 2 h，加入含 3% 氨的甲醇终止聚合。此时单体转化率约为 80%，产物混合物为聚甲醛的浆料体系。

聚合完成后将聚甲醛浆料混合体系转入后处理釜，用 4% 的氨水，在 146~147 ℃下进行稳定化处理。同时未反应的三聚甲醛、溶剂等液体组分受热沸腾，进入共沸塔经冷凝、结晶，进一步分离、提纯未反应的单体和溶剂，循环利用。最后得到的聚甲醛产品为白色细粉状固体。图 5−6 所示为溶剂法生产聚甲醛的合成工艺流程。

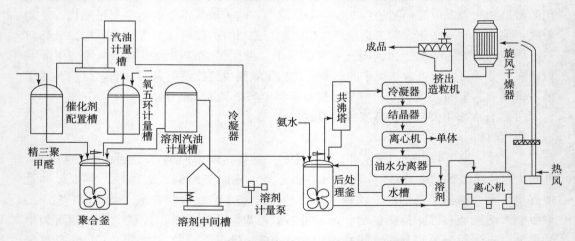

图 5−6 溶剂法生产聚甲醛的合成工艺流程

（3）影响因素。

1）共聚单体。

表 5−3 列出了以环己烷为溶剂，在 65 ℃下，采用 3% 摩尔分数的不同共聚单体进行共聚反应的结果。综合考虑单体转化率及产物分子量等因素，可以看出二氧五环是最

佳的共聚单体。但从图 5 - 7 可以看出，随着共聚单体用量的增加，大分子链的规整性被破坏的程度增大，导致聚合物熔点急剧下降。因此，一般共聚单体的用量控制在 3% ~ 5% 。

表 5 - 3　三种共聚单体与三聚甲醛共聚情况的比较

共聚单体	1 h 后聚合转化率/%	热稳定聚甲醛的含量/%	相对黏度	共聚产物熔点/℃
环氧乙烷	50	90	1.45	171
环氧氯丙烷	57	83	1.55	168
二氧五环	65	90	1.70	170

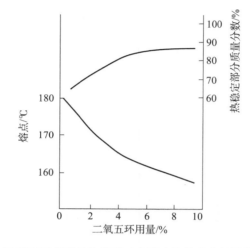

图 5 - 7　二氧五环共聚单体用量对共聚产物热稳定性及熔点的影响

2）后处理。

聚甲醛大分子两端含有对热不稳定的半缩醛（—OCH$_2$OH）结构，经过后处理的聚甲醛的热稳定性可以从 100 ℃提高到 230 ℃左右。基本原理如下：

$$\sim\!\!\!\sim\!\!\!\!\!+\!OCH_2\!\!+_n\!\!OCH_2CH_2\!\!+\!OCH_2\!\!+_m\!\!OH \xrightarrow{\text{后处理}} \sim\!\!\!\sim\!\!\!\!\!+\!OCH_2\!\!+_n\!\!OCH_2CH_2\!\!-\!\!OH + m HCHO$$
　　　　　不稳定部分　　　　　　　　　　　　稳定部分

后处理的方法有熔融法、氨水法和氨醇法三种。熔融法是指将共聚甲醛在防老剂、稳定剂存在的条件下加热至熔融状态，使大分子链端的不稳定结构除去。溶液聚合方法制备共聚甲醛的后处理工艺一般采用氨水法或氨醇法。氨水法是指将 2% ~ 4% 的氨水与共聚甲醛在热压釜中加热至 137 ~ 147 ℃处理数小时，使不稳定结构分解除去。氨醇法是指将共聚甲醛在含有少量氨的乙醇水溶液加热溶解后，在 160 ℃处理 15 ~ 30 min，使不稳定结构分解除去。

5.2　阴离子聚合原理及合成工艺

20 世纪初期，采用碱金属在液氨中引发丁二烯聚合制得丁钠橡

阴离子聚合原理及
合成工艺（一）

胶，采用碱引发环氧乙烷聚合制得聚氧化乙烯聚合物。但直到研究员根据苯乙烯－萘钠－四氢呋喃体系的聚合特征提出了活性聚合的概念后，阴离子聚合才得到重视和迅速发展。阴离子聚合是借阴离子引发剂使单体形成阴离子引发中心（阴离子活性种），通过连锁反应机理进行链增长，形成的增长链端基带有负电荷的聚合反应。

5.2.1　阴离子聚合原理

阴离子聚合也包含链引发、链增长和链终止等基元反应，同时伴随着链转移反应。

（1）链引发。

根据引发机理，可分为电子转移引发和阴离子引发。

1）电子转移引发。

碱金属原子最外层只有一个价电子，容易转移给单体或其他物质。如果该价电子直接转移给单体，生成单体自由基－阴离子，其中自由基末端很快偶合终止，生成双阴离子，而后引发单体聚合，反应过程如下：

$$M\cdot + H_2C = \underset{X}{CH} \longrightarrow M^{\oplus\ominus}CH_2 - \underset{X}{CH}\cdot \longleftrightarrow M^{\oplus\ominus}\underset{X}{CH} - CH_2^{\cdot}$$

$$2M^{\oplus\ominus}\underset{X}{CH} - CH_2^{\cdot} \longrightarrow M^{\oplus\ominus}\underset{X}{CH} - CH_2 - CH_2 - \underset{X}{CH}^{\ominus\oplus M}$$

金属钠引发丁二烯聚合是电子直接转移引发聚合的典型实例，碱金属一般不溶于单体和溶剂，因此聚合反应是在碱金属颗粒表面进行，引发剂利用效率较低。

碱金属也可以把电子转移给中间体，使中间体变为自由基——阴离子，然后再把活性转移给单体。萘钠络合物对于苯乙烯的引发是电子间接转移引发的典型例子，其反应过程如下：

$$Na + \text{[萘]} \xrightarrow{THF} \left[\text{[萘]}:\right]^{\ominus}Na^{\oplus}$$

$$\left[\text{[萘]}:\right]^{\ominus}Na^{\oplus} + CH_2 = \underset{C_6H_5}{CH} \longrightarrow Na^{\oplus\ominus}\underset{C_6H_5}{CH} - CH_2^{\cdot} + \text{[萘]}$$

$$2Na^{\oplus\ominus}\underset{C_6H_5}{CH} - CH_2^{\cdot} \longrightarrow Na^{\oplus\ominus}\underset{C_6H_5}{CH} - CH_2 - CH_2 - \underset{C_6H_5}{CH}^{\ominus\oplus}Na$$

萘和钠在适当的溶剂中很容易生成萘钠，金属钠把最外层电子转移到萘的最低空轨道上，形成自由基－阴离子。这一自由基－阴离子与 Na^+ 形成离子对，并显棕色。若在生成的萘钠络合物的溶液中加入苯乙烯，则生成苯乙烯的自由基－阴离子。新生成的自由基－阴离子迅速发生二聚反应生成双阴离子。溶液显现苯乙烯负碳离子的红色，接踵而来的是链两端的增长反应。反应中萘的作用是从钠的外层获得电子，再转移给苯乙烯，让后者形成自由基负离子，而自身不消耗。由于聚合是在均相溶液中进行的，因而提高了碱金属的利用率。

Li－液氨也是电子间接转移引发体系，生成由液氨溶剂化的电子引发体系，反应式如下：

$$Li + NH_3 \longrightarrow Li^{\oplus}(NH_3) + e(NH_3)$$
深蓝色

$$e + CH_2{=}\underset{CN}{\overset{CH_3}{C}} \longrightarrow \cdot CH_2{-}\underset{CN}{\overset{CH_3}{C^{-}}} \longrightarrow \underset{CN}{\overset{CH_3}{C^{-}}}{-}CH_2{-}CH_2{-}\underset{CN}{\overset{CH_3}{C^{-}}}$$

2）阴离子引发。

阴离子引发常常涉及亲核试剂对单体的加成，其中烷基锂是最常用的引发剂，其特点是能够溶于烃类溶剂，而其他碱金属的烷基或芳基化合物在烃类溶剂中溶解能力不足。丁基锂引发苯乙烯的反应式如下：

$$BuLi + CH_2{=}CH{-}\overset{|}{C_6H_5} \longrightarrow BuCH_2{-}CH^{\ominus}Li^{\oplus}$$

但是烷基锂在非极性溶剂如苯、甲苯、己烷、环己烷等非极性溶剂中存在缔合现象，而缔合分子失去引发活性。因此，丁基锂在苯中引发苯乙烯聚合，速率比相应的萘钠体系要低好几个数量级。因此，引发时烷基锂的缔合体首先解缔合，形成单分子再和单体反应。

（2）链增长。

引发阶段形成的活性中心，继续与单体加成，即可发生链增长，这是聚合物生成过程中主要的基元反应。

$$RM^{\ominus}Me^{\oplus} + M \xrightarrow{k_p} RMM^{\ominus}Me^{\oplus} \longrightarrow \longrightarrow R[M]_nM^{\ominus}Me^{\oplus}$$

随着单体插入离子对中，聚合度增加，碳负离子不断向后转移，无杂干扰，增长活性中心难以终止，结果生成"活"的聚合物。由于链增长是通过单体插入离子对中而进行的，离子对的形态对聚合反应速率、聚合物的立构规整性及聚合物的分子量具有重要影响。而离子对自身的状态又受溶剂、反离子的性质以及反应温度的影响。

许多阴离子聚合体系中存在多种离子对共存的情况，即存在一个从极端共价键状态（Ⅰ）、紧密离子对（Ⅱ）、松离子对（Ⅲ）到自由离子对（Ⅳ）的平衡。

$$\sim\!\!\sim RM_nMe \rightleftharpoons \sim\!\!\sim RM_n^{\ominus}Me^{\oplus} \rightleftharpoons \sim\!\! RM_n^{\ominus}/\!/Me^{\oplus} \rightleftharpoons \sim\!\!\sim RM_n^{\ominus} + Me^{\oplus}$$
（Ⅰ）　　　　（Ⅱ）　　　（Ⅲ）　　　　　（Ⅳ）

链增长反应可以以离子对的方式、自由离子对的方式或以几种不同的活性中心同时存在的方式进行。共价键形式存在的离子对没有聚合反应能力。紧密离子对和松离子对的增长速率较慢，但由于单体加成时受到反离子的影响，使加成方向受到限制，可以控制聚合物的构型。而自由离子增长速率最快，单体加成方向和自由基聚合相似，不受反离子的限制，所得的产物一般为无规立构聚合物。

（3）链终止。

阴离子聚合的终止反应是单分子反应，不易发生。但在一定条件下，阴离子活性链仍有可能失去活性而终止，链终止反应一般可分为下列三种情况。

1）链转移终止。

当链转移反应使增长活性中心变成更加稳定的阴离子时，如果后者没有足够的能力继续引发单体进行反应，则可导致动力学链的终止。当体系中存在少量的水、酸、醇等能够释放出质子的物质或 O_2、CO_2、卤化物等时，就会发生这种终止反应，即

$$\sim CH_2-CH^{\ominus\oplus}Li + H_2O \longrightarrow \sim CH_2-CH_2 + LiOH$$

$$\sim CH_2-CH^{\ominus\oplus}Li + RCOOH \longrightarrow \sim CH_2-CH_2 + RCOOLi$$

$$\sim CH_2-CH^{\ominus\oplus}Li + ROH \longrightarrow \sim CH_2-CH_2 + ROLi$$

$$\sim CH_2-CH^{\ominus\oplus}Li + CH_3I \longrightarrow \sim CH_2-CH-CH_3 + LiI$$

$$\sim CH_2-CH^{\ominus\oplus}Li + O_2 \longrightarrow \sim CH_2-CHOOLi$$

某些分子中含有活泼氢的极性单体（如丙烯腈）在较高的聚合温度下，活性中心也可以向单体转移而使活性链终止，即

$$\sim CH_2-CH^{\ominus}Me^{\oplus} + CH_2=CH \longrightarrow \sim CH_2-CH_2 + CH_2=C^{\ominus}Me^{\oplus}$$
（CN，CN，CN，CN）

2）活性聚合物链端基异构化。

即使在无杂质的条件下，某些阴离子活性中心发生了异构反应也可能失去活性。例如，用烷基锂引发的 α-甲基苯乙烯聚合中，聚 α-甲基苯乙烯基锂在苯溶液中会逐渐消除氢化锂而失活，即

$$\sim CH_2-C^{\ominus}Li^{\oplus} + CH_2=C \longrightarrow \sim CH_2-C-CH_2-C^{\ominus}Li^{\oplus} \longrightarrow \cdots +LiH$$

3）极性单体的终止反应。

极性单体还可能发生活性端基在分子内部的转移而失活。活性中心转移的结果是活性较大的烷基锂被转变成活性较低的醇盐或生成比碳阴离子更为稳定的羧基阴离子，而不能再与单体发生增长反应，即

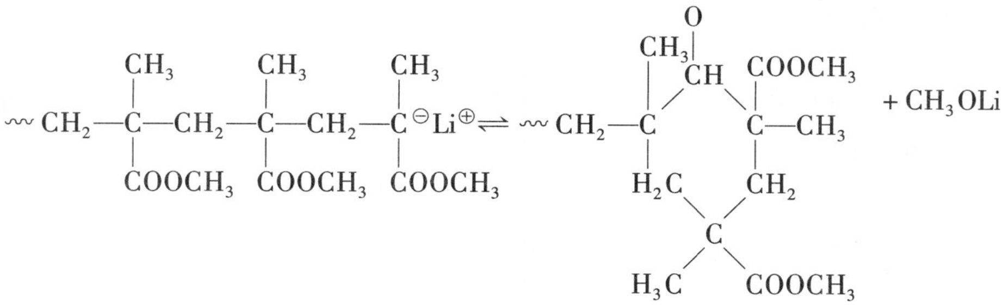

或

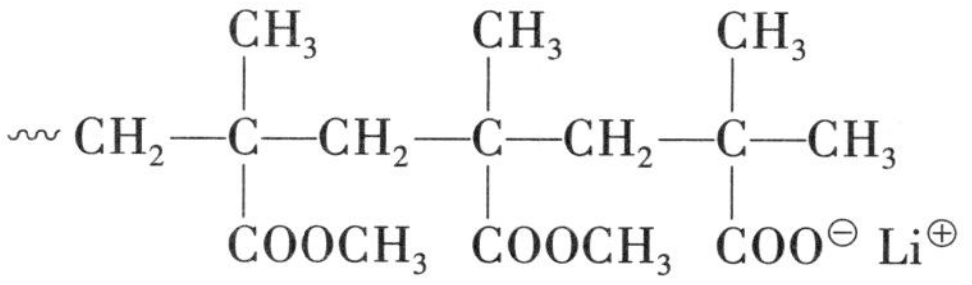

5.2.2　阴离子聚合的单体

烯类、羰基化合物、含氧三元环以及含氮杂环都有可能成为阴离子聚合的单体。已经用来进行阴离子型聚合的单体主要可以分为以下三种类型。

①带有氰基、硝基和羧基类吸电子取代基的乙烯基类单体。

②具有 $\pi-\pi$ 共轭体系的烯类单体，如苯乙烯、丁二烯、异戊二烯。

③杂环化合物，其负电荷能够离域至电负性大于碳的原子上，如环氧化合物、环硫化合物、环酯、环酰胺、环硅、硅氧烷环状化合物等。

单体结构对阴离子聚合速率影响明显。表 5-4 列出了一些单体的阴离子聚合链增长速率常数，聚合条件是四氢呋喃为溶剂，聚合温度为 25 ℃，反离子为钠离子。

表 5-4　一些单体的阴离子聚合链增长速率常数　　　　　　　　L/(mol·s)

单体	k_p	单体	k_p
α-甲基苯乙烯	2.5	苯乙烯	950
p-甲氧基苯乙烯	52	4-乙烯基吡啶	3 500
o-甲基苯乙烯	170	2-乙烯基吡啶	7 300

值得指出的是，随着科学技术的发展，可被阴离子聚合采用的单体日益增加。例如，过去认为乙烯单体以丁基锂引发，难以制取高分子量的聚合物，而现在采用四甲基乙二胺为活化剂，在一定的温度和压力下，可制得分子量为 140 000，结晶度大于 90% 的聚乙烯。

5.2.3　阴离子聚合的引发剂

阴离子聚合的引发剂是电子给体，亲核试剂。可以作为阴离子聚合引发剂的有碱金属；有机金属化合物，主要有金属胺基化合物（如 $NaNH_2$，KNH_2）、金属烷基化合物（如丁基锂）、格利雅试剂 $RMgX$ 等；其他亲核试剂，如 R_3P、R_3N、ROH。阴离子聚合单体和引发剂活性各不相同，只有某些引发剂才能用以引发某些单体，即单体对引发剂具有强烈的选择性。

可将引发剂活性按由强到弱，单体聚合活性由弱到强的次序排列成表 5-5，并以箭头表示引发剂和单体相互间的反应关系。在表 5-5 中，a 组的碱金属及金属烷基化合物的碱性极强，聚合活性最大，可以引发各种单体的阴离子聚合；b 组是中强碱，已不能使那些极性最弱的 A 组单体聚合，只能使极性较强的 B、C 和 D 组单体聚合；c 组是较 b 组还弱的碱，只能引发极性更强的 C 和 D 组单体聚合；d 组是最弱的碱，它只能引发聚合活性最强的 D 组单体。如其中的 α-氰基丙烯酸酯类单体，遇水就发生聚合，在保存时需加 SO_2 作阻聚剂。

表 5-5　阴离子聚合单体与引发剂的反应活性

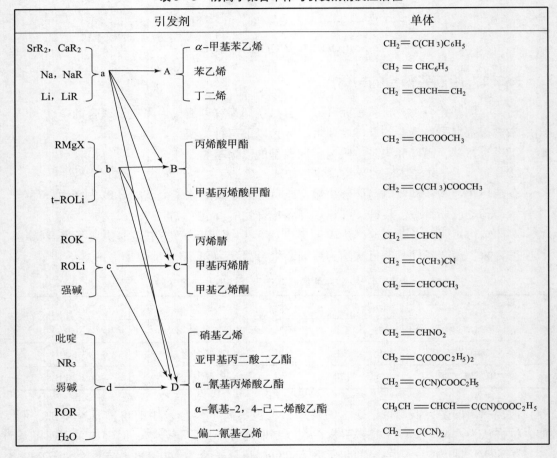

引发剂	单体
SrR_2，CaR_2 ⎤ ⎥ a → A α-甲基苯乙烯	$CH_2 = C(CH_3)C_6H_5$
Na，NaR ⎥ 苯乙烯	$CH_2 = CHC_6H_5$
Li，LiR ⎦ 丁二烯	$CH_2 = CHCH = CH_2$
RMgX ⎤ ⎥ b → B 丙烯酸甲酯	$CH_2 = CHCOOCH_3$
t-ROLi ⎦ 甲基丙烯酸甲酯	$CH_2 = C(CH_3)COOCH_3$
ROK ⎤ 丙烯腈	$CH_2 = CHCN$
ROLi ⎥ c → C 甲基丙烯腈	$CH_2 = C(CH_3)CN$
强碱 ⎦ 甲基乙烯酮	$CH_2 = CHCOCH_3$
吡啶 ⎤ 硝基乙烯	$CH_2 = CHNO_2$
NR_3 ⎥ 亚甲基丙二酸二乙酯	$CH_2 = C(COOC_2H_5)_2$
弱碱 ⎥ d → D α-氰基丙烯酸乙酯	$CH_2 = C(CN)COOC_2H_5$
ROR ⎥ α-氰基-2，4-己二烯酸乙酯	$CH_3CH = CHCH = C(CN)COOC_2H_5$
H_2O ⎦ 偏二氰基乙烯	$CH_2 = C(CN)_2$

5.2.4　阴离子聚合的工艺及影响因素

同阳离子聚合一样，阴离子聚合对聚合工艺方法具有选择性。阴离子聚合引发剂与水会发生反应，反应过程中的碳负离子增长链对水也敏感，因此反应介质不能用水。不能采用以水为反应介质的悬浮聚合和乳液聚合生产方法进行生产。工业上，阴离子聚合可以采用无反应介质的本体聚合方法；或有非水反应介质存在的溶液聚合方法，包括淤浆法和溶液法。体系的溶剂、温度等物理化学环境对聚合反应有着重要影响。

（1）溶剂。

溶剂也是构成阴离子聚合体系的重要组分，溶剂主要有排除聚合热和提供必要的反应介质两方面的作用。不同的溶剂可能对引发剂的缔合与解缔、活性中心离子对的形态和结构及聚合机理产生重要的影响。阴离子聚合广泛采用非极性的烃类（烷烃和芳烃）作为溶剂，如正己烷、环己烷、苯、甲苯，但也常采用极性溶剂，如四氢呋喃、二氧六环和液氨。质子溶剂如水、醇、酸、胺则不能作为阴离子聚合的溶剂，其他溶剂中含有这类化合物，它们的含量也必须控制在 $10 \sim 15\ \mu L/L$ 以内。因为这类物质易与增长着的阴离子反应，使链终止。

溶剂对聚合的影响主要源于溶剂对引发剂、单体及增长链端基的溶剂化作用。溶剂化作用是指溶剂分子通过分子间作用力与引发剂、单体及增长链端基之间发生的相互作用。这种相互作用直接影响引发活性中心离子对的疏密程度、聚合活性和产物结构等。溶剂化作用与溶剂的极性和溶剂化能力有关。溶剂的极性一般用介电常数表征，溶剂化能力用溶剂的电子给予指数表征。表 5-6 列出了常用溶剂的介电常数和电子给予指数。

表 5-6　常用溶剂的介电常数和电子给予指数

溶剂	介电常数	电子给予指数	溶剂	介电常数	电子给予指数
正己烷	2.2	—	四氢呋喃	7.6	20.0
苯	2.2	2.0	丙酮	20.7	17.0
二氧六环	2.2	5.0	硝基苯	34.5	4.4
乙醚	4.3	19.2	二甲基甲酰胺	35	30.9

溶剂的介电常数越大，极性越强；溶剂的电子给予指数越大，溶剂化作用越大。这两种情况均会导致引发中心更容易形成疏松的离子对，甚至是自由离子，聚合速率加快，但对控制产物的立构规整性不利。

在采用烃类化合物作溶剂时，为了增加反应速率，常常加入少量含氧、硫、氮等原子的极性有机物作为添加剂。这些物质都是给电子能力较强的化合物，如四缩乙二醇二甲醚、四甲基乙二胺、四氢呋喃、乙醚或络合能力极强的冠醚及穴醚，这些化合物能够促进紧离子对分开形成松离子对，从而使反应速率增加。

溶剂对聚合产物的构型也有重要影响，表 5-7 列出了戊烷、苯、环己烷、四氢呋喃等溶剂极性对丁基锂引发异戊二烯聚合的产物构型的影响。发现随着溶剂极性的增加，顺式结构含量减小，极性溶剂条件下难以获得顺式结构的聚异戊二烯。

表 5-7　溶剂极性对聚异戊二烯构型的影响

溶剂	聚异戊二烯分子链中各种构型的含量/%			
	顺式 1,4 结构	反式 1,4 结构	1,2-结构	3,4-结构
戊烷	93	0	0	7
苯	75	12	0	7
环己烷	68	19	0	13
戊烷/THF（90/10）	0	26	9	66
四氢呋喃（THF）	0	12	27	59

（2）温度。

升高温度，链增长速率常数增加，导致聚合速率加快；但另一方面，升高温度，离解平衡常数降低，也即较疏松的离子对或自由离子的浓度降低，导致聚合速率减小。总体来说，温度对阴离子聚合速率的影响不如自由基聚合明显。此外，聚合体系中的一些活性杂质对活性链的终止也会随着温度的升高而明显，因此不易在高温下进行。因此，阴离子聚合温度一般在 20~80 ℃下进行。

（3）反离子。

作为阴离子聚合活性中心的反离子，金属阳离子的半径及其溶剂化程度对聚合速率有明显的影响，在极性溶剂中，溶剂化作用对活性中心离子对的形态起决定作用；离子半径越小，与溶剂的溶剂化作用越强，离子对越疏松，越有利于链增长反应，聚合速率常数越大。而在非极性溶剂中，溶剂化作用微弱，离子对的疏密程度主要取决于离子半径的大小；随着离子半径的增大，离子对之间的静电作用力减小，离子对变得疏松，有利于单体的插入进行增长反应，聚合速率常数增大。表 5-8 列出了苯乙烯阴离子聚合速率常数与反离子的关系。

表 5-8　苯乙烯阴离子聚合速率常数与反离子的关系

反离子		锂离子	钠离子	钾离子	铷离子	铯离子
聚合速率常数/ $(L \cdot (mol^{-1} \cdot s^{-1}))$	在四氢呋喃中	160	80	60~80	50~60	22
	在二氧六环中	0.94	3.4	19.8	21.5	24.5

反离子半径大小对聚合产物构型有影响，表 5-9 列出了反离子半径对聚丁二烯构型的影响。在戊烷中，0 ℃的聚合条件下，采用锂、钠、钾、铷、铯碱金属引发聚合，发现随着反离子半径的增大，聚丁二烯大分子链上的顺式含量逐渐减少。

表 5-9　反离子半径对聚丁二烯构型的影响　　　　　　　　　　　　%

反离子	聚丁二烯分子链中各种构型的含量		
	顺式 1，4 结构	反式 1，4 结构	1，2-结构
锂	35	52	13
钠	10	25	65
钾	15	40	45
铷	7	31	62
铯	6	35	59

（4）缔合现象。

烷基锂在苯、甲苯、己烷等非极性溶剂中存在不同程度的缔合作用，缔合的烷基锂必须解缔合后才能引发聚合。阴离子聚合常用的引发剂丁基锂在苯、环己烷等非极性溶剂中就以几个分子缔合状态存在，使其引发能力减弱。丁基锂在极性溶剂中或升高温度后解缔合为单分子，与单体作用形成离子对或自由离子，然后引发单体聚合。在聚合体系中加入路易斯酸可以破坏丁基锂的缔合作用，这是由于路易斯酸与金属锂配位的结果。此外，升高温度也能破坏丁基锂的缔合结构。

5.2.5　阴离子聚合的工业应用

阴离子聚合原理
及合成工艺（二）

阴离子聚合几乎可以在同一时间快速地形成引发中心，因此特别适合合成分子量窄分布的聚合物，如用于凝胶渗透色谱分级的分子量狭窄的标准试样聚苯乙烯就是采用阴离子聚合机理合成的。

阴离子活性链难以自行终止，必须添加终止剂，因此可以通过添加不同结构的终止剂，在终止活性链的同时，合成链端具有—OH、—COOH、—SH 等功能基团的聚合物。

阴离子聚合的增长链活性寿命长，可以依次添加不同品种的单体进行聚合，合成不同结构与性能的嵌段共聚物、接枝共聚物，如热塑性弹性体 SB、SBS。

利用活性聚合物与偶联剂作用，根据偶联剂结合活性聚合物的数目不同，可以得到三臂、四臂甚至多臂的星形聚合物。借助于阴离子活性聚合也可合成结构确定的梳状聚合物。

5.2.6　阴离子聚合工艺实例

阴离子聚合可用来合成分子量较为狭窄的聚合物，合成 AB 型、ABA 型以及多嵌段、星型、梳型等不同类型的嵌段共聚物，以及合成某些具有适当功能团端基的聚合物。下面以 SBS 热塑性弹性体、聚醚多元醇、锂系聚异戊二烯橡胶的制备为例详细介绍阴离子聚合工艺。

1. 阴离子嵌段共聚合制备 SBS 热塑性弹性体

SBS 是 ABA 形三嵌段共聚物，由室温下处于高弹态的丁二烯链段、玻璃态的苯乙烯链段构成，如图 5-8 所示。在受到外力拉伸时，柔性的丁二烯链段将沿外力方向以较大幅度伸长，而刚性苯乙烯链段作为物理交联点限制其伸长，撤销外力后丁二烯链段的伸长会恢复，如图 5-9 所示。

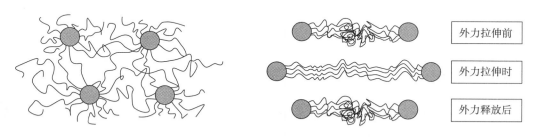

图 5-8　SBS 三嵌段结构	**图 5-9　SBS 弹性体恢复性弹性形变的原理**

外力拉伸前

外力拉伸时

外力释放后

苯乙烯和二烯烃的嵌段共聚物热塑性弹性体是最早工业生产的热塑性橡胶，目前仍占热塑性橡胶总产量的一半，其中以苯乙烯与丁二烯嵌段共聚物（SBS）最重要，根据合成方法不同，SBS 有线形结构和星形结构。SBS 具有优良的拉伸强度、弹性和电性能，永久变形小，屈挠和回弹性好，表面摩擦大，大量用于制鞋业、聚苯乙烯和沥青材料的改性等。

SBS 主要用作橡胶和胶黏剂。用 SBS 制作的鞋底弹性好，受力残余变形小，色彩美观，且具有良好的抗湿滑性、透气性、耐磨性、低温性和耐曲挠性，而且对沥青路面、潮湿及积雪路面有较高的摩擦系数。SBS 可以作为制作玩具、家具和运动设备的主要原料，还可以制成各种胶板用作地板材料，也可用于汽车内坐垫材料，还可代替其他橡胶和塑料，用于电线和电缆的外皮。SBS 胶黏剂用途广泛，可用作冶金粉末成型剂、木材快干胶、标签、胶带用胶、覆膜黏合剂，密封胶以及用于挂钩、电子元件的一般强力胶、万能胶和不干胶等。

在沥青改性领域，为提高沥青软化点，改善其低温屈挠性和高温流动性，同时考虑其在沥青中的相容性，一般采用苯乙烯质量分数为 30% 的高分子量星型 SBS 热塑性弹性体。

线型嵌段 SBS 采用丁基锂引发，顺序加入苯乙烯、丁二烯、苯乙烯，经三步链增长，最后加终止剂完成聚合过程。首先，丁基锂引发苯乙烯生成苯乙烯基阴离子，其迅速与苯乙烯分子发生链增长反应，形成分子量不断增加的、可进一步引发链增长的阴离子活性大分子。当加入丁二烯后，继续链增长，形成聚苯乙烯-聚丁二烯基阴离子，接着再引发第三步加入的苯乙烯聚合，形成聚苯乙烯-聚丁二烯-聚苯乙烯三嵌段聚合物阴离子，最后加入水终止反应，得到目标产物 SBS。第一步聚合反应因生成的碳阴离子与苯环共轭，溶液颜色呈金黄色或橙红色；第二步加丁二烯后，颜色基本消失；第三步再加苯乙烯时，聚合物溶液又恢复金黄色或橙红色，加入水终止后聚合物溶液颜色再次消失。

除了上述单锂（R—Li）为引发剂的单体顺序加料法，SBS 的合成也可采用偶合法、双锂（Li—R—Li）引发法。

偶合法是先用引发剂引发苯乙烯单体，再与丁二烯共聚形成二嵌段共聚物，加偶合剂偶合得到产物。偶合法的合成反应如下：

$$2SB\text{—}Li + COCl_2 \longrightarrow SB\overset{\overset{\displaystyle O}{\|}}{\text{—}C\text{—}}BS + 2LiCl$$

$$4SB\text{—}Li + SiCl_4 \longrightarrow SB\overset{\overset{\displaystyle BS}{|}}{\underset{\underset{\displaystyle BS}{|}}{\text{—}Si\text{—}}}BS + 4LiCl$$

双锂（Li—R—Li）引发法先用双锂引发剂引发丁二烯单体，形成双端阴离子增长链，再与苯乙烯共聚形成 ABA 型三嵌段共聚物，可以减少聚合过程中的第三步加料工艺，产品不含或仅含微量二嵌段物，均聚物含量很少，产品的耐老化性能得到根本性改善，生产可在原有单锂 SBS 装置上实施，能有效地降低引发剂的成本。但双锂引发剂在非极性溶剂中溶解度很低，热稳定性差，一定程度上限制了双锂引发剂的使用。双锂引发法的合成反应如下：

引发：

$$2CH_2\!\!=\!\!CHCH\!\!=\!\!CH_2 + Li\text{—}R\text{—}Li \longrightarrow$$

$$Li^{+\,-}CH_2CH\!\!=\!\!CHCH_2\text{—}R\text{—}CH_2CH\!\!=\!\!CHCH_2^-\,Li^+$$

第一次增长：

$$Li^{+\,-}CH_2CH\!\!=\!\!CHCH_2\text{—}R\text{—}CH_2CH\!\!=\!\!CHCH_2^-\,Li^+ \xrightarrow{\ CH_2=CHCH=CH_2\ }$$

$$Li^{+-}(CH_2CH=CHCH_2)_m R \!-\!\!(CH_2CH=CHCH_2)_n^- Li^+$$

交叉引发:

$$Li^{+-}(CH_2CH=CHCH_2)_m R \!-\!\!(CH_2CH=CHCH_2)_n^- Li^+ \xrightarrow{\text{CH}=\text{CH}_2}$$

$$Li^{+-}\underset{\text{C}_6\text{H}_5}{CHCH_2}\!-\!\!(CH_2CH=CHCH_2)_m R \!-\!\!(CH_2CH=CHCH_2)_n CH_2CH^- Li^+$$

第二次增长:

$$Li^{+-}\underset{\text{C}_6\text{H}_5}{CHCH_2}\!-\!\!(CH_2CH=CHCH_2)_m R \!-\!\!(CH_2CH=CHCH_2)_n CH_2CH^- Li^+ \xrightarrow{\text{CH}=\text{CH}_2}$$

$$Li^{+-}(CHCH_2)_q(CH_2CH=CHCH_2)_m R \!-\!\!(CH_2CH=CHCH_2)_n(CH_2CH)_p^- Li^+$$

（1）合成 SBS 的聚合体系各组分及其作用。

1）单体。

苯乙烯是一种无色、有特殊香味的有毒液体，能溶于汽油、乙醇和乙醚等有机溶剂，沸点为 145 ℃。苯乙烯可燃，挥发出的蒸气对眼睛和呼吸系统有刺激作用。为避免发生聚合，储存和运输中一般加入至少 10 mg/kg 的叔丁基苯酚阻聚剂，尽量在室温下储存，室温高于 27 ℃时，要考虑冷冻措施。储存的容器要求不用橡胶或含铜的材料制造。

丁二烯单体是一种有特殊气味的无色气体，有麻醉性，特别刺激黏膜，易液化。丁二烯的沸点为 -4.45 ℃，稍溶于水，溶于乙醇、甲醇，易溶于丙酮、乙醚、氯仿等，与空气混合物的爆炸极限为 2.16%~11.47%（体积分数）。丁二烯的生产及储存过程中极易产生过氧化物自聚物及端聚物，过氧化物自聚物一般为浅黄色油状的稠液体。预防过氧化物采用的措施：严格控制系统氧含量；尽可能采取低压低温操作；妥善保管阻聚剂。

2）引发剂。

合成 SBS 使用的引发剂为丁基锂。丁基锂为淡棕色液体，密度为 0.78 g/cm³，闪点为 -12 ℃。丁基锂对眼睛、皮肤、黏膜和呼吸道有强烈的刺激作用，吸入后可引起支气管痉挛、炎症等疾病，化学反应活性很高，与空气接触会着火，燃烧产物为一氧化碳、二氧化碳、氧化锂。

3）溶剂。

环己烷常用作合成 SBS 使用的溶剂，其为无色液体，有类似汽油的气味，对酸、碱比较稳定，能与甲醇、乙醇、苯、醚和丙酮相混溶，难溶于水，易燃，与空气能形成的混合物爆炸极限为 1.3%~8.3%，沸点为 80.7 ℃。使用时需在容器内密闭操作，环境全面通风。储存于阴凉、通风的库房，远离火种、热源，库温不宜超过 30 ℃，保持容器密封，与氧化剂分开存放。

4）其他。

水为反应终止剂。填充油一般选用环烷油，旨在降低 SBS 熔体黏度，改善加工性能，调节 SBS 的硬度和模量。

表 5 - 10 所示为工业上合成一种线形结构的 SBS 弹性体的典型配方。

表 5 - 10　合成 SBS 弹性体的典型配方

聚合体系	原料名称	用量
单体	苯乙烯 丁二烯	S∶B = 4∶6(摩尔比) 总量的 11%~17%（质量分数）
引发剂	丁基锂	微量
溶剂	环己烷	83%~89%（质量分数）
填充油	环烷油	适量
终止剂	水	适量

（2）聚合工艺过程。

工业上合成 SBS 弹性体的工艺过程包括单体的精制、引发剂的制备、聚合、溶剂回收及聚合物后处理等工序。

1）单体精制。

生产 SBS 的难点是工艺对杂质非常敏感，对原料的纯度要求高。因此，原料必须进行精制。苯乙烯单体的精制，氢氧化钠水溶液碱洗苯乙烯除去阻聚剂，然后水洗除去残留的碱液，再经精馏塔精馏，脱除重组分和部分水分，最后经过干燥塔进一步除去微量水分，得到可以用来聚合的精制苯乙烯。为防止苯乙烯在精馏过程中自聚，需要采用减压精馏。

丁二烯单体的精制，氢氧化钠水溶液碱洗丁二烯除去阻聚剂，然后经水洗塔脱除残留碱液等，再经脱烃塔脱除丙炔和氧气，经脱重塔分离重组分，最后丁二烯经活性氧化铝和 5A 分子筛干燥、精制后，水分含量可小于 2.0×10^{-6}，得到合格的聚合级丁二烯。

2）引发剂的制备。

丁基锂引发剂溶液的制备工艺流程如图 5 - 10 所示，首先将金属锂锭在熔锂器内，氩气保护下，加热熔融，制得熔化锂；将熔化锂放入分散釜，同时加入白油、环己烷进行高速搅拌，将熔化锂分散成细颗粒状的锂砂，制得锂砂的悬浮液；将锂砂悬浮液加入合成釜，适速均匀滴加氯丁烷进行反应，反应完全后，得到含丁基锂的混合物；然后将反应混合液加到沉降槽中自然沉降，分层后抽清液过滤，得到透明的丁基锂溶液。在制备过程中，三种成分的比例为锂∶氯丁烷∶环己烷 = 12 kg∶(82~84 L)∶370 L。

3）聚合过程。

线型 SBS 采用三步法间断聚合工艺合成。首先在聚合釜内加入环己烷溶剂，并预热到 60~70 ℃，加入已事先控温在 0~10 ℃的苯乙烯，当釜温调至 50~60 ℃，加入引发剂开始反应，维持温度在 60~70 ℃，反应 30 min 左右，结束一段聚合；调解釜温至 50~60 ℃，然后缓慢加入丁二烯，温度控制在 90~105 ℃，反应 15~30 min，结束二

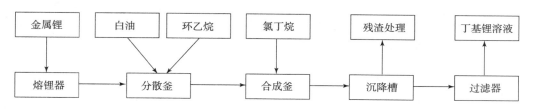

图 5 - 10　丁基锂溶液引发剂的制备工艺流程

段聚合；调节釜温在 80~100 ℃，持续 2~5 min 后加入苯乙烯进行三段聚合反应，同时补充适量的溶剂。聚合转化率达到要求时，加入终止剂，终止反应，出料获得 SBS 的胶液。胶液经过过滤器再与加有防老剂的环己烷溶液强化混合，经中和送至脱气干燥段。脱气干燥后，共聚物溶液再经过一系列后处理干燥包装入库。图 5 - 11 所示为 SBS 聚合过程的工艺流程。

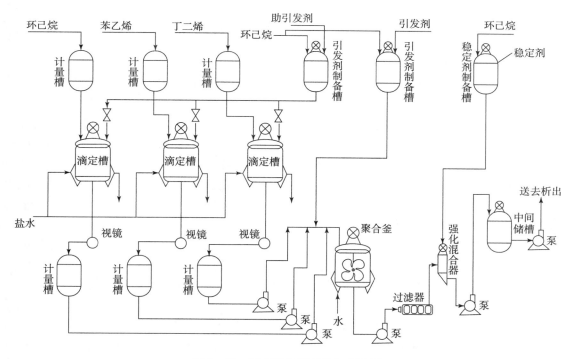

图 5 - 11　SBS 聚合过程的工艺流程

三段转化率均控制在 99% 以上，因此无须设置未反应单体的回收、循环使用流程。增长阴离子为 Lewis 碱，苯乙烯与丁二烯的 pKa 值相当，因此可不受加料顺序的限制。研究表明，苯乙烯阴离子引发丁二烯的活性要高于丁二烯阴离子引发苯乙烯，因此第二次加苯乙烯的釜温（80~100 ℃）高于第一段釜温（60~70 ℃）。

4）溶剂回收。

将聚合得到的 SBS 胶液用泵送入闪蒸釜，浓缩后的胶液用泵送至后处理工段。闪蒸得到的溶剂送至溶剂回收工段，含杂质及水分的环己烷首先经过预热器，预热到 65~

70 ℃进入脱水塔。轻组分由塔顶排出，塔中环己烷及水经静止分层，分离出环己烷，然后用泵送至脱重组分塔，从塔顶收集精环己烷，进入精环己烷罐。图5－12所示为溶剂回收利用的工艺流程。

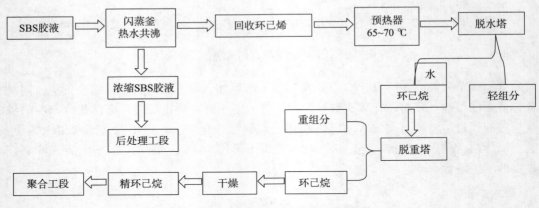

图5－12 溶剂回收利用的工艺流程

5）聚合物后处理。

①凝聚。SBS不溶于水，通过热水、水蒸气及搅拌作用，将溶解在溶剂环己烷中的SBS共聚物呈块状析出，并经过振动筛脱去SBS胶块表面的自由水。将存储罐中浓缩的SBS胶液用泵打至凝聚槽，两个喷嘴自上而下喷入，釜上部通入热水，釜底直接通入水蒸气，胶液借助蒸汽和搅拌进行分散，在釜内进行等速汽化和减速扩散两个过程，脱出溶剂，析出SBS胶块。析出胶块与热水一起送去振动筛初步脱水。

②挤压脱水。经振动筛脱水后的SBS胶块内部仍含有水分，经过挤压脱水机，强制脱除SBS胶块中的大部分水。由振动筛来的胶粒从料斗进入挤压脱水机，胶粒中的水分被挤出，脱水后的胶粒从机头的出料孔中排出，经切片机切成圆片。

③膨胀干燥。经挤压脱水得到的SBS圆形胶片中仍含有微量的水分。圆形胶片进入膨胀干燥机的胶料斗，经螺杆输送挤压，物料沿螺杆轴向逐渐升压，由于挤压、剪切物料温度上升，物料形态发生变化，由高弹态变为黏流态。具有一定压力和温度，并获得足够能量的物料，在从模板孔挤出的瞬间，其中的水分及其他轻组分由于外界条件忽然变化而迅速汽化，闪蒸逸出，于是物料压力急剧下降，温度随之下降，物料得到干燥，干燥的物料由切料装置切成一定大小的颗粒。图5－13所示为后处理工艺流程。

（3）影响因素。

1）引发剂。

SBS工业生产常用丁基锂作为引发剂，不同种类丁基锂在非极性烃类溶剂中的缔合程度不同，引发效果也就不同。由于 s－丁基锂缔合度小，所以引发反应速率快，可获得分子量分布窄的聚合物。而 n－丁基锂缔合度相对较大，反应速率慢，会使部分引发剂残存在嵌段聚合的各个阶段，造成分子量分布加宽，并生成双嵌段共聚物和均聚物。在 n－丁基锂的烃类溶剂中加入少量醚类、叔胺类化合物作为活化剂，便可提高反应速率，获得分子量分布窄的聚合物。

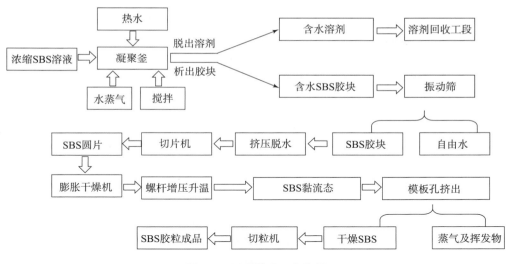

图 5-13　后处理工艺流程

2）杂质。

SBS 合成反应体系中的水、氧、二氧化碳、醇、酸、醛、酮等杂质，能与烷基锂引发剂发生反应，使引发剂失活或活性链终止，降低引发效率，并且可以产生均聚物和二嵌段共聚物等。因此，在生产中，这些杂质的允许含量必须降至最低限度，一般要求只有万分之几甚至十万分之几。

2. 环氧丙烷阴离子开环聚合制备聚醚多元醇

聚醚多元醇简称聚醚，是一类含有多个端羟基、主链上含有大量醚键的低分子量聚合物，主要用于制备聚氨酯材料。常由环氧化物如环氧乙烷、环氧丙烷、四氢呋喃等开环聚合制得。均聚醚是一种环氧化物的聚合产物。共聚醚由两种及以上环氧化物聚合得到，按环氧化物链节的无规或有序排列，有无规共聚醚和嵌段共聚醚之分。

环氧丙烷开环聚合后生成羟基封端的聚醚，由于甲基的存在，造成结构上的不对称。因此单体排列有头-头、头-尾、尾-尾几种不同的结构。聚环氧丙烷多元醇的工业产品主要是由头-尾相连（90%）的重复单元链组成，如下式：

$$—O—CH_2—\overset{\overset{\displaystyle CH_3}{|}}{CH}—O—CH_2—\overset{\overset{\displaystyle CH_3}{|}}{CH}—O—CH_2—\overset{\overset{\displaystyle CH_3}{|}}{CH}—$$

另外亦有少量的头-头（5%）和尾-尾（5%）相连的链结构。由于环氧丙烷链节存在一个手性碳原子，根据立体构型可形成全同立构、间同立构和无规立构等排列方式。工业产品环氧丙烷聚醚是无规结构，即使分子量相当高时仍然是一种黏性液体，在 $-20 \sim 50$ ℃低温范围内仍然可以流动。环氧丙烷的加成速率随分子量的增加而降低，阻碍了高分子量产物的形成，使得分子量比较均匀，分布较窄。

聚醚的物理及化学性质与起始剂及其官能度、环氧化物、分子量、端基结构等因素有关。大多数工业品聚醚为无色透明液体，吸湿而不易挥发。聚醚的一些物理性质指标，如密度、折射率和热容等对于起始剂官能度、分子量以及环氧乙烷相对用量的改变并不敏感。

但黏度和溶解性能等一些重要物理性质随起始剂官能度、分子量以及环氧乙烷相对含量的变化而有很大差异。聚醚在水中的溶解度随所用起始剂的官能度和环氧乙烷相对含量的增加而提高，随分子量的增加而降低。环氧丙烷聚醚可以溶于芳烃、卤代、醇、酮和脂类等有机溶剂中。分子量很小而羟基含量又很高的聚醚不溶于非极性的烷烃，但可以在较低温度下和任何比例的水相混溶。多官能度起始剂制备的聚醚的黏度明显高于聚醚二元醇的黏度。

聚醚具有优良的水解稳定性，即使在酸和碱存在时也不易被水解，只有在高温和浓的强酸作用下才发生裂解。聚醚链在温度较高时氧化降解速度将明显加快。生产过程中要加入抗氧剂防止聚醚被氧化。

当用碱引发环氧丙烷聚合时，生成的端羟基绝大多数是仲羟基，通过环氧丙烷聚醚的长链分子末端加上 5% ~ 20% 的环氧乙烷可调节伯、仲羟基比例。因此，环氧乙烷在聚醚分子链中的含量和链节所处的位置对聚醚的反应活性将有很大影响。

聚醚的官能度对其反应活性有重要影响。在生成聚氨酯的化学反应中，聚醚的官能度对聚氨酯生成过程中体系黏度的增长速度有很大影响。单羟基聚醚在制备聚氨酯时将消耗异氰酸酯而不能形成聚合物交联网络，必须严格控制含量。

聚醚主要应用于聚氨酯树脂的制造。由于聚氨酯材料性能多样，因此对聚醚的要求也具有多样性。

环氧丙烷聚醚通常是用多元醇作为起始剂，在碱性条件下由环氧丙烷进行阴离子开环聚合而得到的。环氧丙烷属于三元环醚，环的张力较大，采用阴离子聚合机理可以制得相应的聚合物，聚合历程包括链的引发、增长和终止三步，即：

链引发：$R—OH + KOH \longrightarrow RO^{-}\cdots\cdots^{+}K + H_2O$

链增长：$RO^{-}\cdots\cdots^{+}K + n\,CH_2—\overset{O}{\overset{\diagup\diagdown}{CH}}—CH_3 \longrightarrow R{\left[O—CH_2—\underset{\underset{CH_3}{|}}{CH}\right]}_n O^{-}\cdots\cdots^{+}K$

链终止：$R{\left[O—CH_2—\underset{\underset{CH_3}{|}}{CH}\right]}_n O^{-}\cdots\cdots^{+}K \xrightarrow{\text{水或酸}} R{\left[O—CH_2—\underset{\underset{CH_3}{|}}{CH}\right]}_n OH + KOH$

（1）合成聚醚多元醇的聚合各组分及其作用。

环氧丙烷在常温下为无色、透明、低沸、易燃液体，其凝固点为 – 112.13 ℃，沸点为 34.24 ℃，黏度（25 ℃）为 0.28 mPa·s。环氧丙烷与水部分混溶（与乙醇、乙醚混溶），并与二氯甲烷、戊烷、戊烯、环戊烷、环戊烯等形成二元共沸物。环氧丙烷产品应储存于通风、干燥、低温（25 ℃以下）阴凉处，不得于日光下直接曝晒，并隔绝火源。环氧丙烷有毒性，液态的环氧丙烷会引起皮肤及眼角膜的灼伤，其蒸气有刺激和轻度麻醉作用，接触环氧丙烷的人员应穿戴规定的防护用品，工作场所应符合国家的安全和环保规定。应避免用铜、银、镁等金属处理和储存环氧丙烷，也应避免酸性盐（如氯化锡、氯化锌）、碱类、叔胺等过量地污染环氧丙烷。环氧丙烷发生的火灾应用特殊泡沫液来灭火。

环氧乙烷在常温下为无色带有醚刺激性气味的气体，气体的蒸气压高，30 ℃时可达 141 kPa。环氧乙烷的熔点为 -112.2 ℃，沸点为 10.4 ℃，闪点小于 -17.8 ℃，爆炸极限为 3%~100%（体积分数），能与水以任何比例混溶，能溶于醇、醚。环氧乙烷是一种有毒的致癌物质。环氧乙烷不易长途运输，它储存于阴凉、通风的库房，远离火种、热源，避免光照，库温不宜超 30 ℃，应与酸类、碱类、醇类、食用化学品分开存放，切忌混储。

氢氧化钾常用作引发剂。它是一种白色晶体，溶于水、乙醇，微溶于醚，易潮解并吸收二氧化碳。其化学性质类似氢氧化钠（烧碱），水溶液呈强碱性。

（2）聚合工艺过程。

环氧丙烷聚醚聚合工艺过程包括起始剂的制备、开环聚合和产物精制三个主要工序，基本都是非连续工艺。环氧丙烷聚醚的典型生产工艺流程如图 5-14 所示。

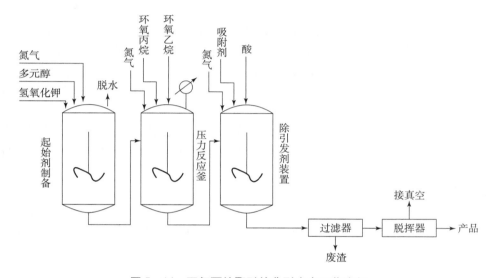

图 5-14　环氧丙烷聚醚的典型生产工艺流程

1）起始剂的制备。

将多元醇和适量的氢氧化钾引发剂混合，经强制而充分地脱水，制得起始剂。氢氧化钾的用量为多元醇的 0.1%~1.0%，可使起始剂保持适当的黏度和较低的聚合速率。起始剂除水至关重要，否则会降低最终聚醚产物的官能度。

2）开环聚合。

开环聚合通常在装有搅拌和压力自动释放装置的压力釜中进行。反应釜要具有高效加热和冷却的能力，并连接有真空系统和氮气管道。环氧丙烷在高于 80 ℃ 的温度下分批加入起始剂溶液中，进行开环聚合。控制聚合反应在 80~170 ℃ 之间完成。反应釜的压力控制在 0.8 MPa 以下，维持聚合在液相中进行。在反应过程中，环氧烷烃用连续加料方法加入反应器中，不同产品，加料可以有区别，可调控。

聚合过程中聚醚多元醇的分子量和所占体积逐渐增大。到一定程度时，搅拌和反应散热困难，就难以采用单釜生产工艺。因此，在制备高分子量聚醚时，反应分两个阶段进行。在第一阶段醇化物和环氧烷烃反应生成中等分子量聚醚，然后再将这种中间产品部分返回到反应釜中进一步聚合，或者把全部中间产品转移到第二个更大的反应釜中完成聚合。这个容积更大的反应器需要满足充分散热的要求。聚合过程中，反应釜中的物料是聚醚以及未反应原料的混合物，其中环氧丙烷的比例可能相当高。如果冷却散热不能满足要求，会造成液相中的部分环氧丙烷沸腾而增大反应釜内的压力。因此在聚合釜上必须安装压力自动释放系统，另外在环氧丙烷加料完毕后，必须放置一段时间，等待它消耗完全。为了防止聚醚在高温下被氧化，在生产过程中应避免氧的存在。

3）产物精制。

精制通常是在加聚反应结束后，要除去未反应的残留环氧烷烃，然后再中和或除尽碱引发剂。最常用的除去残余催化剂的方法是加吸附剂或者加酸中和。最简单的纯化方法是用硅酸镁或硅酸铝等吸附剂处理聚醚，但会降低产率，同时还会造成严重的环境污染。用酸中和的方法也很简便，可以用油酸、醋酸或甲酸、柠檬酸等有机酸，也可以用磷酸、硫酸、盐酸等无机酸。如果中和后生成的碱金属盐不溶于聚醚，需过滤除去，如果可溶于聚醚，这种聚醚将由于盐的催化作用而增加与异氰酸酯的反应活性。用离子交换树脂除去残余引发剂虽然非常有效，但成本很高。

（3）影响因素。

1）引发剂。

氢氧化钾是环氧丙烷阴离子聚合常用的引发剂，但会使产物含有较多的不饱和端基。将四丁基硫酸氢铵、冠醚、环氧乙烷的六聚体与氢氧化钾共用，可以增加反应速率，同时降低不饱和度。

2）反应热。

由于环氧丙烷和环氧乙烷的三元环有相当大的张力，在聚合过程中会剧烈放热，每千克环氧乙烷和环氧丙烷在聚合时分别放出 2 100 kJ 和 1 500 kJ 的热量，因此必须十分小心地控制反应的进行。

3）氢键。

以环氧丙烷制备的聚醚多元醇加水后，由于水合醚键之间形成氢键引起黏度的明显上升并有生成凝胶的倾向，当用环氧乙烷封端时上述现象更明显。随着温度的提高，由于氢键解离，使聚醚分子亲水性降低，从而也降低了水在这些聚醚多元醇中的溶解度。

3. 锂系聚异戊二烯橡胶

异戊二烯橡胶由异戊二烯单体经溶液聚合制得。其中，以锂引发体系聚合的锂系异戊二烯橡胶，其顺 -1，4 含量一般为 92% 左右；以钛引发体系聚合得到钛系聚异戊二烯橡胶，其顺 -1，4 含量为 98% 左右；以稀土引发体系聚合得到稀土异戊橡胶，其顺 -1，4 含量为 95% 左右。按微观结构不同，异戊橡胶也可分为顺 -1，4 -聚异戊二烯、反 -1，4 -聚异戊二烯、3，4 -聚异戊二烯和 1，2 -聚异戊二烯等 4 种异构体。其中，3，4 -结构和 1，2 -结构的聚异戊二烯的侧取代基还可能有全同立构和间同立构。按其顺式结构的含量还可以将顺 -1，4 聚异戊二烯分为高顺式聚异戊二烯和低顺式聚异戊二烯。表 5 -11 列出了由两种催化剂制得的聚异戊二烯橡胶的特征。

表 5－11　钛系、锂系聚异戊二烯及天然橡胶的特征

性能特征		天然橡胶（NR）	聚异戊二烯	
			钛系引发剂	锂系引发剂
微观结构	顺式－1，4 含量/%	98.2	96～98	92.6
	反式－1，4 含量/%	0	—	—
	1，2 含量/%	0	—	—
	3，4 含量/%	1.8	2～4	7.4
分子结构参数	凝胶含量/%	20～45	5～20	0
	门尼黏度（$ML_{1+4}^{100℃}$）	90	70～90	55～56
	灰分/%	0.3～0.4	0.3～0.4	0.05
	密度/$(g \cdot cm^{-3})$	0.92	0.92	0.92

微观结构对聚异戊二烯的性能有决定性影响，由于锂系聚异戊二烯顺－1，4－结构的含量在 92% 左右，而 3，4－结构的含量 ≥6%，所以其 T_g 较高，为 －69～－66℃，而天然橡胶顺－1，4－链节的含量 >98%，3，4－结构含量 <2%，所以 T_g 较低，为 －72～－70 ℃。

聚异戊二烯的结晶度与其大分子链的规整性有很大关系，仅头－尾加成的顺式－、反式－1，4－聚异戊二烯具有结晶行为，3，4－聚异戊二烯呈无定形。顺式－1，4－结构含量下降会使结晶速率和结晶度明显下降。锂系聚异二烯在非变形条件下不结晶，即使在拉伸条件下，结晶能力也很小，只是在相对伸长较大时才能观察到明显的结晶。而天然橡胶由于高含量的顺－1，4 结构，不仅在较小形变下，而且在室温和室温以下就会结晶。

分子量、分子量分布、支化和交联度是决定聚合物加工性能的重要工艺参数。天然橡胶分子量分布宽且无低分子量级分，而锂系聚异戊二烯分子量分布窄（$M_w/M_n = 1.05～1.15$），这使它不经改进难以在轮胎工业中应用。

以锂引发的异戊二烯聚合属于阴离子聚合。锂系引发体系对杂质含量十分敏感，对聚合控制条件要求相当严格，所得的产物顺－1，4 含量相对较低。导致与天然橡胶相比，锂系聚异戊二烯熔融温度低，玻璃化温度稍高，加工性能较差。但是，由锂系引发体系合成聚异戊二烯橡胶也有很多优点，特别是其引发体系呈均相、活性高、用量少，省去了单体回收和脱除残余引发剂的工序等。锂系聚异戊二烯橡胶主要用于食品、药用品和一般轮胎橡胶制品。

（1）合成锂系聚异戊二烯的聚合各组分及其作用。

1）单体。

异戊二烯因含有共轭双键，化学性质活泼，易发生均聚和共聚反应，是合成橡胶的重要单体。工业上有多种方法生产异戊二烯，最主要的是从 C_5 馏分分离获取异戊二烯。锂系聚合体系对单体异戊二烯的纯度要求很高，纯度 >99.6%，α－烯烃 <0.4%，β－烯烃 <0.4%，炔烃 <50 μL/L，水 <10 μL/L，间戊二烯 <80 μL/L，羰基化合物 <5 μL/L，环戊二烯 <1 μL/L。此外，对于氧、含氧、含硫及含氮的化合物也需严格

控制。

2）溶剂。

溶剂对异戊二烯聚合的反应速率和聚合物的微观结构有着重要影响。烷烃类溶剂是合成异戊二烯橡胶最主要的溶剂，其中戊烷就是典型的代表。戊烷为无色液体，有微弱的薄荷香味，熔点为 –129.8℃，沸点为 36.1℃，密度为 0.63，闪点为 –48℃，引燃温度为 260℃，爆炸极限为 1.5% ~ 7.8%。其微溶于水，溶于乙醇、乙醚、丙酮、苯、氯仿等多数有机溶剂。储存于阴凉、通风的库房，远离火种、热源，库房温度不宜超过 29 ℃。

3）引发剂。

有机锂同系物常作为引发剂，其特点是能够溶于烃类溶剂，合成异戊二烯橡胶使用的引发剂为仲丁基锂。仲丁基锂为无色或微黄色透明液体，密度为 0.769 g/cm³，闪点为 –17 ℃。高度易燃，在空气中可自燃，遇水释放极易燃烧的气体。

（2）异戊二烯橡胶生产工艺过程。

生产聚异戊二烯橡胶采用单釜间歇聚合工艺路线，其工艺流程如图 5 – 15 所示。

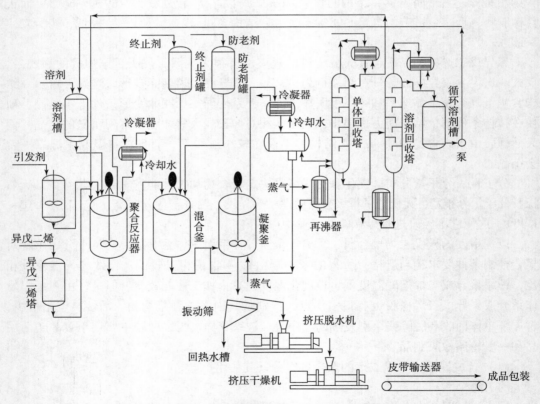

图 5 – 15　异戊二烯橡胶单釜间歇聚合的生产工艺流程

将戊烷溶剂和仲丁基锂引发剂及单体异戊二烯按比例送入聚合反应器，在 50 ~ 70 ℃下聚合 2 ~ 3 h，转化率达到 95% 以上，送入混合釜，充分搅拌均化，同时加入甲醇终止剂和防老剂。从混合釜中出来的胶液进入凝聚釜，蒸出溶剂和少量未反应单体，回收供再次使用。胶液经挤压脱水和挤压干燥，获得成品。

（2）生产控制因素。

1）溶剂。

溶剂对聚合物的微观结构有重要影响。具有供电子性质的物质即使含量很少，也会降低聚合物的立构规整性。如表 5 - 12 所示，在供电子介质中聚合，则聚异戊二烯中无顺式 - 1，4 结构链节。

表 5 - 12　溶剂对聚异戊二烯微观结构的影响

溶剂	微观结构/%				溶剂	微观结构/%			
	顺式 - 1，4	反式 - 1，4	1，2 - 结构	3，4 - 结构		顺式 - 1，4	反式 - 1，4	1，2 - 结构	3，4 - 结构
正庚烷	93	0	0	7	四氢呋喃	0	30	16	54
环己烷	94	0	0	6	定硫醚	62	0	0	38
苯	93	0	0	7	三丁胺	0	55	1	54
乙醚	0	49	4	47	二苯醚	82	0	0	18
二氧六环	0	35	16	49	苯甲醚	66	0	0	34

对于给定的烷基锂引发剂，在不同溶剂中引发速率按以下顺序递减：

四氢呋喃 > 甲苯 > 苯 > 正己烷 > 环己烷

2）引发剂。

以有机锂同系物作为引发剂时，各种有机锂化合物中烷基的性质并不影响聚异戊二烯的微观结构，但却可以决定聚合速率大小。如在烷类溶剂中引发速率按 s - BuLi > i - BuLi > t - BuLi > n - BuLi 顺序递减，从而使聚合总速率也依次递减。

若引发速率快，则容易生成分子量分布很窄的聚异戊二烯；若链引发速率较慢且和链增长速率相当，则分子量分布将变宽。表 5 - 13 列出了烷基锂类型对聚异戊二烯分子量的影响。

表 5 - 13　烷基锂类型对聚异戊二烯分子量的影响

参数	n - BuLi	s - BuLi	t - BuLi
k_i/k_p	0.03	1.2	0.7
M_w/M_n	1.35	1.13	1.18
$M_k \times 10^{-4}$*	3.6	4.1	3.3

*M_k 为动力学分子量。

烷基锂的浓度对聚异戊二烯的微观结构影响也很大，如表 5 - 14 所示，反应产物立构规整性随烷基锂浓度增加而降低。

表 5 – 14　烷基锂浓度对聚异戊二烯微观结构的影响

n – BuLi 浓度/ ($mmol \cdot L^{-1}$)	微观结构/%		
	顺式 –1，4	反式 –1，4	3，4 -结构
61. 2	74	18	8
1. 0	78	17	5
0. 1	84	11	5
0. 008	97	0	3

3）聚合温度。

锂系引发剂引发聚异戊二烯时，聚合温度对分子量和微观结构的影响都较小，但对反应速率有明显影响。一般温度每升高 10 ℃，反应速率增加 4 倍，所以聚合反应可以在较高的温度下进行。

5.3　配位聚合原理及合成工艺

配位聚合原理及合成工艺（一）

1952 年，德国科学家 K. Ziegler 首次发现四氯化钛和三乙基铝可以在较低压力和温度下引发乙烯聚合，随后意大利科学家 G. Natta 发现将四氯化钛改为三氯化钛，可用于丙烯的定向聚合，得到高分子量、高结晶度、高熔点的聚丙烯。Ziegler 和 Natta 的发现开启了配位聚合的先河，推动了整个石油工业和现代化工工业的发展，具有划时代的重要意义。随着烯烃配位聚合的蓬勃发展，在催化剂（引发剂）、聚合方法和聚合工艺等各个领域都取得了突飞猛进的进步，并在工业生产中实现了其巨大的价值。随着配位聚合机理等基础研究的不断深入及新技术的不断应用，聚烯烃配位合成工业还将继续蓬勃发展。

5.3.1　配位聚合原理

配位聚合是指烯类单体的碳—碳双键首先在过渡金属引发剂活性中心上进行配位、活化，随后单体分子相继插入过渡金属—碳键中进行链增长的聚合反应，也可称为络合聚合。配位的本质是单体分子中碳—碳 π 键在过渡金属引发剂活性中心配位，形成 σ – π 络合物而活化。聚合原理如下：

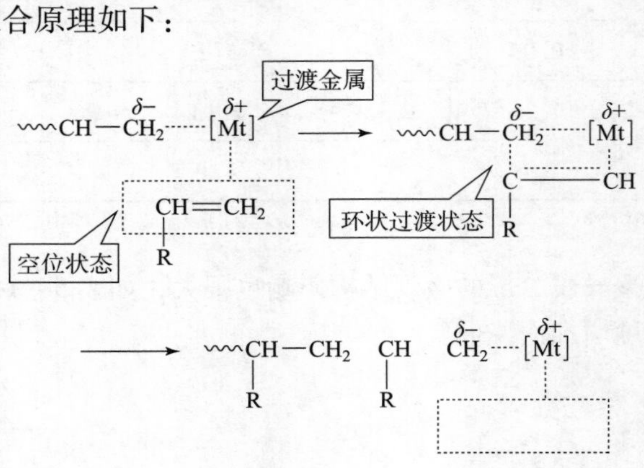

　　配位聚合过程本质上就是单体插入碳负离子与引发剂之间进行链增长，所以也称为插入聚合反应。大多数配位聚合的增长链末端为碳阴离子，反应属于一类特殊的阴离子聚合，所以有时也称为配位阴离子聚合。通过配位聚合可以获得立构规整的聚合物，因此也称之为定向聚合。值得注意的是，立构规整聚合物的合成可以有多种机理，配位聚合只是其中一种，反之，配位聚合的产物并非都是立构规整的。

　　配位聚合属于连锁聚合机理，链增长速率很快，需要外加终止剂终止。产物分子量分布很宽。可能是引发活性中心的活性不一致，单体向活性中心扩散速率不一致导致的。

5.3.2　配位聚合的单体

　　配位聚合的单体主要有乙烯、α-烯烃、共轭二烯烃、带有供电子取代基或弱吸电子取代基的烯类极性单体等。乙烯通过配位聚合可以获得高密度聚乙烯或乙烯的线型共聚物等。丙烯通过配位聚合获得高度立构规整性聚丙烯。共轭二烯烃通过配位聚合获得顺式结构的聚合物橡胶。甲基丙烯酸甲酯、丙烯酸酯类、乙烯基醚类等极性单体，甚至弱极性的苯乙烯单体也能通过配位聚合形成具有立构规整的聚合物。

5.3.3　配位聚合的催化剂

　　配位聚合催化剂（也称引发剂）都是过渡元素的配位络合物，大致可分为 Ziegler - Natta 催化剂、氧化铬-载体催化剂（称为 phillips 催化剂）、过渡金属有机化合物-载体催化剂和金属茂催化剂四大系列。其中以 Ziegler - Natta 催化剂系列应用最为广泛，可用于乙烯、α-烯烃、二烯烃聚合物或共聚物的生产；新开发的金属茂催化剂可用于乙烯、苯乙烯和甲基丙烯酸甲酯等单体的配位聚合。

　　（1）Ziegler - Natta 催化剂。

　　Ziegler - Natta 催化剂适用于 α-烯烃、二烯烃以及环烯烃等单体的定向聚合。

　　Ziegler - Natta 引发体系主要由四个组分构成。第一组分为主引发剂，由 IV~ VIII 的过渡金属化合物构成，其作用主要是提供可配位的空轨道。第二组分为助引发剂，由有机金属和烷基金属化合物构成，主要作用有三个：一是将主引发剂中的高价态过渡金属还原成低价态，同时使之烷基化，形成聚合活性中心必需的过渡金属—碳键；二是利用有机金属和烷基金属化合物的高活性清除引发体系中可能存在的有害杂质（H_2O，O_2），以保证主引发剂活性不下降；三是调节控制引发体系的活性和定向能力。第三组分主要是一些给电子物质，一般是分子中含 O、N、P 的给电子化合物。第三组分的作用是提高引发活性和产物的立构规整度。第四组分就是指载体。第二、三组分是从化学反应行为的角度来提高引发剂的活性和定向能力，而载体是从引发剂的物理分散角度增加引发剂的比表面积，使更多的引发中心裸露出来，可以大幅度提高引发活性。常用的载体有氯化镁、氯化氢氧化镁、烷氧基镁、二氧化硅等。以上 Ziegler - Natta 引发剂的四个组分，在使用时要根据实际情况，针对相应的单体、聚合条件合理地选配。由于四个组分包含的物质品种多样，再加上配合时的选择也是多样的，这就造成了种类繁多的引发剂品种。目前报道的仅由第一、二组分构成的 Ziegler - Natta 引发剂就有数千种之多。

（2）铬系催化剂。

与 Ziegler – Natta 催化剂研究发现的同时，美国两家石油公司发现 V～Ⅶ族过渡金属氧化物载于高表面积的硅胶、铝胶、陶土等载体上可催化烯烃聚合。其中最有效的是 Phillips 石油公司的 CrO_3/SiO_2 催化剂体系，它可在 4 MPa 中等压力下使乙烯聚合生成聚乙烯。

（3）钒系、铬钼系、镍系、钛系、钴系及稀土元素催化剂。

适用于二烯烃，主要是由丁二烯合成顺式 – 1，4 合成橡胶的生产。

（4）茂金属催化剂。

1980 年，Kaminsky 发现茂金属络合物与 MAO（甲基铝氧烷）组成的催化剂体系是烯烃类单体的高效催化剂，从而开拓了烯烃类聚合催化剂的新途径。茂金属催化剂是一种新型的均相定向聚合催化剂体系，典型的金属茂催化剂由两个环戊二烯与过渡金属离子（Zr、Ti 或 Hf）形成的三层夹心结构，可适用于乙烯、α – 烯烃、苯乙烯以及甲基丙烯酸等单体的配位聚合。过渡金属离子的活性顺序为 Zr > Hf > Ti。其特点是可获得性能均一、分子量分布狭窄的聚合物。与 Zigler – Natta 催化剂相比，金属茂催化剂价格昂贵，但单位质量的催化剂生产的聚合物数量大，而且所得聚合物具有透明性优越、杂质少、低温柔韧性佳等优点。用于丙烯和苯乙烯聚合时可得 100% 间同立构体。

5.3.4　配位聚合的工艺影响因素

由于配位聚合采用的引发剂与水会发生反应，同时反应过程中的链增长活性中心对水也是敏感的，因此不能采用以水为反应介质的悬浮聚合和乳液聚合生产方法进行生产。工业上，配位聚合可以采用无反应介质的本体聚合方法，如气相法；或有非水反应介质存在的溶液聚合方法，包括淤浆法和溶液法。配位聚合的工艺过程，一般包括单体等组分的精制与配制，引发剂的制备，聚合过程，未反应单体与溶剂的分离、回收利用，无规聚合物的分离，聚合产物的后处理等工序。配位聚合大多属于阴离子型配位聚合反应。同样对聚合工艺方法具有选择性，引发剂种类及其组合、单体类型、聚合体系相态等都对反应有着明显影响。

（1）引发剂。

配位聚合引发剂为多组分、多活性中心的引发体系，体系复杂、品种多。例如，丙烯定向聚合使用的引发剂存在两种活性中心，一种引发产生等规体，而另一种产生无规体。此外，活性中心具有对单体的高度选择性，如 Ti^{2+} 活性中心可引发乙烯聚合，但不能使丙烯聚合。活性中心的过渡金属含量也影响引发活性，如主引发剂 Ti 含量超过一定范围后，引发剂引发活性随引发剂单位质量的 Ti 含量的增加而降低。助引发剂活性与烷基及金属的性质有关，以 $Zn(C_2H_5)_2$ 为参照，表 5 – 15 列出了一些助引发剂的相对活性。其中乙基铍活性最高，但毒性大，未获得工业应用。工业上普遍采用烷基铝化合物，其中烷基的碳原子数为 2～10。

表 5 – 15　一些助引发剂的相对活性

助引发剂	相对活性	助引发剂	相对活性
$Be(C_2H_5)_2$	250	$Zn(C_2H_5)_2$	1
AlR_3	100～130	$AlR_2H_5Cl_2$	5～12

（2）单体结构。

引发剂体系一定情况下，单体类型不影响活性中心的数目，但单体空间位阻影响链增长速率常数。乙烯增长速率是丙烯的 14 倍。常见单体的链增长速率常数顺序如下：

$$乙烯 > 丙烯 > 1 - 丁烯 > 4 - 甲基 - 1 - 戊烯 > 苯乙烯$$

（3）聚合温度。

温度会改变引发剂的结构、形态及活性，进而会影响聚合反应速率以及产物立构规整度，甚至会导致聚合不能进行。例如，乙烯不存在立构规整度，因此乙烯可以在 80 ~ 150 ℃ 的较高温度下聚合；丙烯聚合涉及立构规整性，因此需要在 65 ~ 80 ℃ 较低的温度下进行聚合。

（4）氢气。

在一些引发剂体系，氢气压力增加则聚合速率加快，最后达一极限值。原因是在高浓度单体和分子氢条件下，可创造新的活性中心从而提高反应速率，而原子氢则减缓反应速率。

5.3.5　配位聚合的工业应用

配位聚合已经形成十分庞大的规模化工业体系，如聚乙烯、聚丙烯及其共聚物、顺式聚丁二烯（顺丁橡胶）、顺式聚异戊二烯（聚异戊二烯橡胶，也称合成天然橡胶）、乙烯 - 丙烯 - 二烯经三元共聚物（乙丙橡胶）的生产。配位聚合机理制备的聚乙烯相比自由基机理制备的具有较高的密度，也称高密度聚乙烯（HDPE）。采用配位聚合机理用乙烯和 α - 烯烃共聚，制备线型低密度聚乙烯（LLDPE）、超低密度聚乙烯（ULDPE）等品种。采用配位聚合机理制备的聚丙烯具有高度的立构规整性，制得的聚丁二烯、聚异戊二烯具有高度的顺式结构。

5.3.6　配位聚合工艺实例

本节以高密度聚乙烯、立构规整聚丙烯、乙丙橡胶的制备为例详细介绍配位聚合工艺。

1. 配位聚合制备高密度聚乙烯

高密度聚乙烯属于非极性的热塑性树脂，半个多世纪以来，其技术水平、品种和用途开发等不断发展。高密度聚乙烯采用配位聚合机理合成，产物为乙烯均聚物或有少量单体的共聚物，分子链排布规整，支链化程度最小，甚至没有支链，分子能紧密地堆砌，具有较高的结晶度和密度。其结晶度为 80% ~ 90%，均聚物的密度为 0.96 ~ 0.970 g/cm³，乙烯与 1 - 丁烯或 1 - 己烯的共聚物的密度为 0.940 ~ 0.958 g/cm³，重均分子量为 4 万 ~ 30 万。共聚单体如 1 - 丁烯、己烯或 1 - 辛烯主要用于改进聚合物的性能，共聚单体的含量一般为 1% ~ 2%。引入共聚单体，不仅降低了聚乙烯的密度，同时也降低了其结晶度，聚乙烯的密度与结晶度呈线性关系。

高密度聚乙烯无味、无臭、无毒，为乳白色半透明的蜡状固体，其熔点为 130 ℃，使用温度可达 100 ℃，具有较高的耐温、耐油、耐蒸气渗透性及抗环境应力开裂性，电绝缘性和抗冲击性及耐寒性都很好。高密度聚乙烯化学稳定性好，在室温条件下不溶于任何有机溶剂，耐酸、碱和各种盐类的腐蚀。在较高的温度下，高密度聚乙烯能溶于脂肪烃、芳香烃和卤代烃等，在 80~90 ℃时能溶于苯，在 100 ℃以上可溶于甲苯、三氯乙烯、四氢醚、十氢醚、石油醚、矿物油和石蜡。高密度聚乙烯具有较高的刚性和韧性，机械强度好；其薄膜对水蒸气和空气的渗透性小、吸水性低。

高密度聚乙烯的主要用途有挤出包装薄膜、绳索、编织网、渔网、水管，注塑较低档日用品及外壳、非承载荷构件、胶箱、周转箱，挤出吹塑容器、中空制品、瓶子；中空成型制品和吹膜制品如食品包装袋、杂品购物袋、化肥内衬薄膜等。

高密度聚乙烯的合成工艺有淤浆法和气相法，也有少数用溶液法生产。淤浆法反应器一般为搅拌釜或是一种更常用的、可以循环搅拌的大型环形反应器。单体和引发剂一接触，就会形成聚乙烯颗粒，除去浆料的稀释剂后，聚乙烯颗粒或粉粒干燥后，加入添加剂，混炼挤出就生产出粒料。

（1）合成密度聚乙烯的聚合体系各组分及其作用。

1）单体。

乙烯为生产聚乙烯的主单体，是无色的气体。其沸点为 –103.9 ℃，爆炸极限为 2.7%~36.0%（体积分数），不溶于水，微溶于乙醇、酮、苯，溶于脂肪烃、醚、四氯化碳等有机溶剂。

1 – 丁烯、1 – 己烯或 1 – 辛烯等常用作共聚单体。1 – 丁烯常态下为无色气体，熔点为 –185.3 ℃，沸点为 –6.3 ℃，爆炸极限为 1.6%~10%（体积分数），不溶于水，微溶于苯，易溶于乙醇、乙醚。1 – 己烯常态下为无色液体，熔点为 –139 ℃，沸点为 63.5 ℃，不溶于水，易溶于醇、醚、苯、石油醚、氯仿等有机溶剂。1 – 辛烯常态下为无色液体，熔点为 –102 ℃，沸点为 122 ℃，闪点为 21 ℃，能与醇、醚混溶，几乎不溶于水。

2）引发剂体系。

Ziegler – Natta 引发剂（$TiCl_4 + R_3Al$）和 Phillips 引发剂（CrO_3/SiO_2）是合成高密度聚乙烯常用的两种引发体系。采用 $TiCl_4$ 和 $Al(C_2H_5)_2Cl$ 引发剂，产率为 2~3 kg/g Ti，产品分子量分布窄。CrO_3 载于 $SiO_2 – Al_2O_3$ 载体上，产率为 5~50 kg/g Cr，产品中有宽度分子量分布。20 世纪 70 年代，比利时索尔雅（Solvay）公司将特制的 CrO_3 载于特制的脱水硅胶或 MgO 或 $MgCl_2$ 等载体上制得索尔雅引发剂，其产率为300~600 kg/g Cr，引发活性高，引发剂残留 2~3 mg/kg，对产品性能无不良影响，无须将残留引发剂分离，目前工业上主要采用此引发剂。

另外，茂金属催化剂是 20 世纪 90 年代以来新开发出的一种催化剂。它是由一个处于氧化态的金属被两个环戊二烯阴离子夹在中间而形成的一种化合物。茂金属催化剂中的金属主要以 Zr 和 Ti 为主。虽然只有极少量的茂金属催化剂可以用于聚乙烯的工业生产，但它是自 Ziegler – Natta 催化剂发明以来最受关注的催化剂，因为茂金属催化剂制得的聚乙烯分子量可超过 600 万，极大地提高了聚乙烯的强度，远远超过其他催化剂所制得的聚乙烯。茂金属催化剂在烯烃聚合，尤其是在乙烯的聚合上有着非常广阔的前景。

茂金属催化剂与 Ziegler – Natta 催化剂的主要差别在于活性种的分布。Ziegler – Natta 催化剂是非均相的，含有许多活性种，一部分具有空间定向聚合作用，另外一部分仅与单体发生配位作用而进行催化聚合反应。茂金属催化剂是均相体系，每一个催化剂分子具有相同的催化活性，所以又称为"单活性中心催化剂"。

3）溶剂。

溶液法及淤浆法工艺需要用到溶剂。常用的溶剂主要是脂肪烃，如异丁烷、己烷、庚烷、环己烷、溶剂汽油等。乙烯单体能溶于上述溶剂，但是产物在常温下不能溶解，必须升高至一定温度时才能溶解。因此，淤浆法可以采用较低的聚合温度，而溶液法必须采取较高的聚合温度，以确保产物能溶解在溶剂中形成均相。溶剂必须进行精制以脱除水分和有害杂质。

4）其他组分。

氢气用于调节分子量，螯合剂用于聚合后破坏引发剂和吸收重金属，抗氧剂用于防止聚合、加工、使用过程中老化，还有根据需要添加的阻燃剂、抗静电剂、少量填料等。聚合前聚合体系的各组分原料必须经过纯化处理达到一定标准才能使用。聚合反应系统也要用惰性气体（如氮气）处理除去空气及水分，否则由于某些杂质含量过高会造成不聚合。

（2）聚合工艺。

1）气相法合成高密度聚乙烯工艺。

气相本体法合成高密度聚乙烯的工艺流程主要包括进料、聚合、未反应单体循环利用、聚合物后处理等工序。

引发剂需要事先配制成溶液或悬浮液，储存在专用加料罐中备用。生产时，加料单元启动，引发剂加料罐中的引发剂连续不断地、定量地在稳定的化学环境下进入反应器。同时，经精制、压缩到所需压力的单体和分子量调节剂氢气也进入反应器。连续进入的单体很快被引发剂表面吸附进行聚合反应。聚合条件控制在 2～3 MPa，70～110 ℃。物料通过压缩机进行循环以保证其处于沸腾流动状态并脱除反应热。从反应器底部连续进入的大量冷惰性气体使反应器底部的聚合物固体流态化（似沸腾状态），冷惰性气体和乙烯可带走反应热，同时又有利于借助气流输送固体物料，循环的气流经冷却器后再进入反应器。反应生成的聚乙烯颗粒减压后从反应器底部卸料流出。聚合采用沸腾床反应器，也称流化床反应器，如图 5-16 所示。

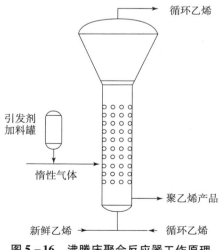

图 5-16　沸腾床聚合反应器工作原理

气相反应体系经过沸腾床反应器上部的膨胀段时会减速，致使大部分聚乙烯粒子沉降落底。未反应乙烯经反应器顶部溢出，经循环冷凝器冷却，压缩机压缩至一定压力，进入反应器底部，实现未反应乙烯单体的循环回收利用。颗粒状流态聚合物产物从反应器下部，通过减压控制阀流进产品排出器，经树脂脱气，冷却，制得粒状高密度聚乙烯产品。图 5－17 所示为气相法合成高密度聚乙烯工艺流程。

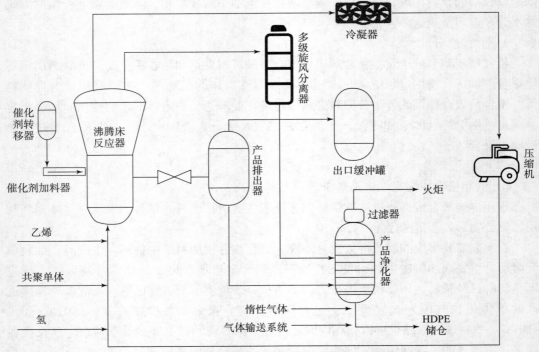

图 5－17　气相法合成高密度聚乙烯工艺流程

2）淤浆法合成高密度聚乙烯工艺。

与气相本体法工艺相比，淤浆法工艺在聚合体系中增加了溶剂，因此在工序上多了溶剂的回收利用工序，同时工艺条件也要相应变化。聚合工艺过程包括进料、聚合、未反应单体回收利用、溶剂回收利用、聚合物分离与后处理等工序。

以经典的三乙基铝－四氯化钛引发剂引发聚合工艺时，首先将引发剂配制成溶液或悬浮分散液，生产工艺操作中在管路中加入。将新鲜乙烯、回收乙烯和共聚单体干燥与精制后，溶于异丁烷等脂肪烃溶剂中，然后溶液进入反应器。淤浆法工业上采用双环反应器，工作原理如图 5－18

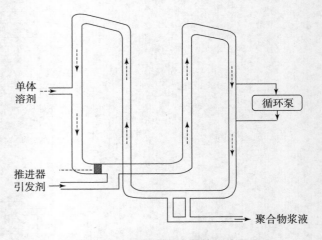

图 5－18　双环聚合反应器的工作原理

所示，物料在循环泵的作用下绕环管流动。反应器管径为 760 mm，总长为 137 m。管上装有循环泵强制循环，物料的流速为线速度 6 m/s，以确保聚合物不在管中沉降堵塞。管状反应器外装有夹套冷却，利用反应器较大的长径比和冷却面积排除反应热。该聚合反应器适用于淤浆法、溶液法、液相本体法聚合等。

聚合条件为 70~110 ℃，0.5~3 MPa。单体与引发剂在反应器中一经接触即迅速发生反应，生成的聚乙烯颗粒悬浮于异丁烷介质中，并伴随着浓度的逐渐增大而发生沉降，当聚合物含量达 50%~60% 时，物料进入闪蒸槽，未反应的单体和异丁烷溶剂在闪蒸罐内与聚乙烯粉料分离后进入回收装置，溶剂及单体经精制、干燥后送入反应器循环使用。聚乙烯粉末经干燥、添加助剂、造粒，制得高密度聚乙烯产品。图 5-19 所示为淤浆法合成高密度聚乙烯的工艺流程。值得说明的是，反应器已从早期双环，年产数万吨发展到现在 6 环，年产 50 万吨。

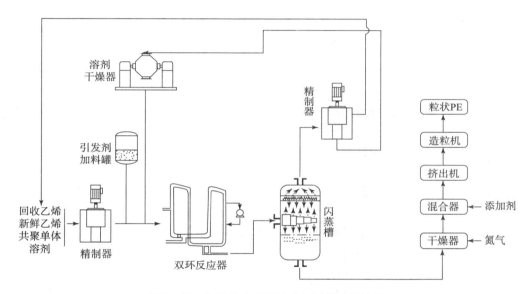

图 5-19 淤浆法合成高密度聚乙烯工艺流程

3）溶液法合成高密度聚乙烯工艺。

与淤浆法生成的聚合物不溶于溶剂有所不同，溶液法生成的聚合物溶于溶剂。不考虑引发剂的因素，溶液法工艺的聚合体系是一个均相体系。聚合结束形成的是聚合物均相溶液，其黏度很高，因此需要在较高的温度下进行聚合。聚合工艺过程包括进料、聚合、未反应单体和溶剂回收利用、聚合物分离与后处理等工序。

配位聚合原理
及合成工艺（二）

典型的聚合工艺条件为温度 150~250 ℃，压力 2~4 MPa。工艺过程简单描述为：将精制后的乙烯及共聚单体溶于溶剂环己烷中，然后加压、加热至反应温度，与同样温度下的引发剂溶液一起进入一级反应器。聚乙烯溶液由一级反应器流到管式反应器，同时经历聚合过程，聚合物含量达 10%，保持连续出料。在管式反应器出口处，注入螯合剂用来络合未反应的引发剂，并加热使引发剂失活，进一步除去残存引发剂。热的聚乙烯溶液流入闪蒸槽，闪蒸除去未反应单体和溶剂。聚乙烯产品经熔融挤出，造粒。

图 5 - 20 所示为溶液法合成高密度聚乙烯的工艺流程。

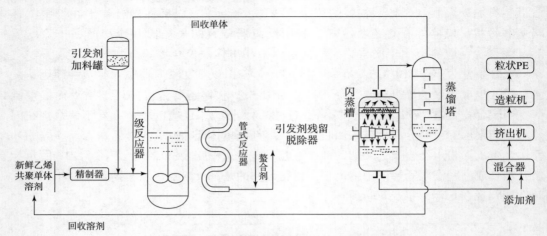

图 5 - 20　溶液法合成高密度聚乙烯的工艺流程

（3）影响因素。

1）杂质。

某些杂质含量过高会导致聚合活性低，甚至不聚合。因此聚合单体等原料必须经过纯化处理，合格后才能使用。聚合时反应系统也要用惰性气体（如氮气）处理，除去空气及水分。杂质对催化剂活性中心的不良影响，也就是常说的"催化剂中毒"。按照杂质对催化剂活性中心的作用方式可分为下列三类：

①杂质不与烷基铝化合物起反应，但有选择地与活性中心起作用，使催化剂暂时失活，另外 COS、CS_2 和（CH_3）$_2$S 等也会大大降低聚合反应的活性。

②杂质乙炔不与烷基铝化合物起反应，但有选择地吸附（配位）在活性中心上，引起催化剂暂时失活，当解吸催化剂后活性复原。

③杂质 CO_2、H_2O、H_2S、ROH、RSH、O_2、RX、RCOR 等，不仅与活性中心反应，也与烷基铝化合物反应，当烷基铝化合物的浓度过分增加时，杂质对聚合反应活性的影响程度也相应变小。

表 5 - 16 所示为乙烯单体中一些杂质对聚合活性的影响。

表 5 - 16　单体乙烯中杂质含量对聚合活性的影响

乙烯中杂质含量/%					聚合活性
乙烷	甲烷	乙炔	二氧化碳	一氧化碳	
0.47	0.004 84	0.000 2	0.462 4	0.000 2	不聚合
—	—	—	0.003	0.002 7	不聚合
—	—	0.001 14	—	—	不聚合
0.58	0.015 24	—	0.005 62	0.000 1	聚合活性低
—	—	—	0.002 3	0.000 77	聚合活性低

2）聚合温度及压力。

聚合温度对引发剂和单体的活性及聚乙烯的特性黏度、产率都有影响。其中对收率的影响较大，对分子量的影响不太大。聚合反应温度升高时，乙烯分子活性提高，聚合速度加快，产率增加。然而温度升高也会使单体乙烯在溶剂中的溶解度降低，从而降低聚合反应速度。在淤浆聚合工艺过程中，反应温度升得太高，生成的聚合物粉末溶胀，甚至熔化，造成"爆聚"事故，使聚合生产不能正常进行。聚合温度升高时，链终止反应速度和链增长反应速度的比值上升，即链终止反应速度超过了链增长反应速度，最终导致聚合物的平均分子量降低。

聚合压力对高活性引发剂而言，压力增加，有利于单体乙烯在溶剂中的溶解，提高了单体乙烯在反应系统内的浓度，即在单位时间内抵达催化剂表面的乙烯分子增多，而使聚合反应速度加快，产率提高。聚合反应压力对聚合物的分子量没有影响，因为聚合系统中单体浓度的增加，使聚合反应速度和向单体进行链转移的速度同时增加，因此产品分子量不变。采用不同的工艺方法，应采用相应的聚合温度及压力。表 5-17 列出了三种不同工艺方法的聚合温度及压力。

表 5-17　三种不同工艺方法的聚合温度及压力

工艺方法	温度/℃	压力/MPa
气相法	70～110	2～3
淤浆法	70～110	0.5～3
溶液法	150～250	2～4

2. 配位聚合制备立构规整聚丙烯

自 1957 年意大利 Montecatini 公司首先生产以来，聚丙烯已成为发展速度最快的合成树脂。由于单体链段中含有不对称碳原子，根据甲基在空间结构的排列不同，有等规（等同立构）聚丙烯、间规聚丙烯和无规聚丙烯三种立体异构体。单体单元全部头尾相连且构型相同的异构体为等规聚丙烯；单体单元全部头尾相连且构型严格交替排列的异构体为间规聚丙烯；单体单元无规律任意排列的异构体为无规聚丙烯。工业生产的都是等规聚丙烯，间规聚丙烯，无规聚丙烯较少。表 5-18 列出了聚丙烯三种异构体的物性数据。

表 5-18　聚丙烯三种异构体的物性数据

项目	等规聚丙烯	间规聚丙烯	无规聚丙烯
等规度/%	95	92	5
密度/(g·cm^{-3})	0.92	0.91	0.85
结晶度/%	90	50～70	无定形
熔点/℃	176	148～150	75
在正庚烷中溶解情况	不溶	微溶	溶解

工业生产的产品要求等规聚丙烯含量在 95% 以上。聚丙烯按其应用范围的不同而

分为不同牌号，具体取决于熔融指数以及是否含有共聚单体乙烯、1 - 丁烯等。商品聚丙烯的熔融指数为 (0.3 ~ 50 g)/10 min (230 ℃，2 160 g 压力)。现代化的大型聚丙烯装置多采用环管式聚合反应器，单线年产量可达 20 万吨以上。

聚丙烯与聚乙烯相似，是非极性聚合物，力学性能好，无毒，相对密度低，具有优良的耐酸、碱以及耐极性化学物质腐蚀的性质，耐热，容易加工成型，原料易得，价格低廉，现已成为五大通用合成树脂中增长速度最快、新品开发最为活跃的品种。但聚丙烯可以在高温下溶于高沸点脂肪烃和芳烃，可被浓硫酸和硝酸等氧化剂作用。聚丙烯分子所含的叔氢原子易被氧气氧化，而导致链断裂，制品性能脆化。此外，温度、光和机械应力也可促进聚丙烯氧化。

聚丙烯用途广泛，欧美各国用于注塑制品占总消费量的 50%，主要用作汽车、电器的零部件，各种容器、家具、包装材料和医疗器材等；薄膜占 8% ~ 15%，聚丙烯纤维（中国习称丙纶）占 8% ~ 10%；建筑等用的管材和板材占 10% ~ 15%，其他为 10% ~ 12%。中国用于编织制品的量占 40% ~ 45%，其次是薄膜和注射制品占 40% 左右；丙纶及其他占 10% ~ 20%。

聚丙烯树脂广泛用于化工、化纤、建筑、轻工、汽车制造、家电、包装材料等，并且还在不断拓展新的应用。聚丙烯具有良好的机械性能，可以直接制造或改性后制造各种机械设备的零部件，如制造工业管道、农用水管、电机风扇、基建模板等。改性的聚丙烯可模塑成保险杠、防擦条、汽车方向盘、仪表盘及车内装饰件等，大大减轻车身自重，达到节约能源的目的。改性的聚丙烯可用于制作家用电器的绝缘外壳及洗衣机内胆，普遍用于电线电缆和其他电器的绝缘材料。聚丙烯可用于制作温室气蓬、地膜、培养瓶、农具、渔网等，制作食品周转箱、食品袋、饮料包装瓶等。聚丙烯是合成纤维的原料，丙纶纤维被广泛用于制作轻质美观的耐用纺织用品，主要用来生产丙纶地毯。应用聚丙烯材料印刷出的画面特别光亮、鲜艳、美观。SBS 改性过的聚丙烯被大量用于制作建筑工程模板，发泡后的聚丙烯可用于制作装饰材料。聚丙烯纤维陶粒混凝土的破坏形态为塑性破坏，无碎块剥落。选用聚丙烯纤维陶粒混凝土更抗震、更安全。为了利用聚丙烯的耐腐蚀性和耐热温度高于聚乙烯的特点，发展了玻璃钢为外层、聚丙烯管为内层的复合管道，用于腐蚀介质的输送。聚丙烯纤维由于聚丙烯无毒，用它生产的薄膜、容器可用作食品包装材料以及日用化学品的包装材料。

聚丙烯可采用低压定向配位聚合机理合成得到。工业上，生产聚丙烯的工艺路线有淤浆法、液相本体法和气相本体法。淤浆法是将丙烯溶解在己烷、庚烷或溶剂汽油中进行聚合，反应器为连续搅拌釜式反应器、间歇搅拌釜式反应器或环管反应器。液相本体法以液体丙烯为稀释剂的溶液聚合法，聚合后，闪蒸未聚合的丙烯即得到产品，反应器为液体釜式反应器或环管反应器。气相本体法是利用丙烯气流强烈地搅拌增大丙烯分子与引发剂接触，生成的一部分聚丙烯作为引发剂载体，在反应器内形成流化床。

（1）合成聚丙烯的聚合体系各组分及其作用。

1）单体。

由于 Ziegler - Natta 催化剂对杂质反应灵敏，必须使用高纯度聚合级单体丙烯以保证得到高等规度的产品。丙烯沸点为 -47.7 ℃，熔点为 -185.2 ℃，临界温度为 92 ℃，临界压力为 4.6 MPa，蒸气压为 0.98 MPa (20 ℃)。丙烯与空气形成爆炸性混合物，爆炸极限为 2%~11%（体积）。丙烯一般含有水、甲醇、氨、氢、甲烷、乙烷、丙烷、丁烷、乙烯、丙炔、丙二烯、丁二烯、异丁烯、1-丁烯、氧、氮、硫及硫化物、CO、CO_2 等杂质。活泼氢化合物会破坏引发剂，氢及烷烃能调节分子量，烯烃参与共聚，因此丙烯要纯化至纯度高于 99.6%，其他杂质的质量分数要低于要求值。例如，ω 水 < 2.5 ppm，ω 氧 < 4 ppm，ωS < 1 ppm，ωCO < 5 ppm，ω 乙烯 < 10 ppm，ω 甲醇 < 0.4 ppm，$\omega\ CO_2$ < 5 ppm，ω 丁二烯 < 1 ppm，ω 丙炔 < 5 ppm，ω 丙二烯 < 5 ppm。

工业上常常用少量烯类共聚单体对聚丙烯进行共聚改性，常用的共聚单体有乙烯、1-丁烯等。例如，采用 2%~6% 的乙烯共聚改进聚丙烯的透明性，并降低其熔点。这些单体原料的纯度也要求达到聚合级，一般情况下要大于 99.9%。

2）稀释剂。

聚丙烯的生产工艺有些是采取淤浆聚合法，生产过程中需要外加稀释剂。稀释剂的作用就是使丙烯单体溶解在其中，然后与悬浮在稀释剂中的引发剂颗粒作用而聚合，同时稀释剂还可将聚合热传导至反应器夹套冷却水中。常用的稀释剂是一些饱和烃类，如碳原子数为 4~12 的烷烃、芳烃等，以 C_6~C_8 饱和烃为主。稀释剂要求含有的醇、羰基化合物、水合硫化物等极性杂质含量应低于 10^{-6}；芳香族化合物含量低于 0.1%~0.5%（体积分数），取决于所用引发剂的活性。稀释剂用量一般为生产的聚丙烯量的 2 倍，可用紫外光谱、红外光谱、折射率等参数监测稀释剂的质量。甲苯作为稀释剂，反应速率初期高，下降快，分子量分布窄，有毒，成本高；己烷、庚烷、辛烷、汽油作为稀释剂，反应速率初期低，下降慢，分布宽，毒性小。

丙烯气相法或本体液相法聚合时，用很少量的稀释剂作为催化剂载体，此时对稀释剂质量要求可稍低些。

3）引发剂及其制备。

目前工业生产聚丙烯主要采用 Ziegler-Natta 引发体系，金属茂引发剂自从开发以来在丙烯聚合生产中也得到应用与发展。

高等规度聚丙烯的生产都采用非均相 Ziegler-Natta 引发剂体系，它是由固态的过渡金属卤化物（通常是 $TiCl_4$）和烷基铝化物如二乙基氯化铝组成的。此引发体系自 1957 年应用于工业生产以来，已经过三个发展阶段，目前已发展到第三代高效和第四、五代超高效引发剂体系，聚丙烯产品已经不需要进行引发剂脱除处理。有关聚丙烯引发剂的组成与特点见表 5-19。

表 5-19 Ziegler-Natta 引发丙烯聚合发展阶段及工艺特点

引发体系	引发剂效果			后处理要求
	（聚丙烯/kg）/（引发剂/g）	立构规整度	形态控制	
第一代 $\delta - TiCl_3 \cdot 0.33AlCl_3 + AlEt_2Cl$	0.8~1.2	90~94	不可能	脱灰及脱无规
第二代 $\delta - TiCl_3 - + AlEt_2Cl$	3~5	94~97	可能	脱灰

引发体系	引发剂效果			后处理要求
	（聚丙烯/kg）/（引发剂/g）	立构规整度	形态控制	
第三代 $TiCl_4$/酯/$MgCl_2$ + AlR_3/酯	5 ~ 10	90 ~ 95	可能	脱无规
第四代 $TiCl_4$/二元酯/$MgCl_2$ + AlR_3/硅烷	10 ~ 15	95 ~ 99	可能	不需要
第五代 $TiCl_4$/二元醚/$MgCl_2$ + $AlEt_3$	25 ~ 35	94 ~ 99	可能	不需要

第三代高效和第四、五代超高效载体引发剂体系的化学组成是 $TiCl_3 \cdot ED \cdot MgCl_2$/ AlR_3，其中 ED 为给电子体，氯化镁为载体。

第三代引发剂较好的制备方法是将无水 $MgCl_2$ 和给电子体苯甲酸乙酯置于球磨机中研磨 20 ~ 100 h，摩尔比为 1 : (2 ~ 15)。此处理后 $MgCl_2$ 得到活化，转变为 δ – 晶体，然后用过量的 $TiCl_4$ 在 80 ~ 130 ℃ 处理两次，再用烃类溶剂反复洗涤后进行干燥。在 $TiCl_4$ 处理过程中，部分碱性物质被萃取，$TiCl_4$ 进入载体。最后获得的催化剂的组成：Ti 含量为 0.5% ~ 3.0%（质量）；ED 含量为 5% ~ 15%（质量）；其余为载体 $MgCl_2$ 含量，表面积超过 100 m^2/g，δ – $MgCl_2$ 的形态近似 δ – $TiCl_3$。

给电子体（ED）包括路易斯碱和路易斯酸等，分为外给电子体与内给电子体，影响着引发剂的活性与空间定向能力。$TiCl_4$ 引发剂的给电子体为胺、酐、酰、醇等。在制备或活化引发剂时，它们起到了改进引发剂活性位置和 $TiCl_3$ 结构的作用。制备 $MgCl_2$ 载体引发剂时，$TiCl_4$ 向活性载体 $MgCl_2$ 加成称为内给电子体，其他给电子体向活性载体 AlR_3 加成称为外给电子体。给电子体多数情况下用来提高引发剂体系的活性和空间定向的能力。

第三代 $MgCl_2$ 载体引发剂内给电子体为邻苯二甲酸酯，外给电子体为烷基烷氧基硅烷；第三代 Ziegler – Natta 载体引发剂也可用苯甲酸乙酯作内给电子体，用对甲基苯甲酸甲酯作外给电子体；第四代 Ziegler – Natta 载体引发剂用邻苯二甲酸酯或邻苯二甲酸二异丁酸作内给电子体，外给电子体为烷基烷氧基硅烷。第三、四代载体引发剂使用（或无）外给电子体的目的是使引发剂进行空间定位，但对丙烯的作用较小，因为烷基铝萃取了一部分内给电子体，而活化引发剂时所加入的外给电子体占有了内给电子体空出的位置。第五代 $MgCl_2$ 载体引发剂内给电子体为二元醚，可不加入外给电子体或仍用烷基烷氧基硅烷作为外给电子体。

活性中心在载体上具有三维物理与化学结构，它能够被增长的聚合物颗粒所膨胀。膨胀后的结构接受单体的活性和聚合活性均无变化。当单体分子到达引发剂颗粒后，在最易接受它的活性位置上聚合。聚合物分子开始链增长，不仅在表面的活性位置上，还在引发剂颗粒内部，使引发剂颗粒逐渐膨胀。因此，引发剂颗粒的机械强度必须与聚合反应的活性匹配。如果聚合活性太高，则反应不能控制，聚合物分子链产生的机械力会使引发剂颗粒破碎为细小粉末。如果引发剂颗粒的机械强度过高，内部活性中心缺乏聚合物增长的空间，则聚合活性降低。只有当载体引发剂的聚合活性与载体引发剂颗粒的强度能够很好平衡时，随着聚合反应的进行，引发剂颗粒膨胀增大，不会破碎，聚合活性不降低。要达到上述要求，高效引发剂应满足一些要求：具有很高的表面积；高孔隙率，具有大量的裂纹均匀分布于颗粒内外；机械强度能够抵抗聚合过程中由于内部聚合物增长链产生的机械应力，又不影响聚合物链的增长，保持均匀分散在由于聚合进行而增大膨胀的聚合物中；活性中心均匀分布；单体可自由进入引发剂颗粒的最内层。

最简单的有效金属茂催化剂是金属原子上下各配位结合一个环戊二烯形成的夹心结构。如果中间通过—CH_2—、—CH_2—CH_2—或—Si（R_2）—等基团生成的"桥键"将上下两个环戊二烯连接，催化丙烯聚合的效果更为明显。

金属茂催化剂用于丙烯聚合反应时具有以下优点：

①所得聚丙烯的空间结构（等规、间规、无规、空间嵌段等）可以大幅变化。

②产品分子量狭窄。

③可以不产生低聚物和可萃取物。

④改进聚丙烯熔点与可萃取物之间的平衡。

⑤生产共聚物时，不同组成的链段分布狭窄。

⑥生产的聚丙烯具有乙烯基端基。

⑦扩展了可共聚单体的范围，可与二烯烃与环烃等单体共聚。

因为这一类催化剂的活性中心都是相同的，即只有一种活性中心，所以叫作"单活性中心催化剂"（Single Site Catalysts，SSCs）。随着高分子科学的发展，这一类催化剂已可具有两种活性中心，但目前仍称为"单活性中心催化剂"。

4）分子量调节剂。

高纯度氢气用来调节聚丙烯的分子量，即调节产品的熔融指数，其中应当不含有极性化合物和不饱和化合物。用量为丙烯量的 $0.05\% \sim 1.00\%$（体积分数），其反应为

$$Cat \sim + H_2 \longrightarrow Cat—H + H \sim$$

（2）聚合工艺过程。

1）淤浆法工艺。

工业上，早期聚丙烯的生产采用淤浆法，其工艺过程包括单体、溶剂等原料的精制，引发剂的制备，聚合过程，未反应单体及溶剂的循环利用，残留引发剂清除，聚合物分离及后处理等工序。图 5 - 21 所示为淤浆法生产聚丙烯工艺流程。

新鲜的聚合级丙烯与丙烯回收压缩机返回的循环丙烯混合，经精制、干燥、压缩到一定压力后通入聚合釜，同时新鲜和回收的溶剂己烷、分子量调节剂氢气也经精制、干燥加入聚合釜，引发剂制备成己烷的悬浮分散液加入聚合釜。在聚合釜中，单体分子遇到引发剂便迅速被引发活化而发生聚合反应，生成的聚丙烯不溶于己烷而呈淤浆状。其聚合热由反应物料进入时吸收部分显热及冷凝回流、冷却夹套、冷却挡板来排除。一般常采取的聚合条件为 $50 \sim 70℃$、$0.5 \sim 1.2$ MPa，丙烯转化率约 60%。溶剂加入速度维持反应器出口反应后浆液浓度为 35% 左右，一般低于 42%（质量分数）。采用第一和第二聚合釜两釜串联、连续操作。反应釜为附设搅拌装置的釜式压力反应器，容积为 $10 \sim 30$ m^3，最大者达 100 m^3。实际工业生产中浆液聚合工艺不同，反应条件也有差异。

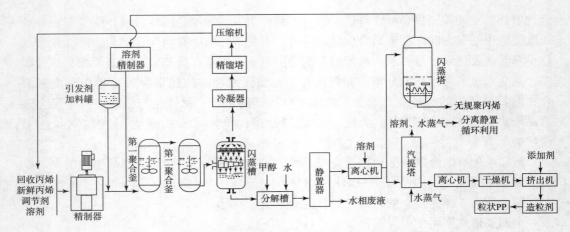

图 5-21　淤浆法生产聚丙烯工艺流程

离开第二反应器的浆液连续排到压力较低（0.14 MPa）的闪蒸装置中，脱除出部分溶剂与未聚合的丙烯。丙烯经冷却、冷冻为液态后，经分馏塔顶回收纯丙烯，经循环压缩机回到聚合釜循环使用。

脱除丙烯后的浆液流入分解槽，加入 2%～20% 的醇，如异丙醇、乙醇、丙醇、丁醇等，加入的低分子醇能与引发剂发生络合作用，使引发剂失去活性而终止聚合反应。进一步加水到分解槽中，进行水洗，将醇和引发剂形成的络合物，以及醇等水溶性物质转入水相，静置分层后除去大部分水溶液，实现与聚丙烯浆液分离的目的。若引发剂残留在聚丙烯中，会影响聚合物的色泽、电学性能和染色等性能，为了提高残留引发剂的清除效率，终止剂中常采用强酸性或强碱性介质，如加入含有 0.1%～0.5% HCl 的异丙醇作为终止剂。经以上工艺处理后的聚丙烯 Ti、A1 和 Cl 的残渣极低。

将除去单体、引发剂的浆液，经离心分离得到聚丙烯滤饼，其中较多的为溶剂以及少量溶解于其中的无规聚丙烯。经溶剂洗涤后除去无规聚丙烯，无规聚丙烯在塔底为黏稠溶液。如果采用高沸点溶剂可先经水蒸气蒸馏，使溶剂与水蒸气蒸出，聚丙烯则悬浮于水相中，离心分离得到聚丙烯滤饼（含水）。如采用低沸点溶剂可采用不含水分和氧气的惰性气体，如氮气，在闭路循环干燥系统中进行干燥，以防产生爆炸性混合气体的危险。经离心分离得到的稀释剂必须精制提纯后方可循环使用。

聚丙烯滤饼（含水）经离心机除去水分后，经气流干燥、沸腾干燥器，除去残余水分，经混炼装置，与配剂混合，加入抗氧化剂等必需的添加剂后经混炼、挤出、造粒得粒状聚丙烯商品。

早期的淤浆法所采用的催化剂效率不高，生产工艺较落后，需经过催化剂分解脱活、脱灰以及分离无规聚丙烯等工序。随着第三代高效催化剂尤其是第四代、第五代催化剂的工业化使用，去除了脱灰与脱无规物两道工序，大大简化了生产流程。使用第四代催化剂的淤浆法又称为本体淤浆法，与早期的淤浆法相比，本体淤浆法用液态丙烯取代了烷烃溶剂。近 20 年建造的淤浆法聚丙烯工厂几乎都使用本体淤浆法制造聚丙烯。

2）液相本体法工艺。

丙烯液相本体聚合实际上是以液态丙烯为稀释剂的本体浆液聚合法。

液相本体法工艺采用间歇式单釜操作工艺，在一定压力下丙烯液化为液体，作为稀释剂，聚合法工艺流程简单，原料适应性强、投资少、见效快、产品满足中低档客户需求。由于多采用高活性引发剂，因此免去脱灰工序。

将精制、干燥、压缩的丙烯及分子量调节剂氢气通入聚合釜，同时将主引发剂三氯化钛、助引发剂二乙基氯化铝，按一定比例加入聚合釜。加料完毕，加热，单体分子遇到引发剂便迅速被引发活化而发生聚合反应，生成的聚丙烯颗粒悬浮在液态丙烯介质中。聚合温度和压力的工艺条件通常为 75℃、3.5 MPa。随着聚合反应的进行，液相丙烯介质中聚丙烯颗粒越来越多，液相丙烯越来越少，当液相丙烯消失时，即聚合反应达到所谓的"干锅"状态，表明聚合反应结束，聚合时间一般为 3～6 h。此时，釜内主要是产物聚丙烯和未反应的气态丙烯。图 5-22 所示为丙烯液相本体聚合反应釜的工作原理。反应釜内置搅拌器，聚合热主要靠夹套冷却，为提高冷却效果，采用冷冻食盐水或液氨冷却，也可采用附加回流冷凝器的方法强化冷却效果。丙烯液相本体聚合时，50%～60% 的聚合热借丙烯汽化、冷凝移去，因此需采用附加回流冷凝器。

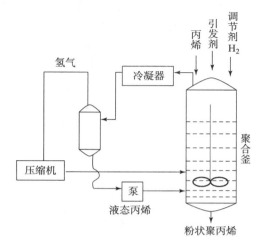

图 5-22 丙烯液相本体聚合反应釜的工作原理

未反应的气态丙烯，经冷却水冷却后，可循环利用。颗粒聚丙烯经通入空气去活，再用氮气置换吸附的少量丙烯，制得聚丙烯粉料产品。图 5-23 所示为丙烯液相本体聚合工艺流程。

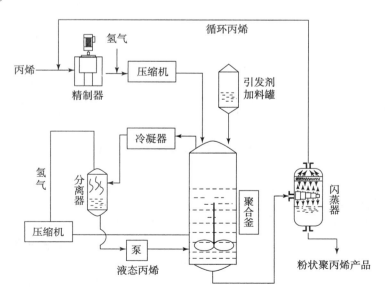

图 5-23 丙烯液相本体聚合工艺流程

3）气相本体法工艺。

气相本体法工艺就是指气态丙烯与悬浮引发剂颗粒发生聚合制备聚丙烯的工艺过程。聚丙烯气相本体聚合无须任何介质，采用立式流化床反应器，选用高活性引发剂，免去后续脱灰工序，也不需要任何后处理工序，极大地简化了生产工艺。从气相聚合反应器得到的聚丙烯基本是干燥的，与本体淤浆法相比，省去了闪蒸工序，只需对反应物料进行简单的催化剂失活处理即可。典型的生产工艺有 DowChemical 的 Unipol 工艺。

立式流化床反应器直径上大下小，以降低气体流速并减少带走的粉末量。高效催化剂各组分、单体丙烯，必要时加有共聚单体乙烯、氢气连续送入第一个流化床反应器，大量未反应的丙烯经压缩泵压缩后冷却，汽化后循环加入反应器。反应生成的粉状聚丙烯连同催化剂和少量丙烯定时从反应器的排料阀排入旋风分离器，分离后的聚丙烯进入净化槽由氮气进一步脱除残留的丙烯后送往储仓，与添加剂混合后挤出造粒。生产抗冲聚丙烯时，则将脱除一部分丙烯的聚丙烯送入第二个流化床反应器与乙烯、丙烯和分子量调节剂进行嵌段共聚。图 5 – 24 所示为丙烯气相本体聚合工艺流程。

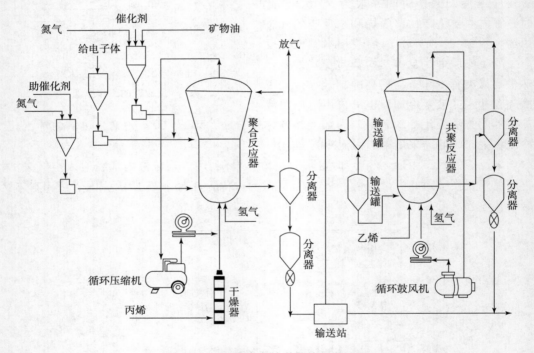

图 5 – 24　丙烯气相本体聚合工艺流程

（3）影响因素。

1）引发剂。

工业上合成聚丙烯，主引发剂一般采用三氯化钛。研究发现，随着三氯化钛的用量增加，聚合速率增大，三氯化钛的粒径越小，聚合速率越大。而助引发剂二乙基氯化铝与聚合速率却没有直接的关系，助引发剂通过与主引发剂的络合作用影响聚合反应速率，用量过少时不能与三氯化钛充分络合，用量过多会引起链终止和分子量下降。

Al/Ti 用比对聚合反应速率及聚丙烯等规度的影响都比较小，其主要影响反应的持续时间。Al/Ti 用比大，聚合反应有效时间长。Al/Ti = 2 ~ 3，对反应速率无影响；Al/Ti = l，则会引起聚合度下降。在实际生产中，为确保 Al/Ti 的活性，可适当提高 Al/Ti 用比。过量的 AlEt$_2$Cl 是考虑溶剂、单体中微量水及含氧化合物等会消耗一部分 AlEt$_2$Cl。因此，一般 Al/Ti 用比控制在 2 ~ 6。

2）聚合反应温度。

温度对丙烯聚合反应速率、立构规整度、分子量等均有重要影响。升高温度，聚合反应速率加快，但是产物的立构规整度会有下降，同时链转移反应速率增加，引发剂也可能因高温失活导致聚合终止，引起产物分子量下降，分子量分布变窄。有研究表明，当温度低于 50 ℃，聚合反应速率慢，高于 75 ℃，产物立构规整度有明显下降，且由于聚合热排散困难，易引起爆聚，因此，适宜的聚合温度一般设定在 50 ~ 75 ℃之间。

3）反应压力。

高的压力能增加丙烯气体在溶剂或稀释剂中的溶解性，提高单体的浓度，因此，聚合速率及产物分子量均增加。对于液相本体聚合，增大压力有利于丙烯单体的液化；对于气相本体聚合，增大压力，有利于物料的分散悬浮。增大压力带来聚合速率的增加，体系中聚合物含量较大，会导致物料输送困难，并影响聚合热量的去除。

4）反应时间。

延长聚合反应时间，单体转化率或单程转化率增加，但设备利用率降低。研究发现，聚合时间与分子量关系不大，对分子量分布影响也不太明显。因此，工业上设法减少聚合反应时间，具体措施有缩短单体聚合的诱导期，适当提高引发剂的浓度，增加丙烯的分压，适当提高聚合温度。图 5 - 25 所示为丙烯分压、聚合时间与聚合速率的关系。

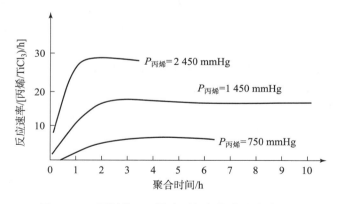

图 5 - 25　丙烯分压、聚合时间与聚合速率的关系

5）搅拌速度。

聚丙烯淤浆聚合是多相体系，最佳的搅拌效果有利于单体和催化剂的均匀扩散和充分接触，有利于反应热的传递和聚合物颗粒的转移。搅拌速度和搅拌器形式都能影响搅拌效果。目前大多采用斜桨式分层（2 ~ 3 层）搅拌，转速应视反应釜容积而定。

3. 配位聚合制备乙丙橡胶

乙丙橡胶自20世纪60年代实现工业化生产以来发展十分迅速，是合成橡胶品种中发展最快的一种。按照化学组成，乙丙橡胶分为二元乙丙橡胶和三元乙丙橡胶（EPDM），两种橡胶总称为乙丙橡胶。二元乙丙橡胶由乙烯和丙烯共聚而成，由于其分子链上不含可交联的双键，不能硫化，因而限制了它的应用。三元乙丙橡胶由乙烯、丙烯及少量非共轭双烯为单体共聚而成，由于三元乙丙橡胶分子链上用于交联的双键位于侧链上，这样的双键既提供了硫化的反应点，又不影响主链是饱和烃（不含双键）的特点，因此获得了广泛的应用，在乙丙橡胶商品牌号中占90%左右。

乙丙橡胶采用配位共聚合机理合成，早期采用的 Ziegler - Natta 引发剂所合成的共聚物中乙烯链段太长，极易结晶，不能作为弹性体使用。后来采用钒 - 铝配合物引发剂，制得的共聚物分子主链上乙烯和丙烯单体无规排列，失去了纯乙烯链段或纯丙烯链段的规整性，使共聚物具有很好的柔顺性，可以作为弹性体使用。

影响二元乙丙橡胶（EPR）性能的主要因素是两种共聚单体形成大分子链的结构参数，即大分子链的组成、单体在大分子链中的分布情况（有无嵌段）、平均分子量高低以及分子量分布的宽窄等。对于 EPDM 而言，除上述因素外，还要考虑第三单体二烯烃的种类与用量、第三单体在主链中的分布情况以及产生支链的情况等。为了避免形成乙烯嵌段链段，保证其在乙丙橡胶分子中的无规分布，通常要求乙烯含量在45%~70%。超过70%时，会使玻璃化温度和耐寒性能下降，加工性能变差。乙烯含量在60%左右的乙丙橡胶的加工性能和硫化胶的物理机械性能较好。随乙烯含量增加，硫化胶的拉伸强度提高，常温下的耐磨性能改善。

三元乙丙橡胶中第三单体种类和含量对硫化速度、硫化橡胶的性能均有直接影响。其中，双环戊二烯作为第三单体，虽然制品耐臭氧性较高，成本较低，但此三元乙丙橡胶的硫化速度慢，难以与高不饱和度的二烯烃类橡胶并用，且制品有臭味。以亚乙基降冰片烯、6，10 - 二甲基 - 1，5，9 - 十一三烯等为第三单体的三元乙丙橡胶硫化速度快，前者已成为三元乙丙橡胶的主要品种，亚乙基降冰片烯为第三单体的三元乙丙橡胶，其硫化橡胶具有较高的耐热性和拉伸强度以及较小的压缩永久变形。含1，4 - 己二烯的三元乙丙橡胶不易焦烧，硫化后压缩永久变形较小。表5 - 20 列出了一些第三单体对共聚合和产物性能的影响。

表 5 - 20 第三单体对共聚合和产物性能的影响

第三单体	共聚合情况		硫化速度		橡胶耐热性	橡胶耐臭氧性	橡胶其他性能
	活性	产物分子链支化程度	硫黄硫化	过氧化物硫化			
亚乙基降冰片烯	共聚速率较快	少量支化	快	中	好	中	硫化胶拉伸强度高，永久变形小，成本高
双环戊二烯	共聚速率适中	大量支化	慢	快	差	好	硫化胶永久变形小，价廉，有臭味
1，4 - 己二烯	共聚速率较慢	无支化	中	慢	中	差	硫化胶压缩形变小，不易焦烧，易回收，成本较高

乙丙橡胶中可加入较多的增塑剂、补强剂及填料，其硫化胶的加工性良好。无论是二元还是三元乙丙橡胶，其最大的特点是它的完全饱和的主链，所以这类橡胶具有卓越的耐热、耐氧、耐臭氧、耐候、耐水、耐水蒸气、耐酸碱、耐辐射、耐化学介质等特性，以及极好的电绝缘性。另外，它的弹性大，压缩形变小，发热低，密度小。

目前乙丙橡胶主要用作各种工业橡胶制品，如耐热运输皮带、胶管、垫圈及胶布等。利用其电性能好的特点，可用作变压器绝缘垫、电子绝缘护套、电缆护套、电线及电器的部件。汽车工业中，可作汽车零件、轮胎的内胎和胎侧材料、汽车密封条、散热器软管、火花塞护套、空调软管、胶垫、胶管等。在建筑材料方面也有大量用途，主要用于塑胶运动场、防水卷材、房屋门窗密封条、玻璃幕墙密封、卫生设备和管道密封件等。乙丙橡胶与其他橡胶并用时起着高分子抗氧剂和防老剂的作用，以改善并用橡胶耐气候、耐臭氧和耐老化性能差的缺点。它可以与塑料共混，以改善此塑料的低温脆性，并提高其抗冲击性能。

（1）合成乙丙橡胶的聚合体系各组分及其作用。

1）单体。

乙烯、丙烯是乙丙橡胶合成时的主单体。乙烯、丙烯通常是由气体经或液体石油熘分经裂解和深冷分离法提供聚合级乙烯和丙烯，其纯度可满足乙丙橡胶聚合的要求。

乙丙橡胶加入非共轭二烯烃作为第三单体，是为获得用硫黄硫化所需的不饱和度。在合成三元乙丙橡胶的配方设计中，第三单体的选择是十分重要的。一个理想的第三单体应该满足的主要条件有合适的共聚活性，聚合时有较高的转化率，且能均匀地分布在共聚物长链中；两个非共轭的双键各有不同的反应活性，第一个打开后，希望第二个不反应，否则会生成凝胶和影响橡胶的性能；不影响共聚速率、共聚物分子量及其分布；合成的三元乙丙橡胶的硫化性能好，硫化速度快；本身的分子量不宜过大，除两个双键外，其余部分越轻越好，可减少橡胶的质量；价廉易得，无毒、无害，对环境友好。第三单体的存在，并不会改变大分子链的柔顺性，若分布不均匀时，会使双键的分布疏密不一，影响橡胶制品的弹性性能。工业生产三元乙丙橡胶常用的第三单体有亚乙基降冰片烯（ENB）、双环戊二烯（DCPD）、1，4－己二烯（HD）。其化学式如下：

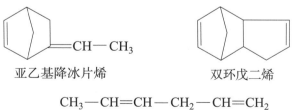

亚乙基降冰片烯　　　　　双环戊二烯

$$CH_3-CH=CH-CH_2-CH=CH_2$$
1,4-己二烯

国外也有研制用1，7－辛二烯、6，10－二甲基－1，5，9－十一三烯、3，7－二甲基－1，6－辛二烯、5，7－二甲基－1，6－辛二烯、7－甲基－1，6－辛二烯等作为三元乙丙橡胶的第三单体，使三元乙丙橡胶的性能有了新的提高。

2）引发剂体系。

乙烯、丙烯和第三单体的共聚反应是配位聚合，因此需要使用配位引发剂。最常用的引发剂主要由过渡金属卤化物 $VOCl_3$ 和烷基氯化铝组成，即 V/Al 体系。引发剂又分为均相与非均相两类。

均相引发剂体系由至少含有一个卤原子的烷基铝与钒化物组成的配位络合物组成，是溶于反应介质的引发剂体系，其活性高。采用较多的有 $VOCl_3/Al(C_2H_5)Cl$、$VOCl_3/Al(i-C_4H_9)Cl$、$VOCl_3/Al_2(C_2H_5)_3Cl_3$ 等。在上述催化剂体系中，烷基铝的作用是还原高价态的钒（由 V^{4+} 到 V^{3+}），使其具有形成配位络合物的催化活性。

非均相 V/Al 配位引发剂不溶于反应介质，最常用的是烷基铝 $Al(C_2H_5)_3$、$Al(i-C_4H_9)_3$、$Al(C_6H_{13})_3$；常用的钒化物有 VCl_4、$VOCl_3$、$V(OOCCH_3)_3$ 等。

用于乙丙橡胶生产的 V/Al 引发剂的缺点是寿命短、引发效率低。为了克服此缺点，一般采用在引发剂体系中加入促进剂，提高钒的催化效率，降低钒催化剂的用量。三氯醋酸乙酯就是一种有效的促进剂。促进剂的使用不仅提高了经济效益，还使产品中钒的含量降低，改善了产品的电性能。另外，促进剂还起到了调节产物分子量的作用，达到了改善橡胶加工性能的目的。在使用促进剂时，要考虑促进剂残渣在后处理和污水处理过程中的问题。

3）溶剂。

EPDM 的生产主要采用在非极性溶剂中的溶液聚合，其次为淤浆法。可用的溶剂包括低级烷烃、环烷烃、芳烃与卤烷等。溶剂中应当不含对引发剂、活化剂和对聚合反应有害的杂质及氧。常用的溶剂为己烷、铅重整溶剂油等。

4）分子量调节剂。

乙丙橡胶合成与其他聚合反应相同，有大量反应热释出。聚合温度通常为 35 ℃，难以使反应恒温来达到分子量分布狭窄的目的，只能用其他方法调节分子量大小与分布。通常通过调整聚合参数和外加分子量调节剂两种方法来调节分子量大小与分布。

外加分子量调节剂主要是氢气，其次为二乙基锌、氢化锂铝等链转移剂。

（2）聚合工艺过程。

乙丙橡胶的合成工艺有两种，即溶液法和悬浮法。溶液法是指在烷烃溶剂中进行的共聚合，而悬浮法是指以液态丙烯作悬浮介质的条件下进行的共聚合。

1）溶液法制备乙丙橡胶的工艺。

将处理过的单体按比例加入，并在聚合过程中保持恒定。加入溶剂使单体溶解在其中，达到饱和状态，立刻加入引发剂，聚合反应开始。聚合开始后，在各聚合釜入口处连续补加一定组成的单体和引发剂，使反应体系处于饱和状态，确保连续聚合工艺的顺利进行。聚合条件：反应温度为 38～60 ℃，压力为 1.4～1.7 MPa，己烷为溶剂，$VOCl_3 - Al(C_2H_5)_{1.5}Cl_{1.5}$ 为引发体系，二烷基锌或氢为分子量调节剂。反应物料达到预定停留时间后，混合物料进入混合器，加入防老剂等，经两次闪蒸，蒸出的单体回收后循环利用，余下的混合物经洗涤、凝聚、筛分等过程，将溶剂回收循环使用，分离出引发剂残渣，橡胶挤出干燥。图 5-26 所示为溶液法生产乙丙橡胶的工艺流程。

溶液聚合工艺的特点是技术比较成熟、操作稳定，是工业生产乙丙橡胶的主要方法。但是由于聚合是在溶剂中进行，传质、传热受到限制，聚合物的质量分数最高仅达 11%～14%，聚合效率低。同时，由于溶剂需回收精制，生产流程长，设备多，综合成本较高。

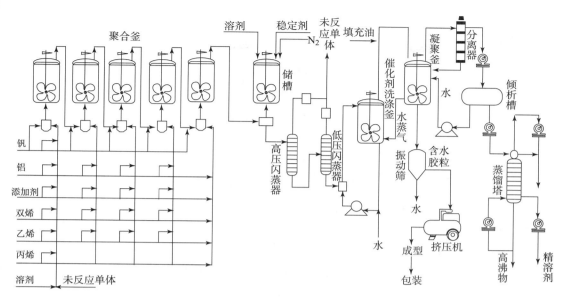

图 5 - 26　溶液法生产乙丙橡胶的工艺流程

2）悬浮法制备乙丙橡胶的工艺。

悬浮聚合法是将乙烯溶解于液态丙烯中进行乙丙共聚，丙烯既是单体，又是反应介质，生成的共聚物不溶于液态丙烯而悬浮在其中，形成细粒淤浆。悬浮聚合的工业化开创了第二代乙丙橡胶。

悬浮聚合反应在装有多桨式搅拌器的单台高压釜内进行。将精制处理过的乙烯、丙烯、亚乙基降冰片烯单体和引发剂各组分计量按一定比例，以适宜方式加入聚合釜中，并控制合适的聚合温度和压力（10℃、0.98 MPa 是一种选项），体系产生的聚合热主要依靠由单体蒸发移出，蒸出的乙烯、丙烯由聚合釜上部排出，在分离器中与胶粒分离。气相单体经压缩机压缩后在换热器中冷却凝结，液相单体返回聚合釜，氢气作为分子量调节剂在分离器前加入。

聚合结束后，固含量30%（质量分数）的聚合物-丙烯的悬浮液体系由聚合釜底部导出，被输送至脱引发剂单元装置。在强化的混合器内加入水使引发剂分解。在洗涤塔中使油相与水相逆流接触，在一定压力（0.78 MPa）条件下脱除未反应的单体乙烯、丙烯。脱除的单体依次经湿式分离器、空气冷却器、水冷凝器、盐水冷凝器后的冷暖液和气相混合物，分别回收丙烯、乙烯。脱除单体的胶、水混合液用泵送入两段脱气塔，在130 ℃和0.19 MPa 条件下脱除残余的单体。脱气塔用喷射泵送来的蒸汽直接加热，从第一脱气塔顶部出来的气相产物进入第二脱气塔的底部。脱气后的水-胶液经筛分，湿的胶料经脱水干燥，制得产品乙丙橡胶。图 5-27 所示为悬浮法生产乙丙橡胶的工艺流程。

与溶液聚合工艺相比，悬浮聚合工艺的最大特点是聚合产物不溶于反应介质丙烯，体系黏度较低，热传递容易、方便控制反应器内温度、催化剂效率高，从而提高了单体的转化率，聚合物的质量分数可高达30%~35%，故悬浮聚合工艺生产能力是液聚合工

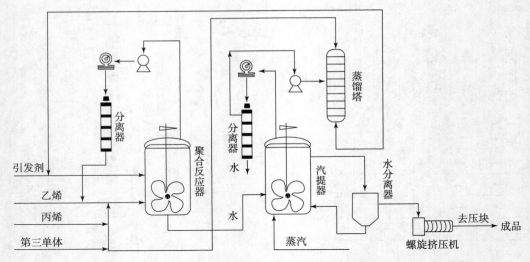

图 5 – 27 悬浮法生产乙丙橡胶的工艺流程

艺的 4~5 倍；无溶剂回收精制和凝聚等工序，工艺流程简化，基建投资少；可生产高分子量的品种；产品成本比溶液法低。而其不足之处是，由于不用溶剂，从聚合物中脱离残留引发剂比较困难；产品品种牌号少，质量均匀性差，灰分含量较高；聚合物是不溶于液态丙烯的悬浮粒子，使之保持悬浮状态较难，尤其是当聚合物浓度较高和出现少量凝胶时，反应釜易于挂胶，甚至发生设备管道堵塞现象；产品的电绝缘性能较差。

在聚合过程中，第三单体的加料工序对产物结构有至关重要的影响。第三单体的含量及分布对三元乙丙橡胶的性能也有很大影响。在第三单体总量相等的情况下，若能多次分批地加入，可使它分布均匀，并提高硫化胶的强度。

（3）影响因素。

1）催化剂。

乙丙橡胶合成最常用 Al/V 催化体系，在乙烯 – 丙烯二元共聚反应中，随着主催化剂 $VOCl_4$ 浓度的提高，催化活性中心增多，共聚反应速率、共聚物产量增大，但催化剂效率下降，共聚物的分子量随之降低，而共聚物组成不变。通常 Al/V 物质的量之比增加到一定数值时催化剂的活性达峰值，超过峰值，则迅速下降。Al/V 物质的量之比与催化剂体系有关，对某些催化剂体系［如 $VOCl_3 – Al(C_2H_5)_2Cl$］，Al/V 物质的量之比影响较小。因此，Al/V 物质的量之比的选择应以聚合时具有高的或稳定的活性为宜。Al/V 物质的量之比对共聚物组成无影响。烷基铝用量要恰当控制，由于 AlR_3 或 AlR_2X 与聚合物增长链发生交换反应，因此起到降低分子量的作用。

2）单体浓度配比。

一般聚合反应速率与反应体系中单体总浓度或气相中单体分压总和成正比，但共聚物组成与单体浓度无关。当单体总浓度一定时，共聚合反应速率、共聚物产率、催化剂效率、共聚物分子量和共聚物中乙烯含量均随单体混合物中乙烯比例的增加而提高，反之亦然。在工业生产中，利用乙烯、丙烯比例控制共聚物单体组成是控制产品质量的重要环节。

3）聚合压力。

乙烯、丙烯单体在反应体系中的浓度与体系压力密切相关。乙烯、丙烯液相浓度随压力提高而增加程度不同，乙烯比丙烯更快，因此，随聚合压力的增加，共聚物中乙烯含量增加，乙丙二元共聚物的特性黏数增加。

4）聚合温度。

在 Al/V 催化剂体系中，乙丙共聚合反应速率常数随温度升高而增大，但高的温度会导致活性中心的稳定性降低。通常情况下，乙丙二元共聚随反应温度的提高，共聚反应速率、共聚物的产率、催化剂的效率均呈降低的趋势。通常聚合温度较低，高者也不超过 70 ℃。

5）反应时间。

乙丙共聚物产量与聚合反应时间成正比，表明活性分子链在共聚合反应中并不终止，主要按链转移机理进行；但随聚合时间增长，反应体系的黏度上升，催化剂活性逐渐衰减。

（4）乙丙橡胶合成工艺发展。

目前，乙丙橡胶的工业化生产方法主要有溶液聚合工艺、悬浮聚合工艺和气相聚合工艺。其中，溶液聚合工艺是当今世界上乙丙橡胶生产的主导工艺，采用此工艺的装置生产能力约占世界乙丙橡胶总生产能力的 80%。乙丙橡胶溶液聚合法的发展主要是引发剂体系的演变，众多系列的引发剂使乙丙橡胶生产技术日趋完善。较晚发展起来的是茂金属引发剂，DuPont Dow、Exxon、Mitsui 等公司的茂金属乙丙橡胶已实现工业化生产，新型茂金属溶液聚合法是采用高温溶液聚合，使用高效的钛、锆等茂金属催化体系。杜邦陶氏公司开发的 InsiteTM 茂金属溶液聚合工艺可用于生产乙烯 - 丙烯二聚物、乙烯 - 丙烯 - 二烯三聚物、乙烯 - 1 - 辛烯共聚物、乙烯 - 1 - 辛烯 - ENB 三聚物等。InsiteTM 工艺实现了对乙烯和 ENB 含量、分子量分布、Mooney 黏度等的有效控制，从而确保产品具有良好的均匀性。新型茂金属溶液聚合工艺的优点在于催化活性高、催化剂用量少、金属残余量少，制得的聚合物结构均匀、分子量分布较窄，力学性能优异，且可通过改变茂金属催化剂结构来准确地调节乙烯、丙烯和第三单体的组成，调控聚合物的微观结构，从而合成出新型链结构的适合不同用途的乙丙橡胶。这是溶液聚合法重要的进展之一。悬浮聚合法的发展主要是使用了高效引发剂使生产过程简化。气相聚合法是乙丙橡胶生产技术的重要进展，其引发剂体系已发展到茂金属型。同时防止橡胶颗粒之间以及橡胶颗粒与反应器壁的粘连是气相聚合工艺的技术难点。Unipol 工艺通过使用炭黑，极大地减少了粘连物的产生，除了气相聚合过程中的挂胶堵塞现象，同时，因为炭黑本身具有良好的抗静电性能，因此能有效地减少反应器的静电积累，避免造成事故。新引发剂、新技术的成功应用使乙丙橡胶的性能更理想，产品品牌更丰富。比如液体乙丙橡胶、可控长链支化乙丙橡胶、双峰分布乙丙橡胶、新型共聚单体 VNB - EPDM、四元共聚乙丙橡胶等许多新产品被开发出来。

习题与思考题

1. 阳离子聚合的单基终止有哪些方式？

2. 阳离子聚合的单体需具有什么性质？都有哪些类型？

3. 阳离子聚合为什么需要在很低的温度下进行才能得到高分子量的聚合物？

4. 如何根据溶剂对阳离子聚合的影响来合理地选择所用溶剂？

5. 在离子聚合反应过程中，活性中心离子和反离子之间的结合有几种形式？其存在形式受哪些因素的影响？不同存在形式和单体的反应能力如何？

6. 影响阴离子聚合工艺的因素有哪些？

7. 为什么进行阴离子聚合反应时，需预先将原料和聚合容器净化、干燥，除去空气并在密封条件下聚合？

8. 配位聚合可以采用哪些聚合工艺？影响聚合工艺的因素是什么？

9. 配位聚合引发剂中助引发剂有什么作用？

10. 分别叙述进行阴离子、阳离子聚合时，控制聚合反应速率和聚合物相对分子质量的主要方法。

11. 简述本体淤浆法制造聚丙烯的工艺流程。

12. 不同品种聚乙烯分别采用何种方法合成？它们的结构、性能与其生产方法有何关系？

第 6 章

逐步聚合工艺

在高分子合成制备过程中，某些单体分子的官能团可按逐步反应的机理进行聚合形成高分子，主要有两大类：一类是含有反应官能团的单体经缩合反应析出小分子化合物，生成缩合聚合物，属于逐步缩合聚合反应，重要的缩合聚合物有线型的聚酯、聚酰胺等，体型的不饱和树脂、酚醛树脂等；另一类是某些单体分子的官能团可按逐步反应的机理相互加成而获得聚合物，反应不析出小分子，这种反应称为逐步加成聚合反应，相应的产物称为逐步加成聚合物。重要的逐步加成聚合物有聚氨酯、聚脲、环氧树脂、梯形高聚物等。

6.1 线型缩聚原理及合成工艺

通过缩合聚合反应制备的线型高分子量聚合物，为了与加成聚合反应所得的线型高分子量聚合物有所区别，简称为线型缩聚物。高聚物合成工业中，线型高分子量缩聚物是一次合成的，即生产商可直接一次性地生产制备出高分子量的合成树脂。线型高分子量缩聚物的制备对单体和工艺等都有一定的要求。

线形缩聚原理及合成工艺（一）

6.1.1 线型缩聚反应原理

在缩合聚合反应过程中，如果参加反应的单体均为双官能度，反应中形成的大分子向两个方向增长，通过缩聚反应则可生成线型结构的聚合物，同时伴随着小分子副产物的生成，此类缩聚反应过程称为线型缩聚，生成的聚合物为线型缩聚物。线型缩聚物的合成反应有均缩聚、混缩聚和共缩聚三种聚合形式。

只有一种单体进行的缩聚反应称为均缩聚反应。当一个单体分子中含有两个可以发生缩合反应的官能团时，可以通过均缩聚合成高分子量线型缩聚物，如羟基酸均缩聚合成聚酯，氨基酸均缩聚合成聚酰胺，其反应式分别为

$$n\text{HORCOOH} \rightleftharpoons \text{H}\!\!+\!\!\text{ORCO}\!\!+_n\!\!\text{OH} + (n-1)\text{H}_2\text{O}$$

$$n\text{NH}_2—\text{R}—\text{COOH} \rightleftharpoons \text{H}\!\!+\!\!\text{NH}—\text{R}—\text{CO}\!\!+_n\!\!\text{OH} + (n-1)\text{H}_2\text{O}$$

两种分别带有相同官能团的单体进行的缩聚反应称为混缩聚反应，也称为杂缩聚。例如：二元酸和二元醇混缩聚合成聚酯、二元胺和二元酸混缩聚合成聚酰胺，其反应式分别为

$$n\text{HOOC}(\text{CH}_2)_4\text{COOH} + n\text{HOCH}_2\text{CH}_2\text{OH} \rightleftharpoons$$
$$\text{HO}\!\!+\!\!\text{CO}(\text{CH}_2)_4\text{COOCH}_2\text{CH}_2\text{O}\!\!+_n\!\!\text{H} + (2n-1)\text{H}_2\text{O}$$

$$nNH_2—R—NH_2 + nHOOC—R'—COOH \Longrightarrow$$
$$H—[NH—R—HNCO—R'—CO]_n\!OH + (2n-1)H_2O$$

在均缩聚中加入第二、第三种单体进行的缩聚反应，或在混缩聚中加入第三或第四种单体进行的缩聚反应称为共缩聚反应。采用共缩聚的合成路线可以方便地调节聚合物分子链的结构与性能，已经广泛应用于制备无规和嵌段共聚物。例如，采用一种二元胺和两种二元酸共缩聚制备聚酰胺共聚物，其反应式为

$$NH_2—R—NH_2 + HOOC—R'—COOH + HOOC—R''—COOH$$
$$\longrightarrow \sim\!\!\sim NH—R—HNCO—R'—CONH—R—HNCO—R''—CO \sim\!\!\sim$$

线型缩聚遵循逐步聚合反应机理，缩聚过程中聚合物分子量逐步增长。聚合初期，大量单体被消耗，生成聚合度大小不等的低聚体。进一步的聚合反应主要发生在低聚体之间，使分子量逐步长大，最终形成高分子量的线型缩聚物。

6.1.2　线型缩聚单体及缩聚物

线型缩聚反应的单体是含有如下基团之一的低分子化合物：—OH、—NH$_2$、—COOH等。值得注意的是，单体的官能度是指在一个单体分子上反应活性中心的数目。在形成大分子的反应中，不参加反应的官能团不计算在官能度内。反应条件（如溶剂、温度、体系 pH 值等）不同时，同一单体可能表现出不同的官能度。表 6-1 列出了含有 a、b 官能团的二元单体经缩聚反应析出小分子化合物以及所合成的线型高分子缩聚物的种类。

表 6-1　二元缩聚单体所含官能团类型及反应产物

官能团		生成的小分子	特征基团	缩聚物种类
a	b			
—OH	HOOC—	H$_2$O	$-O-\overset{\overset{\displaystyle O}{\|\|}}{C}-$	聚酯
—OH	ROOC—	ROH	$-O-\overset{\overset{\displaystyle O}{\|\|}}{C}-$	
—OH	$Cl-\overset{\overset{\displaystyle O}{\|\|}}{C}-$	HCl	$-O-\overset{\overset{\displaystyle O}{\|\|}}{C}-$	
—OH	⬡—O—C(=O)—O—⬡	⬡—OH	$-O-\overset{\overset{\displaystyle O}{\|\|}}{C}-$	聚碳酸酯
—NH$_2$	HOOC—	H$_2$O	$-\overset{\overset{\displaystyle H}{\|}}{N}-\overset{\overset{\displaystyle O}{\|\|}}{C}-$	聚酰胺
—NH$_2$	$Cl-\overset{\overset{\displaystyle O}{\|\|}}{C}-$	HCl	$-\overset{\overset{\displaystyle H}{\|}}{N}-\overset{\overset{\displaystyle O}{\|\|}}{C}-$	

续表

官能团		生成的小分子	特征基团	缩聚物种类
a	b			
—ONa	(ClAr)$_2$—SO$_2$	NaCl	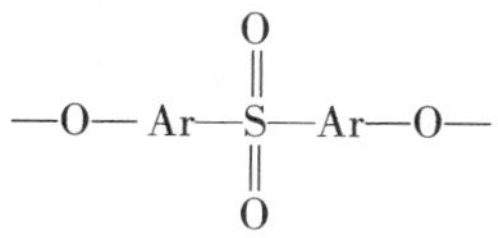 —O—Ar—S(=O)$_2$—Ar—O—	聚砜
—NH$_2$	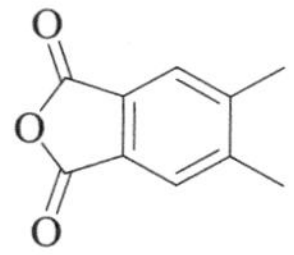 （邻苯二甲酸酐结构）	H$_2$O	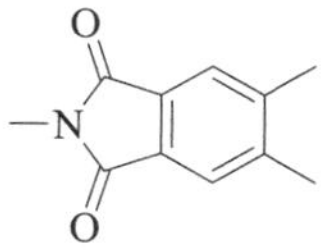 （N-取代邻苯二甲酰亚胺结构）	聚酰亚胺
—NH$_2$	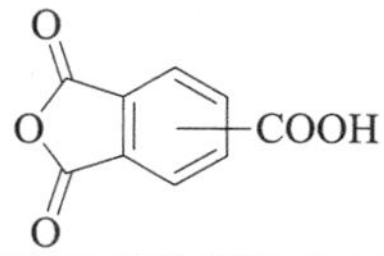 （邻苯二甲酸酐-COOH结构）	H$_2$O	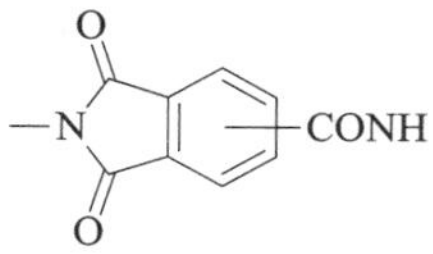 （N-取代结构 —CONH）	聚酰胺－聚酰亚胺
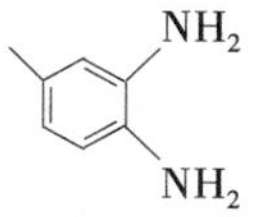 （苯环 NH$_2$/NH$_2$）	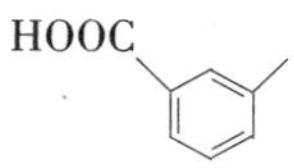 HOOC—（苯环）	H$_2$O	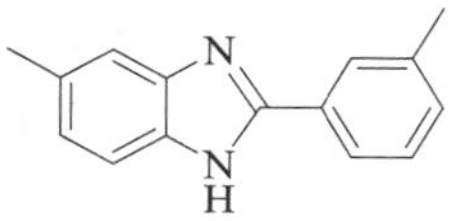 （苯并咪唑结构，含NH）	聚苯并咪唑
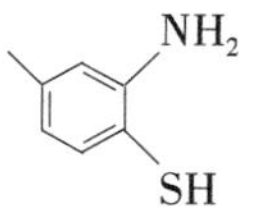 （苯环 NH$_2$/SH）	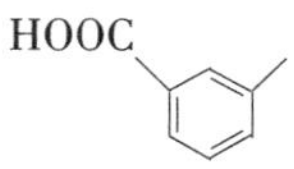 HOOC—（苯环）	H$_2$O	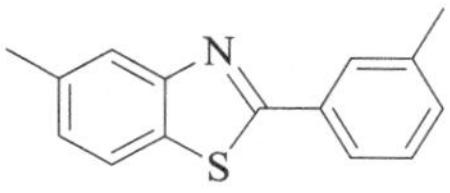 （苯并噻唑结构，含S）	聚苯并噻唑
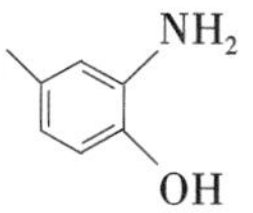 （苯环 NH$_2$/OH）	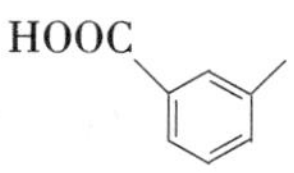 HOOC—（苯环）	H$_2$O	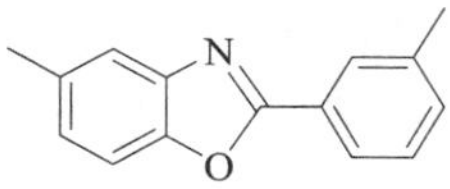 （苯并噁唑结构，含O）	聚苯并噁唑
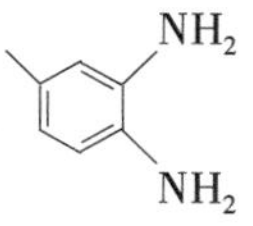 （苯环 NH$_2$/NH$_2$）	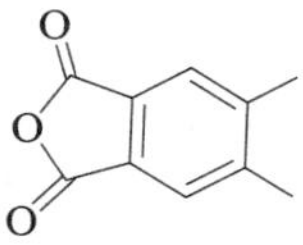 （邻苯二甲酸酐结构）	H$_2$O	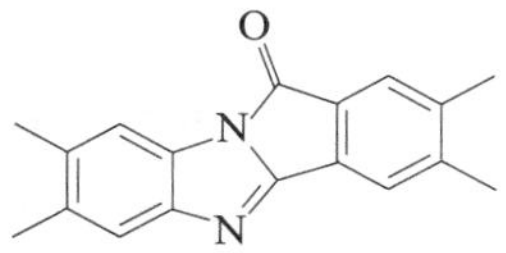 （苯并咪唑吡咯烷酮结构）	聚苯并咪唑吡咯烷酮
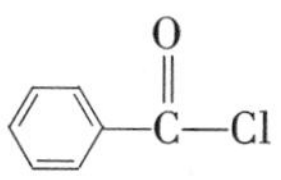 （苯甲酰氯 C(=O)—Cl）	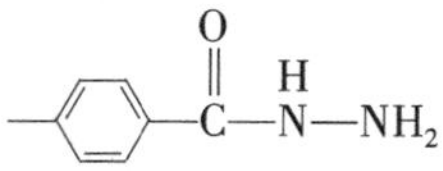 （苯甲酰肼 C(=O)—N—NH$_2$）	H$_2$O/HCl	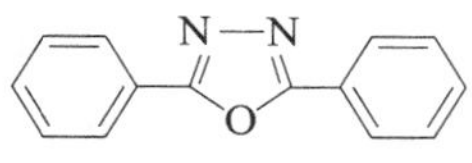 （1,3,4-噁二唑结构，含 N—N、O）	聚噁二唑

6.1.3　线型缩聚物的合成工艺

线型缩聚物的合成工艺方法有熔融缩聚、溶液缩聚、界面缩聚及固相缩聚等。

1. 熔融缩聚

单体和所生成的缩聚产物均处于熔融状态的缩聚反应称为熔融缩聚。熔融缩聚的聚合体系中仅有单体、产物及很少量的催化剂，体系简单，产物纯净，提高单体转化率时可以免去后续分离工序。聚合设备的利用率高、产能高，生产成本低。但是，熔融缩聚需要很高的聚合温度，对反应物料和产物热稳定性要求高。熔融缩聚方法不适合高熔点的缩聚物，不适合易挥发单体，不适合热稳定性不良的单体和缩聚物。制备高分子量的缩聚物需要严格的等摩尔比单体，计量操作难度大。反应物料黏度高，反应后期生成的小分子不容易脱除。局部过热导致物料受热不匀，甚至焦化。长时间的高温缩聚过程中易发生副反应使大分子链结构和聚合物组成复杂化，长时间高温易导致缩聚物氧化降解、变色，为避免高温时缩聚产物的氧化降解，反应常需在惰性气体中进行。熔融缩聚一般采用预缩聚、缩聚和后缩聚等多段顺序进行。预缩聚阶段反应温度稍低，反应程度较低，体系黏度较小，容易搅拌均匀，容易进行传热、传质，可以在较大的普通反应釜中进行。缩聚反应阶段，体系黏度较大，小分子副产物逸出阻力大，难以排除，需要进一步升高温度，并借助外力和真空等措施排除生成的副产物，促使缩聚平衡反应向着生成缩聚物的方向移动，从而提高线型缩聚反应程度。后缩聚反应阶段，缩聚产物的黏度已经相当大，一般采用带有螺旋推进器的卧式反应器，同时附加高真空装置。后缩聚对聚合设备密封性要求高。

2. 溶液缩聚

单体溶解于溶剂中进行的缩聚反应，称为溶液缩聚。溶液缩聚的聚合体系中有单体、溶剂、缩聚产物以及少许催化剂。一些难以熔融的缩聚物、单体以及缩聚物高温下易分解、缩聚物溶液直接使用的情况下采用溶液缩聚。溶液缩聚时，单体及生成的缩聚产物均能溶解在溶剂中，称为均相溶液缩聚；而生成的聚合物不能溶解，聚合至一定反应程度时，聚合物从溶剂中析出，则为非均相溶液缩聚。溶液缩聚传热、传质容易，物料混合均匀，温度容易控制，反应工艺平稳；小分子副产物可与溶剂共沸而脱除；产物溶液可直接作为产品。但是，溶液缩聚增加了溶剂材料成本，增加了溶剂的分离、回收生产工序，产物的纯净程度受到影响，反应设备的利用率下降，溶剂还可能带来安全和环境的问题。溶液缩聚应采用反应活性较高的单体，设定聚合温度应考虑溶剂的沸点。溶液缩聚物料黏度不大，可在普通的聚合釜中进行，采用框式或釜式搅拌器即可。

3. 界面缩聚

两种单体分别溶解在两种互不相溶的溶剂中，在两相溶剂界面处进行的缩聚反应，称为界面缩聚。界面缩聚反应条件温和，单体配比要求不严格，单体活性高，反应快，反应速率常数高，副反应少，反应不可逆，产物分子量可通过选择有机溶剂来控制，反应主要是在界面的有机溶剂一侧进行。但界面缩聚对单体活性要求高，有机溶剂消耗量大，所得产品精制难度大。界面缩聚适用于反应速率常数很高、反应不可逆的缩聚反应。

4. 固相缩聚

单体及聚合物处于固相状态下进行的缩聚反应，称为固相缩聚。其缩聚温度一般在聚合物的玻璃化温度以上，熔点以下，此时聚合物的大分子链段能活动，活性端基能进行有效接触并发生化学反应。固相缩聚体系简单，无须溶剂或反应介质，反应温度较低，温度低于熔融缩聚温度，反应条件相对温和。但固相缩聚反应原料需要充分混合，且固体颗粒要有一定细度，生成的小分子副产物不易脱除，反应速率低。固相缩聚主要用于结晶性单体的固相缩聚和预聚物的固相缩聚。

结晶性单体的固相缩聚较为适合以下情况：第一，要求产物大分子链结构高度规整而一般缩聚方法难以实现；第二，易于发生环化反应的结晶性单体；第三，空间位阻大，难以反应的结晶性单体。预聚物的固相缩聚主要用于进一步提高已经合成的缩聚物的分子量，工业上已经有成熟的实施实例，例如 PET 树脂用作工程塑料时，由于分子量偏低，机械强度达不到要求，可以通过固相缩聚提高分子量；再如聚酰胺 6 也可以通过固相缩聚进一步提高分子量达到提高聚酰胺机械强度的目的。

6.1.4　线型缩聚工艺的关键问题

线型高分子聚合过程中，如何有效地选择合适的规模化合成制备工艺方法和工艺条件，极大可能避免副反应，高产率地制备出高分子量（即高聚合度）的产品是工艺中最为关注的问题。

1. 线型缩聚产物的聚合度问题

在高分子合成过程中获得高分子量的产品是实现聚合物优异性能的前提。在工艺中适合的原料配比、及时排除副产物、提高反应程度都是提升聚合物聚合度的有效方法和手段。反应程度是指反应某时刻消耗掉的某种官能团的量占起始该种官能团的量的百分数，用 P 表示。线型缩聚反应的进程用反应程度表示。

（1）反应程度对聚合度的影响。

根据式（6-1）可知，在任何情况下，缩聚物的聚合度 $\overline{X}_n$ 均随反应程度 P 的增大而增大。因此，可以通过采取适当措施控制反应程度，获得一定分子量的产品。

$$\overline{X}_n = \frac{1}{1-P} \tag{6-1}$$

为获得高分子量的线型缩聚物，必须使缩聚反应的单体反应程度接近100%，但随着反应程度的提高反应速率明显减慢。例如，式（6-2）描述了酸催化的二元羧酸和二元醇缩聚反应体系，其反应程度与时间的相互关系。计算表明，完成反应程度98%~99%所需的反应时间与反应开始到反应程度达98%的时间相近。为获得较高反应程度以提高缩聚物分子量，需优选催化剂。

$$\frac{1}{1-P} = k'C_0 t + 1 \tag{6-2}$$

（2）原料配比对聚合度的影响。

两种 2 官能度单体以等摩尔比反应，理论上可以得到反应程度无限接近1、分子量无限大的线型缩聚产品，而事实上难以实现。一是因为原材料中的微量杂质，缩聚反应中微量官能团分解及少量单体挥发逸失等因素均会影响反应官能团等摩尔比的精确性。二是缩聚反应在有限的反应时间内不可能进行充分完全，过分延长时间又不是必要的，反应程度很难达到1。官能团等摩尔比是相对的，应尽可能保证等摩尔比以利于提高产物分子量。

（3）小分子副产物对聚合度的影响。

对于二元醇和二元羧酸、二元胺和二元羧酸等具有可逆平衡特征的线型缩聚反应，当缩聚反应达到平衡时，其平衡常数分别约为 4 和 400，产物聚合度分别约为 3 和 21，不能得到高分子量缩聚物，要想得到高分子量缩聚物必须设法破坏缩聚平衡，常采用的方法是在缩聚过程中不断排除生成的小分子副产物，促使反应不断朝着正反应方向进行，产物聚合度与体系副产物小分子残留量满足关系式如下：

$$\overline{X}_n = \sqrt{\frac{K}{n_w}} \tag{6-3}$$

排除小分子副产物，工业生产中经常采用的工艺方法有薄膜蒸发、溶剂共沸蒸馏、真空脱除以及通入惰性气体吹出等。此外聚合温度和溶剂等因素也会在一定程度上影响聚合反应速率、反应平衡及产物聚合度。

2. 线型缩聚过程中的副反应问题

在高分子合成过程中，有时副反应会直接导致反应很少，甚至无法得到高分子量的产品，即使获得高分子量产品，副反应的产物也会严重影响合成产品的性能，无法获得所设计的性能。因此，在线型缩聚制备高分子的过程中，应该采取措施尽可能地避免副反应的发生。

（1）环化反应。

在线型缩聚过程中，常伴随有成环反应一类的副反应，成环反应的难易与环的稳定性相关。环的稳定性与环的大小关系为

$$5, 6 > 7 > 8 \sim 11 > 3, 4$$

其中五元环、六元环最稳定，反应过程中越易成环。例如，羟基乙酸很难均缩聚形成大分子，因为会发生如下成环反应：

$$2HOCH_2COOH \xrightarrow{-H_2O} HOCH_2COOCH_2COOH \xrightarrow{-H_2O} \begin{array}{c} CH_2-O \\ O=C \qquad C=O \\ O-CH_2 \end{array}$$

（2）官能团的消去反应。

长时间处于高温环境下，缩聚体系中的官能团容易发生消去反应，包括羧酸的脱羧、胺的脱氨等反应。常见脂肪二元酸的脱羧温度见表 6-2。可以总结出，羧基之间烷基碳链越长的二元羧酸热稳定性越好；烷基碳链长度相近的二元羧酸，含偶数个碳原子的二元羧酸的热稳定性好。

表 6-2　常见脂肪二元酸的脱羧温度　　　　　　　　　　　　　　　　　℃

二元酸	脱羧温度	二元酸	脱羧温度
己二酸	300~320	壬二酸	320~340
庚二酸	290~310	癸二酸	350~370
辛二酸	340~360	—	—

脱羧反应为

$$HOOC + CH_2 \frac{}{\;n} COOH \xrightarrow{\triangle} HOOC + CH_2 \frac{}{\;n} H + CO_2$$

（3）化学降解。

在醇与酸、氨基与羧酸缩聚的过程中，一些小分子醇、酸、水会使聚酯、聚酰胺大分子链发生醇解、酸解、水解等化学降解反应，其在聚合加工及使用过程中都可能发生。利用降解原理可以回收废旧的聚酯、聚酰胺等缩聚物。

$$H \underset{}{+} OROCOR'CO \underset{m}{+} \underset{}{+} OROCOR'CO \underset{n}{+} OH$$

醇解　　　　　　H $+$ OROH

酸解　　　HOOCR'CO $+$ OH

水解　　　　　　H $+$ OH

6.1.5　线型缩聚工艺实例

线型缩聚工艺由于实施方法多样，能够制备的工业产品很多，本节以聚对苯二甲酸乙二醇酯、聚酰胺 66、聚酰亚胺、聚碳酸酯为例具体介绍线型缩聚工艺的有关细节。

1. 聚对苯二甲酸乙二醇酯熔融线型缩聚工艺

聚对苯二甲酸乙二醇酯，简称聚酯，其英文缩写为 PET。PET 树脂不仅是纤维原料，也是工程塑料的重要品种。1941 年英国的 Whinfield 和 Diskson 用对苯二甲酸二甲酯与乙二醇缩聚获得 PET 树脂，经熔融纺丝制备性能优良的纤维，并于 1953 年在美国工业化，PET 纤维在我国商品名称为涤纶。

PET 的耐热性高，常用的 PET 熔点为 255～265 ℃，软化温度为 230～240 ℃。工业上用来纺丝的 PET 的熔点为 265 ℃。PET 之所以具有较高的耐热性和熔点，是因为 PET 大分子链具有高度的立构规整性和对称性，以及主链上含有刚性很强的对亚甲基苯结构单元。凡是能破坏 PET 大分子链立构规整性、对称性及刚性的因素，均会不同程度地降低 PET 熔点，进而影响 PET 的使用性能。

PET 自问世以来主要用作纤维，其分子量大小直接影响成纤性能和纤维质量。工业上，常用特性黏数来表征聚酯分子量的大小。不同用途的 PET 有着不同的特性黏数。表 6-3 列出了一些不同用途 PET 的特性黏数。

表 6-3　不同用途 PET 的特性黏数　　　　　　　　　　　　dL/g

用途	特性黏数	用途	特性黏数
短绒纤维	0.40～0.50	工业纱线	0.72～0.90
羊毛型纤维	0.58～0.63	帘子线	0.85～0.98
棉花型纤维	0.60～0.64	薄膜	0.60～0.70
高强度高模量纤维	0.63～0.70	注塑料	0.90～1.00
纺织纱线	0.65～0.72	瓶料	0.90～1.00

由于 PET 在较宽的温度范围内能保持优良的物理性能，抗冲击强度高、耐摩擦、刚性大、硬度大、吸湿性小、尺寸稳定性好、电性能优良、对大多数有机溶剂和无机酸稳定，因此除应用于纤维外，在塑料、包装容器、包装薄膜等领域应用广泛。

最初，由于缺少高纯度对苯二甲酸（PTA），因此采用对苯二甲酸二甲酯（DMT）作为原料，经酯交换生产对苯二甲酸乙二醇酯（BHET），再经缩聚生产 PET，称为酯交换法，又称 DMT 法。酯交换工艺方法传统，工艺成熟。但是酯交换工艺要消耗甲醇，生产流程长，成本高。后来，高纯度对苯二甲酸工艺技术得以解决，采用 PTA 和乙二醇（EG）直接酯化生产 BHET，再经缩聚生产 PET，称为直接酯化法，又称 PTA 法。直接酯化法与酯交换法相比，流程缩短，生产成本低，反应设备效率高，生产较安全，发展迅速，导致世界范围内酯交换法呈下降趋势。采用对苯二甲酸和环氧乙烷的加成反应制备 BHET，再缩聚制备 PET，从理论上看该法是最简单的方法，不需要将环氧乙烷制成乙二醇，称之为环氧乙烷法，此法由于反应过程中容易生成许多副产物，易出现易燃、易爆及环氧乙烷原材料的毒害性等问题，在 PET 合成工艺中不太重要。

（1）合成 PET 的聚合体系各组分及其作用。

1）对苯二甲酸二甲酯。

对苯二甲酸二甲酯（DMT）是酯交换法生产 PET 的重要单体，其熔点为 140.6 ℃，沸点为 283 ℃，不溶于水，溶于乙醚和热乙醇。其外观为白色固体。

2）对苯二甲酸。

对苯二甲酸简称 PTA，常温下为固体，加热不熔化，300 ℃ 以上升华。若在密闭容器中加热，可于 425 ℃ 熔化。常温下难溶于水，溶于碱溶液，微溶于热乙醇，不溶于乙醚、冰醋酸、醋酸乙酯、二氯甲烷、甲苯、氯仿等大多数有机溶剂，可溶于二甲基甲酰胺（DMF）、二乙基甲酰胺（DEF）和二甲亚砜（DMSO）等强极性有机溶剂。若与空气混合，在一定的限度内遇火即燃烧甚至发生爆炸。

3）乙二醇。

乙二醇的熔点为 –13.2 ℃，沸点为 197.5 ℃，闪点为 110 ℃。乙二醇常态下为无色、有甜味的液体，能与水混溶，可混溶于乙醇、醚等有机溶剂。乙二醇遇明火、高热或与氧化剂接触，有燃烧爆炸的危险。

4）催化剂。

对于直接酯化法及酯交换法生产 PET 的反应，可采用 Sb_2O_3 作为催化剂，Sb_2O_3 对羧基不敏感，其活性与羟基的浓度成反比，在缩聚反应后期，PET 分子量上升，羟基浓度降低，催化活性却更为有效。另外，氢氧化锌、氢氧化铝、氢氧化镉和铝酸钠等物质也可以作为生产 PET 反应的催化剂，这些物质酸性比 Sb_2O_3 低，可使副反应减少，制得的聚合物熔点比用 Sb_2O_3 时要高，色泽也较白，而且纺丝性能良好。

5）稳定剂。

为了防止 PET 发生热降解及热氧化降解，经常要加入一些稳定剂。常用的有磷酸三甲酯、磷酸三苯酯、亚磷酸三苯酯、磷酸、亚磷酸三（2，4–二叔丁基）苯基。这些稳定剂可以单独使用，也可以混合使用。稳定剂用量越高，其热稳定性也越好。但是稳定剂可使缩聚反应的速率下降，对缩聚反应有迟缓作用。

6）其他组分。

消光剂改进 PET 反光色调，并具有增白作用。常用的消光剂有二氧化钛、锌白粉和硫酸钡等。着色剂可以赋予 PET 一定的颜色。常用的着色剂有酞菁蓝、炭黑及还原艳紫等。

扩链剂可以增大 PET 的分子量。常用的扩链剂有草酸二苯酯，高温下生成的苯酚易于逸出，有利于大分子链增长。

（2）PET 的聚合工艺过程。

直接缩合法和酯交换法制备 PET 树脂粒料与纤维生产流程框图见图 6–1。

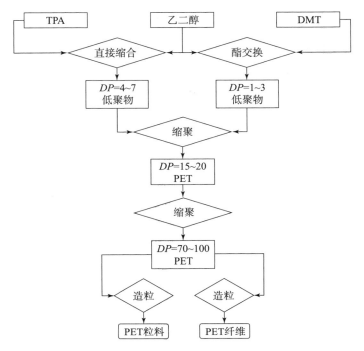

图 6 – 1　PET 树脂粒料与纤维生产流程框图（*DP*：聚合度）

连续酯交换法制备 PET 的工艺流程如图 6 – 2 所示。酯交换法制备 PET 树脂的工业生产工艺主要包括酯交换、乙二醇脱除、缩聚、后缩聚等工序。

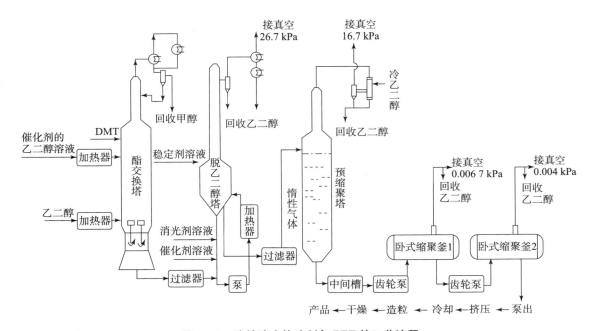

图 6 – 2　连续酯交换法制备 PET 的工艺流程

1）酯交换。

乙二醇分两路进入酯交换塔中，含催化剂的乙二醇预热至120 ℃后从塔上部进入塔中；不含催化剂的乙二醇预热至30 ℃从塔下部进入塔中，起到调节反应物料温度的作用。对苯二甲酸二甲酯从塔上方加料口加入，与乙二醇酯交换后，生成的甲醇与部分乙二醇从塔顶蒸出，经分馏冷凝，回收甲醇，乙二醇再回流到酯交换塔中。酯交换温度在180~200 ℃，所需热量由装在塔底部带搅拌器的加热器提供。当馏出90%的理论甲醇量时，结束酯交换，液态产物从塔底经过滤后进入脱乙二醇塔。为了提高酯交换收率，生产中采用增加乙二醇用量，同时将生成的甲醇从体系中及时排出的办法。一般对苯二甲酸二甲酯与乙二醇的投料摩尔比为1 :（2.3~2.5）。

酯交换得到的产物往往是对苯二甲酸乙二醇酯及低聚物的混合物。酯交换过程中乙二醇之间会发生分子间脱水，生成一缩二乙二醇。其会导致PET分子链上不规则出现一缩二乙二醇链节，使PET熔点下降，树脂颜色发黄，质量下降。酯交换阶段还可能生成一些环状物质，影响PET纤维性能。

2）乙二醇脱除。

脱乙二醇的目的：一是将体系中过量的乙二醇低压蒸出加以回收利用；二是除去过量的乙二醇有利于下一步缩聚反应的进行。生产中酯交换后的物料过滤除去固体杂质后进入脱乙二醇塔。催化剂Sb_2O_3、消光剂TiO_2、分子量稳定剂磷酸三甲酯的乙二醇分散体系（事先配制好），分别从不同部位加入脱乙二醇塔。所需热量由加热后的载体提供，并用泵强制物料循环。在加热和减压的条件下，将体系中过量的乙二醇脱出，并冷凝、回收。脱除乙二醇后的物料经过滤器滤去固体杂质后进入缩聚塔。

3）缩聚。

脱除乙二醇后的物料在缩聚塔中进行缩聚得到聚对苯二甲酸乙二醇酯。温度和压力条件为220 ℃、0~16.7 kPa。生成的乙二醇经分离、冷却后，回收。缩聚阶段采用塔式设备，低黏度物料熔体可以在塔内的垂直管中以薄层形式自上而下运动，会提高乙二醇蒸发的表面积。较高的缩聚温度有利于小分子的脱挥，可使反应速率增大，但过高的反应温度会增加副反应速度。缩聚阶段压力要逐步减小，在缩聚开始时，真空度不宜过高，随着缩聚程度的加深，逐步减小体系压力，让乙二醇持续稳定地蒸出。在缩聚过程中，惰性气流的通入可使缩聚体系处于涡流状态，物料得到良好的搅拌，通入气流的速度要使小分子副产物的分压维持在相当低的水平。

4）后缩聚。

对于BHET连续缩聚的操作工艺，常采用多釜模式进行后缩聚。将缩聚达到一定反应程度、具有较高黏度的物料用齿轮泵送至第一卧式缩聚釜，操作条件为220~270 ℃、667 Pa。经第一卧式缩聚釜缩聚后物料黏度及其分子量逐步增大，再用齿轮泵送至第二卧式缩聚釜进行缩聚，操作条件为280~285 ℃，333~400 Pa。缩聚结束后物料用齿轮泵泵出，经过挤出、冷却、造粒、干燥，制得PET成品。

缩聚温度一般控制在物料熔点之上20~30 ℃，但必须在PET的分解温度290 ℃以下。PET在不同温度下的后缩聚过程中，随时间会出现特性黏数的极大值点，如图6-3所示。后缩聚温度越高，PET出现特性黏数拐点所需要的反应时间越短。压力对缩聚产物分子量有较大影响。如图 6 - 4 所示，压力越低，可以在越短的时间内获得较高特性黏数的 PET。

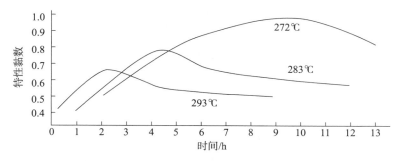

图 6 - 3　后缩聚阶段 PET 特性黏数与温度的关系

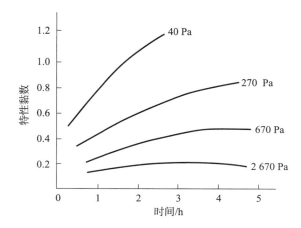

图 6 - 4　后缩聚阶段 PET 特性黏数与压力的关系

酯交换法制备 PET 有 BHET 连续缩聚法和 BHET 间歇缩聚法两种操作方式。

采用 BHET 连续缩聚法，缩聚工段物料黏度较低，设备可以用釜式、塔式（容量板塔）和卧式反应器，设备容量较大，要求物料接触充分，加热均匀，不堵塞、不返料，通常采用二级蒸汽喷射泵抽真空，一般称这一阶段为预缩聚或前缩聚；后缩聚工段是在高真空下进行的缩聚，此时进入后缩聚釜的物料黏度较大，设备的结构较复杂，而且十分关键。要求增大物料蒸发表面，常常将熔体形成薄膜，促使其表面更新，以利于小分子副产物排除。尽量使物料呈活塞流动，不发生返混现象。防止物料滞留、局部过热降解，影响产品质量。缩聚釜的形式很多，常见的有盘环式、鼠笼式、螺杆反应式等，而且还可以采用多釜串联实施物料的后缩聚。物料用泵强制输送，采用四、五级蒸汽喷射泵抽真空。

BHET 间歇缩聚法制备 PET 工艺流程如图 6 - 5 所示。其工艺流程比较简单，只有一台缩聚釜。酯交换结束后的物料（BHET）用氮气压入缩聚釜，在低真空（40 mmHg）进行前缩聚，然后在高真空下进行后缩聚。缩聚结束后，由氮气将物料压出、铸带、冷却、切粒及干燥，最后得粒状产物。此外，若作为绝缘薄膜用，则从反应釜底部经铸带器流出一定宽度与厚度的熔体，该熔体在内部通过冷却水的光滑辊筒表面上迅速冷却，便制得厚片。

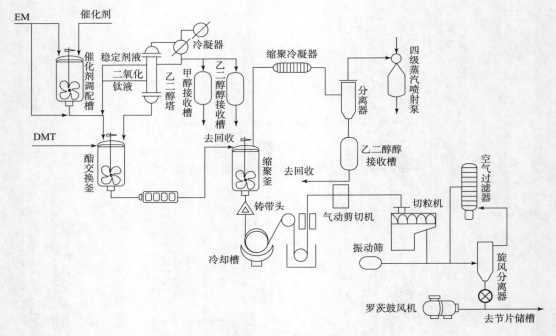

图 6－5　BHET 间歇缩聚法制备 PET 的工艺流程

2. 聚酰胺 66 溶液线型缩聚工艺

聚酰胺由 W. H. Carothers 首创。他从一系列缩聚反应中找出了能冷延伸成纤的大分子，1931 年申请了聚酰胺专利。杜邦公司从中选择了最有可能成功工业化的聚己二酰己二胺（尼龙 66），成功推出第一个聚酰胺品种，1939 年开始工业化生产。

线型缩聚原理及合成工艺（二）

尼龙 66 大分子链之间较易形成氢键，再者亚甲基具有较好的柔顺性，使得大分子链易于排列规整，因此是一种结晶性聚合物。在图 6－6 尼龙 66 的结晶结构中，亚甲基呈锯齿形平面状，酰胺基团取反式平面结构，整个大分子链被拉直。相连的大分子链中的酰胺基团以氢键力键合，形成平面状的片状结晶结构。结晶度越高，机械强度就越大，弹性模量也越高，硬度增大，线膨胀系数减小，吸水率降低。结晶度大到一定程度时，材料会显示脆性。

尼龙 66 的熔点为 246～267 ℃。常用的尼龙 66 的熔点为 252 ℃，脆化温度为 －30 ℃。尼龙 66 具有一定程度的吸水性，其平衡吸水率为 2.5%，其源于非晶部分酰胺基团的贡献。尼龙 66 的热分解温度大于 350 ℃，能够长期在 80～120 ℃ 的条件下使用。尼龙 66 能耐酸、碱，大多数无机盐水溶液，以及卤代烷、烃类、酯类、酮类等有机溶剂的腐蚀。尼龙 66 易溶于苯酚、甲酸等极性溶剂。尼龙 66 具有优良的耐磨性、自润滑性，机械强度较高。除用作纺织品外，尼龙 66 还广泛用于机械、汽车、化学工业、电子电气等领域的零部件，也制成薄膜、医疗器械、体育用品、日用品等。

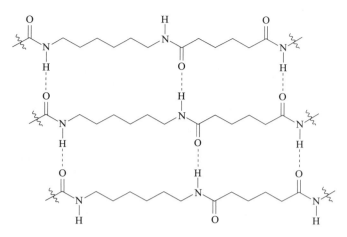

图 6 - 6　尼龙 66 的结晶结构

（1）合成聚酰胺 66 的聚合体系各组分及其作用。

1）己二酸。

己二酸为白色结晶体或结晶性粉末，熔点为 151～154 ℃，沸点约为 332.7 ℃，密度为 1.36 g/cm³，闪点为 210 ℃，微溶于水，易溶于酒精、乙醚等大多数有机溶剂。

2）己二胺。

己二胺为白色片状结晶体，熔点为 41～42 ℃，沸点为 204～205 ℃，密度为 0.883 g/cm³，闪点为 81 ℃，微溶于水，难溶于乙醇、乙醚和苯，在空气中易吸收水分和二氧化碳，应装入密封的马口铁桶内，储存于阴凉通风处，避光，避热。

3）分子量稳定剂。

分子量稳定剂常用的有醋酸、己二酸和己内酰胺等，用来终止缩聚反应，控制尼龙 66 的分子量。用量视产物分子量的要求而定，一般用量为尼龙 66 盐质量的 2% 左右。

（2）聚酰胺 66 的聚合工艺。

为了保证反应官能团之间的等摩尔比以及防止己二胺的挥发逸失，目前工业上尼龙 66 的生产皆采用尼龙 66 盐在水溶液中进行缩聚的工艺路线。尼龙 66 的生产有间歇法和连续法两种，其连续法工艺流程如图 6 - 7 所示。

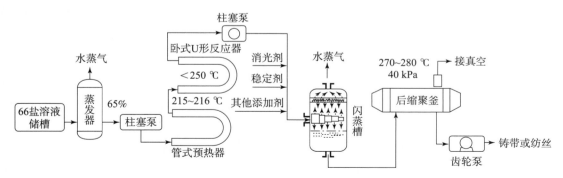

图 6 - 7　尼龙 66 的合成工艺流程

生产尼龙 66 的工艺可以简单地分为浓缩、缩聚和后缩聚三个工序。

首先将储槽中浓度为 50% 的尼龙 66 盐水溶液用泵打至蒸发器中。蒸发器为立式圆柱形设备，无搅拌，常压操作，内置通加热蒸汽的蛇管。在高温浓缩过程中，随着水分的不断蒸发，尼龙 66 盐溶液浓度不断增大。当浓缩至浓度 65% 时出料，此时出料温度约为 108 ℃。

浓缩后的 66 盐水溶液，经柱塞泵进入管式预热器，加热至 215～216 ℃，借助水蒸气压力作用升压至 1.8 MPa 左右，然后进入卧式 U 形反应器。在反应器内物料停留时间为 2.5 h，最高温度升至 250 ℃，缩聚工段结束时反应程度达 85% 左右。

缩聚从 U 形反应器出来的物料黏度较大，且含有大量水分，经柱塞泵打至闪蒸器，压力从 1.8 MPa 迅速降至常压，蒸发掉大部分水分。分子量稳定剂、消光剂 TiO_2 及其他添加剂和物料一同进入闪蒸器。物料从闪蒸器出料的温度为 275 ℃，随即进入后缩聚釜。后缩聚釜内有螺旋推进器，外设抽真空装置，后缩聚在 270～280 ℃ 和 40 kPa 的条件下进行 40 min 左右结束。呈熔融状态的物料经齿轮泵加压打出，送至铸带或熔融纺丝工段。

（3）工艺条件分析。

1）缩聚体系中水的影响。

反应热随含水量增加而增加（表 6-4），平衡常数随含水量增加而降低（图 6-8）。同时，缩聚速率也会随着含水量增加而明显降低。此外，高温缩聚阶段要考虑水解副反应对聚合物分子量的影响。

表 6-4　不同含水量的尼龙 66 缩聚体系的热效应

含水量/[mol·(mol 尼龙 66 盐)$^{-1}$]	热效应（吸热）/[kJ·mol 尼龙 66 盐$^{-1}$]
1.00	9.54
3.05	22.3
6.23	26.1

注：含水量为 1 mol 尼龙 66 盐含水的 mol 数；热效应为 1 mol 尼龙 66 盐吸收的热量。

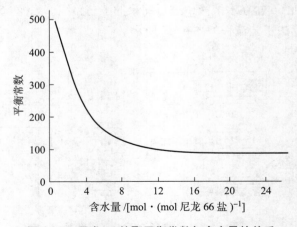

图 6-8　尼龙 66 缩聚平衡常数与含水量的关系

2）尼龙 66 产物分子量的控制。

工业上是通过测定尼龙 66 盐的酸值来确定分子量的控制方法的。若尼龙 66 盐为中性，则加入少量单官能团物质醋酸封端控制其分子量。若尼龙 66 盐为酸性，则利用过量的己二酸做分子量稳定剂来控制其分子量大小，己二酸过量分数越大，则分子量越低。

3）缩聚温度。

温度升高，缩聚反应速率加快，有利于提高生产效率，但是缩聚温度也不能一味地提高。虽然尼龙 66 在惰性气氛中加热到 300 ℃ 还是比较稳定的，但是在 290 ℃ 时加热 5 h 左右就可看出明显分解。因此，后缩聚温度一般确定为 270~280 ℃。

3. 聚酰亚胺溶液线型缩聚工艺

最典型的聚酰亚胺是由均苯四酸二酐（PMDA）和 4，4′-二氨基二苯醚（ODA）经历酰胺化和环化两步反应得到的，反应过程如下：

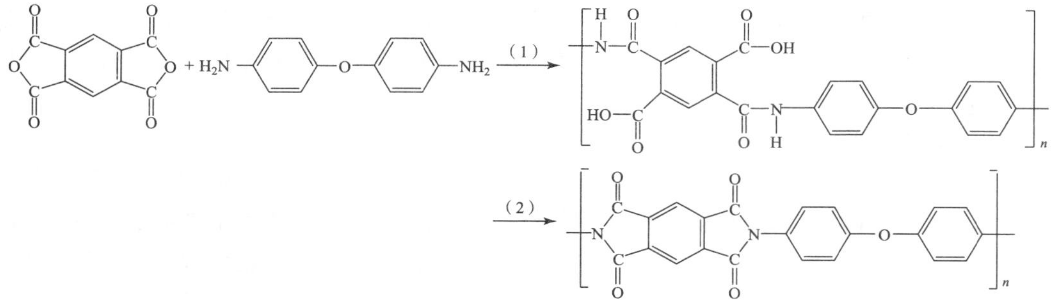

聚酰亚胺是一种半梯形结构的环链聚合物，含有苯环和五元杂环，结构中的碳氮键受到五元环的保护，稳定性高于聚酰胺、聚氨酯中的碳氮键。

聚酰亚胺具有高玻璃化温度和高熔点，耐热氧化性好；机械强度、介电性能、耐化学腐蚀性都很优良，还可抗辐射，是优良的耐高温的高性能材料。尤其是全芳香型聚酰亚胺耐热性更为优异，起始热失重温度一般在 500 ℃ 左右。聚酰亚胺不仅耐热，而且还耐极低温，聚酰亚胺在 -269 ℃ 的液态氮中仍不会出现脆裂。未填充的聚酰亚胺塑料的拉伸强度都在 100 MPa 以上，聚酰亚胺工程塑料的弹性模量通常为 3~4 GPa，聚酰亚胺纤维弹性模量可达 200 GPa。聚酰亚胺还具有良好的阻燃性，为自熄性聚合物，发烟率低。聚酰亚胺无毒，可用来制造餐具和医用器具，并经得起数千次的高温消毒。一些聚酰亚胺还具有很好的生物相容性，可用来制备生物相容性材料。

聚酰亚胺综合性能优良，在高科技领域如宇航工业、大规模集成电路、信息材料工业等方面都得到很好的应用。除生产高性能合成纤维外，可用作高性能绝缘薄膜、绝缘涂层抗腐蚀材料、渗透膜、高温黏合剂、耐高温泡沫塑料等。例如，透明的聚酰亚胺薄膜可做成柔软的太阳能电池底板。聚酰亚胺复合材料可用于制造航空航天及火箭零部件、汽车的热交换元件、汽化器外罩和阀盖、仪表等及舰船压缩机活塞环和阀片等。聚酰亚胺纤维可制作在高温介质及放射性物质环境中使用的过滤材料，如烟道气及热化学物质的过滤布、降落伞、消防服等。聚酰亚胺泡沫塑料可用作耐高温隔热材料。聚酰亚胺胶黏剂可用作高温结构胶，用于高低温环境下铝合金、钛合金、不锈钢、陶瓷之间的黏结。聚酰亚胺还可作为光刻胶使用，其分辨率可达亚微米级。

目前合成聚酰亚胺的工艺路线有熔融缩聚法、溶液缩聚法和界面缩聚法三种。其中溶液缩聚法又分为一步法和两步法。一步法是二酸酐和二胺在高沸点溶剂中加热直接聚合生成聚酰亚胺。两步法是先合成聚酰胺酸或聚酰胺酯，然后再亚胺化。溶液缩聚法特别适合制备高熔点的芳香族聚酰亚胺。

（1）合成聚酰亚胺的聚合体系各组分及其作用。

1）均苯四甲酸二酐。

均苯四甲酸二酐（PMDA）为白色或微黄色结晶状物质，密度为 $1.680\ \text{g/cm}^3$，熔点为 $284\sim288\ ℃$，沸点为 $397\sim400\ ℃$，能升华；溶于丙酮、醋酸乙酯、二甲基亚砜、N，N′-二甲基甲酰胺。当暴露于潮湿空气中时，会很快吸收空气中的水分而水解成均苯四甲酸。其毒性较大，能刺激皮肤和黏膜，一般储存于阴凉、干燥的库房内，可燃，远离火种及热源。

2）4，4′-二氨基二苯醚。

4，4′-二氨基二苯醚（ODA）为灰白色或白色晶体粉末，密度为 $1.216\ \text{g/cm}^3$，熔点为 $188\sim192℃$；能溶于 N，N′-二甲基乙酰胺、N，N′-二甲基甲酰胺等有机溶剂，溶于稀盐酸。

3）溶剂。

N，N′-二甲基乙酰胺（DMAC）的密度为 $0.881\ \text{g/cm}^3$，熔点为 $-20\ ℃$，沸点为 $166\ ℃$，闪点为 $64\ ℃$；能与水、醚、酮、酯等完全互溶，具有热稳定性高、不易水解、腐蚀性低、毒性小等特点。对多种树脂，尤其是聚氨酯、聚酰亚胺具有良好的溶解能力。

N，N′-二甲基甲酰胺（DMF）的密度为 $0.945\ \text{g/cm}^3$，熔点为 $-61\ ℃$，沸点为 $153\ ℃$，闪点为 $58\ ℃$；能与水及多数有机溶剂任意混溶；主要用作聚氨酯、聚丙烯腈、聚氯乙烯的溶剂。

N-甲基吡咯烷酮（NMP）的密度为 $1.028\ \text{g/cm}^3$，熔点为 $-24\ ℃$，沸点为 $202\ ℃$，闪点为 $86\sim91\ ℃$；与水以任何比例混溶，溶于乙醚，丙酮及酯、卤代烃、芳烃等各种有机溶剂；几乎与所有溶剂完全混合，挥发性低，化学稳定性好，低毒；用作高沸点的溶剂。

（2）聚合工艺过程。

溶液法合成聚酰亚胺的工艺包括原材料预处理、聚酰胺酸中间体的合成、聚酰亚胺薄膜的制备三个主要工序。

1）原材料预处理过程。

将均苯四甲酸二酐和4，4′-二氨基二苯醚分别置于 $120\ ℃$、高真空条件下进行干燥处理 $30\sim60\ \text{min}$。溶剂二甲基乙酰胺或 N-甲基吡咯烷酮需经减压蒸馏和干燥处理。

2）聚酰胺酸中间体的合成过程。

在一定的温度（ $0\sim20\ ℃$ ）条件下，反应器中气氛用氮气置换数分钟后，依次加入 DMAC 和 ODA，搅拌溶解，保持搅拌转速在 $100\ \text{r/min}$ 左右，之后分批加入 PMDA，反应约 $3\ \text{h}$ 后，得到浅黄色聚酰胺酸溶液。

3）聚酰亚胺薄膜的制备。

聚酰胺酸溶液真空消泡后，转入不锈钢溶液储罐。溶液经储罐下端流延嘴，均匀流延在匀速运行的钢带上，流延嘴前刮板带走多余的溶液，然后进入烘干道干燥。在烘干道内热风流动方向与钢带运行方向相反，液膜温度逐渐升高，溶剂蒸发成为固态薄膜，从钢带上剥离下的薄膜经导向辊引向亚胺化炉，高温亚胺化后，由收卷机收卷。溶液法制备聚酰亚胺薄膜的工艺流程如图 6 - 9 所示。

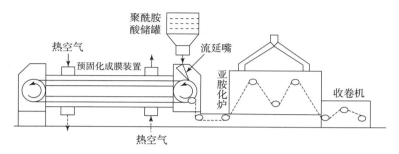

图 6 - 9　溶液法制备聚酰亚胺薄膜的工艺流程

（3）工艺条件分析。

1）原料中水的影响。

水分会引起二酸酐水解成邻位二酸，邻位二酸在低温下不能与二胺反应生成酰胺，会降低聚酰胺酸的分子量。图 6 - 10 所示为原料含水量对聚合产物溶液黏度的影响。可见，随着原料含水量的减少，聚合物溶液黏度增加。

2）聚酰胺酸制备条件。

获得高分子量的聚酰胺酸是制备聚酰亚胺的工艺关键。二胺和二酐的加料顺序对聚酰胺酸分子量有明显影响。研究发现，将二酐以固态形式分批加入二胺的溶液中，同时搅拌反应，外加冷却措施，得到的聚酰胺酸分子量最大。研究原料配比的影响发现，当二酐稍过量时，聚酰胺酸溶液黏度值可达最大，如图 6 - 11 所示。

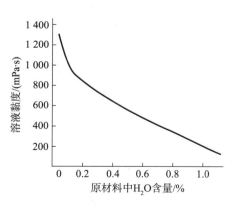

图 6 - 10　原料含水量对聚合产物溶液黏度的影响

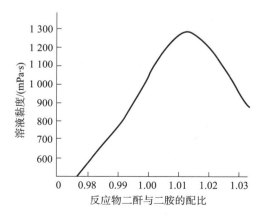

图 6 - 11　原料配比对聚合产物溶液黏度的影响

反应温度和时间对聚酰胺酸的分子量也有重要影响。从图 6 - 12 可见，聚合物溶液黏度随聚合温度的升高而降低，在 - 10 ℃时溶液的黏度值最大。考虑到反应温度也是影响反应速率的重要因素，一般合成温度控制在 0～10 ℃ 的范围较适宜。从图 6-13 可知，在初始反应阶段，溶液黏度增长较慢，随着反应进行溶液黏度迅速增大，然而继续延长聚合时间溶液黏度反而开始略微下降。因此，需要控制适当的聚合时间。

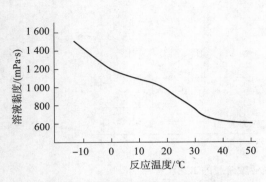

图 6-12　反应温度对聚合产物
溶液黏度的影响

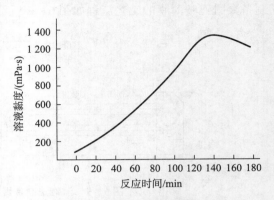

图 6-13　反应时间对聚合产物
溶液黏度的影响

3）聚酰亚胺薄膜的制备条件。

在一定温度下酰亚胺化一定程度后就缓慢下来，甚至酰亚胺化终止，再升高温度，酰亚胺化反应又会重新快速进行，然后再次减慢下来，直至温度提高到可以完全酰亚胺化为止。

溶剂及制备工艺对酰亚胺化程度有着明显的影响。Brekner 和 Feger 等提出只有当聚酰胺酸与溶剂形成的氢键解络合后，酰亚胺化反应才能进行。解络合后的溶剂起到增塑作用，加快酰亚胺化进程。而溶剂在薄膜内停留的时间取决于初始酰亚胺化温度、薄膜厚度和溶剂体系。较高的初始酰亚胺化温度可在短时间内使聚酰胺酸与溶剂之间发生解络合，溶剂增塑作用强，能获得较高的酰亚胺化程度。薄膜越厚，薄膜本体溶剂残留率增加，有利于酰亚胺化程度的提高，薄膜本体内比表面具有更高的酰亚胺化程度。溶剂沸点越高，在薄膜内部停留时间越长，增塑时间长，有利于酰亚胺化程度的提高。

4. 聚碳酸酯界面线型缩聚工艺

聚碳酸酯（PC）是大分子链上含有碳酸酯（—O—R—O—CO—）重复单元的线型聚合物，其中 R 基团可以为脂肪族、酯环族、芳香族基团，但只有芳香族双酚 A 型聚碳酸酯最具有实用价值，其结构为

双酚 A 型聚碳酸酯是无臭、无味、无毒、无色或微黄色透明、刚硬而坚韧的固体，具有优良的综合性能，聚碳酸酯的抗冲击性能、耐热性能、阻燃性能、耐磨性能、加工性能等优于聚甲基丙烯酸甲酯。聚碳酸酯的尺寸稳定性好，耐蠕变性能好于尼龙及聚甲醛。聚碳酸酯的抗冲击强度在热塑性塑料中名列首位。聚碳酸酯的玻璃化转变温度为 149 ℃，长期使用温度超过 100 ℃，而脆化温度为 -100 ℃，耐寒性较好。在较宽的

温度范围内，具有良好的电绝缘性能和耐电晕性能。聚碳酸酯的透光率达 90%，折射率较高，为 1.586 9。聚碳酸酯耐酸、耐油，但不耐紫外线和强碱。聚碳酸酯在卤代烃中可溶解，在多数有机溶剂中可产生应力破裂现象。聚碳酸酯有吸水性，可水解。

聚碳酸酯是一种高性能的工程塑料，可用于制造小负荷的机械零部件如齿轮、轴、曲轴、杠杆，也可用于制造受力不大、转速不高的耐磨件如螺钉、螺帽及设备的框架等。聚碳酸酯非常适合制造尺寸精度和稳定性较高的零部件。聚碳酸酯也是优良的绝缘材料，可用作绝缘接插件、套管、电话机壳等。在光学照明方面可制造大型灯罩、信号灯罩、门窗玻璃、公共场所的防护窗、汽车防护玻璃、照明设备、工业安全挡板和防弹玻璃及航空工业上的透明材料等。PC 板可做仪器设备表盘、汽车仪表板、商业标牌等；聚碳酸酯经吹塑成型可制造饮用水瓶、牛奶瓶等。改性 PC 耐高能辐射，耐蒸煮和烘烤，可用于采血标本器具、血液充氧器、外科手术器械、肾透析器等。

工业生产中，聚碳酸酯的合成方法有两类：酯交换法和光气法。

酯交换法就是采用双酚 A 与碳酸二苯酯在高温、高真空条件下进行熔融缩聚而成的，酯交换法产物分子量不高，产品呈浅黄色，此法应用得不多。

光气法是指在常温常压下，采用光气和双酚 A 反应生成聚碳酸酯的方法。光气法的合成有光气溶液法和界面缩聚法两种。光气溶液法，由于采用的催化剂价格高、有毒，且影响制品色泽又必须回收，在工业上已不再使用。界面缩聚法，以溶解有双酚 A 钠盐的氢氧化钠水溶液为水相，惰性溶剂为有机相，在常温、常压下通入光气反应制得，反应条件温和，对设备要求不高，聚合转化率可达 90% 以上，聚合物分子量的可调范围较宽。此法是目前国内生产聚碳酸酯的主要方法，占总生产量的 90% 以上。缺点是光气及有机溶剂的毒性大，多了溶剂回收和后处理工序。

界面缩聚按照操作方法分为静态法和动态法两种。其中动态法由于两相接触面积大大增加，界面层可以不断更新，促进了缩聚反应的进行，动态法是工业生产中常用的界面缩聚方法。动态法界面缩聚就是在外力的作用下使两相中的一相成为分散相，另一相成为连续相，反应发生于两相接触面。

（1）合成聚碳酸酯的聚合体系各组分及其作用。

1）单体。

双酚 A，白色针状晶体，熔点为 155～158 ℃，沸点为 250～252 ℃，闪点为 79.4 ℃，不溶于水、脂肪烃，溶于丙酮、乙醇、甲醇、乙醚、醋酸及稀碱液，微溶于二氯甲烷、甲苯等。常用于生产聚碳酸酯、环氧树脂、聚砜树脂、聚苯醚树脂等。

光气，无色或略带黄色气体，沸点为 8.2 ℃，蒸气压为 202.65 kPa（27.3 ℃），微溶于水，容易水解，溶于芳烃、苯、四氯化碳、氯仿、乙酸等多数有机溶剂。光气有剧毒，是一种强刺激、窒息性气体。

2）反应介质。

无机相以水为介质，有机相介质主要是用于溶解光气的二氯甲烷。二氯甲烷是一种无色透明、易挥发液体，具有类似醚的刺激性气味，熔点为 -95.1 ℃，沸点为 39.8 ℃，蒸气压为 30.55 kPa（10 ℃），能溶于约 50 倍的水，溶于酚、醛、酮、冰醋酸、磷酸三乙酯、乙酰醋酸乙酯、环己胺，与其他氯代烃溶剂乙醇、乙醚和 N，N - 二甲基甲酰胺混溶。对皮肤和黏膜的刺激性比氯仿稍强，对环境可能有危害，在地下水中有蓄积作用。

3）其他组分。

苯酚的外观为白色结晶，有特殊气味，熔点为 40.6 ℃，沸点为 181.9 ℃，可混溶于醚、氯仿、强碱水溶液等，室温时稍溶于水，65 ℃以上能与水混溶，几乎不溶于石油醚，有强腐蚀性。苯酚用作分子量调节剂。

三甲基苄基氯化铵的外观为无色结晶，135 ℃以上分解，易溶于水、乙醇和丁醇，不溶于醚，易潮解。三甲基苄基氯化铵用作催化剂。

（2）界面缩聚法合成聚碳酸酯的工艺过程。

界面缩聚法合成聚碳酸酯的工艺过程主要包括原料配制、光气化反应阶段、缩聚反应阶段、分离和中和阶段、聚合物后处理等主要工序。

1）水相及油相的配制。

水相原料主要为双酚 A 钠盐水溶液，按双酚 A∶NaOH 为 1∶3.5（摩尔比）配比配制。先将 NaOH 配制成 7% 的水溶液，加入双酚 A 钠盐配制槽中，在搅拌下将双酚 A、抗氧化助剂亚硫酸氢钠、分子量调节剂苯酚等一起加入双酚 A 钠盐配制槽中，搅拌至全部溶解，制得透明水溶液。制备双酚 A 钠盐的反应式为

$$HO-\!\!\!\!\bigcirc\!\!\!\!-\overset{\overset{CH_3}{|}}{\underset{\underset{CH_3}{|}}{C}}-\!\!\!\!\bigcirc\!\!\!\!-OH + 2NaOH \longrightarrow NaO-\!\!\!\!\bigcirc\!\!\!\!-\overset{\overset{CH_3}{|}}{\underset{\underset{CH_3}{|}}{C}}-\!\!\!\!\bigcirc\!\!\!\!-ONa + 2H_2O$$

油相原料主要为光气的二氯甲烷溶液，油相的制备工艺流程如图 6 – 14 所示。二氯甲烷置于溶剂储槽中（按 1 kg 双酚 A 用 5 L 二氯甲烷配比），由泵连续送至冷凝器，用冷冻盐水冷至 0 ℃后，由上部连续进入光气 – 二氯甲烷混合冷凝器混合均匀。来自光气站的气态光气通过稳压罐稳压后，在 30 ℃的条件下，经转子流量计计量（按双酚 A∶光气为 1∶1.25（摩尔比）），经缓冲罐由

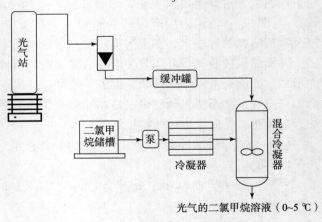

图 6 – 14　油相的制备工艺流程

上部进入光气 – 二氯甲烷混合冷凝器，在冷凝器中溶解在二氯甲烷中，温度维持在 0 ~ 5 ℃。

2）光气化反应阶段。

光气化反应器为带冷却盐水夹套的蛇形管式反应器。双酚 A 钠盐溶液由计量泵连续打入冷却器，冷却至 10 ℃，随即加入光气的二氯甲烷溶液，反应物料从光气化反应器顶部进入，启动搅拌，进行预聚。当反应体系内的 pH 值达到 7 ~ 8 时，光气化反应结束，得到低分子量的低聚体。低聚体的结构主要有以下三种：

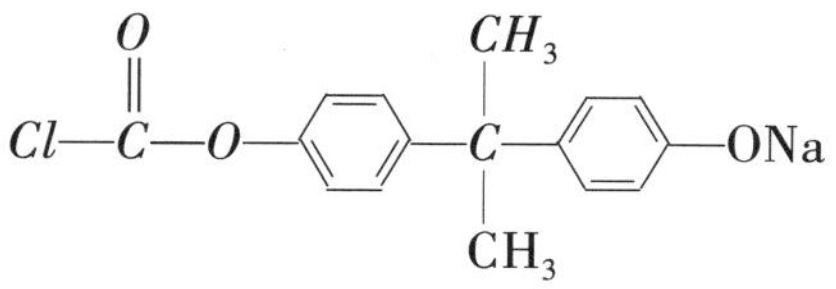

A

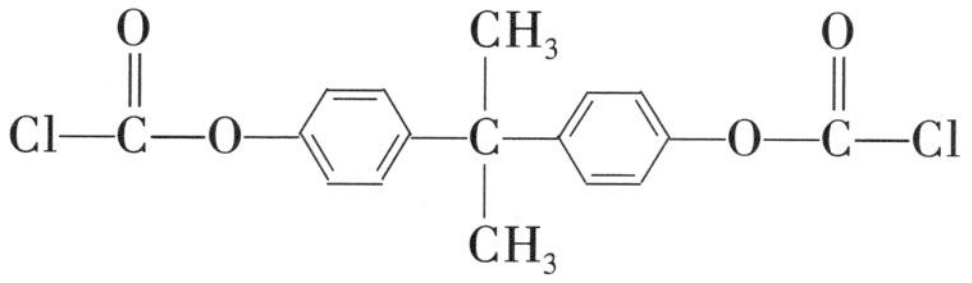

B

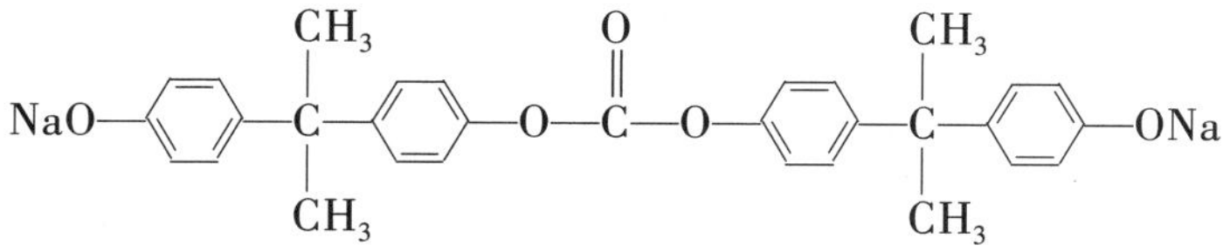

C

3）缩聚反应阶段。

光气化反应后的物料温度约为 12 ℃时，将其转入缩聚釜，并按配比加入计量的碱液和催化剂三甲基苄基氯化铵、分子量调节剂苯酚，进行缩聚反应，维持反应温度约为 25 ℃，物料在反应釜内停留时间约为 3 h。在此过程中，低聚体之间发生缩聚，逐步生长为高分子，体系中酚氧负离子端基处于界面，但氯代甲酸酯端基处于有机相内，因此该阶段氯代甲酸酯端基向界面区的移动速率成为影响链增长反应的主要因素。催化剂三甲基苄基氯化铵加入后，在碱性条件下生成有机叔胺，氯代甲酸酯基团与叔胺生成类似盐的加合物，该加合物与酚钠端基的反应比氯代甲酸酯的水解反应快。叔胺催化的机理表示如下：

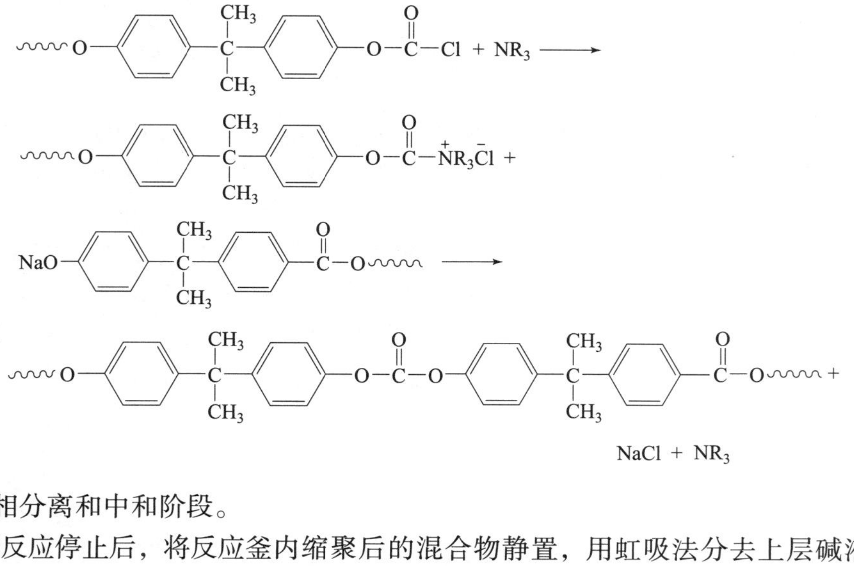

$$NaCl + NR_3$$

4）相分离和中和阶段。

缩聚反应停止后，将反应釜内缩聚后的混合物静置，用虹吸法分去上层碱液，再加 5% 甲酸中和混合物体系至 pH 值为 3~5，再进行静置分层，然后采用虹吸法分去上层酸液。

5）后处理阶段。

缩聚产物分离、中和后，将缩聚釜下层的黏性树脂溶液转入沉析釜，此时树脂溶液中还存在盐及低分子量级分。水洗除去盐分，然后加入沉淀剂丙酮，析出高分子量聚碳酸酯，其形态为粉状或粒状。经过滤、水洗、干燥和造粒最终得到粒状成品。界面缩聚法合成聚碳酸酯的工艺流程如图 6-15 所示。

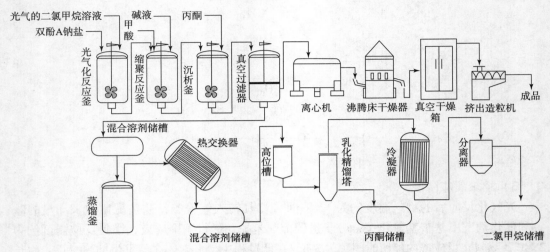

图 6-15　界面缩聚法合成聚碳酸酯的工艺流程

（3）影响因素。

1）碱。

在反应过程中需要调节好碱的用量，使双酚 A 钠盐的浓度保持一定，这样就可以减少光气及低聚体的水解副反应。在光气化阶段，碱用量以能保证双酚 A 与光气反应完全即可。在缩聚阶段，再补加碱液使低分子量聚碳酸酯扩链增长，从而得到高分子量聚碳酸酯。

2）杂质。

聚碳酸酯中的杂质主要来自原料、反应中生成的副产物、未反应的物料，以及设备装置带来的杂质等。微量杂质存在，会使成型制件的颜色变深，质量下降。

可采用过滤方法去除尺寸较大的机械杂质，用酸中和残留于有机相中的碱，然后用去离子水在搅拌下反复洗涤，直至洗涤水中不含电解质为止。向水洗后的树脂溶液中加入沉淀剂的沉析法主要用于除去低分子量级聚碳酸酯。将聚碳酸酯胶液浓缩后，采用水蒸气喷雾成粉的汽析法，可将有机溶剂迅速蒸发而析出的粉状树脂经干燥、挤出造粒，即得成品。也可将聚碳酸酯胶液经多级薄膜蒸发器脱溶，分离溶剂后的聚碳酸酯挤出造粒。

6.2　体型缩聚原理及合成工艺

相较于线型缩聚反应，体型缩聚由于反应过程中需要产生交联等反应，其产物结构更加复杂多样，也将影响其产品的状态且应用性能呈现多样性。

体型缩聚原理及合成工艺（一）

6.2.1　体型缩聚反应原理

在平均官能度大于 2 的缩聚体系中，反应中形成的大分子不仅仅向两个方向增长，也向更多的方向增长，当缩聚反应达到一定程度时，分子链之间通过化学交联形成三维体型结构，此反应过程称为体型缩聚，所得到的高分子产物称为体型缩聚物。已工业化的体型缩聚物有酚醛树脂、脲醛树脂、三聚氰胺甲醛树脂、醇酸树脂、不饱和聚酯树脂等。体型缩聚物受热不再熔化；也不能被溶剂溶解，只能溶胀。

6.2.2 体型缩聚过程

体型缩聚通常分预聚反应和固化（硫化）反应两个阶段。预聚反应阶段就是反应程度小于凝胶点的反应阶段，缩聚产物称为预聚物，可溶解、可熔化，具有可进一步反应的活性，其结构为线形及支链形结构。固化（硫化）反应阶段，指的是缩聚反应程度大于凝胶点的反应阶段，预聚物在适宜条件作用下发生化学交联形成立体网络结构，产物称为体型缩聚物。体型缩聚物为不同交联程度的三维体形结构，不溶解、不熔化，不再具有进一步反应的活性。固化（硫化）反应阶段实际上就是预聚物的应用与成型阶段。将可溶解、可熔性预聚物与功能助剂、填料、增强体等混合、复合，然后赋形或施工，经固化或硫化完成成型或应用。

体型缩聚也可根据反应程度的大小分为 A、B 和 C 三个阶段。反应程度小于凝胶点的树脂称为 A 阶段树脂，该阶段树脂分子量小，残留的活性官能团量多，树脂可溶解、可熔化。反应程度接近于凝胶点的树脂称为 B 阶段树脂，该阶段树脂分子量较大，分子链有支化，甚至少量交联，残留的活性官能团较少，树脂仍然可溶解、可熔化，但是熔化温度高于 A 阶段树脂，溶解性也明显低于 A 阶段树脂。反应程度超过凝胶点的树脂称为 C 阶段树脂，该阶段树脂分子量很大，分子链大量交联，残留的活性官能团很少，树脂不能熔化且不溶解，只能溶胀。

6.2.3 体型缩聚的工艺控制

体型缩聚根据工艺、产品形态及应用场合的不同，其反应需要控制在不同程度，为了能准确、实时地控制反应处于不同阶段，与线型缩聚反应不同，体型缩聚需要特别注意凝胶化现象和凝胶点。

（1）凝胶化现象及凝胶点。

工业上采用的体型缩聚体系基本上都是由二官能度单体与二官能度以上的单体构成，属于平均官能度大于 2 的缩聚反应体系。当反应进行到一定程度时会出现体系黏度突增，最后难以流动，体系转变为具有弹性的凝胶状物质，这一现象称为凝胶化现象。体型缩聚进行到开始出现凝胶化时的反应程度称为凝胶点（P_c），也称为临界反应程度。它是用来表征高度支化的缩聚物过渡到体型缩聚物反应程度的转折点。实际工业生产过程中，生成体形结构会丧失下一步塑形成型或施工应用的可能性，体型缩聚的预聚反应阶段必须在凝胶化现象出现之前停止反应。因此，认识凝胶化现象，预测凝胶点，对控制体型缩聚工艺过程和进行配方设计具有重要的指导意义。

（2）凝胶点的预测。

1）Carothers 方程法。

Carothers 理论认为，随着反应进行，体系的平均相对分子质量（聚合度）增加，当某种基团反应程度 P 达到某一特定数值 P_c 时，体系平均分子量（聚合度）达到无穷大，反应体系开始形成交联网络结构，即开始凝胶，P_c 即凝胶点。对于某一体型缩聚体系，令混合单体的起始分子总数为 N_0，则起始官能团数为 N_0 与平均官能度的乘积。当缩聚进行到 t 时刻，体系中残留的分子数为 N，则 t 时刻反应消耗的官能团数为 $2(N_0 - N)$，t 时刻的反应程度为

$$P = \frac{2(N_0 - N)}{N_0 \bar{f}} = \frac{2}{\bar{f}} - \frac{N_2}{N_0 \bar{f}} = \frac{2}{\bar{f}} - \frac{2}{\overline{X_n} \bar{f}}$$

即

$$P = \frac{2}{\bar{f}}\left(1 - \frac{1}{\overline{X_n}}\right) \tag{6-4}$$

注意式（6-4）中 N 为缩聚到 t 时刻体系中所生成的聚合度不等的聚合物分子总数。凝胶点前认为多官能度分子只反应其中两个官能团，因此将 t 时刻反应消耗的官能团数写作 $2(N_0 - N)$。依据 Carothers 的凝胶点理论，则凝胶点表示如下：

$$P_c = \frac{2}{\bar{f}} \tag{6-5}$$

由凝胶点的计算公式（6-5）可见，欲求凝胶点关键在于平均官能度。缩聚体系中，两种相互反应的官能团等摩尔比时，平均官能度等于官能团总数除以分子总数；两种相互反应的官能团摩尔比不等时，平均官能度等于不过量组分的官能团数的 2 倍除以体系中的分子总数。实际应用中，两种相互反应的官能团往往不是等摩尔比的。

2）Flory 统计法。

Flory 认为官能度大于 2 的单体是产生支化和导致凝胶化的根源。将分子链上多官能团单体形成的结构单元称为支化点。当分子链上的一个支化点连接另一个支化点时便形成一个交联点。对于由 A、B、C 三种单体组成的体型缩聚体系，且 $f_A = f_B = 2$，单体 A 和 C 含有相同的官能团 a，体系中 a 官能团总数少于 b 官能团总数，f_c 为官能度大于 2 的单体的官能度。凝胶点 P_c 的表示式为

$$P_c = \frac{1}{\left[r + r\rho(f_C - 2) \right]^{\frac{1}{2}}} \tag{6-6}$$

式中

$$r = \frac{N_A f_A + N_C f_C}{N_B f_B}, \rho = \frac{N_C f_C}{N_A f_A + N_C f_C}$$

6.2.4 体型缩聚的应用特点

具有反应活性的预聚物，经固化（硫化）转变为体型缩聚物后，其耐热性、耐腐蚀性及耐溶剂性、尺寸稳定性均比较优良。实际应用中，常常配合使用交联剂或固化剂、固化催化剂等组分实施预聚物的成型工艺。加有各种催化剂、固化剂等组分的预聚物混合体系，反应活性较高，必须在指定的时间内使用完。将预聚物与催化剂、固化剂混合后至开始凝胶化前的这段时间称为预聚物混合体系的活性期。活性期可以通过体系配方进行调整，以满足不同的成型施工要求。如快速胶黏剂的活性期需要很短，便于更好实施物件之间的快速黏结。涂料的活性期要长一些，以确保涂料涂附后的表面流平。像酚醛压塑粉、氨基压塑粉等粉状预聚物混合物，活性期则更长，一般为几个月至几年，这时的活性期也称为储存期。活性期与温度的关系密切，升高温度，活性期缩短。预聚物混合物固化工艺参数的确定，需要根据理论指导，结合试验反复摸索，只有合理

的固化工艺才能获得预期的体型缩聚物。

6.2.5　体型缩聚工艺实例

体型缩聚工艺能够制备多种产品，包括醇酸树脂、酚醛树脂、不饱和聚酯等。

1. 醇酸树脂体型缩聚制备及固化工艺

醇酸树脂是由多元醇、多元酸和高级脂肪酸或动植物油经酯化、酯交换，再进一步缩聚得到的一类分子链上含有酯基结构的低分子量聚合物。从大分子链的结构上看，醇酸树脂是一种低分子量、多支化的端羟基聚合物。醇酸树脂分为含油醇酸树脂和无油醇酸树脂。

含油醇酸树脂指的是含有高级脂肪酸结构的醇酸树脂，其中脂肪酸含量对醇酸树脂在有机溶剂的溶解性有重要影响。脂肪酸含量超过 48%，树脂可以溶解在石油醚等饱和烃溶剂中。脂肪酸含量低于 47%，则需要二甲苯等芳香烃溶剂才能溶解。

醇酸树脂分子结构中的不饱和程度是指分子链中的双键含量，其会影响醇酸树脂在空气中的干燥或固化速度。醇酸树脂分子结构中的不饱和程度源于原料动植物油的不饱和度，其常用碘值来衡量，碘值即 100 g 油所能吸收碘的质量（g）。碘值 140 以上的油在空气中易氧化干燥成膜，称为干性油，如桐油等。碘值在 100～140 之间的油在空气中缓慢氧化干燥成膜，称为半干性油，如豆油等。碘值在 100 以下的油在空气中不能氧化干燥成膜，称为不干性油，如蓖麻油等。含油醇酸树脂的一个重要用途就是用作涂料。

无油醇酸树脂的分子中不含有高级脂肪酸结构，也称聚酯多元醇或羟基树脂。无油醇酸树脂中含有较多的芳环结构，因此分子链的刚性强于含油醇酸树脂。聚酯多元醇树脂的本体多为非晶结构，室温下的状态为黏性流体至硬脆性固体，具有较强的吸湿性，在强极性溶剂中有较好的溶解性，由于分子量低，因此没有明显的机械强度。聚酯多元醇树脂在塑料、复合材料、涂料、胶黏剂、弹性体、泡沫材料等领域具有广泛的应用。

（1）合成醇酸树脂的主要原材料。

1）醇类原材料。

用于制备醇酸树脂的醇主要有如乙二醇、丙二醇、甲基丙二醇、新戊二醇、丙三醇（甘油）、三羟甲基丙烷、季戊四醇、山梨醇等，二元醇、三元醇、多元醇。它们的结构式如下：

1,2 - 丙二醇　　1,3 - 丙二醇　　甲基丙二醇　　新戊二醇

1,4 - 环己二醇　　乙二醇　　一缩二乙二醇

二缩三乙二醇　　2,4 - 乙二基 - 1,5 - 戊二醇

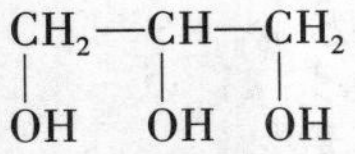
丙三醇

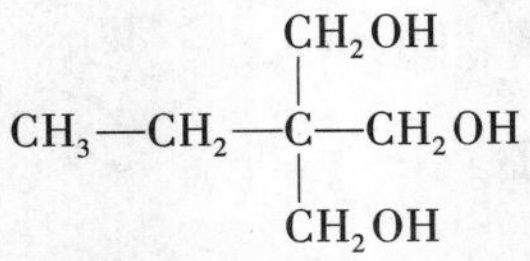
三羟甲基丙烷

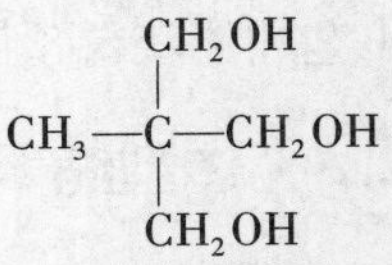
三羟甲基乙烷

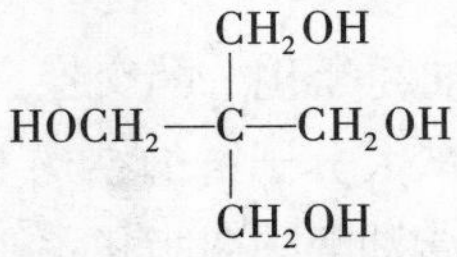
季戊四醇

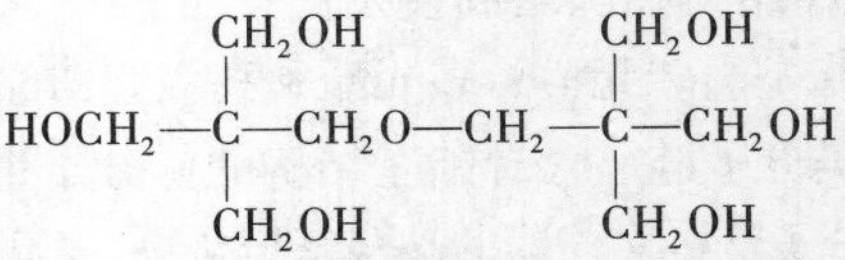
一缩二季戊四醇

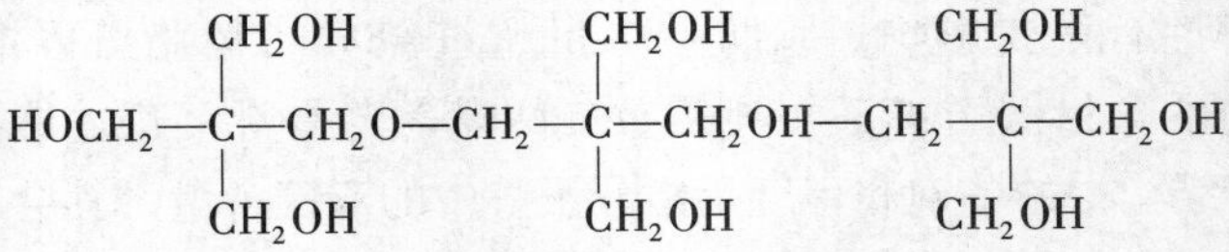
二缩三季戊四醇

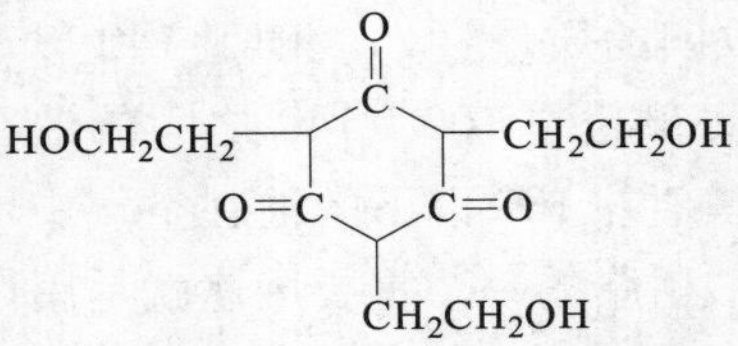
三(2－羟乙基)异氰尿酸酯

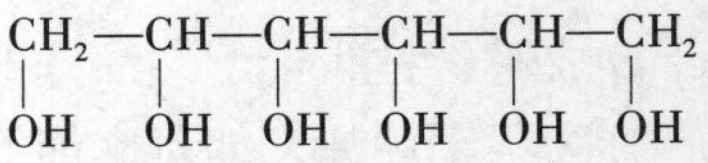
山梨醇

2）酸（酐）类原材料。

用于制备醇酸树脂的酸类原材料主要有芳香酸、脂肪酸和高级脂肪酸等。芳香酸中苯酐最常用，其次还有间苯二甲酸、对苯二甲酸、偏苯三甲酸、萘二酸等。脂肪酸多采用己二酸，其次还有壬二酸、癸二酸等。高级脂肪酸多来自天然油类，包括饱和脂肪酸和不饱和脂肪酸两类，常见的饱和脂肪酸有月桂酸、豆蔻酸、软脂酸、硬脂酸等；常见的不饱和脂肪酸有油酸、亚油酸、亚麻酸、桐油酸、蓖麻油酸等。一些酸类原材料的结构如下：

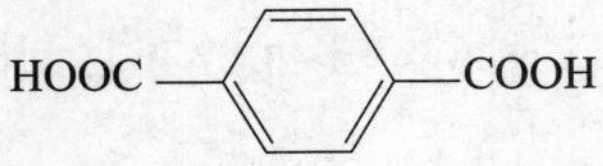
对苯二甲酸

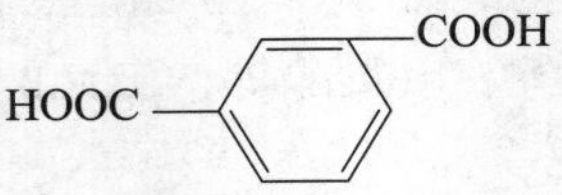
间苯二甲酸

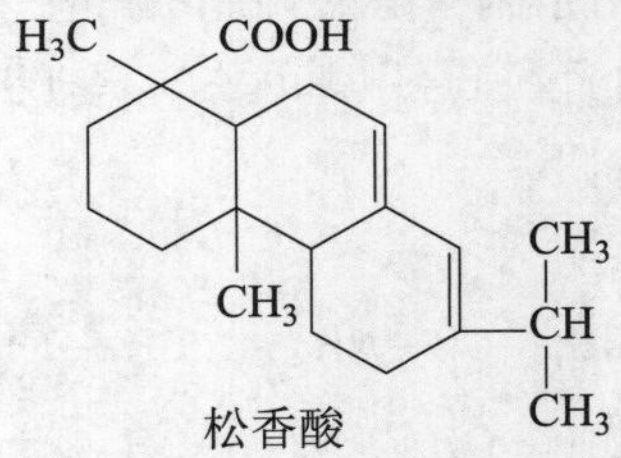
松香酸

$HOOC-CH_2CH_2CH_2CH_2-COOH$

己二酸

$HOOC-CH_2CH_2CH_2CH_2CH_2CH_2CH_2CH_2-COOH$

癸二酸

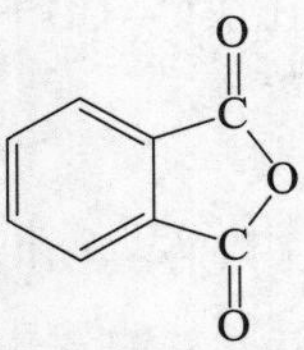
邻苯二甲酸酐

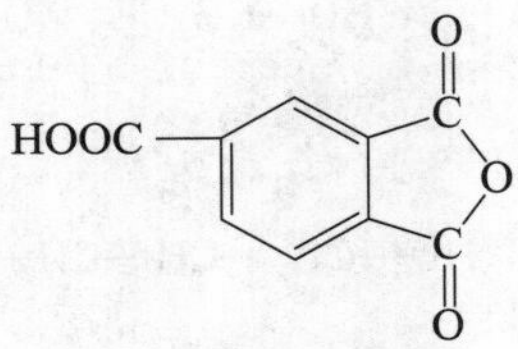
偏苯三酸酐

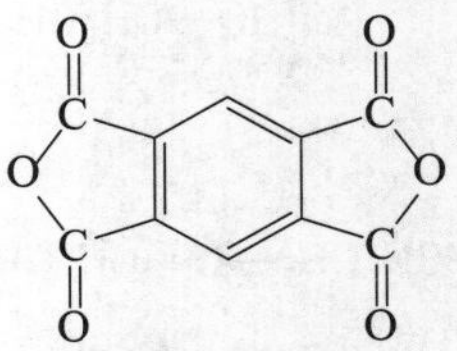
均苯四甲酸二酐

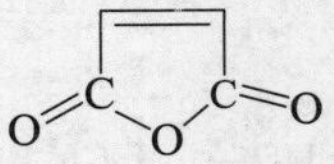
顺丁烯二酸酐

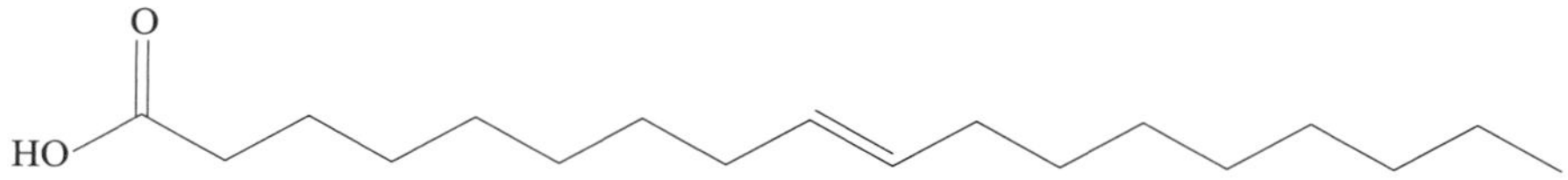

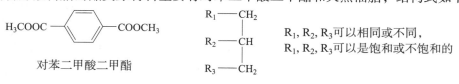

油酸（十八碳烯-9-酸）

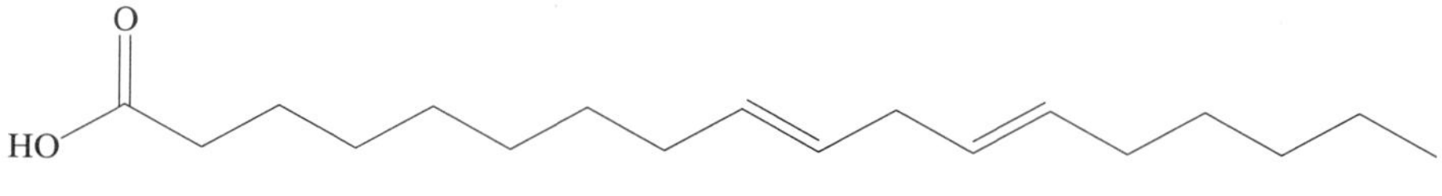

亚油酸（十八碳二烯-9，12-酸）

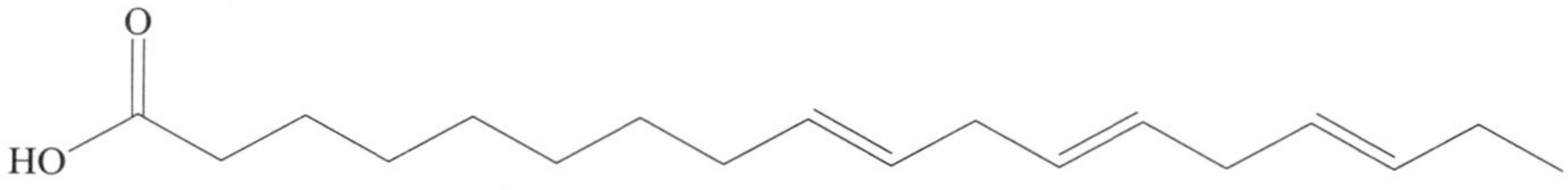

亚麻酸（十八碳三烯-9，12，15-酸）

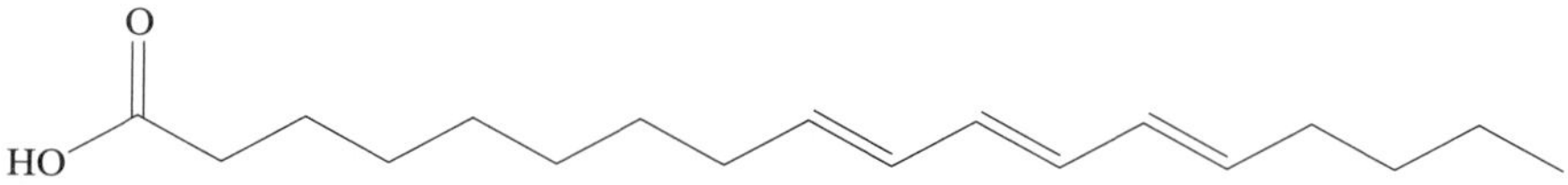

桐油酸（十八碳三烯-9，11，13-酸）

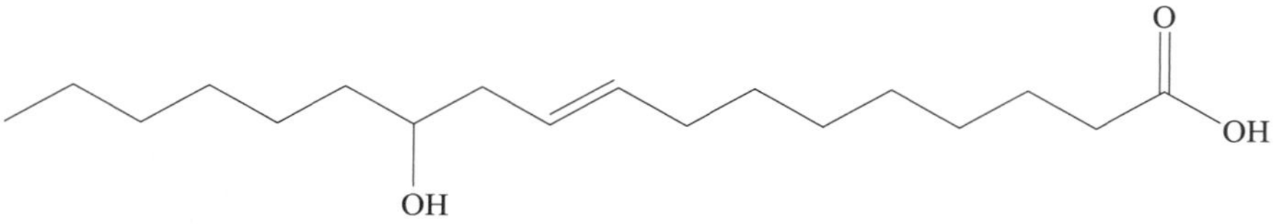

蓖麻油酸（12-羟基十八碳烯-9-酸）

3）酯类原材料。

制备醇酸树脂的酯类原材料主要有对苯二甲酸二甲酯和天然油脂，结构式如下：

H_3COOC——⬡——$COOCH_3$

对苯二甲酸二甲酯

R_1—CH_2
R_2—CH
R_3—CH_2

R_1，R_2，R_3可以相同或不同，
R_1，R_2，R_3可以是饱和或不饱和的

高级脂肪酸甘油酯

（2）醇酸树脂的合成工艺过程。

醇酸树脂的合成工艺主要技术途径有真空熔融法、载气熔融法和共沸蒸馏法三种。真空熔融法是将反应原料熔融进行初步反应，逐步蒸出生成的水。然后提高反应温度，并施加真空将反应过程中生成的水、少量挥发性副产物及未反应的低沸点原料抽出。可以通入氮气进行保护以防产品变色。载气熔融法是采用惰性气体鼓泡的方法除去反应体系中生成的水。此法反应时间较真空熔融法稍短。但低沸点组分的损失较多，在投料时要事先考虑。共沸蒸馏法是采用共沸夹带剂，在共沸的反应条件下将生成的水随夹带剂一同蒸出、冷凝，在分水器中进行油水分离，排出副产物水的方法。缩聚结束后，残留夹带剂经减压除去。本方法可在常压和较低的温度下进行，反应条件温和，反应时间缩短。下面以无油醇酸树脂（聚酯多元醇）为例说明其共沸蒸馏法合成工艺过程。工艺流程主要包括酯化缩聚、共沸蒸馏缩聚、兑稀及出料等。图 6-16 所示为醇酸树脂合成工艺流程。

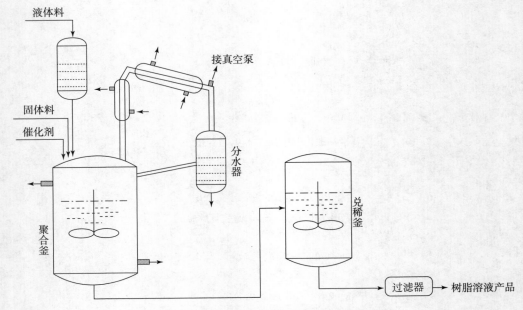

图 6 – 16 醇酸树脂的合成工艺流程

1）酯化缩聚工段。

一次性将多元酸、多元醇加入反应釜中，通入惰性气体保护，并开始加热。为避免损坏搅拌电机，启动搅拌时一定要小心试探，且要等到物料大多已经熔化时方可开启。当物料全部熔化时，从反应釜上方加料孔加入催化剂，以便提高催化剂的利用率，提高催化效果。此时反应釜内物料温度约为 120 ℃，发生醇酸酯化反应，生成低分子量的酯化产物和低分子副产物水，体系物料黏度很小。逐渐升温至 200～230 ℃，酯化反应速率加快，反应程度加深，物料黏度逐渐增加，开始有低分子量缩聚物产生。当缩聚到一定程度时，低分子副产物水逸出困难，缩聚速率明显下降。采用逐渐升温的工艺模式，主要是考虑到物料中有一部分低沸点、易挥发的物料，还有易升华的物料，采用逐渐升温的工艺，可以在较低温度下让这些易逸失的物料先反应掉一部分，避免物料的逸失及管道堵塞等不良情况出现。醇酸酯化、缩聚反应可逆平衡常数较小，需要及时排出副产物水，才可能提高酯化及缩聚反应的程度。

2）共沸蒸馏缩聚工段。

从分水器的加料口加入二甲苯，控制物料温度在 230 ℃，进行共沸回流，带出副产物水，促进缩聚反应。当缩聚反应达到终点时，启动真空，逐步减压，抽出体系中的二甲苯和挥发性物质。二甲苯等与水不相溶的溶剂，称为带水剂。其有助于缩聚脱水、调节物料温度、加速缩聚速率、有效排除空气、减少原料升华的逸失。带水剂的作用原理就是在达到其与水的共沸温度时，带水剂便夹带生成的水蒸气一同蒸出，经冷凝后在分水器中分离，带水剂通过溢流管回到反应釜中，继续共沸回流带水。此法制得的醇酸树脂的收率高，颜色浅，分子量分布均匀。

3）兑稀及出料工段。

通过高位槽缓慢加入计量好的溶剂，边搅拌边溶解。溶剂加完后，进行搅拌一段时间。然后采用过滤机过滤，滤去不溶性杂质。取样检测，分装。达到缩聚终点的物料如果是黏度较高的熔体，冷却后就会凝结成黏性固体。为了便于醇酸树脂的使用，必须将缩聚结束得到的熔体加溶剂溶解，配制成一定黏度的醇酸树脂溶液，这个过程称为兑稀。兑稀采用的溶剂因醇酸树脂的结构而定，芳香酸含量高需采用酰胺类溶剂、酚类溶剂、双酯类及酮类溶剂等；若脂肪酸含量高，则可以采用二甲苯等芳烃类溶剂。

（3）影响因素。

1）温度。

升高温度会加快醇酸酯化及缩聚反应速率。但是太高的温度下副反应会增多，主要有多元醇之间的醚化反应，多元酸单体的脱羧反应，形成的羟基酸首尾相连的环化反应，甘油与苯酐之间的成环反应，苯酐的反酯化副反应，分子链之间的醇解、酸解反应等；这些反应的存在导致产物的结构、分子量及其分布发生改变，甚至反应后期凝胶点会提前或推后到来，从根本上影响了产物的性能和质量；结果树脂外观颜色加深，不溶性凝胶物增多。因此，缩聚反应温度必须严格控制在一定的范围，一般控制在 200～230 ℃为宜。

2）缩聚终点。

合理控制醇酸树脂缩聚终点对产品质量有着重要影响。终点提前，则缩聚程度偏低，醇酸树脂分子量偏低。终点延后，则容易出现较多不溶性凝胶物，导致产品质量下降，甚至整个反应体系发生凝胶而出现生产事故。工业上，常采用酸值及黏度来控制缩聚终点。醇酸树脂的酸值就是中和 1 g 醇酸树脂固体样品所需的氢氧化钾的质量（mg）。醇酸树脂的酸值一般采用标准浓度的氢氧化钾的乙醇溶液滴定测定。醇酸树脂的酸值越小，缩聚反应程度越深，产物的分子量越大。

醇酸树脂的熔体黏度或溶解在适当溶剂中溶液的黏度越大，说明分子量越大，进而说明缩聚反应程度越深。醇酸树脂的酸值与黏度之间存在确定的关系，如图 6 - 17 所示。

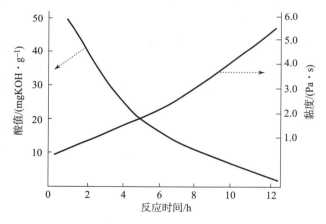

图 6 - 17　醇酸树脂的酸值及黏度变化曲线

（4）醇酸树脂的固化。

1）自交联固化。

在醇酸树脂合成阶段只能让反应程度停留在凝胶点前的 A 或 B 阶段，而在固化成型加工或施工应用阶段，可以进一步缩聚到 C 阶段，形成三维的立体交联网络。醇酸树脂可以通过没有反应完的羧基和羟基继续酯化，也可通过发生酯交换反应，逸出低分子醇而发生自交联的固化反应。自固化交联需要的条件较为苛刻，在实际应用中不常见。

2）氧化交联固化。

采用不饱和高级脂肪酸或不饱和高级脂肪酸油脂为主要原料合成的醇酸树脂，分子链上含有较多共轭不饱和双键结构，容易被空气中的氧气氧化，产生自由基活性交联点，形成三维交联的立体网络结构。

3）引入烯类单体交联固化。

通过加入苯乙烯、甲基丙烯酸甲酯等烯类单体，在自由基引发剂作用下，可引发不饱和醇酸树脂分子链上双键生成自由基活性中心，进一步和烯类单体链增长，通过自由基双基终止，形成交联结构。

4）与异氰酸酯交联固化。

大多醇酸树脂分子链末端含有活性羟基，其与异氰酸酯基团能快速反应生成氨基甲酸酯结构，而形成三维交联的网络结构。实际应用上，是将异氰酸酯进行封闭保护，在加工条件下，脱去封闭剂释放活性异氰酸酯基团，和醇酸树脂的羟基发生反应，达到交联固化的工艺目的。

5）与甲醛系列树脂交联固化。

氨基树脂、脲醛树脂、酚醛树脂等甲醛系列树脂的分子链末端均含有羟甲基或羟甲基醚的活性基团，可与醇酸树脂的链末端活性羟基反应，形成三维交联的网络结构。工业上常常将各种甲醛系列的树脂与醇酸树脂共混，调节组分和比例，得到结构与性能多样化的交联网络结构。

2. 溶液体型缩聚制备酚醛树脂及固化工艺

酚醛树脂是一类由酚类单体和醛类单体经缩聚反应生成的缩聚物。为了能形成体形结构的高聚物，反应体系单体平均官能度应大于2。酚醛树脂中最常见的就是苯酚甲醛树脂，苯酚为三官能度的单体，甲醛为二官能度的单体。苯酚与甲醛的缩聚反应可以在酸性或碱性条件下进行，合成的酚醛树脂称为酸法树脂（novolac resins）或碱法树脂（resols resins）。生成的树脂结构有差别，用途也随之不同。

体型缩聚原理及
合成工艺（二）

酸性条件下，水溶液中甲醛可以生成亚甲基二醇，亚甲基二醇与氢质子加成后生成活性较高的中间体，其可与苯酚的邻、对位氢原子发生脱水反应而生成不稳定的羟甲基阳离子，进一步与苯酚的邻、对位氢原子缩合生成二羟苯基甲烷，反应式为

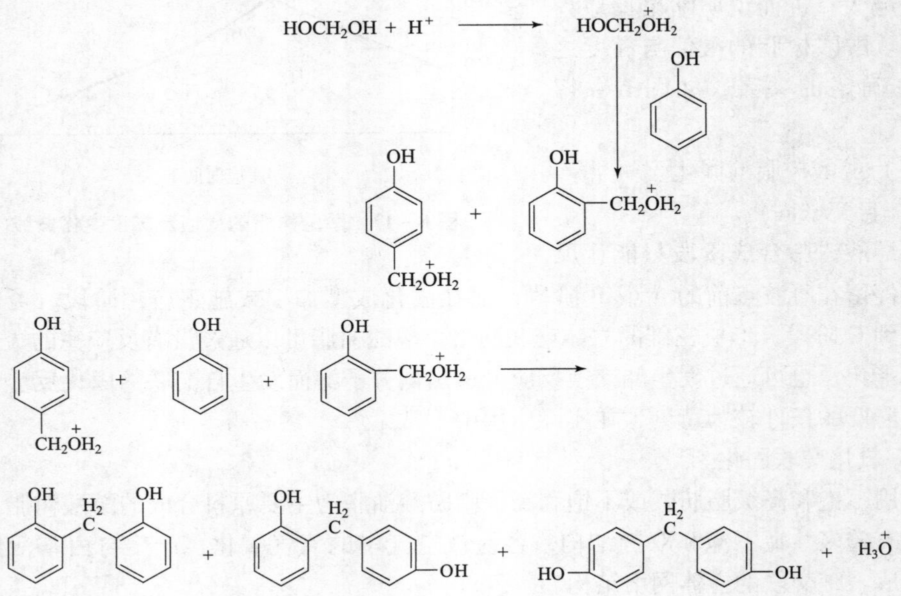

$$HOCH_2OH + H^+ \longrightarrow HOCH_2^+OH_2$$

　　生成的二羟苯基甲烷可继续与羟甲基阳离子反应得到酸法酚醛树脂。工业生产酸法酚醛树脂时，甲醛与苯酚用量控制在（0.5~0.8）:1。数均分子量在 500~5 000，玻璃化温度为 40~70 ℃，2，4 - 结构占 50%~75%。数均分子量小于 1 000，产物主要为线形结构；数均分子量大于 1 000 则含有支链。

　　酸法酚醛树脂结构中没有可发生进一步缩聚反应的活性基团，是一种热塑性树脂，可反复受热熔化。加入固化剂才能生成体形结构。

　　碱性条件下，苯酚与碱性物质反应生成酚氧负离子，酚氧负离子的离域化作用而使邻位、对位离子化，然后与甲醛的羰基进行加成生成羟甲基结构。一价钠、钾阳离子和较高 pH 值有利于发生对位反应，而二价钡、钙、镁阳离子和较低的 pH 值则有利于邻位反应。

　　当苯酚在碱性条件下与甲醛反应生成一羟甲基苯酚后，可继续与甲醛反应生成二羟甲基苯酚和三羟甲基苯酚，且生成二羟甲基苯酚和三羟甲基苯酚的反应速率高于生成一羟甲基苯酚的反应速率。因此，在碱法酚醛树脂的合成过程中，甲醛用量比较多，即使甲醛过量到甲醛与苯酚的摩尔比为 3:1，碱法酚醛树脂中仍还有游离的苯酚。碱性条件下的酚醛反应式为

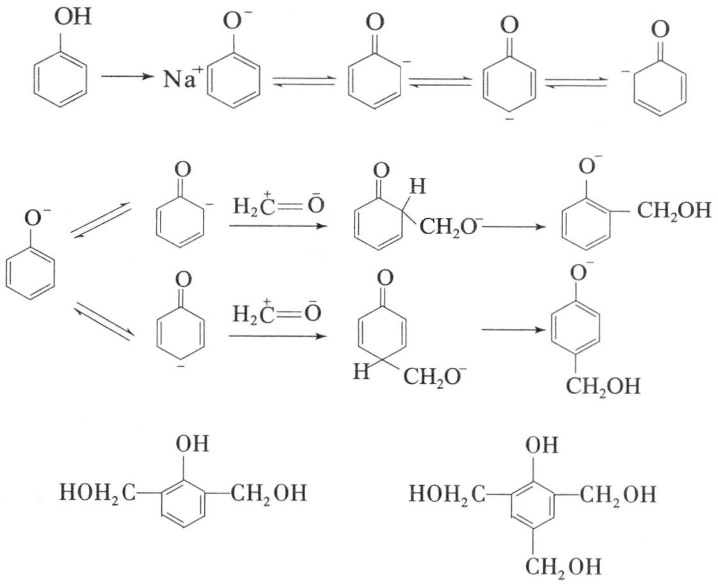

　　当温度超过 40 ℃后，羟甲基基团相互反应缩去一个水分子，生成亚甲基醚基团，亚甲基醚基团进一步脱去一个甲醛，生成稳定的亚甲基基团，如

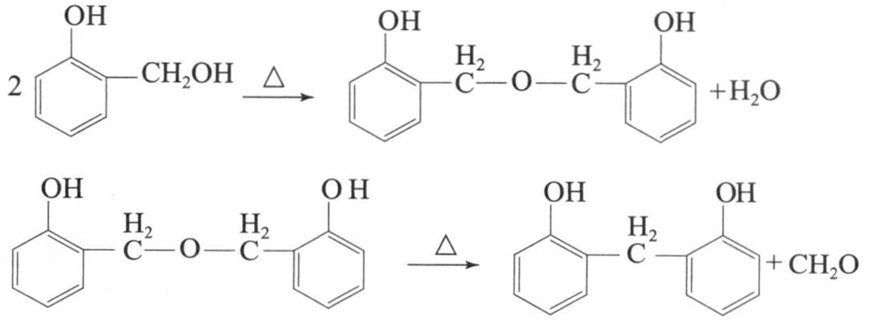

羟甲基基团还可以与苯酚的邻位、对位活泼氢原子反应，缩去一个水分子生成亚甲基结构。

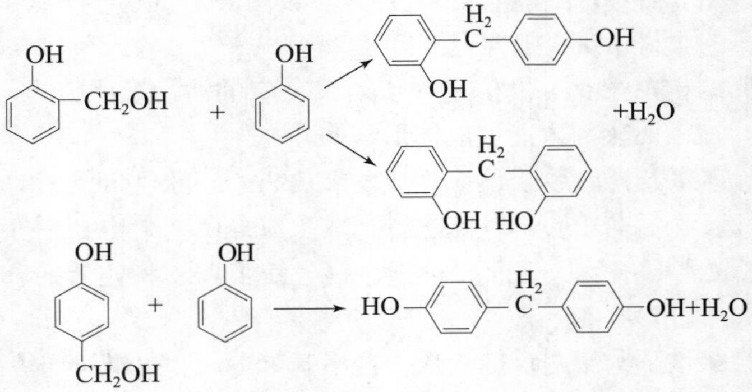

碱法酚醛树脂的甲醛与苯酚的摩尔比一般为（1.2~3.0）:1。碱法酚醛树脂的分子结构中主要含有亚甲基、二亚甲基醚和羟甲基三种基团。后两种基团受热后可进一步缩去小分子生成亚甲基结构。

碱性条件下，苯酚、甲醛总的反应过程可分为两步，即甲醛与苯酚的加成反应和羟甲基化合物的缩聚反应，酚醛树脂处于体型缩聚的 A 阶段产物，可溶于乙醇。由于分子链上含有可进一步反应的羟甲基和亚甲基醚基团，受热可固化为 C 阶段的体形结构的酚醛树脂。

酚醛树脂的应用价值高，酚醛树脂具有较好的耐热性、难燃性、耐腐蚀性、力学性能、电性能和尺寸稳定性、价格低廉等突出优点，被广泛应用于机械、电子、交通运输、航空、航天、国防等行业或部门。酚醛树脂主要用来生成酚醛压塑粉、层压制品、胶黏剂、涂料、纤维等。

（1）合成酚醛树脂的主要原材料。

1）酚类单体。

制备酚醛树脂的酚类单体主要是苯酚。苯酚的凝固点为 40.9 ℃，沸点为 182.2 ℃，闪点为 79 ℃，相对密度为 1.055，爆炸极限为 2%~10%（体积分数）。纯苯酚为无色针状或白色晶体，苯酚在空气中受光的作用逐渐氧化成浅红色，若有少量氨、铜、铁存在时则会加速其变色过程。苯酚具有弱酸性，能溶于氢氧化钠的溶液生成盐。苯酚与卤代烷作用生成醚，与酰氯或酸酐作用生成酯。苯酚具有强烈的腐蚀性。

苯酚分子结构中的邻、对位的 3 个氢原子均能与甲醛发生反应，因此在合成酚醛树脂时，苯酚是 3 官能度单体，可以与甲醛反应形成体形结构。当苯酚分子结构中的 3 个氢原子的一个被其他基团取代，官能度为 2，则只能形成线形结构的酚醛树脂。为了调整酚醛树脂的结构与性能，可以采用不同结构的取代苯酚。工业上制备酚醛树脂的其他酚类单体有甲酚、二甲酚、对叔丁基苯酚、间苯二酚、对苯基苯酚、双酚 A 等。

2）醛类单体。

制备酚醛树脂的醛类单体主要是甲醛。甲醛室温下是无色气体，有毒，沸点为 −19 ℃，凝固点为 −118 ℃。纯甲醛与水互溶，工业上一般多采用质量分数为 37%~55% 的甲醛水溶液。甲醛水溶液是一种无色、有刺激性气味的透明液体。由于纯甲醛在常温以下易发生自聚合，甲醛水溶液是一种甲醛自聚物的混合物，主要含有甲基二醇、聚氧亚甲基二醇等，游离的甲醛反而很少，低于 0.1% 。通常甲醛水溶液中含有不超过 12% 的甲醇。甲醇一定程度上可以抑制甲醛的进一步聚合。含有一定量甲醇的甲醛水溶液可以在较低温度下储存，而不会出现沉淀。甲醛水溶液有腐蚀性，遇铜、铁、镍、锌易变色，储藏应使用铝或不锈钢、玻璃、陶瓷等容器，也可用耐酸砖和水泥涂沥青槽来储存。在冬季应注意储存温度不低于 5 ℃，否则易析出聚甲醛。

固体甲醛也称多聚甲醛，是甲醛存在的另一主要形式。主要成分就是不同聚合度聚氧亚甲基二醇的混合物。多聚甲醛为无色结晶固体，具有甲醛的气味，熔点随聚合度增大而升高，熔点范围为 120 ~ 170 ℃，闪点为 71 ℃。常温下，多聚甲醛会缓慢分解为气态甲醛，加热条件下分解速率加快。多聚甲醛在 10 ℃ 以下可以稳定储存。多聚甲醛的主要用途是代替甲醛水溶液，用于制造低含水量或反应性能好的酚醛树脂、脲醛树脂、氨基树脂等。

除甲醛外，应用较多的是糠醛。但是，糠醛仅适用制备碱法酚醛树脂，因为糠醛在酸性条件下易发生自缩聚反应而生成糠醛树脂。

（2）酚醛树脂的合成工艺。

制备酚醛树脂主要采用间歇合成工艺。由于用途和工艺不同，产品的形态有所不同。用来制备模塑粉时树脂最好为脆性固体形态。用来制备层压板，以及浸渍加工或用于涂料时，则要求树脂形态为液态，或其醇溶液、水溶液及水分散液等。酚醛树脂间歇法生产流程如图 6 - 18 所示。

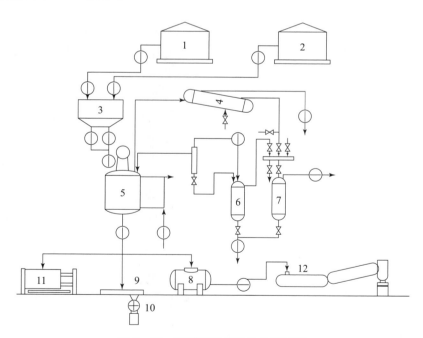

图 6 - 18　酚醛树脂间歇法生产流程

1—苯酚储罐；2—甲醛储罐；3—计量槽；4—冷凝器；5—反应釜；6—冷凝液储罐；7—真空罐；
8—树脂接收罐；9—树脂接收器；10—碾碎机；11—冷却用移动盘；12—冷却输送带

生产固态酚醛树脂时，苯酚、甲醛水溶液分别经计量后加入反应釜中，开动搅拌，加入催化剂，然后根据需要调整 pH 值。

生产酸法树脂时，用 HCl 将反应体系的 pH 值调节到 $1.9 \sim 2.3$，逐渐加热升温到 85 ℃后停止加热。由于反应是放热反应，体系自动升温至 $95 \sim 100$ ℃后开始回流。缩聚程度达到要求后，减压脱水并脱除未反应的苯酚。当所得树脂熔点达到要求后，熔融的树脂经冷却后粉碎包装。

生产碱法树脂时，甲醛用量超过苯酚（摩尔量）。但为便于控制反应，甲醛与苯酚摩尔比可稍低于 1。催化剂采用 NaOH 时用量为 1%~5%，采用 $Ba(OH)_2$时为 3%~6%，采用六亚甲基四胺时则为 6%~12%，反应温度控制在 $80 \sim 95$ ℃。生产固体树脂时，应迅速真空脱水。通常取样测定其热固化时间来判断缩聚程度和反应终点，产品树脂应处于 A 阶段状态。热固化时间的测定就是将样品置于一定温度（$150 \sim 200$ ℃）的加热板上，测定其凝胶化的时间（$90 \sim 130$ s）。A 阶段的缩聚程度也可以采用测定样品的滴落温度来控制。滴落温度的测定就是在滴落温度测试仪中，测定一定升温速率下第一滴样品滴落时的温度（$90 \sim 130$ ℃）。

为了便于进一步加工应用，碱法树脂生产过程中，当浓缩到含固量为 50% 左右时，加入聚乙烯醇或阿拉伯胶作为保护胶，搅拌下使酚醛树脂形成直径为 $20 \sim 80$ μm 的颗粒，经过滤、干燥得到粉状树脂；也可将已完成缩聚反应的酸法树脂加入水中，必要时加入助溶剂乙醇、乙二醇醚等和适量分散剂，加热使树脂熔化后强力搅拌为分散状态，冷却后分离干燥。

（3）酚醛树脂模塑粉的制备。

模塑粉是指以具有反应活性的低聚物为基本材料，添加粉状填料、着色剂、润滑剂、固化剂等组分，经混合、干燥、粉碎等工艺过程制得的供模压成型制造热固性塑料制品的粉状高分子材料。制造酚醛树脂模塑粉的工艺有干法和湿法两种。

干法是以固体热塑性酚醛树脂为基材，加入固化剂、填料等在干态下进行生产。例如，酸法酚醛树脂模塑粉的工艺，就是前述酸法制得的熔融状酚醛树脂冷却后为琥珀状脆性固体，经粉碎机粉碎成粉末；加入颜料、填料、固化剂等，用混合机混合 1 h，再用热辊压成片，冷却粉碎、过筛、磁选，得到酚醛模塑粉。在热辊压片中线形甲阶段酚醛树脂转变为支化及少量交联的 B 阶段酚醛树脂。

湿法是以热固性酚醛树脂溶液为基材，与各种填料等混合在湿态下进行生产。其基本工艺过程包括各种组分的混合，真空干燥，除去溶剂和水分，然后研磨，制得酚醛树脂模塑粉。

3. 氨基树脂体型缩聚制备及固化工艺

以含有多个氨基官能团的化合物与醛类缩合得到的含有多个羟甲基活性基团的低聚物或其衍生物称为氨基树脂。最重要的氨基树脂是脲甲醛树脂、三聚氰胺－甲醛树脂。这类树脂经加工可制得粉状产品、玻璃纤维增强产品等。氨基树脂外观无色透明、着色性好、无毒、耐热、不熔不溶、难燃、可自熄、绝缘、耐电弧、耐腐蚀。胶黏剂、涂料、塑料是其产品的主要形态，主要应用于日用品、电器配件、绝缘配件等商品的制造。

（1）合成氨基树脂的主要原材料。

醛类原料主要是甲醛，以甲醛水溶液最为重要，很少使用其他醛类化合物。氨基化合物以尿素最为重要，其次主要是三聚氰胺及其衍生物等。尿素，简称脲，是一种白色结晶物或小球状颗粒，作为化学肥料被大量生产，但需要注意的是其含有的铵盐杂质，能促进氨基树脂过早固化。另外制备氨基树脂时，如采用颗粒状尿素，而在颗粒表面形成不溶解的缩聚物，而影响氨基树脂溶液的透明性。三聚氰胺为白色粉状物，受热时可升华。选用时原料避免有色杂质，否则会影响氨基树脂所要求的无色透明性。尿素、三聚氰胺及其衍生物的结构式如下：

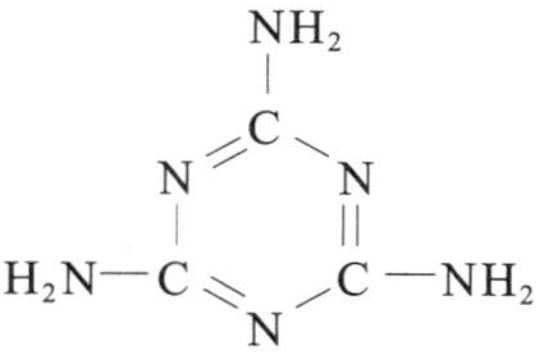

三聚氰胺

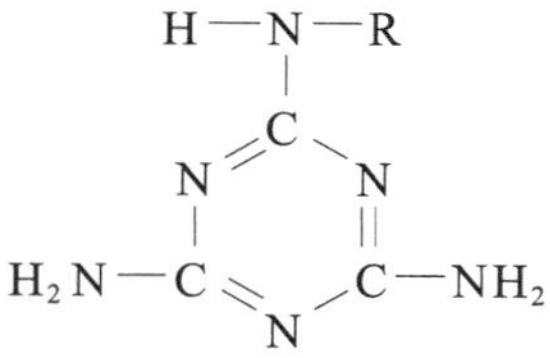

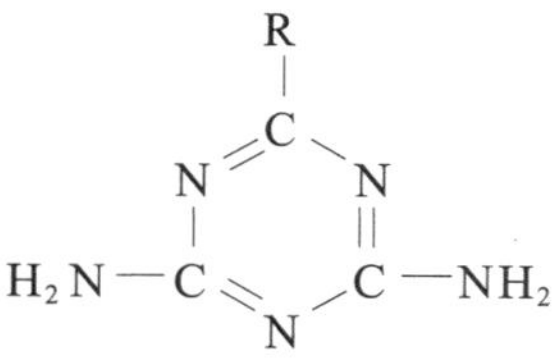

烃基三聚氰胺
R=H,CH₃,C₄H₉,C₆H₁₁,C₆H₅

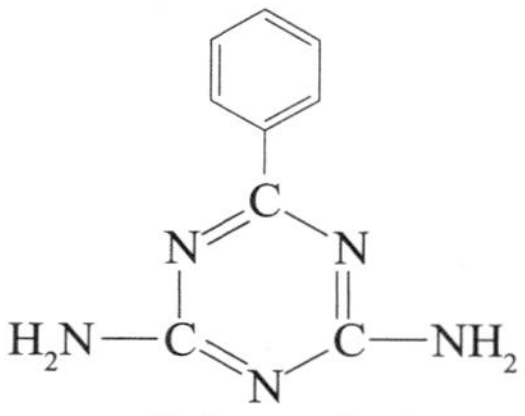

苯代三聚氰胺

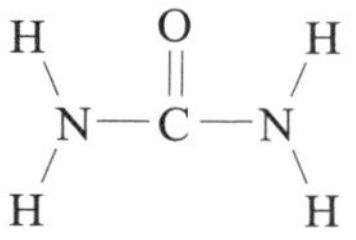

尿素

另外，氨基树脂作为涂料时，必须加入改性剂丁醇等。

（2）氨基树脂的合成原理。

甲醛与氨基化合物合成氨基树脂的过程分为羟甲基化反应与缩合反应两步。羟甲基化反应过程中也不可避免地发生一定的缩合反应。

1）羟甲基化反应。

羟甲基化反应本质上是氨基活泼氢与甲醛羰基发生的亲核加成反应。反应机理如下：

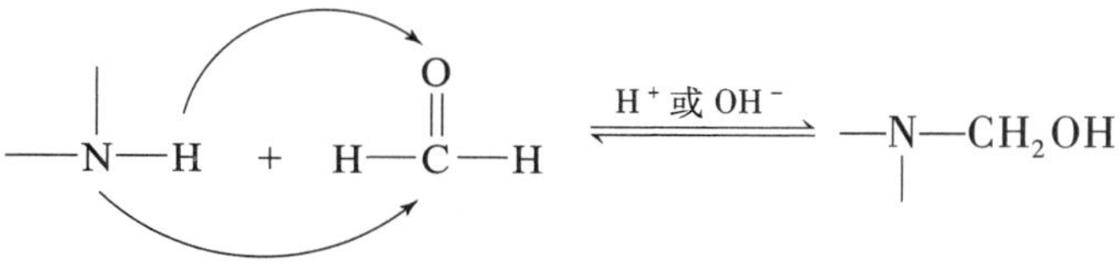

羟甲基化反应是可逆的放热反应，但热焓值较低。该反应在酸性或碱性条件下均可发生，其中碱性条件下反应较快，生产中常控制在碱性或弱酸性条件下进行。羟甲基化过程中可以生成多个羟甲基结构。例如，尿素与甲醛反应的主要产物是一羟甲基脲、二羟甲基脲，进一步反应也可生成三羟甲基脲，但难以生成四羟甲基脲。

三聚氰胺与甲醛水溶液反应可以生成最多含有 6 个羟甲基的衍生物，如三聚氰胺氨基上第一个活泼氢优先反应，生成三羟甲基三聚氰胺，当甲醛充分过量时，三聚氰胺分子中的 6 个活泼氢能全部反应掉，生成六羟甲基三聚氰胺，如

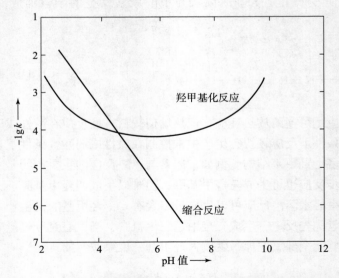

2）缩合反应。

在酸性条件下，羟甲基之间、羟甲基与氨基活泼氢之间均能发生缩合反应形成亚甲基及二甲醚结构。反应主要有两种：一是羟甲基与氨基氢脱水缩合成亚甲基；二是羟甲基与羟甲基之间脱水缩合生成二甲醚键，然后进一步脱去一个分子甲醛成为亚甲基，如

$$—CH_2OH + HN = \longrightarrow —CH_2N = H_2O$$
$$—CH_2OH + HOCH_2— \longrightarrow —CH_2OCH_2 + H_2O$$
$$—CH_2OCH_2— \longrightarrow —\overset{H_2}{C}— + HCHO$$

缩聚反应是热熔值较低的放热反应，经过缩合反应便可获得不同分子量的氨基树脂。反应溶液体系的 pH 值对羟甲基化反应、缩合反应速率有明显影响。由图 6 – 19 可见，缩合反应速率随碱性增加而降低。羟甲基化反应速率在强酸或强碱条件下都很高，体系 pH 值中性时出现最低值。工业上，脲醛树脂的合成一般在碱性或弱酸性条件下进行。

图 6 – 19　溶液的 pH 值对羟甲基化反应、缩合反应速率的影响

另外，羟甲基与过量醇在酸性条件下发生醚化反应常用来改进氨基树脂性能，增加树脂的储存稳定性，降低树脂的极性，增加树脂的有机溶剂溶解性，改善与其他树脂的相容性。

（3）氨基树脂的固化原理。

在酸性条件下或高温条件下，低聚物分子间，通过羟甲基与氨基的缩合反应、羟甲基之间的缩合反应，形成体形结构的氨基树脂。实际中常采用固化剂调节，使体系逐渐呈酸性，催化促进固化反应发生。脲醛压塑粉中常用的固化剂有硫酸锌、磷酸三甲酯、氨基磺酸铵、草酸二乙酯等。脲醛胶黏剂中常用氯化铵等。

（4）氨基树脂的制备工艺。

工业上主要采用间歇式生产氨基树脂。氨基树脂水溶液常作为产品存在形式。少数情况下可将其水溶液经喷雾干燥制得具有可熔性的粉状树脂。用作涂料时，氨基树脂需经丁醇改性制得有机溶液，溶剂为苯、二甲苯或汽油等。

下面以脲醛树脂模塑粉（电玉粉）的制备为例介绍制备过程，工艺流程如图 6 - 20 所示。间歇法主要工艺过程：在装有回流冷凝管和搅拌装置的反应器中依次加入计量过（尿素与甲醛摩尔比为 1∶1.4）的甲醛水溶液、催化剂六亚甲基四胺。然后加热使物料逐渐升温，使反应温控制在 55～60 ℃，pH 值在 8 以上，反应进行到游离甲醛含量达到规定值以后，加入草酸，冷却停止反应，得到脲醛树脂的水溶液。将脲醛树脂水溶液转移到捏合机中，加入着色剂、润滑剂等添加剂，在 55～60 ℃ 之间进行捏合促进缩合反应。捏合均匀后在 90 ℃ 左右进行干燥，产品含水量控制在 2%～3% 为宜，然后粉碎、过筛，得电玉粉。

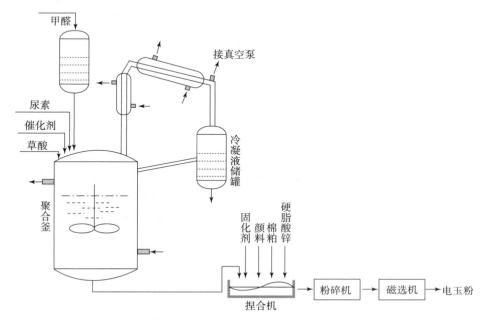

图 6 - 20　电玉粉制造工艺流程

6.3 逐步加成聚合原理及合成工艺

逐步加成聚合原理
及合成工艺（一）

逐步加成聚合制备高分子的方法，兼有加成聚合和缩合聚合两种反应的性质，既具有加成反应的产物洁净性，又具有缩合反应过程可控性好的优势。虽然工业生产的逐步加成聚合物品种不多，但该类合成工艺方法具有很好的应用价值。

6.3.1 逐步加成聚合反应原理

某些单体分子的官能团之间按逐步反应的机理通过相互加成而形成高聚物的反应称为逐步加成聚合反应（step-growth-addition-polymerization）。相应的产物为逐步加成聚合物。逐步加成聚合反应具有的特征是不生成小分子副产物，产物分子量随聚合时间逐步增加，聚合物结构类似缩聚物。典型的逐步加成聚合反应如表6-5所示。

表6-5 典型的逐步加成聚合反应

反应物1	反应物2	特征基团	产物名称
二异氰酸酯	二元醇	氨基甲酸酯	聚氨酯
二异氰酸酯	二元胺	脲基	聚脲
二异氰酸酯	双环氧化物	恶唑烷酮基	聚恶唑烷酮
二硫异氰酸酯	二元胺	硫脲基	聚硫脲
二腈	二元醇	酰胺	聚酰胺
二硫醇	烯烃	硫醚键	聚硫醚
二乙烯基砜	二元醇	砜基团	聚砜
共轭二烯烃	含双键或三键化合物	环己烯结构	Diels-Alder梯形聚合物

由于存在熔融温度下热稳定性差、难以溶解于一般溶剂、加工工艺难度大等问题，表6-5所列的逐步加成产物大多未得到广泛应用。但逐步加成聚合反应是重要的高聚物合成化学反应之一，其中最主要的代表是异氰酸基团的化学反应。异氰酸基团（—N＝C＝O）是一种杂累积键，是非常活泼的反应性基团。以 R—N＝C＝O 为代表的异氰酸酯，其外层电子密度与电荷分布如下：

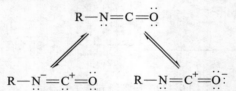

由此共振结构式可知，碳原子处于正离子的机会很大，因而异氰酸酯基团易与亲核基团反应，亲核基团所带的氢原子可与强负电荷氮原子加成。例如，异氰酸酯与醇反应

可生成氨基甲酸酯基团—NH—COO—R。

聚氨酯树脂是早已投入生产、工艺成熟，产品形态多样、用途广泛的一大类逐步加成聚合物。本章将以聚氨酯为例说明逐步加成合成机理及其合成工艺。

6.3.2 聚氨酯及其化学反应

当官能度为 2 或 2 以上的异氰酸酯单体和官能度为 2 或 2 以上的羟基化合物发生反应时，可以在分子链上形成一种氨基甲酸酯基团的聚合物，简称聚氨酯（polyurethane）。例如，二异氰酸酯和二元醇反应生成聚氨酯的反应式：

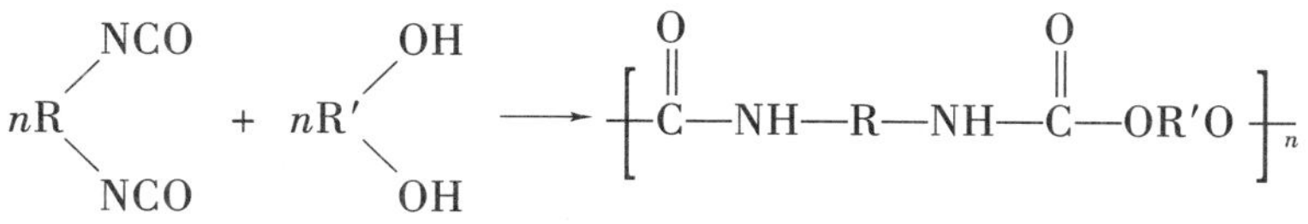

$$nR\!\!\begin{array}{c}NCO\\[6pt]NCO\end{array} + nR'\!\!\begin{array}{c}OH\\[6pt]OH\end{array} \longrightarrow \left[\begin{array}{c}O\\\|\\ C\end{array}\!-NH-R-NH-\begin{array}{c}O\\\|\\C\end{array}\!-OR'O\right]_n$$

异氰酸酯基团除能和活泼氢原子发生反应外，还能发生其他的一些反应。

（1）异氰酸酯与活泼氢化合物之间的反应。

异氰酸酯基团与水、醇、酚、胺、酸等含活泼氢的化合物能发生加成反应，称之为初级反应。它们的反应式如下，其中的 R 和 R′ 代表脂肪族或芳香族基团，而 Ar 则专指芳香族基团，如苯环等。

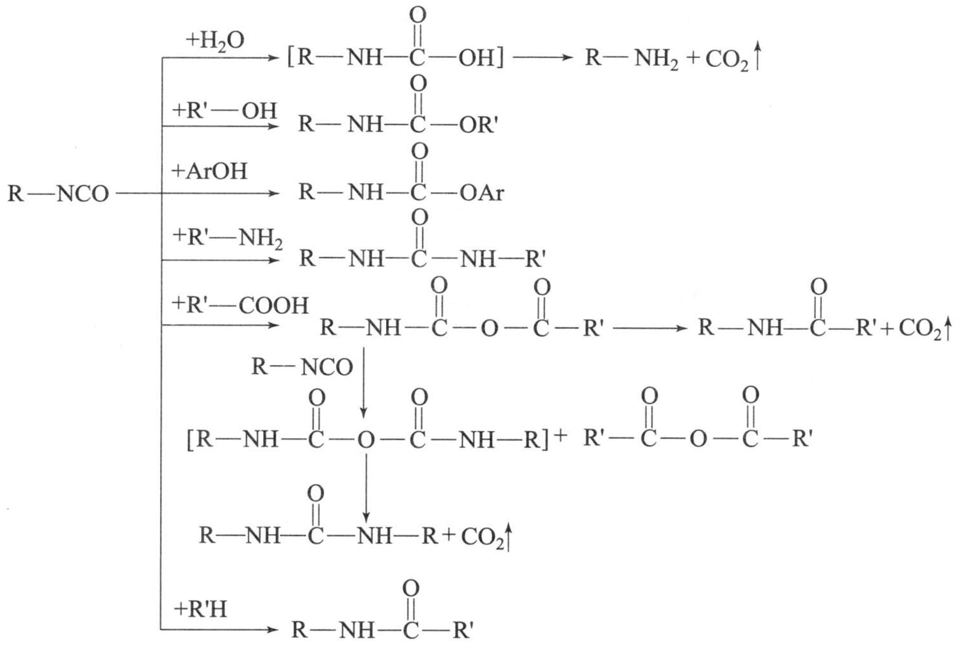

上述反应生成的产物氨基甲酸酯及脲等基团中仍含有活泼氢原子，可与过量的异氰酸酯进一步反应。这类反应活性相对较低，但在碱性及高温条件下仍可发生。它们的反应式为

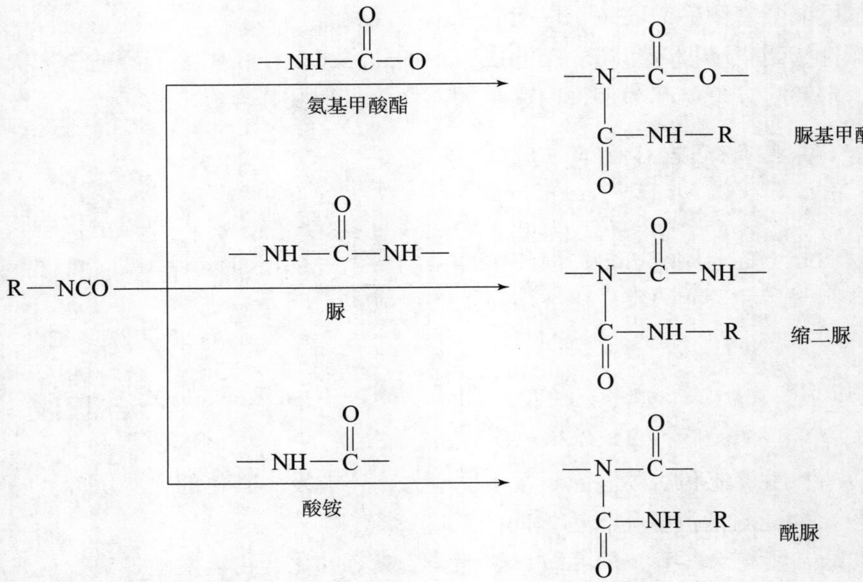

$$R\text{—}NCO + \text{—}NH\overset{\displaystyle O}{\text{—}C}\text{—}O\text{—}\ (\text{氨基甲酸酯}) \longrightarrow \text{脲基甲酸酯}$$

$$R\text{—}NCO + \text{—}NH\overset{\displaystyle O}{\text{—}C}\text{—}NH\text{—}\ (\text{脲}) \longrightarrow \text{缩二脲}$$

$$R\text{—}NCO + \text{—}NH\overset{\displaystyle O}{\text{—}C}\text{—}\ (\text{酸铵}) \longrightarrow \text{酰脲}$$

（2）异氰酸酯的自聚反应。

芳香异氰酸酯在室温下可缓慢发生二聚反应生成脲啶二酮二聚体，叔胺及磷化合物可催化加速该反应。在150 ℃及以上的高温下脲啶二酮二聚体下又会发生分解反应，释放出异氰酸酯单体：

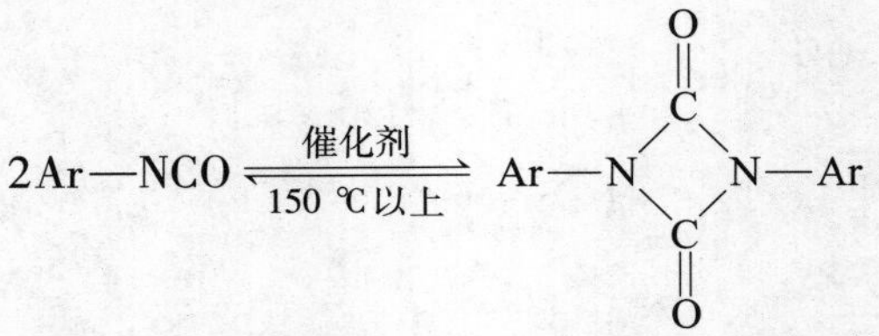

$$2\,Ar\text{—}NCO \underset{150\ ℃以上}{\overset{催化剂}{\rightleftharpoons}} Ar\text{—}N \overset{C=O}{\underset{C=O}{\Big\langle\quad\Big\rangle}} N\text{—}Ar$$

脂肪族和芳香族异氰酸酯在催化剂的作用下可发生三聚反应，生成异氰脲酸酯三聚体。叔胺、碱金属、碱土金属化合物等是有效的催化剂。异氰脲酸酯六元环在200 ℃稳定存在，分解温度在350 ℃以上。

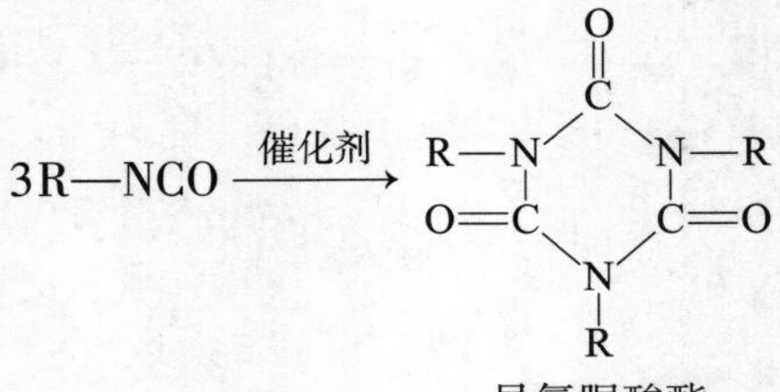

$$3R\text{—}NCO \overset{催化剂}{\longrightarrow} \text{异氰脲酸酯}$$

异氰酸酯基团在一定条件下可以发生线型缩聚反应生成聚酰胺，如：

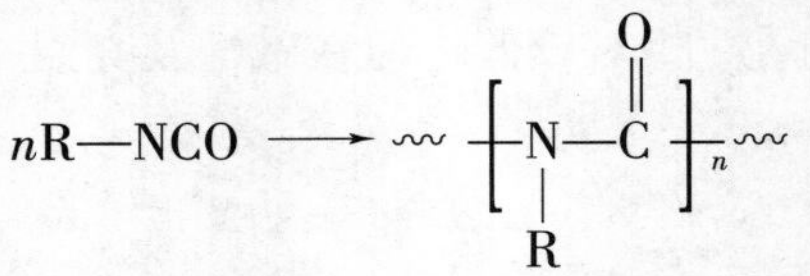

$$n\,R\text{—}NCO \longrightarrow \text{~}\Big[\!\!\begin{array}{c} O \\ \| \\ N\text{—}C \\ | \\ R \end{array}\!\!\Big]_n\text{~} \quad \text{聚酰胺}$$

此外，异氰酸酯基团在一定条件下，可生成碳化二亚胺和二氧化碳。

对于二异氰酸酯单体，可利用此反应来制备聚碳化二亚胺。

$$2R-NCO \xrightarrow[\text{或催化剂}]{\text{高温}} R-N=C=N-R + CO_2 \uparrow$$

$$\text{碳化二亚胺}$$

6.3.3　合成聚氨酯的主要原材料

聚氨酯的合成原料主要有多异氰酸酯、多元醇、扩链剂、催化剂及各种助剂等。

1. 异氰酸酯

异氰酸酯是异氰酸（$O=C=NH$）的取代衍生物（$O=C=NR$）。用于制备聚氨酯的有机多元异氰酸酯，按异氰酸上取代基团 R 的性质可分为脂肪族及芳香族两大类。

（1）芳香族二异氰酸酯。

1）甲苯二异氰酸酯（TDI）。

甲苯二异氰酸酯（TDI）是使用最广、用量最大的一种异氰酸酯。异氰酸酯在苯环上有 2，4 - 取代和 2，6 - 取代两种结构。工业产品主要有 TDI - 100，TDI - 80 及 TDI - 65（产品代号后的数字代表 2，4 位取代物的百分比）。由于 2，4 - 位 TDI 的反应活性大于 2，6 - 位的，所以 TDI - 100 活性最大；TDI - 80 活性适中，供应最普遍；TDI - 65 活性最小，凝固点亦低，冬天无须熔化，使用方便。采用 TDI 所制得的聚氨酯制品物理性能较好，但其沸点低，蒸气压高，毒性大，是 TDI 最主要的缺点。

2）4，4′- 二苯基甲烷二异氰酸酯（MDI）。

MDI 易二聚，凝固点为 37～41 ℃，使用时需熔化。市售 MDI 有粗制级、纤维级和橡胶级三种规格的产品。粗制级 MDI 主要用于生产泡沫塑料、涂料和黏合剂。

3）多亚甲基多苯基多异氰酸酯（PAPI）。

PAPI 分子量大，蒸气压为 TDI 的 1%，毒性低。其结构式为

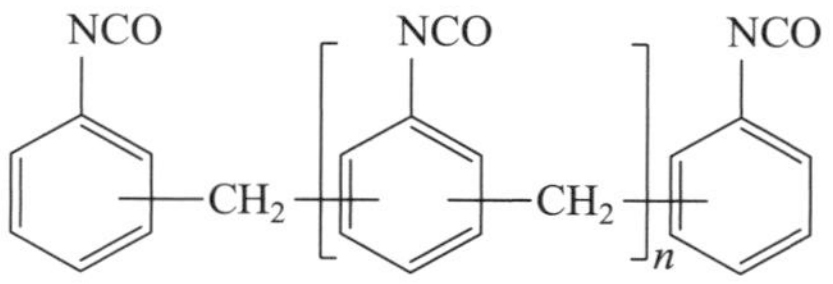

其合成反应为

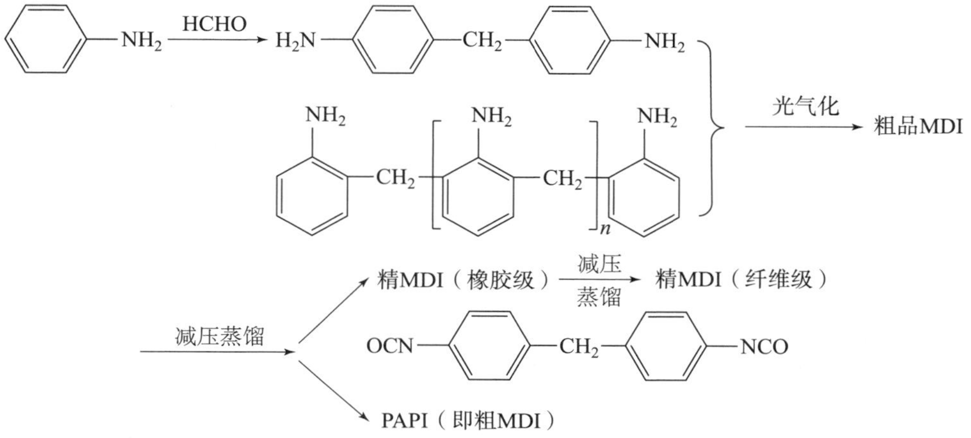

PAPI 是褐色透明状液体，实际上它是含有不同官能度的多异氰酸酯混合物，又称其为聚合 MDI 或粗品 MDI。通常要求 MDI 应占混合物总量的 50% 左右。因分子中含有较多的异氰酸酯基团，制得的聚合物交联密度较高，链段的刚性也较大。PAPI 反应活性小，主要用于制备聚氨酯硬质泡沫塑料、防水材料等制品。

4）对苯二异氰酸酯（PPDI）。

PPDI 是制备高性能浇注型和热塑性聚氨酯弹性体的重要异氰酸酯。制备的聚氨酯比传统聚氨酯具有更优异的力学性能、耐磨性、耐温性、耐溶剂性、耐水性和回弹性能。

5）间苯二亚甲基二异氰酸酯（XDI）。

XDI 分子中的亚甲基（—CH$_2$—）阻断了—NCO 基团与苯环，具有较好的光稳定性，属非黄变型异氰酸酯。XDI 主要用来制备户外用涂料、黏合剂、弹性体等非黄变型聚氨酯产品。

6）奈 – 1，5 – 二异氰酸酯（NDI）。

NDI 主要用于制造高弹性和高硬度的聚氨酯弹性体，其具有优异的动态性能和耐热耐油性能。NDI 是一种极其活泼的化合物，合成的预聚物储存稳定性不好。

（2）脂肪族二异氰酸酯。

含有芳环的异氰酸酯在光照下会变黄。脂肪族异氰酸酯制成的聚氨酯树脂具有优异的耐光学稳定性。如由六亚甲基二异氰酸酯（HDI）合成的聚氨酯，耐光、耐温、耐皂化性能均好，可直接或经改性后用于制作纤维或配制油漆和涂料。

（3）其他类型的二异氰酸酯。

1）聚合型异氰酸酯。

由二异氰酸酯衍生而得，如 TDI 与三羟甲基丙烷（TMP）生成的三聚体或 TDI 与三羟甲基丙烷（TMP）生成的三元二异氰酸酯的结构式分别为

TDI 三聚体   TDI 和 TMP 的加成物

聚合型异氰酸酯的官能度较大，可提高聚氨酯材料的支化及交联度，改善制品的性能，且化合物的毒性又小，较安全。

2）隐蔽型异氰酸酯。

因为异氰酸酯活性很大，不易储存。运输时不稳定，使用寿命较短。将多元异氧酸酯与苯酚反应，则生成氨基甲酸苯酯类化合物，即

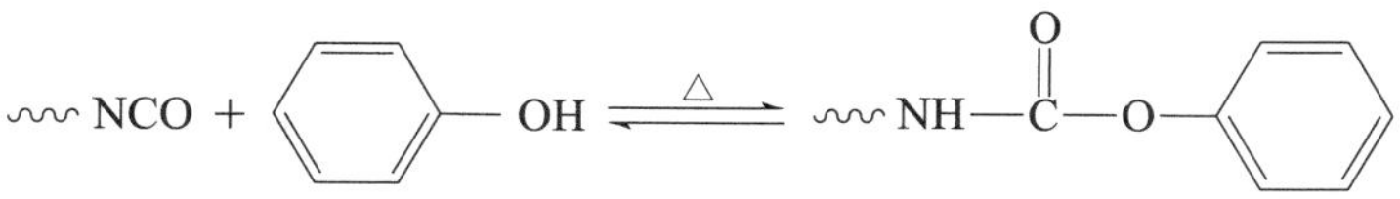

常温下它是惰性的，加热下却可释出异氰酸酯，这类化合物称为隐蔽型异氰酸酯。亚硫酸氢钠、乙酰丙酮等皆可起着类似于苯酚的作用。

3）特殊类型的异氰酸酯。

特殊类型的异氰酸酯是供特殊需要所用的，如阻燃型异氰酸酯（引入了磷或卤素原子）、液化 MDI 和大分子二异氰酸酯等。常用各种异氰酸酯的名称、结构、简称及用途参见表 6 - 6。

表 6 - 6　常用各种异氰酸酯的名称、结构、简称及用途

名称	化学结构	简称	主要用途
甲苯 - 2, 4 - 二异氰酸酯	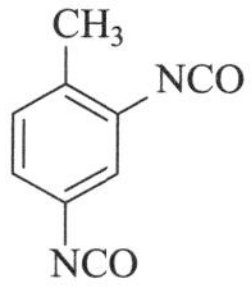	TDI - 100	黏合剂、合成革、泡沫塑料、涂料、橡胶
65/35 - 甲苯二异氰酸酯	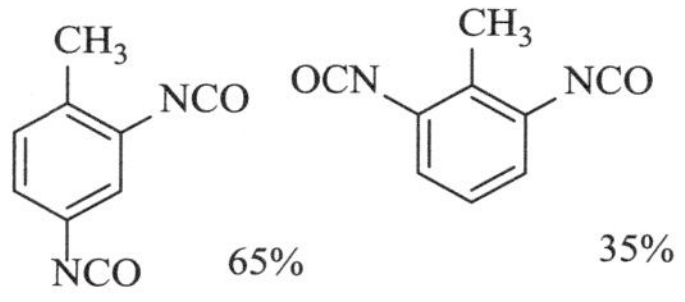	TDI - 65	黏合剂、合成革、泡沫塑料、涂料、橡胶
80/20 - 甲苯二异氰酸酯	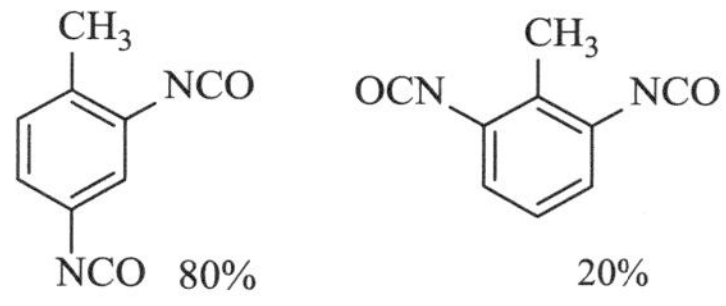	TDI - 80	黏合剂、合成革、泡沫塑料、涂料、橡胶
4, 4' - 二苯基甲烷二异氰酸酯	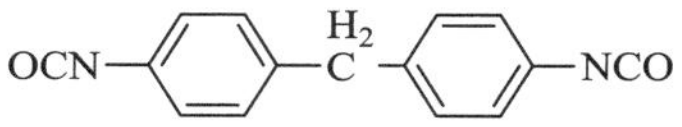	MDI	黏合剂、合成革、泡沫塑料、涂料、橡胶、纤维
己二异氰酸酯		HDI	合成革、涂料、橡胶、纤维
1, 5 - 萘二异氰酸酯	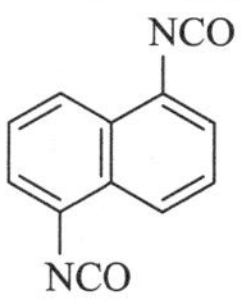	NDI	橡胶
多亚甲基多苯基多异氰酸酯	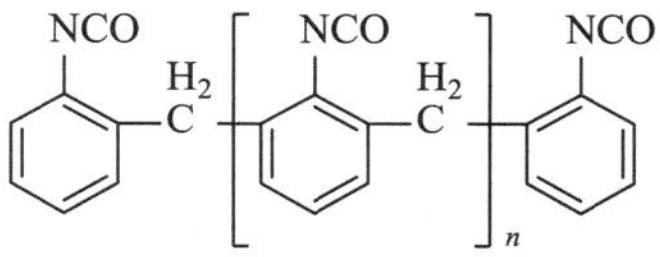	PAPI	黏合剂、泡沫塑料、涂料

名称	化学结构	简称	主要用途
3，3′-二甲氧基-4，4-联苯二异氰酸酯	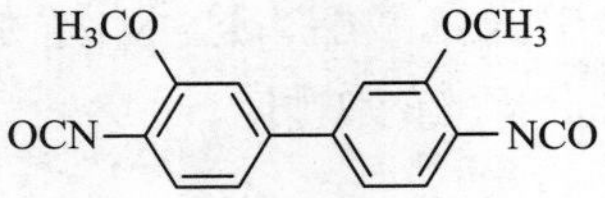 H_3CO ... OCH_3 OCN ... NCO	DADI	黏合剂、合成革、涂料、橡胶
间苯二亚甲基二异氰酸酯	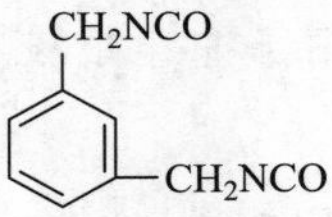 CH_2NCO CH_2NCO	XDI	黏合剂、合成革、泡沫塑料、涂料、橡胶
4，4′，4″-三苯基甲烷三异氰酸酯	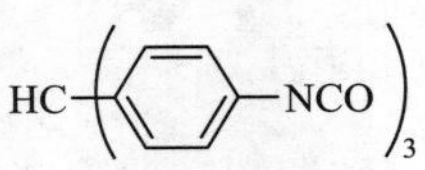 $HC(NCO)_3$	TTI	黏合剂
异佛尔酮二异氰酸酯	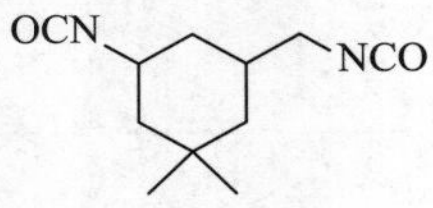 OCN ... NCO	IPDI	黏合剂、合成革、泡沫塑料、涂料、橡胶
2，6-二异氰酸酯基己酸甲酯	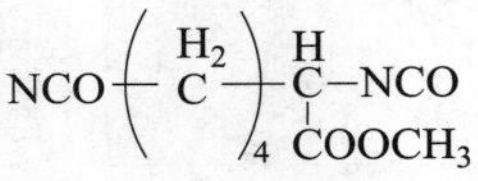 $NCO(\overset{H_2}{\underset{}{C}})_4\overset{H}{\underset{COOCH_3}{C}}-NCO$	LDI	涂料

2. 多元醇

合成聚氨酯树脂的另一个主要原料是多元醇化合物，其分子中含有两个或两个以上的羟基。它们可以是一般的低分子多元醇，而更常用的是分子量为数百至数千含有羟基的脂肪族聚醚或聚酯多元醇。

（1）聚醚多元醇。

聚醚多元醇就是指分子链上含有大量醚键的端羟基化合物。聚醚多元醇品种很多，常用的是由单体环氧乙烷、环氧丙烷或四氢呋喃开环聚合而成的端羟基聚氧化丙烯醚、端羟基聚氧化乙烯醚、端羟基聚四氢呋喃醚。工业生产中是采用碱性催化剂 KOH 和醇（或胺）等"起始剂"引发下进行聚合反应的。现列举三个反应。

以 1，4-丁二醇为起始剂制备的端羟基聚氧化丙烯醚的反应式如下：

$$HO(CH_2)_4OH + (n_1+n_2) \triangleright O \longrightarrow \begin{matrix} [O-CH_2-CH_2]_{n_1}OH \\ (CH_2)_4 \\ [O-CH_2-CH_2]_{n_2}OH \end{matrix}$$

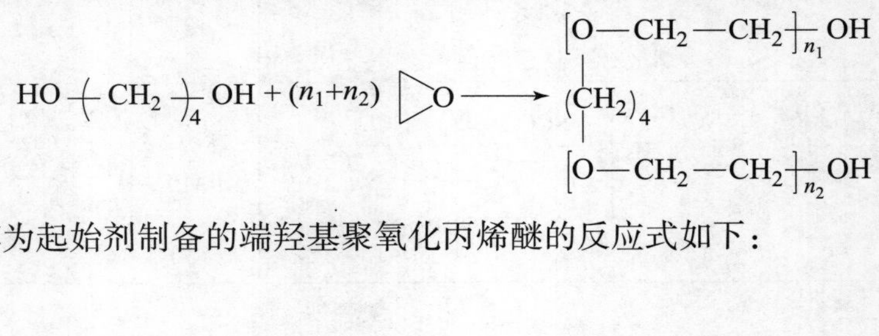

以丙三醇为起始剂制备的端羟基聚氧化丙烯醚的反应式如下：

$$
\begin{array}{c}
CH_2-OH \\
| \\
CH-OH + (n_1+n_2+n_3) \\
| \\
CH_2-OH
\end{array}
\quad
\underset{O}{\overset{CH_3}{\triangle}}
\quad\longrightarrow\quad
\begin{array}{c}
CH_2\!-\!\!\big(\!O\!-\!CH_2\!-\!\overset{CH_3}{\underset{|}{CH}}\big)_{n_1}\!\!OH \\
| \\
CH\!-\!\!\big(\!O\!-\!CH_2\!-\!\overset{CH_3}{\underset{|}{CH}}\big)_{n_2}\!\!OH \\
| \\
CH_2\!-\!\!\big(\!O\!-\!CH_2\!-\!\overset{CH_3}{\underset{|}{CH}}\big)_{n_3}\!\!OH
\end{array}
$$

以乙二胺为起始剂制备的端羟基聚氧化丙烯醚的反应式如下：

$$
H_2N-CH_2-CH_2-NH_2 \xrightarrow[O]{(n_1+n_2+n_3+n_4)\,\overset{CH_3}{\triangle}}
$$

$$
\begin{array}{c}
H\!-\!\!\big(\!O\!-\!\overset{CH_3}{\underset{|}{CH}}\!-\!CH_2\big)_{n_1}\!\!\!\!\!\!\!\!\!\!\!\! \\
 \\
H\!-\!\!\big(\!O\!-\!\overset{CH_3}{\underset{|}{CH}}\!-\!CH_2\big)_{n_2}\!\!\!\!\!\!\!\!
\end{array}
N\!-\!CH_2\!-\!CH_2\!-\!N
\begin{array}{c}
\big(CH_2\!-\!\overset{CH_3}{\underset{|}{CH}}\!-\!O\big)_{n_3}\!\!H \\
 \\
\big(CH_2\!-\!\overset{CH_3}{\underset{|}{CH}}\!-\!O\big)_{n_4}\!\!H
\end{array}
$$

表 6-7 中列入了一些常用的聚醚多元醇的种类和其用途。用量最大的是聚氧化丙烯三元醇（即环氧丙烷单体–三元醇合成的聚醚三元醇），分子量为 3 000 左右，羟值 56（羟值即每克试样中羟基含量相当的氢氧化钾毫克数）。若采用官能度较高的起始剂可得到多官能度聚醚，从而可制成尺寸稳定性好、强度高、耐温性好及高负荷的泡沫塑料。

表 6-7　常用聚醚多元醇的种类和用途

官能度	起始剂	单体	分子量	用途
2	水，丙二醇、乙二醇、一缩二乙二醇等	EO、PO、PO/EO THF/PO	2 000～4 000	弹性体、涂料、黏合剂、纤维合成革及软泡沫塑料等
3	甘油、三羟甲基丙烷、三乙醇胺等	PO、PO/EO	400～6 000	弹性体、黏合剂、防水材料、软泡沫塑料等
4	季戊四醇、乙二胺、芳香族二胺等	PO、PO/EO	400～800	软、半硬及硬泡沫塑料
5	木糖醇、二乙烯三胺等	PO、PO/EO	500～800	硬泡沫塑料
6	甘露醇、山梨醇等	PO、PO/EO	1 000 以下	硬泡沫塑料
8	蔗糖	PO、PO/EO	500～1 500	软及硬泡沫塑料

注：EO—环氧乙烷；PO—环氧丙烷；THF—四氢呋喃；PO/EO—两种单体的共聚物。

此外，利用化学反应引入磷、卤等元素可制备磷酸酯型聚醚多元醇，可用来制备具有阻燃性能的聚氨酯材料，反应式为

$$
O\!=\!P(Cl)_3 +
\begin{array}{c}
CH_2-OH \\
| \\
CH-OH \\
| \\
CH_2-OH
\end{array}
+ \underset{O}{\overset{CH_3}{\triangle}} \longrightarrow
$$

$$\underset{\substack{\text{Cl} \\ | \\ \text{CH}_2 \\ | \\ \text{H}_3\text{C—CH—O}}}{} \overset{\text{O}}{\underset{|}{\overset{\|}{P}}}\underset{}{} \begin{array}{l} \text{O—CH}_2\text{—CH—CH}_2\text{—O} {\rightarrow}(\text{CH}_2\text{—CH—O}{\rightarrow})_n \\ \quad\quad\quad\quad\text{OH}\quad\quad\quad\quad\quad\quad\quad\text{CH}_3 \\ \text{O—CH}_2\text{—CH—CH}_2\text{—O}{\rightarrow}(\text{CH}_2\text{—CH—O}{\rightarrow})_n \\ \quad\quad\quad\quad\text{OH}\quad\quad\quad\quad\quad\quad\quad\text{CH}_3 \end{array}$$

（2）聚酯多元醇。

含有端羟基的聚酯多元醇通常由二元酸与过量的多元醇反应而成，它与高分子工业中普通的醇酸树脂、不饱和聚酯或聚酯树脂等的不同之处在于聚氨酯树脂中所使用的聚酯多元醇分子量低，一般为 1 000 ~ 3 000。

线形结构的聚酯二醇由过量的二元醇与二元酸反应而成，也可采用混合二元醇与二元酸反应以调节聚酯多元醇的链结构，可改变与控制最终聚氨酯材料的性能。

二元羧酸主要有饱和脂肪酸：乙二酸（草酸）、丁二酸、戊二酸、己二酸、庚二酸、辛二酸（栓酸）、壬二酸、癸二酸、异癸二酸等；不饱和脂肪酸：顺丁烯二酸、反丁烯二酸等；芳香酸：对苯二甲酸、间苯二甲酸、邻苯二甲酸或酐。

多元醇主要有二元醇：乙二醇、一缩二乙二醇、二缩三乙二醇、丙二醇、丁二醇等；三元醇：三羟甲基丙烷、甘油、三羟甲基乙烷、己三醇等；其他醇：山梨醇、季戊四醇等。

通过以上两种醇酸化合物的不同调配，可分别合成各种各样的具有不同支化度与分子量的聚酯多元醇，以满足对聚氨酯树脂最终制品物性的要求。

各种聚酯系多元醇的物性与用途列于表 6 – 8。

表 6 – 8 聚酯系多元醇的物性与用途

聚酯多元醇的组成	链的形状	物性			用途
		羟值/ (mgKOH·g^{-1})	酸值/ (mgKOH·g^{-1})	水分/%	
己二酸，二、三元醇	— ⊥ —	55 ~ 65	< 2	< 0.1	软泡
己二酸、苯二甲酸，二、三元醇	— — ⊥	205 ~ 221	< 4	< 0.1	软泡、合成革
己二酸，二元醇	— —	35 ~ 45	< 2	< 0.1	软泡、黏合剂
己二酸，二元醇	— —	50 ~ 60	< 2	0.1 ~ 0.2	弹性体、纤维、泡沫
己二酸，二、三元醇	— ⊥ —	55 ~ 65	< 1.2	< 0.1	弹性体、合成革
己二酸、苯二甲酸，三元醇	⊥ ⊥	300 ~ 500	2 ~ 3	< 0.15	硬泡、半硬泡
己二酸、苯二甲酸，三元醇	⊥ — ⊥	305 ~ 325	< 4	< 0.15	硬泡

续表

聚酯多元醇的组成	链的形状	物性			用途
		羟值/（mgKOH·g^{-1}）	酸值/（mgKOH·g^{-1}）	水分/%	
己二酸、苯二甲酸，三元醇	⊥⊥—	280~297	<5	<0.1	涂料
苯二甲酸，二、三元醇	⊥⊥⊥	380~400	<2	<0.2	涂料
己二酸，二元醇	——	35~45	<2	<0.1	黏合剂
己内酯，季戊四醇	—⊥	450~500	<1	0.1	硬泡
己内酯，二元醇	——	50~60	<1	<0.1	软泡、弹性体、合成革

由表 6-8 可以看出，聚氨酯软泡、弹性体所要求的聚酯羟值在 35~65 mgKOH/g，硬泡的聚酯羟值在 300~500 mgKOH/g，涂料等制品的聚酯羟值在 160~300 mgKOH/g。

3. 扩链剂

扩链剂是聚氨酯树脂生产中仅次于异氰酸酯和聚多元醇的重要原料之一。它们与预聚体反应使分子链增大，在聚氨酯大分子链中成为硬段。常见的扩链剂是一些含活泼氢的化合物，可分为两个大类。

（1）二元醇类。

一般为低分子量的脂肪族和芳香族的二元醇，如乙二醇、1，4-丁二醇、三羟甲基丙烷和对苯二酚二羟乙基醚等。还有一些含叔氮原子的芳香二醇，如 N，N-双羟乙基苯胺。

（2）二元胺类。

常用的是芳香族胺类，如联苯胺、3，3′-二氯联苯二胺和 3，3′-二氯-4，4′-二苯基甲烷二胺（商品名 MOCA）等，其中 MOCA 是合成聚氨酯橡胶时最重要的扩链剂，但 MOCA 有一定致癌作用。也有使用混合胺类的，如间苯二胺和异丙基苯二胺混合物。

4. 催化剂

聚氨酯树脂生产中最重要的两种催化剂是叔胺类和有机锡类化合物。

（1）叔胺类。

叔胺类如三乙胺、三乙醇胺、三亚乙基二胺、丙二胺、N，N-二甲基苯胺及 N-烷基吗啉等。这些胺类化合物皆具有碱性，一般情况下，碱性越强，其催化能力也越强。

（2）有机锡类化合物。

有机锡类化合物如二丁基锡二月桂酸酯、辛酸亚锡及油酸亚锡等，其中以前两种最为重要（因催化活性高，应用面较广）。

这两类催化剂对各种异氰酸酯反应的催化能力不尽相同，如表 6-9 所示。

表 6-9　两类催化剂的相对活性

催化剂	浓度/%	对—NCO～ROH 反应的相对活性	对—NCO～H$_2$O 反应的相对活性
无	—	1.0	0
四甲基丁二胺	0.1	56	1.6
三亚乙基二胺	0.1	130	27
二丁基锡二月桂酸酯	0.1	210	1.3
辛酸亚锡	0.1	540	1.0

6.3.4　聚氨酯的合成原理

采用各种不同结构的原料，可得到结构和性能各异的聚氨酯树脂，供各种用途的需要。但其合成方法可分为两大类，即一步法和两步法，后者又称预聚体法，现分类讨论如下。

1. 一步法

由异氰酸酯和醇类化合物直接进行逐步加成聚合反应以合成聚氨酯的方法，称为一步法。如己二异氰酸酯和 1，4-丁二醇反应生成的线型聚氨酯，由此聚合物所纺得的纤维，即贝纶 U（Perlon U）。

又如 2，4-甲苯二异氰酸酯和带有三个端羟基的支化型聚酯反应，即可合成交联型聚氨酯树脂：

这个反应相当于缩聚反应中的 2～3 官能度体系，可直接获得交联产物。

2. 两步法（预聚体法）

两步法合成聚氨酯整个过程可以分为两个步骤，即首先合成低分子量的预聚体，然后再对预聚体进行扩链反应来提高聚合物的分子量。若制备交联型的聚合物，可对扩链产物进行进一步的交联反应。

（1）合成预聚体。

通过调节二元醇和二元异氰酸酯的当量比（异氰酸酯过量），可合成分子量较低的、以—NCO 基团封端的线型聚氨酯，反应式如下：

$$2OCH-R-NCO + HO-R'-OH \longrightarrow OCN-R-NH-\overset{\displaystyle O}{\overset{\displaystyle \|}{C}}-O-R'-O-\overset{\displaystyle O}{\overset{\displaystyle \|}{C}}-NH-R-NCO$$
（端基为 NCO 的预聚体）

上式中的线型聚氨酯，由于分子量较低，称为预聚体。预聚体可看作是可以进一步用来做聚合反应的单体。预聚体的分子量不宜过大，通常为数百至数千。

（2）预聚体进行扩链反应和交联反应。

通常用扩链反应将分子量不高的预聚体转化为高分子量的聚氨酯树脂。例如，生产热塑性聚氨酯弹性体就是先合成预聚体，再经扩链反应得到高分子量的产物。而在生产聚氨酯橡胶、泡沫塑料、涂料或黏合剂时，一般还要将扩链后的聚合物再进行交联以生成交联结构的聚氨酯。

1）扩链反应。

将分子量不高的聚合物，通过末端活性基团的反应（或其他方法）使分子相互联结而增大分子量的过程称为扩链，相应的反应称为扩链反应。操作中是将分子量较低并带有—NCO 端基的预聚体与水、二元醇、二元胺或氨基醇等进行反应生成高聚物。用来和预聚体进行扩链反应的二元醇、水及二元胺等通常称为扩链剂。常用反应为

$$2OCH \sim NCO + HO-R'-OH \longrightarrow OCN \sim NH-\overset{\displaystyle O}{\overset{\|}{C}}-O-R'-O-\overset{\displaystyle O}{\overset{\|}{C}}-NH \sim NCO$$
（氨基甲酸酯）

$$2OCH \sim NCO + H_2N-R''-NH_2 \longrightarrow OCN \sim NH-\overset{\displaystyle O}{\overset{\|}{C}}-NH-R''-NH-\overset{\displaystyle O}{\overset{\|}{C}}-NH \sim NCO$$
（取代脲）

$$2OCH \sim NCO + H_2O \longrightarrow OCN \sim NH-\overset{\displaystyle O}{\overset{\|}{C}}-NH \sim NCO + CO_2 \uparrow$$
（取代脲）

上述反应也是 2－2 官能度体系，故其产物取决于异氰酸酯基团和羟基两者物质的量的比值 R，即

$$R = \frac{—NCO \ 物质的量}{—OH \ 物质的量}$$

此 R 值称为异氰酸酯指数。R 值大小的影响如下：

$0 < R < 1$　　　　　分子扩链，端基为—OH；

$R = 1$　　　　　　　分子无限扩链，端基为—NCO 及—OH；

$1 < R < 2$　　　　　分子扩链，端基为—NCO；

$R = 2$　　　　　　　分子不扩链，端基为—NCO；

$R > 2$　　　　　　　分子不扩链，端基为—NCO，且存留有未反应的异氰酸酯。

由此可知，在合成预聚体时，由 R 值的大小控制了预聚体的分子量与端基的结构，也控制了扩链反应的发生与否。

2）交联反应。

一般聚氨酯大分子的交联主要有三种方法：交联剂交联；加热交联；利用聚氨酯分子自身结构中的"氢键"交联。

多元醇与带有—NCO 端基的预聚体的交联反应如下所示，这个反应与一步法中二元异氰酸酯与三元醇的反应相似。

$$3OCH \sim NCO + HO\overset{OH}{\underset{|}{\perp}}OH \longrightarrow OCN \sim NH-\overset{O}{\overset{\|}{C}}-O\overset{OCN \sim HN-C=O}{\underset{|}{\perp}}O-\overset{O}{\overset{\|}{C}}-NH \sim NCO$$
（氨基甲酸酯基）

过量的—NCO 基团可以与预聚体分子或扩链后聚合物分子中的氨基甲酸酯、脲基及酰胺基上的氢原子发生交联反应，如下所示：

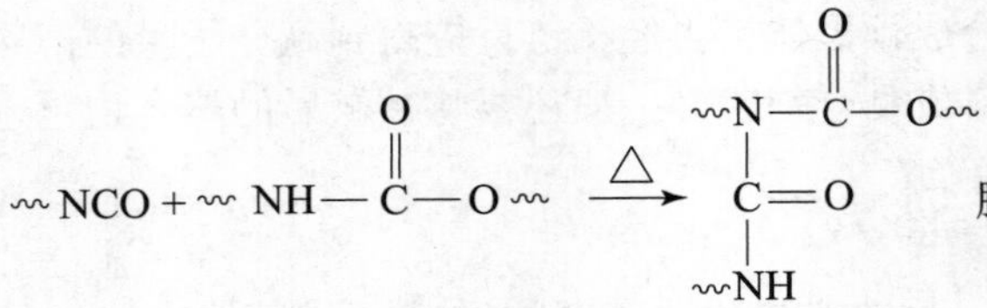

$$\sim NCO + \sim NH-\overset{\overset{\displaystyle O}{\|}}{C}-O\sim \quad \xrightarrow{\triangle} \quad \text{（脲基甲酸酯基交联结构）} \qquad \text{脲基甲酸酯基交联}$$

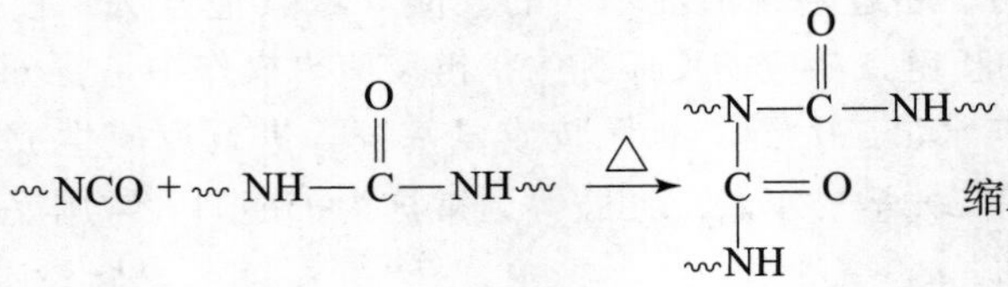

$$\sim NCO + \sim NH-\overset{\overset{\displaystyle O}{\|}}{C}-NH\sim \quad \xrightarrow{\triangle} \quad \text{（缩二脲基交联结构）} \qquad \text{缩二脲基交联}$$

$$\sim NCO + \sim NH-\overset{\overset{\displaystyle O}{\|}}{C}\sim \quad \xrightarrow{\triangle} \quad \text{（酰脲基交联结构）} \qquad \text{酰脲基交联}$$

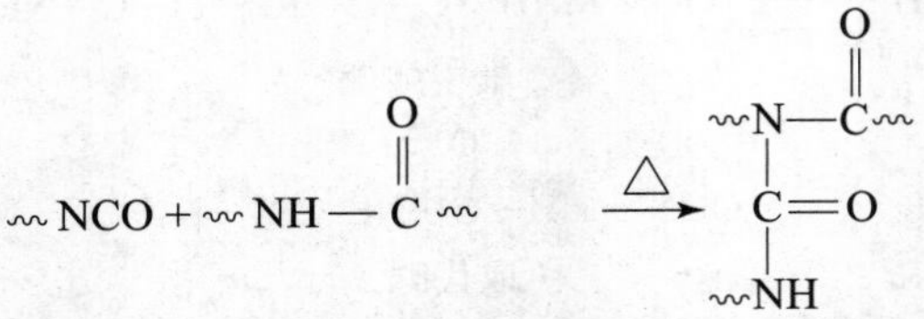

因为氨基甲酸、脲及酰胺这三种基团的反应活性较小，必须加热至 $125 \sim 150\ ^{\circ}\text{C}$ 才能进行，故此法又称加热交联法。

聚氨酯大分子含有氨基甲酸酯及脲基等极性基团，一个大分子链中的羰基可与另一个大分子链上的氢原子形成氢键形式的物理交联，其反应为

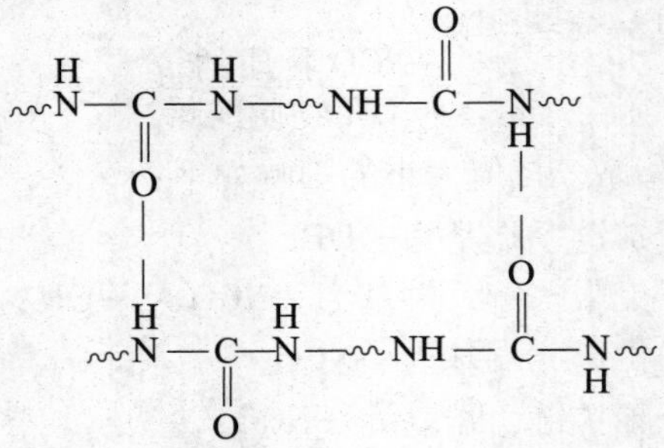

$$\text{（氢键物理交联结构示意图）}$$

6.3.5　逐步加成聚合工艺实例

逐步加成聚合反应是重要的高聚物合成化学反应之一，逐步加成聚合工艺可以制备聚氨酯、聚脲、环氧树脂、高性能聚合物等高分子产品。其中聚氨酯类材料的逐步加成聚合工艺生产技术最早开发，也最成熟，应用也最广泛。

逐步加成聚合原理及合成工艺（二）

1. 逐步加成机理制备聚氨酯泡沫材料

由大量发泡气体形成的微细孔及聚氨酯树脂形成的孔壁经络组成的聚氨酯材料称为聚氨酯泡沫材料。聚氨酯泡沫材料分为开孔和闭孔两种结构（图 6 – 21），这主要是泡沫形成过程中的凝胶反应和气体膨胀两者之间共同作用的结果。开孔泡沫的泡孔之间彼此相互连接，没有被孔壁完全包裹隔离，泡孔单元主要由充满气体的空隙组成。一般认为，其几何形状是不规则的多面体。这些面由起支撑作用的孔壁或棱边相连，最后成为一个个基本的泡孔单元。相反，闭孔泡沫由完全封闭的孔组成，这些孔被孔壁包围而孤立开来，不与周围的孔彼此连接。在闭孔泡沫中，泡孔也是多面体结构，每个面近似为

四至六边形。一般地，这类泡孔的几何形状被假定为五边形十二面体，孔尺寸通常小于 4 mm。实际上，由于发泡工艺及原料反应速率等因素，闭孔聚氨酯泡沫材料中也会存在开孔或者部分开孔结构。

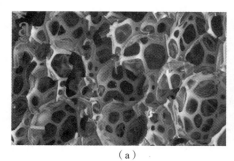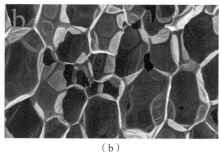

（a）　　　　　　　　　　　　　　（b）

图 6 - 21　典型的聚氨酯泡沫结构

（a）开孔；（b）闭孔

聚氨酯泡沫塑料最大的特点是制品的适应性强，其性能可在很大的范围内调节。如改变原料的化学组成与结构、各种组分的配比，添加各种助剂，改变合成条件及工艺方法等，可制得不同软硬度，耐化学性、耐温性、耐焰性好及机械强度高的多品种泡沫塑料。

聚氨酯泡沫塑料通常被分成软质、半硬质及硬质泡沫塑料三类，简称软泡、半硬泡及硬泡。在生产过程中最主要的差别是采用了不同规格的聚合物多元醇。

软泡通常采用官能度为 2～3，分子量为 2 000～4 000（一般为 3 000，高回弹软泡可为 4 500～6 000）的多元醇。软泡的密度为 0.03～0.04 g/cm³，聚氨酯软泡的泡孔大多为开孔结构，具有优良的柔软性，高弹性，主要用作衬垫材料，可代替泡沫乳胶。其广泛应用于家具、包装、纺织品和各种泡沫衬垫，如坐垫、地毯衬垫及医药卫生、交通运输工具、建筑及国防等方面。

硬泡则一般采用官能度为 3～8，分子量低于 1 300（一般为 500）的多元醇，使泡沫塑料体型结构大分子中交联点间分子量 M_c 值较软泡小得多。M_c 值越小，交联密度越大，则泡沫塑料制品的硬度及机械强度等也越高，但柔顺性、回弹性及伸长率也就变差。聚氨酯硬泡的泡孔大多为闭孔结构，硬泡的密度在 0.03 g/cm³ 以上，其质地较硬，机械强度高，绝热效果好，质量轻，比强度大，耐化学品以及绝热和隔声性能优良，常用作绝热保温与夹心材料，如冷藏设备、管道和储罐绝热保温夹层，建筑、国防、航空、航天、造船及包装方面的夹层材料。若用长玻璃纤维增强后，还是一种理想的合成木材。

半硬泡常采用生产软泡所用的多元醇，但加有低分子量的多元醇作为交联剂。半硬泡抗冲击、缓冲性能非常突出，主要用于防振缓冲方面的部件，大量用于车辆、飞机等方面，也可用作密封材料和能量吸收材料。

（1）合成聚氨酯泡沫塑料的成泡原理。

从胶体化学角度来看，聚氨酯的成泡原理应包括泡沫的形成、增长与稳定三个方面。

1）泡沫的形成。

在高速搅拌作用下，配方物料各组分迅速混合均匀。异氰酸酯与水反应生成 CO_2 气体，或者物理发泡剂汽化，从而使配方物料中的气体浓度持续增大，很快达到饱和状态，随后气体便由液相逸出而形成初始微细气泡。气泡留在溶液中，使物料变白，这个过程通常称为核化过程。核化终点是不再产生新气泡。核化过程时间即乳白期，一般约为 10 s。在这段时间内，还发生异氰酸酯与多羟基化合物的逐步加成反应，所以此时反应物料不仅发白，而且变稠，所生成的气泡便被该种浓稠液包围，即成为不消失的泡沫。在大部分发泡配方中均加入某些泡沫成核剂，如加入某种分散性良好的硅油。其作用是在气体过饱和程度较低时，使"核化"能迅速而连续地进行，制得泡沫塑料的泡孔既致密又均匀。

此外，在反应物料中预先溶解一定的气体，对发泡来说是有益的，且有利于及早"核化"，如在工业发泡机的混合头中常注入微量的空气以调节泡孔大小。同样，在混合头装一较大的孔板以使混合头产生负压，或在混合头套筒中增加空隙，空气便于吸入，这样也能改善泡孔。

2）泡沫的增长。

泡沫形成后，物料中仍有新气体不断产生，它由液相渗透到已形成的气泡中，使泡孔膨胀，某些气泡合并亦导致泡孔扩大。此时气泡内压力增高，黏稠液层变薄。在无新气体渗入时，泡沫便停止增长。由核化终点到发泡至最大体积所持续的时间称作气泡膨胀期。此段时间随所用配方而异，一般为 60 ~ 120 s。

3）泡沫的稳定。

在泡沫增长阶段，气泡壁层变薄，这就可能造成泡沫不稳定。在气泡内气体不断增多与内压逐渐增高时，如果泡壁强度不高，气体将冲破壁膜，导致整个泡沫坍塌。要留住气体，壁膜应保持足够的强度，膜层其实就是要求聚合物具有足够的分子量和（或）交联度。这对制备中的发泡与高发泡塑料尤为重要。因此，随同泡沫的增长，还发生大分子交联反应，即聚合物凝胶化反应。所以在制备聚氨酯泡沫塑料时，一个关键问题就是必须严格控制泡沫增长与聚合物凝胶化两者反应速率的动态平衡，以保证泡沫稳定增长。凝胶化反应过快或过慢，都可能导致泡沫制品质量下降或使其变为废品。使用适量表面活性剂（如硅油），降低气泡表面张力，有利于形成微细气泡，减弱气体扩散作用，提高泡壁强度，也能促进泡沫的平稳增长。

（2）合成聚氨酯泡沫开孔和闭孔的形成机理。

发泡时，气泡内气体压力逐步增加，若凝胶反应形成的泡孔壁膜强度不高，不能承受气泡内逐渐增加的压力时，便导致壁膜拉伸变形，直至气泡壁膜被拉破，结果气体从破裂处逸出，形成开孔结构。对于采用多官能度、低分子量的多元醇与多异氰酸酯反应，凝胶速度相对较快，在泡孔内气体形成最大压力时，气泡壁膜已有一定强度，不容易被气泡内气体胀大破裂，从而保持闭孔结构。

总之，聚氨酯泡沫材料是否具有理想的开孔或闭孔结构，主要取决于泡沫形成过程中的凝胶反应速率和气体膨胀速度是否平衡。而这一平衡可以通过调节配方中的叔胺催化剂以及泡沫稳定剂等助剂的种类和用量来实现。

（3）合成聚氨酯泡沫塑料基本配方及各组分的作用。

聚氨酯泡沫塑料在实际发泡过程中采用的基本配方可参见表 6 - 10，以下对各组分的作用作简要描述。

表 6-10　泡沫塑料基本配方

原料名称	主要作用
聚醚、聚酯及其他多元醇	主反应原料
多异氰酸酯（如 TDI、MDI、PAPI 等）	主反应原料
水	链增长剂，同时也是产生 CO_2 气泡的原料来源
催化剂（叔胺及有机锡）	催化发泡及交联反应
泡沫稳定剂	使泡沫稳定，并控制液滴大小及结构
物理发泡剂（$CFCl_3$ 或 CH_2Cl_2）	汽化后作为气泡来源并可移去反应热，避免泡沫中心因高温而产生"焦烧"
防老剂	提高热、氧老化及湿老化等性能
颜料	提供各种色泽

1）多元醇。

制备聚氨酯泡沫材料的多元醇化合物就是指聚酯多元醇和聚醚多元醇。硬质泡沫塑料需要多元醇的羟基官能度在 3~8，平均分子量在 400~800，其羟基当量在 100 左右。它和异氰酸酯反应后，软链段所占比例较低，形成的交联分子结构中交联点多且稠密，形成的高聚物分子中的交联点之间的距离平均在 100~150。所得泡沫塑料的硬度大，压缩强度较高，尺寸稳定性及耐温性也较好。而软质泡沫塑料则常采用羟基官能度较少、羟值较低、分子量较高的多元醇。如分子量为 2 000 的二官能团或分子量为 3 000 的三官能团聚醚或聚酯多元醇等，这样所形成的高聚物分子中交联点之间的分子量在 1 000 左右，制品具备较好的柔软性和弹性。而半硬质泡沫塑料所采用的聚醚或聚酯多元醇，其官能团数及分子量介于上述两者之间或采用上述两种不同羟值多元醇的混合物。

2）异氰酸酯。

在泡沫塑料中常用的异氰酸酯有甲苯二异氰酸酯（TDI）、二苯基甲烷二异氰酸酯（MDI）和多次甲基多苯基异氰酸酯（PAPI）等。由于异氰酸酯基在分子中位置不同，其反应活性也有所不同。一般情况下 2，4 - TDI 比 2，6 - TDI 活性大；但当温度升至 100 ℃ 左右时，两者活性几乎没有什么差别。在工业生产中，常采用两者的混合物直接应用于泡沫塑料，其活性主要依靠催化剂来加以调节平衡。在硬质泡沫塑料中由于制品要求具有较高的刚度和较好的尺寸稳定性，一般采用芳环密度较高的芳香族异氰酸酯，工业上常采用粗制 MDI、PAPI 或 TDI 低聚物，而在软质泡沫塑料中则采用 TDI。

3）催化剂。

催化剂不仅能加快聚氨酯的反应速率，而且是发泡工艺好坏的重要控制手段。选择恰当的催化剂体系能较好地平衡聚氨酯链增长反应和发泡反应速率，协调聚氨酯孔壁形成和气体生成速率，使泡沫壁具有足够的强度，有效地包裹气体不至于逸出。发泡完毕后，聚合物能较好地凝固，使泡沫体不致倒塌和收缩。在聚氨酯泡沫塑料中，应用较为普遍的催化剂是叔胺和有机锡化合物。相对来说，有机锡化合物对异氰酸酯和羟基化合物有较强的催化效果，而叔胺类催化剂则有利于异氰酸酯和水的反应。因此可以调节有机锡和叔胺两种催化剂的用量比例，就可以调节和控制泡沫塑料的链增长速率（即聚合速率）和发泡速率。

此外，催化剂还可以通过针对性地调节反应速率，起到抑制副反应的作用。例如，采用二丁基锡二月桂酸酯时，异氰酸酯和醇、水及取代脲反应相对活性比约为 50∶8∶1，这样可以大大抑制不必要的支链反应发生（异氰酸酯和脲的反应）。这对保证泡沫塑料的最终质量是有利的。因而在工业上的一些发泡体系中，通常选择的催化剂为有机锡和叔胺类化合物的混合体系。

4）发泡剂。

制备泡沫塑料时，可以利用低沸点卤代烃（三氯一氟甲烷、二氯二氟甲烷等）受热汽化达到发泡目的，如硬质泡沫塑料的发泡剂。也可以利用水与异氰酸酯之间发生化学反应，产生大量的二氧化碳气体发泡，在软质、半硬质泡沫塑料的制备过程中常被采用。此外，也可采用水和卤代烃的混合物作发泡剂。

以水为发泡剂时会形成脲键化合物。脲键化合物极性大，链段较刚性。因此，水量过多，虽然产生的气泡量大，但制得的泡沫塑料密度低，且制品因脲键含量高，手感差，回弹性等也降低。

5）泡沫稳定剂。

泡沫稳定剂可以降低原料各组分的表面张力，增加互溶性及稳定发泡过程，有利于得到均匀的泡沫微孔结构。有机硅泡沫稳定剂效果极佳，常被使用，其可分为 Si—O—C 型及 Si—C 型两种，其结构如下：

其用量不大，一般在 0.5%~5.0%，但对泡沫塑料的制造及物性影响极大。

6）开孔剂。

开孔型泡沫塑料中的气孔是相互连通的，闭孔型泡沫塑料中的气孔单独存在而不连通。前者具有良好的缓冲和吸声性能，后者则有较低的导热性。添加适量的聚丙烯、聚丁二烯及液体石蜡等直链烃或脂环烃作为开孔剂，可增加开孔结构。

7）其他组分。

可以添加功能助剂提高产品某些性能。如加入含卤、磷化合物，提高阻燃性能；还可加入防老剂、光稳定剂、水解稳定剂、防振剂、增强剂和着色剂等。

（4）聚氨酯泡沫塑料的生产工艺。

聚氨酯泡沫塑料生产过程中，一方面发生化学（聚合）反应，另一方面发泡（化学法或物理法，或混合法）成型，两者同时进行。

1）聚氨酯泡沫塑料生产方法的分类。

聚氨酯泡沫塑料生产方法通常按化学反应的操作过程可分为一步法和预聚体法（又称两步法）两类。

一步法是将各种原料一次混合催化发泡的方法，各种物料在反应过程中同时发生链增长、扩链、交联及发泡等反应。

两步法是将聚醚（或聚酯）多元醇与异氰酸酯先反应生成两端带有—NCO 基团的预聚体，然后再加入催化剂、泡沫稳定剂、发泡剂及其他助剂等，进一步反应和发泡成型。

两步法是一种较老的生产工艺。由于新型的有机硅泡沫稳定剂、有机锡催化剂的开发，以及精密计量技术的发展，才实现了一步法生产工艺。一步法工艺流程简单，制品性能好，应用较广。

2）发泡成型工艺。

聚氨酯泡沫塑料各组分的混合物经发泡成型后才可制得所需要的泡沫塑料制品。按产品形状、用途及生产操作方式可分为手工发泡法、块状发泡法、模塑发泡法、喷涂发泡法、反应注射模塑发泡法、沫状发泡法等。

①手工发泡法。手工发泡是指将聚合物多元醇或预聚物、水、催化剂、泡沫稳定剂及其他添加剂混合，高速搅拌几秒钟，立即倒入模具发泡成型。其工艺的优点是设备简单，适应性强，投资少；缺点是物料损失大，生成效率低。该方法主要适用于实验室小批量试验。

②块状发泡法。块状发泡法是一种连续的机械浇注发泡工艺，因其成型泡沫体的横截面呈块状，故称为块状发泡法。其工艺过程是将各种原料组分按配方的比例称量，由计量泵送入具有高速搅拌器的往复移动的发泡机混合头中，在短时间内高速搅拌充分混合后，连续浇注到运转传送带的纸模上，随即发泡，再加热（70～100 ℃）使它充分反应（熟化）、切断，可得块状泡沫塑料。块状发泡的特点是工艺连续，不用模具可得大型制品，操作方便，易自动化，成本低，但成型时放热大，加工时易着火燃烧。另外表面结皮需切去，不宜制作坐垫类产品。图 6-22 所示为聚氨酯块状发泡的工艺流程。

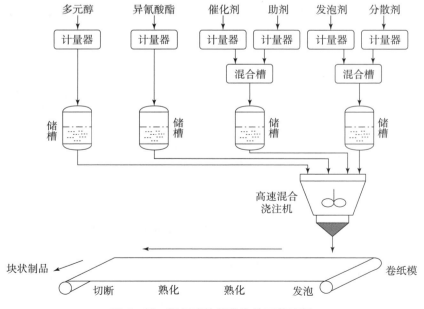

图 6-22　聚氨酯块状发泡的工艺流程

③模塑发泡法。模塑发泡工法是将原料配方组分，短时间高速搅拌混合后，定量地注入各种类型的金属模具内进行发泡、预熟化，然后脱模，再行加热充分熟化即得泡沫塑料制品。模塑发泡法适合制备坐垫类及形状复杂的制品，特别是整皮模塑制品。

在特定形状的模具中实施浇注发泡工艺，要求模具材质能承受一定的内压，在发泡过程中不能出现变形。还要求模具的结构设计合理、拆装方便、质量轻，内表面还要有一定的光洁度，设置排气孔便于排除在发泡过程中产生的气体。

④喷涂发泡法。将发泡料混合后，在外力作用下喷涂于施工物件的表面上进行现场发泡成型。此法的特点是成型反应快，无需模具，可在现场施工直接发泡。另外，泡沫厚度不受限制，特别适用于垂直表面的施工，广泛应用于建筑、化工设备及车辆等的绝缘、保温和隔声材料。但使用该法时物料损失大，气味大。

⑤反应注射模塑发泡法。反应注射模塑技术（RIM）又称整皮模塑发泡法。材料需要在氮气压力下储藏以及输送，在 10 ~ 20 MPa 高压下用计量泵将物料喷射并瞬时混合，注入模具内反应和固化，从注入到脱模共需 30 ~ 120 s。由于成型速率快，通常使用高活性的聚醚多元醇，并配合使用高效催化体系，如二丁基锡二月桂酸酯和三亚乙基二胺等组成的混合催化剂。

RIM 法的特点是反应快速，模具压力小，无须加热熟化，生产周期短（一般模塑发泡工艺需几十分钟），制品形状可为复杂、薄壁和大型的。它适用于聚氨酯软泡、半硬泡和硬泡制品，用于车辆仪表盘、缓冲护板等。图 6 – 23 所示为聚氨酯反应注射模塑发泡的工艺流程。

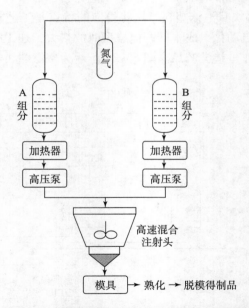

图 6 – 23　聚氨酯反应注射模塑发泡的工艺流程

2. 逐步加成机理制备聚氨酯纤维的合成工艺

聚氨酯纤维，简称氨纶，国外商品多称为 Lycra（莱卡）。制造纤维的聚氨酯由较长的柔性链段和较短的硬性链段组成。它是由用分子量较高的多元醇聚酯或聚醚与多异氰酸酯反应先合成端基为异氰酸酯的线形结构的预聚体，然后该预聚体和含有活泼氢的双官能团化合物如二元胺或二元醇进行扩链而制得。反应式为

$$\text{HO}\sim\sim\sim\text{OH} + 2\text{OCN}—\text{R}—\text{NCO}$$

聚酯或聚醚二醇　　　　　　　　二异氰酸酯

$$\text{OCN}—\text{R}—\overset{\displaystyle O}{\underset{\|}{\text{NHC}}}—\text{O}\sim\sim\sim\overset{\displaystyle O}{\underset{\|}{\text{OCNH}}}—\text{NCO} + (k\text{-}2)\,\text{NCO}—\text{R}—\text{NCO}$$

预聚体

$$(k\text{-}1)\text{H}—\text{R'}—\text{H}$$
扩链剂

$$\sim\sim\Big[(\overset{\displaystyle O}{\underset{\|}{\text{NHCO}}}\sim\sim\text{OCNH}—\text{R}\Big]\!\!-\!\!\Big[\text{NHCO}—\text{R'}—\overset{\displaystyle O}{\underset{\|}{\text{OCNH}}}\Big]_{k\text{-}1}$$

|←———— 软链段 ————→|←———— 硬链段 ————→|

为了控制产品的分子量，可加入适量一元醇或一元胺。

氨纶是一种结构上由非结晶性、低熔点的软链段与高结晶性、高熔点的硬链段所构成的嵌段共聚物。软链段一般是分子量为 1 000~4 000 的聚酯或聚醚分子链，硬链段一般是熔点为 200 ℃以上的高结晶性链段，主要含有氨基甲酸酯、酰胺及脲基团等，其中软链段含量为 60% 左右。软链段在常温下处于高弹态，赋予氨纶容易被拉长的特征。硬链段由于具有结晶结构，其能产生大分子链间的横向交联。硬链段基本上不发生形变，有效防止分子链之间的滑移，为软链段的大幅伸长和回弹提供了条件，使氨纶具有稳定的弹性和力学强度。图 6 – 24 所示为聚氨酯弹性纤维软链段和硬链段结构。

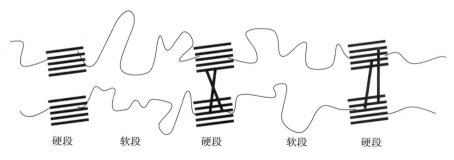

硬段　　　　　软段　　　　　硬段　　　　　软段　　　　　硬段

图 6 – 24　聚氨酯弹性纤维软链段和硬链段结构

氨纶是一种高弹性纤维，伸长率、回弹率都优于一般的高弹锦纶丝。一般来说，氨纶的分子结构中，软段部分的分子量越大，纤维的伸长率和回弹率越高。化学交联型聚氨酯弹性纤维的回弹能力较物理交联型的更好。聚醚型氨纶比聚酯型氨纶具有更大的伸长率和回弹率。

氨纶是一种高档的织物原材料，聚氨酯纤维通常是采用纯纺、混纺与芯纺等方法加工成各种织物，广泛用于生产各种服装类产品、装饰类产品、统袜及手套类产品；生产汽车、飞机上使用的安全带、饰带类产品；生产护膝、护腕、弹性绷带等医疗保健用品等；氨纶由于耐化学药品性尤其是耐油耐溶剂性良好，还可制作劳动保护

用品。

（1）合成聚氨酯纤维的聚合体系各组分及其作用。

1）多元醇。

在聚氨酯弹性纤维的制备过程中，一般使用不易结晶的中等分子量（1 500～4 000）的聚酯或聚醚多元醇组成软段，其玻璃化转变温度低，分子内旋转好，常温下处于高弹状态，受到应力后很容易发生形变，从而赋予纤维类似橡胶的弹性。相比之下，由聚醚组成的软段内旋转比聚酯的好，因而聚醚型氨纶的柔软性及弹性比聚酯型好。

①聚醚二元醇。聚醚二元醇中主要使用聚四氢呋喃二元醇（PTMEG），用它制备的氨纶有极好的抗水解性和耐碱性，以及良好的低温性能，但在光、氧和其他氧化剂作用下比较容易降解，需要加入一定的稳定剂。其次使用的是四氢呋喃和 3 - 甲基四氢呋喃共聚醚，用摩尔分数为 4%～20% 的 3 - 甲基四氢呋喃的共聚醚制备的氨纶柔软性好。第 3 种是环氧乙烷与四氢呋喃共聚醚，一般环氧乙烷摩尔分数为 15%～30%，适合制备低温压缩永久变形小和松弛力低的氨纶。

②聚酯二醇。聚酯二醇主要采用己二酸和混合二醇的共聚物，如聚己二酸己二醇 - 丙二醇酯、聚己二酸丁二醇 - 戊二醇酯和聚己二酸 - 1，6 - 己二醇/2，2 - 二甲基丙二醇等。用聚酯二醇制备的氨纶有很好的力学强度和耐热性以及抗氧化性，但由于酯键存在，产品耐水解性、回弹性和低温性能较差。改进的方法是用聚 ε - 己内酯二醇代替常规聚酯二醇制备氨纶，产品有极好的回弹性和耐水解性，强度高，耐热性好。

2）异氰酸酯。

二异氰酸酯与低分子二羟基或二胺基化合物反应制得易结晶的"硬段"，其具有较高的熔点。在常温下，硬段富集区在软段相区内形成不连续的"岛相"，可形成大分子之间的横向交联，防止大分子链间滑移，并为软段大幅度伸长和回复提供了必要结点支撑条件，从而使聚氨酯分子成为三维网状结构，这样便赋予氨纶以高弹特性，可在形变后起到恢复分子链的作用。目前主要使用 MDI，使生成的聚合物排列更加规整，热稳定性好。在生产中，氨纶使用的 MDI 要求质量分数 >99.5%。有时也用少量 HDI，主要是改善氨纶产品的耐黄变性能。

3）扩链剂。

通常扩链剂为低分子二胺或羟基化合物，如间苯二胺、乙二胺、1，3 - 环己基二胺、1，2 - 丙二胺、2 - 甲基 - 1，5 - 戊二胺和 1，3 - 戊二胺等。工业生产中使用较多的是乙二胺和 1，2 - 丙二胺。二胺扩链剂分子结构中的氨基和异氰酸酯基团反应生成脲，使分子链得以延伸，分子量成倍增加，同时形成的脲基也是氨纶结构上的硬链段结构之一。

4）添加剂。

氨纶使用的添加剂较多，包括链终止剂（如二乙胺）、抗氧剂（如苯酚）、光稳定剂、消光剂（如二氧化钛）和颜料等各种添加剂。

（2）聚氨酯纤维制备工艺。

1）物理交联型聚氨酯弹性纤维的制备。

物理交联型聚氨酯弹性纤维是通过硬链段间的紧密敛集以产生结晶，从而使大分子间发生横向连接。其制备方法与其他聚氨酯材料的两步法合成类似。聚酯或聚醚二醇在和二异氰酸酯反应之前需先采取真空脱水工艺控制含水量。例如，一般情况下聚四氢呋喃二醇的含水量控制在 0.03% 以下。制备时先使聚酯或聚醚和芳香族二异氰酸酯保持摩尔比 1:2 条件下，进行反应合成异氰酸酯基封端的预聚物。预聚温度也不宜过高，以免副反应发生。然后再用低分子量的含有活泼氢的双官能团化合物（如二元胺或二元醇）进行扩链反应制备线型嵌段共聚物。然后将线型嵌段共聚物溶解在二甲基甲酰胺（DMF）或二甲基乙酰胺（DMAc）等适当溶剂中，配成一定浓度的纺丝原液，用干法或湿法纺制成纤维。

目前聚氨酯弹性纤维 80% 以上的产品是由干纺法生产的。干纺时纺丝速度为 200~600 m/min；湿纺的速度较慢，凝固浴为溶剂的水溶液；熔体纺丝只适用于那些热稳定性良好的聚氨酯嵌段共聚物，如由 MDI 和 1，4-丁二醇缩聚所获得的聚氨酯嵌段共聚物等。

2）化学交联型聚氨酯弹性纤维的制备。

此法直接利用预聚物在有机溶剂中的溶液为纺丝原液，成形按湿纺法进行，期间在凝固浴中加有一定量的扩链剂。因此，当纺丝液细流在凝固浴中凝固的同时，预聚物的链随之发生增长，形成嵌段共聚物的长链。因此，此法也称为反应纺丝。同时，大分子之间也会产生一定程度的横向交联，从而形成网状结构的高分子。

由于凝固浴从纤维表层向内部渗透是逐步进行的，往往当纤维表层已充分反应而硬化时，纤维的内层尚未充分反应。因此，在得到初生纤维后，还应将它在加压的水中进行硬化处理，使纤维内层未起反应的异氰酸酯基封端的预聚物在大分子间以脲键的形式进行横向连接，从而转变为具有三维结构的聚氨酯嵌段共聚物。整个过程的化学反应式如下：

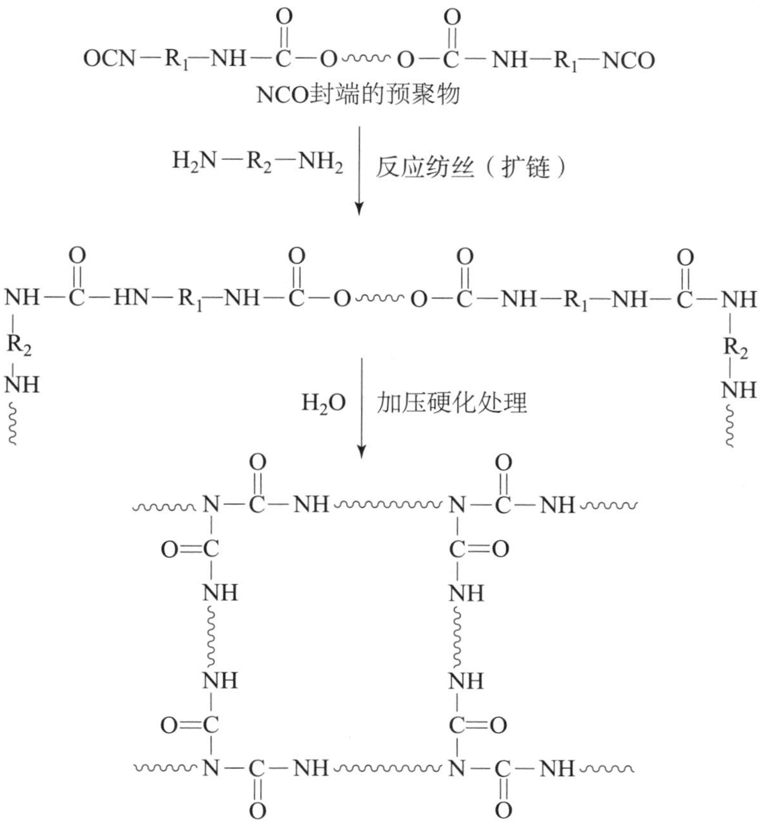

3）纺丝工艺。

目前用于氨纶纺丝的工艺方法有溶液干法纺丝、溶液湿法纺丝、熔融纺丝和化学纺丝等4种。其中溶液干法纺丝发展最早，目前世界上干法纺丝产量较大，约占氨纶总产品的80%。干法纺丝工艺路线及技术成熟，氨纶产品性能优良。下面以溶液干法纺丝工艺为例说明氨纶的纺丝工艺过程。溶液干法纺丝就是纺丝液在热气流的作用下，通过溶剂挥发而固化成丝的方法。工艺过程如图6-25所示。

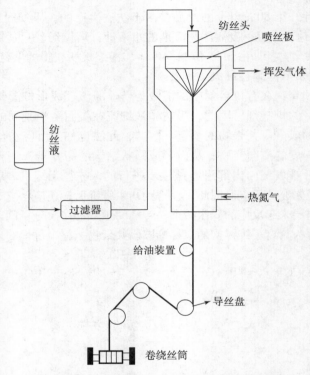

图6-25 聚氨酯弹性纤维溶液干法纺丝流程

事先储存在纺丝液储槽的纺丝液，在生产时经过滤器滤去可能存在的固体杂质。纺丝液用精确齿轮泵定量均匀地压入纺丝头，通过喷丝板的小孔挤出，形成细流，进入直径为30~50 cm，长为3~6 m，温度为200~250 ℃的纺丝筒。在纺丝筒中高温氮气迅速将溶剂从原液细流中蒸发出来，凝固成规定细度的单丝，然后集束形成假捻丝，再经过上油等后处理，最后卷绕成丝绽。

经纺丝后制得的初生纤维，表面具有黏性，可采用不同的方法处理。可采用低黏度石蜡/低聚合度的聚乙烯类油剂、聚二甲基硅氧油剂以及含聚氧化烯烃改性的聚硅氧油剂等。另外还可用硬脂酸金属盐，如硬脂酸镁为基的润滑剂。

3. 聚氨酯漆包线漆的制造工艺

漆包线漆主要用于涂覆在各种规格的裸体铜线、铝线及合金丝的表面制成各种漆包线。漆包线漆一般由高分子树脂和有机溶剂组成，是一种电绝缘漆。根据所使用的树脂成分不同，可分为聚酯漆包线漆、聚氨酯漆包线漆、聚酯亚胺漆包线漆、缩醛漆包线漆、聚酰亚胺漆包线漆、聚酰胺酰亚胺漆包线漆等很多品种和规格。漆包线主要作为电机、发动机、变压器、继电器等机电产品结构中的绕组线圈，在电子电气及电工等领域有着越来越广泛的应用。漆包线的结构由裸体导线和绝缘漆膜两个部分组成。其中，绝缘漆膜层就是由漆包线漆在特定的漆包工艺条件下固化形成，其功效就是使绕组线圈中导线与导线之间产生良好的绝缘作用，以阻止电流的流通，如图 6 – 26 所示。

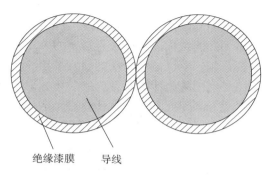

图 6 – 26　漆包线的断面结构

漆包线的绝缘层是在高温、高速等较苛刻条件下形成的，而且要求绝缘层表面光滑均匀，并能满足所要求的机械、电气、耐热及耐溶剂等性能。因此，与一般绝缘漆相比，对漆包线漆有更高更严的要求，为了获得优良的涂覆效果，漆包线漆必须满足下列条件：在白昼散射光线下，目力检测外观应为透明的黏性液体，可以有颜色，但不能含有机械杂质；具有适当的表面张力，使漆料既具有良好的流平性，又有拉圆和防垂作用。同时漆膜容易涂光、涂厚、涂均匀；在漆基树脂特性容许的条件下，具有较低的黏度和较高的固含量，使漆膜容易涂厚；溶剂的蒸发和漆膜的固化能满足高温、高速的涂线要求，涂膜固化快，内外一致；漆包线漆形成的漆膜符合标准要求的各项指标，并有一定的裕度；具有较宽的涂线工艺裕度；具有较长的储存期，一般为一年以上。图 6 – 27 所示为漆包线涂制工艺过程。

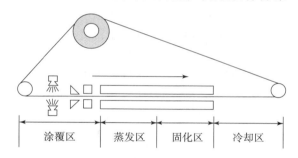

图 6 – 27　漆包线涂制工艺过程

漆包线表面的薄绝缘层要保证通过的电流在线圈内沿芯线环行以产生电磁感应，使电动机电器得以发挥效用。如果漆包线漆膜的介电性能不够好，就会造成线圈短路，电动机电器损坏。漆包线的耐热、力学、耐化学品等性能的劣化大多也是通过电性能的下降或击穿表现出来的。因此，漆包线绝缘层的绝缘能力是漆包线的一个重要指标，它可以通过测定漆包线的击穿电压来表示。

聚氨酯漆是一类重要的漆包线漆。聚氨酯漆包线漆是德国 Baer 公司于 1937 年开发研制的，20 世纪 50 年代初投放市场。除具有一般漆包线漆的性能外，它还具有以下特点：直焊性好，可大大简化焊接工艺，聚氨酯漆包线焊接时，不必事先除去漆层，且焊锡温度低，速度快（370 ℃/0.5 s），无焊锡残渣，焊接周围漆膜性能保持良好，可用于制造低温直焊漆包线；涂线速度快，一般漆包线漆的涂线车速只有 7～40 m/min，而聚氨酯漆包线漆允许到 40～250 m/min；染色性能好，聚氨酯漆包线漆能与多种染料相混溶，制成各种彩色漆包线，运用于焊点较多的场合；高频性能好，漆膜在高频下的介质损耗角正切比较小，可用于开发变频电动机用的耐电晕漆包线。

（1）合成聚氨酯漆包线漆的聚合体系各组分及其作用。

1）羟基组分。

羟基组分由聚酯多元醇和酚类等混合溶剂组成，是聚氨酯漆包线漆的重要组分之一。其中聚酯多元醇数均分子量一般为700~5 000。聚酯多元醇中的活性羟基遇到游离异氰酸酯基团能快速发生反应生成聚氨酯。聚氨酯的性能与用途在很大程度上取决于聚酯多元醇的结构。例如，含氟聚酯多元醇可用于制备低表面能防污聚氨酯涂层；分子中含溴、氯、磷、氮等元素的聚酯多元醇，可用于制备阻燃防火聚氨酯；2，4-二乙基-1，5-戊二醇改性的新型聚酯多元醇耐水解稳定性好；分子中含稠合多脂环刚性结构的丙烯海松酸聚酯多元醇具有较好的光泽及耐热性；三（2-羟乙基）异氰脲酸酯（THEIC）是一种分子中含有异氰脲酸酯环的三元醇，它的引入既可提高聚合物的坚韧性、耐腐蚀性、抗挠曲性、耐磨性、黏结性，又能改善其耐热性和耐候性，在耐高温绝缘材料方面用得较多；新戊二醇（2，2-二甲基-1，3-丙二醇）近年来被广泛地运用于合成聚酯多元醇，因其独特的结构，分子中两个侧甲基对所形成的酯基起到了很好的盾形保护作用，改善了聚酯多元醇的耐水解稳定性。

2）封闭物组分。

封闭物组分由封闭型异氰酸酯和溶剂组成，是聚氨酯漆包线漆的重要成分之一，其中封闭型异氰酸酯由活性异氰酸酯和封闭剂反应而成。合成封闭型异氰酸酯的目的是将活性异氰酸酯基在一定条件下保护起来，使其在常温下失去反应活性，可以长期稳定地储存。在使用时，加热到一定温度发生解封反应，封闭剂脱去，游离出活泼异氰酸酯基团与活泼氢化合物发生反应制得目标产物。常用的封闭剂主要有酚类、醇类、肟类、胺类、活性亚甲基化合物、酰胺类、亚硫酸氢盐等。用于制备聚氨酯漆包线漆用封闭型异氰酸酯的封闭剂主要有苯酚、甲酚和二甲酚等酚类封闭剂，国内聚氨酯漆包线漆用封闭型异氰酸酯组分一般采用二甲酚。此外，卞醇、己内酰胺、2-苯基咪唑啉也可作为聚氨酯漆包线漆用封闭剂。聚氨酯漆包线漆用的异氰酸酯组分一般由TDI、MDI或液化MDI与酚类封闭剂直接封闭的方法制得。这种方法所制备的异氰酸酯组分官能度小，往往因交联不足而影响漆包线性能，且在储存过程中易浑浊，特别是MDI的封闭物。改性的方法主要有两种：一是与多元醇加成后再进行封闭，如TDI与三羟甲基丙烷（TMP）加成后再封闭；二是异氰酸酯环三聚后再进行封闭。

3）溶剂。

漆包线漆生产使用的溶剂主要有甲酚、二甲酚、苯酚等酚类溶剂。苯酚的溶解性不如甲酚和二甲酚。甲酚有间对甲酚、三混甲酚等品种，间位含量越高的甲酚，对树脂溶解性越好。芳烃类溶剂主要有二甲苯、C_9、C_{10}等，主要来自石油化工，也有少量来自煤化工。芳烃类溶剂对树脂的溶解性不如酚类，在产品生产及使用过程中，主要起到调节漆液黏度的作用，有时也称稀释剂。酰胺类溶剂主要指 N，N′-二甲基甲酰胺、N，N′-二甲基乙酰胺、N-甲基吡咯烷酮等。酰胺类溶剂对树脂有较好的溶解性，可以替代一部分酚类溶剂。混合酯类溶剂是指乙二醇的混合酯类化合物，具有较高的沸点，对树脂有较好的溶解性，是一类新型环保类溶剂，可作为酚类溶剂的替代品。

（2）聚氨酯漆包线漆的制备工艺。

典型的聚氨酯漆包线漆的合成制备工艺：首先是聚异氰酸酯加成物的合成；然后通

过与多元醇、羧酸、芳香族二胺和催化剂在苯酚溶剂中制备低聚物聚酯；再加入脂肪族多元醇制备而成。

1）羟基组分的制备。

首先，按固定投料顺序向反应釜中依次投入甘油、乙二醇、己二酸、苯酐、对苯二甲酸等，然后开始升温，当大多数物料熔化时启动搅拌，釜温到 160 ℃后，控制均匀的升温速度，使釜温升至 200 ℃，然后维持釜温恒定，直至馏出量达到要求，馏出气相温度控制在约 100 ℃，不超过 106 ℃。然后加入溶剂二甲苯回流，升温并维持釜温在 207 ℃左右，当总馏出量达要求时，取样检测酸值，同时检测抽丝性，要求拉至 1 m 以上不断。酸值和抽丝性符合要求后，立即加入少量冷油使釜温降到 190 ℃左右。抽真空至无馏出物时为止，随时观察釜内黏度情况，取样测酸值，计量馏出总量。从高位槽兑入甲酚，在釜温 170～190 ℃搅拌 30 min，然后在釜温 140 ℃左右从高位槽兑入二甲苯，搅拌均匀，冷却至 100 ℃以下。取样检测黏度及固含量，合格后出料待用。

2）封闭物组分的制备。

先向反应釜投入三羟甲基丙烷，盖紧釜盖。开启搅拌，真空依次吸取二甲酚、预先熔融好的 MDI 及二甲苯。吸料结束关闭相应阀门，然后通入氮气至反应釜内外气压平衡时，开启通气阀，关闭氮气阀门，维持釜温在 75～95 ℃以内反应 1 h。用 1～2 h 的时间升温至约 130 ℃开始保温计时，然后渐渐升温并维持温度约 137 ℃。保温 4 h 以上取样测定 NCO 值（异氰酸酯基含量）小于 0.7% 时为达终点。通入氮气，当冷油降至釜温 130 ℃以下，依次从高位槽兑入甲酚、二甲苯，搅拌均匀。从釜口取样测黏度及固含量，合格后出料。

3）漆包线漆的配制。

羟基组分、封闭物组分经计量后，通过管道输送到配漆釜中。甲酚、二甲苯、二甲基甲酰胺及环烷酸锌催干剂计量后，真空吸入到配漆釜中。釜加热至 50 ℃，搅拌 2 h，至漆液澄清透明。然后冷至室温，滤除悬浮可见杂质，制得成品漆。

（3）聚氨酯漆包线漆制备及涂漆工艺连续化趋势。

在聚氨酯漆包线漆制备及涂漆工艺过程中，传统工艺存在工序多、流程复杂、耗时、污染大、产品质量有瑕疵等很多不尽如人意的问题。有很多方法可以改进漆料生产工艺，这些方法因漆包线漆合成制备方法及涂线工艺不同而有所区别。若能够实现聚氨酯漆包线漆生产工艺及涂漆工艺连续化且不使用溶剂或保持高固含量，是一种比较好的选择。为此，要求能够精确、定量地计量和喂料，同时物料混合单元设备要具有足够的混合能力，反应系统应密闭且不受外界条件干扰，反应装置具有自洁功能以免因漆料反应速度过快爆聚。

由于优异的混合、输送功能，双螺杆反应挤出机已经成为聚氨酯漆包线生产工艺中的一种优先选择装备。双螺杆聚氨酯漆包线生产工艺具有以下优点：首先，混合效果优异。螺杆旋转时，物料由一根螺杆的螺槽进入另一根螺杆的螺槽中，随着螺杆的转动，物料反复改变转向，获得充分混合。其次，正向输送作用良好。物料在双螺杆反应挤出机中的输送主要是依靠螺杆上螺旋的类似正位移驱动，这种方式的正向输送作用给合成聚氨酯漆包线漆带来诸多好处，物料在螺杆中的平均停留时间短，停留时间分布窄，这样使在机筒中的物料在反应挤出阶段经历了几乎相同的物理变化和化学变化，保证了反应时间的恒定，从而保证了产品质量一致性。另外，物料虽然受到的剪切作用力较大，但在双螺杆反应挤出机中的输送过程中受到的摩擦力较小，因而产生的摩擦热小，通过外部加热与冷却等手段可以准确控制反应温度。同时，由于两根螺杆互相啮合，一根螺杆的螺槽与另一根螺杆的螺棱可以互相刮拭，有良好的自清洗作用，并且由于物料在反应器中与外界隔绝，且制好的漆可直接通过模具进行涂覆，避免了外界条件对反应的影响与干扰，保证漆膜性能。

习题与思考题

1. 线型缩聚物的合成工艺方法有哪几种？各自有什么优缺点？

2. 线型缩聚反应过程中发生的副反应有哪些？分析线型平衡缩聚反应的各种副反应对产物相对分子质量及其分布的影响。

3. 在缩聚反应中，为什么不用转化率而用反应程度描述反应进程？

4. 获得线型高分子量缩聚物的基本条件有哪些？

5. 合成聚氨酯泡沫塑料的成泡原理是什么？

6. 简要介绍体型缩聚合成工艺过程的两个阶段及各阶段产物。

7. 简述溶液法制备聚酰亚胺薄膜的工艺过程，并对关键因素进行分析。

8. 解释凝胶点和凝胶化现象，并简述凝胶点的预测方法，体型缩聚产生凝胶要满足的基本条件是什么？

9. 聚氨酯树脂制备的一步法和两步法工艺具体内容是什么？

10. 简述尼龙 66 的生产工艺过程，并对关键因素进行分析。

第7章
绿色高分子合成工艺

7.1 概述

7.1.1 绿色化学

绿色化学科学是研究在化学产品的设计、开发和加工生产过程中减少或消除使用或产生对人类健康和环境有害物质的科学。按照美国 *Green Chemistry*（《绿色化学》）杂志的定义，绿色化学是指在制造和应用化学产品时应有效利用（最好可再生）原料，消除废物和避免使用有毒的和危险的试剂和溶剂。而今天的绿色化学是指能够保护环境的化学技术，它可通过使用自然能源，避免给环境造成负担，避免排放有害物质，利用太阳能为目的的光触媒和氢能源的制造和储存技术的开发，并考虑节能、节省资源、减少废弃物排放量。

绿色化学起源于美国。1962 年，美国海洋生物学家蕾切尔·卡逊出版了 *Silent Spring*（《寂静的春天》）。书中详细论述了 DDT（对氯苯基三氯乙烷）新型杀虫剂对生态环境的破坏。由此人们开始担心此类化合物对人类生活是否会造成危害，并开始有意识地保护环境。绿色化学的思想来源于 1984 年美国环境保护署提出"废物最小化"，目的是终端产物产生较少或者不产生废弃物质。继而 1990 年美国颁布了污染防治法案，将污染防治确立为美国的基本国策。污染防治法令源于废物小化思想，其基本内涵是对产品及其生产过程采用预防污染的策略来减少污染物的产生，体现了绿色化学思想，是绿色化学的雏形。1991 年美国化学会第一次将"绿色化学"作为会议主题提出，此后美国环境保护协会以此作为中心口号呼吁国民重视环保，从而确立了绿色化学的重要地位。1992 年，联合国在里约热内卢召开了世界环境与发展会议，会议通过了《里约热内卢环境与发展宣言》和《世纪议程》等重要文件，正式提出可持续发展和绿色科技的全球发展战略。1995 年美国总统克林顿设立了总统绿色化学挑战奖，美国环境保护署和毒物办公室制订了"微环境而设计"和"绿色化学"的研究计划，以此来推动社会各界共同参与防治污染、工业生态学的研究。1999 年 6 月 29 日至 7 月 1 日在美国举办了第三届主题为"向工业进军"的绿色化学会议和工程会议，会议主要研讨如何有效利用绿色化学研究成果为保护环境做出贡献。同年，英国举办了"生态设计及维持发展"会议。2002 年 9 月，在美国 IE 国际会议中提到越来越多的化学家开始设计对人类健康和环境污染较小的化学品。国防部正在设计名为"军事化学家的绿色工艺设计"的培训工具，用于设计环境友好的化学工艺、实践和生产。该工具被广泛用于各个领域的化学家。此后每年都举办不同主题的绿色化学会议。2019 年，在美国弗吉尼亚 ACS 举办的绿色化学会议的重点是针对绿色可持续发展进行研讨。

其他国家对绿色化学的发展也起到了强有力的推动作用。1999 年，澳大利亚皇家化学研究所（RACI）设立绿色化学挑战奖，以此推动绿色化学在澳大利亚的发展，鼓励表彰为绿色化学的推广做出贡献的学者。2000 年，英国首届绿色化学奖成功完成颁奖仪式，鼓励广大科研人员投身于绿色化学研究工作中。2019 年，法国举办主题为"化学与生命、化学与环境、化学与社会"的 IUPAC 世界化学大会，通过绿色化学和生物材料治理环境问题。

绿色化学作为化学产品和化学过程的一个设计框架，它有三个要点：绿色化学要对化学产品整个生命周期的全部阶段进行设计；绿色化学要对化学产品和过程的内在特性进行设计，以减少它们的固有危害；绿色化学一直以系统、紧密结合的原则作为设计准则。由此看出绿色化学与传统理念是不同的，传统上人们通过环境法规来控制危害物质的暴露性以降低风险，如建立"安全"浓度和接触限值等；而绿色化学通过降低或消除物质的固有危害性来降低风险，目标是在设计阶段就消除危害。与传统化学比较，绿色化学把"危害"作为化学产品和过程的性能指标，认为存在"危害"是设计的缺陷。

总之，绿色化学的核心问题是研究新反应体系，包括新的、更安全的、对环境友好的合成方法和路线；采用清洁、无污染的化学原料，包括生物质资源；探索新的反应条件，如采用超临界流体和对环境无害的介质；设计和研究安全的、毒性更低或更环保的化学产品。

P. T. Anastas 和 J. C. Waner 提出了 12 条绿色化学的基本原则：

①防止污染优于污染治理：坚持"防止废物的产生比产生废物后进行处理为好"的理念，即防患于未然。

②原子经济性：合成方法应具有"原子经济性"，即尽量使参加反应的原子都进入最终产物。

③低毒害化学合成：设计的合成方法中所采用的原料与生成的产物对人类与环境都应当是低毒或无毒的。

④设计较安全的化合物：在绿色产品设计中，就要求同时考虑产品的性能与毒性，在保证毒性不超过相关标准的前提下提高产品的性能。

⑤使用较安全的溶剂与助剂：在产品的设计中，要尽可能不用或少用溶剂等辅助原材料，必须用时要选用无毒或低毒、易回收溶剂。

⑥有节能效益的设计：化工过程的能耗必须节省，并且要考虑其对环境与经济的影响，如有可能，合成方法要在室温、常压下进行。

⑦使用再生资源作为原料：在产品的设计中要以可能的设计尽可再生资源作为原材料。

⑧减少运用衍生物：在产品的设计中要尽可能地简化或缩短生产工艺，即短流程设计。

⑨催化反应：在产品的设计中采用催化剂或促进剂，并且尽可能提高其选择性。

⑩设计可降解产物：产物应当设计成在使用之后能降解成无毒害的降解产物而不残存于环境之中。

⑪实时分析以防止污染：能实现在线监控，分析方法先进得当，既要保证产品合格，又要及时现场分析，尽可能做到在有害物质生成之前就得到有效控制。

⑫采用本身安全、能防止发生意外的化学品：在产品设计中，优选安全性高的原材料，尽可能避免使用易燃、易爆、易挥发、易泄漏、高毒性的原材料，以免对人身的伤害和对环境的危害。

这 12 条基本原则指明了未来绿色化学的发展方向，其核心是采用无毒害、可再生资源，如原材料、助剂及催化剂，利用清洁、节能和高效的过程强化技术，采用原子经济反应，制备环境友好材料与产品。概括起来，绿色化学主要研究内容如图 7 - 1 所示。

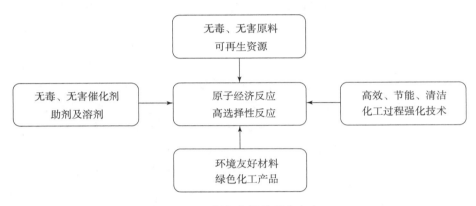

图 7 - 1　绿色化学的研究内容

7.1.2　绿色高分子合成工艺的意义和要求

随着科技的发展，高分子材料已渗透到国民经济各部门以及人们生活的各个领域，其用量也是与日俱增。但是，在自然界中由于高分子材料的大量废弃给人类生存环境带来巨大的污染，所以从解决环境污染和资源危机的角度出发，绿色高分子备受关注。绿色高分子包括高分子本身与如何应用及处理两个方面，具体是指高分子的绿色合成和绿色高分子材料的合成与应用，前者是指高分子合成的无害化及其对环境的友好，后者是指可降解高分子材料的合成与使用及其环境稳定高分子材料的回收与循环使用，本书重点介绍绿色高分子合成工艺。

在高分子的合成过程中会使用大量的溶剂、催化剂等对环境产生危害的物质，这些物质一般很难完全除尽，甚至可能会残留在产品中对环境造成长期危害。同时在合成反应中有时会生成有毒的副产物，如果不去除干净就会对产品的使用者带来危害。另外对高分子合成来说，一般需要特定的工艺条件，如对自由基聚合聚乙烯而言，聚合需要的压力很高，聚合时间也长，聚合中产生大量的热量，为了防止反应釜局部过热，需在反应中不断搅拌以达到热量的均衡的目的，并需要大量的水进行冷却，这样就会消耗大量的水和能源。

我国高分子化学家、中科院院士冯新德认为，绿色高分子合成中绿色反应应包括这样几个主要内容：一是无副产物；二是对副产物作无害处理；三是将反应条件改变为对环境无害；四是将催化剂改为对环境无害。根据绿色化学的"十二条"原则，首先，从原子经济性方面考虑，理想的原子经济反应是原料分子中的原子百分之百地转变成产物，不产生副产物或废物，实现废物的零排放。例如，环氧丙烷是生产聚氨酯泡沫塑料的重要原料，传统上主要采用二步反应的氯醇法，不仅使用危险的氯气，而且产生大量含氯化钙的废水，造成环境污染。如今国内外均在开发在钛硅分子筛上催化氧化丙烯制备环氧丙烷的原子经济新方法。其次，从原材料方面考虑，尽量采用无毒无害、来源丰富的可再生资源等，最好选择农副产品。Komiya 研究开发了在固态熔融状态下，采用双酚 A 和碳酸二甲酯聚合生产聚碳酸酯的新技术，它取代了常规的光气合成路线，避免了有毒、有害的原料和溶剂的使用。美国开发了玉米淀粉和 PVA 的共混物，可用普通加工技术加工，强度与普通相近，且其分解率达到 100%。淀粉还可以非常容易地转化为葡萄糖，利用葡萄糖可以制备己二酸、邻苯二酚和对苯二酚等一系列化工原料，实现了聚合物原料单体的无害化。最后，从工艺方面考虑，尽量在温和的条件下进行反应，满足催化剂的绿色化以及降低溶剂和能源的需求。在高分子的合成过程中，其需要的溶剂、催化剂、能源以及其产生的副产物等对环境都具有较大的影响，其残留的有毒、有害物质更可能直接危害使用者的身体健康。水、离子液体以及临界流体都能作为溶剂，并可降低有毒溶剂的循环利用。例如，工业生产过程中，提取环氧丙烷时，还需要添加氯气，而氯气是一种有毒气体，会对环境造成一定的污染。

在能量方面，可以用光、微波、辐射等来代替传统的加热引发聚合反应。徐僖等人对聚合物或聚合物－单体体系超声辐射，合成了许多共聚物，如 PEO－AN、PVA－AN 等，其中一些是新型的共聚物，并且有些产品已得到广泛的应用。例如，聚乳酸化合物大多使用辛酸亚锡进行催化，但是这种辛酸亚锡中的锡盐具有一定的毒性，如果人体吸收过量，很容易发生中毒现象。而生物酶作为催化物质，在催化过程中不会产生有毒有害气体，但是生物酶催化剂受到种类的限制，还无法进行大面积的推广。仿酶催化是化学领域研究热点之一，在高分子绿色化研究中也值得进一步重视，酶催化反应以高效性、专一性且条件温和而令人瞩目，但天然酶在实际应用中尚有不少困难，开发具有与酶功能相似甚至更优越的人工酶已成为当代化学与仿生科学领域的重要课题之一。模拟酶就是从天然酶中拣选出起主导作用的一些因素，用以设计合成既能表现酶的优异功能又比酶简单、稳定得多的非蛋白质分子或分子集合体，模拟酶对底物的识别、结合及催化作用，开发具有绿色高分子特点的一些新合成反应或方法。仿酶催化不仅兼具酶催化与化学催化两者的特点，而且是实现绿色高分子目标的直接而有效的途径。

对高分子绿色合成工艺方面的要求，分为以下几个方面。

1. 原料的选择

为了保护环境和人类，从源头上减少和消除污染，需要用无毒、无害的原料来生产所需的化工产品。在高分子材料合成或加工中使用无毒、无害添加剂，既可节约资源，又可保护环境。例如，常用的添加剂来源有两个：一是可回归于大自然的无机矿物，如石灰石、滑石粉；二是光合作用并可环境消解的蛋白质、淀粉、纤维等。故矿物的超细化技术及偶联、增容技术，淀粉的接枝及脱水加工技术以及纤维的增强技术应大力扶持发展。例如，将淀粉添加到塑料中去，其优越性在于原料单体实现了无害化，而且淀粉又易转化为葡萄糖，易生物降解。

2. 绿色合成

在高分子的合成过程中，会使用大量的溶剂、催化剂等对环境产生危害的物质，这些物质一般很难除尽，甚至可能会残留在产品中对环境造成长期危害。同时在合成反应中有时会生成有毒的副产物，如果不去除干净就会给产品的使用者带来危害。另外对高分子合成来说，一般需要特定的工艺条件。

概括起来，为了实现高分子的绿色合成过程，需满足以下要求：

①合成中无毒副产物的产生或者有毒副产物无害化处理。

②采用高效无毒化的催化剂，提高催化效率，缩短聚合时间，降低反应所需的能量。

③溶剂实现无毒化，可循环利用并降低在产品中的残留率。

④聚合反应的工艺条件应对环境友好。

⑤反应原料应选择自然界中含量丰富的物质，而且对环境无害，避免使用自然界中的稀缺资源。

为了让高分子合成材料逐渐向无公害、绿色环保方向发展，从而实现绿色战略发展目标，避免高分子材料使用后给环境带来"白色污染"等，在合成初期就需要考虑材料使用后的环境降解性、回收利用性。在分子链中引入对光、热、氧、生物敏感的基团，为材料使用后的降解提供条件。拓宽可聚合单体的范围，减少对石油的依赖。例如，二氧化碳是污染大气的废气，但它也是可聚合的单体。二氧化碳可与环氧化合物开环聚合生成脂肪族聚碳酸酯。

3. 绿色加工

高分子材料传统的加工方法效率低、耗能大，对环境产生一定的负面影响，在能源越来越紧缺的今天，寻找新的加工方法就显得极其重要。这些新方法大多是物理方法，如微波、辐射、等离子和激光等加工方法。

（1）高分子辐射交联。

高分子辐射交联是辐射化工中应用发展最快、最早、最广泛的领域。作为适应复合材料低成本化和无公害化发展趋势的新型固化技术，电子束固化技术易于实现，固化速度快，固化温升小，可消除材料残余应力，增加了材料设计自由度，使树脂的使用期显著提高。

（2）橡胶辐射硫化。

橡胶辐射硫化是用辐射能取代常规硫黄进行硫化，利用离子射线诱发橡胶中二烯产生交联的工艺。该技术具有节能、生产工艺清洁的优点，辐射硫化橡胶产品基本保持了常规硫化产品的物理性能，并具有无亚硝胺、硫黄、氧化锌以及低细胞毒性、透明和柔软等显著特性，非常适于安全性要求较高的制品生产，其应用前景十分广阔。

（3）微波。

微波是频率为 0.3～300 GHz 的电磁波，该频率与化学基团的旋转振动频率接近，可用以改变分子的构象，选择性活化某些反应基团，促进化学反应，抑制副反应。与紫外线、X 射线、γ 射线、电子束等高能辐射相比，微波对高分子材料的作用深度大，对大分子主链无损伤，设备投资及运行费用低，防护较简便，具有操作简便、清洁、高效、安全等特性。将微波应用于高分子材料加工已成为研究的热点。

4. 后处理

若高分子材料使用后处理不当，则会对环境造成污染，使生态遭到破坏。从可持续发展的角度看，实现废弃物的资源化利用，使用材料的再生和循环利用，应是绿色材料开发利用中最重要的内容。

为了解决高分子垃圾对环境的不利影响，应改变传统的经济模式，即由资源消耗型经济向循环经济转变。循环经济要求以 3R 原则，即减量化（Reduce）、再使用（Reuse）、再循环（Recycle）作为经济活动的行为准则。

综上所述，高分子材料合成的绿色化需要满足以下几个原则：

减量化原则：要求投入较少的原料和能源达到既定的生产目的或消费目的，在经济活动的源头就注意节约资源和减少污染。

再使用原则：要求产品和包装或容器能够以初始的形式被多次使用，以抵制目前一次性用品的泛滥。

循环使用原则：这是减少固体废物最有效、最有前途的处理方法。废弃高分子材料的回收再生、循环使用可称作是最好的生态学方法。

7.2 绿色高分子合成工艺的设计思路

7.2.1 绿色溶剂和助剂

绿色溶剂又叫环境友好型溶剂，一般是指溶剂化学性质不稳定，可以为土壤生物或其他物质降解，其半衰期短，很容易衰变成低毒、无毒的物质。随着人们对环境的重视，寻找一种能够替代有机溶剂的没有或尽可能少的环境副作用的新型绿色溶剂成为人们关注的重点。备受关注的绿色溶剂是水、超临界流体和离子液体，本部分重点介绍超临界流体和离子液体。

1. 超临界流体

超临界流体（Supercritical Fluid，SCF）指的是物体处于其临界温度和临界压力以上状态时，向该状态气体加压，气体不会液化，只是密度增大，具有类似液体的性质，同时还保留气体性能。超临界流体的物性兼具液体与气体的双重性质，密度接近液体，扩散度接近气体，黏度介于气体和液体之间。在临界点附近，压力的微小变化会导致流体的密度、黏度、溶解度、热容量和介电常数等物性发生急剧变化。因此，在提取、精制和反应等方面，超临界流体越来越多地被用作新型溶剂以代替原有的有机溶剂。随着新应用领域的研发开拓以及绿色化工工业的迫切需求，超临界流体技术已深入材料制造、化学反应、环境保护工程和化学工业流程的革新，新型有机合成工艺的建立和应用，合金/聚合物复合材料的研究以及废塑料油化技术的应用等方面。

目前研究的超临界流体种类很多，主要有二氧化碳、水、甲苯、甲醇、乙烯、乙烷、丙烷、丙酮和氨等。近年来主要还是以使用二氧化碳和水作为超临界流体的居多，因为二氧化碳的临界状态易达到，它的临界温度（$T_c = 30.98$ ℃）接近室温，临界压力

（p_c =7.377 MPa）也不高，具有很好的扩散性能，较低的表面张力，且无毒、无味、不易燃、价廉、易精制，这些特性对热敏性易氧化的天然产品更具吸引力。

以超临界 CO_2 为例，从图 7 - 2 中可以看出熔点线、沸点线、升华线这三条线将 CO_2 超临界流体的相图分为 4 个区：气体区、液体区、固体区及超临界流体区。CO_2 的三相点温度为 256.56 ℃，压力为 0.52 MPa。CO_2 的临界点温度为 30.98 ℃，临界点压力为 7.377 MPa。在临界区附近，任何微小的变化都会造成相关物质的物理或化学性质的剧烈变化。超临界 CO_2 流体的温度和压力的微小变化，都会引起流体体积及密度的大幅度变化。难挥发性溶质在超临界流体中的溶解度大致与流体密度成正比。利用超临界流体的特性，在高密度（低温、高压）下萃取分离物质，然后稍微提高温度或降低压力，就可以将萃取剂与待分离物质分离。

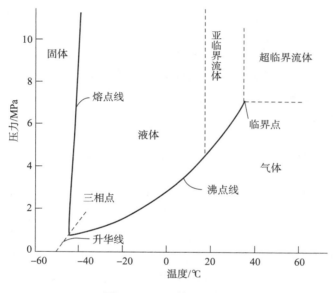

图 7 - 2　CO_2 的 $p - T$ 图

利用溶质在超临界流体中溶解度的特异性质发展起来的超临界流体技术被认为是一种清洁和高效的绿色化学过程，有着巨大的潜在应用价值。目前，已取得多种实用的体系，包括 SC - CO_2（SC 表示超临界）、SC - 丙烷、SC - H_2O 等。双键氢化的反应速率与 H_2 在反应体系中的浓度成正比，因 SC - CO_2 能与 H_2 完全互溶，特别有利于氢化反应的进行。1，2 - 二苯基 - 3，3 - 二甲基环丙烯在超临界 CO_2 介质中催化氢化双键的速率明显高于普通有机溶剂，反应原理如下：

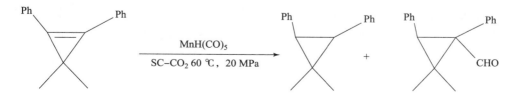

在聚合反应中，采取无毒的 SC－CO_2 为反应介质可以避免传统制备方法中有机溶剂的挥发和排放的污染问题，也解决了溶剂残留和反应结束后产物和溶剂的分离问题。1992 年，De Simone 等人用 SC－CO_2 作溶剂、AIBN 为引发剂，进行 1，1－二氢全氟代辛基丙烯酸酯的自由基均聚，及其与苯乙烯、甲基丙烯酸甲酯、丙烯酸丁酯等单体的共聚反应，得到了分子量达 27 万的聚合物。

异丁烯的聚合反应用于合成丁基橡胶，现行的工业生产方法存在着溶剂卤代烃有较强毒性及聚合过程中必须采用零下几十度的低温来保证阳离子链不发生严重的链转移副反应的缺点。1994 年 Kennedy 等人在 SC－CO_2 介质中进行的异丁烯的沉淀聚合反应可以解决上述问题。

超临界流体具有高溶解性、高扩散性、高渗透性，故超临界流体可以作为高分子降解的有效溶剂。以超临界二氧化碳和超临界乙醇作为介质，对废旧轮胎进行脱硫再生表现出较好的效果。脱硫降解后橡胶热稳定性提高，多硫键和二硫键转化为单硫键。利用超临界二氧化碳处理废弃塑料（PET、PP、PE）以制备作为锂离子电池电极材料的碳微球时，发现所得碳微球石墨化程度、分散性和产率与反应温度和时间正相关。PET 在 650 ℃反应时碳微球产率达 28%，其首先分解为联苯、甲苯等小分子芳香烃，并进一步脱氢碳化聚合生成碳微球结构。相同反应条件下，PP 和 PE 制备碳微球产率分别达 42% 和 43.5%。通过循环充放电实验，所制碳微球储锂性能较好，可能应用于锂离子电池电极。

随着电子和汽车行业的发展，聚对苯二甲酸丁二醇酯（PBT）废弃物逐渐增多，回收处理这些废弃 PBT 受到人们的广泛关注。PBT 在超临界水（320 ℃，11.2 MPa）中可完全解聚，主产物对苯二甲酸（TPA）产率可达 97%。以超临界水－甲醇作为介质，在 360 ℃条件下可将其解聚为对苯二甲酸二甲酯（DMT）、TPA 及具有 PBT 重复单元结构的低聚体。因此超临界流体是非常有前景的回收处理方法。

超临界流体萃取技术已经在烟草工业、食品工业、医药工业、化学工业、环境科学、天然色素的提取和分析化学中得到广泛的应用。进一步研究超临界流体萃取影响因素、超临界流体的性质等，并结合其绿色环保、高效提取等优点，不难发现超临界流体萃取技术的应用前景将十分广阔。

2. 离子液体

离子液体（或称室温熔融盐）是由离子组成的液体，是低温下（＜100 ℃）呈液态的盐，由阴、阳离子两部分组成。常规的离子化合物只有达到一定的温度才能转变为液态，而离子液体在室温附近很宽的温度范围内（从低于或接近室温到 300 ℃）均为液态。室温离子液体因具有一系列突出的理化特性，引起了化工领域广泛的关注，目前被成功应用于化工萃取分离、有机合成、电化学、纳米材料等化工及功能新材料各个领域，成为绿色化学中最具前景的反应介质和非常理想的催化体系。

离子液体的阴、阳离子均具有很宽的选择范围，故离子液体的种类越来越多。根据有机阳离子的不同，离子液体主要分为 4 类，分别为咪唑盐类（Ⅰ）、吡啶类（Ⅱ）、季铵盐类（Ⅲ）和季磷盐类（Ⅳ），其结构为

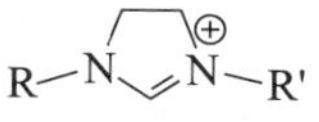

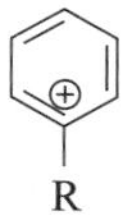

$$（Ⅰ）\qquad（Ⅱ）\qquad（Ⅲ）\qquad（Ⅳ）$$

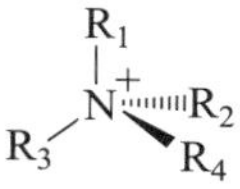

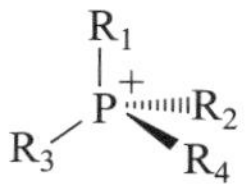

目前研究最多的离子液体是二烷咪唑类离子液体，因为它易合成且性质稳定。几种常见的离子结构为

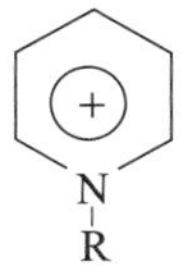

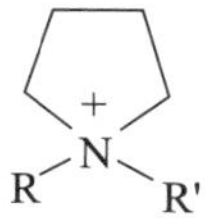

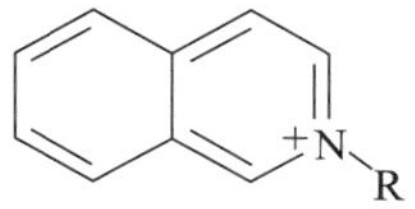

[AlCl$_4$]$^-$　　[Al$_2$Cl$_7$]$^-$　　[BF$_4$]$^-$　　[PF$_6$]$^-$　　[SbF$_6$]　　Br$^-$　　Cl$^-$　　[CF$_3$CO$_2$]$^-$

[CF$_3$CO$_2$]$^-$　　[CF$_3$SO$_3$]$^-$　　[(CF$_3$SO$_2$)$_2$N]$^-$　　[NO$_3$]$^-$　　[SnCl$_3$]$^-$　　[Sn$_2$Cl$_5$]$^-$

阴离子大多是含有卤素的阴离子，主要有两类：一类是 AlCl$_3$ 型，如 AlCl$_4^-$、Al$_2$Cl$_7^-$ 等，此类阴离子构成的离子液体对水、空气极其敏感；另一类是非 AlCl$_3$ 型，此类阴离子构成的离子液体对水和空气较稳定，其中以 BF$_4^-$、PF$_6^-$ 两种阴离子研究最多，上述的阴离子是常见离子液体的组成部分。

离子液体的种类繁多，大体上可分为三大类，即 AlCl$_3$ 型离子液体、非 AlCl$_3$ 型离子液体及其他特殊离子液体。其合成方法大体上可分为直接合成法和两步合成法两种。

（1）直接合成法。

直接合成法可以通过酸碱中和反应或季铵化反应一步合成离子液体，通过两种或多种物质直接混合即可，这种制备方法简便，没有副产物，产品易纯化。例如，AlCl$_3$ 型离子液体的制备，直接将所需量的卤化物盐与 AlCl$_3$ 在真空或惰性氛围下混合即可。调整所用的卤化物盐与 AlCl$_3$ 比例，可调控离子液体的酸性大小。

Ohno 等人通过酸碱中和方法合成了 21 种不同含氮阳离子的四氟硼酸盐离子液体、20 种氨基酸阴离子的离子液体。同样，通过酸与酰胺反应，也可制备相应的离子液体。

以有机酸酯作为烷基化试剂，通过季铵化反应也可直接制备相应有机酸阴离子的离子液体。Holbrey 等人报道了通过烷基化咪唑铵盐与硫酸二甲酯或二乙酯一步合成亲水性的咪唑类烷基硫酸盐离子液体。其反应原理为

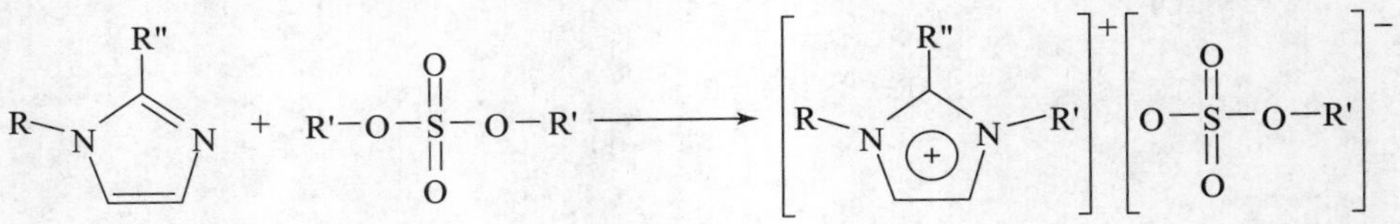

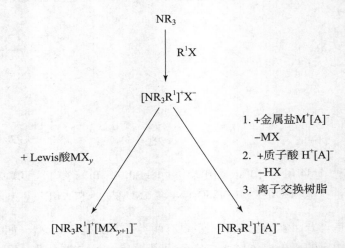

（2）两步合成法。

在两步合成法中，第一步可用叔胺或叔膦与卤代烃等烷基化试剂通过季铵化或季膦化反应制备含有目标阳离子的卤盐 $[NR_3R']$ X^- 或 $[PR_3R']$ X^-，然后用目标离子 $[A]^-$ 置换出 X^- 离子或加入 Lewis 酸 MX_y 得到目标离子液体，其反应原理如下：

$$NR_3$$
$$\downarrow R^1X$$
$$[NR_3R^1]^+X^-$$

+ Lewis酸MX_y

1. +金属盐$M^+[A]^-$　$-MX$
2. +质子酸 $H^+[A]^-$　$-HX$
3. 离子交换树脂

$$[NR_3R^1]^+[MX_{y+1}]^- \qquad\qquad [NR_3R^1]^+[A]^-$$

除了上述两种合成法外，许多研究小组探索了不同的离子液体合成方法。Wasserscheid 等人通过 Michael 反应"一锅煮"合成了带多种官能团的功能性离子液体，使离子液体工业化生产成为可能；同样，Xu 等人也报道了"一锅煮"合成离子液体 $[bmim]PF_6$。

与其他固态或液态化合物相比，离子液体具有一系列突出优点：

①几乎没有蒸气压，液态范围宽。

②有较强的溶解能力，可以溶解有机物、无机物、金属有机化合物及聚合物。

③有较大的极性可调性，可以与其他溶剂形成两相或多相体系，适合作反应溶剂、分离溶剂或构成反应/分离耦合新体系。

④毒性低、清洁环保，主要用于高温和高真空体系；阴、阳离子灵活可调，可以根据反应需要调节其溶解性、酸碱性、催化性等。

这些优良的性能主要取决于阴阳离子的结构、组合与内部作用力。例如，离子液体的熔点与阳离子烷基链碳数的变化密切相关，其原因在于离子液体的不对称性及色散力的变化。离子液体完全由离子组成，离子间的作用力不同于普通分子型液态介质与电解质溶液。

综上所示，离子液体是一种新型的绿色无污染溶剂，具有独特的性能，因而迅速兴起并广泛应用于化学研究的各个领域，受到各国科学界的重视。其主要用途包括：

溶剂：离子液体有着其他有机溶剂无法比拟的优点，作为溶解介质是其主要用途之一。离子液体可溶解一些天然高分子物质，从而可以进行均相改性，进而简化改性过程。研究表明，离子液体对纤维素、淀粉、半纤维素、壳聚糖、木材等天然高分子材料具有很强的溶解性能。其作反应溶剂，既能控制粒径的尺寸、几何学、形态学等特性，又具有实验装置简单、易于操作等优点。

有机合成：在有机合成过程中，离子液体同时起着溶剂和催化剂的功能，其可以作为许多有机化学反应如烷基化、酰化、傅克反应等的溶剂或者催化载体，且离子液体还可以重复循环使用，这使得离子液体在有机合成中占有重要地位。

催化作用：离子液体作为催化剂使用是离子液体最重要的研究方向。离子液体可以根据反应性质调节离子液体中的阴阳离子，使离子液体成为有特殊催化性能的催化剂。离子液体既可以作为多相催化剂也可以作为均相催化剂，反应后其他物质与催化体系分离容易，回收利用简单。另外，离子液体还可以改变某些生物反应的反应条件、反应速率，所以离子液体也可以应用于生物酶催化反应。

萃取分离：萃取分离是一种应用较广的有效分离方法，而传统的萃取剂对环境污染严重。离子液体极性强、黏度低、密度大、易形成多相混合体系，适合做萃取溶剂。离子液体具有无污染、可选择溶解性、制备简单等性质，使离子液体在分离领域中得到广泛的研究和应用，如液液萃取、液相微萃取、固相微萃取、双水相萃取中，离子液体的应用效果皆很好。

电化学：离子因具有液体热稳定性好、液态温度范围广、导电性能好等性质而应用于电化学领域。离子液体在作为电解液时，既做溶剂也是电解质，离子液体在电化学领域如电镀、电解、电容技术等的应用也很广泛。

7.2.2 环境友好催化剂

环境友好催化剂是指在催化转化反应过程中，不产生环境污染，甚至是"零排放"，从而能够实现清洁生产的这样一类催化剂。环境友好催化从广义上讲，首先是现有生产工艺所有环节的催化剂绿色化的总和，其次是要考虑采用无毒无害和可再生资源作为原料，最后是环境友好产品，同时还隐含了催化剂和产物的分离、在溶剂存在下的催化、新产品开发的绿色化等问题。

许多化工生产过程，如芳烃烷基化、异构化、歧化以及酯化、水合等反应过程均需用强酸催化。传统的催化剂是液态酸如硫酸、氢氟酸、三氯化铝等，这些催化剂不仅对设备造成严重腐蚀，而且对环境造成严重污染。这些传统催化剂已逐渐被绿色催化剂——固体酸催化剂所取代。固体酸是指能使碱性指示剂变色的固体，具体来说，固体酸是指能给出质子或能够接受孤对电子的固体，即具有布朗斯特酸和路易斯酸活性中心的固体。例如，苯的烷基化制乙基苯或异丙苯的工艺、甲苯歧化工艺、二甲苯异构化工艺均逐渐用 ZSM-5、丝光沸石、固体磷酸硅藻土等固体酸催化剂替代 $AlCl_3$ 液相催化剂，会使工艺简化，"三废"排放大大减少。

水相催化反应是"与环境友好的合成反应"的一个重要组成部分，正受到越来越多的关注。王伟对水溶剂中的芳腈化反应进行了反复试验，获得了环境友好的铜催化卤代芳烃腈化反应方法：以 $K_4[Fe(CN)_6]$ 为氰化试剂、水为溶剂和无配体 $Cu(OAc)_2 \cdot H_2O$ 作催化剂，微波加热效果良好。该方案更经济、更环保，反应进行时无须使用惰性气体，且催化剂多次使用不失活。

过氧化氢反应产物的环保性和其催化氧化不同有机物的有效性为有机污染物的降解提供了一个新途径。过氧化氢在化学反应中的副产物为水,不污染环境;可以发生分解反应、氧化反应、加成反应、还原反应和取代反应等;可在相对温和的反应条件下使用;能高选择性、高纯度、高产率地获得目标产物;溶于水和许多有机溶剂;不容易腐蚀反应器皿;反应中多余的过氧化氢后处理容易;可用于合成亚砜、砜,环氧化合物,醇、酚、醛、酮、酸、酯,卤代化合物等各类有机化合物。这些优点使过氧化氢成为最具有应用前景的绿色化学试剂之一。

化学催化氧化法在污染治理中是非常有效和环境友好的,目前光催化氧化技术、Fenton技术和电化学催化氧化技术发展迅速,前景广阔。二氧化钛光催化技术在室内空气污染的治理、汽车尾气的净化以及废水处理领域效果显著,但工业化应用还不成熟;非均相类Fenton技术环境友好性强,在有机污染物的降解方面富有成效,目前已有诸多成功的案例;电化学催化氧化技术可处理各类高浓度的有机废水,有较好的环保应用前景。

随着生化技术的发展,酶催化反应越来越多地被有机化学家作为一种手段应用于有机合成,特别是催化不对称合成反应。酶可反复使用,对设备要求也低、危险性小、可操作性好,是一种理想的绿色催化材料。可催化多种有机合成反应,仿酶催化反应意义重大;酶催化在印染废水等的处理中已有工程应用。通常酶催化具有多功能性,即一种酶在催化一种主要反应的同时在一定条件下可催化第二种反应。酶的多功能性研究以及其在有机合成、生物合成、药物设计上的应用吸引了越来越多有机化学工作者的关注。4-草酰巴豆酯互变异构酶(4-OT)催化乙醛与脂肪族、芳香族硝基烯烃的不对称Michael加成反应,可制备β-硝基醛,反应原理为

$$\text{(reaction scheme: } \text{CH}_3\text{CHO} + R{-}\text{CH}{=}\text{CH}{-}\text{NO}_2 \xrightarrow{\text{4-OT}} \text{产物}\beta\text{-硝基醛})$$

反应中添加一定量的二甲基亚砜(DMSO)和乙醇作为共溶剂,产品收率达74%;重要的是该反应对映体超量达98%,具有优秀的对映体选择性(芳香族硝基烯烃得到的产物主要对映体为S构型,而脂肪族硝基烯烃得到的产物主要对映体为R构型);该反应体系具有传统合成方法不具备的优点,如催化剂用量少,反应时间短(2.5 h之内),环境友好等。

分子筛催化剂是一类非常重要的环境友好型固体催化剂,可以应用于多种有机反应中,较传统催化剂可减少大量废物的排放。水、超临界流体和离子液体是环境友好的反应介质,它们作为溶剂可以大大减少有机溶剂对环境的污染,但因为种种限制目前还没有实现工业化应用。

环境友好催化技术的应用研究已经取得很大进展,但总体上仍处于实验室和理论探索阶段,其真正推广应用还有一些关键的科学问题需要解决。未来环境友好催化技术努力的方向可能包括以下几个方面。

①环境友好型催化剂的开发和应用,这是把握好"源头"治理的关键,可着重探索组合催化剂的制备技术。

②环境友好型溶剂的不断开发和应用,如扩大超临界流体的应用范围,开发中试和

工业化的超临界流体反应设备等。

③多种催化方式的组合应用技术亟待开发，如大力开发光催化技术与其他技术的耦合工艺等。

④光催化氧化在相关方面实现重大突破：通过光催化剂的改性，提高催化剂的光活性，并利用太阳能作为激发源；选择合适的载体和固定方法，研究开发有效的固定相 TiO_2 载体，避免催化剂回收费用高和利用率低的缺陷；研究开发高效多功能集成式实用光反应器，并定量研究各种因素对光催化反应速率的影响，优化光催化反应体系。随着科学技术的发展和新型材料的发现，光催化氧化技术必会越来越成熟。

⑤扩大酶催化在环保中的应用范围和规模，实现生物催化技术在污染治理应用方面的工业化突破。

7.3　高分子绿色合成工艺方法

绿色合成-3

7.3.1　水介质的高分子合成工艺

因为水具有来源丰富、成本较低、绿色无污染和不燃烧等特点，将水作为"绿色介质"应用到有机反应中已经成为绿色化学领域的一个重要研究方向。研究发现，在某些特定的反应体系下，水能明显提高反应速率和反应选择性，且产物的分离更容易实现，并有益于催化剂的循环使用。开发水介质有机化学反应可以极大地减少有机溶剂带来的环境污染，核心问题是设计高效催化剂。在催化领域，均相催化剂也在逐渐被非均相催化剂取代，以此来减少在催化反应中对环境造成的严重污染。

（1）自由基反应。

自由基反应是化学反应中重要的合成策略之一，其与传统有机反应相比反应活性较高、反应条件温和、官能团耐受性优良，为化学反应提供了一条高效、温和、简洁的途径。水的 O—H 键键能较大且不易发生化学反应，同时大多数有机自由基源在水中较稳定，故其可作为有机自由基反应的理想溶剂。

2017 年，Wei 等人实现了室温下亚硝酸叔丁酯（tBuONO）与 2 - 吲哚酮的自由基偶联反应，其原理为

该方法在水介质中以中等至良好的收率得到一系列靛红肟衍生物，避免了传统方法中路易斯酸或碱的使用，为靛红肟的合成提供了一条简洁、实用的新途径。

（2）C—C 键的构建。

C—C 键的构建是现代有机合成研究的重要内容之一，也是通过简单前体来合成复杂分子的关键步骤。因此，寻求一种绿色、温和的策略来构建 C—C 键是现代有机合成的研究热点。2015 年，Narender 等人报道了 β - 酮酯和炔烃在水中反应合成 α - 萘酚、联萘酚和蒽酚的方法，反应原理为

该方法以 AgOAc 作为催化剂，$Na_2S_2O_8$ 作为氧化剂，十二烷基硫酸钠（SDS）作为表面活性剂以提高反应物的溶解度，反应条件温和且操作简便。

（3）C—N 键的构建。

长期以来，有机化学家们一直致力于 C—N 键构筑新方法的研究。由于含氮化合物所具有的显著药理活性，其已成为新药设计研发的重要前提之一。2015 年，Li 等人发展了一种在四丁基碘化铵（TBAI）/过氧化叔丁醇（TBHP）/水体系下由取代甲醛和二苯甲酮亚胺合成酰胺的新策略，其反应原理如下：

Zhao 等人利用 FeCl$_3$作为催化剂实现了水介质中甲基芳烃的氧化胺化反应，其反应原理为

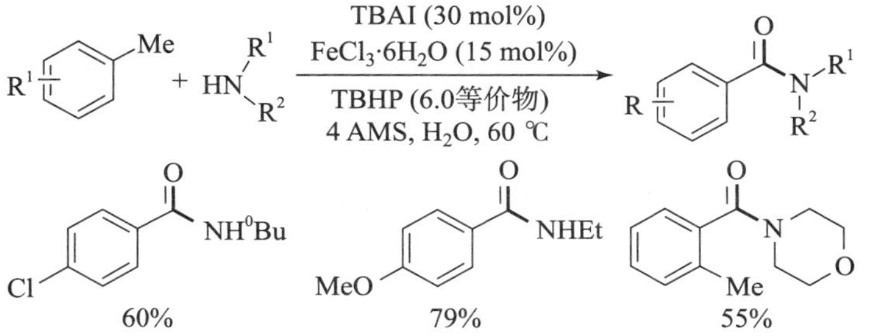

不同胺源均能与甲基芳烃反应得到相应酰胺，鲜见报道的胺源吗啉同样能够实现该反应，拓宽了胺化反应的底物范围。他们还在研究中发现 TBHP 水溶液比纯 TBHP 能够获得更高的收率，这表明水对该反应有一定影响。

（4）可逆加成－断裂链转移自由基聚合（RAFT）。

RAFT 作为活性/可控聚合自由基聚合中的一种，已经发展成为构筑功能聚合物的强有力工具，不仅得到的聚合物分子质量分布较窄，而且可以获得嵌段、星型、超支化等多种拓扑结构的聚合物，用于 RAFT 水相聚合的物质如图 7－3 所示。将水相聚合引入 RAFT，将有助于调控聚合物的分子结构和分子质量分布。

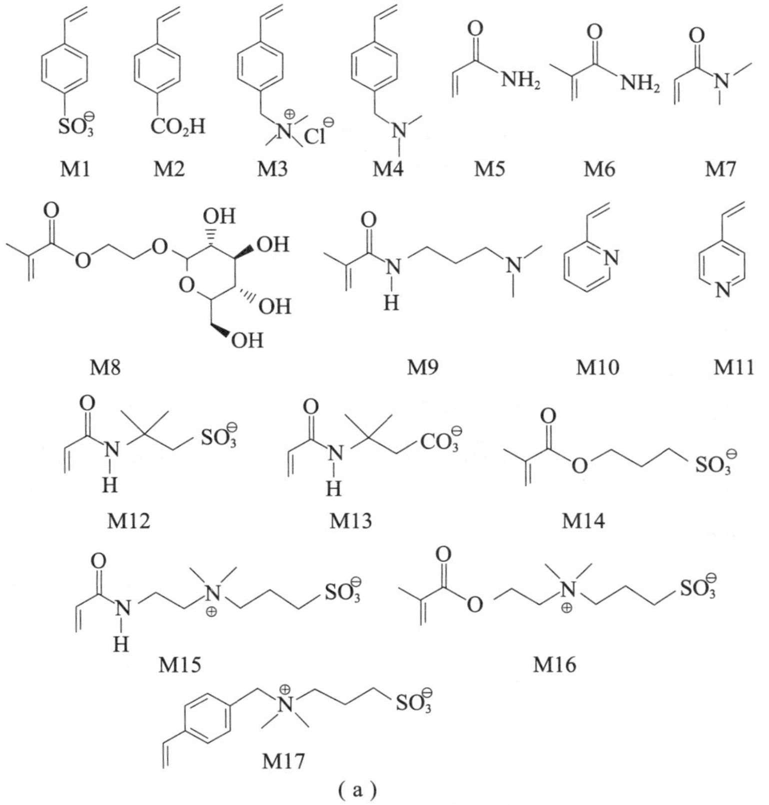

（a）

图 7－3　用于 RAFT 水相聚合的物质

（a）水相的 RAFT 单体

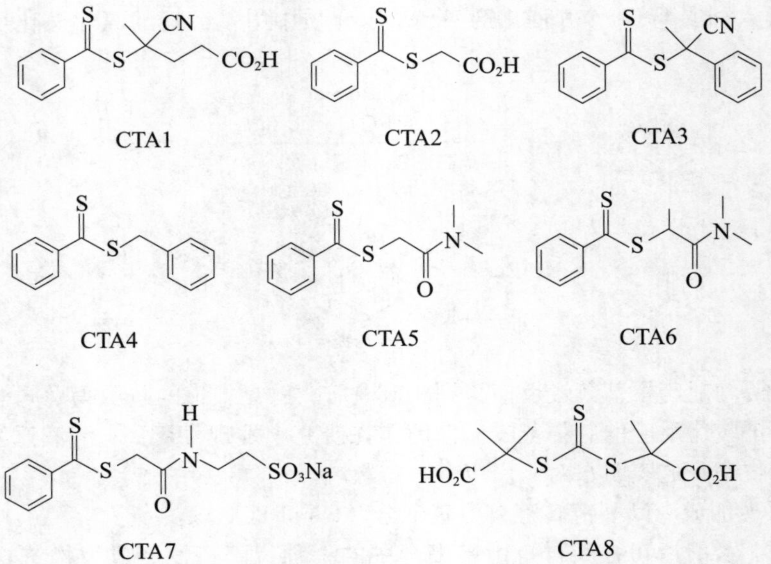
CTA1
CTA2
CTA3
CTA4
CTA5
CTA6
CTA7
CTA8

(b)

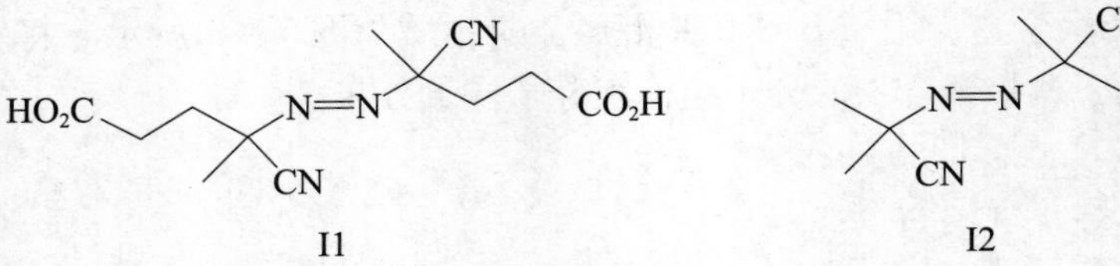
I1
I2

(c)

图 7-3 用于 RAFT 水相聚合的物质（续）

(b) RAFT 的水相试剂；(c) 水相的大分子引发剂

然而，水作为有机反应的溶剂通常面临着两大挑战：大部分有机反应试剂不溶于水或微溶于水；许多金属催化剂对水敏感，遇水容易分解或失活。为了解决这些难题，有机化学家们探索了大量的解决途径，如通过添加表面活性剂、使用混合溶剂、使用超声波、升高温度、增大压强等方法来提高溶解性，以及通过筛选、合成对水惰性的金属催化剂等方法避免催化剂失活。例如，2013 年，Len 等人利用 Na_2PdCl_4 为催化剂，不添加任何配体，水为反应溶剂，在微波辐射下加热 100 ℃，能快速实现 5-碘-2′-脱氧尿苷与苯硼酸衍生物之间的偶联反应，合成了一系列具有重要药用价值的 5-芳基-2′-脱氧尿苷，其原理为

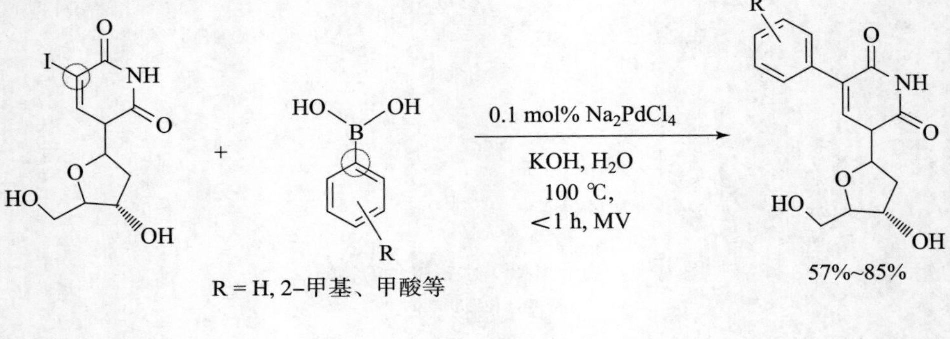
0.1 mol% Na2PdCl4
KOH, H2O
100 ℃,
<1 h, MV
57%~85%
R = H, 2-甲基、甲酸等

(2)

下面重点介绍一下低残存 VOC 的水性聚氨酯合成技术。

水性聚氨酯（WPU）是指以水代替有机溶剂作为分散介质，体系中不含或含少量有机溶剂的 WPU，一般属于一种二元胶体体系，即聚氨酯颗粒分散在连续的水相中。由于化工行业对 VOC 含量要求较高，WPU 已渗透到新的应用领域，如皮革、纺织、纸张等多种柔性基材的涂料，逐渐取代溶剂型聚氨酯。

WPU 的制备主要分为两个步骤：第一步，由低聚物二醇与二异氰酸酯反应，形成高相对分子质量的聚氨酯或中高相对分子质量的聚氨酯预聚体；第二步，在剪切力作用下与水中分散。

按亲水性基团的性质，WPU 可分为：阴离子型（磺酸型、羧酸型）、阳离子型（主链或侧链上含有铵离子或锍离子）和非离子型（分子中不含有离子基团）。

（1）阴离子型 WPU。

阴离子型 WPU 的制备分为预聚体的合成和乳化两步。预聚体合成有两种方式，一种是先由低聚物二醇与过量二异氰酸酯反应生成预聚体，再用二羟甲基丙酸（DMPA）等扩链剂扩链，生成含羧基的预聚体，如图 7-4（a）所示；二是可以通过二异氰酸酯、低聚物多元醇和扩链剂一起加热反应，制备含羧基的预聚体，如图 7-4（b）所示。

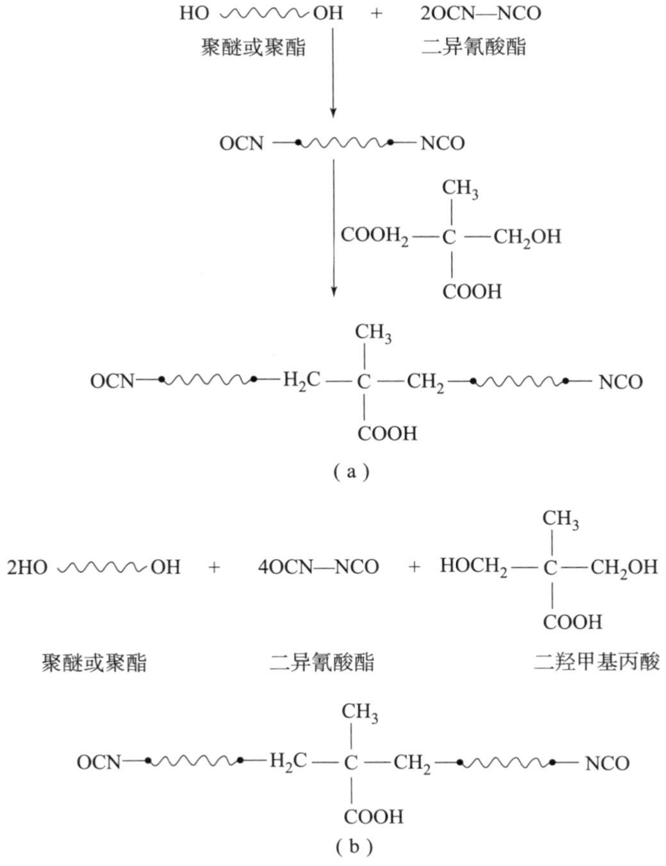

图 7-4　阴离子型 WPU 预聚体合成的两种方式
·为氨酯基（NHCOO）；—为二异氰酸酯核烃基

　　乳化也有两种方式，一种是在预聚体中加入成盐剂三乙胺，再加少量水稀释，以便剪切乳化，如图 7-5（a）所示；另一种是将成盐剂配成稀碱水溶液，将预聚体倒入该水溶液中，进行乳化，一般不用溶剂就可进行乳化，如图 7-5（b）所示。

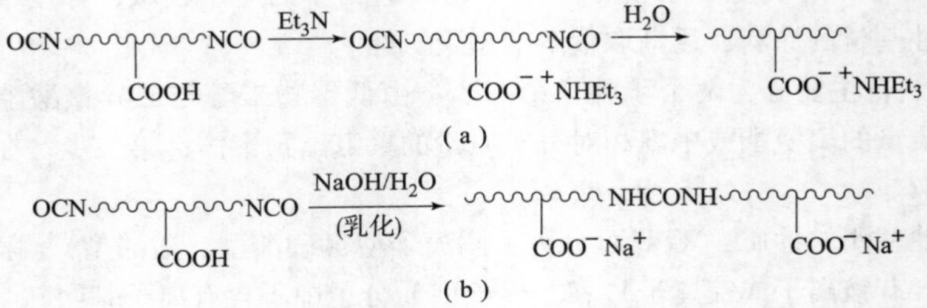

（a）

（b）

图 7-5　阴离子型 WPU 乳化的两种方式

　　2015 年，Yong 等人同时以磺酸（乙二胺基乙磺酸钠）和羧酸（2，2-二羟甲基丙酸）为亲水扩链剂采用两步聚合法合成了 CSWPU 树脂。采用分子量 1 000 或 2 000 的 PTMEG 作为软段与 IPDI 在约 80 ℃下进行预聚合，再与 DMPA 反应，系统冷却至 40℃后，向反应器中加入三乙胺以中和羧基 30 min，就可以得到 TMEG/IPDI/DMPA/TEA 的 WPU。

　　2018 年，曾鹏等人先使 IPDI 与 PCL 反应，再分别加入一定质量的 DMPA 和 TMP 扩链，缓慢滴加 TEA 至体系呈中性，继续搅拌，并同时滴加去离子水，使体系充分乳化，使用旋转蒸发仪分离丙酮后，得到 WPU 乳液，如图 7-6 所示。

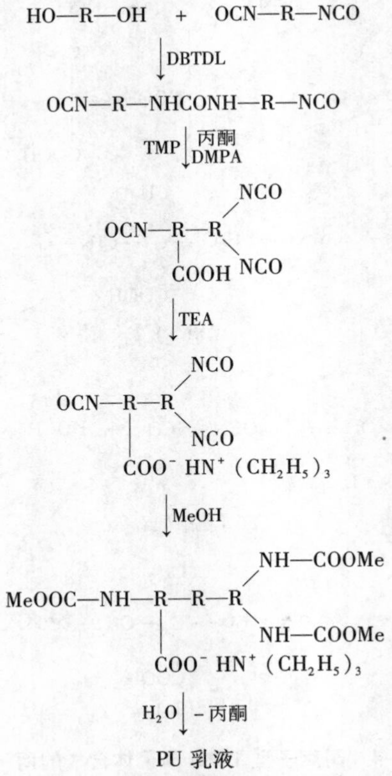

PU 乳液

图 7-6　阴离子型 WPU 合成反应示例

（2）阳离子型 WPU。

阳离子型 WPU 是将叔胺官能团引入聚氨酯的大分子中而制得的。通常用含叔胺基的二醇作扩链剂，用烷基化剂或合适的酸进行季铵化得到离子基团，如图 7-7 所示。和普通的聚氨酯一样可用不同种类的多元醇、不同结构的二异氰酸酯、不同类型的扩链剂、不同类型的中和剂和采用不同的合成方法进行合成。阳离子型 WPU 的骨架上带有阳离子基团，这就使其具有了一些独特的性能，在皮革、涂料、胶粘剂、纺织和造纸等领域有着较好的应用。此外，阳离子水性聚氨酯对水的硬度不敏感，且可以在酸性条件下使用。

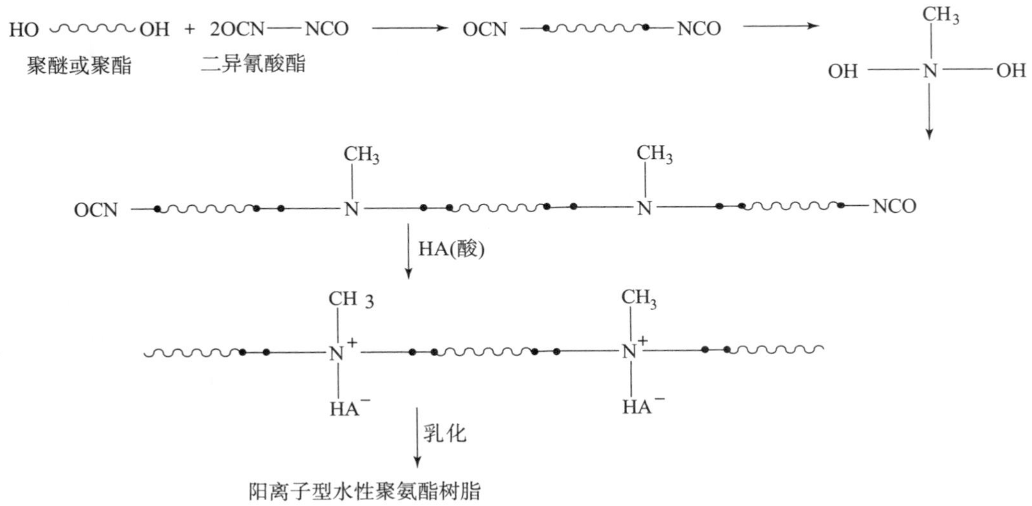

图 7-7 阳离子型水性聚氨酯合成流程示意图
·为氨酯基（**NHCOO**）；—为二异氰酸酯核烃基

2019 年，刘转等人采用溶液聚合法，以聚己内酯二元醇（PCL-1000）、异佛尔酮二异氰酸酯（IPDI）、2，2-二羟甲基丙酸（DMPA）、N-（2-氨基乙基）-2-氨基乙烷磺酸钠盐（AAS）等为主要原料，合成改性 WPU 乳液，如图 7-8 所示。将脱水处理过的 PCL-1000 和 IPDI 在 DBTDL 催化作用下反应，加入扩链剂 DMPA，加入适量的 PMA 控制反应体系黏度，降温加入 AAS 继续反应，最后加入 TEA 中和，再加入 EDA 扩链，并用去离子水进行乳化分散 30 min，制得磺酸型 WPU 乳液。

（3）非离子型 WPU。

非离子型 WPU 是指聚氨酯分子链中不含离子基团的 WPU。现在一般是将中低分子质量的聚氧化乙烯（聚乙二醇）这类含亲水链段及羟甲基亲水基团的聚合物引入聚氨酯中形成的，这类乳液制备过程简便、储存稳定性好，但合成过程中必须使用大量聚乙二醇，既减少了原料的可选择性和配方的可调节性，又降低了乳液成膜后的硬度和耐热性。非离子型 WPU 的制备方法有：普通聚氨酯预聚体或聚氨酯有机溶液在乳化剂存在下进行高剪切力强制乳化；制成分子中含有非离子型水性链段或亲水性基团，亲水性链段一般是中低分子量聚氧化乙烯（聚乙二醇）。

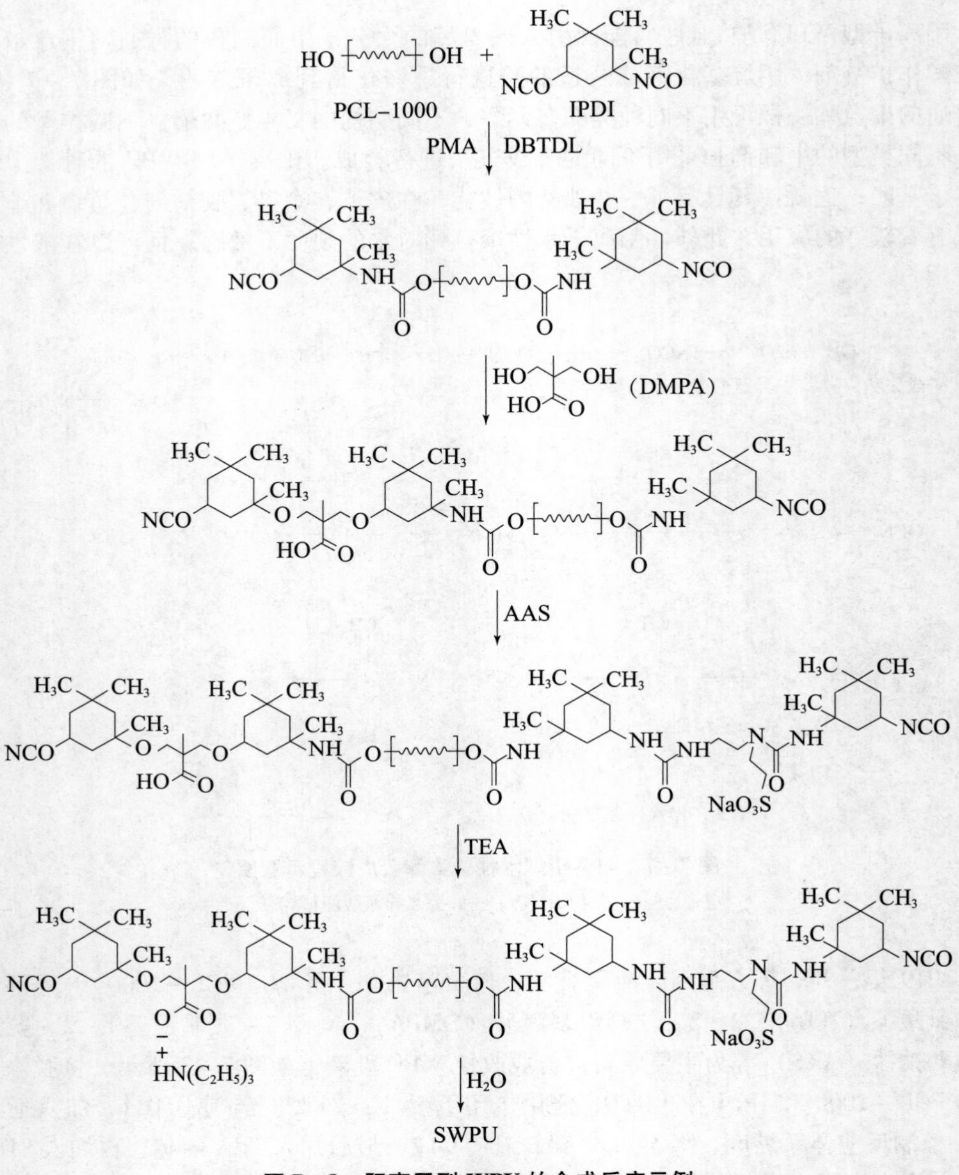

图 7-8　阳离子型 WPU 的合成反应示例

2021 年，夏晓健等人采用自制酸酐与聚乙二醇单甲醚（MPEG）连续通过酯化反应、缩酮脱除反应、己内酯开环反应制备了含支链聚乙二醇单甲醚的聚己内酯二元醇（MPCL），以其作为软段制备非离子型 WPU 乳液。如图 7-9 所示，将制备的 MPCL 与 IPDI 反应得到预聚体，1，4-丁二醇和一定量的丙酮，降温继续反应，结束后加入去离子水高速搅拌乳化，得到非离子型 WPU 乳液。

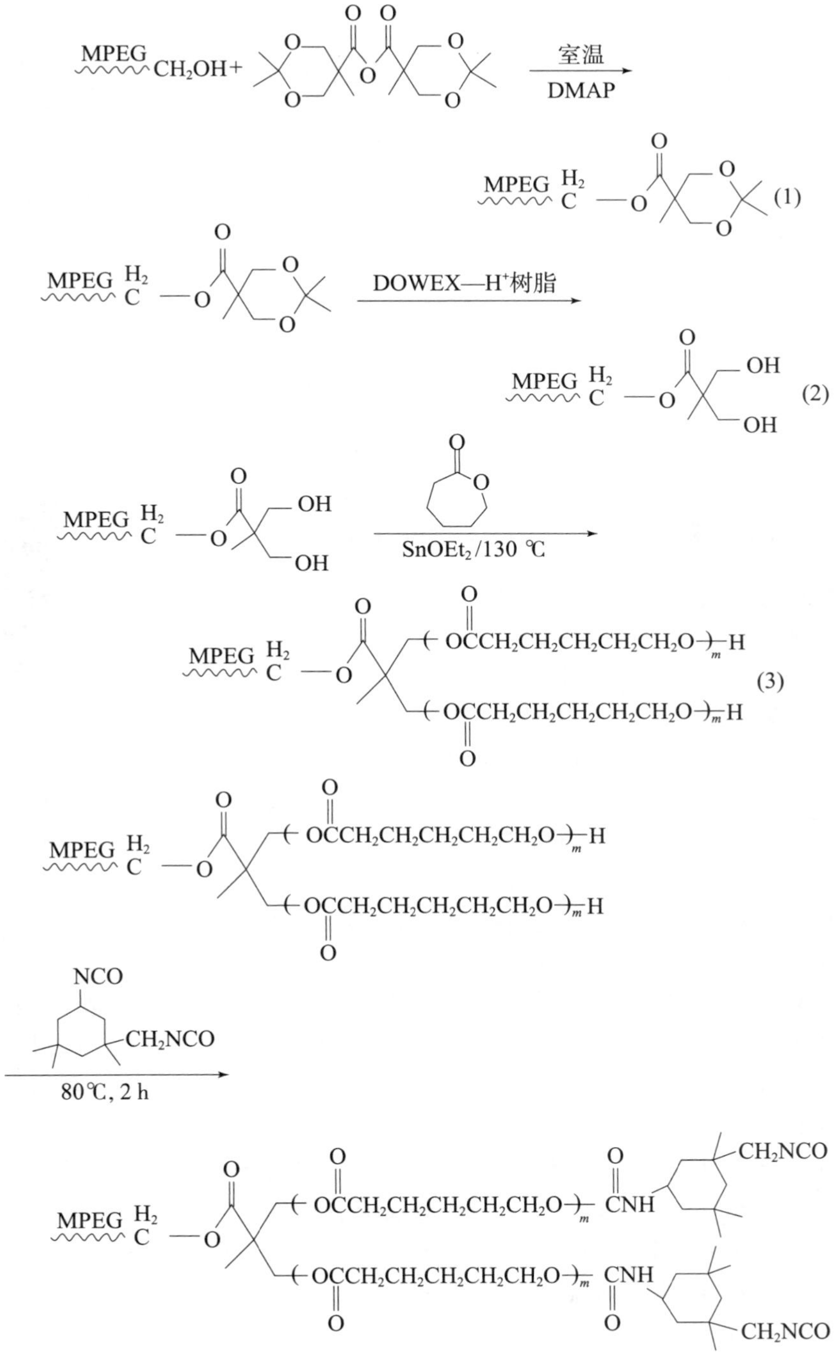

图 7-9　非离子型 WPU 的合成反应示例

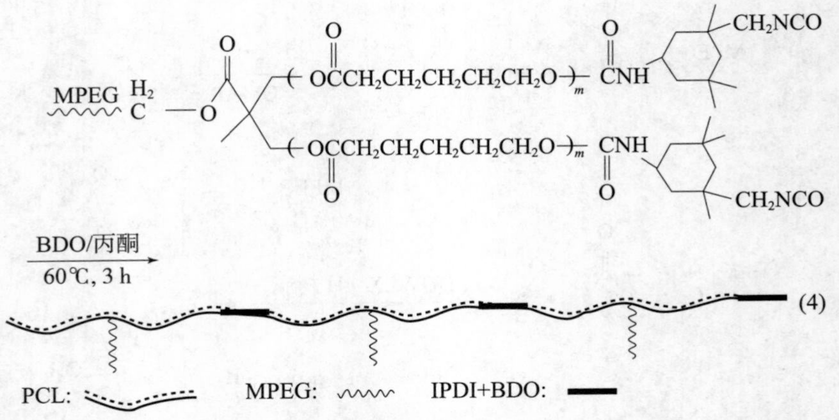

图 7-9 非离子型 WPU 的合成反应示例（续）

7.3.2 离子液体介质的高分子合成工艺

绿色合成-2

与传统的有机溶剂、水、超临界二氧化碳相比，离子液体具有一系列突出的优点：

①低蒸气压，不挥发，不可燃。

②具有较宽的液相温度范围（可达 300 ℃以上）。

③较好的化学稳定性及较宽的电化学稳定电位窗口。

④可设计、可选择性：溶解性、熔点、热稳定性、黏度、电导率等，可通过阴、阳离子的设计进行调变，甚至可调其酸度至超酸。

作为绿色溶剂，离子液体可以提供不同于传统分子溶剂的环境，可能改变反应机理，使催化剂的催化活性更高，稳定性和选择性更好，所以离子液体已被广泛应用于各种化学反应，特别是过渡金属催化的有机反应。

目前研究的离子液体大多由有机含氮杂环阳离子和无机或有机阴离子两部分组成，由于构成离子液体的阴、阳离子的选择余地很大，因此可以根据需要，通过简单地变换离子构成的方法来调控离子液体的物理化学性质，所以又被称为"可设计的溶剂"（designed solvents）。

近年来，离子液体已被广泛作为化学反应的溶剂和催化剂应用于化学反应。作为过渡金属催化反应的溶剂，离子液体已在加氢反应、氧化反应、氢甲酰化反应、羰化反应、Heck 反应、Trost-Tsuji 偶联、齐聚反应等得到应用。目前离子液体的应用领域包括分离萃取、电化学、化学反应等。其中在有机化学反应中的应用研究最为广泛。

（1）缩合聚合。

缩合聚合通常在较高的温度下反应，因为离子液体具有不挥发和热稳定性较好的特性，故其适合作为缩合聚合的溶剂。目前离子液体在缩合聚合中的研究主要针对聚酯、聚酰胺和聚酰亚胺。离子液体也可以作为合成各种光学活性的聚酰亚胺的溶剂。聚酰亚胺网络通过均苯四酸酐与芳香二胺或四胺缩聚得到。聚酰亚胺与离子液体的相容性较好，即使产物含量不高时也能形成自凝胶现象。

（2）自由基聚合。

在［Bmim］［PF_6］中甲基丙烯酸甲酯（MMA）进行自由基聚合时，增长速率常数随离子液体浓度的增加而增加，这是因为介质极性的增加降低了过渡态能量；当离子液体体积浓度增加到 60% 时，终止速率常数会降低一个数量级，这是因为介质黏度增加了。这也就解释了 MMA 在离子液体中聚合时反应速率较高和分子质量较高的原因。

对于离子液体中的自由基聚合，增长速率常数增高而终止速率常数降低，这对可控自由基聚合，尤其是原子转移自由基聚合（ATRP）具有重大意义。在离子液体中聚合的另一个优点是能溶解过渡金属化合物，如 ATRP 的催化剂配体胺的铜盐。因此对于很多聚合体系，聚合反应在均相体系中进行，且可以从聚合物中很容易地分离出催化剂，节约了资源，降低了成本。

（3）正离子聚合。

乙烯基单体在［Emim］［$AlCl_4$］离子液体中可以进行正离子聚合，此时离子液体既作为溶剂又作为引发剂。与传统溶剂相比，在离子液体中正离子聚合的最大优点是减小了链转移反应的发生，且能回收再利用离子液体/催化剂体系。

在正离子聚合中，活性种和休眠种间的平衡控制着链增长活性中心。早期人们认为离子液体极性较高，这促使人们研究苯乙烯在离子液体中的聚合，希望离子液体的极性能有利于 C—Cl 键的离子化，希望通过休眠种和活性种间的平衡来控制增长离子物种的浓度。研究表明，即使不加共引发剂（Lewis 酸，如常用的 $TiCl_4$ 或 BCl_3），苯氯乙烷也能引发苯乙烯的聚合。对产物进行基质辅助激光解析电离飞行时间质谱分析发现，有些大分子的首端是由质子（很可能是链转移反应形成）引发形成的，且分子质量与理论值不符，分子质量分布较宽。这说明在离子液体中，尽管不加共引发剂时确实能使 C—Cl 键离子化，但是反应并不可控。离子液体中 C—Cl 键的离子化可以通过测量具有光学活性的苯氯乙烷（休眠物种模型）的外消旋速率来确定。尽管可以观察到外消旋作用，但是与聚合的速率相比较慢，因此不能满足体系中活性种与休眠种间的快速转化。

下面通过几个实例介绍离子液体中的高分子合成反应。

（1）Diels – Alder 反应。

Diels – Alder 反应由于其在合成天然产物和生理活性化合物中的重要作用，近年来吸引人们开发特殊的物理或催化方法来提高环加成反应的速率和立体选择性。第一个被研究的反应是在乙铵硝酸盐离子液体中用环戊二烯与丙烯酸甲酯进行环加成反应，产物有内式和外式之分，用离子液体时则反应的内式产物的量明显增多，同时反应的速度也比在非极性溶剂中快。该反应原理为

（2）Friedel – Crafts 烷基化反应。

报道的 Friedel – Crafts 烷基化反应多是在酸类的离子液体，或者 Bronsted 酸离子液体中进行的，也有直接在普通离子液体中加入酸性催化剂的研究报道。就反应底物来看，卤代烷、醇、烯烃等烷基化均有应用。例如，有人研究了在离子液体中类催化剂的

烯烃与芳香烃的烷基化反应，在传统的有机溶剂和亲水性离子液体中，该反应不能进行，而在疏水性离子液体如 $BMImPF_6$ 中，室温 20 ℃反应 12 h，反应可以发生，而且收率和转化率很高，主要是由于氟磷酸盐类离子液体极易水解，生成的离子起到了一定的催化作用。

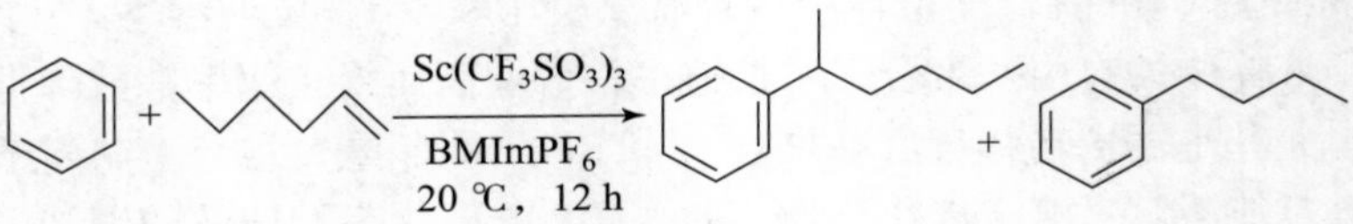

（3）还原醛或酮。

在离子液体中化学还原醛或酮成醇的反应，所使用的离子液体和还原试剂主要有 $BMImBF_4/Bu_3B$、$BMImPF_6/H_2O$ （10∶1）/$NaBH_4$、$BMImBF_4/BuNH_2$ 等。例如，离子液体 $EMImPF_6$ 中 Bu_3B 还原醛的反应可以在室温下顺利进行，定量地得到产物醇。而使用传统的方法，该反应通常是在 150 ℃下进行的。该反应原理为

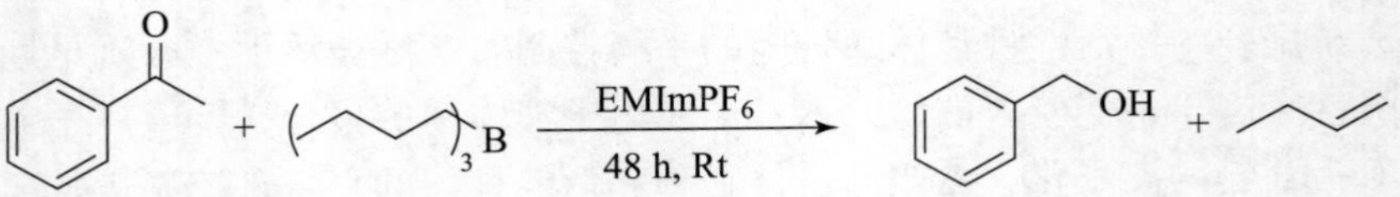

（4）氧化反应。

离子液体中的氧化反应有烷基苯氧化为酸、醛或酮的反应，苯双氧水氧化制备苯酚的反应，苯乙烯氧化为苯乙酮的反应，链烯四氧化锇氧化成了邻二醇，两分子 β - 萘酚的空气氧化键合反应，芳香醛氧化为酸的反应（Dakin 氧化）等。其中链烯四氧化锇氧化成邻二醇的反应原理为

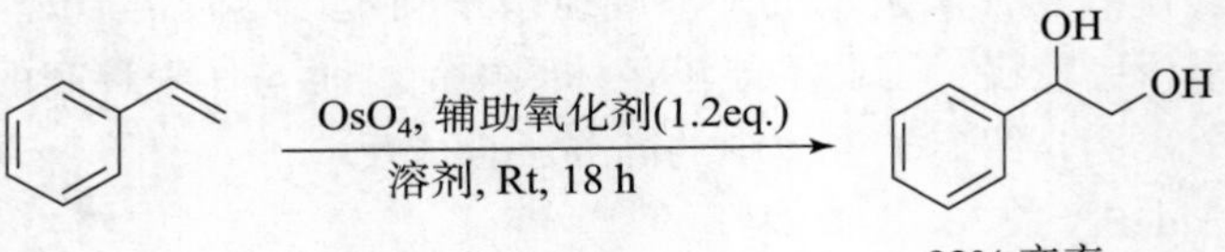

（5）Mannich 反应。

已有多篇文献报道了离子液体中的 Mannich 反应。其中，Lee 考察了离子液体中在 Lewis 酸催化下三组分合成 α - 氨基磷酸酯的反应，所用的离子液体 $BMImBF_4$，$BMImPF_6$，$BMImOTf$，$BMImSbF_6$ 均得到比用传统的溶剂二氯甲烷高的收率，收率可以达到 93% 。该反应原理如下：

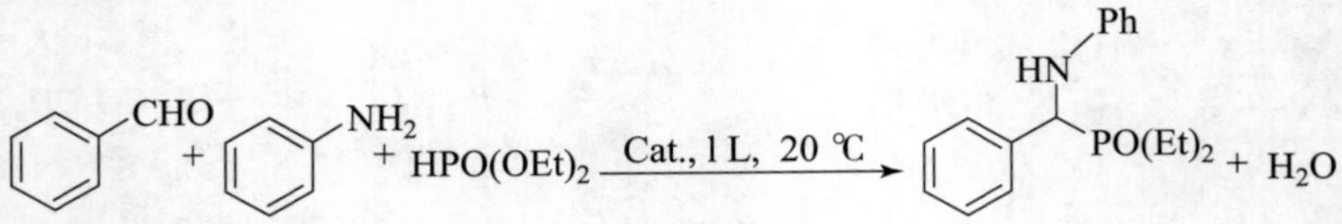

（6）Beckmann 重排。

Deng 和 Ren 分别研究了环己酮肟经过 Beckmann 重排制备己内酰胺的反应，Deng 的研究结果表明，使用 BP_yBF_4 为反应介质，在 80 ℃下反应 2 h，可以得到 100% 的转化率和 99% 的选择性。使用水合羟胺，Ren 在 $BMImBF_4$ 中尝试了环己酮肟的合成反应，

反应在中性条件下可以顺利进行。该反应原理如下：

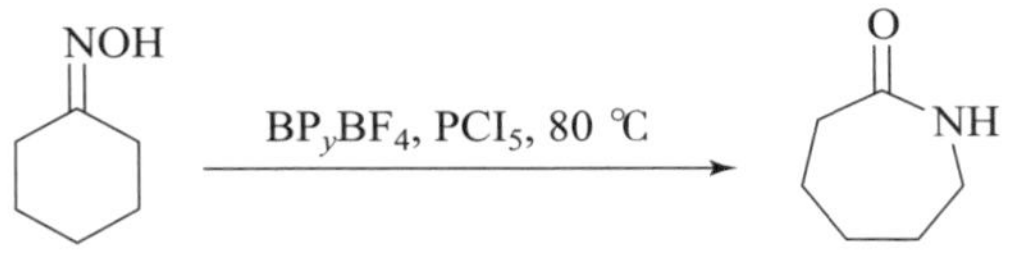

酸性离子液体具有取代工业酸催化剂的潜力，其优点与固体酸相似，没有挥发性，同样具有环境友好的特点，酸性可调，可以同时具有 Bronsted 和 Lewis 酸性。与无机酸相似，离子液体同样具有液体材料的优势，如流动性好，酸性位密度高和酸强度分布均匀。通过改变和修饰离子液体阴、阳离子的结构，可以实现多相反应体系的优化，如增强底物的溶解性，简化产物分离，促进离子液体的循环使用。

虽然 Beckmann 重排在普通离子液体中得到了较好的结果，但 Guo 等人并不满足于此。通过进一步的研究，Guo 等人将 Beckmann 重排产物合成酸性离子液体，并应用于 Beckmann 重排，进一步改善了反应体系、反应条件和分离方法，得到了较高的转化率和选择性。该反应原理如下：

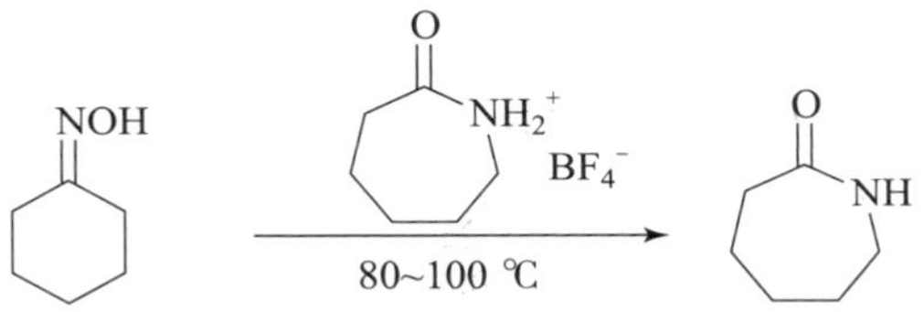

到目前为止，在离子液体中所探讨最多的聚合反应是形成聚合离子液体（PILs），它们结合了离子液体和聚合物特性，成为一种既具有良好的力学性能和加工性能，又具有优良的离子传导性能的新型功能材料。尽管通过常规自由基聚合或可控自由基聚合（CRP）技术均可以制备聚合离子液体，但是利用 CRP 技术可以更好地对聚合物的结构进行精确的设计和调控，从而得到嵌段、接枝等复杂结构离子液体共聚物，赋予该类材料良好的离子导电性、较好的加工性、化学/物理吸附性、催化性及生物抗菌性。聚合离子液体可以通过功能性单体直接聚合和大分子的化学修饰两种方式得到。

（1）离子液体单体直接聚合。

含有离子液体结构的单体，通过聚合可直接得到聚合离子液体。该合成路线的优点是能够保证每个重复单元中都具有离子液体结构，例如，Mapesa 等人以苯乙烯（St）和 1 - ［ω - 甲基丙烯酰氧基癸基］- 3 - 正丁基咪唑溴（1BDIMABr）离子液体为单体，1, 6 - 双（4 - 氰基 - 4 - （乙硫基 - （硫代羰基硫烷基）戊酸）- 己二酰胺（dCDP）为双官能团链转移剂，通过可逆加成 - 断裂链转移自由基聚合（RAFT）技术得到聚 1 - ［ω - 甲基丙烯酰氧基癸基］- 3 - 正丁基咪唑溴和聚苯乙烯（PS）的三嵌段聚合物（PS - b - P1BDIMABr - b - PS）（见表 7 - 1）。通过阴离子交换，得到具有不同反离子（Br^-、BF_4^-、NTf_2^-）的聚合离子液体。该类三嵌段中，PS 部分提供了聚合物的力学性能，P1BDIMA - Br 链段提供了离子导电性。研究表明，反离子的选择对玻璃化转变温度（T_g）几乎没有影响，但是对离子电导的影响较大，当反离子为 NTf_2^-、BF_4^-和 Br^- 时电导率依次减小。对于相同的反离子，三嵌段聚合物的离子电导率对 PS 嵌段长度的离子液体在基本有机化学合成、电化学、环境科学、材料化学等领域有着良好的应用效果及应用前景。

表7-1 部分离子液体单体和聚合离子液体

单体	聚合方法	链转移剂	聚合离子液体
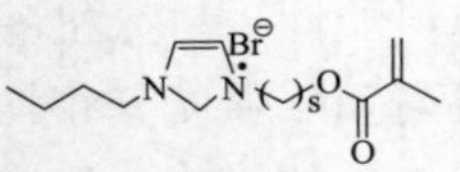 （1BDIMABr）	RAFT	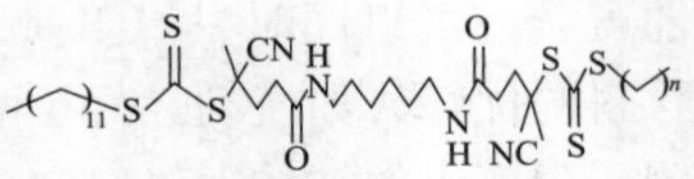 （dCDP）	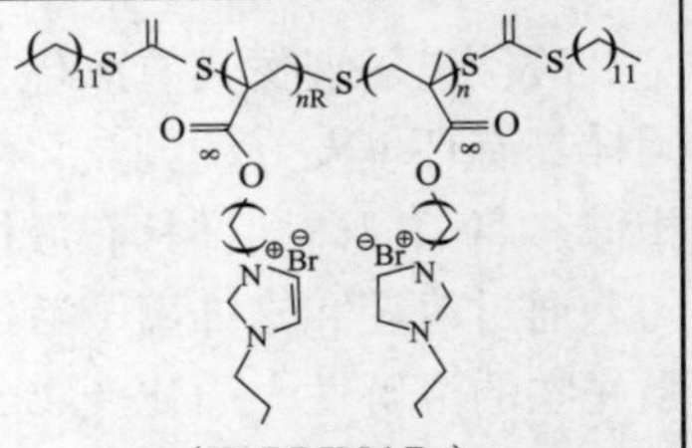 （P1BDIMABr）
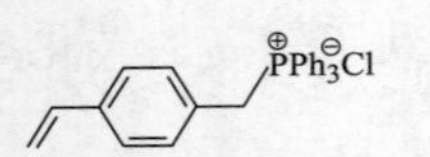 （VBTPC1）	RAFT	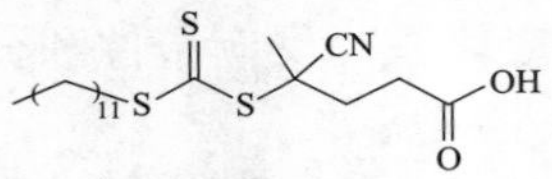 （CDP）	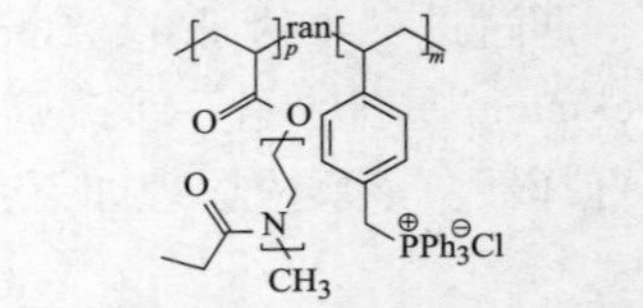 （POEtOxA－co－PVBTP－C1）
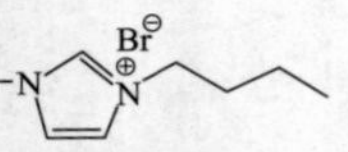 （VbuImBr）	RAFT	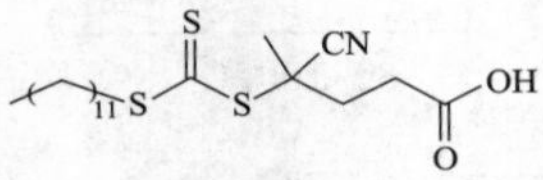 （CDP）	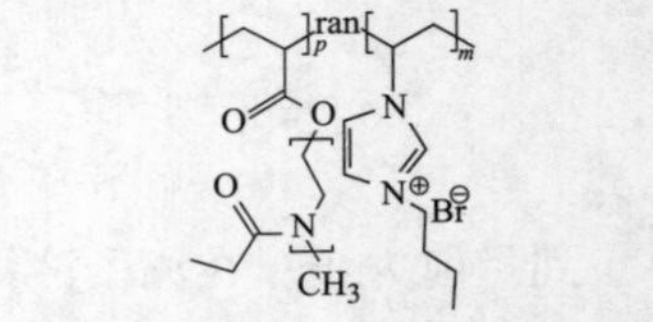 （POEtOxA－co－PVBuIm－Br）
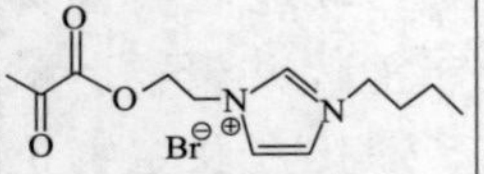 （MEBImBr）	RAFT	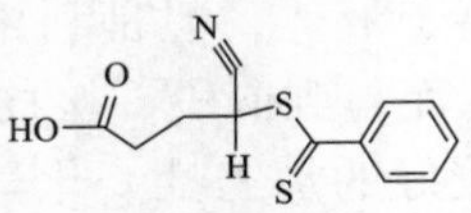 （CPADB）	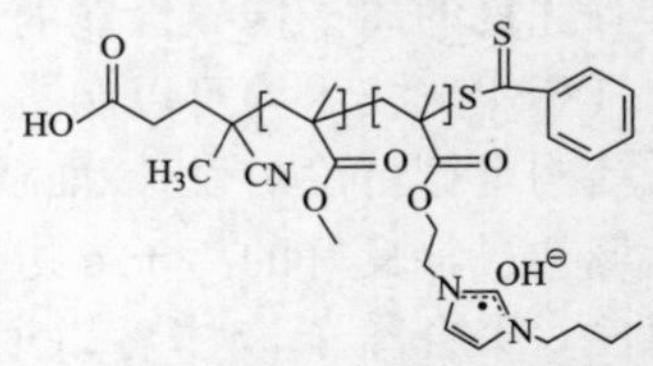 （PMMA－b－PMEBIm－Br）
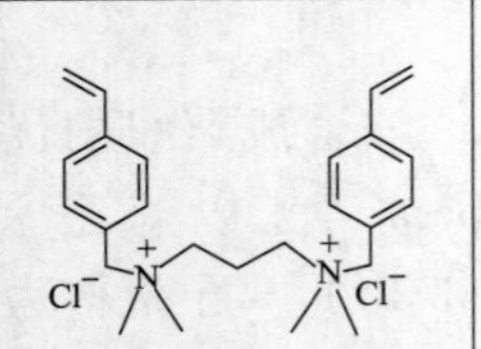 （VBp）	自由基		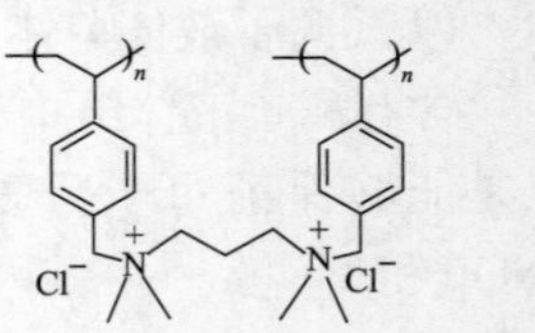 （PVBp）
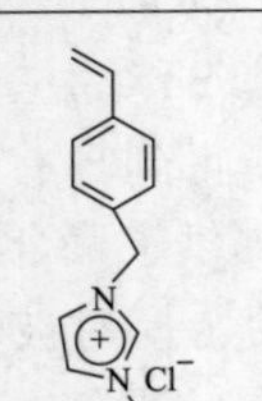 （VBMIm）	RAFT		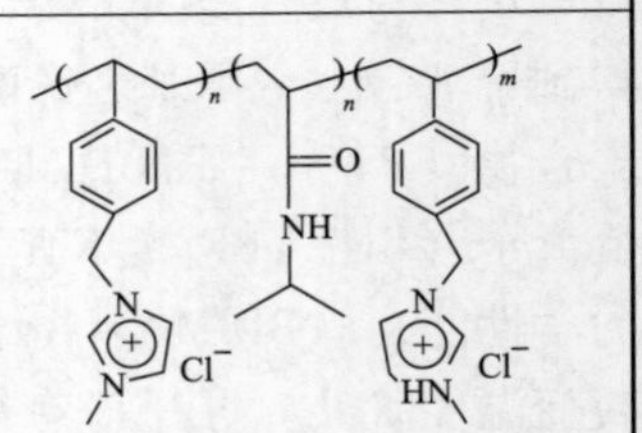 （PIL－b－PNIPAm－b－PLL）

（2）大分子的化学修饰。

某些含有反应活性官能团的单体聚合得到大分子后，经过化学修饰可以实现功能化，得到聚合离子液体。该合成路线的优点是可以得到明确分子量及分子量分布的一系列不同结构和功能的 PIL 共聚物，因此通过设计不同的 PIL 化学结构可以改变其物理性质。Dunn 等人利用氰基甲基十二烷基三硫代碳酸酯（CDT）为链转移剂，4 – 对氯甲基苯乙烯（VBC）为单体，通过 RAFT 聚合制备聚对氯甲基苯乙烯（PVBC），然后与 N – 乙烯基咪唑（EMIm）和 N – 甲基咪唑（NMIm）进行苄基化反应，得到咪唑类聚合离子液体聚 1 – 苯乙烯基 – 3 – 甲基咪唑三氟甲磺酰亚胺锂（PVBMIm – TF$_2$N），常见大分子的化学修饰制备的聚合物离子液体如表 7 – 2 所示。

表 7 – 2　常见大分子的化学修饰制备的聚合离子液体

单体	聚合方法	链转移剂	功能化试剂	聚合离子液体
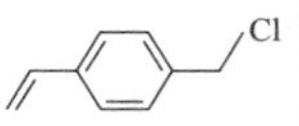 （VBC）	RAFT	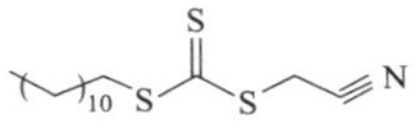 （CDT）	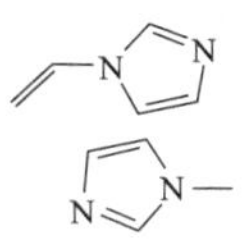 （NVIm/NMIm）	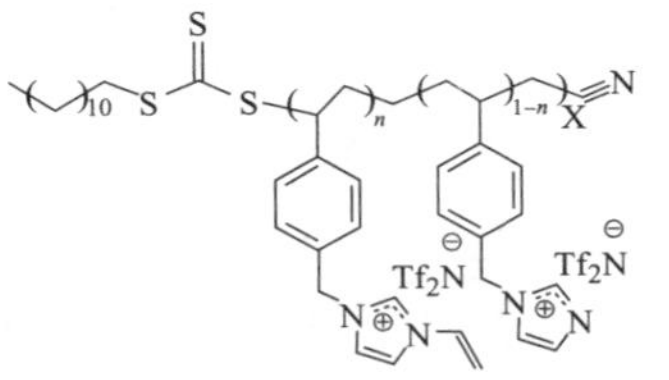 （PVBMIm – TF$_2$N）
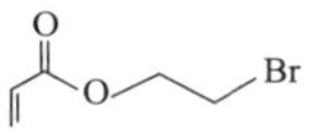 （BrEA）	RAFT	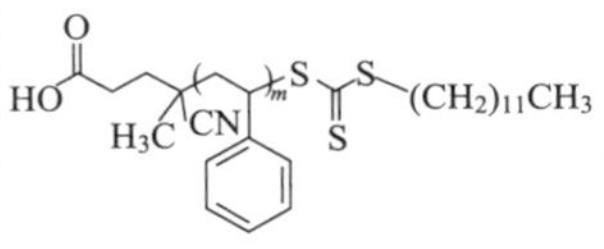 （PS – CTA）	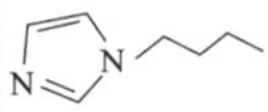 （NBIm）	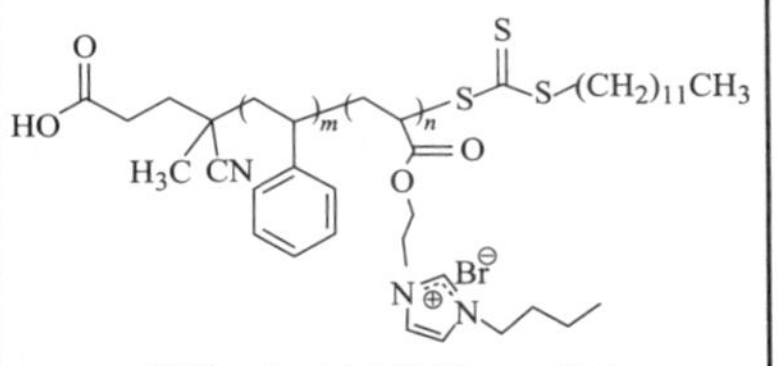 （PS – b – PAEBIm – Br）
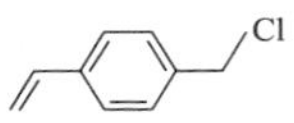 （VBC）	自由基		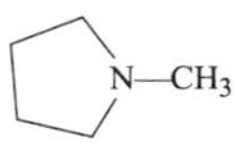 （NMPy）	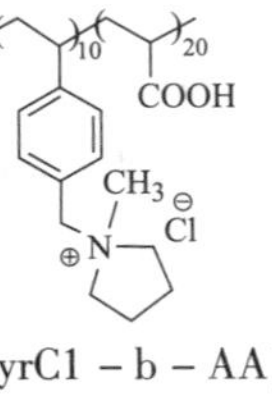 （PPyrC1 – b – AA）

7.3.3　超临界流体介质的高分子合成工艺

超临界流体是温度和压力处于临界条件以上的流体，其物理性质如介电常数、密度、溶解度、扩散系数等均随压力改变而发生较大变化。因此可将超临界流体应用于有机反应，通过调节压力来优化化学反应的活性和选择性，控制反应相态，使催化剂与反应物分离简便，实现反应和分离一体化。常用的超临界流体有水和二氧化碳。

水本身是一种极性溶剂，在超临界态时，其极性可由温度和压力调节，比起 CO_2 更有优越性。超临界水非凡的溶解能力、可压缩性和传质特性，使其成为一种优良的化学反应介质，并得到广泛的研究和应用。超临界二氧化碳（$SC - CO_2$）具有液体的密度、气体的黏度及很强的压缩性，并以其无毒、不燃、来源丰富、价格低廉的特点越来越受到人们的重视和青睐。二氧化碳具有亲电性，不易被氧化，特别适于亲电反应和催化氧化反应，如烯烃的环氧化、环己烯的催化氧化、不对称催化加氢、不对称氢转移还原、Lewis 酸催化酰化和烷基化等。以超临界二氧化碳代替工业有机溶剂，在减少挥发性有机溶剂的排放方面具有显著的优势和广阔的应用前景。

反应物在超临界流体（SCF）介质中具有以下特点：当物质处于超临界状态时，流体的密度一般为液体密度的 $1/10 \sim 1/2$，而比气体的密度要大几百倍；超临界流体的密度随压力升高而增加，而且在临界点附近压力稍有变化就会引起密度的很大变化。Savage 等人提出的反应物在超临界流体中所具有的几个特殊性质非常有利于化学反应的进行。

①与液体相比，反应物在超临界条件下的扩散系数远比在液体中的大，而黏度却远比在液体中要小。这一特点可以克服传质阻力使反应物分子或离子快速地充分接触，从而提高反应速率。

②液体的溶解能力与密度成正比，因而可以通过改变压力来控制反应物在 SCF 中的溶解度与浓度。这样可以使反应非常慢的固 – 液非均相反应大大改善，而且控制起来也十分容易。

③超临界流体中反应产物的溶解度随分子量、温度和压力的改变而有明显的变化，可以利用这一性质及时地将反应产物从反应体系中除去，以获得较高的反应转化率。

④在超临界流体中，反应速率常数随压力增大而增大。对于能生成多种产物的化学反应，压力对不同反应速率的影响是不同的，可以通过压力的控制来改变反应的选择性。

SCF 可以通过以下方式来影响反应速率。

①增加扩散速率。在超临界区内流体的扩散系数大，而且在超临界区内，扩散系数是压力和温度的敏感函数。扩散控制的反应速率常数可用 Stokes – Einstein 方程来计算，很小的压力变化都将导致速率常数的较大变化。

②增加反应物的浓度和消除传质阻力。在通常的有机物氧化的非均相反应中，会受到氧气溶入溶液的传质限制，若使用 $SC - H_2O$ 为溶剂氧化，则氧和有机物可在超临界水相中充分混合，消除了传质障碍。

（1）聚合反应。

传统的聚合反应常常需要在有害的溶剂中进行。近年来，在 $SC - CO_2$ 中的聚合反应已引起人们的极大兴趣。研究涉及范围包括均相聚合反应、沉淀聚合反应、分散聚合反应、乳液聚合反应。例如，高含氟聚合物是一类重要的材料，而含氟聚合物在许多有机溶剂中溶解度都很低，因此，以往这些聚合物大都必须在含氟的有害溶剂中进行。而它们在超临界二氧化碳中溶解度很大，因此，在 $SC - CO_2$ 中氟化物易发生聚合反应。又如氢气在液体中的溶解度很低，这对传统的加氢反应极为不利，而氢气和许多有机物可以同时溶于超临界流体。因此，在超临界流体中进行加氢反应可以消除气体和液体间传质阻力对反应速度的影响。Hitzler 等人研究了 SC－CO_2 中异氟尔酮（isophorone）的加氢反应，他们利用 10 mL 的反应器，每天可以制备 20 kg 产品，这是传统的合成方法无法实现的。

超临界状态下聚合反应的典型例子是乙烯的超临界聚合，将乙烯与引发剂混合后增压至 100～270 MPa，升温至 150～200 ℃，使聚合反应轻松地进行。大分子量的反应产物由于溶解度有限而从溶剂中析出，其他的小分子继续参加反应。该聚合工艺的好处在于产物的分子量分布较窄，改变压力可以有效控制产物的分子量，从而得到不同分子量的系列产品；另外，聚合过程中产生的低分子量及不规整的齐聚物溶解在溶剂里，降低压力后才能析出作为副产物。

另一个常见的应用是用于含氟聚合物的合成。含氟的单体不溶于一般的溶剂，合成高分子时往往使用氯氟烃作为溶剂，而随着大气臭氧层的日益破坏，氯氟烃将被淘汰，SC－CO_2 可以说是理想的替代物。美国北卡罗来纳大学的 Desimone 研究小组用 1，1－二氢过氟辛基丙烯酸盐作为单体，2，2－偶氮二异丁腈作为引发剂进行了合成研究，结果表明 2，2－偶氮二异丁腈在 SC－CO_2 中分解速率约为常压下苯溶剂中的 12.5%，但其引发效率却高出 1.5 倍（由于 SC－CO_2 的黏度极低，减小了初级游离基对重新组合的概率）。研究人员还研究了 2，2－偶氮二异丁腈与甲基丙烯酸酯、丁基丙烯酸、苯乙烯及乙烯在 SC－CO_2 中进行的共聚反应，由于溶剂的特殊优点，实验均取得了较为满意的结果。

（2）羰基化反应。

20 世纪 90 年代 Rathke 等人以 $CO_2(CO)_8$ 为催化剂在 SC－CO_2 中进行了丙烯氢甲酰化合成丁醛的反应，发现 $SCCO_2$ 不仅可以提高直链醛与支链醛的比例，且使反应速度加快。这是由于气体在 $SCCO_2$ 中溶解度大而使反应物浓度高的缘故。该反应原理为

$$\underset{CH_3}{\overset{H}{C}}=CH_2 + CO + H_2 \xrightarrow[80\,℃]{CO_2(CO)_8} CH_3\overset{CH_3}{\overset{\|}{C}}HCHO + CH_3CH_2CH_2CHO$$

（3）自由基反应。

$SCCO_2$ 自由基反应既不需要亲核试剂也不需要亲电试剂，并且利于在非极性溶剂中进行。在相同的催化条件下，比较乙醇和 SC－CO_2 介质的反应结果，发现 SC－CO_2 介质中羰基化产物的比例比乙醇中高得多，这可能是 CO 在 SC－CO_2 中具有较高的溶解性从而使反应朝着羰基化反应方向进行，反应原理为

$$C_6H_{13}CH{=}CH_2 + CO + CCl_4 \xrightarrow[\text{或 SC－}CO_2,\ ROH]{p-ROH} \underset{CO_3R}{C_6H_{13}CHCH_2CCl_3}(1) + \underset{Cl}{C_6H_{13}CHCH_3CCl_3}$$

（4）氧化反应。

SC－CO_2 中过氧化合物对烯烃的环氧化反应通常是在 85 ℃下，在苯或纯净的烯烃里回流反应的。Tumas 小组用含水的 $(CH_3)_3COOH$ 在 SC－CO_2 中对环己烯进行氧化，主要生成环己二醇，该反应原理如下：

（5）催化加氢。

在催化加氢过程中，经常是 H_2 与液体物质及固体催化剂相混合，反应中涉及多种界面传质阻力。H_2 在大多数有机溶剂中溶解度很低，但其可以与超临界流体完全混溶，并使催化剂表面浓度大大增加，从而使反应速率比传统的液相反应要高。在不对称催化加氢反应中，反应溶剂类型对其立体选择性有很大影响。通常只在有限范围的溶剂中反应可能达到高的立体选择性，且这些溶剂对环境有害。利用 $SC-CO_2$ 作为反应介质代替常规有机溶剂，不但对环境友好，且可通过控制压力和温度使反应介质对立体选择性的效应达到最佳化。Jessop 等人对不饱和烯酸进行了在 $SC-CO_2$ 中不对称加氢的研究，并取得了良好效果，该反应的 ee 值为 81%。ee 值虽低于在甲醇中的反应，但优于其他非质子性溶剂如正己烷等，更重要的是在 $SC-CO_2$ 中反应由于没有任何碱的参与，而无副产物生成。该过程原理为

（6）超临界流体中的酶催化反应。

超临界流体也可以用作酶催化反应的介质。传统的酶催化反应以含微量水的有机溶剂为反应介质，为非均相化学反应，酶催化反应的速率控制步骤一般是底物从溶剂主体向酶活性中心扩散的过程。而在 SCF 中，其具有的低表面张力、低黏度和高扩散系数大大提高了传质速率，使传质阻力变得很小。研究表明，在 $SC-CO_2$ 中的酶催化反应传质速率快，产物转化率高。研究已经证实，包括碱性磷酸酶、聚苯酚氢化酶和脂肪酶在内的许多酶在超临界流体中仍然保持反应活性，这使得科学家有可能获得新的途径来提高酶反应的质量。陈惠晴、杨基础等人研究了 $SC-CO_2$ 的溶剂特性对脂肪酶催化反应的影响，结果表明最大初始反应速率的对数对溶解度参数和介电常数都呈现出比较好的线性关系。通过改变压力可以有效地改变 $SC-CO_2$ 溶剂特性，从而有效地控制脂肪酶的催化反应速率。Aaltonen 等人发现在 $SC-CO_2$ 溶剂中，外消旋布洛芬（ibuprofen）发生对映选择性酯化反应时，其转化率可达 25%，最后获得的对映体纯度超过 90%。该研究说明了脂肪酶在 $SC-CO_2$ 中合成具有生物活性手性化合物的过程中，具有控制立体选择性的能力。

除前部分叙述的几类反应外，尚有许多其他反应，如 Diels-Alder 双烯合成反应、异构化反应、氧化还原反应、烷基化反应、Fischer-Tropsch 合成、Wacker 反应。尽管超临界化学反应的研究还处于起步阶段，已有的工作多是探索性的，但是已经取得若干很有意义的成果。结果表明这一技术符合工业技术的"绿色化"潮流。可以预见，超临界化学反应作为一种极有发展前途的新兴技术将在现有基础上不断发展，该技术的新应用也将不断出现。

7.3.4 　辐射条件下的高分子合成工艺

聚合物材料具有优良的综合性能，已经在现代工业生产和日常生活中得到广泛应用。聚合物材料的合成主要是化学合成法，自 Hopwood 和 Phillips 用 γ 射线和中子辐照液态甲基丙烯酸甲酯、苯乙烯和醋酸乙烯制得高聚物以来，辐射聚合成为聚合物材料合成的一种新方法。经过几十年的研究，聚合物的辐射聚合在引发机理、合成方法及应用方面都已取得重大进展。辐射聚合所得的高分子具有较高的纯度，没有化学引发剂遗留的残渣且较易控制，射线能量高，可以使难以聚合的单体发生聚合，在聚合物的合成中占有越来越重要的地位。

绿色合成 – 4

辐射合成方法按单体及聚合物在高能射线作用下是否发生反应分为以下三大类：单体辐射聚合、单体辐射接枝、共聚聚合物辐射交联，如图 7 – 10 所示。

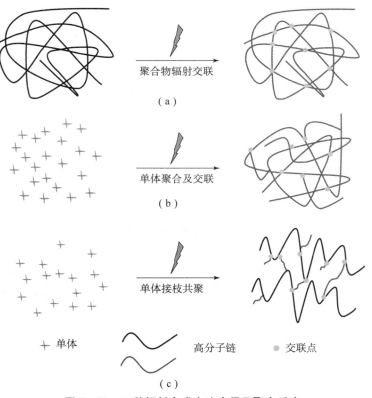

（ a ）

聚合物辐射交联

（ b ）

单体聚合及交联

（ c ）

单体接枝共聚

╋ 单体 　　　　　 〰 高分子链 　 ● 交联点

图 7 – 10　三种辐射合成方法应用于聚合反应

1. 辐射聚合

（1）辐射聚合机理。

辐射聚合又称辐射引发聚合，是应用高能电离射线（α 射线、β 射线、γ 射线、X 射线、电子束）辐射单体生成离子或自由基，形成活性中心而发生的聚合反应。辐射聚合是单体在高能电离辐射作用下，聚合体系可以同时产生自由基、阴离子和阳离子。因此辐射聚合机理包括自由基机理、阳离子机理和阴离子机理，由于在云团中有囚笼效应，自由基之间、阴离子和阳离子之间都可迅速复合，只有小部分可逃逸出云团而形成稳态条件。通常自由基比阴、阳离子逃逸出云团的概率大得多，所以绝大部分没有进行特殊干燥或剂量率比较低的聚合体系都以自由基聚合为主。

故以自由基聚合为例，描述辐射聚合的机理。经电离辐射引发，聚合体系内可同时产生引发自由基聚合反应的自由基和引发离子聚合反应的初级活性离子，引发聚合的基本反应过程如下：

γ射线或电子束电离或激发单体得到如下初级粒子：

$$M \rightarrow M^+ + e^-; \quad M \rightarrow M^*$$

初级粒子经如下反应得到活性粒子［I］：

$$M^+ + e^- \rightarrow M^{**}$$

$$M^* \text{ 或 } M^{**} \rightarrow R_1^* + R_2^*$$

$$M + e^- \rightarrow M^-$$

$$nS + e^- \rightarrow e_{solv}^- \text{（溶剂化电子）}$$

［I］引发自由基或离子聚合：

$$[I] + R \rightarrow I[R]$$

$$\cdots\cdots$$

$$[I] + (n+1)R \rightarrow I(R)n[R]$$

$$\cdots\cdots$$

（2）辐射聚合的特点。

辐射聚合较之传统的化学聚合具有其独特的优点，这也是辐射化学近年来得到长足发展的原因之一。

①化学法聚合往往需要较高的温度，而辐射聚合的引发活化能 $E_i \approx 0$，故反应比较温和，可以在低温下进行。

②辐射聚合不需要添加引发剂和催化剂，生成的聚合物更加纯净，这对合成生物医用高分子材料尤为重要。

③由于射线的穿透能力很强，且在被辐照体系中分布均匀，可进行辐射固相聚合。

④辐射聚合易于控制，如反应速度及分子量等可通过调节反应开始和终止的剂量和剂量率等因素来定量控制。

（3）辐射聚合的应用。

水凝胶是一种亲水性交联聚合物，在水中可以达到一定的溶胀状态但不能溶解。水凝胶具有三维立体的网状结构，相当柔软且具有橡胶弹性。由于水凝胶表面与周围水溶液之间有很低的表面张力，可以减少对体液中蛋白质的吸附作用，所以，水凝胶作为医疗产品具有很好的生物相容性，是近年来较为热门的研究领域之一。水凝胶通常由水溶性高分子构成，包括聚乙烯吡咯烷酮（PVP）、聚乙烯醇（PVA）、聚氧化乙烯（PEO）、聚丙烯酸（PAA）、聚丙烯酰胺（PAAm）、聚甲基丙烯酸羟乙酯（PHEMA）等合成高分子和海藻酸钠、纤维素、淀粉、壳聚糖（CS）等天然高分子及其衍生物。

采用辐射聚合制备水凝胶，是从单体出发，利用电离辐射引发单体聚合、交联来制备水凝胶。与热引发法及光引发法不同，辐射法不需要加入引发剂，在高能射线作用下，单体发生聚合及交联反应形成凝胶网络。为了提高水凝胶的强度，从单体出发制备水凝胶时也常加入交联剂。当单体水溶液被辐照时，水辐解生成的·OH、·H 等自由基会引发单体发生聚合及交联反应。常用的单体应带有能进行自由基聚合的反应基团，如碳与碳原子间的不饱和结构、碳与杂原子间的不饱和结构等。但需要注意的是，多数单体是有害甚至有毒的（如丙烯酸、丙烯酰胺），所以需要使单体反应完全或者残留的单体被完全去除。根据反应体系的组成不同分为以下 4 类：

①反应物为一元或多元单体，通过辐射引发单体聚合、交联制备水凝胶。例如，通过辐射法将亲水性单体 N - 乙烯基吡咯烷酮（NVP）和疏水性单体对丙烯酰氧基苯乙酮（AAP）在 N，N′ - 二甲基甲酰胺溶液共聚得到聚（NVP - co - AAP）有机凝胶，然后用去离子水浸泡，通过溶剂交换得到聚（NVP - co - AAP）水凝胶（图 7 - 11）。

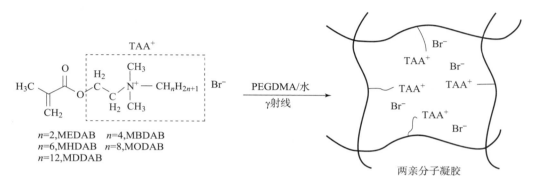

图 7 - 11　两亲性 PMADAB 凝胶的辐射合成路线

②反应物为一元或多元单体，纳米粒子作为交联剂或增塑剂［常见的纳米粒子有黏土、氧化石墨烯（GO）、碳纳米管等］，辐照引发聚合、交联制备纳米复合水凝胶。例如，采用辐射法制备了基于 PNIPAAm/黏土的纳米复合水凝胶（图 7 - 12），在辐照过程中，除了聚合物分子链之间形成交联键网络外，聚合物基质与黏土之间形成了化学键，黏土作为交联剂存在于水凝胶中。研究表明，该水凝胶具有很好的光学透明性、高的机械性能、有规律的溶胀行为及热响应性。

③反应物为单体与聚合物的混合体系，辐射引发体系中的单体聚合交联形成双网络水凝胶。Chen 等人通过两次辐照制备了含疏水交联的双网络聚丙烯酰胺（DN - HPAAm）。第一步辐射引发 AAm（亲水性单体）和丙烯酸十八烷基酯（STA，疏水性单体）聚合、交联制备 HPAAm - x 单网络凝胶。第二步通过 γ 射线（辐射量为 13 kGy）引发，将浸泡溶胀进入 HPAAm - x 凝胶中的 AAm 分子交联，制备得到 DN - HPAAm（图 7 - 13）。研究发现，该双网络水凝胶具有 2 MPa 的压缩强度及良好的循环压缩性能。

④反应物为单体、聚合物及纳米粒子混合体系，辐射引发体系中的单体聚合制备纳米复合自愈合水凝胶。Wang 等人设计合成了一种新型纳米复合物理交联水凝胶（GO3SPNB，图 7 - 14），它由 GO、可溶性淀粉、苯乙烯磺酸钠阴离子单体（NaSS）及 N - ［2 - （甲基丙烯酰氧基）乙基］- N，N′ - 二甲基丁烷甲基溴盐阳离子单体（MOBAB），经 γ 射线辐射引发单体聚合得到。研究发现，该水凝胶通过其内部大量的氢键及静电相互作用使其在室温下无须任何外界刺激即可实现自愈合。水凝胶中的可溶

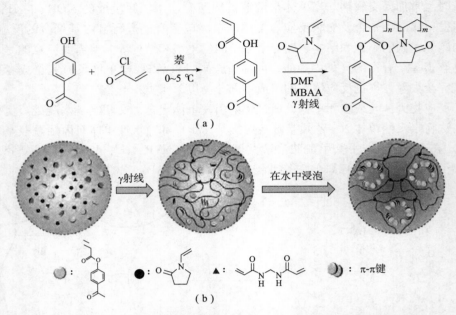

（a）

（b）

图 7 – 12　辐射法制备基于 PNIPAAm/黏土的纳米复合水凝胶

（a）单体 AAP 的合成和单体 NVP 与 AAP 的辐射共聚；（b）聚（NVP – co – AAP）
有机凝胶和聚（NVP – co – AAP）水凝胶的辐射合成方法和形成机理示意图

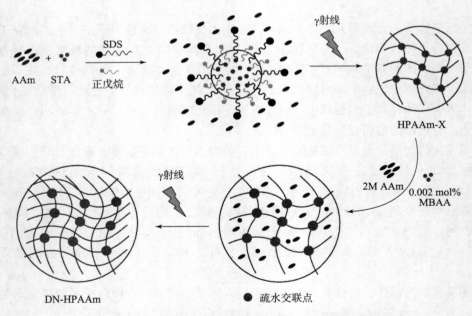

图 7 – 13　辐射法制备含疏水交联的双网络聚丙烯酰胺

性淀粉及丙烯酸酯衍生物的黏合性，以及凝胶和基材表面界面间的氢键作用、金属螯合作用及静电相互作用等使 GO3SPNB 凝胶对多种基材均具有超高的黏合力，如对铜片的黏合力高达 60.5 MPa。

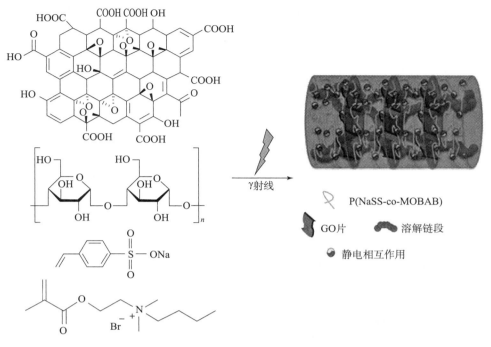

图 7 - 14　新型纳米复合物理交联水凝胶

（3）辐射引发活性聚合。

辐射引发可以使聚合反应在室温下进行，并大大缩短了反应时间，这是其较大的优势。辐射引发与 RAFT（原子自由转移聚合）方法相结合，可以更有效地控制聚合物分子量及其分布。

根据 RAFT 聚合机理，R 基团为苄基时，可以控制丙烯酸酯类单体的自由基聚合，得到结构可控、分子量分布窄的聚合物。为此，选用丙烯酸甲酯（MA）为单体，三硫代碳酸酯（DBTTC）为链转移试剂进行了 γ 射线辐射下的聚合实验，其在不同的辐射剂量下，其反应动力学如图 7 - 15 所示。

MA 与 DBTTC 的初始浓度比为 500∶1，进行 γ 辐射聚合，单体浓度半对数 ln（$[M]_0/[M]$）与聚合时间的关系如图 7 - 15 所示。在 DBTTC 存在的 MA 辐射聚合过程中，采用了 4 种不同的辐射剂量率。从图 7 - 15 中可以看到，聚合反应初期存在诱导期。诱导期产生的可能原因有：反应初期由 γ 辐射产生的初级自由基与 RAFT 试剂反应生成较稳定的自由基中间体，因此没有足够的自由基引发单体；在初始的 RAFT 试剂消耗过程中，RAFT 试剂的离去基团再引发单体聚合的速率较慢。从图中还可以看到，随着辐射剂量率的提高，诱导期缩短，这可能是由于在较低辐射剂量率时 RAFT 聚合中加成—断裂反应速率常数较小，平衡反应建立比较慢，辐射剂量率提高后，稳定自由基中间体的分解速率相应变大，加成－断裂平衡反应也加快，使聚合能够及时进行。当辐射剂量率较大，为 2.4 kGy/h 时，ln（$[M]_0/[M]$）与聚合时间的关系偏离直线。这可能是由于在这一辐射剂量率下，产生的自由基浓度较高，使聚合速度随聚合时间的增加而加快。

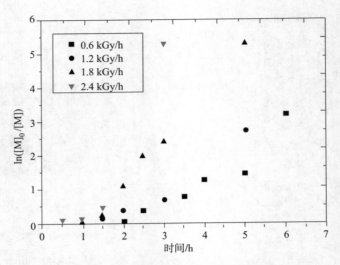

图 7－15　辐射剂量对反应动力学的影响

2. 辐射交联

辐射交联技术就是利用高能或电离辐射引发聚合物电离与激发，从而产生一些次级反应，进一步引起化学反应，实现高分子间交联网络的形成，是聚合物改性制备新型材料的有效手段之一。高分子辐射交联后，不仅使其结构与性能发生相应变化，而且拓宽了其应用范围。辐射交联中所使用的高能或电离辐射包括高能电磁波（如 X 射线和 γ 射线）、高能荷电离子（如 β 粒子或电子、质子、α 粒子和中子等以及核裂变碎片）。γ 射线应用技术较成熟，Co60 射线源较普遍，穿透力强，辐射交联效果好，其次是穿透力小于 γ 射线的电子束射线源，它们的作用原理基本相似。辐射交联一般无须催化剂、引发剂，后处理简单，可在常温常压下反应，无污染，除了辐射源之外，无须特殊设备，在许多方面优于过氧化物交联技术。近些年，利用辐射技术对高分子进行合成或加工的研究不断升温。随着辐射技术的不断进步，辐射产品较之传统的化学法生产的产品不仅质量好、能耗少、工艺简单，而且污染小，符合未来环保的趋势。

以聚己内酯为例，目前应用最多的是作为可生物降解塑料和生物医用材料，其他方面的应用研究至今还比较少，这主要是由于它们不良的耐热变形。聚己内酯的热变形温度比较低，只有 60 ℃左右。在通常情况下聚酯的熔点只有高于 100 ℃，经过加工成型后得到的制品才具有使用价值，再加上价格等方面的因素，这些在很大程度上都限制了聚己内酯的广泛使用，因而有必要对其进行改性。对聚合物进行交联是一种很好的用于提高聚合物使用温度和其他性能的有效方法，聚己内酯的交联方法主要有物理交联和化学交联两种。物理交联是采用辐射的方法，以电子加速器或放射性元素如[60]Co 作能源，对聚己内酯进行辐照，使得线性高分子链段结合成网状结构的过程，达到交联的目的。化学交联的方法是指采用有机过氧化物作引发剂而引发交联。适度的交联可以使聚合物的物理和机械性能得到明显的改善，如聚合物的耐热性、强度、尺寸稳定性。

通过对聚己内酯的结构分析，可以看到在聚己内酯的分子链中仅含有少量侧链，在很多配位聚合的聚己内酯中甚至没有支链，而且该聚合物的主链中酯基基团的辐射稳定性也较高，因而从理论上分析得出聚己内酯是一种适合进行辐射交联的高聚物。交联聚己内酯具有形状记忆特性，与聚氨酯等形状记忆聚合物比较，聚己内酯的记忆效应更显著，最大形变率为 800%～900%（聚氨酯的最大形变率为 400%），可恢复形变量大，感应温度低，形变恢复温度在 55 ℃左右，可以应用于人体等低温场合。且加工成型容易，价格便宜，已得到广泛重视和迅速发展。

（1）高分子辐射交联的机理。

高聚物的辐射交联是一个复杂的过程，既可能伴随着交联，也可能有主链的降解。一般地，高分子辐射交联的基本原理为：聚合物大分子在高能或放射性同位素（Co60 γ射线）作用下发生电离和激发，生成大分子游离基，进行自由基反应；并产生一些次级反应，如正负离子的分解、电荷的中和，此外还有各种其他化学反应。高分子辐射交联时，可按以下几种机制终止。

①辐照产生的邻近分子间脱氢，生成的两个自由基结合而交联：

$$\begin{array}{c} -CH=CH- \\ \\ -CH=CH- \end{array} \longrightarrow \begin{array}{c} -CH-CH- \\ | \\ -CH-CH- \end{array}$$

②独立产生的两个可移动的自由基相结合产生交联：

$$\begin{array}{c} -CH_2-CH_2-CH_2- \\ \\ -CH_2-CH_2-CH_2- \end{array} \longrightarrow \begin{array}{c} -CH_2-CH-CH_2- \\ | \\ -CH_2-CH-CH_2- \end{array}$$

③离子 – 分子反应直接导致交联：

$$\begin{array}{c} -CH_2-\overset{+}{C}H-CH_2- \\ \\ -CH_2-CH_2-CH_2- \end{array} \longrightarrow \begin{array}{c} -CH_2-CH-CH_2- \\ | \\ -CH_2-CH-CH_2- \end{array} +H^+$$

④自由基与双键反应而交联：

$$\begin{array}{c} -CH_2-\overset{\bullet}{C}H-CH_2- \\ \\ -CH_2-CH=CH-CH_2- \end{array} \longrightarrow \begin{array}{c} -CH_2-CH-CH_2- \\ | \\ -CH_2-CH-\overset{\bullet}{C}H-CH_2- \end{array}$$

⑤主链裂解产生的自由基复合反应实现交联：

$$\begin{array}{c} -CH_2-CH_2- \\ \\ -CH_2-CH_2- \end{array} \longrightarrow \begin{array}{c} -\overset{\bullet}{C}H_2+\overset{\bullet}{C}H_2- \\ \\ -CH_2-CH_2- \end{array} \longrightarrow \begin{array}{c} -CH_3 + \overset{+}{C}H_2 \\ | \\ -CH_2-CH- \end{array}$$

⑥环化反应导致交联：

$$\begin{array}{c} -CH=CH- \\ \\ -CH=CH- \end{array} \longrightarrow \begin{array}{c} -CH-CH- \\ \\ -CH-CH- \end{array}$$

辐射交联的机理以 PVC 为例，辐射交联是最早实施的 PVC 交联方法之一。辐射交联是以多官能团不饱和单体为交联剂，利用 γ 射线、紫外光或电子束引发 PVC 电离与激发，从而产生一些次级反应，进一步引起化学反应，实现 PVC 高分子间交联网络的形成。加入的多官能团不饱和单体主要有三羟甲基丙烷三甲基丙烯酸酯（TMPTMA）、三羟甲基丙烷三丙烯酸酯（TMPTA）、三烯丙基异腈脲酸酯（TAIC）、三烯丙基腈脲酸酯（TAC）、二甲基丙烯酸四甘醇酯（TEGDM）、二丙烯酸四甘醇酯（TEGDA）、二缩三丙二醇二丙烯酸酯（TPGDA）、二丙二醇二丙烯酸酯（DPGDA）等。辐射交联使用的高能或电离辐射源包括：高能电磁波、高能荷电粒子，其中 γ 射线应用技术较成熟，钴

60 为最常用的辐射源。

当 PVC 大分子受高能射线轰击时，C—Cl 和 C—H 键断裂形成活性自由基如图 7 - 16（a），多官能团单体在高能射线作用下发生均聚反应，并很快形成一定程度的网络结构，随着反应的进行，多官能团单体浓度的降低，均聚反应变慢，接枝反应开始占优，聚合的多官能团单体链通过与聚氯乙烯链上的活性自由基反应形成接枝结构如图 7 - 16（b）所示，接枝结构上多官能团不饱和单体再与周围的有活性自由基的 PVC 大分子发生接枝反应形成图 7 - 16（c）所示结构，体系最终形成凝胶结构，图 7 - 16（d）所示。

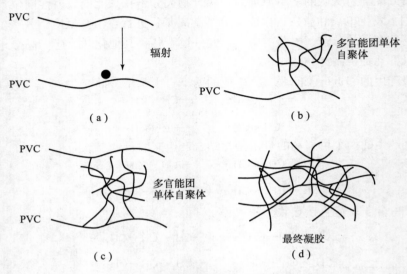

图 7 - 16　PVC 的辐射交联示意图

（2）敏化作用。

在聚合物中添加某些物质往往使反应速度加快，此现象称为敏化作用，该添加剂称为敏化剂。添加另一些物质则可以减少聚合物的辐射损伤或降解。辐射交联的敏化及降解保护对于提高材料使用性能和应用范围都有重要价值。

一些含有双键的化合物容易和辐照产生的大分子游离基起反应，并引入一个或多个官能团，进而与另一个大分子游离基反应，提高了交联效率。以 PE 为例，其反应机理大致为：

①高分子经辐照生成游离基 $P°E$：$PE \rightarrow P°E$。

②多官能团单体接到游离基 PE 上，并引入反应基团：

$$P\dot{E} + CH_2=C-X_2-C=CH_2 \longrightarrow PE-CH_2-C-X_2-C=CH_2 \xrightarrow{+P\dot{E}_2}$$
$$\qquad\qquad\quad |\qquad\quad| \qquad\qquad\qquad\qquad |\qquad\quad|$$
$$\qquad\qquad\quad X_1\qquad\; X_3 \qquad\qquad\qquad\qquad X_1\qquad X_3$$

$$PE-CH_2-\overset{\displaystyle PE_2}{\underset{\displaystyle X_1}{C}}-X_2-\underset{\displaystyle X_3}{C}=CH_2$$

③剩余双键进一步与游离基反应：

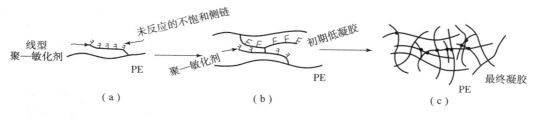

该游离基再与其他高聚物游离基按③中式结合得到初步交联的初期低凝胶。

④按上述步骤得最终 PE 交联结构，如图 7 - 17 （c）所示。

图 7 - 17　加敏化剂的体系辐射交联过程示意图

（3）辐射交联聚乙烯。

高密度聚乙烯（PE）性能优良，应用广泛，如今采暖用冷热水管等使用领域对性能提出了更高要求。交联技术是提高聚乙烯性能的重要手段之一。交联可使 PE 性能得到大幅改善：显著提高 PE 的力学性能、耐温性、电性能、耐化学药品性能和耐环境应力开裂性能等综合性能。交联可拓宽使用领域，主要和常用的交联方法有硅烷交联、过氧化物交联、辐射交联等。

美国 Charlesby 在 1952 年发现聚乙烯在受到核反应堆射线辐射后可以产生交联效应。此后，辐射交联吸引了众多研究者的兴趣。在过去近半个世纪的时间内，研究者对 PE 的辐射交联进行了大量研究。对此作出较多贡献的除已提及的 Charlesby 外还有 Lawton、Dole 等，国内研究者有后面将提到的唐敖庆、钱保功、张丽叶等。PE 制品可在成型后于室温下进行辐射交联，这样可以保证制品不发生变形。辐射交联的高能辐射源主要有高能电子束、紫外线、γ 射线、X 射线、中子源等。

聚乙烯辐射交联后物理性能和化学性能发生了一系列变化，这些变化直接相关的因素包括聚乙烯分子链结构和分子量分布，辐射剂量，样品添加剂尤其是敏化剂、抗氧剂等，样品状态和温度，辐照气氛等条件。辐射交联 PE 性能变化会涉及以下内容：物理性能如力学性能、结晶性能、熔点、密度、溶解度或凝胶含量等，化学性能如交联、裂解、双键变化、环化等。

辐射交联聚乙烯材料具有"记忆效应"，制成的各种热缩制品经加热收缩而紧紧地包覆在被包物体上，所以用途日益广泛，应用于电线电缆、发泡材料、热收缩材料、管材等领域。热缩材料又称为高分子形状记忆材料，是利用结晶或半结晶高分子材料经过辐射交联或化学交联后具有"记忆效应"的原理而制造的一类新型高分子功能材料。交联后的聚乙烯，当温度低于结晶点时，聚乙烯具有半结晶的热塑性能；而当温度高于结晶点时，则由于聚合物内形成交联网络而具有橡胶弹性体特性。在橡胶弹性状态下施加外力使其变形，并在保持变形状态下冷却就会产生再结晶，使这种变形固定下来。如果将变形后的试样再加热到熔融温度以上，由于没有外力，这个内在的变形就会因结晶消失而收缩，恢复到原来的形状和大小。

辐射作用于交联型聚合物时，聚合物大分子间形成交联键，使高分子平均相对分子质量提高，溶解度下降。辐射达到一定剂量后，分子间形成不溶解的交联网状结构。玻璃化转变温度 T_g 显著提高；热稳定性同时上升；初始分解温度提高；热老化下的耐热寿命大大增加。拉伸强度显著提高，断裂伸长率则有所下降，热老化后的力学性能保持率大大提高。经过辐射交联的 PVC 材料体积电阻率增加，介电常数及介电损耗降低，耐击穿电压提高，承受过载电流的能力会显著提高。

高分子辐射交联技术是一门新兴的高新技术，积极开发应用这项技术对于高分子材料及其有关的应用科学将产生深远影响。目前这项技术不仅在高分子交联改性方面发展迅猛，而且在电线电缆及医用卫生等领域得到工业化应用。人们期望，辐射交联技术在工农业生产及日常生活的各个领域发挥越来越大的作用。

7.3.5　等离子体高分子合成工艺

1. 等离子的定义

等离子体是物质固、液、气三态以外的第四种物质状态，它是一种发光、电中性的含有离子、电子、自由基、激发态分子和原子的电离气体。国际上将等离子体分为热等离子体（hot plasma）和冷

绿色合成 – 5

等离子体（cold plasma），热等离子体的电离率接近 100%，电子和离子温度相当，属于（准）热平衡等离子体，一般的有机化合物和聚合物在此温度下都被裂解，难以生成聚合物，常用于生成耐高温的无机物质。冷等离子体的电离率很低，电子温度远大于离子温度，属于非热平衡等离子体，产生冷等离子体的手段很多，实验室和工业产品大多采用电磁场激发产生等离子体，如直流辉光放电、射频放电、微波放电和介质阻挡放电（DBD）等。由于冷等离子体的电子温度和气体温度相差很大，能够生成稳定的聚合物，常用于等离子体聚合，目前冷等离子体在高分子领域的应用日益广泛，主要有等离子体聚合、等离子体引发聚合、等离子体表面改性三大领域。

2. 等离子体聚合

等离子体聚合是利用放电把有机类气态单体等离子化，使其产生电子、离子、自由基、光子及激发态分子等活性粒子，由这些活性种之间或活性种与单体间进行聚合的方法。低温等离子体聚合装置可以采用辉光放电的形式来进行，也可以是电晕放电或其他的放电方式。但有一个制约条件，即不能使生成的高聚物因放电而分解。实际上，一般采用高频辉光放电装置。辉光放电所产生的等离子体拥有的平均电子能量为 $1 \sim 10$ eV（相当于 $10^4 \sim 10^6$ K 的电子温度），电子密度为 $10^8 \sim 10^{12}$ 个/cm^3，其电子温度 T_e 不等于气体温度 T_g，T_e 与 T_g 之比在 $10 \sim 100$ 之间。在这个温度下，加速了的电子既能使有机分子激化又不致热解。因此，有可能在环境温度附近打开气体分子的共价键，然后实现等离子体聚合。

等离子体聚合是一门崭新的技术，几乎各种有机化合物都能在等离子条件下不同程度地聚合，如甲烷等烷烃、苯等在常规条件下无法聚合的物质，在等离子体条件下变得很容易聚合，甚至氮气、水也能参与等离子体化学反应。加之聚合物有其独特的物理性质、制备容易和形成无针孔薄膜等优点，使等离子体聚合已成为制备高分子材料、材料表面改性，以及制备高分子膜的最有效方法之一。概括起来，等离子聚合技术具有以下

特点：

①不要求单体有不饱和单元，几乎所有有机物和有机金属化合物都能以等离子体聚合方式聚合。

②聚合物膜具有高密度网络结构且可控，具有优异的力学性能、化学稳定性和热稳定性。

③工艺过程非常简单。

3. 等离子体聚合物的合成

（1）烃的等离子体的聚合。

在常规化学聚合反应中，都要求单体具有一定的官能团，如双键、三键等，而在等离子体中，含有高能自由电子、离子、自由基、激发态分子、光子等多种活性中心，它们与单体分子之间碰撞，从而形成活性粒子使单体聚合。所以，利用低温等离子体技术，可以使一些通常无法聚合的单体在常温下进行聚合，如烷烃、芳香烃中的苯和甲苯都能在辉光放电下发生聚合反应，得到聚合物。Hiratsuka 等人研究了甲烷、乙烷、丙烷和正丁烷的等离子体聚合反应。他们发现，除甲烷以外，其他单体的聚合动力学都相似。甲烷的聚合动力学的差异可能是由于甲烷单体无另两种单体的 C—C 键所引起的。不同分子量的烯烃单体的等离子体聚合反应速率也有差异，异丁烯比丙烯的聚合速率要小得多，乙烯单体比丙烯、异丁烯的聚合速率都要大。如果是同一碳原子数的烯烃单体进行等离子体聚合，含双键越多的单体其聚合速率越大。乙烯、乙烷和甲烷等烃类单体蒸气中加入 CF_2Cl_2 会戏剧般地增加它们的聚合速率，加入 CH_3Cl 也能增加其聚合速率，但效果不如前者，而加入 CF_4 几乎没什么影响。这表明卤化物对烃类的等离子体聚合反应起到气相催化剂的作用。如果将乙炔、乙烯和乙烷三种饱和程度不同的单体进行等离子体聚合，其聚合速率大小顺序是乙炔 > 乙烯 > 乙烷。烯烃卤化物的等离子体聚合表明，二卤代乙烯比相应的一卤代乙烯的聚合反应要快得多，氯代和溴代的聚合反应又比氟代的单体要快得多。苯也能在等离子体中发生聚合，膜状苯的等离子体聚合物的红外光谱很接近聚苯乙烯。而粉末状的等离子体聚合物的红外光谱与膜状的不一样。粉末状的聚合物有丙烯酯或环氧基团类似的吸收峰，这表明粉末状聚合物中含有更多的活性粒子，如自由基，它们能与空气中的氧反应，使聚合物氧化。

（2）含氮、氧有机化合物的等离子体聚合。

不含烯烃双键的有机化合物也能进行等离子体聚合反应，其中单体化合物中含芳香基团、芳香杂环、氮（ > NH、—NH$_2$、—CN）、硅和烯烃双键等有利于等离子体聚合，而含氧（—C =O、—COOH、—OH、—O—）、氯、脂肪族烃分子链等的有机化合物在等离子体中容易分解。因此，前类单体比后类单体更容易发生等离子体聚合。在胺和氰类有机化合物的等离子体聚合反应中，这些化合物中的氮几乎定量地结合到聚合物中，且聚合反应非常类似于烃的聚合反应。

7.3.6　酶催化高分子合成工艺

酶是一种具有催化作用的生物大分子。酶都是天然存在的，只能从细胞中提取，目前还不能通过化学方法合成。在人们已知的酶中，除了少数是具有催化功能的 RNA 外，其余的从化学本质上来说都是蛋白质。

酶催化是一种绿色、高效且具有高选择性的催化技术，在生物、有机及高分子化学领域有着广泛的应用。将酶催化的独特性质应用于聚合物材料的制备和改性是一项可持续性发展策略，将为高分子合成领域开辟一条全新高效、环境友好、绿色清洁的途径。作为生物催化剂，酶具有其他催化剂的共性。极少量的酶就可以大大提高反应速率，在不改变平衡点的前提下，迅速使反应达到平衡，而酶自身在反应前后不发生变化。与其他催化剂相比，生物酶自身又具有显著的特性，主要包括专一性、高效性和可调控性。

1. 辣根过氧化物酶催化的几类高分子合成

酶催化反应可以制备很多种用传统化学方法无法合成的聚合物。所以，酶催化聚合越来越受到人们的关注。在众多可以催化聚合反应的生物酶中，辣根过氧化物酶（Horseradish Peroxidase，HRP）的应用范围最广，因为它可以在有机溶剂和水的混合体系中保持较高的催化活性。HRP 主要存在于植物辣根中，是由无色酶蛋白和棕色铁卟啉相互结合而成的一种糖蛋白。其中，氨基糖和中性糖约占 18%，主要包括木糖、甘露糖、己糖胺和阿拉伯糖等。HRP 是由很多同工酶组成的，其中同工酶 C 占有的比例最大，分子量约为 44 000。酶催化反应最合适的 pH 值会因供氢体的不同而略有差异，其反应原理为

Fe（Ⅲ）与卟啉环上的氮原子形成 4 个在同一平面的配位键，与组氨酸（His）侧链上的 N 原子形成一个轴向的配位键。卟啉和酶蛋白通过 Fe（Ⅲ）组合在一起形成了HRP。另外，组氨酸侧链上的 N 原子还通过氢键与天冬氨酸（Asp）连接在一起。在静态酶中，铁原子的另外一个轴向位空着。在 H_2O_2 的作用下，这个空位可以作为结合点与其他小分子反应。由于 HPR 的纯品容易制备、稳定性好、比活性高，在 H_2O_2 的作用下可以氧化很多化合物，所以它具有重要的工业应用价值。

随着人们对酶催化聚合反应研究的不断深入，HRP 催化的机制也越来越明显，以酚类单体聚合反应为例，反应机理如下：

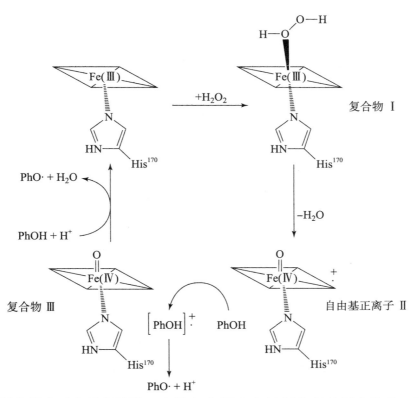

HRP 催化聚合反应过程的第一步是生成 HRP 与过氧化氢的复合物 Ⅰ，再脱水生成自由基正离子 Ⅱ。脱水时，卟啉结构失去一个电子，HRP 的金属活性中心 Fe(Ⅲ) 被氧化成 Fe(Ⅳ)。接着，自由基正离子 Ⅱ 再与酚类化合物发生氧化还原反应。在这一步反应中，酚类化合物向自由基正离子 Ⅱ 转移一个电子，把它还原成复合物Ⅲ，自身则被氧化成苯氧自由基。生成的质子会被一种氨基酸吸收，这种氨基酸很可能是组氨酸（His－42）。苯氧自由基去质子化后，会脱离活性金属中心成为游离的自由基。最后，以 Fe(Ⅳ) 为活性中心的 HRP 会再次与酚类化合物发生反应。在这一步反应中，酚类化合物与 His－42 上的质子结合，在 Fe(Ⅳ) 的氧化作用下生成水分子，同时 HRP 被还原成原始状态。该反应过程为

$$2PhOH + H_2O_2 \longrightarrow 2PhO \cdot + 2H_2O$$

在催化循环中，1 mol 过氧化氢会氧化 2 mol 酚类化合物，同时生成 2 mol 苯氧自由基和 1 mol 水，其反应为

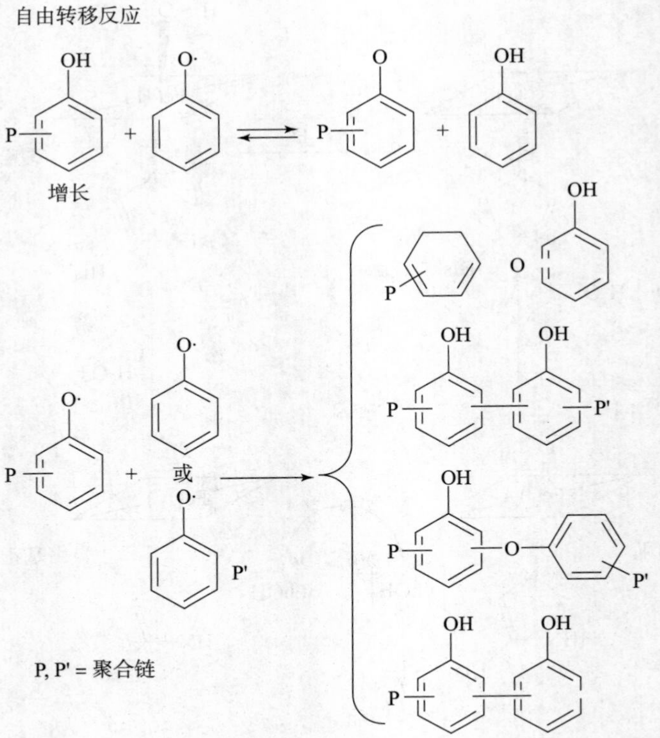

自由转移反应

增长

P, P' = 聚合链

其中的一部分苯氧自由基会通过共振作用形成苯环上的碳自由基。首先，这些自由基会两两结合形成二聚物。然后，二聚物再与自由基发生自由基转移反应形成二聚物自由基，二聚物自由基可以与单分子自由基或者其他二聚物自由基继续反应形成三聚体或者四聚体。以此类推，最终生成包含苯－氧结构单元和苯－苯结构单元的聚合物。

（1）苯酚和苯胺的聚合。

过氧化物酶属氧化还原酶类，能通过 H_2O_2 催化供体的氧化。漆酶能利用氧气在一些方面发挥作用。这些酶体系可用于聚合酚类化合物或乙烯单体。所得的结构与酚醛树脂类似。因此，这些反应被视为 Novalac 树脂的代替品，但不含甲醛。该反应原理为

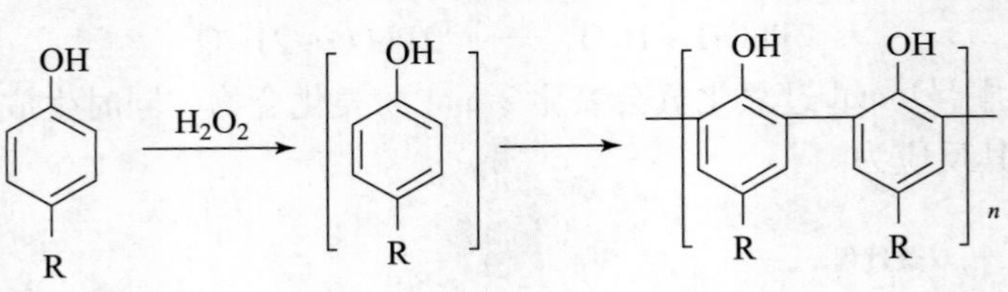

（2）自由基聚合。

过氧化物酶和漆酶都也被用于催化乙烯基单体的自由基聚合。大多数报道涉及的是丙烯酸体系。Kalra 和 Gross 的文章对这一反应做出了很好的评述。这一聚合反应可在溶液或乳液中进行。聚丙烯酰胺和聚丙烯酸酯是无规立构，但聚异丁烯酸甲酯是异位的。该反应原理为

$$H_2C=\underset{\underset{COOCH_3}{|}}{\overset{\overset{CH_3}{|}}{C}} \xrightarrow[\text{或 } O_2]{HRP/H_2O_2} \left(CH_2-\underset{\underset{COOCH_3}{|}}{\overset{\overset{CH_3}{|}}{C}}\right)_n$$

2. 水解酶催化的高分子合成反应

许多高分子可以方便地通过水解酶尤其是脂肪酶和酯酶催化合成。现已成功开发了很多反应，如酶催化的缩聚反应、开环聚合、酯交换和其他不同有机物分子之间的聚合反应等。

（1）不同单体缩聚。

酶可以用来催化由二酸（BB）和二醇（AA）形成寡酯和聚酯的缩聚反应。这种聚合反应的类型有时被称为聚酯交换。如果用二酯代替二酸将有助于反应，而如果该二酯是活化的，那么将进一步促进反应（如烯醇或乙烯酯）。此过程原理为

$$HO(CH_2)_xOH + H_2C=CHOCO(CH_2)_yCOOCH=CH_2 \xrightarrow{\text{脂肪酶}}$$
$$H-\left[O(CH_2)_xOCO(CH_2)_yCO\right]_n-OH + CH_3CHO$$

（2）酶催化的开环聚合。

传统的化学方法和酶方法都可以用于 4 - ，6 - 和 7 - 元内酯的聚合（$m = 2$，4，5）。而对于大环内酯（$m > 9$），化学方法得到的是较低的反应速率和低分子量聚合物；相反，酶催化的聚合则可以得到较快的反应速率和高分子量的聚合物。Kobayashi 和 Gross 等人已测试了这些反应并优化了反应条件。共聚聚酯可以类似方法利用两个内酯经酶催化制得（$m = 7$ 或 14，$n = 4$，5，10 或 11），其原理为

（3）聚碳酸酯的合成。

聚碳酸酯是当前医用高分子中常用的聚合物，因为用化学合成难免带来一系列的后续问题和毒性，而用酶合成恰恰能解决这些问题。聚碳酸酯的酶合成与传统化学聚合相比，具有如下优点：酶聚合的条件相对温和；在持续培养期间未发现脱羧；酶具有生物相容性；酶可在众多反应循环中重复使用而不会大量损失活性；当大量使用时，酶反应不需要有机溶剂；不同于化学催化剂/引发剂需要非常纯的单体、惰性气体和无水条件，酶能够在温和的反应条件下发挥作用；有机金属引发剂必须完全除去，尤其是在生物医学应用中。环状碳酸酯的开环聚合可以通过酶催化形成聚碳酸酯来实现。最常见的单体是碳酸环丙酯（TMC，即 1，3 - 二氧 - 2 - 酮），该过程原理如下：

（4）缩聚与开环聚合相结合。

这两种类型的脂肪酶反应可相互结合同时催化缩聚和开环聚合。例如，大环内酯、二乙酯和乙二醇在脂肪酶的帮助下同时共聚，其原理如下：

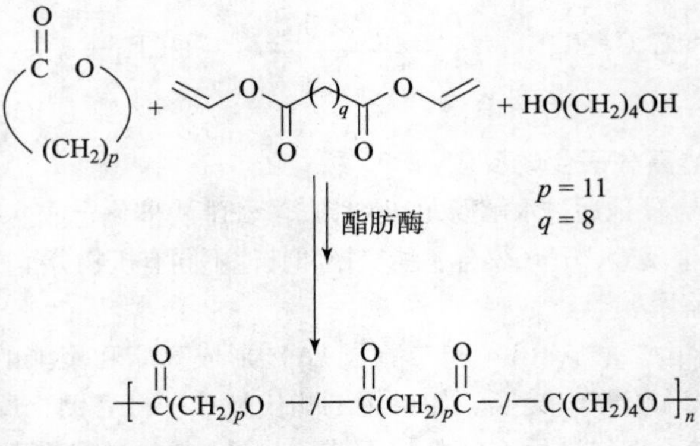

$$+ \text{CH}_2=\text{CHO} \cdots \text{OCH}=\text{CH}_2 + \text{HO(CH}_2)_4\text{OH}$$

酯肪酶 ↓ $p = 11$ $q = 8$

$$\left[\text{C(CH}_2)_p\text{O} -/- \text{C(CH}_2)_p\text{C} -/- \text{C(CH}_2)_4\text{O} \right]_n$$

3. 酶催化用于寡糖和多糖的合成

由于各种羟基和立体化学结构的存在，对化学合成而言，多糖和寡糖是一类非常麻烦的化合物。通常，除了医药和其他高端应用外，这样的反应需要费时费力的保护和脱保护步骤。人们发现酶是一种潜在的廉价替代品。Wong，Whitesides 和其他人已将这些技术广泛用于糖类和寡糖的合成。在多糖领域，Kobayashi 等人报道了水解酶在将氟化二糖聚合为天然和非天然多糖中的作用，如纤维素，一旦聚合度（DP）达到 $8 \sim 10$，纤维素就会从溶液中沉淀出来，该反应原理为

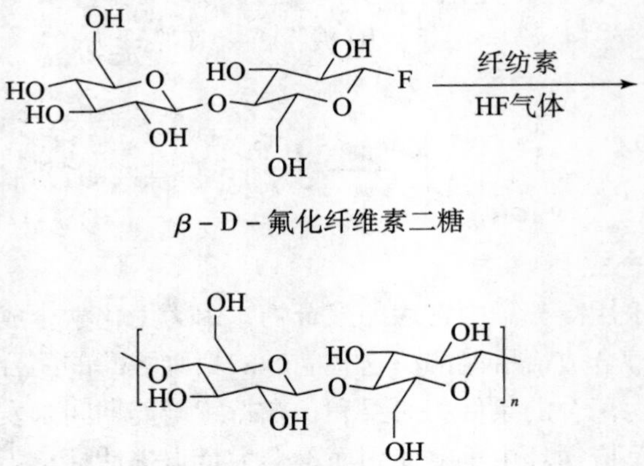

$\beta - \text{D} -$ 氟化纤维素二糖

纤纺素 / HF气体 →

4. 酶催化的立体选择性

酶催化高分子合成的另一个有利应用是合成手型单体，许多反应利用酶的立体选择性生产适合于聚合反应的单体。立体选择单体的一个例子就是内酯。有机介质中的脂肪酶被成功地应用于 $\gamma -$ 羟基酯、$\delta -$ 羟基酯和 $\varepsilon -$ 羟基酯（$n = 2$，3，4）的内酯化作用，来生产相应的具有立体选择的内酯。有一个竞争反应是当 R ＝ H 时的开环聚合作用，反原理为

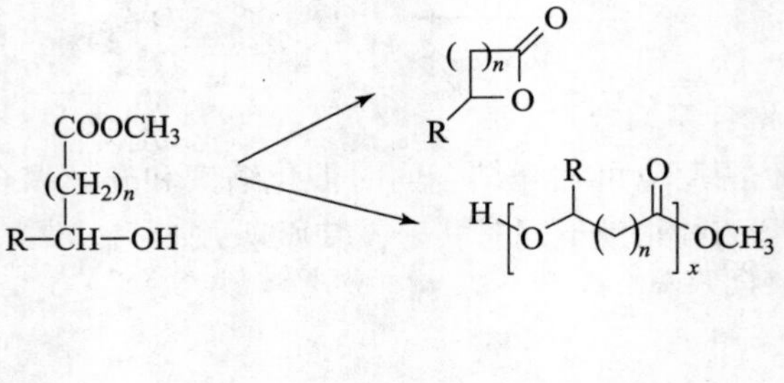

酶催化反应往往具有高选择性、高转化率、反应条件温和、耗能低，副反应和副产物少等优点，合成的聚合物具备良好的生物可降解性。酶催化聚合反应由于酶的价格偏高、实验条件限制等原因，工业上很少采用酶催化聚合获得功能高分子。然而，最新的技术已经可以采用连续填充床反应器或者微反应器等使连续生产得以进行，生产成本将降低且产品质量更加稳定。在不久的将来，工业上将实现酶催化连续生产制备功能高分子。生物技术与材料科学的结合，必然形成科学技术发展新的生长点，这将具有重要的、划时代的意义。

习题与思考题

1. P. T. Anastas 和 J. C. Waner 提出的 12 条绿色化学的基本原则是什么？
2. 离子液体有哪些优点？
3. 反应物在超临界流体中所具有的哪些特殊性质有利于化学反应的进行？
4. 高分子的绿色合成过程需满足哪些要求？
5. 未来环境友好催化技术发展的趋势是什么？
6. 等离子体聚合技术具有哪些特点？
7. 辐射聚合物的机理是什么？

参 考 文 献

[1] 潘祖仁. 高分子化学 [M]. 北京：化学工业出版社，1997.

[2] 柴春鹏，李国平. 高分子合成材料学 [M]. 北京：北京理工大学出版社，2019.

[3] 韦军，刘方. 高分子合成工艺学 [M]. 上海：华东理工大学出版社，2011.

[4] 李克友，张菊华，向福如. 高分子合成原理及工艺学 [M]. 北京：科学出版社，1999.

[5] 赵德仁，张慰盛. 高聚物合成工艺学（第三版） [M]. 北京：化学工业出版社，2015.

[6] 左晓兵，宁春花，朱亚辉. 聚合物合成工艺学 [M]. 北京：化学工业出版社，2014.

[7] 于红军. 高分子化学及工艺学 [M]. 北京：化学工业出版社，2000.

[8] 王久芬，杜栓丽. 高聚物合成工艺 [M]. 北京：国防工业出版社，2013.

[9] 胡桢，张春华，梁岩. 新型高分子合成与制备工艺 [M]. 哈尔滨：哈尔滨工业大学出版社，2014.

[10] 王国建. 高分子现代合成方法与技术 [M]. 上海：同济大学出版社，2013.

[11] 贺英. 高分子合成和成型加工工艺 [M]. 北京：化学工业出版社，2013.

[12] G. V. Kozlov, A. K. Mikitaev, Gennady EfremovichZaikov. The Fractal Physics of Polymer Synthesis [M]. 1st ed. Oakville：Apple Academic Press，2013.

[13] 张洋，马榴强. 聚合物制备工程 [M]. 北京：中国轻工业出版社，2001.

[14] 闫莉，桑晓明，张志明. 工科高分子合成工艺的课程建设与改革实践 [J]. 高分子通报，2017，7：70-73.

[15] 王先会. 中国石油产品大全 [M]. 北京：中国石化出版社，2019.

[16] 王有朋，罗资琴. 高分子合成实训 [M]. 北京：化学工业出版社，2019.

[17] 杨西萍，李倩. 化工反应原理与设备 [M]. 北京：化学工业出版社，2015.

[18] 张晓骗. 精细化工反应过程与设备 [M]. 北京：中国石化出版社，2008.

[19] 雷振友. 反应过程与设备 [M]. 北京：化学工业出版社，2013.

[20] 王绍良. 化工设备基础 [M]. 北京：化学工业出版社，2019.

[21] 曹志锡，潘浓芬，李晓红. 过程设备设计与选型基础 [M]. 杭州：浙江大学出版社，2007.

[22] 赵兰兰. CSTR 搅拌桨设计与试验研究 [D]. 黑龙江：黑龙江八一农垦大学，2019（06）.

[23] 惠强. 带搅拌釜式反应器的优化控制 [D]. 西安：西安科技大学，2017.

［24］姜天航．磁力搅拌反应釜设计［M］．大连：大连理工大学，2014．

［25］陶亮．带立式气相搅拌的聚合反应器的布置及安装［J］．乙烯工业，2015，27（3）：29－32．

［26］李博．尼龙－1010 生产工艺及三废排放的研究［J］．化工管理，2015，7：86．

［27］王文鹏．新型搅拌器的搅拌特性数值模拟［D］．西安：西安石油大学，2018．

［28］骆广生，王凯，王佩坚，等．微反应器内聚合物合成研究进展［J］．化工学报，2014，65（7）：2564－2573．

［29］莫阿德（Moad G.）．自由基聚合化学（第 2 版）［M］．北京：科学出版社，2007．

［30］单国荣，杜淼，尚玥．本体聚合［M］．北京：化学工业出版社，2014．

［31］张又新．聚氯乙烯悬浮聚合生产技术［M］．北京：化学工业出版社，2019．

［32］张洪涛，黄锦霞．乳液聚合新技术及应用［M］．北京：化学工业出版社，2007．

［33］张武最，罗益铮．合成树脂与塑料（合成纤维）［M］．北京：化学工业出版社，2000．

［34］山西省化工研究所．聚氨酯弹性体［M］．北京：化学工业出版社，1985．

［35］傅明源，孙酣经．聚氨酯弹性体及其应用［M］．2 版．北京：化学工业出版社，1999．

［36］金茂筑．聚乙烯催化剂及聚合技术［M］．北京：中国石化出版社，2014．

［37］刘益军．聚氨酯原料及助剂手册［M］．2 版．北京：化学工业出版社，2013．

［38］橡胶工业原材料与装备简明手册编审委员会．橡胶工业原材料与装备简明手册原材料与工艺耗材分册［M］．北京：北京理工大学出版社，2019．

［39］焦书科，周彦豪．橡胶弹性物理及合成化学［M］．北京：中国石化出版社，2008．

［40］张爱民，姜连升，姜森．配位聚合二烯烃橡胶［M］．北京：中国石化出版社，2017．

［41］胡桢，张春华，梁岩．新型高分子合成与制备工艺［M］．哈尔滨：哈尔滨工业大学出版社，2014．

［42］侯文顺．高聚物生产技术［M］．北京：高等教育出版社，2017．

［43］［美］G. 霍尔登，N. R. 莱格，R. 夸克，等．热塑性弹性体［M］．北京：化学工业出版社，1996．

［44］Dietrich Braun，Harald Cherdron，Matthias Rehahn，Helmut Ritter，Brigitte Voit．Polymer Synthesis：Theory and Practice［M］．5th ed. Berlin：Springer（eBook），2013．

［45］胡企中．聚甲醛树脂及其应用［M］．北京：化学工业出版社，2012．

［46］孟跃中，邱廷模，王拴紧，等．热塑性弹性体［M］．北京：科学出版社，2018．

［47］张师军，乔金梁．聚乙烯树脂及其应用［M］．北京：化学工业出版社，2011．

［48］朱江，徐康茗，李仕波．聚丙烯树脂新技术及实用加工手册［M］．成都：西南交通大学出版社，2019．

［49］朱建民．聚酰胺树脂及其应用［M］．北京：化学工业出版社，2011．

［50］金祖铨，吴念．聚碳酸酯树脂及应用［M］．北京：化学工业出版社，2009．

［51］徐培林，张淑琴．聚氨酯加工设备手册［M］．北京：化学工业出版社，2015．

［52］王雪晨．基于绿色化学理念的高中化学教学设计与实践［D］．喀什：喀什大学，2020．

［53］赵丹，尹洁．超临界流体萃取技术及其应用简介［J］．安徽农业科学，2014，42（15）：4772－4780．

［54］郑岚，陈开勋．超临界CO_2技术的应用和发展新动向［J］．石油化工，2012，41（05）：501－509．

［55］张荔，吴也，肖兵，等．超临界流体萃取技术研究新进展［J］．福建分析测试，2009，18（02）：45－49．

［56］张景玉．环境友好催化技术在污染治理中的应用［D］．绵阳：西南科技大学，2016．

［57］罗水鹏．绿色高分子材料的研究进展［J］．广东化工，2012，39（2）：102．

［58］蒋平平，李晓婷，冷炎，等．离子液体制备及其化工应用进展［J］．化工进展，2014，33（11）：2815－2828．

［59］林棋．亲水性离子液体的合成及其在烯烃氢甲酰化和芳卤羰化反应中的应用研究［D］．成都：四川大学，2006．

［60］王鑫晶，韩生，刘慧，等．固体酸催化剂在制备生物柴油中的进展［J］．材料导报，2015，29（09）：62－67．

［61］杨贞贞，张慧苗，王小龙，等．水介质中微波促进的钯催化偶联反应研究进展［J］．广州化工，2019，47（22）：20－22＋33．

［62］邵凤凤．三维介孔纳米球状催化剂的制备及应用于水介质有机合成的研究［D］．上海：上海师范大学，2019．

［63］黄依铃，魏文廷．水介质中的有机自由基反应［J］．化学进展，2018，30（12）：1819－1826．

［64］林棋．亲水性离子液体的合成及其在烯烃氢甲酰化和芳卤羰化反应中的应用研究［D］．成都：四川大学，2006．

［65］张晓茜．离子液体中乙烯基单体正离子聚合及其机理研究［D］．北京：北京化工大学，2016．

［66］魏娟．离子液体介质中丙烯腈定向二聚合成2－亚甲基戊二腈（MGN）的研究［D］．上海：华东理工大学，2011．

［67］杨文龙．离子液体在催化反应中的应用研究［D］．杭州：浙江工业大学，2007．

［68］樊丽华，陈红萍，梁英华．新型绿色化学反应介质的研究进展［J］．环境科学与技术，2007（12）：108－112＋123．

［69］艾亚菲．超临界流体（SCF）中化学反应的研究与应用［J］．海南大学学报（自然科学版），2001（03）：279－282．

［70］蒋艳忠．超临界流体化学反应技术［J］．化工技术与开发，2008（09）：43－47．

［71］罗延龄，赵振兴．高分子辐射交联技术及研究进展［J］．高分子通报，1999（04）：3－5．

［72］王俊环，赵革，王锡臣．辐射技术在高分子材料中的应用［J］．塑料，2003

（02）：12－15＋18.

[73] 张龙彬. 辐射交联聚己内酯的降解性能研究 [D]. 西安：西北工业大学，2006.

[74] 孟伟涛. 高密度聚乙烯电子束敏化辐射交联的研究 [D]. 北京：北京化工大学，2011.

[75] 马宏伟，王胜敏. 辐射交联聚乙烯热缩片的研制 [J]. 塑料，1994（05）：37－39.

[76] 严家发，贾润礼. 聚氯乙烯的辐射交联 [J]. 塑料助剂，2008（06）：14－17.

[77] 吴自强，王纲. 高分子辐射交联技术的进展 [J]. 化学建材，2002（04）：10－13.

[78] 郑轲. 酚类聚合物的酶催化合成及其抗氧化性能研究 [D]. 开封：河南大学，2015.

[79] 王世臻. 脂肪酶催化衣康酸酯合成工艺研究 [D]. 北京：北京化工大学，2019.

[80] 李祖义，陈颖. 生物催化在高分子合成中的应用 [J]. 有机化学，2004（09）：1029－1037.

[81] 朱晶莹，安思源，卢滇楠，等. 酶催化合成聚酯的研究进展 [J]. 化工学报，2013，64（02）：407－414.

[82] 马林. 酶催化合成功能高分子材料 [J]. 精细与专用化学品，1999（05）：3－5.

[83] H. Chen, P. He, C. X. Zhang, et al. Efficiency of technological innovation in China's high tech industry based on DEA method [J]. J. Interdiscip. Math. , 2017, 20（6－7）：1493－1496.

[84] A. Hassan, A. Mohammed, M. Shariq Use of geopolymer concrete for a cleaner and sustainable environmente-A review of mechanical properties and microstructur [J]. J. Clean. Product. , 2019, 223：704－728.

[85] K. Liu, Z. Wang, L. Shi, et al Ionic liquids for high performance lithium metal batteries [J]. Journal of Energy Chemistry, 2021：320－333.

[86] R. Zhao, Z. Liang, R. Zou, Q. Xu. Metal-organic frameworks for batteries [J]. Joule, 2018, 2：2235－2259.

[87] A. Jarvis. Designer metalloenzymes for synthetic biology：Enzyme hybrids for catalysis [J]. Elsevier, 2020, 58：63－71.

[88] D. G. Petlin, S. I. Tverdokhlebov, Y. G. Anissimov. Plasma treatment as an efficient tool for controlled drug release from polymeric materials：A review [J]. Journal of Controlled Release, 2017, 266：57－74.

[89] M. Matusiak, S. Kadlubowski, J. Rosiak. Nanogels synthesized by radiation-induced intramolecular crosslinking of water-soluble polymers [J]. Radiation Physics and Chemistry, 2020, 169：108099.

[90] M. Sauceau, J. Fages, A. Common, et al. New challenges in polymer foaming：A review of extrusion processes assisted by supercritical carbon dioxide [J]. Progress in Polymer Science, 2011, 36：749－766.

[91] Robert T. Mathers, Michael A. R. Meier-Green Polymerization Methods：Renewable Starting Materials, Catalysis and Waste Reduction [M]. Weinheim：Wiley-VCH Verlag, John Wiley, 2011.